镇江市西津渡文化旅游有限责任公司资助出版

西津图谱

第一卷

镇江市历史文化街区保护规划

祝瑞洪　庞迅　廖星　编著

同济大学出版社
TONGJI UNIVERSITY PRESS

图书在版编目（CIP）数据

西津图谱：一～四卷 / 祝瑞洪等编著. -- 上海：同济大学出版社, 2022.1

ISBN 978-7-5608-9671-7

Ⅰ. ①西… Ⅱ. ①祝… Ⅲ. ①古建筑—文物保护—镇江—文集 Ⅳ. ①TU-87

中国版本图书馆CIP数据核字（2021）第006071号

西 津 图 谱（第一卷）· 镇江市历史文化街区保护规划

编　　著：祝瑞洪　庞　迅　廖　星
责任编辑：姚烨铭
责任校对：徐春莲
封面设计：六　如

出版发行　同济大学出版社　　www.tongjipress.com.cn
　　　　　（上海市四平路1239号　邮编 200092　电话 021-65985622）
经　　销　全国各地新华书店
印　　刷　深圳市国际彩印有限公司
开　　本　889mm × 1194mm　1/16
印　　张　110.5
字　　数　3536000
版　　次　2022年1月第1版　2022年1月第1次印刷
书　　号　ISBN 978-7-5608-9671-7
定　　价　1960.00元（一～四卷）

中國古渡博物館

西津渡

羅哲文

《西津图谱》编撰委员会

总 顾 问　鄂金书
　　　　　董　卫
总 编 著　祝瑞洪
副总编著　庞　迅
　　　　　张峥嵘
　　　　　王敏松

总序一
绝无仅有的古渡遗存

罗哲文

西津古渡位于江苏省镇江市西云台山之滨，与对岸的瓜洲古渡相对，可以说，她是镇江这一国家级历史文化名城形成的重要因素之一。

西津渡又名金陵渡，历史文化内涵极为丰富。唐代诗人张祜有诗:“金陵津渡小山楼，一宿行人自可愁。潮落夜江斜月里，两三星火是瓜洲。”宋朝政治家、文学家王安石也写有一诗:“京口瓜洲一水间，钟山只隔数重山。春风又绿江南岸，明月何时照我还。”西津渡对面的瓜洲古渡正是古运河入长江、进镇江的交汇之处。古时候两个渡口之间，江面宽阔，水天一色，景色极为壮观，但也为渡江增添了不小的难度，因而形成了一个颇具规模的渡口建筑与设施群体，住宿、待渡、救助、祈愿等建筑与设施一应俱全。

像这样的大江大河渡口，在古时无法架设大桥的情况下，自然不在少数。但是如西津古渡这样还完整保存下来，而且规模如此之大的，已是十分罕见，甚至可说绝无仅有。就连对岸的瓜洲古渡，也已经故物凋零、难以寻觅了。

待渡亭是渡口的重要建筑。由于渡口所在的长江江面宽广，风浪变化很大，渡船来往需要等待时机，待渡亭便成了行人遮风挡雨、避阳歇息的重要建筑。现在的待渡亭经历代维修，还存有清代画家周镐的《西津古渡图》石刻。由于昔时西津渡口不仅来往频繁，而且待渡时间不定，逐步形成了一条古街，以供商旅食宿购物之需。两旁为砖木结构，有飞檐翘角、雕花栏窗的两层古式楼房，颇具古韵。在山坡路上还建有数道砖砌券门，门顶刻有“同登觉路”“共渡慈航”“层峦叠翠”“飞阁流丹”等吉祥、秀丽的门额，极具韵味。

由于渡口江宽浪险，难免发生意外，西津渡专门设置“救生会”作为救生机构。现在还存有完整记述救生会缘由的“京口救生会叙”的碑刻，说明救生会的历史和救助的各种情况。

在渡口建筑群体之中，以文物价值而论，云台山过街塔要算是历史最悠久、建筑等级最高的了，已被国务院公布为全国重点文物保护单位。说起这座塔，它是古塔类型“过街塔”式中年代最早、很有文化内涵的一座，比现存元代至元五年（1339年）的居庸关过街塔（现仅存塔座）还早。这种类型的塔式，元代以前还未发现过，它是佛教传播的一个重大创造性发展，把人们敬佛礼佛的行为提高到最方便的程度。这种塔多设于关津渡口、大道、寺门之上。塔的门洞内外刻有经咒经文或佛像、图案，门洞上置佛祖舍利宝塔。由于西津渡口江宽浪险，来往客商要平安渡过，经行塔下拜佛念经，在心理上就感觉得到佛的保佑，因此过街塔对人们来说是实在太重要而又太方便了。塔正位于西津渡入口的通衢之上，位置选择得非常适当。

西津渡口由于历史沧桑、江岸变化，特别是轮渡发展、长桥飞跨，早已失去了昔日的辉煌和繁华，但是它留下的历史信息和文化内涵却是不可代替的。尤其是一整套全面的渡口文化（物质与非物质的）与大江运河、山川形胜相辉映，折射出人与自然共同创造、“天人合一”的思想等，非常厚重。以现存的实物加以必要的辅助陈列，创建一个中国独一无二、很有特色的露天博物馆，是很有意义的。

（原载于《金山杂志》2008年第八期）

总序二

西津渡历史文化街区保护更新的新篇章
——写在《西津图谱》出版之际

鄂金书

《西津图谱》终于要出版了。这是一部历经8年，断断续续、锲而不舍完成的书。8年前祝瑞洪同志提出设想，并邀请我当这部书的总顾问。当时我欣然答应，今天也乐而为序。

曾记得2003年，蒜山游园年底竣工，市领导嘱托我们要加快镇江历史文化街区保护的步伐。为了寻找最佳突破口，我与时任市委研究室主任尹卫东和城投公司祝瑞洪、庞迅等就西津渡历史文化街区保护更新展开课题研究，探讨镇江市历史文化街区保护更新的总体思路和操作模式。经过半年多的调研和思考，我们提出了在城市西部"打造镇江历史文化发展轴"，大规模推动我市历史文化街区保护更新的总体思路。又经过十多年的奋斗，西津渡以及环云台山景区20万平方米街区老旧建筑保护更新工程全面完成，并形成了一个行之有效的历史文化街区保护管理的新体制，街区历史风貌和文化传统得到彰显，人们都在说："因为西津渡，我们更爱镇江了！"

西津渡是被罗哲文先生称为"中国古渡博物馆"的历史文化街区，坐落在江苏镇江城市西北部，金山东南方。街区内从和平路口超岸寺、玉山大码头起，沿新河路、小码头街、待渡亭，经过西津渡核心保护区的昭关石塔、观音洞、救生会，折向东南至原英国领事馆、新博物馆，沿伯先路、京畿路至正在建设的中山北路口，是一条长达1800m，厚载1300多年的历史文化发展轴线。这条轴线文脉清晰、积淀丰厚，以云台山为中心，辐射的三个历史文化街区，云台山、蒜山和玉山"三山耸立"其中，四周由和平路、长江路、迎江路、大西路、山巷、宝盖路、伯先路、京畿路、云台山路、新河路（接和平路）"十路围合"而成，规划总面积约600000m^2，其中建筑遗存400000m^{2}余。如果加上镇屏山东区并向北延伸到江滨绿化带，是一个总面积接近1km^{2}的西津渡历史文化和滨江风景区。区域内众多保存完好的文物古迹、传统民居，沿轴线星罗棋布、珠落玉盘，传承着自唐宋以来丰富的历史文化，也可以配套相关旅游休闲度假基础设施，是镇江文化的瑰宝、旅游的金矿、区域经济发展的新基地。大西津渡其历史跨度之长，空间尺度之宽，记录信息之丰富，为一般街区所不可比拟，至少有三个极为重要的特征使它与众不同。

第一，千古的历史传承，古渡文脉一以贯之。西津渡的历史，至少可以追溯到三国时期。传说诸葛亮与周瑜在蒜山共议破曹大计，在西津渡登岸，孙权于玉山为刘备饯行，孙亮从西津渡渡江到扬州（广陵）。考古发现有确凿的渡口历史遗存是在中唐以后。唐小山楼、宋观音洞、元昭关石塔、明铁柱宫、清救生会，历朝历代的建筑遗存因文脉传承而历久弥新。近代民国建筑延续并融合清末租界西式建筑风格，在伯先路、京畿路一路展开，构成伯先路、大龙王巷街区建筑主旋律。总之，这条历史轴线自唐以来，为镇江的社会经济文化发展服务了1300多年；延伸到渡口的铁路线，直到2004年才退出历史舞台。

第二，宽广的街区空间，文化遗存星罗棋布。街区因渡口的发展而延伸，因渡口的开放而融入近现代历史。1800m的发展轴线辐射了拥有近400000m^{2}建筑遗存的三个历史街区，集中了镇江自唐宋以来丰厚的文化积存。“镇江博物馆建筑群、昭关石塔是国家级文物保护单位，还有救生会旧址、观音洞、小码头街、五卅演讲厅等一批省市级文物保护单位。”许多古建筑在江苏乃至全国都堪称“孤本”“善本”，具有非常高的艺术价值和研究价值。如昭关石塔是全国唯一保存最完整、年代最久的过街石塔；救生会不仅是世界上最早的民间水上救生组织，也是最久远的保存完好的救生建筑。

第三，独特的古渡文化，传承平安博爱愿景。西津渡历史街区是因渡成街，街区文化由渡而兴。古渡文化弥漫在街区的每一个角落。由古渡而生的宗教文化，主题是祈求渡江人的旅途平安；义渡局救生会展示着利济行旅、积善好生的传统美德；因开放口岸而形成的西洋建筑，融入浓浓风情的江南民居之中，与庄重肃穆的宗教建筑共同形成西津渡的建筑文化。罗哲文先生考察西津渡后更是欣然命笔题词：“中国古渡博物馆西津渡”。这个古渡之博，是古渡及其延伸的文化之博，即历史久远之博、空间宽广之博、遗存众多之博，而且都是由渡而博。

因此，西津渡是古城镇江尘封已久的名片，我们有责任、有义务，也有信心、有能力规划好、保护好、传承好，让它熠熠闪亮！在十多年的修缮保护实践中，我们坚持“以人为本”“可走可留”的搬迁政策，降低街区人口密度，为全面修缮打好基础。同时坚持“修旧如故、以存其真”的原则，精心规划、精工细作，潜心打造古街风貌，最终西津渡古街区以其优秀的保护成果和协调的周边环境成为“全国重点文物保护单位”。与西津渡保护更新工程初期相比，三大历史文化街区文物保护单位的数量和等级增加了两倍多。按照市政府文物部门公布的名册，三大街区计有四级文物单位68处共71栋建筑加4个民居建筑群落。其中3处10栋建筑为国家级文物保护单位，7处建筑为省级文物保护单位，市级文物保护单位有25处21栋建筑加4个民居建筑群落。另有市文物保护控制单位十余处。坚持精心管理、精密维护，形成了一整套依法保护与合理使用有机结合的管理体制，古街风貌熠熠生辉、古街人气蒸蒸日上。十多年来，西津渡开街迎客数千万人次，无论市民、游客、专家、观光学者、考察与检查者们，都对西津渡的保护给予肯定。虽迟迟才被外界认识，却能后来居上。

西津渡的保护实际上是全国诸多业界大师、巨擘重点关注和直接参与的成果。全国著名的规划、建筑、文史、文保、名城保护专家如罗哲文、王景慧、阮仪三、张泉、董卫等教授，以及镇江市规划局规划院专家王根生、耿金文等都专门考察指导或直接参与设计了1999年《西津渡古街区保护规划》、2002年《镇江市西津渡历史风貌区保护与整治规划》、2003年《镇江市小码头街保护与修复设计》，这些规划从保护历史文化遗产的角度出发，细致地明确了西津渡历史街区的保护建设的总体原则、功能分区与定位、保护手法和发展规划，为实施保护更新工程勾画了古朴的蓝图。有些建筑的新建重建，如云台阁、萧爽轩等更是当今古建大师杜顺宝的设计成果。西津渡的保护，也是一代建设人的艰辛努力、坚韧不拔的成果。在十多年保护更新的实践中，我们培养了一支从文史研究、规划设计、现场施工到市场运作一体化的专家型人才队伍，他们在国内著名专家的指导下，坚持“修旧如故、以存其真”总原则，创造出“文史领航、规划领先、精品领衔、市场领路、人才领军”古街保护的新路子，被原住建部规划司司长孙安军誉为“西津模式”，为保护更新积累了丰富而又实用有效的操作技术和管理制度。

西津渡需要传承，不仅仅是通过保护管理，还需要文化；不仅仅是传承西津渡的历史文化，今天的保护实践和成果形成的经验，也是津渡文化的新鲜成分和重要组成。八年前，祝瑞洪同志和我商量，希望在退居二线以后能够组织一些人员，编著一套西津渡街区的丛书，全面记录西津渡街区保护修缮及其风貌协调区的所有规划中的历史建筑，以及传统民居和复建改建新建的各类建筑，将这一阶段的保护成果以文字形式固定起来：一是为了总结经验，以利于为伯先路、大龙王巷待续的保护工程提供借鉴；二是为了记录历史，告诉后人我们对于现时西津渡保护的认识和实践，特别在于集中保存历史文化的研究成果、修缮技术的图文资料方面，为将来的修缮提供必要的准备。听到他的设想，我是非常赞成、积极支持的。但是我也担心他的身体状况，写书是非常辛苦的一件事，一切要以身体健康为大局，不要因此负担太重。七八年过去了，他一边与病魔抗争，一边组织班子编写，其间三次住院手术，最后做了肝移植，今天终于完成心愿。我为编著者们热爱文化、热爱西津渡的热情和恒心感动。仔细阅读这部沉甸甸的书稿，更感到其体例独到、分类科学，资料翔实、文字简练，图文并茂、直观生动，是编著者们以严肃认真态度打造的具有较高学术价值和文化传承价值的力作。

首先，西津渡街区及环云台山区域建筑种类多样。这部书将这些建筑分门别类，以中式文保建筑、中式传统民居、西式建筑、民国建筑等街区保护范围建筑为主体，以工业建筑遗产和文教建筑遗产、园林景观等街区风貌协调区域建筑为补充，按建筑各自特色分卷，全面覆盖环云台山景区所有7大类200000m^{2}建（构）筑物，成为罗哲文盛誉“中国古渡博物馆”的全面写照。在书中，除了西津渡街区昭关石塔等传承千年的古建筑卷以外，记录近代租界历史的西洋建筑的西式建筑卷，以及记录独具镇江特色、中西合璧的民国建筑卷是最亮丽的风景线。街区遗存的工业和文教建筑大都位于风貌协调区，是20世纪50—90年代古渡新生以及镇江工业和文教事业发展的重要遗址，在街区保护修缮中进行了降层改造、风貌协调处理，已经与历史街区融为一体，极大地扩展了街区空间、丰富了街区建筑种类和文化内涵。本书将这些建筑单列一卷，记录其所承载的历史和文化，恐怕也是历史文化街区保护中不多见的精彩篇章。园林建筑卷对云台山景观的改造尤其是云台阁建筑群的记录，将云台山景观的历史文化价值提升到观赏“镇江盛境”最佳绝胜的新高度。阅读此节，仿佛身临其境、登楼一览经历镇江新风采。同时，本书不仅对每一类建筑的特色和缘起进行分析研究，而且尽可能细致记录每一栋建筑的历史渊源和文物文化价值、建筑现状和修缮要点，设计、测量、修缮工程的责任部门和责任人。这种编撰体例在目前历史文化街区保护领域相关书籍中未见先例，是独创性的。

其次，本书把编著和研究相结合，收集资料非常具体翔实，在编著过程中采用了许多最新发现的史料或研究成果。例如关于京口蒋氏救生会的历史，编著过程中发现了两部蒋氏家谱，不仅证明了蒋氏救生会“两蒋一家亲”的猜想，发现了《蒋理传》《蒋近仁传》等新的蒋氏救生会史料，还收集到哈佛大学图书馆藏中国旧海关史料《中国救生船》，发现了长江流域水上救生的大量资料以及京口救生会第七世蒋宝之后的新资料、新史实。还发现并记录了街区民国建筑的修建者“许氏兄弟营造事务所”的相关资料，为研究和理解街区民国建筑提供了钥匙。这些新的发现和研究成果强化了这部书作为街区历史建筑文史集萃的学术色彩，读者需要的有关建筑的文史资料可以在这样一部具有工具书性质的书中直接查询。

最后，本书图文并茂，直观形象地反映了街区建筑的历史面貌和现实状态，诚可谓“有图有真相”。它收集并采用了街区建筑大量的历史照片和修缮后的图片，反映了这些建筑的历史和今天修缮后的真实形象，基本上可以说是一部历史建筑的摄影图集。所采用的照片既是客观事物的写真，又是摄影艺术的凝练，打破同类书籍的叙述模式，力求文字精练，充分运用镜头语言，给读者留有较为广阔的思维和想象空间；它还编撰了这些建筑主要的图纸和修缮技术要点，只要按图索骥，基本上就可以原样复建该建筑的历史形态。因此这也是一部街区建筑的技术图集。砖木结构的传统建筑总是要不断修缮维新的，少则十年二十年，多则三十年五十年，就会像今天一样要大规模重修。因此本书也是为三十年至五十年、甚至一百年以后大规模修缮提供了一部原真性的参考书。屡废屡修的是建筑，永久传承、历久弥新的是文化。从目前的已知的相似书籍来看，这样的目标、这样的体例、编排，厚载了一代人永久传承津渡文化的希望。

2020年7月1日于寓所

总序三

祝瑞洪

《西津图谱》，记录了我们西津渡人近20年来的梦想与实践。一行行文字，一张张图纸,像一个个蓝色的梦,又像一帧帧西津渡人勤奋与汗水的身影。

（一）

21世纪初，我们接手西津渡历史文化街区保护与更新工程的时候，想得其实很简单，就是修修旧房子，保护几栋文物建筑，做个旅游景点。开局先修了“蒜山游园”，就被陆龟蒙的诗“周郎计策清宵定，曹氏楼船白昼灰”所吸引，才知道“蒜山”也叫“算山”。感觉马上变了，想法就多了起来。我们这一帮人开始琢磨一些问题，这西津渡过去究竟是什么，今天怎么着，将来走向哪里？希望“知其然”，也“知其所以然”，然后再知道“怎么办”。于是就开始研究历史、文化、建筑和人物。先是成立了“西津渡文史研究办公室”，接着拟出了一个研究西津渡历史文化的意见，于是就有了一些研究成果，知道了一些关于西津渡的事儿。

镇江有文字记载的历史，始于3000年前的西周康王时期。周康王改封虞侯夨至宜地为宜侯。大港烟墩山出土的周代古墓青铜器“宜侯夨簋”，不仅记载了这一历史事件，也证明了自那时候起镇江人就开始“撰写”文明史了。临水而居就有水上活动，就可能有渡口。当时的渡口在不在西津渡这个地方我们虽然不得而知，但是唐人戴叔伦咏西津渡诗曰“大江横万里，古渡渺千秋”，说明西津渡在唐时就以久远的历史著称于世。如果“渺千秋”是写实或虚虚实实，西津渡这个地方,可能最早自春秋战国（公元前770—公元前221年）、至少自三国（220年）起就是码头或者渡口。至唐代中期，齐浣开伊娄河、李德裕治理渡口乱象，西津渡就有了完备的渡口功能。这是值得我们研究、求证的长达1400年的西津渡的“前史”。从唐代至今，也是1400年的历史。

2004年，市区铁路和江边车站被拆除，渡口丧失了最后仅有的物流功能，西津渡才真正退出历史舞台。几乎就在同时，它又重新闪亮登场：西津渡历史文化街区，作为人类文明的遗产，开始大规模实施保护利用工程，因此才有了今天的保护成就和规模。

作为津渡文化的遗产，西津渡历史文化街区具有独特的历史价值和文化风貌。因渡而生的街区主轴线，自西往东再转向南，从玉山大码头遗址，沿着超岸寺—小码头街—观音洞、救生会、昭关石塔—原租界英领事馆—伯先路的博物馆、广肇公所、镇江商会—京畿岭的红卍字会、瑞芝里，环绕云台山有1800m长；街区向东连接伯先路文化街区、大龙王巷历史文化街区，向北到长江边，覆盖近1km^{2}的区域，大约有500000m^{2}的各色建筑。仅仅文物建筑就有35处46栋建筑（群），其中国家级文物保护单位有昭关石塔、英领事馆建筑群和西津渡古街，还有一批有价值的历史建筑和历史遗迹。唐代的小山楼，明代的铁柱宫有迹可循；元代的昭关石塔是全国保存最好的唯一幸存的过街喇嘛塔，宋代的观音洞，清代的救生会，晚清的租界建筑如英美领事馆、巡捕房、税务司和洋行，民国年代的建筑如广肇公所、镇江商会、五卅演讲厅、蒋怀仁诊所和屠家骅公馆，伯先公园则是现代园林建筑设计大师陈植先生的作品，1949年以来的工业建筑和仿古建筑，别具特色的江南民居，林林总总、比比皆是，而且大都与渡口的营生有直接的联系。因此，国家文物局古建筑专家组前组长罗哲文先生称赞西津渡为“中国古渡博物馆”。

建筑是历史和文化的最为可靠的载体，悠久而丰富多样的建筑是丰富多样的历史文化的综合表现。每一栋建筑所独有的历史人文故事，感动着一代又一代的后人。西津渡的昭关石塔，建于元至大年间，至今已有700多年的历史。石塔如宝瓶，象征平平安安。石塔建成过街塔，你从塔下走过，内心默念菩萨的法号，许下你的心愿，据说就可以祈求你的过江旅途乃至人生旅途的平安顺达；西津渡的清代京口救生会馆遗址，记录了自1701年开始，延续了250多年的镇江民间水上救生活动的历史。伫立在救生会的红船旁边，仿佛依稀看到，每逢疾风卷水、江浪如山的光景，每逢江上樯倾楫摧、船破人危的时刻，救生会的红船会敲响警锣，飞驰江中，救人于危难之际。而这个救生会，是世界上成立最早的水上民间救生组织，早于英国皇家救生艇协会125年！中国的水上志愿者，是世界上最早的水上志愿者！蒋氏家族，不仅首创了救生会，而且7代人163年，子承父业、前后相继，甚至不慕名利、辞官还乡，专心致志从事水上救生事业，这是何等的信念和精神。一个人做点好事不难，一家人做点好事也不难，难的是7代人163年都在执着地做好事、做善事啊！这是一部慈善文化的传奇，这是一座善良人性的丰碑！这一定是世界之最的高度啊！尽管，租界的建筑是我们民族和国家近代历史耻辱的象征，但广肇公所、镇江商会，却是中国民族资本家实业救国梦想的印记；而五卅演讲厅和伯先公园，曾经是中国民主革命领袖和先驱者们反帝反封建、宣讲“德先生”“赛先生”的论坛和纪念场所。

丰富多元的建筑承载的是丰富多元的文化，我们统称之为津渡文化，她的核心价值是平安和谐。千百年来，这一文化不仅在西津渡生根、繁衍和传承，而且通过文化的、商业的、宗教的，特别是救生会慈善信念力量的传播、影响到长江流域，影响到中国，直至影响到世界！有建筑的遗存，有文化的传承，造就了一种叫作西津渡的独特韵味！难怪韩素音女士漫步在西津渡的街道上，感叹像是走在一座旅游的金矿里，感叹这里才是镇江旅游的真正金矿！

这是一个有意思的渡口，一个有意思的地方。于是，我们就有了一个梦，一个复兴古渡的梦。从2000年到2014年，15年的光阴，转眼的功夫，如白驹过隙。我们文章写了一篇又一篇，规划做了一轮又一轮，建筑修了一栋又一栋。研究愈来愈深，相关的专著就出版了9本；规划愈来愈大，从西津渡扩展到环云台山，延伸到伯先路、大龙王巷、中华路以西及滨江临水区域；建筑由点到线、由线到面，从几栋建筑、一条街，扩展到整个街区，规划修建近500000m^2，覆盖1km^2；到2014年年底，环云台山的主要街区建筑修缮保护工程近200000m^{2}的建筑及其所在街巷路网工程基本完成。观音洞、救生会、昭关塔、巡捕房、税务司、广肇公所和江南饭店，一栋栋文物建筑，鳞次栉比；小码头街、蒜山游园、西津雅苑、鉴园广场和创意文化街，一片片精品区域，复古如故。2001年，救生会、昭关石塔、观音洞获得联合国教科文组织历史文化遗产保护优秀奖；2006年，昭关石塔和西津渡古街整体被批准为全国文物保护单位。这是对我们镇江这座历史文化名城的卓越历史的定位，也是对我们实施保护更新工程团队的褒奖和鼓励。

我们修复西津渡历史街区，一直以来强调的是做文化，不是做旅游。只有原原本本地把历史文化保护好，才能实现更新利用、永续传承。今天的西津渡，主要的核心区域和建筑的修缮保护已经基本完成，她的历史文化价值充分展现，自然而然、理所当然地成为镇江的靓丽名片；今天的西津渡，因为她的丰厚的历史底蕴、多元的文化韵味吸引着人们的眼球、营养着游客的身心。她已经不仅仅是一座历史文化街区，更是驴友汇聚、吃货常来、拍客流连和恋人徜徉的旅游观光、休闲养生之胜地，悄悄地从文化的废墟、残垣，升华为经典、盛宴；更从旅游的赠品、补品，升格为正品、主餐。

我们更爱镇江了——因为西津渡！

（二）

我们的梦，今天应该说是实现了，但好像还在延续，还应该延续更久。再过30年、50年、100年，乃至更多年以后，西津渡会是什么样的？我们想，至少有一点，西津渡历史文化街区的保护和更新，肯定是一件要代代相传、世世延续的事业。今天我们保护更新的理念、经验和做法，特别是关于建筑修建和利用的思考和实践，肯定对将来的人有用。我们把古建筑古街区修缮好、保护好留给后人，我们也要把我们的文化传承总结好、整理好留给后人。

于是，就有了出一套书的念头，起名为《西津图谱》，洋洋大观共计7卷，分别记录西津渡历史文化街区保护修缮和更新利用的规划、各类建筑和主要街道的修缮与复建仿建、园林绿化的布局和建设等技术资料，便于后人在我们的基础上按图索骥的同时，再度创新发展。

从另一个角度来说，编撰出版《西津图谱》，也可以说是对15年来西津渡历史文化街区保护更新、修复利用的理念、技术、实践和成果的总结回顾。对于街区保护修建工作而言，按图索骥容易，毕竟施工技术是完全可以复制的。但是，也许我们保护修建中形成的这些技术理念，比最终我们看得见的成果更为重要。多年前，住建部规划司司长孙安军先生在考察西津渡时，称赞我们西津渡保护修建工程的方式经验为“西津模式”。那么，这个模式在修建理念上有些什么经验或特色可以总结呢？就我们的保护与修复实践来看，至少有“五领”，即 “文史领航、规划领先、精品领衔、市场领路、人才领军”等5个方面可以进一步研究。

始终坚持文史领航，是我们保护历史文化遗产的核心技术。前几年，很多人看了西津渡都有疑惑，西津渡的保护为什么很少考虑旅游服务的市场定位？还有人直接批评我们不懂旅游经济，不懂市场策划。我们总是耐心地说，我们首先做的是文化，保护的是历史，观光旅游只是我们的副产品。因此，在长达15年的保护更新和修复利用实践中，我们不断地拷问自己，我们所做的事情，与历史的真实相距多远？15年来9本专著的研究成果启示我们，西津渡的文化，可以概括为以平安和谐为主题的津渡文化。它是多元的，又是一以贯之的：无论义渡文化、救生文化、宗教文化，还是建筑文化、市井文化、诗词歌赋，都以平安和谐为要旨、慈业善举为精神。我们研究西津渡发展的内在脉络，认为西津渡就是多元文化在千年历史长轴上的同一个空间节点上不断积累、沉淀，互动、渗透，交融、凝聚，扬弃和升华而成的一个以平安和谐为主题的津渡文化的综合体。因此，不管我们如何规划、如何修建，把握好这一独特的文化性质，就能使我们的作品首先与历史的真实保持和谐、连续一贯。只有把西津渡的历史文化研究透了，才能拿出高品位的规划和修缮方案，才能使保护跃上新的高度。我们研究西津渡街区发展与城市发展的关系，为大西津渡保护规划提供了成果支撑。西津渡是镇江城市西部区域发展的一个发育点，街区由渡而生，并且沿云台山东麓向南，扩展到现在的伯先路街区、大龙王巷街区，构成三个由北向南、边界相邻的历史街区；沿江向东延展码头港区，形成我们20世纪80年代称之为镇江港的港区。这使我们认识到，西津渡的保护更新和修复利用，要放在镇江历史文化发展和城市发育与发展的大格局中通盘考量，从而有了大西津渡保护规划和文化拓展新格局的设想和思路。我们研究西津渡的救生会，研究成果成为西津渡中国救生博物馆的主要内容，得到国内外救捞部门和专家的赞赏；我们研究西津渡的观音菩萨，挖掘出西津渡观音崇拜民俗化、观音菩萨在道教中作为慈航真人这一佛道融合、共祈平安的独特内涵，把原来仅仅作为宗教场所的观音洞，化作宣传平安和谐的津渡文化的展示工程，提升了建筑物的文化内涵和历史风韵。

始终坚持规划领先，是我们保护历史文化遗产的基础功课。西津渡历史文化街区是一个不可分割的整体，又是镇江三个历史文化街区之首善。从本质意义上说，历史文化街区不是今天意义上的规划的产物，而是千百年来街区的建筑街巷、居民繁衍、社区文化的发展历史的一种物质遗产和非物质遗产有机结合、互相依存的共同体。它经历了历史的考验、淘汰、筛选、继承和发展，承载着各种街区文化的有形和无形的符号。因此，保护和修复工程，就必须在充分认识和尊重街区历史生态（文史领先）和现实生态的基础上，经过详细周密的规划，科学确定范围、时序、方案、材料和工艺，确保保护和修复的最终结果能够真实地还原或反映历史面貌。从1986年镇江成为中国历史文化名城、西津渡等三个街区成为镇江的历史文化街区以来，西津渡的保护更新和修复利用规划经过了一个逐步完善、深化、拓展的过程。最早是在20世纪80年代中期修复小码头街道、复建了待渡亭；世纪之初修复了核心区的昭关石塔、救生会和观音洞三大建筑，开始制定西津渡整体保护修复规划。我们请东南大学的博士生导师、教授董卫先生和他的专家团队，以及镇江市规划局、规划院的专家团队，对街区的所有建筑、街巷道路、空间布局进行了全面的调研、分析，形成规划初案，邀请国内文保界大师级专家王景慧、阮仪三等来西津渡参加规划初案的研讨和论证，提升了街区保护修复整体规划的科学性、权威性。2006年，西津渡街区保护更新和修复利用整体规划基本完成。规划确定了街区保护更新和修复利用的整体性原则、多元化原则、时序性原则等，稳步推进我们的保护进程。这是规划修编的第一阶段。第二阶段是制定环云台山保护规划，即在西津渡保护规划基础上，规划范围拓展到西津渡、伯先路两大街区到京畿路1800m轴线两侧的全部建筑区域。第三阶段的规划始于2010年，镇江城市建设的大发展进一步启示我们，三大历史文化街区的保护要同名城现代化大格局同步，与镇江北部滨水区建设相呼应。规划在原来以西津渡历史文化街区为核心区、环云台山旅游度假为主景区概念基础上，强化了风貌保护区、滨水文化协调区新主题，并概括为大西津渡保护新框架，初步形成包括三大历史文化街区、中华路以西风貌协调区、西津湾滨水文化拓展区在内的、覆盖1km^{2}范围的大西津渡总体规划方案。这个大西津渡规划，应该说不仅仅是完善了西津渡历史文化街区的保护更新和修复利用的总体思路，也从镇江城市发展的大格局中，把握住了城市历史文化与城市现代化、与城市经济发展互动的节奏；为未来的镇江，既保护了一大片历史文化遗产，又拓展了以现代服务业为主题的500000m^{2}的商业旅游服务设施和1km^{2}的旅游观光和休闲购物的特色经济区。今天我们体会到，保护西津渡，我们赢在规划的整体性、前瞻性和科学性。

始终坚持精品领衔，是我们保护历史文化遗产的一贯理念。西津渡的每一栋建筑、每一条街巷，都是历史遗留给今天的宝贵遗产。歪斜破损的结构蕴藏的是传统的工艺，斑驳陆离的表面积淀的是文化的“包浆”。我们小心翼翼，坚持“修旧如故、以存其真”，探索着“清水乱砖墙”如何砌筑到位，“拐弯抹角”如何体现人文关怀，“车辙印痕”如何复原相像；我们大胆创新，尝试用现代建筑材料局部替代砖木材料，高仿传统的文化符号，提高建筑的强度和实用性。我们综合施策，大量收购老旧建筑砖木石材，买旧做旧；克服街巷道路地下空间狭窄的困难，坚持各类配套管线下地，辅之以老麻石、弹石、卵石和道砖敷设路面；并在坚持街巷肌理的前提下，疏减关键节点上的一般建筑，适度开放巷道空间，街巷道路敞亮整洁、古风犹存。我们注重细节，着眼于每栋建筑的一砖一瓦、一柱一梁的砌筑安装，专注于街区园林的一草一树、一山一石的种植敷设；坚持原真、修旧如故、协调风貌和再现历史。经过多年的努力，我们逐步修复了6大类建筑群落，敷设了一张街巷道路和管线网络：以昭关石塔、救生会、观音洞、铁柱宫和小山楼为主体的古建筑群；以西津渡街、小码头街为主体的江南民居建筑群；以巡捕房、税务司公馆、德士古火油公司和亚细亚火油公司为主体的西洋建筑群；以镇江商会、蒋怀仁诊所、屠家骅公馆为主体的民国建筑群；通过结构加固、功能转换，形成了以原前进印刷厂、滤清器厂和农药厂为主体的老厂房建筑群；以云台阁、蒜山游园、西津雅苑、鉴园广场和玉山游园为主体的园林建筑群。特别值得一提的是，在云台山顶规划、建设云台阁建筑群，是建设规划的领导者们力排众议的决策。今天看来，东南大学杜顺宝大师的这一成功作品，在历史的尘封中揭示和重塑了云台山厚重的历史文化，引领整个西津渡环云台山景区建筑品质提升到经典水平。

始终坚持市场领路，是我们保护历史文化遗产的经营理念。我们接手西津渡历史文化街区保护修复工程的时候，西津渡基本上是一个破败的居民区。原居民的走和留，留多少，大概是所有历史文化街区保护修复工程面临的难题。我们很幸运。研究西津渡的历史，我们惊讶地发现，西津渡原本就是一个以码头为核心的商业街区，建筑主要以公共建筑和商务建筑为主体；西津渡，原本就是以商户作为常态居民 “常居”和以渡客作为临时居民“客居”为主的地方。就地理学变化而言，清代以前除了小码头街沿着山体栈道逶迤延伸向西至玉山码头以外，栈道以外就是江面。这从清代画家张夕庵的《救生会馆图》可以看出来。因此，街区一般意义上的居民很少；清末随着江滩淤涨，才有现在的街区。从云台山顶往下看，小码头街两侧的有规则的建筑，如吉瑞里、长安里，是广东人卓翼堂于民国初年开发，可能是最早的西津渡房地产业，大约最早的功能，就是商务性质的。清末民国初，渡口向北迅速位移，以及小火轮的出现，削弱了原来西津渡渡口的功能，居民结构才发生变化；新中国成立后，西津渡渡口功能进一步弱化，逐步成为完全意义上的居民区。这一研究成果不仅解决了上述原居民去留难题，为街区的功能恢复、市场定位指明了方向，更为巨额投资找到了“持有型商业地产”的硬支撑。街区居民搬迁了，全面恢复历史上西津渡街区的商业服务功能。例如，通过对小码头街原有建筑的修缮，引进传统品牌老字号店铺、名店名吃、特色旅游纪念品店，努力再现当年商铺林立、飞阁流丹的盛景；通过对工业建筑的加固改造和功能置换，积极培育镇江菜馆、锅盖面品鉴馆、雅狮酒店、桔子酒店等旗舰商铺酒店，推进服务业、创意产业商户入驻，既逐步引导观光旅游向休闲度假转型升级，又通过自主经营、合作经营、租赁经营等多种方式，为街区建立了永续保护性市场运作的基础和机制。

始终坚持人才领军，是我们保护历史文化遗产的关键策略。高端人才做高端作品。西津渡的修复保护过程，集成了国内的一批历史文化建筑保护规划和建筑设计精英人才的智慧和创意；也在实践中锻炼、培养了镇江市西津渡文化旅游有限责任公司（以下简称西津渡公司）的文史研究、规划设计和建筑工艺管理人才队伍。如住建部原总工程师王景慧、同济大学教授阮仪三、龙门石窟研究所名誉所长郑州大学教授温玉成及东南大学教授吴明伟等多次考察西津渡，并于2003年6月主持或参与了西津渡历史文化街区保护更新和修复利用规划的论证，提出了非常重要的意见和建议。东南大学建筑学院博导董卫教授和他的团队，在近20年的时间里为西津渡的规划和设计做出了大量艰辛的创造性的、富有成效的工作；镇江市规划专家王根生、耿金文、史健洁、王荣飞、孙荣华和朱晓娟等多年来关注并直接主持或参与了西津渡保护修复规划设计方案的修缮和制定；城建产业集团公司和西津渡公司高级工程师庞迅、王敏松、杨恒网、廖星，高级经济师陆江、张峥嵘，文史专家范然以及上百名古建工程的管理人才和能工巧匠、镇江市城投集团以及西津渡公司的领导班子和全体员工，为西津渡今天呈现给我们的文化风范，付出了不懈的努力。因此，今天的西津渡历史文化街区，可以说是大师的创意、专家的作品、匠师的技艺、人民的宝鉴。

（三）

《西津图谱》记载了一栋栋建筑、一条条街巷的技术数据和实体形式。这些古老建筑和街巷今天得以保护，首先要归功于组织和参与西津渡保护更新和修复利用工程的决策者、文史研究专家、规划设计专家及建设工程专家和匠师。

自1986年西津渡被列为历史文化街区以来，镇江市历届市领导对西津渡的保护更新和修复利用一直积极支持与赞赏直至出谋划策、直接指挥。老领导钱永波、周大平、郭礼荣等，都对西津渡的保护更新和修复利用，关怀备至、倾心支持。原副市长黄选能，在街区保护的最初几年里，花大气力修建（复）了西津渡东券门、待渡亭、小码头街街道；2000年，原常务副市长张克敏、中共镇江市委常委宣传部长朱正伦领导了西津渡核心区昭关石塔、救生会、观音洞的修复工程；2002—2008年，原副市长黄宝荣启动了西津渡大规模保护更新和修复利用工程，组织修订和实施了街区保护规划并取得了阶段性保护成果，西津渡以新的面貌于2008年5月1日正式开街；2009—2011年，原副市长陈杰继续推进街区保护更新和修复利用工程，扩大了街区保护和修复范围，初步形成了大西津渡框架；2012年以来，副市长雷志强加大了保护更新和修复利用力度，环云台山景区保护和修复成果斐然，风貌协调区和滨水拓展区规划建设工程全面展开，大西津渡框架初见雏形。2001—2010年，市人大常委会副主任鄂金书任镇江住建局局长期间，克服一切困难和阻力，指挥市城投集团和西津渡公司员工全力以赴推进西津渡保护更新和修复利用工程。镇江市发改委、住建局、规划局、国土局、财政局的领导，在西津渡保护更新和修复利用过程中给予了极大支持，他们是西津渡在规划、计划、建设、土地和投资方面的坚强后盾。特别要记载的是，原市长、市委书记许津荣，自2002年至2011年的10年中，始终关注和支持西津渡保护更新和修复利用工程的进展，在投资优先、关键决策上起了决定性的引领作用。因此，这10年，是西津渡投入最多、工程最快、变化最大的10年；这10年，历史的西津渡成为今天的西津渡，成为镇江的靓丽名片。

在本书第一卷，我们选载了各级领导视察指导的部分照片，作为本书的一种荣誉，并借此衷心感谢各级领导对西津渡的关怀和支持。

为感谢参与和支持本书编撰的领导、专家、编者和工作人员，我们感到有必要把原本一般在后记里记录的编务事项，放在序文里载明：

总 顾 问 鄂金书 原镇江市人大常委会副主任

总 顾 问 董 卫 东南大学建筑学院副院长、博导、教授

总 编 著 祝瑞洪 原镇江市城投集团董事长、党委书记、总经理，副研究员

副总编著 庞 迅 镇江市城建产业集团公司董事长、党委书记，
高级工程师（正高），曾任西津渡建设发展公司董事长

副总编著 王敏松 高级工程师、古建专家

副总编著 张峥嵘 高级经济师、西津渡文史专家

摄影图片统筹 高卫东

编 务 吴 涵 朱 婷

施工图纸、统筹 季 梓

编 务 季 梓 于 啸

统 筹 牛 荟 蒋 翠 魏静怡 王 瑶

特别需要指出的是，本书的总顾问、总编著、副总编著及各卷领衔主编，都是全程主持或参与西津渡保护和修复工程的决策者、设计者和实施者。

本书编著大纲由祝瑞洪、庞迅、王敏松、张峥嵘和牛荟共同提出并讨论定稿；张峥嵘统筹了文史部分文字，并负责全书各类资料的汇总、编撰工作；王敏松统筹了本书建筑技术部分文字；高卫东统筹摄影图片的编撰工作，市润州区摄影家协会陈大经、陈岗、钱小平、应文魁、杨宪华及黄良清等各位摄影家，也为图谱提供了部分图片；祝瑞洪提出本书编写体例，确定编写计划，修改并最终审定了本书全部文稿和图稿。本书原计划共七卷，此次先出版前四卷，即第一卷《镇江市历史文化街区保护规划》；第二卷《中式文物建筑》；第三卷《西式建筑和民国时期建筑》；第四卷《工业与文教卫生建筑遗产》。另外三卷《传统民居》《园林景观》和《基础设施》待明年完成编撰工作之后再行付梓。

在本书完成编撰、付梓出版之际，我们深情缅怀罗哲文先生和王景慧先生。文物和古建保护大师罗哲文先生对西津渡倾注了巨大的热情和关怀。1999年，罗哲文先生专程来西津渡考察，欣然题词："中国古渡博物馆西津渡"；2010年，罗哲文先生在杭州考察，为了完善西津渡的保护和修复规划和有关方案，我和庞迅同志专程赶到杭州他下榻的酒店作了专题汇报，得到了他的指导。我们将罗哲文先生1999年的题词"中国古渡博物馆西津渡"刊印在本书的前面，作为我们对这位已故大师的怀念。

谨以此书报答为西津渡作出贡献的人们!

于伯先路屠家骅公馆

2014年6月初稿

2020年7月定稿

本卷序一

走向可持续发展的“西津模式”
——西津渡历史文化街区保护规划再思考

中华人民共和国成立后，政府对历史遗产的保护与传承一直比较关注。1961年3月4日，第一批180个文物保护单位公布，标志着我国文物保护单位制度的正式建立。1982年，以城市文化遗产整体保护为主导思想的“历史文化名城”制度开始建立，大大丰富了文化遗产的内涵，并以城市作为各类不同文化遗产的基本载体，是西方城市遗产保护理念与中国具体条件结合产生的良好结果。三十多年来，我国已有包括镇江在内的119座城市名列国家级历史文化名城名录中。随着城市社会经济的快速发展，关于历史城市保护与可持续发展的研究也在不断推进，但囿于城市建设的巨大压力以及理论与实践未能对接，名城保护一直未能成为城市建设的主流。直到最近几年，“传统文化”才作为一种宝贵的和可持续的城市资源真正进入城市管理者的视野，在历史城市遗产保护与再利用方面出现了许多值得研究的案例。当然，对“传统文化”的“价值”的关注仍然更多地伴随着对民众日常生活、城市社会经济繁荣、实现政治目标以及其他众多复杂因素的综合性考量。因此，一种理想的、整体性的历史保护体系的建立还任重道远。

长期以来，东、西方在历史遗产保护的概念上仍然存在一定的差异，包括遗产意义与价值判定、保护方法及操作程序等。在较长时间内，“西方标准”一直是历史保护理论与方法的主流，因此众多中国遗产的真正价值经历了一个较长的过程才逐渐被国际机构和学者所认同，这也使我国学术界和城市实践者认识到，我们应当在充分理解和科学借鉴西方思想的基础上推进符合中国特色的文化遗产保护理论体系。只有这样，才能够在学习、研究国际理论和经验的过程中发展新的、属于中国而面向世界的城市思想。

一、城市变迁中的西津渡

关于西津渡的缘起与发展已有许多研究成果，也有相关文献可以考证。这里不打算从历史的角度探讨西津渡的发展过程，而想从城市的角度理解西津渡在不同历史时期所扮演的角色及其文化意义。

西津渡兴起。镇江位于长江和京杭运河的交汇处，这一得天独厚的区位优势使其成为国家级东西、南北水上交通线的重要节点城市，而西津渡就是这个节点城市中的关键性节点。这种关键性典型地表现在它不仅在相当程度上影响了镇江城市的最初形态，而且在2000年的历史中持续发挥了这一影响作用，使镇江始终保持为长江下游一座真正意义上的滨江城市。今天，镇江沿长江呈带状的发展态势就始于它最早的渡口及航运枢纽功能。正是具备了这一扼守运河航道、控制长江交通的战略价值，镇江才有可能在三国时期成为孙坚、孙权统治下的吴国都城。此后的镇江，在坚实的军事防御基础上进一步发展成为著名的南北货物集散地，在唐代，它已经完全具备了渡口功能，完成了从军事要塞到经济中心的转变。此后在超过一千年的时间里，镇江一直都是东西、南北“黄金水道”的重要节点。

西津渡转型。第一次鸦片战争期间，镇江被英国侵略者占领，西津渡在强权和屈辱中开始了它的近代化过程。1861年，街区东部一部分被划转为租界区域；1908年沪宁铁路建成之后，西津渡街区及其周边地区的角色再次发生转变，成为镇江近代工商业发展的摇篮。在这漫长的过程中，城市功能呈现出多样化的变迁，同样变迁的还有街区的形态、社会结构，以及经济和政治格局。在这些种种变迁之后，城市经历了清末民初的战乱与萧条。1929年镇江成为江苏省省会所在地，获得了一个被称为“辉煌十年”的短暂兴盛期。整个老城以及城西的大西路、伯先路、京畿路、宝盖路一带都开展了大规模的建设。然而好景不长，1937年日本侵华战争全面爆发。年底，镇江老城及英租界一带即遭到侵华日军的狂轰滥炸，成为废墟。

西津渡再转型。20世纪50年代以后，城市发展方向发生转变，老城及其城东成为建设重点，老城西大片老街区作为一种历史标本沉寂下来，唯有大西路一带仍借助历史的惯性，在90年代以前一直是镇江市最繁华的商业大街。现在，西津渡街区、大龙王巷街区、新河街等历史地段构成了镇江历史文化名城核心的传统街区，开始逐渐发挥新的城市功能。这里保留了古渡口、大运河、传统街坊、寺院庙宇、老字号和传统民居群落等各种类型的文化遗产资源，保持和遵循传统生活方式与习俗仍然是许多居民的基本理念。

将西津渡漫长而多元的历史归纳为兴起、转型、再转型这三个阶段的确过于简单，但在简单之中我们发现，一个具有国家甚至世界性价值的地方特殊文化——“渡口文化”的成长过程。西津渡的“渡口文化”与镇江这座滨江枕河的交通枢纽型城市的历史地位密切相关，是依托长江、大运河这两条古代国家水上干线、经历千百年的沧桑与艰辛而逐渐形成的。西津渡“渡口文化”以长江、运河渡口为表现形式，中国南北文化、贸易关键性孔道为具体功能，以南北经济、文化交融为深刻内涵，在一定程度上反映出古代江南文明的发展历程，特别是早期北方文化的南迁过程以及隋唐以后南方文化与资源的北进过程。正是这种独一无二的历史性地位，使西津渡“渡口文化”具有了无可替代的历史文化意义。

二、街区规划

1986年，镇江入选第二批国家级历史文化名城。随后，镇江市人民政府启动了镇江历史文化名城保护规划，1997—1998年又编制了西津渡历史街区保护规划。作为长江下游的著名渡口，在历史上西津渡曾经接待了包括李白、孟浩然、张祜、王安石、苏东坡、沈括、陆游、白居易、辛弃疾等许多往来于大江南北的文化名人，他们在此留下了许多脍炙人口的诗文。例如，唐代诗人张祜途经镇江夜宿西津渡，留下了著名的客愁诗篇《题金陵渡》：“金陵津渡小山楼，一宿行人自可愁。潮落夜江斜月里，两三星火是瓜洲。”王昌龄在镇江任江宁丞时写下了流传千古的《芙蓉楼送辛渐》诗：“寒雨连江夜入吴，平明送客楚山孤。洛阳亲友如相问，一片冰心在玉壶。”11世纪中叶，北宋王安石应召自宁波经杭州赴京，从西津渡乘舟北上，写下了著名的《泊船瓜洲》诗：“京口瓜洲一水间，钟山只隔数重山。春风又绿江南岸，明月何时照我还。”南宋时，镇江成为抗金前线，辛弃疾在担任镇江知府期间训练军队，意图北伐，写下了气壮山河的《南乡子·望京口北固亭有怀》：“何处望神州？满眼风光北固楼。千古兴亡多少事？悠悠。不尽长江滚滚流！年少万兜鍪，坐断东南战未休。天下英雄谁敌手？曹刘。生子当如孙仲谋！”……与镇江历史有关的这些人物及其作品，使镇江成为连接中国南北的一座历史文化之城。

这些丰富的历史文化资源也为历史街区定位及保护规划方向定下了基调。所以，西津渡历史街区保护规划的基本意图就是强化融合南北文化、控扼水上枢纽的“渡口文化”，这一历史文化特征在119座国家级历史文化名城中具有无可比拟的唯一性！

1.第一轮保护规划

西津渡历史街区内的英国领事馆旧址，于1996年经国务院批准被列为全国重点文物单位。此后，由镇江市规划院与东南大学城市规划设计研究院合作，完成于1998年的西津渡历史街区保护规划，是依据《镇江市城市总体规划》与《镇江市历史文化名城保护规划》所进行的一项专项规划，所保护的范围即为《镇江市老城西区控制规划》中所设定的“重点保护区”。

1998年的西津渡街区，年久失修，众多文物建筑、历史建筑的现存状况较差，民居条件更是远落后于当时城市的基本标准。加上周边企业的严重污染，自然环境状况也相当糟糕。

在接受委托后，我们于1998年8—10月组织学生对西津渡街区进行首轮调研、测绘。根据调研的成果，第一轮保护规划对当时现存的遗产资源进行了深入的摸底调查，在规划制定中着重梳理不同等级的历史建筑、整理街区肌理，并通过用地性质划分来确立关系；规划第一次将“西津渡街”和“小码头街”从原有的街巷系统中突出出来，并以其串联起“传统民居区”“商业文化古街观光区”和“古迹观赏游览区”三个主要功能区。重要的一点是，本轮规划对街区内的管线等市政设施进行了系统的规划和组织，为后续所有的发展打好了基础，也使得当地居民的生活质量在实施完成后得到了大幅度的提高。

在规划理念上，第一轮保护规划提出了保护整治传统小码头街，再现“西津古渡”风采的设想。保护规划建设从1998年到2010年，历时12年，项目内容包括修缮“五十三坡”及券门、石阶、观音洞、救生会、昭关石塔；重修铁柱宫和新建小山楼；整治和修建“蒜山游园”“西津雅苑”（包括新建鎏丹阁、改建集雅斋、改建三友堂）；改造四街巷管线、维修四街巷房屋、进行云台山北坡滑坡治理；开展夜景亮化工程；编制西津渡东北侧地块保护更新修建性详细规划，三企业厂区搬迁，修缮税务司、北入口广场、生态停车场；编制“银山门”地块保护更新规划；以及着手二院搬迁事宜等。在镇江市人民政府的大力支持下，镇江市建设局、规划局和文管会（文物局）等部门积极采取行动，落实规划意图。2001年，西津渡第一期修复工程获得了联合国教科文组织“亚太地区文化遗产保护奖”的优秀奖，这对尚在探索中的历史街区保护与整治理念无疑是一个有力的鞭策，也为以后历史街区范围的扩大以及规划调整提供了参照。

2.推进阶段

2000年以来，西津渡历史街区保护与整治工作进入一个新的发展阶段。2001年初，为强化西津渡地区的保护与改造，市政府组建了镇江市西津渡建设发展有限责任公司（现镇江市西津渡文化旅游有限责任公司，简称西津渡公司，下同），是隶属于镇江市城市建设投资集团公司的全资子公司，注册资金为10亿元。西津渡公司成立后十分重视规划的龙头作用，先后推进编制了《镇江市西津渡历史风貌区保护与整治规划》（镇江市规划院与东南大学城市规划设计研究院，2002）；《西津渡风貌保护区修规扩编》（镇江市规划院与东南大学城市规划设计研究院，2008）；《镇江市青山绿水（云台山）综合整治规划》（东南大学城市规划设计研究院，2009）；以及《西津湾国际旅游度假村规划》（东南大学城市规划设计院，2010）等一系列规划文件。同时成立专门团队，开展多方合作，对西津渡历史文化开展深入研究，形成了许多有广泛影响的成果。各项规划实施后也为街区带来了多项荣誉：除了在第一轮保护规划中救生会、昭关石塔和观音洞三个项目修复获"2001年联合国教科文组织亚太地区历史文化遗产优秀保护奖"以外，街区内的各项工作还获得了 "茅以升科学技术土木工程奖"（2007）、"江苏人居环境范例奖"（2008）、"江苏省文化产业示范基地"（2008）、"中国人居环境范例奖"（2009）、全国最受欢迎的"世博体验之旅示范点"前20名（2010）、"江苏省现代服务业（文化产业）集聚区"（2010）以及成功创建"国家AAAA级旅游景区"（2010）等。

这一阶段的规划编制工作和实践逐渐由单纯的街巷、历史建筑保护、整治与修缮转变为针对更大范围街区、更为整体性的理解和展示。对于街区在城市发展中的地位和作用成为规划中的关注重点。此外，对于经营管理以及政策方面的研究和投入也大幅增加，更加重视向城市、市民推介街区，并且在建筑改造、街区基础设施规划中应用多种国际范围内先进的绿色节能技术。

3.以研究作为导向的规划设计

为深入探究西津渡"渡口文化"的历史脉络，在规划的同时，镇江市建设局（住建局）、镇江市城投集团、西津渡公司与有关部门还启动了相关城市考古工作，数年来陆续获得了一些具有重要价值的发现。2007年5月，“西津渡古街”被国家文物局批准为第六批全国重点文物保护单位，西津渡作为“历史街区”进入历史保护学界和业界的视野。2008年1月，镇江古城考古所组成考古队正式开展了西津渡地区考古工作。同年春，考古队在西津渡古街北侧在建停车场工地发现地下石砌码头遗存，据考证为清康熙年间民间创立的救生码头，即予以保护、展示。据志书记载，“玉山报恩寺(清代改称超岸寺)，在西津渡口”,可知古代渡口应与超岸寺有关。当年夏,考古队移师古街西侧超岸寺附近，在超岸寺及其周边纵横100m的范围内实施普探，探明渡口遗址范围内文化地层及主要遗迹的分布。2009年春，分别发现码头、石岸、官署建筑等重要遗迹。至2010年初,共计发掘探方面积近3000m^2，揭示出历代渡口石岸、码头平台及其他相关遗物。这样，在云台山西北和北部分别揭露出唐宋、元明和晚清时期的码头遗址。这些遗址的发现组成了一个相对完整的历史链条，更为真实地勾勒出西津渡“渡口文化”的历史变迁过程。正是由于这些重要发现为保护与整治规划提供了清晰而可靠的历史依据。因此，中国文物协会原会长、已故古建筑保护专家罗哲文先生将西津渡街区誉为“中国古渡博物馆”，认为这是我国历史最悠久、规模最大、保存最完善的渡口历史街区。

连续性的现场调查、深入细致的文献整理、及时合理的考古发掘、坚持传统工艺的修复方法、缜密细致的山体治理、和谐周到的社区服务，以及长期和多元化的专家咨询团队的协作，这些都为街区保护与发展规划奠定了坚实的科学基础，使西津渡历史街区保护与整治逐渐探索出一条科学研究为基础、科学规划为先导、科学保护为宗旨、科学发展为目标的创新性道路。这种基于地方历史文化、弘扬科学精神、注重文化建设与社会经济平衡发展、从规划到建设全过程联动的历史街区保护方式，就是“西津模式”的实质性内核。这一模式，得到住建部规划司孙安军司长的高度赞赏与肯定。

三、问题与挑战、展望未来

在参与编制西津渡历史街区各轮规划工作的过程中，保护与更新之间突出的矛盾是一个难以避免的问题。街区内，住宅建筑年久失修，并且由于基础设施落后，街区内居民仍不得不生煤炉、倒马桶……因此，他们对拆迁改造的要求十分迫切。而另一方面，历史保护界则倾向于保持原生态的生活方式以及社区肌理。在这样的矛盾面前，规划、行政部门、社会对西津渡发展展开讨论。规划编制人员在其中起着重要的协调作用，并逐渐完成了从开发、建设者向更为全面、多样的城市展示者的角色转变。包括支持、开展更为广泛的社会参与；有意识地将规划设计对遗产的影响控制至最小化，保护历史遗产的原真性、街区的风貌特征和空间肌理的完整性、当地生活方式的地域性以及人文精神的延续性；进行更多经济伦理等方面的考量，更新破败的建筑结构、落后的基础设施、逐渐老化的人口结构，以及失去活力的当地经济；争取保护与发展的协调、寻求政治上的支持等。

时至今日，西津渡历史街区的保护与更新规划工作已经取得令人较为满意的成果，但同时，对街区更加美好未来的期冀也在展开。在1998年编制的《西津渡古街（区）保护规划》的远景构想中，长江路以北地块已被纳入考虑。当时的做法是以景观、广场为主的公共活动场地。现在按照西津渡景区整体建设时序，计划于2011年基本完成，2012年扫尾。主要实施“镇江老码头”创意文化产业园的创建、伯先路街景的整治；玉山超岸寺景区、京畿路街景的整治；小码头街区建控地带及扩展保护区改造；北部滨水区长江路二期段景观改造等。将区域内的文化、园林、宗教和房管等资源纳入统一管理范畴。结合镇江西城区旧城改造的实际需要，合理扩展西津渡街区保护范围，保持街区周边地段的协调发展，统筹相关人文资源和自然资源，理顺镇江历史文化街区建设的体制机制，形成镇江历史文化集中展示区域。

西津渡的远景扩展到伯先路、大龙王巷，加入中华路西地块、西津湾等地块，形成“大西津渡”框架，“西津渡”将代表着镇江西城区整整1km^{2}的精彩 。包括传统服务业加时尚消费的定位，西津渡将进一步巩固其全城时尚文化第一去处的地位，并力争发展为周边都市圈内的一个闪光点。西津渡的历史、文化地位将更广为人知，并受到更多关注以及保护措施、经费方面的投入。西津渡将开始以世界遗产地街区带动城市发展的新篇章。在规划研究层面，成为遗产地的保护和更新与所在城市的提升的绝佳范例。

董　卫

2010年10月于南京

本卷序二

西津渡历史街区保护相关规划的解读与思考

西津渡历史街区，位于镇江市老城区西北，北面临近长江，距著名金山寺1km，南侧紧依云台山。该街区内现有国家和省级重点文物保护单位各一处，市级文物保护单位4处，有六朝古渡口遗址和百年来所留下的有深深车辙印的条石路及元、明、清时期众多的文物建筑。历史上的文化遗产众多，晋、唐、宋、元、明、清的历史都有踪迹可寻，同时还有保留完好的、独特的、成片的清末民国初建造的民居和商业街，形成千年古渡、百年老街的历史街区风貌景观。

西津渡古街——从五十三坡到待渡亭，长约200m。自东向西现存古迹有镇江博物馆(原为英国领事馆，1890年重建)、救生会［清康熙四十一年（1702年）成立，光绪年间重建］、昭关石塔［明万历十年（1582年）重修的喇嘛塔］、观音洞（观音阁）［始建于宋，清咸丰九年（1859年）重建］、待渡亭（六朝渡口遗址修建半亭）和六道圆拱券门，错落有致，布局合理。步入这一环境中仿佛漫游在一座天然的博物馆里，六道券门上门楣根据环境和周围的建筑有题字石刻，如在观音洞东西二券门上，东刻“同登觉路”、西刻“共渡慈航”以增添宗教气氛。进入待渡亭前的券门楣上刻着“层峦耸翠”和“飞阁流丹”，点出了南侧云台山苍翠葱绿的山景和商业街店铺林立的热闹景象。

商业街——从待渡亭到小码头长约307m步入清光绪年间逐步形成的古商业街，当年这条滨江街道两边多为两层楼房，商铺林立，商业十分繁盛，是城内上金山寺的必经之路，目前街道整体风貌依然存在。

传统民宅——西津渡街区住宅极具特色，建筑外墙面以清水墙居多，结构保持传统的木梁架体系，山墙均设防火墀头墙、小青瓦，建筑多为清末民国初修建。从平面形式大体可分五种类型，即沿街下店上宅式、连排式、院落式、二层三合院式和一层院落式，造型简朴、功能实用。

西津渡历史街区是历史遗留的宝贵财产，它那相对完整的历史风貌、真实的历史遗存、完整协调的环境风貌，引起了各级领导、有识之士和国内外专家的重视。1997年，镇江市建委委托镇江市规划设计研究院编制完成历史街区保护规划。该规划首先从西津渡的历史沿革、现状分析入手，从历史上剖析，从现状遗迹上认识，挖掘其文化内涵。同时找出存在的主要问题和保护、保存、维修的有利因素，依据有关法规提出了"有效保护，合理利用，加强管理"的保护原则，采取政府扶植、社团支持、群众参与的方法，尤其调动沿街店户和居民的积极性。保护整体风貌，创造特色环境，做到重点保护、基本保留、局部改造、普遍改善，以适应社会发展、保持其内部活力为指导思想。明确了保护规划目标：①完整保护西津渡遗址、西津渡街和小码头商业古街风貌；保护现存文物，原样修复部分古迹；整治有碍历史风貌的新建筑，使其与老街建筑相协调；老街道路平面形态、宽度、空间尺度、材料及色彩基调保持原貌。②继承和保护传统民居特色，改善居住环境，提供现代服务设施。③完善西津渡历史街区旅游服务设施，如汽车停车场等，使该区域成为体现镇江历史文化名城、历史风貌和文化内涵的主要历史街区。

为保护好西津渡古街区和实现规划总目标，根据现有文物、传统建筑和地段划分三个功能区：古迹观赏游览区、商业文化古街观光区、传统民宅区。根据街区内现存文物价值和历史风貌完整程度又分为三个保护层次：核心保护区、建设控制区、环境协调区。除文物古迹外，按现存建筑形体对街区风貌的影响程度，分为重点保护建筑、一般保护建筑、改造建筑、拆除建筑、新建建筑和保留建筑；对于不同的保护层次、不同建筑分类、不同的功能分区提出了相应的保护、恢复和修缮的要求。在整体保护的基础上，结合西津渡街的实际情况，我们又做了该区的商业发展规划和旅游发展规划，以增加内部活力。针对该街区基础设施薄弱，提出了基础设置规划设想，以改善居住环境。最后提出了保护规划实施措施和编写了西津渡古街（区）保护管理暂行办法。

对文保单位，在保护其形体、文化内涵的前提下，如何利用和保持活力？商业古街保护中，在保护老街本身和两侧的传统民居前提下，如何调动沿街店户和居民的积极性，以适应经济发展和保护？传统民居中在保护原貌及风格前提下，如何改善内部居住条件和外部环境，适应社会发展？建筑控制区，在城市建设过程中如何与保护街区相衔接？街巷平面布局结构在保护原貌的情况下，如何实施市政公用设施？等等。对以上问题，通过保护规则，都提出了可行的办法及建议。如管线之间的敷设间距、埋设深度都不能执行有关规定而只能采取非常规的处理办法，通过市政工程配套建设各种管线的铺设，实践证明该规划的建议和办法是可行的。同时，对保护规划的可操作性及实施建议也进行了深入细致的研究。为历史街区保护规划，在深度和广度上提供一个可借鉴的样本，为政府决策提供了科学的、合理的、可行的依据。

该规划还对西津渡古街区与周边的关系提出构想，在长江路以北原环境协调区内修建滨江绿化带，建小游艇码头一座，供游客登船逛北固和焦山，也接纳北固、焦山游客从水路观赏西津渡古街。同时，使游客在待渡亭处就能观赏长江水面，仿佛置身于当年之渡口。该区西出入口沿新河路到金山公园大门口修古街一条，使金山的游客步入古街后，不知不觉来到该区域之中，同时把超岸寺作为该区与金山寺之间的文物古迹景点。在该区域南、云台山北麓，建休息小亭景点，使伯先公园与该古街融为一体。修复伯先路、京畿路近代历史一条街。总之，通过远景构思的设想和逐步实施，进一步挖掘该古街的历史价值，使西津渡古街真正成为国家级历史街区和世界文化的遗产。

该规划于1998年12月3日获得镇江市市政府批准，获江苏省优秀设计二等奖。

但随着西津渡街区保护的深入和项目的修复，感到该规划中对镇江市第二人民医院、小码头小学及滤清器厂、前进印刷厂等单位的去留，在认识上有很大的局限性。从西津渡街区保护需求，从历史演变、遗产保护角度看，这些单位都需要改造和保留，通过改变其使用性质达到与历史街区相协调。在实际建设中，由董卫教授领衔，负责编制《西津渡历史街区东北侧地块规划》，该规划提出保留工业厂房，将其内部改造为创业产业园，并结合原英租界用地命名为鉴园。同时提出将医院和小学搬迁。改造现有建筑与历史建筑相协调，作为旅游服务性用房。实践证明这样做是完全正确的。而配套设施中停车场布置在伯先路和大西路交叉口，单从西津渡街自身来讲，在主要入口设置一处停车场无可非议。但站在城市整体角度看，将处在黄金地带的区域用作停车场显然不合适，后改为综合服务性质的商业用地。 尽管规划中有个远期构想，但就历史街区的保护范围来讲，由于当时条件有限和对云台山山体与街区的关系及玉山和西津渡的内在联系认识不足，而将历史街区仅控制在城市道路分割以内面积约10.2hm^{2}范围内。在建设过程中通过对玉山、云台山等地区的考古及史料发掘，并与许多专家和群众接触了解后，认为现规划中对历史街区范围的确定不完整，应还包括超岸寺、玉山（大码头）、云台山和长江路以北临水部分。因为古代在西津渡长期并存有两处渡口，蒜山待渡亭处被称为“小码头”，玉山处则被称为“大码头”，即玉山渡口。而玉山原为云台山伸向西北的余脉，古时临江。有关玉山、超岸寺和西津渡的关系，在镇江志书上多有记载。清《光绪丹徒县志》卷六：“超岸寺，在西津渡口玉山下，旧为玉山报恩寺。”充分说明玉山曾是西津渡渡口之一，而通过对西津渡历史街区的考古勘探，发现地面以下文化堆积达4m，主要包括从清代到唐代各个时期的路土和路石，街心保持基本不变。在光绪三十一年（1905年）所绘制的《镇江城西西津、银山二坊全图》上，玉山到昭关石塔、救生会为一贯通街道。

云台山既是古渡的天然屏障，也是古渡人文化活动的有机组成部分，应纳入西津渡历史街区。因此只有将超岸寺、玉山（大码头）、云台山和长江路以北临水部分纳入西津渡历史街区，才能真正体现千年古渡、百年老街的历史街区风貌景观。

2002年，镇江西津渡建设发展有限公司委托东南大学董卫教授负责编制《镇江市西津渡历史风貌区保护与整治规划》。该规划主要从历史文化、遗存文物保护利用、自然空间格局、旅游和提升城市形象等角度提出扩大西津渡街的范围。西起运粮河、东至迎江路南延线，北起长江路、南至京畿路南侧云台山北麓，面积约20hm^2，除包括云台山、玉山外，还有西荷花塘片区、伯先路和京畿路。虽然得到专家认可，但由于西荷花塘地区2002年土地拍卖给无锡红豆集团、大西路片区作为市房管局开发公司的注入土地、和平路西至运粮河及长江路以北用地权属等问题，该规划只能作为西津渡街发展思路和设想，未得到政府有关部门认可。

2010年，董卫教授编制了《环云台山保护整治规划》，该规划主要围绕云台山，提出沿云台山打造镇江民俗文化街及民国文化街，以提升镇江民国时期作为江苏省省会城市这段历史的价值。镇江市规划设计研究院又编制了《伯先路、大龙王巷历史街区保护规划》，该规划依据总体规划、历史文化名城规划和“三普”中确定的历史建筑名录，对两个街区的保护范围进行界定，并提出两街区保护利用的设想。

镇江西津渡建设发展有限公司先后委托东南大学、镇江市规划设计研究院又分别编制了《镇江伯先路历史街区保护与整治规划 》《镇江市伯先公园规划》《镇江市历史文化名城复兴城市设计》

及市园林局委托市规划设计研究院编制的《三山风景区规划》。这些规划对镇江历史名城保护，尤其是对西津渡街区保护和利用都起到了至关重要的作用。为更好地保护好镇江这座历史文化名城，打造好西津渡历史街区的这个品牌，建议如下。

（一）编制好两个规划

要将扩大范围后的西津渡历史街区保护规划和西津渡街区规划（暂定名）编制好。

西津渡历史街区保护规划应包括运粮河以东至迎江路段长江路北侧用地，玉山码头和云台山北麓列入西津渡街区的保护范围。

西津渡街区应包括西津渡、伯先路和大龙王巷历史街区；云台山和大西路等；其范围北起金山湖，南至宝盖路，西起云台山路和运粮河，东至三巷路和中华路，面积约78.5hm^2。

（二）保护和建设

1. 景点建设

景点建设要精雕细琢，体现景点的文化内涵。如云台山顶上建蒜亭，要建周瑜与诸葛亮像，以再现周瑜和诸葛亮二人曾在此共谋赤壁之战的场景；建古战场碑亭，要说明蒜山曾是历史上著名古战场，多为兵家争雄之地；在玉山上复建需亭，要说明需亭是玉山历史上最早的建筑物，是孙权给刘备饯行的亭子。

2. 历史街区保护和建设

西津渡、伯先路、大龙王巷三个历史街区，最能代表和反映古城的传统格局和风貌，展示城市发展的历史延续和文化特色。西津渡以“渡”、伯先路以“商”、大龙王巷以“居”， 这三个片区各有特色。对于这些历史街区的保护，要遵循历史真实性、风貌整体性和生活延续性这三个基本原则，保护历史遗存、传统风貌、空间格局等，改造公共服务和市政设施，改善街区居住环境，促进旅游和经济的同时发展。值得一提的是，在保护的前提下如何利用和以此促进更好的保护，是历史街区保护需要进一步研究的课题，有待更多的实践和探索。

（1）空间格局保护

历史文化街区空间格局的保护主要指保护街区内空间构成关系、现有街巷（里）等道路布局、各历史文化遗存布局。重要特色街巷空间及对表现历史风貌起重要作用的空间系统的界面等。

（2）环境风貌保护

历史文化街区环境风貌的保护主要指对街区整体形象特色、景观视廊以及核心景观的保护。如保护具有特色的古街、古巷、古宅、古井、古牌坊、古券门、旅社及会馆等。历史文化街区环境风貌的保护应注重改善街区的生活环境，提高街区的生活质量。街区的保护决不能以牺牲物质生活环境和居民的社会利益为代价。

（3）物质文化遗产的合理利用

物质文化遗产的使用应符合其历史文化内涵，不破坏原有建筑特色和环境的所有使用功能，必须符合对应的文物保护要求，如作为文化展示、旅游休闲、社区服务等。

（4）用地、人口与空间控制

用地布局调整应以保持环境风貌、提升历史文化街区空间质量和延续历史文化街区活力为目的。合理调整用地布局结构和用地比例关系，适当引入文化展示、旅游休闲、社区服务等功能，增加公共活动空间。

适当疏散街区内的人口，将街区内的人口容量控制在合理的范围。并进一步完善和改进为居民日常生活服务的配套设施，提高居民的精神和生活质量。街区的人口容量的控制决不能以牺牲街区的活力和传统生活氛围为代价。

（三）进一步挖掘西津渡街区的文化内涵

先完善西津渡历史街区内的玉山（大码头）、云台山和伯先路历史街区的景点，将其形成镇江旅游的“看点” 和“亮点”；再逐步恢复和建设大龙王巷历史街区，完善直至实现西津渡街区规划。

耿金文

凡例

一、编著范围。本图谱编撰、汇集了自1986年以来30多年，主要是2000年以来的20年，西津渡历史文化街区保护修缮和更新利用的主要规划和建设资料。包括西津渡文化历史街区、环云台山景区保护和修缮的规划修编方案，建筑物、构筑物的历史资料和图片，修缮更新的设计方案和重要图纸。

二、本图谱共分7卷，分别为：

第一卷 镇江市历史文化街区保护规划；

第二卷 中式文物建筑；

第三卷 西式文物建筑和民国文物建筑；

第四卷 工业与文教卫生建筑遗产；

第五卷 传统民居；

第六卷 园林景观；

第七卷 基础设施。

上述第二卷至第七卷，按建筑物和构筑物的建筑形式或功能分类。其中每栋建筑物或构筑物的编撰，分为四个部分。

1. 主要是该建筑物或构筑物的文字说明，通常包括：

（1）建筑形态，即建筑物或构筑物的地理方位数据（街巷、方位、长、宽、高和面积）。

（2）历史沿革概要。

（3）建筑遗存状况。

（4）考古发现（如有）增加考古成果的说明。

2. 修缮技术措施或方案。历史建筑，包括文物建筑，应根据该建筑损坏的程度或遗存状态及修缮方案，确定修缮性质，并按以下五种情况进行分类：

（1）小修。即小修小补。主要包括墙壁挖补、补漏、一般门窗修理及排瓦等。

（2）中修。即较大部分屋面、墙壁或柱梁撤换重新砌筑、制作。

（3）大修。即屋架落地、全面整修。主要包括危险建筑或建筑结构主要部分损坏，以及失去使用功能的建筑。

（4）复建。即只有遗址但原有建筑状态明确或完全失去使用功能且存在严重安全隐患的建筑，采取按原样、尽可能采用原有材料或相似相近材料复修建筑。

（5）重建或新建。根据史志记载或诗文传唱的有关遗迹、逸事建造的纪念性建筑或仿建建筑。

3. 修缮责任表（载明修缮工程的主要责任人和责任单位及修缮时间）。

4. 施工图。主要包括建筑物或构筑物的主要图纸，按总平面图、平面图、立面图、屋面图和剖面图或细节图排列。

三、摄影图片和建筑图纸的编号。本图谱的图片与图纸分别编辑序号，两类五码四级：图A–B–C–D–E。图A为分类码，包括“图P”和 “图D”，“图P”表示摄影图片（照片），“图D”表示建筑工程图纸； B为卷序码；C为章序码；D为节序码；E为图序码。例如“图P–2–1–3–5”，表示为照片–第2卷–第1章–第3节–第5幅照片；又如“图D–3–2–1–2”， 表示为图纸–第3卷–第2章–第1节–第2张图纸。摄影图片和建筑图纸的编号和文字，标注于图片或图纸的下方中央。个别章节以建筑群作为编辑单位的，设六码五级：例如“图P–2–1–3–5–1”则第四位数字“5”表示建筑物编号为5号楼，第五位数字“1”为第一张图片序列标号，余类推；图D亦是如此。

四、建筑设计或施工图的标注。总平面图以轴线为定位点。图集中，建筑标高以米（m）为单位，总平面尺寸以米（m）为单位，其他尺寸除注明外均以毫米（mm）为单位。

五、本图谱未详尽部分，包括文史研究的深化、规划设计和建筑设计施工的全部技术资料，可以访问我们的官方网站查询。

目录

2007年4月李岚清同志视察西津渡

2007年4月李岚清同志在蒜山茶坊休息

2008年9月李岚清同志视察西津雅苑

2007年4月李岚清同志在蒜山茶坊休息

2008年9月李岚清同志视察西津雅苑

2003年4月张连珍、史和平同志陪同迟浩田同志视察西津渡

2003年12月张卫国、史和平、许津荣同志陪同李肇星同志视察西津渡

2007年11月梁保华、史和平同志陪同曾庆红同志视察西津渡

2008年10月梁保华、罗志军同志陪同吴官正同志视察西津渡

2008年西津渡历史文化街区开街典礼：左起沈宝来、徐平、李壮云、宋家慧、王武平、联合国官员杰瑞·科林、许津荣、朱正伦、李国忠、钱永波、陈杰等

2008年4月29日宋家慧同志与杰瑞·柯林先生为“中国救捞教育基地”揭牌

2008年4月29日镇江市委书记许津荣同志与交通部救捞局局长宋家慧同志、国际海上人命救助联盟(IMRF)秘书长杰瑞・柯林在“中国救捞教育基地”揭牌时合影

宋家慧、杰瑞・柯林与住建局领导合影

杰瑞·柯林接受媒体采访

宋家慧同志陪同杰瑞·柯林先生考察镇江救生博物馆

2008年4月29日许津荣同志与国家开发银行南京分行副行长王武平在西津渡开街仪式上

2008年4月29日许津荣、陈杰陪同宋家慧和上海海事局领导参加西津渡开街盛典

2013年著名学者谢辰生、丹青考察西津渡古街

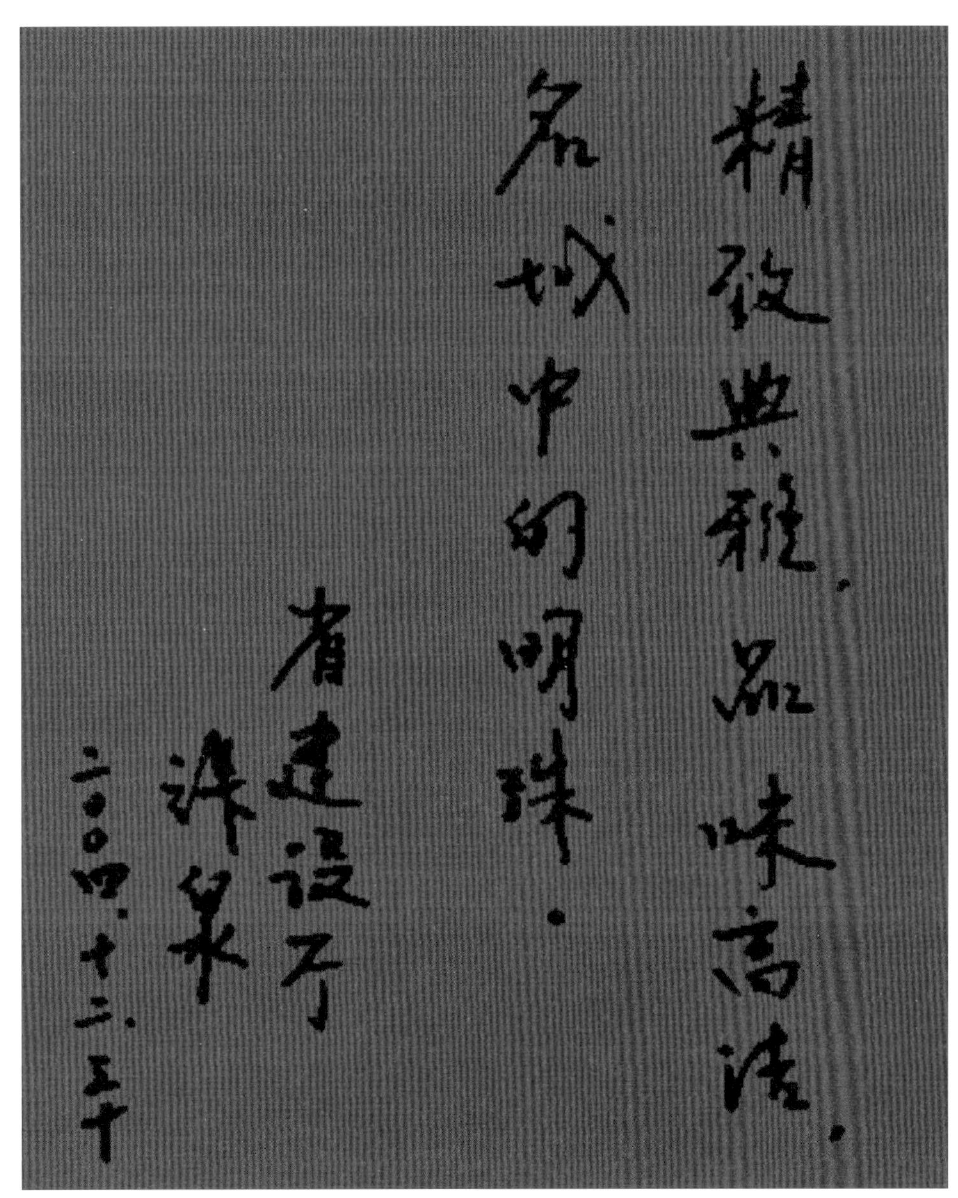

2004年底原江苏省建设厅副厅长张泉考察西津渡题词

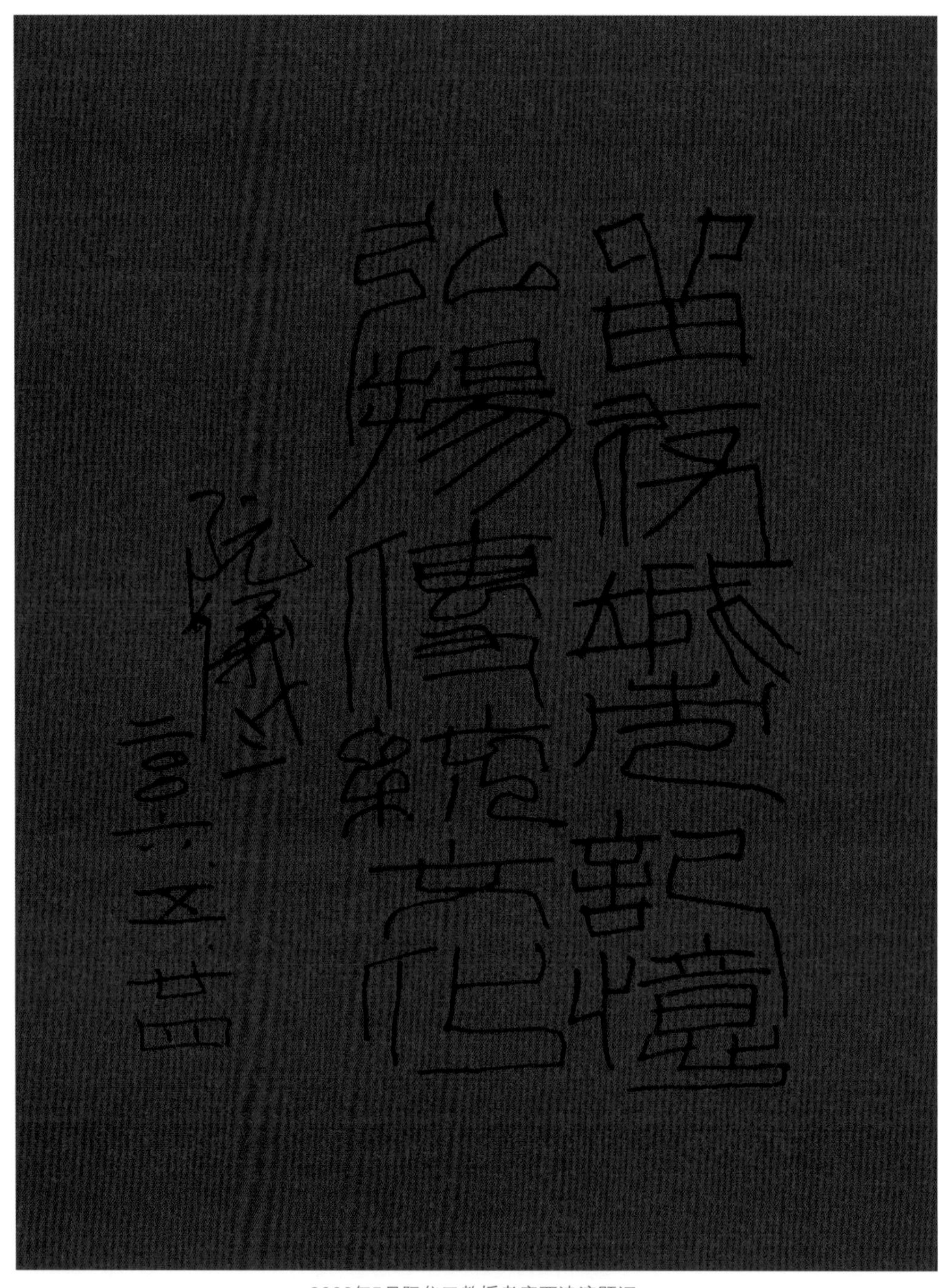

2006年5月阮仪三教授考察西津渡题词

第一章
镇江市历史文化名城保护规划

镇江市是1986年经国务院批准的历史文化名城。位于镇江城西、环绕云台山的西津渡、伯先路和大龙王巷等三个历史文化街区，是这座历史文化名城的根。如果说镇江六朝文化的标志是南山读书台、招隐寺、丹阳石刻；三国文化主要看甘露寺、铁瓮城；那么，西津渡这个千年古渡和古老的街区则谱写了吴文化发源、南北文明交融、长江运河黄金十字水道交汇等史诗般的历史篇章，真实记录了千百年来的镇江城市发展的历史。

由镇江市规划院与东南大学城市规划设计研究院完成于1998年的《西津渡历史街区保护规划》，是依据《镇江市城市总体规划》与《镇江市历史文化名城保护规划》所进行的一项专项规划，所保护的范围即为《镇江市老城西区控制规划》中所设定的“重点保护区”。

第一节 镇江市城市变迁

镇江古城是中国古城中很特别的一座。这正是镇江“城市山林”、运河穿城而过的独特地貌因地制宜的结果。回顾镇江城3000年的发展变迁，总体上呈现出由东向西、由北向南的变迁格局。

图P–1–1–1–1 宜侯夨簋

镇江历史悠久。数万年以前，镇江就有古人类在此生活栖息。镇江地区是我国江南开发历史最悠久的区域之一。早在旧石器中期，这里沿长江一带已有人类繁衍生息，考古学上称之为“湖熟文化”。商代为土著居民荆蛮族聚集之地。商末周初，周古公亶父的儿子太伯、仲雍奔江南荆蛮之地，随之带来了中原的农耕文明。镇江城市有文字可考的历史大约3000年。“宜”是最早的古称。据“宜侯夨簋”铭文记载：太伯、仲雍的第四代孙周章被封为宜侯，宜地人口稠密，经济发达，是一座规模较大的都邑（图P–1–1–1–1）。

春秋时期，由于镇江处于吴国东方的江海汇集处，是观赏旭日东升美景的绝佳之地，故称“朱方”。春秋末年楚灭吴，朱方改称为谷阳，所谓山南为阳，此处的“山”当指十里长山。待秦始皇平定六国，一统天下，接连四次东巡，相传始皇巡至镇江见此地有帝王之气，便令三千赭衣囚徒凿断京岘山以破王者之气，由此有了丹徒的古名（图P–1–1–1–2）。

图P–1–1–1–2《丹徒县志》

汉末（约208年），出于战略需要，吴大帝孙权将治所由偏远富庶的吴邑向西推进两百里至江河交汇处的京口，古义“绝高为京”，故名京城，后建都建邺，此地故名京口。209年，孙权在北固山前峰筑铁瓮城，南朝顾野王《舆地志》中记载：“铁瓮城，吴大帝孙权所筑，周回六百三十步，开南、西二门，内外皆固以砖壁。”“半面烟岚雄北固，一方形势控东吴”，讲的就是铁瓮城的雄险（图P–1–1–1–3）。

西晋永嘉年间，五胡乱华，晋室南渡，史称“永嘉南渡”。此时，大量人才及劳动力涌入，镇江迎来了经济繁荣、人文兴盛的“京口”时代：“宋氏以来，桑梓帝宅，江左流寓，多出膏腴”，京口城一跃成为全国知名城市，人口达40余万，和平安定，人文荟萃。这里既是南朝宋齐梁陈四朝君王的桑梓故里，更出现了葛洪、祖冲之、刘勰、萧统这样照耀中华历史星空的人物。京口城在三国铁瓮城的基础上，东扩南进，《南齐书·州郡志》记载：“今京城，因山为垒，望海临江，缘江为境。似河内郡，内镇优重。”值得一提的是，现金山寺的慈寿塔即始建于齐梁，古塔的建设冲破了古代城池横平竖直线条的布局，开创了城市空间

图P-1-1-1-3 铁瓮城示意图

的立体构图（图P-1-1-1-4）。

隋唐一统天下，镇江作为南北门户的地位不复存在。但全国经济重心的不断

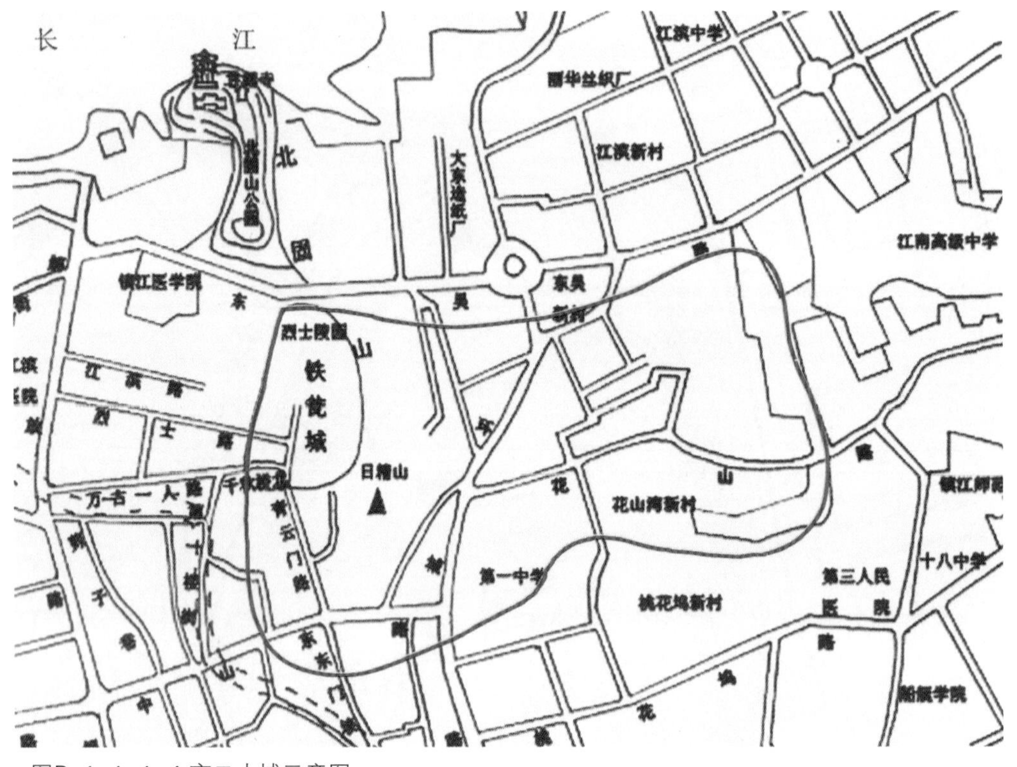

图P-1-1-1-4 京口古城示意图

南移东进，再加大运河的开凿，镇江作为漕运咽喉的地位日渐凸显。隋文帝开皇十五年（595年），以城东润浦命名，设置润州，辖丹阳、丹徒、句容、金坛、江宁五县。隋大业六年（610年），穿越境内的江南运河开通，太湖流域丰富的粮食、丝绸、茶叶及浙闽等地的土特产源源运往北方。镇江作为江南运河的起点，成为南北交通的枢纽，漕运之咽喉，区际性乃至全国性的交通运输地位已经十分突出。润州城既是州治所在，又是浙西理所所在，城市规模比南朝时更大。唐文宗大和年间（827—835年）在铁瓮城左右两方各建一长形小城，夹辅着润州的州治中心，谓之“夹城”。唐僖宗乾符年间（874—879年）筑罗城作外郭，大致奠定了以后镇江府城的范围。杜牧有诗《润州二首》云：“句吴亭东千里秋，放歌曾作昔年游。青苔寺里无马迹，绿水桥边多酒楼。”唐时，润州城的热闹由此可见一斑（图P-1-1-1-5）。

北宋末年，润州升府，称镇江府，从此镇江作为行政名沿用至今。两宋之交，北方人口的再次大规模南迁，镇江地区得到进一步开发。此时的城池一改往日多为

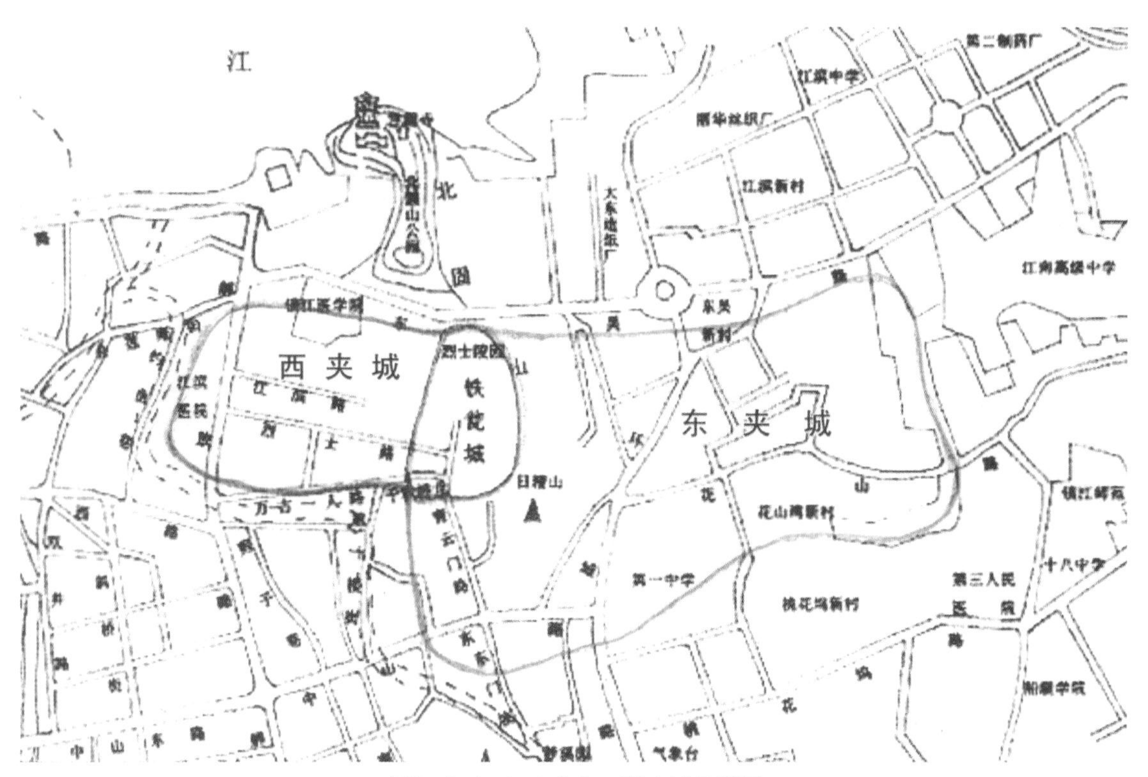

图P-1-1-1-5 唐东、西夹城示意图

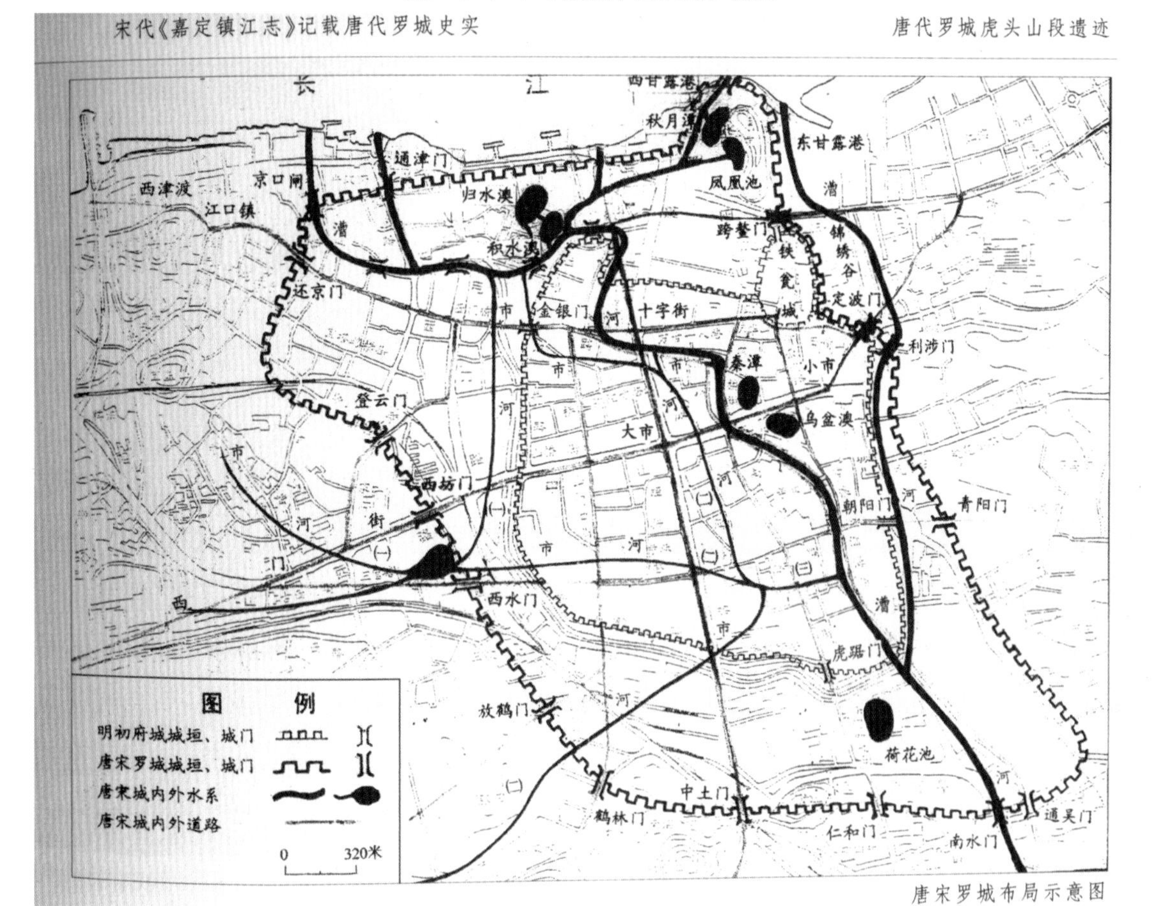

图P-1-1-1-6 古城池示意图

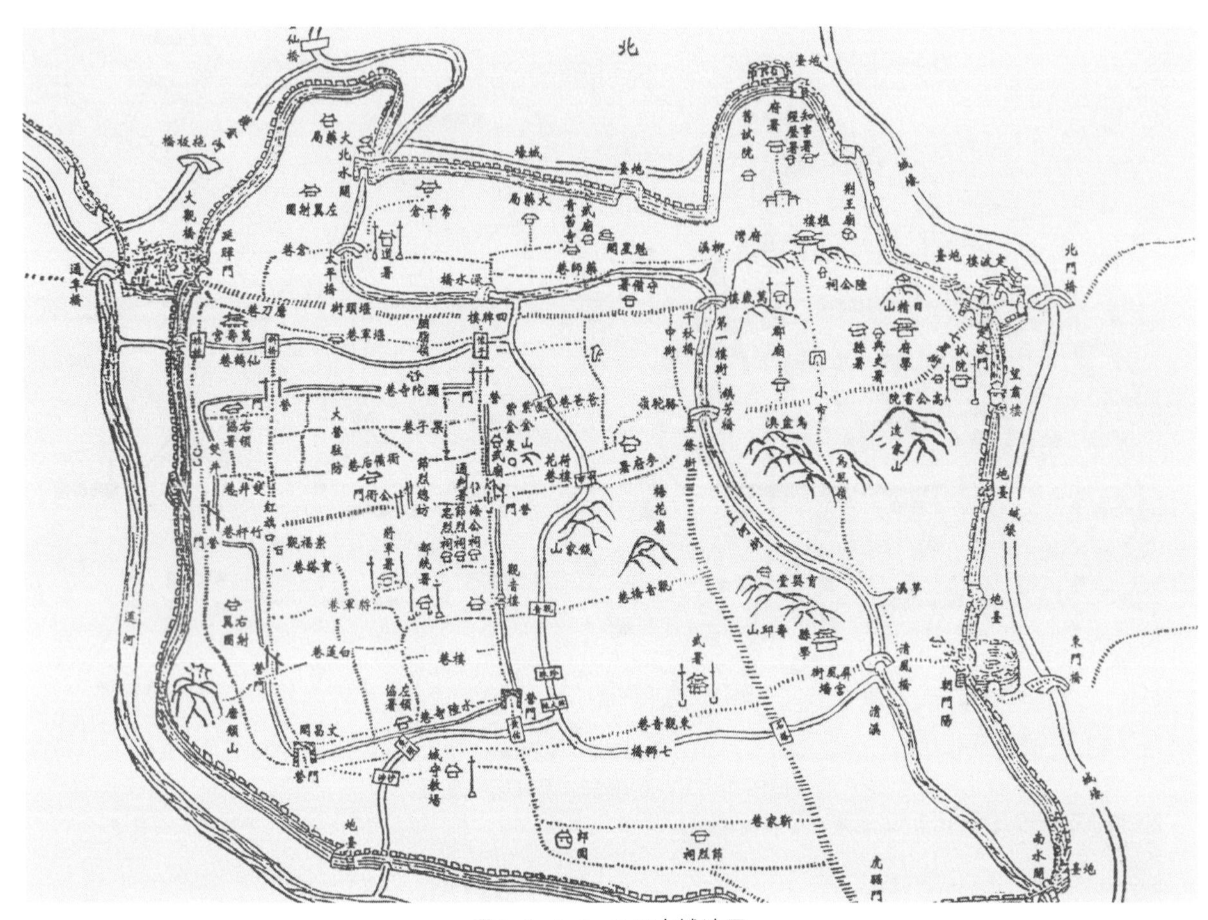

图P–1–1–1–7 明古城池图

衙门庙宇的封闭状态，城内居民濒河而居，商肆酒栈夹渠而列，鳞次栉比，是为闹市，有人口60余万，这种建城风格一直影响到元明清代（图P–1–1–1–6）。

明清以降，封建制度走向衰落，但社会经济继续发展，明前期废除海运后，修复了元末遭战乱破坏的大运河，漕运空前繁荣，康熙帝、乾隆帝六次南巡都在镇江驻跸览胜，港口的兴盛、交通的快捷直接促进了城市的繁荣。“舳舻转粟三千里，灯火临流十万家”，形象地表现了前清镇江城的繁盛兴旺（图P–1–1–1–7、图P–1–1–1–8）。

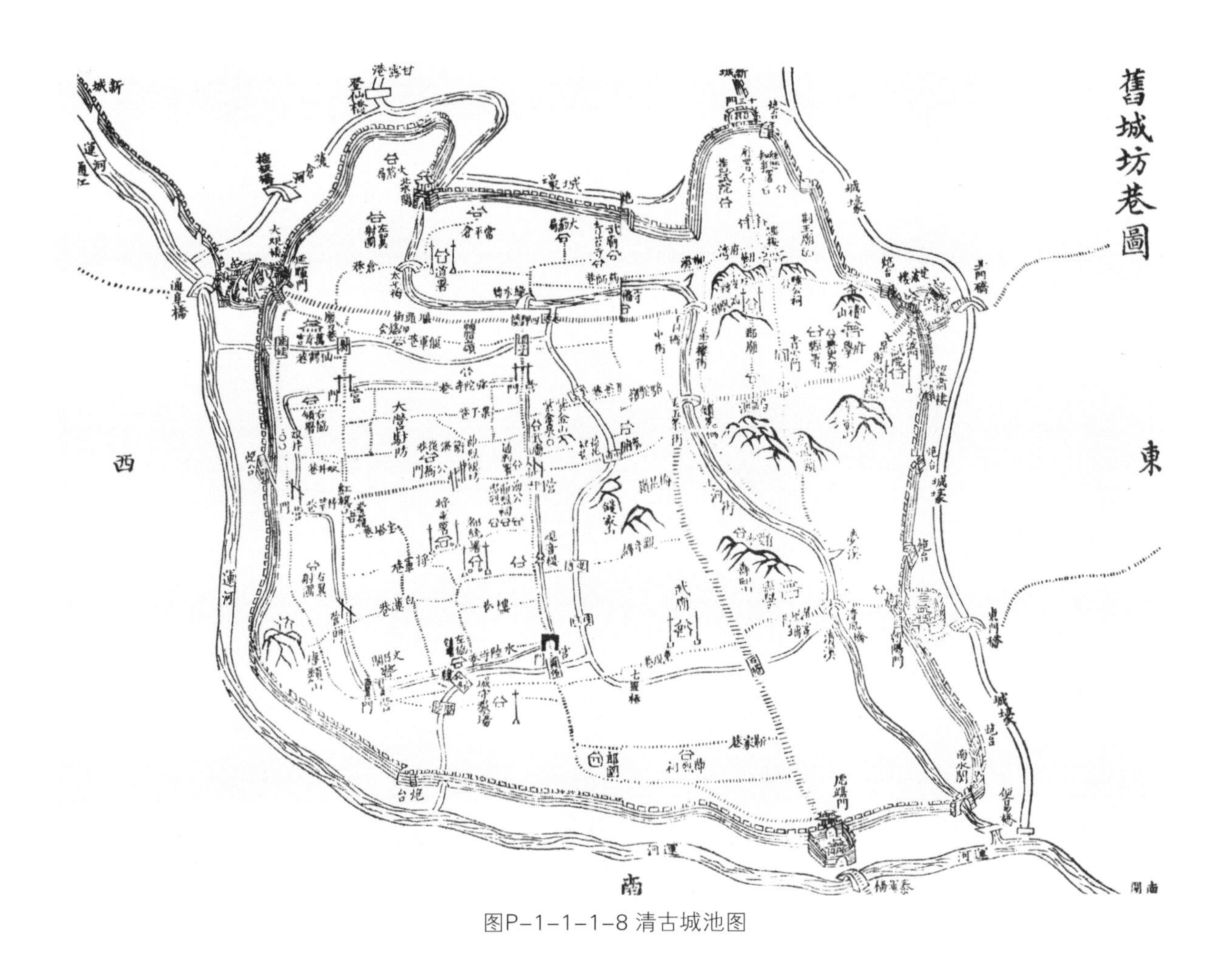

图P-1-1-1-8 清古城池图

1842年7月，中英镇江之战，镇江府城被毁过半。1853年，太平天国建省之后，镇江隶属于江南省。太平军出于军事防御的考虑，在原府城北侧及西北构筑新城一座，长六里余。1858年《中英天津条约》签订，镇江被辟为通商口岸，长江航运兴起，镇江商业发展迅速，沿江市街更向西发展到金山河一带。镇江被辟为通商口岸后，在府城西门外云台山麓东北侧（今英领事馆旧址）至五十三坡沿江（今西津渡街区鉴园广场）一带，设立租界。自晚清至民国初年，镇江租界及沿江地带洋行林立，洋楼栉比。1908年沪宁铁路修通，市区又渐次发展到西火车

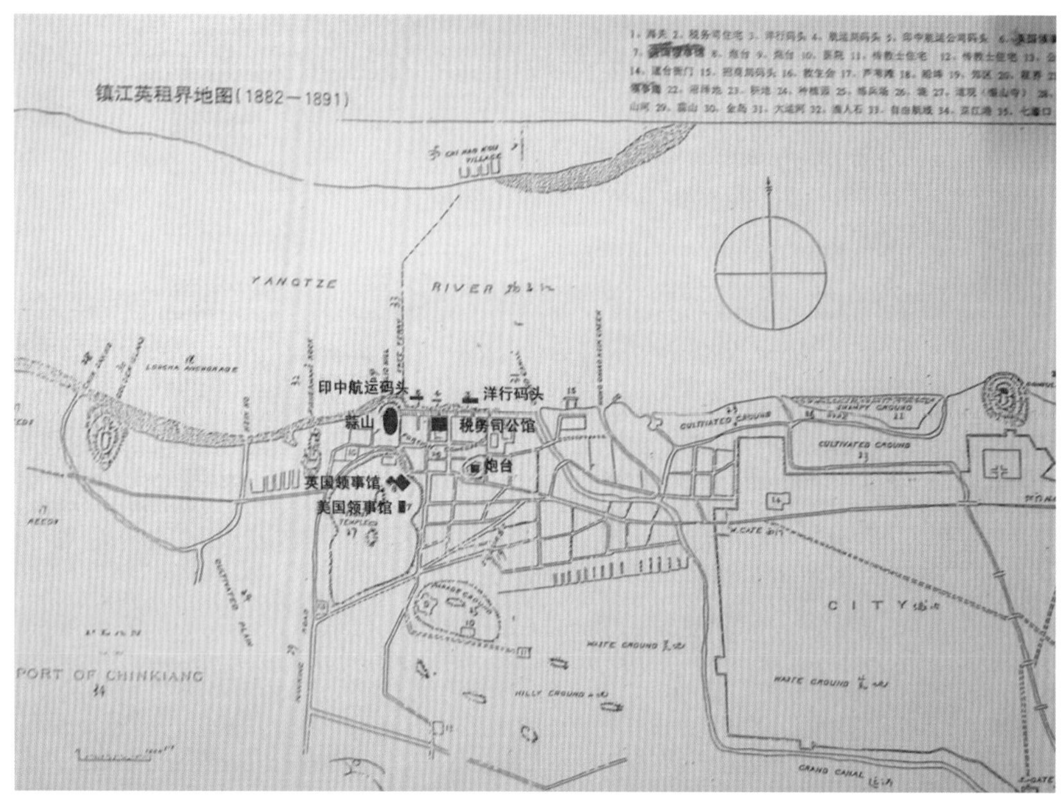

图P-1-1-1-9 镇江租界地图

图P-1-1-1-10 镇江口岸（老照片）

站。此期间老城、新城的城墙陆续被拆毁，城内外融成一体。近代建筑、马路、铁路、邮电、电信、自来水、电气照明等近代公共设施都在这里先后出现，镇江城市中心再一次西移至大西路一带（图P-1-1-1-9、图P-1-1-1-10）。

1929年，镇江被设为江苏省会，省政府随即提出“建设省会、改造镇江”的口号，修筑道路、桥梁、水厂、气象台和水文站，发展园林、绿化和文教卫体事业取得一定成效，有的设施当时在全国处于领先地位；与此同时，人口急剧增加，商业随之繁荣，客观上带动了镇江城市及境内城镇的发展。随着铁路运输条件的改善和近代公路运输的出现，镇江由单一的水水中转而转变为铁、公、水多种运输方式并存的交通枢纽。镇江与周围市县联系日益密切，一个以镇江市区为中心，重要城镇为节点，各种交通联系方式为纽带的城镇体系格局已经基本形成。根据孙中山《建国方略》规划，至1949年，镇江市区建成区面积达8km²（图P-1-1-1-11）。

中华人民共和国成立后，镇江城迎来了全面发展的崭新时代。经过70多年的发展，镇江城区建成区已经达到115km²左右，市区人口130多万人。目前，东到大港，西到高资，南接沪宁上党枢纽，北依长江，“一体展两翼、山水夹主城”独具灵气与活力的现代山水城市空间已经形成。

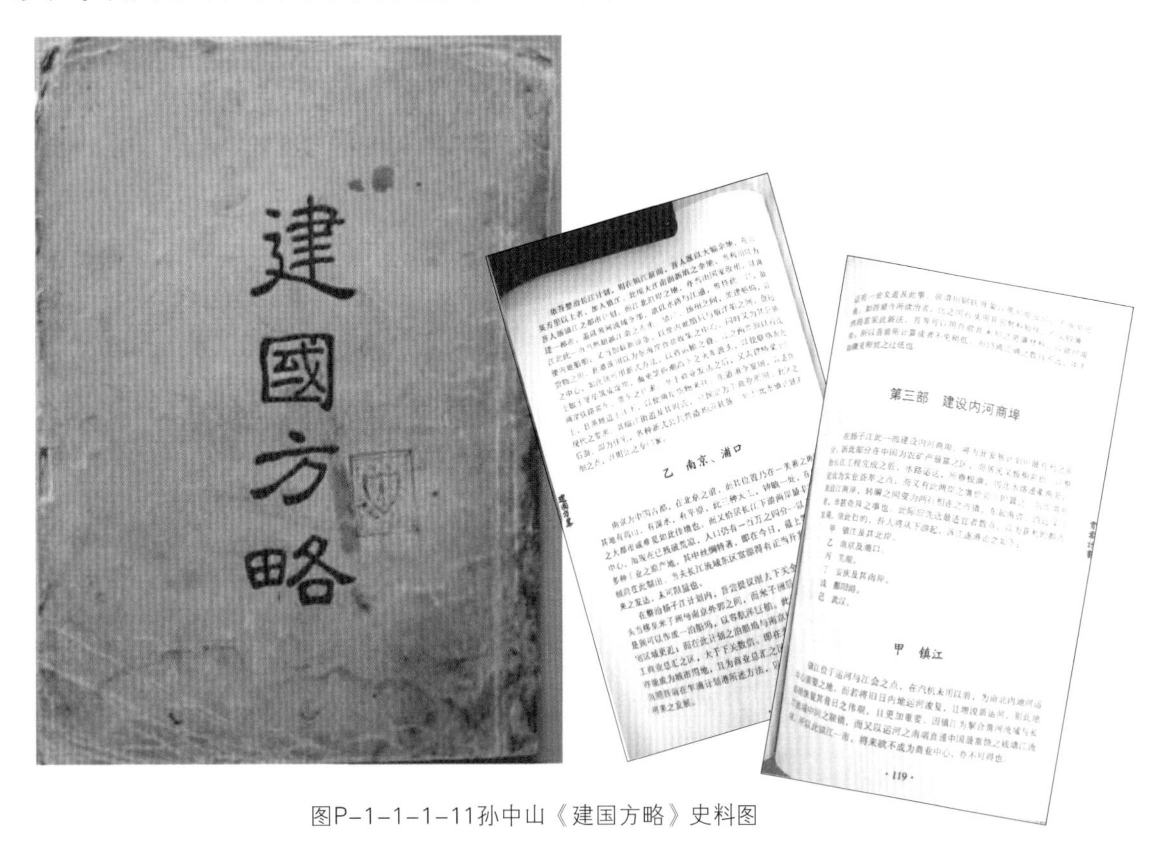

图P-1-1-1-11孙中山《建国方略》史料图

第二节 镇江市城市总体规划

《镇江市城市总体规划（2002—2020）》（2002版）实施10多年，根据城市发展的新实践，镇江市规划局于2016年重新修订，经批准后发布了《镇江市城市总体规划（2002—2020）》（2016修订版）。根据2016修订版，镇江市城市发展总体规划关于历史文化名城以及历史文化街区的保护规划的内容，相较于2002版总体规划更加翔实具体，地位更加突出，已经成为城市发展的重要战略和方向。

一、城市发展战略

1．城市性质和职能

国家历史文化名城，长江三角洲重要的港口、风景旅游城市和区域中心城市之一。国家知名的生态文明城市，沿江南北联动的枢纽，生态宜居的创新型城市。

2．城市发展总体目标

发展成为名副其实的江南经济强市，清新秀丽、充满灵气和活力的江南名城，社会事业全面发展的现代文明城市。综合实力显著增强、竞争力明显提升——长三角区域的中心城市；文化底蕴深厚、自然资源丰富——国家历史文化名城和国内外著名的旅游城市；人居环境更佳、生态质量上乘——特色显著的山水型生态城市。

3．城市发展战略

强化城市功能，加快发展中心城区和县级市城区，择优培育重点中心镇，丰富城镇发展内涵，提高市域城镇整体竞争力。

4．城市规模

规划2020年中心城区常住人口133万，中心城区城市建设用地规模146.5km^2，人均建设用地110m^2。

二、市域城镇体系规划中关于历史文化保护的规划

1．关于空间管制因素的有关规划

空间管制六大要素中风景名胜区明确为管控要素之一。风景名胜区：包括市区内的三山风景名胜区和南山风景名胜区、丹阳市的齐梁文化风景名胜区、句容市的茅山风景名胜区等，其中核心区除合理增加旅游设施外，禁止一切与资源保护无关的建设活动。历史文化街区保护包括在“三山风景名胜区”之中。

2．历史文化保护目标

挖掘镇江历史文化内涵，保护历史文化遗存，传承历史文化精髓；

保护镇江独特的地方文化和风貌，为非物质文化展示提供空间载体，彰显城市个性；

协调保护与发展的关系，展示历史风貌、增强城市魅力。

3．历史文化保护框架及空间层次

保护框架包括物质文化遗产和非物质文化遗产两个部分（图D-1-1-2-1）。

物质文化遗产的保护，包括市域、市区、中心城区三个空间层次。

市域层次：整体保护市域景观资源、传统街巷和历史建筑。重点保护江苏省历史文化名村丹阳市延陵镇九里村，中国传统村落丹阳市延陵镇柳茹村；重点保护以宁镇山脉和大运河为空间特征所形成的历史文化遗产以及历史文化线路。严格保护各级文物保护单位296处，其中全国重点文物保护单位13处、省级文物保护单位42处、市级文物保护单位121处，县（市）级文物保护单位120处。其中涉及本书研究范围的各级文保建筑32处（表B-1-1-2-1 ～ 表B-1-1-2-4）。

表B-1-1-2-1 市域历史文化名城、名镇、名村名录

名 称	区 位	等 级	公布时间	保护范围	备 注
镇江市	镇江市	国家级历史文化名城	1986.12		三个历史文化街区，各级文物保护单位296处
宝堰镇	丹徒区	省级历史文化名镇	2013.8	5.6hm^2	省级文保单位1处，市级文保单位2处
华山村	镇江新区	省级历史文化名村	2013.8	2.64 hm^2	市级文物保护单位1处
九里村	丹阳市延陵镇	省级历史文化名村	2013.8	5.33 hm^2	省级文保单位2处，丹阳市级文保单位3处

表B-1-1-2-2 市域全国重点文物保护单位名录（历史街区部分）

序号	名称	公布日期	年代	县（市、区）	批次
3	镇江英国领事馆旧址	1996.11.20	1889—1890年	润州区	第四批
4	昭关石塔	2006.5.25	元	润州区	第六批
5	大运河—西津渡古街	2006.5.25	六朝—清	镇江市	

表B-1-1-2-3 市域江苏省重点文物保护单位名录（历史街区部分）

序号	文物保护单位名称	公布日期	年代	县（市、区）	批次
6	“五卅”演讲厅	1982.3.25	1925年	润州区	第三批
20	镇江商会旧址	2006.6.5	1929年	润州区	第六批
35	救生会旧址	2011.12.19	清	润州区	第七批
37	广肇公所	2011.12.19	清	润州区	第七批

扬中市
扬中竹编
圌山炮台遗址
烟墩山墓地
赵伯先故居
赵子褫墓
油库墩土墩墓
大运河-江河交汇处
魏家墩土墩墓
培根师范旧址
断山墩遗址
华山村
（省级历史文化名村、中国传统村落）
朱氏宗祠
儒里村
（中国传统村落）
庙会（华山庙会）
冷遹旧居
新四军江南指挥部旧址
南朝陵墓石刻
狮舞（丹阳九狮舞）
焦山定慧寺
焦山炮台遗址
焦山碑林
昭关石塔
大运河镇江段
甘露寺铁塔
铁瓮城遗址
宋元粮仓遗址
大运河-江河交汇处
四脚墩土墩墓群
蓬花洞遗址
团山遗址
镇江市
（国家级历史文化名城）
扬州评话
扬州清曲
唐老一正斋膏药制作技艺
镇江恒顺香醋酿制技艺
镇江肴肉制作技艺
汤面制作技艺
（镇江锅盖面制作技艺）
上党挑花
丹阳市
董永传说
南朝陵墓石刻
铜钟
酿造酒传统酿造技艺
（封缸酒传统酿造技艺）
乱针绣
总前委、三野司令部旧址
丹阳唧当
天鹅绒织造技艺
柳茹村
（中国传统村落）
延陵季子碑
庙会（九里季子庙会）
九里村
省级历史文化名村、
中国传统村落）
开泰桥
葛城遗址
灯舞（马灯阵舞）

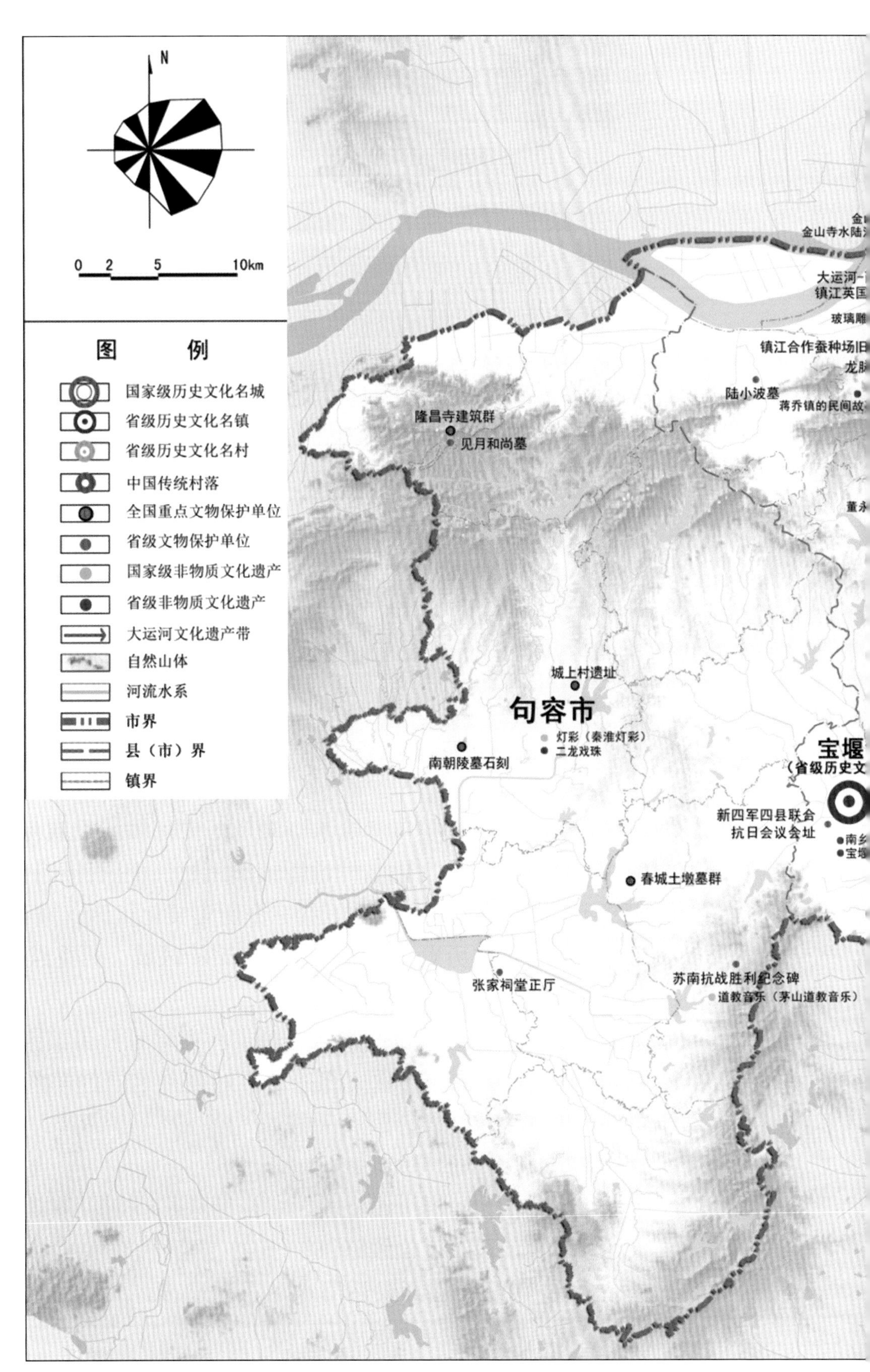

图D-1-1-2-1 市域历史文化遗产保护规划图

表B-1-1-2-4 市域镇江市重点文物保护单位名录（历史街区部分）

序号	文物保护单位名称	公布日期	年代	县（市、区）	批次
4	伯先公园	1982.5.17	民国	润州区	第一批
5	超岸寺	1982.5.17	清	润州区	第一批
7	德士古火油公司旧址	1982.5.17	近代	润州区	第一批
10	火星庙戏台(包括两廊看台)	1982.5.17	清	润州区	第一批
16	税务司公馆旧址	1982.5.17	近代	润州区	第一批
21	亚细亚火油公司旧址	1982.5.17	近代	润州区	第一批
38	伯先路近代建筑群	1992.4.27	近代	润州区	第三批
41	美孚火油公司旧址	1992.4.27	近代	润州区	第三批
42	绍宗国学藏书楼	1992.4.27	民国	润州区	第三批
45	节孝祠堂牌坊及碑刻	1993.6.30	清	润州区	第四批
46	老存仁堂药店	1993.6.30	清	润州区	第四批
74	镇江自来水厂旧址	2004.6.30	1934年	润州区	第六批
79	春顺园包子店旧址	2007.8.26	民国初年	润州区	第七批
87	交通银行旧址	2007.8.26	1913年	润州区	第七批
92	西长安里民居建筑群	2007.8.26	清末民国初	润州区	第七批
101	玉山大码头遗址	2014.9.5	唐至清	润州区	第八批
104	东长安里民居	2014.9.5	清末民国初	润州区	第八批
105	吉安里民居建筑群	2014.9.5	清末民国初	润州区	第八批
107	吉庆里民居建筑群	2014.9.5	清	润州区	第八批
110	大韩民国临时政府活动地遗址	2014.9.5	民国	润州区	第八批
112	沪宁铁路镇江站旧址	2014.9.5	清至现代	润州区	第八批
113	嵇直故居	2014.9.5	清	润州区	第八批
114	布业公所	2014.9.5	清	润州区	第八批
115	大兴池	2014.9.5	近代	润州区	第八批
116	中国人民银行旧址	2014.9.5	1949	润州区	第八批

市区层次：整体保护自然山水资源及历史环境。重点保护江苏省历史文化名镇宝堰镇、江苏省历史文化名村姚桥镇华山村、中国传统村落姚桥镇儒里村；重点保护西津渡、伯先路、大龙王巷三个历史文化街区；重点保护铁瓮城遗址。

中心城区是市域历史文化资源最为集聚的区域，为重点保护片区。

4. 非物质文化遗产的保护

市域范围内非物质文化遗产共83项。将市域划分为市区、句容、丹阳、扬中4个片区，分片区保护非物质文化遗产。对列入名录的非物质文化遗产，按照各级专项保护规划要求，实行重点保护。

5. 历史文化线路的保护

市域规划形成大运河（镇江段）、南朝陵墓石刻两条文化线路。

大运河（镇江段）文化线路保护。

（1）保护内容：包括大运河水利工程遗产、大运河聚落遗产和相关物质文化遗产以及相关非物质文化遗产。

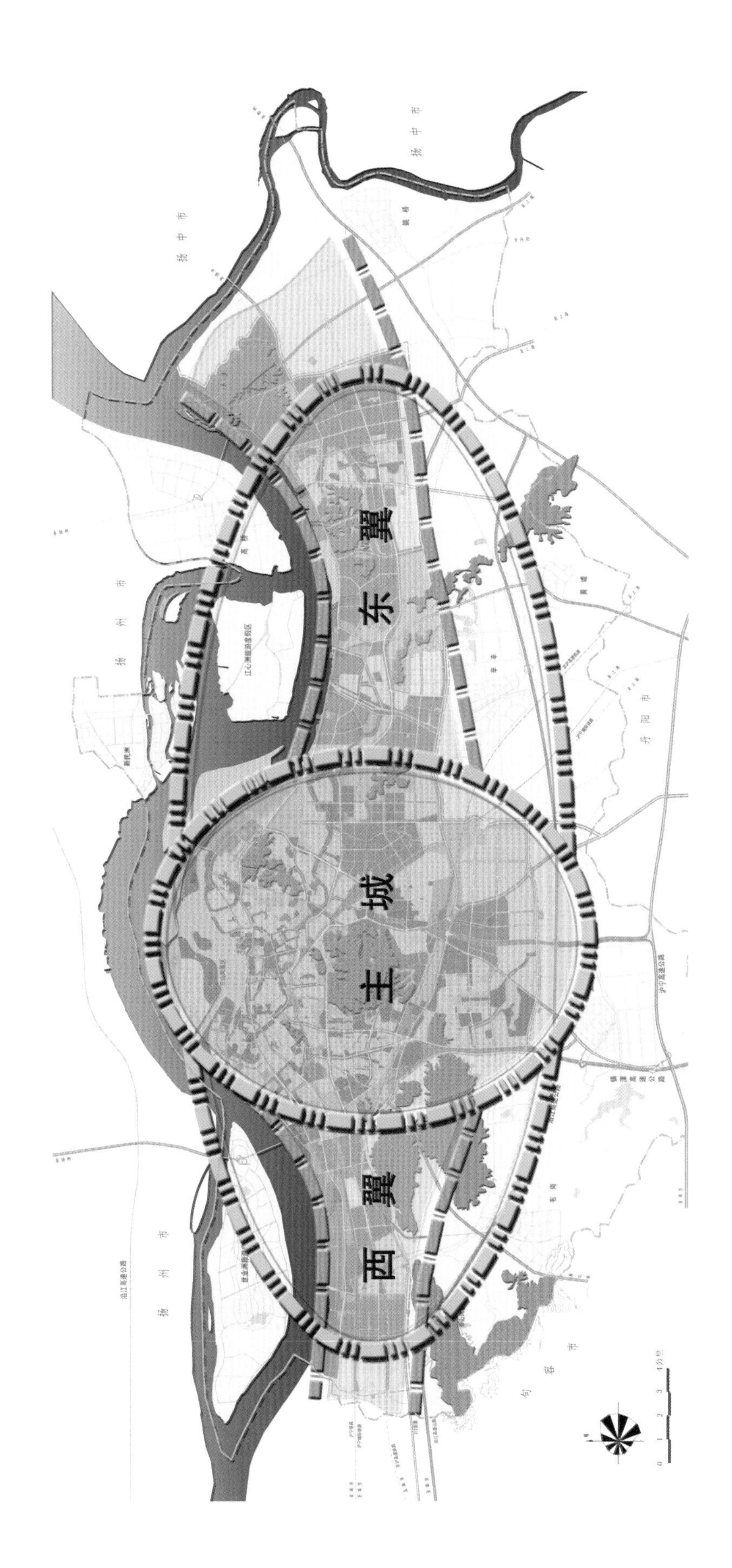

图D-1-1-2-2 城市空间布局结构图（1）

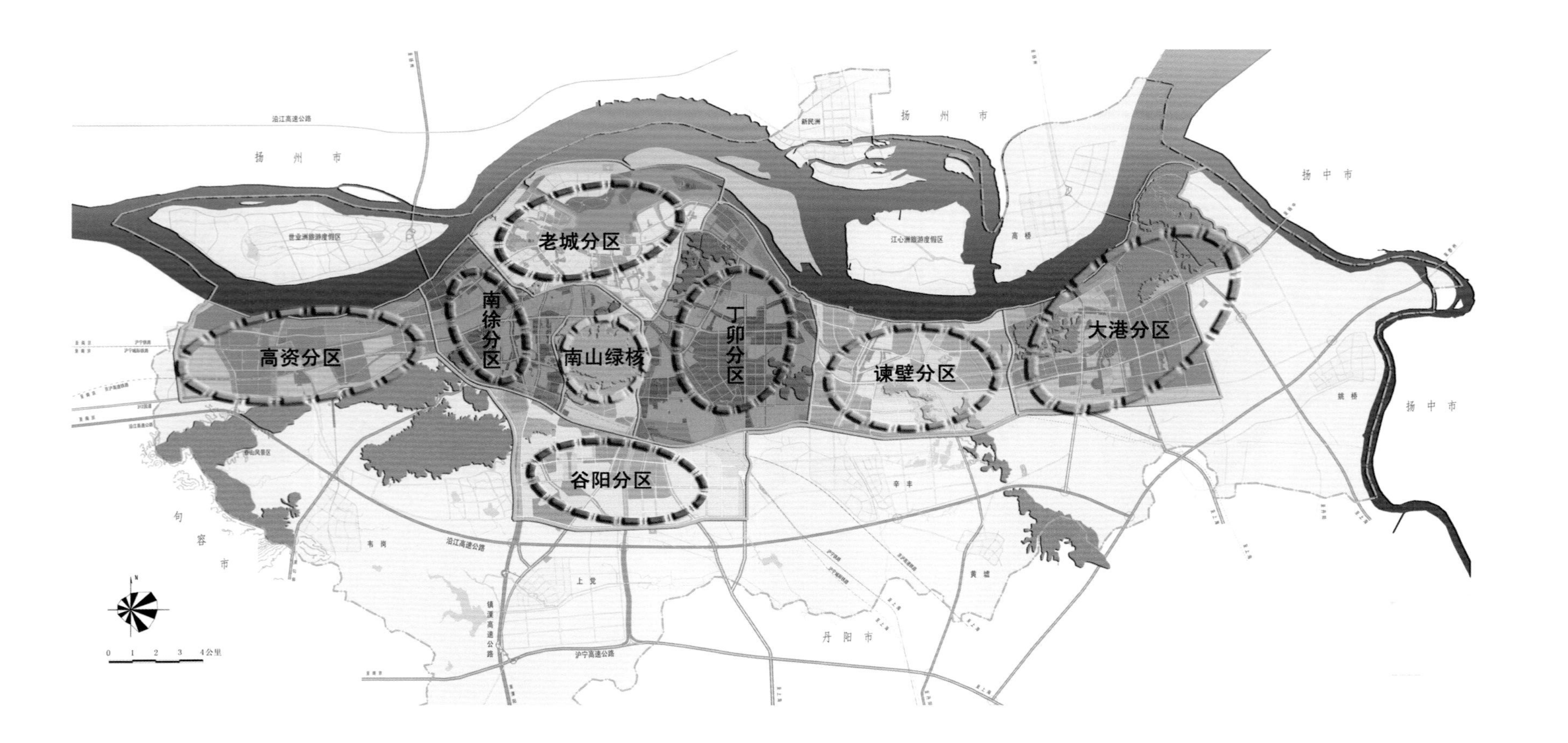

图D-´-1-2-3 城市空间布局结构图（2）

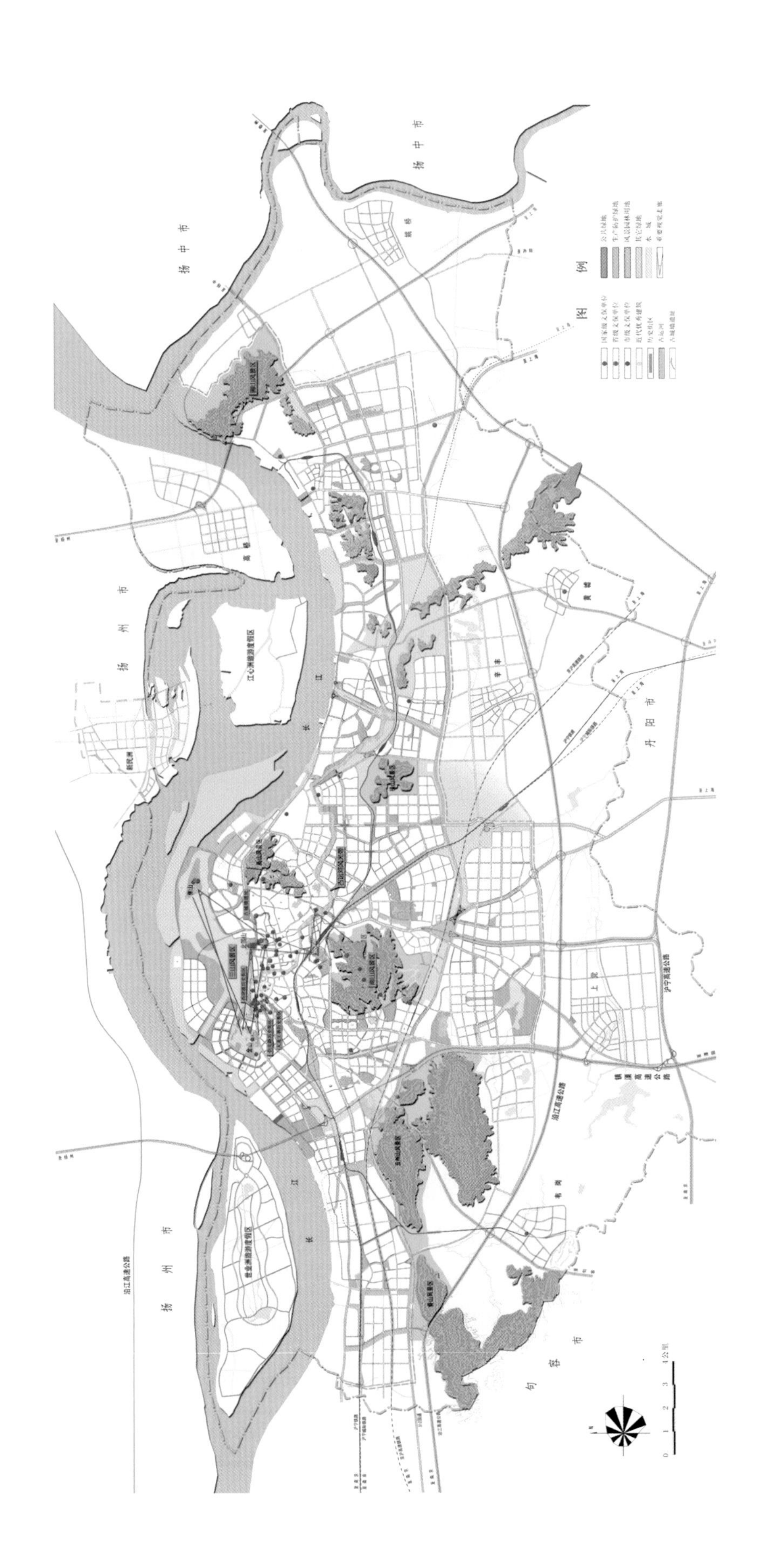

图D-1-1-2-4 历史文化名城保护规划图

（2）保护要求：严格保护大运河（镇江段）文化线路上的河道遗产、水利工程遗产、聚落遗产以及其他物质文化遗产；综合整治遗产周边环境及运河水环境，开辟相应的旅游线路；加强文化遗产的展示，促进与历史文化相关的旅游产业的发展；优先启动城市考古、规划编制、综合管理及文化宣传等工作，促进对大运河（镇江段）文化线路的综合利用。

南朝陵墓石刻文化线路保护（略）。

三、中心城市规划中关于历史文化保护的规划

1. 城市发展方向和空间结构及功能布局

城市空间发展方向由原来的沿江“一”字形发展调整为沿江沿路“T”字形发展。重点向南发展，对接沪宁、优化东西、提升中心。

中心城区总体布局结构为“一体两翼，一核四区”（图D-1-1-2-2、图D-1-1-2-3）。“一体”指主城区，“两翼”指东西两翼多个功能组团。主城区空间突出“一核四区”，由南山绿核、主城核心区、丁卯分区、南徐分区、谷阳分区组成。

主城区，北起长江，南至312国道、沿江高速公路、沿江公路，西起戴家门路，东至横山东路，按111.5万人、106km^{2}建设用地总容量规划。构筑北依长江，南山居中，“山、水、城”的城市空间框架。

主城核心区：城市主中心，滨江城市山林和文化特色的标志区，城市中心商贸区和宜人的生活居住区。重点发展商贸、金融、旅游和文化为主的现代服务业。

南山绿核：城市中心绿地，以城市山林、古寺名泉为资源特色，融生态保障、文化体验、旅游休闲及历史遗存展示等功能于一体的都市型风景名胜区。

丁卯分区、南徐分区、谷阳分区（略）。

2. 历史文化和传统风貌保护

（1）规划原则和规划目标

坚持统筹规划、有效保护、合理利用、科学管理。

坚持整体保护与重点保护相结合；坚持可持续发展，合理利用、永续利用；坚持保护历史文化名城的整体性和历史文化遗存的原真性。

体现“国家历史文化名城”的城市性质，把镇江建设成为富有文化特色、传统风貌与现代文明相融合的历史文化名城。

（2）历史文化名城保护（图D-1-1-2-4）

保护框架：历史文化名城保护规划框架由物质要素的保护和非物质要素的保护组

成。物质要素包括城市整体空间环境、历史文化街区、文物古迹等，非物质要素包括历史文化遗存展示体系、传统文化、传统工艺和民风民俗等。

保护内容：各级文物保护单位的保护；历史文化街区的划定和保护；城市整体空间环境的保护；建筑高度控制和视廊保护；历史文化内涵的挖掘与继承及历史文化遗存的展示。

（3）城市整体空间环境的保护

① 古城格局和风貌特色保护

保护现存的古城墙及城门遗址，主要包括三国铁瓮城、东晋古城墙遗址等；保护历代形成的传统格局和古城风貌，在老城更新过程中，保护好传统街巷、特色空间及一些具有地方历史文化特征的传统民居，严格控制建筑高度；保护历代形成的古运河风貌，包括两岸的传统民居及新河街一条街、虎踞桥、僧伽塔等文物保护单位，建设古运河风光带；保护城市独特的山水格局和自然景观风貌，包括三山、南山、圌山等风景名胜区，严禁随意改变地形地貌、破坏山脉水系的建设活动。

② 建筑高度控制和视线通廊保护

保护城市空间轮廓，分层控制建筑高度，保护城市传统风貌特色。

针对文物保护、景点之间的呼应与统一、古城外部空间轮廓、特色风貌街巷的保护以及外部空间环境的保护等，确定建筑限高，对于局部影响历史风貌的现状建筑应严格控制，并采取降层、拆除或弱化等处理方式。

文物保护单位保护范围内严格控制原有高度，建设控制地带视其保护性质和内容（文物保护、风貌保护）以及周围具体情况，分别确定高度控制。

历史文化街区周边地块的建筑高度宜控制在4层及以下，建筑高度不超过12m。历史文化街区保护范围内除破坏或影响整体风貌的建筑外，保持现状建筑高度。

严格控制金山、焦山、北固山、云台山、烈士纪念塔、磨笄山、九华山、象山和鼎石山等重要景点与观景点的空间环境。对“三山”沿江视线通廊区、第一楼街及解放南路视线通廊区、天桥支路南视线通廊区三大区域（分别以云台山、磨笄山和宝塔山为观景点），严格控制建筑高度和体量，不得遮挡相互之间的观赏视线，任何新建高层建筑必须做环境景观分析。

（4）历史文化街区保护

历史文化街区的划定：规划确定西津渡、伯先路和大龙王巷三个历史文化街区（表B–1–1–2–5）。

表B-1-1-2-5 镇江市中心城区历史文化街区名录

序号	名称	范围
1	西津渡历史文化街区	镇江市城区西北部，北濒长江，南临云台山，西起玉山大码头，保护范围6.0hm^2
2	伯先路历史文化街区	镇江市城区西北部，北濒长江，云台山东麓，宝盖山北麓，保护范围3.46hm^2
3	大龙王巷历史文化街区	镇江市城区西北部，宝盖山北麓，山巷以西，大西路以南，保护范围4.2hm^2

① 西津渡历史文化街区保护

核心保护范围：北至长江路，南至云台山北麓，东起迎江路，西至玉山大码头遗址，面积6.0hm^2。

建设控制地带：北至长江路，南起云台山，东起迎江路，西至和平路，规划面积14.1hm^2。

重点保护内容：保护历史文化街区内的各级文物保护单位、控制保护建筑及其他历史文化遗存；保护历史文化街区的古渡遗址、传统民居、前店后宅的格局以及街巷格局的形态与环境；保护与街区历史风貌有密切关系的古井、古树等历史环境要素。

保护措施：根据现状资源分布建立与街区保护相关的博物馆、展示馆，展现镇江明清时期商业古街风貌、传统居住街区的历史特征和民间传统生活氛围；加强对节庆习俗、民间商业习俗和典型地域文化的保护与传承，积极创造具有浓郁地域特色和深厚文化内涵的社区生活；充分协调保护与发展商业、开发旅游、改善居民生活的关系；增加改善环境、保持街区活力的设施，增建设施的外观、绿化布局与植物配置应符合历史风貌的要求。

② 伯先路历史文化街区保护

核心保护范围：北至广肇公所巷，南到宝盖路—京畿路，西临云台山东麓，东至贾家巷，面积3.46hm^2。

建设控制地带：东起大西路，北达云台山顶，西接京畿路，南至宝盖路，规划面积15.09hm^2。

重点保护内容：保护历史文化街区内的各级文物保护单位、控制保护建筑及其他历史文化遗存；保持原有街道的尺度、色彩及传统建筑风貌和市井气象。

保护措施：修整主要街巷的破损界面，街巷及沿街建筑按原址、原高度进行整治修复；严格控制保护区内新建建筑的数量、高度、体量、色彩和材质，严格控制保护区外围建筑的高度。

③ 大龙王巷历史文化街区保护

核心保护范围：北至皮坊巷，南至丰和巷—节约巷—火星庙巷，西至芦州会馆巷，东至小龙王巷，面积4.2hm^2。

建设控制地带：北至大西路，南临宝盖路，西至迎江路南街，东接山巷，规划面积14.1hm^2。

重点保护内容：保护历史文化街区内的各级文物保护单位、控制保护建筑及其他历史文化遗存；保护历史文化街区特定历史时期的风貌，包括街道肌理和建筑风格；保护街区内居民的传统生活方式和民风民俗。

保护措施：街区以居住功能为主，疏散部分居住人口，维系原有邻里关系；保护各级文物保护单位和历史建筑，设置保护标志；拆除违章建筑，分类整治街区内的传统民居；加强对传统民间节庆习俗和典型地域文化的保护与传承；改善给排水、电力、电信、燃气和消防等市政基础设施，适当增加公共服务设施以改善当地居民生活并方便外来游客。

（5）文物古迹保护

① 文物保护单位保护

严格保护镇江市区各级文物保护单位137处，其中全国重点文物保护单位8处（13个点），省级文物保护单位29处，市级文物保护单位100处。其中涉及本书研究范围所有32处（表B-1-1-2-2 ～ 表B-1-1-2-4）。

按照《中华人民共和国文物保护法》和《中华人民共和国文物保护法实施条例》进行原址保护，只有在发生不可抗拒的自然灾害或因国家重大建设工程的需要，使迁移保护成为唯一有效的手段时，才可以原状迁移、易地保护。易地保护要依法报批，在获得批准后方可实施。

文物保护单位根据保护文物的实际需要，经省、市人民政府批准，分别划定保护范围和建设控制地带，并予以公布。

文物保护单位的保护范围不得进行其他建设工程或者爆破、钻探、挖掘等作业。因特殊情况需要在文物保护单位的保护范围内进行其他建设工程或者爆破、钻探、挖掘等作业的，必须保证文物保护单位的安全，并经核定公布该文物保护单位的人民政府批准，在批准前应征得上一级人民政府文物行政部门同意。

② 历史建筑保护

保护已公布的第一批历史建筑26处（表B-1-1-2-6）。同时按照历史建筑的认定条件，加强普查，逐步将符合条件的建筑列入历史建筑名录，按照相关规定实施保护。

表B-1-1-2-6 镇江市第一批历史建筑保护名录

编号	建筑名称	所在位置（门牌号）	建筑面积（m²）	建筑年代	公布时间
J-001-Ⅰ	小街41号民居	润州区金山街道银山门社区小街41号	719	清末	2016.6
J-002-Ⅰ	小街90号民居	润州区金山街道银山门社区小街90号	597	民国	2016.6
J-003-Ⅰ	大孙家巷75、77、79号，小街70号民居	润州区金山街道银山门社区大孙家巷75、77、79号，小街70号	156	清末	2016.6
J-004-Ⅰ	节约巷39、41、43号民居	润州区金山街道银山门社区节约巷39、41、43号	272	民国	2016.6
J-005-Ⅰ	节约巷45号民居	润州区金山街道银山门社区节约巷45号	273	民国	2016.6
J-006-Ⅰ	魏同兴巷26号民居	润州区金山街道银山门社区魏同兴巷26号	520	清末	2016.6
J-007-Ⅰ	大夫桥20号民居	润州区金山街道银山门社区大夫桥20号	302	民国	2016.6
J-008-Ⅰ	大龙王巷89号民居	润州区金山街道银山门社区大龙王巷89号	184	民国	2016.6
J-009-Ⅰ	节约巷37号民居	润州区金山街道银山门社区节约巷37号	271	民国	2016.6
J-010-Ⅰ	皮坊巷24、26号民居	润州区金山街道银山门社区皮坊巷24、26号	596	民国	2016.6
J-011-Ⅰ	寿康里1号民居	润州区金山街道银山门社区寿康里1号	228	民国	2016.6
J-012-Ⅰ	火星庙巷1号民居	润州区金山街道银山门社区火星庙巷1号	240	清末	2016.6
J-013-Ⅰ	大龙王巷57号、生产巷38号民居	润州区金山街道银山门社区大龙王巷57号、生产巷38号	230	清末	2016.6
J-014-Ⅰ	大龙王巷85号、雁儿河巷14号民居	润州区金山街道银山门社区大龙王巷85号、雁儿河巷14号	424	清末	2016.6
J-015-Ⅰ	芦洲会馆巷10号民居	润州区金山街道银山门社区芦洲会馆巷10号	104	清末	2016.6
J-016-Ⅰ	芦洲会馆巷16号民居	润州区金山街道银山门社区芦洲会馆巷16号	216	清末	2016.6
J-017-Ⅰ	芦洲会馆巷55号民居	润州区金山街道银山门社区芦洲会馆巷55号	88	清末	2016.6
J-018-Ⅰ	芦洲会馆巷65号民居	润州区金山街道银山门社区芦洲会馆巷65号	222	清末	2016.6
J-019-Ⅰ	生产巷25号民居	润州区金山街道银山门社区生产巷25号	145	清末	2016.6
J-020-Ⅰ	魏同兴巷31号民居	润州区金山街道银山门社区魏同兴巷31号	272	清末	2016.6
J-021-Ⅰ	魏同兴巷40号民居	润州区金山街道银山门社区魏同兴巷40号	74	清末	2016.6
J-022-Ⅰ	雁儿河巷8号民居	润州区金山街道银山门社区雁儿河巷8号	124	清末	2016.6
J-023-Ⅰ	丰和巷38号、雁儿河巷11号民居	润州区金山街道银山门社区丰和巷38号、雁儿河巷11号	370	清末	2016.6
J-024-Ⅰ	雁儿河巷12号民居	润州区金山街道银山门社区雁儿河巷12号	322	清末	2016.6
J-025-Ⅰ	万家巷45号民居	润州区金山街道银山门社区万家巷45号	720	民国	2016.6
J-026-Ⅰ	万家巷47号民居	润州区金山街道银山门社区万家巷47号	216	民国	2016.6

历史建筑不得擅自拆除、改建和翻建。对历史建筑进行外部修缮装饰、添加设施以及改变历史建筑的结构，应当依照有关法律法规的规定到城乡规划等部门办理相关批准手续，并委托具有相应资质的专业设计、施工单位实施。

根据历史建筑的价值，对历史建筑的保护应当遵循最低干预的原则，不得变动原有的外貌、结构体系、基本平面布局和有特色的室内装修，历史建筑内部在保持原结构体系的前提下，根据需要可以作适当的变动。

③ 未核定为文保单位的不可移动文物保护

保护经市政府公布并登记，尚未核定为文保单位的不可移动文物和第三次全国文物普查新发现的不可移动文物395处（含构筑物）。

在城市紫线范围内禁止进行下列6类活动：违反保护规划的大面积拆除、开发；对历史文化街区传统格局和风貌构成影响的大面积改建；损坏或者拆毁保护规划确定保护的建筑物、构筑物和其他设施；修建破坏历史文化街区传统风貌的建筑物、构筑物和其他设施；占用或者破坏保护规划确定保留的园林绿地、河湖水系、道路和古树名木等；其他对历史文化街区和历史建筑的保护构成破坏性影响的活动。

在城市紫线范围内确定各类建设项目，必须先由市、县人民政府城乡规划行政主管部门依据保护规划进行审查，市文物行政主管部门核准，组织专家论证并进行公示后核发选址意见书。

在城市紫线范围内进行新建或改建各类建筑物、构筑物和其他设施，对规划确定保护的建筑物、构筑物和其他设施进行修缮和维修，以及改变建筑物、构筑物的使用性质，应当依照相关法律、法规的规定，办理相关手续后方可进行。

历史文化街区和历史建筑已经破坏，不再具有保护价值的，应当向市人民政府提出专题报告，经批准后方可撤销相关的城市紫线。

对符合《中华人民共和国文物保护法》有关规定的历史建筑，应及时按照法定程序申报文物保护单位。

四、中心城市规划中关于城市特色和整体城市设计的有关规划

1. 城市特色规划目标

保护和发扬山、水、城、林一体的空间特色，并注重挖掘与弘扬历史文化。通过城市设计的引导，凸现山水、保护老城、构筑系统、强化标志，提升具有“大江风貌、城市山林、历史文化”特色的城市形象。

整体城市风貌特色。强化“三山鼎立俯江城、江河交汇揽西津、山水连城入画来”的城市风貌特色。恢复滨江风貌区原有的自然岸线，增强地区亲水性，提高人、水、活动三者的互动。以复兴历史文化街区为基础，传承历史文脉为核心，在保护中复兴、传承，实现历史文化持续发展、永续利用。突出体现沿江展开，山林镶嵌的“一城两翼”的城市空间结构，营造“山、水、城、林”的整体形象特征。

2. 城市特色景观区

（1）城市风景区

重点规划建设好自然与人文相得益彰的三山、南山等风景名胜区及古运河风光带等自然风景区。

（2）历史风貌区

采取有效措施，保护、更新、改造和利用好西津渡历史文化街区、伯先路历

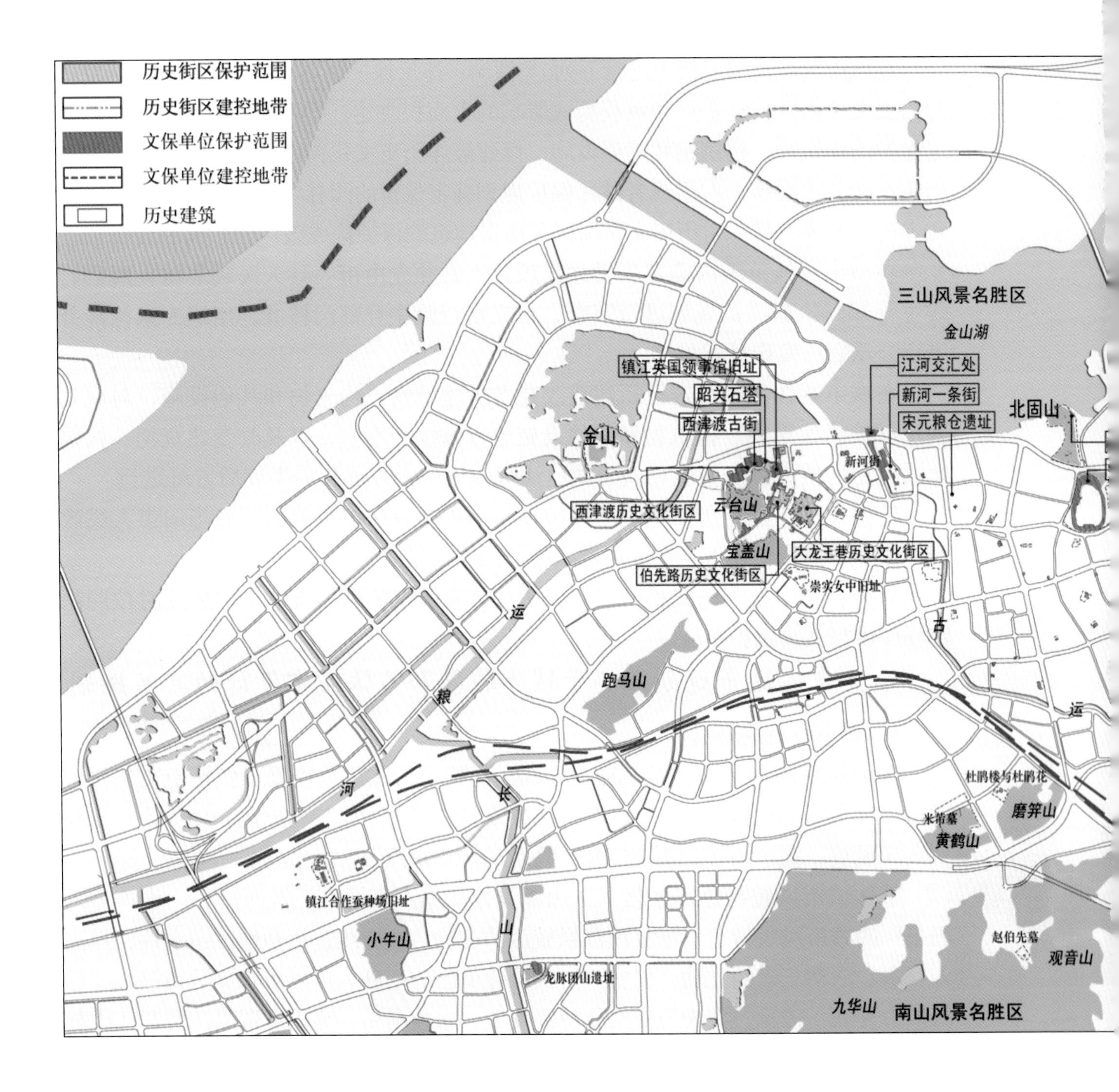

按照《中华人民共和国文物保护法》，未核定为文保单位的不可移动文物的保护应参照文物保护单位的保护要求执行。同时按照相关规定条件，经普查调研后，对符合条件的不可移动文物分批逐步公布为文物保护单位或历史建筑。

④ 历史环境要素保护

保护古树名木328株。划定古树名木的保护范围，保证树木的生长条件和生长空间。按照《镇江市城市古树名木保护管理办法》进行保护，明确保护责任主

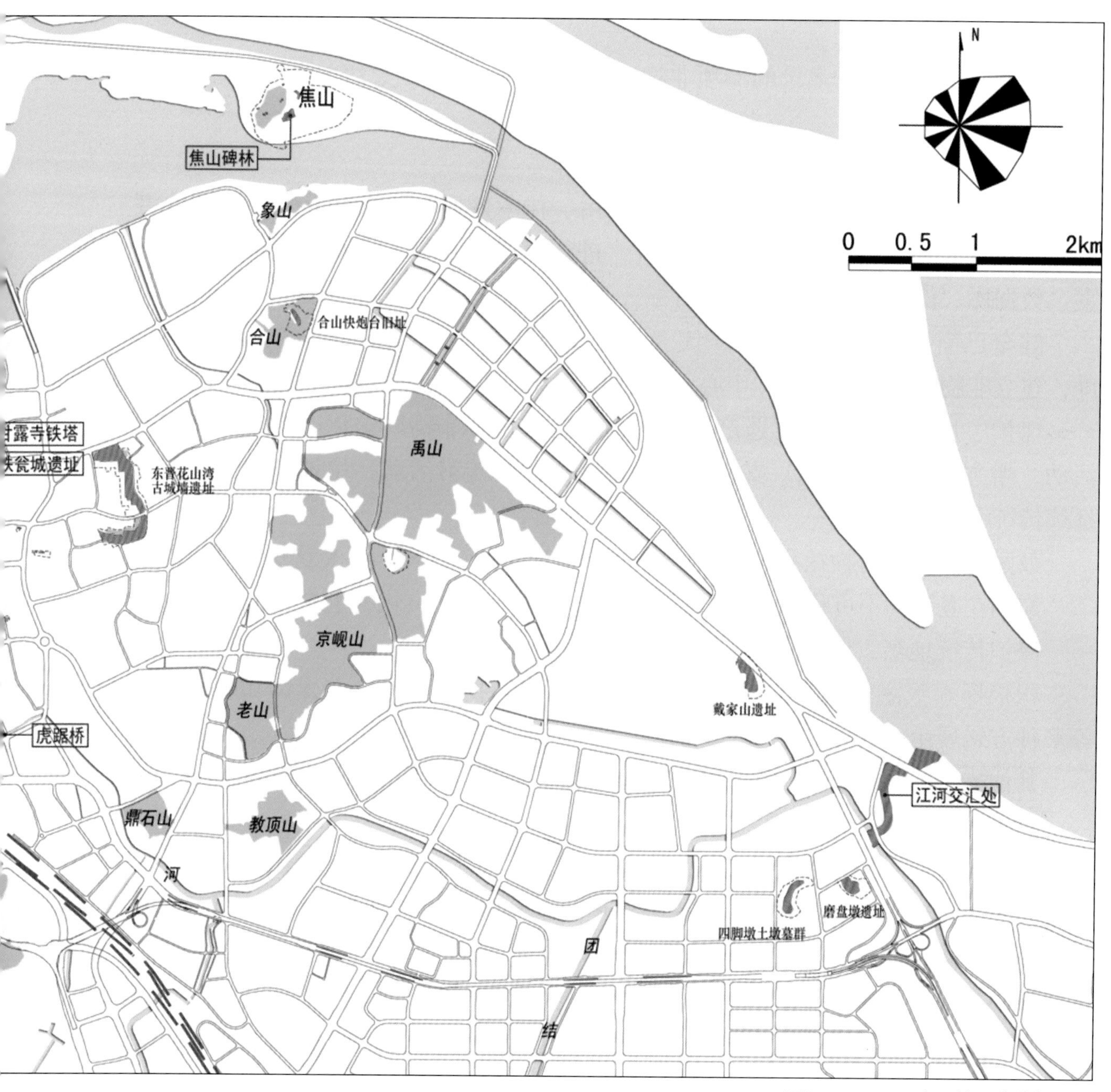

图D-1-1-2-5 中心城区紫线控制图

体，进行定期的养护。对普查在册的古树名木严禁砍伐，城市建设不得破坏古树名木及其周边环境。

⑤ 地下文物保护

加强地下文物的考古调查、勘探和保护工作，划定并公布地下文物埋藏区。对地下文物埋藏区内的建设，坚持先勘探发掘、后进行建设。

（6）非物质文化遗产保护

①保护内容

重点保护列入保护名录的83项非物质文化遗产，其中国家级9项、省级22项、市级52项。

②保护措施

按照“保护为主、抢救第一、合理利用、传承发展”的方针，进一步深入开展非物质文化遗产普查工作，摸清现状，进行真实、系统、全面的记录，建立档案、数据库、保护名录，制定保护目标。

健全已有的非物质文化遗产代表作名录体系，逐步建立和形成分级保护制度；建立非物质文化遗产保护中心，加强研究、认定、保存和继承工作。

保护、培养非物质文化遗产的传承人，定期举办非物质文化遗产节庆和竞赛活动，增强影响力。鼓励、支持和保障传承人开展传习活动，培训当地居民继承延续传统手工技艺。

鼓励建立私人博物馆和家庭作坊式的传统工艺店、饮食店等文化场所。

鼓励在登记的不可移动文物、历史建筑中开展非物质文化的生产和传承活动。

保护传统地名、老字号，不得随意更改。

积极探索数字化与网络化的保护方式，运用实物、图像、多媒体和现场表演等多种方式展示。

其他措施参照《江苏省非物质文化遗产保护条例》及相关法律法规执行。

（7）紫线范围和管控要求

对中心城区范围内的历史文化街区和历史建筑等划定城市紫线（图P-1-1-2-5），确定保护范围、面积等，并提出管理要求和措施。具体包括历史文化街区3处：西津渡历史文化街区、伯先路历史文化街区、大龙王巷历史文化街区，核心保护范围13.66hm^2，建设控制地带43.29hm^2；小街41号民居等历史建筑26处，保护范围面积4420m^2，建筑面积7885m^2；风貌协调区同历史文化街区核心保护范围。

对规划划定的城市紫线范围内的建设活动，应当依据《中华人民共和国文物保护法》《历史文化名城名镇名村保护条例》《城市紫线管理办法》及其他相关法律法规实施监督管理。

历史文化街区内的各项建设必须坚持保护真实的历史文化遗迹、维护街区传统格局风貌、改善基础设施和提高环境质量的原则。历史建筑的维修和整治必须保护原有外形和风貌，改善基础设施，提高环境质量。镇江市人民政府应当依据保护规划，对历史文化街区进行整治，以改善人居环境为前提，加强基础设施、公共设施的改造和建设。

史文化街区、大龙王巷历史文化街区以及杨家巷、薛家巷、新河街和大西路传统民居风貌区等古城历史风貌区。

（3）北部滨水区

开发建设好长江路北部滨水区的公共活动空间，并有机串联三山风景名胜区，展现滨江城市个性风貌特色。

3．城市景观轴线：江河景观轴（风光带）

（1）滨江景观轴（向西延伸至高资，向东延伸至大港）

按沿江不同的功能需要，建设相应的空间景观，并合理控制天际轮廓线，形成具有滨江特色的城市景观轴。重点处理好长江路及北部滨水区区域内的建筑设计与沿岸天际线关系，建设古运河风光带。沿古运河一线，展现古运河整体文化风貌，打造沿河开敞景观带。建设与完善运粮河、长山灌渠、京杭大运河、大港河及高资河等河道水系的绿色景观轴。

（2）山林景观轴

依据城市内部各山体的地理位置、高度和景观质量，对山体按景点与观景点要求进行分类、分级：规划Ⅰ级观景点包括三山、南山、云台山和磨笄山；Ⅱ级观景点包括宝盖山、鼎石山和合山等。

对景点与观景点之间形成的景观轴应严格控制。处理好山体周边区域的建筑高度、体量及后退关系；保护好景点与观景点之间的视廊、视域和对景关系；协调好与城市道路、重要建筑的相互借景关系，充分体现山林城市的特色。

（3）道路景观轴

加强对城市重要街道的城市设计，使其成为代表城市特色的道路景观轴线。主要有中山路、解放路、长江路、大西路、镇宝路、南徐大道、檀山路、学府路、智慧大道、谷阳大道、通港路、金港大道、京江路（贯穿长江生态滩涂和三山风景名胜区的快速旅游通道）等。

重点建设长江路和檀山路两条特色道路景观轴。长江路景观轴以长江路为轴，展现长江风貌，串联金山、焦山、北固山和西津渡等特色空间，使城市历史文化、自然景观、城市功能与城市整体轮廓合为一体。檀山路景观轴以檀山路为轴，串联北部滨水区和南山风景区，重点展示古城、自然山体与现代新城风貌的交融，山水连城。

五、中心城市规划中关于旧区更新的有关规划

旧区范围由润州路、长江路、梦溪路、天桥路、沪宁铁路围合而成，区域用地面积约11.8km^2。

（1）旧区改建总体目标

在建设生态宜居城市目标指引下，通过旧城更新保护历史文脉，促进城市再生，建设海绵城区，打造宜居生态城区。通过用地功能置换、公共空间打造、城市环境改善等一系列综合整治，更新和改造旧城，调整人口分布，改善居住生活环境，增强经济活力，恢复历史文化风貌，优化完善基础设施和公共服务设施条件。

棚户区和城中村改造以集中成片危旧住宅改造为重点，力争通过几年时间的努力，基本改造完成，全面改善居民居住条件。

（2）主要措施

调整优化用地布局和结构；完善道路系统，加强交通设施建设；改善基础设施条件，实施海绵城市建设，提高公共服务设施水平；整治文物建筑周边环境，强化文化功能；加强绿地建设，提升居住环境质量；加强历史文化街区内棚户区市政与消防设施的改造。

六、规划实施的有关要求

（1）优化城市产业结构，提升旅游业的主导地位

通过深度挖掘旅游资源，强化旅游城市的功能定位和产业开发，把自然景观资源和人文景观资源转化为旅游经济发展的现实资源，将旅游业逐步发展为支柱产业，达到大力提升城市品质的目的。

（2）大力开发城市自然资源和历史文化资源，打造现代化山水城市

为改善城市整体环境，应加强对城市山体、水体和历史文化的保护与开发，特别对三山风景名胜区、南山风景名胜区、长江路北部滨水区、古运河风光带、大西路片区和南徐新中心区以及其他一些城市重点地段，应注重城市景观和特色空间的塑造，注重城市生态环境的建设，最终实现山水型生态城市。

（3）加强文化与经济的结合，经营好城市的文化资源

镇江作为国家历史文化名城，有着丰富的历史文化积淀和现代文化的创造，这是镇江城市资源的特色和优势。在经营城市中必须注重文化资源的经营，发挥文化对经济的驱动作用。在文化资源的经营中应重点开发三国文化、六朝文化、明清文化为代表的历史序列；推出“宗教文化旅游”；合理开发镇江文物古迹和历史名人资源，发挥其在旅游业发展中的经济价值；大力发展文化产业，形成与现代经济相适应的文化产业发展格局（图D–1–1–2–6、图D–1–1–2–7）。

图D-1-1-2-6 城市空间景观规划图

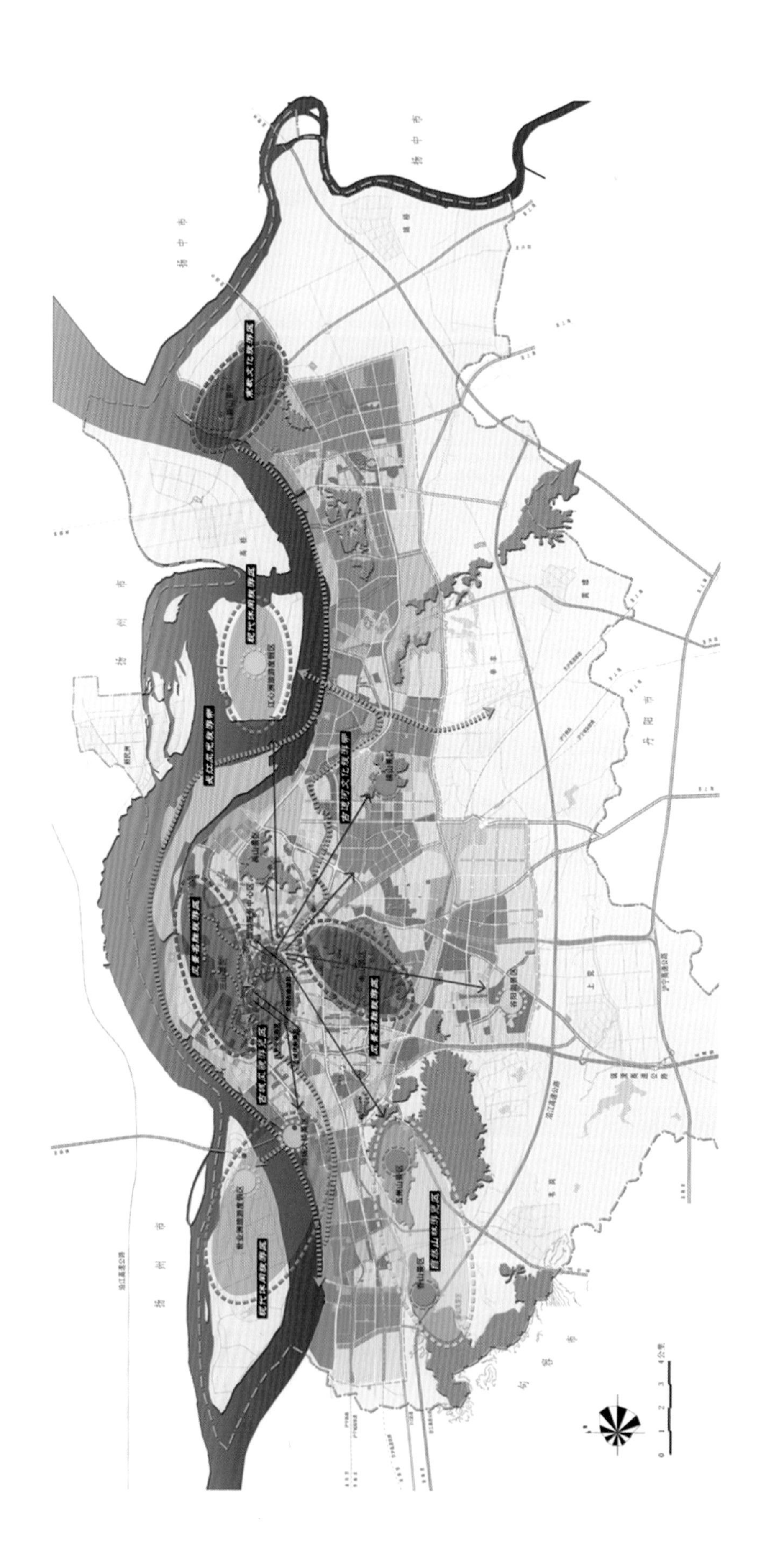

图D-1-1-2-7 中心城旅游规划图

第三节 镇江市历史文化名城保护规划

1986年12月8日，国务院批准镇江市为国家历史文化名城。市规划局于1988年委托东南大学编制了《历史文化名城保护规划和建筑高度控制规划》，在名城保护规划中依据城市的自然景观、人文景观、城市风貌、名胜风景和文物古迹分布情况，划分出古城风貌区、历史文化博览区、古运河风光带及京口三山和南山风景名胜区，这些区的划分为历史文化名城的保护提供了依据。1989年，镇江市制定并审批通过了历史文化名城保护规划，镇江名城保护工作逐步走向整体、有序和法制的轨道。在《镇江城市总体规划（1993—2010）》中，历史文化名城保护规划做了进一步提升，主要包含两部分内容，即“名城保护规划”和“建筑高度控制规划”。其中关于历史文化名城保护规划的总体思路是：保护名城的历史文化环境，分层次、有重点地保护风景名胜、文物古迹、古城风貌、传统民居和街坊格局，继承和发扬传统文化特色；全面控制城市空间轮廓，突出城市依山面水、山水形胜的自然风貌，保持城市“山水相融”和“城市山林”的特点；合理调整工业布局，促进城市经济建设，改善城市环境质量，加快名城发展。实践中，镇江市正确处理历史文化名城保护与建设、继承与发展的关系，努力做到在城市现代化建设的发展进程中，发扬光大优秀的历史文化特色。2002年修订完成的镇江市城市总体规划，进一步对历史文化名城保护规划作出了更加详细的原则规定（详见2002版总规内附件15）。

根据2002版总规，2003年3月，镇江市着手制定《镇江市历史文化名城保护规划（2004—2020）》。该规划由镇江市规划院院长王根生总负责，高级规划师耿金文等组成工作班子具体编制。规划的主要内容如下。

一、规划编制目标、指导思想、原则及范围

1. 规划目标

体现镇江“国家历史文化名城”的城市性质，把镇江建设成为富有文化特色、传统风貌与现代文明相融合的历史文化名城。

2. 指导思想

保护镇江的历史文化遗产和独具特色的山水城市风貌，充分挖掘其丰富的历史文化内涵，使之成为塑造城市特色、提升城市品质、改善人文环境的重要资源，促进城市的现代化建设。这一指导思想的核心是要正确处理山水生态城市、历史文化名城和城市现代化建设的关系，使历史文化名城成为城市现代化建设的宝贵资源，实现历史文化与现代文明的交相辉映。

3．修编原则

（1）坚持统筹规划、有效保护、合理利用和科学管理的名城保护原则，合理确定保护内容与范围，处理好保护与利用、继承与发展的关系，采取合理适度、科学利用的方法和手段，有效保护和利用历史文化资源。

（2）保护历史文化名城的整体性和历史文化遗存的原真性原则，重点保护有价值的历史遗存、历史街区，整体保护古城格局和风貌、古城空间形态和环境，提高古城的环境质量。

（3）切实做好城市文化遗产的保护工作，充分挖掘和保存传统文化和历史遗产，按照“保护为主、抢救第一、合理利用、加强管理”的方针，做好文物古迹的保护工作。

4．规划范围和期限

这次规划的范围是整个辖区，具体分为两个层次：一是镇江市行政区，面积1082km^2（其中市区含近郊333km^2），其核心部分为中心城主城区190km^2；二是镇江市辖区，面积3843km^2，其中的镇江市级以上文物保护单位和省级以上风景名胜区、自然保护区，也在规划范围之内。规划期限为2004—2020年（图D-1-1-3-1～图D-1-1-3-3）。

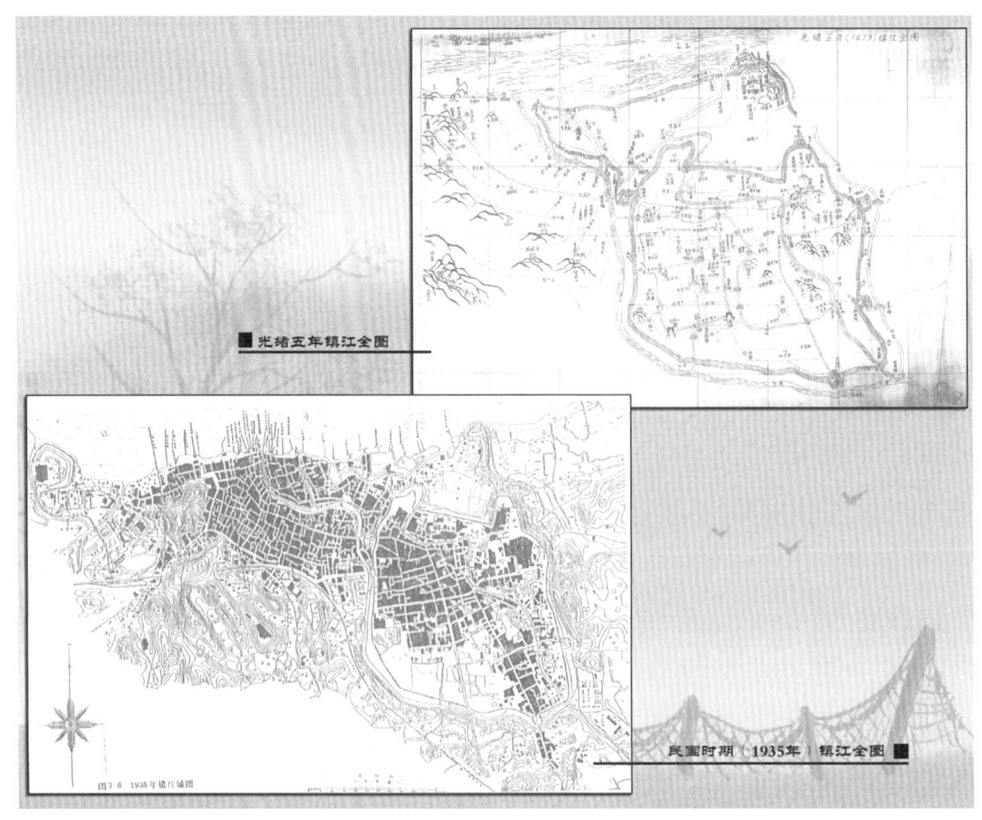

图D-1-1-3-1 清末、民国初镇江古城地图

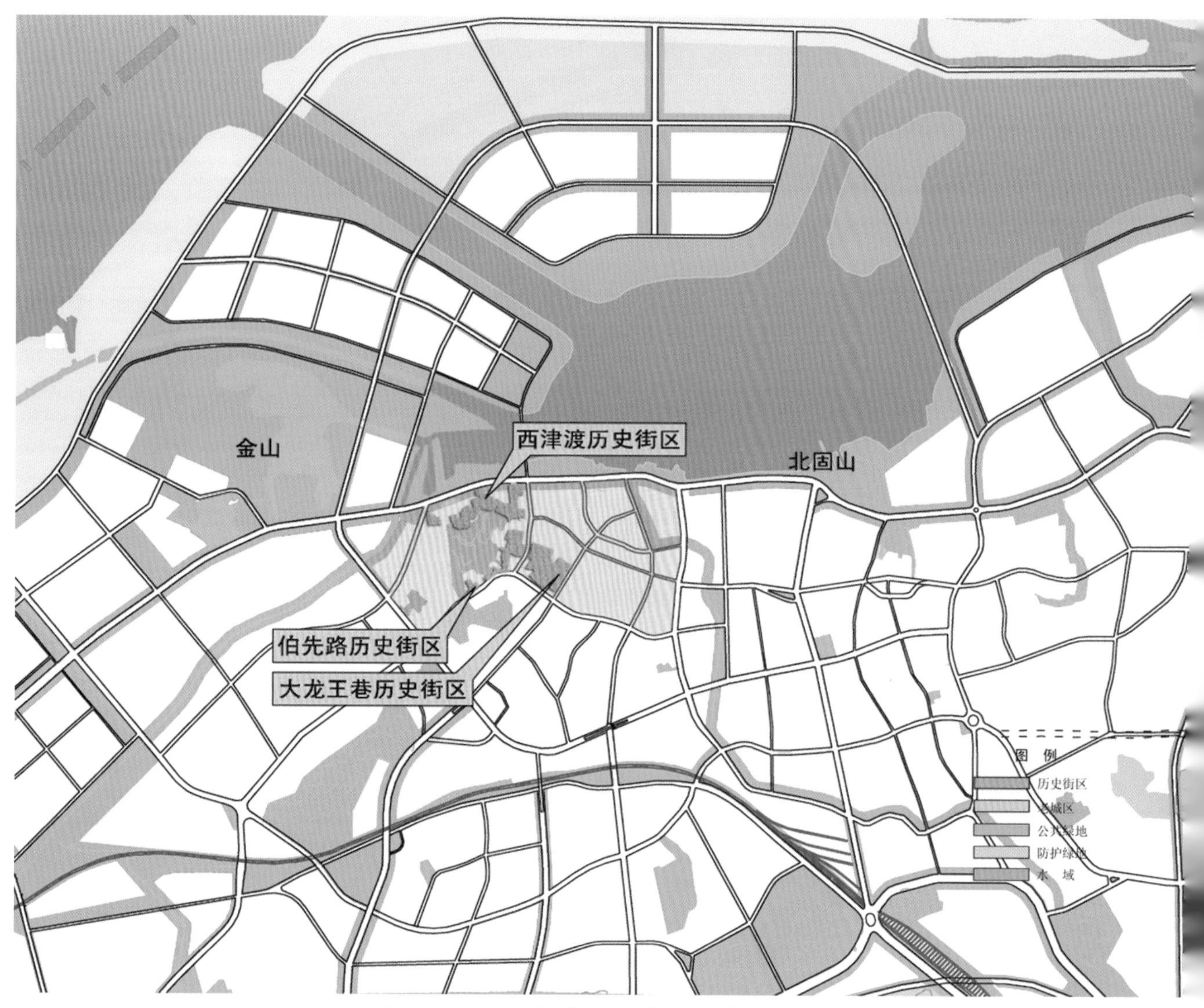

图D-1-1-3-4 主城历史文化名城保护规划图

二、保护框架

镇江市历史文化名城保护规划确定了名城保护的基本框架（图D-1-1-3-4）。

三、整体保护规划措施

（1）通过优化城市布局，加强对老城的保护。

（2）优化城市用地结构，合理调整产业结构和生产力布局。

（3）大力改善老城的交通状况，构筑城市快速通道系统，缓解老城的交通压力。

（4）控制老城内的住宅建设，合理疏散老城人口，调整用地结构，加速对基础设施的改造与更新，提高旧城居民居住环境质量。

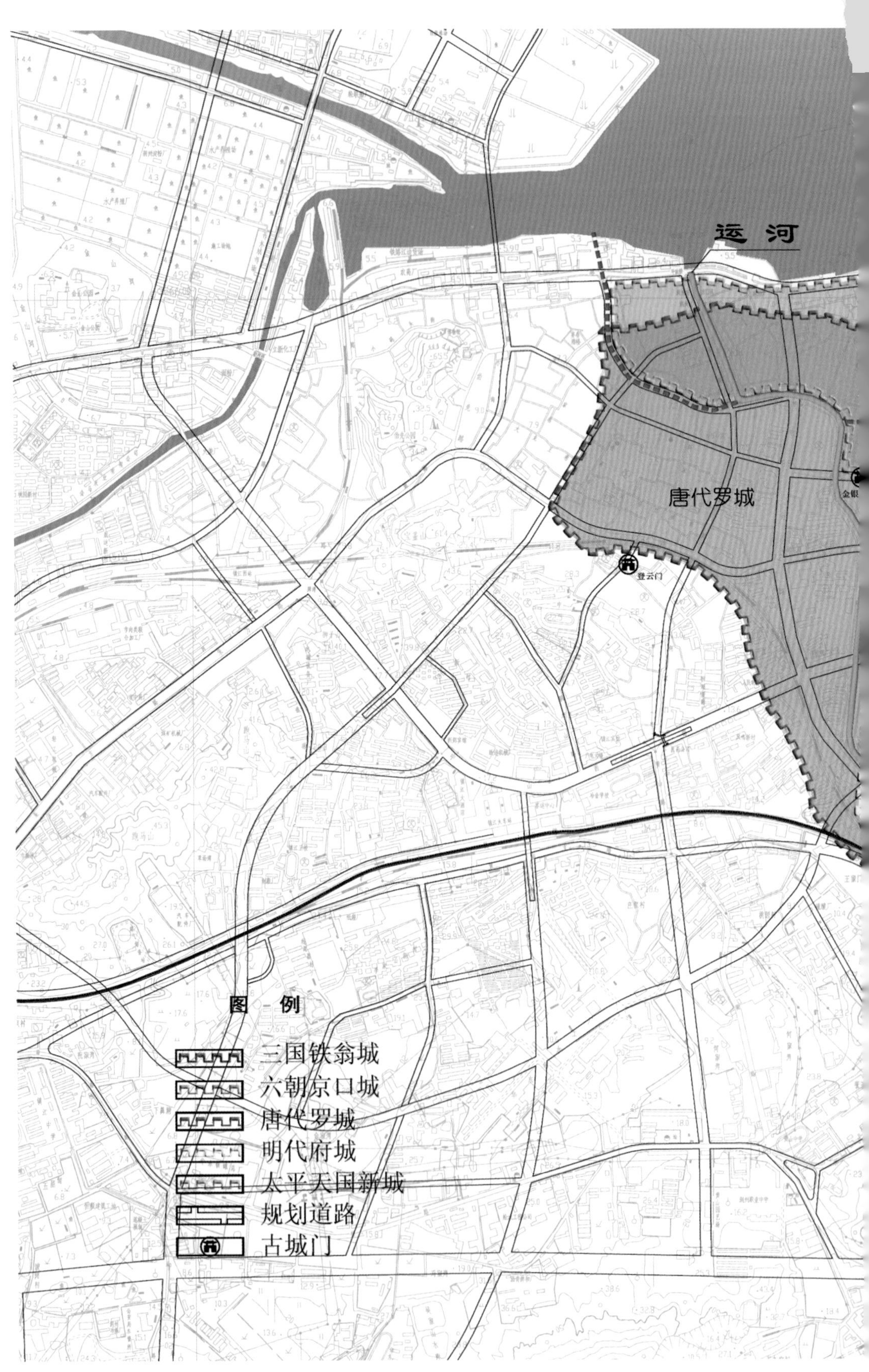

图D-1-1-3-2 镇江市历代城池演变示意图

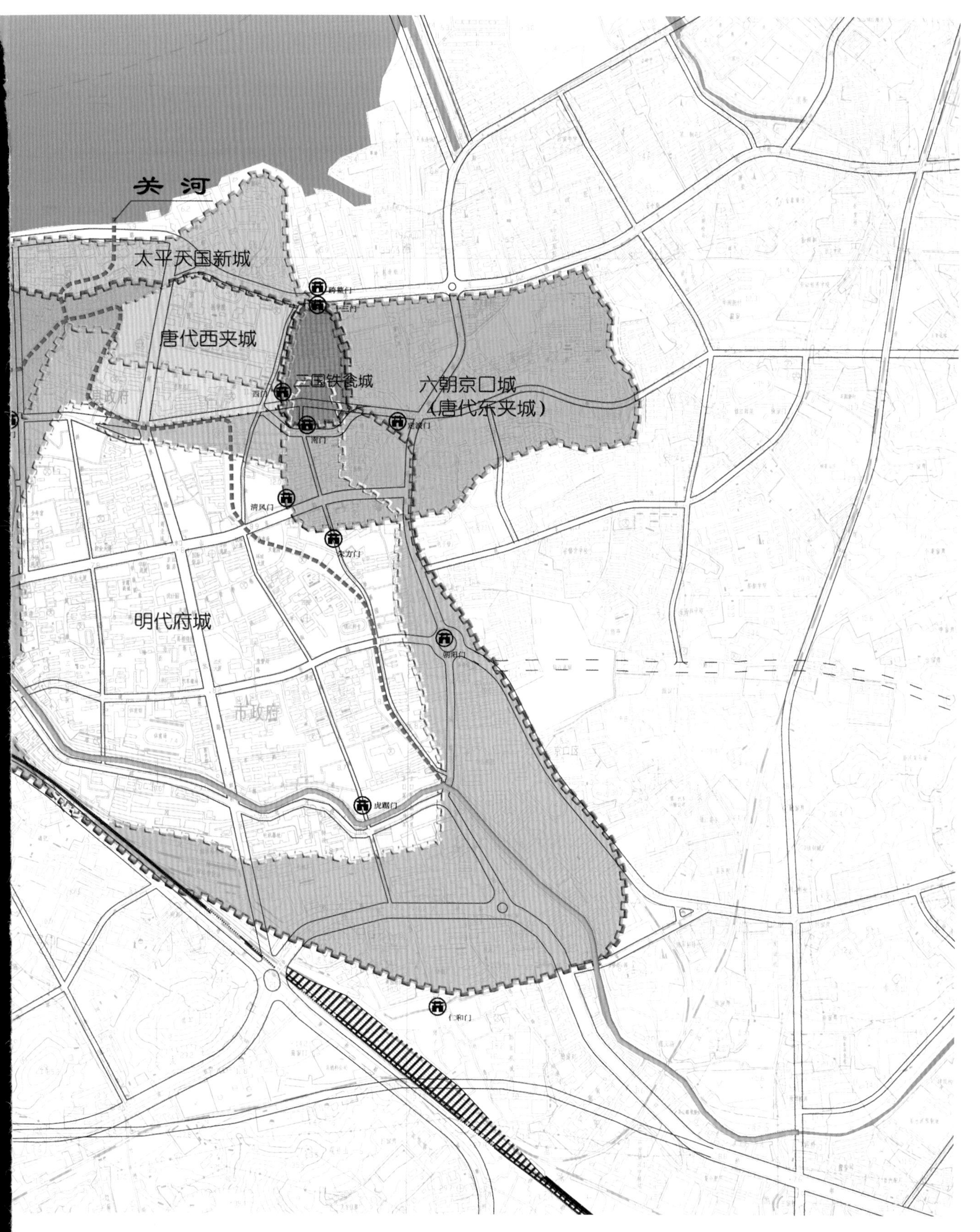
关河
太平天国新城
唐代西夹城
三国铁瓮城
六朝京口城
(唐代东夹城)
明代府城
市政府

规划核心区范围
扬中市
丹阳市
句容市
镇江市
徐州都市圈
南京都市圈
苏锡常都市圈
江苏省区位图
镇江市区位图

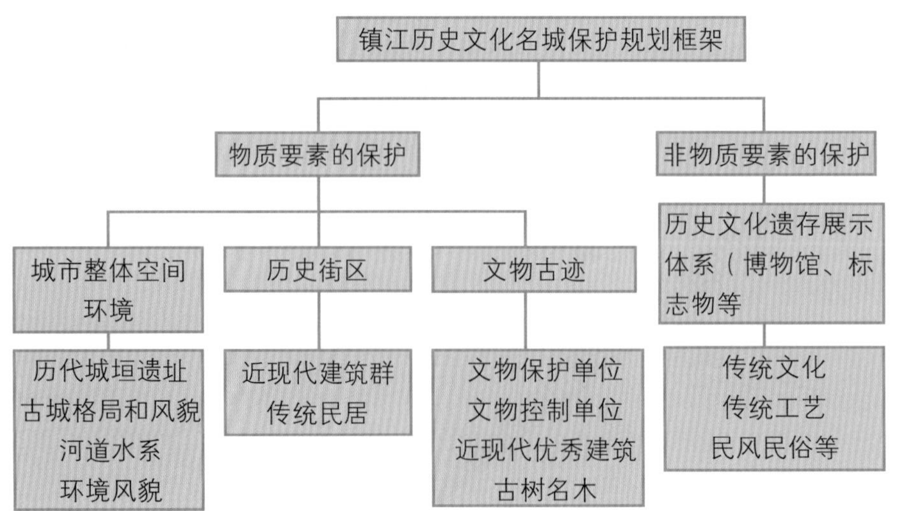
镇江历史文化名城保护规划框架
物质要素的保护
非物质要素的保护
城市整体空间环境
历史街区
文物古迹
历史文化遗存展示体系（博物馆、标志物等
历代城垣遗址
古城格局和风貌
河道水系
环境风貌
近现代建筑群
传统民居
文物保护单位
文物控制单位
近现代优秀建筑
古树名木
传统文化
传统工艺
民风民俗等

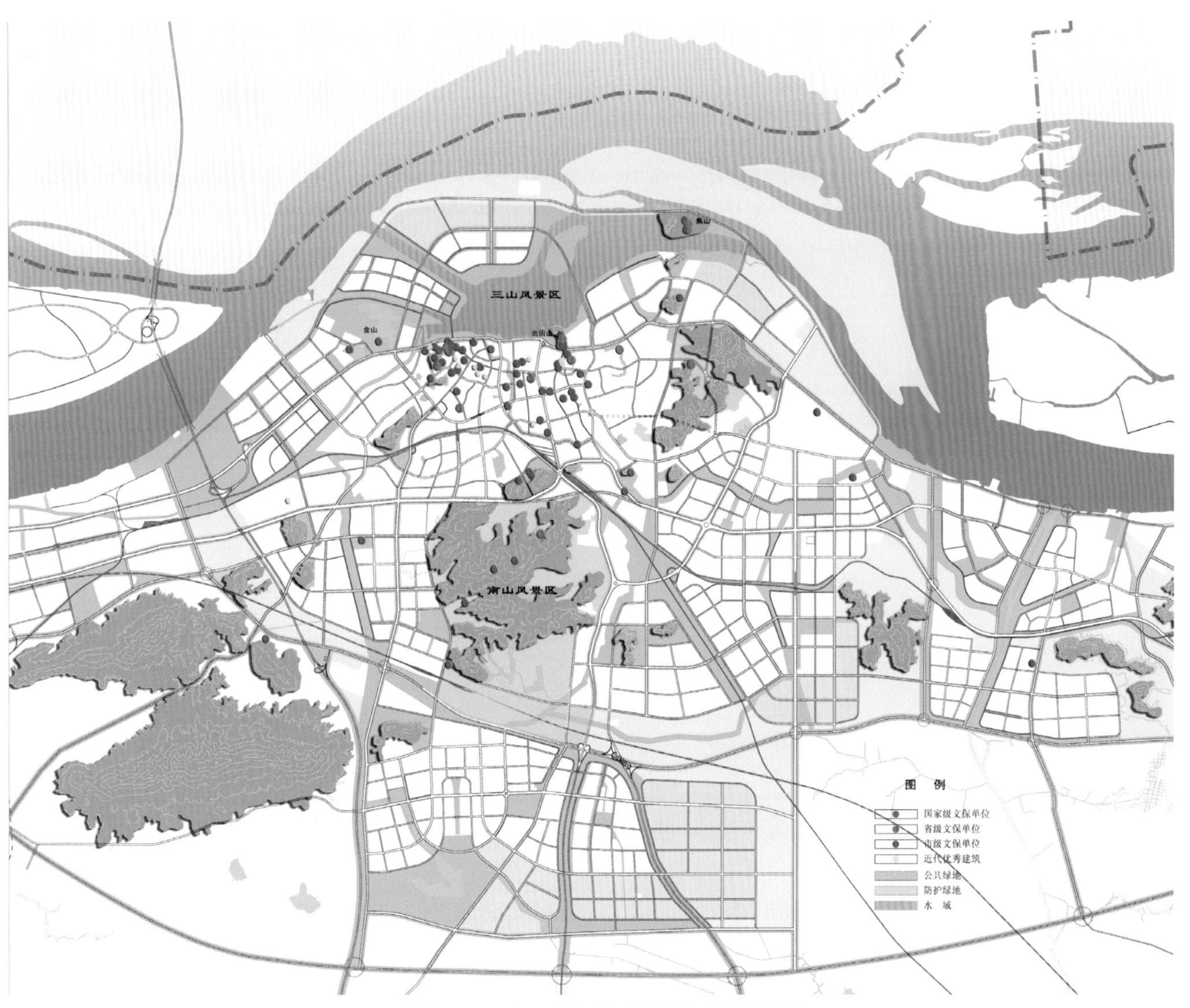

图D-1-1-3-5 镇江市主城文物古迹分布图

（5）控制老城建筑高度，保护城市空间轮廓和城市传统风貌特色。建立三个层次的保护圈：第一层次为文物保护单位和历史街区的保护范围，此范围内维持现存保护对象的建筑高度，对不符合高度控制要求的建筑应限期拆除或改造，不得新建任何与保护对象无关的建筑（图D-1-1-3-5）；第二层次为文物保护单位的建设控制地带和历史街区的规划范围，此范围内新建建筑的体量及建筑密度

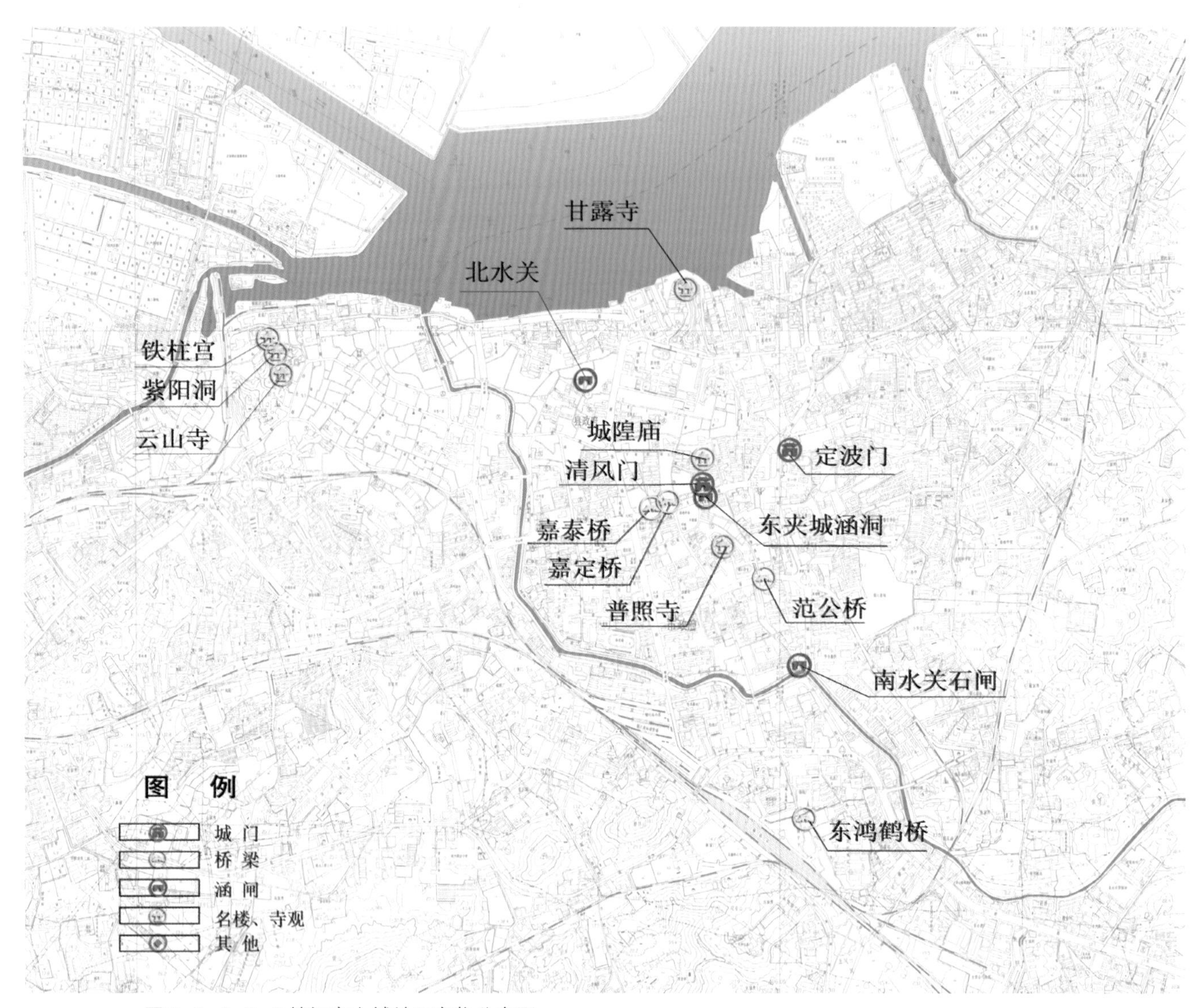

图D-1-1-3-6 镇江市主城地下文物分布图

应严格控制，建筑高度应通过视线分析确定，原则上不得破坏保护对象的空间环境，并满足主要观赏点的视觉保护要求（图D-1-1-3-6、图D-1-1-3-7）；第三层次为文保单位、历史街区的环境协调范围以及重要景观视觉走廊范围，应严格控制高层建筑。

（6）将历史文化遗存的保护和修复与城市环境建设相结合，加快老城的环境

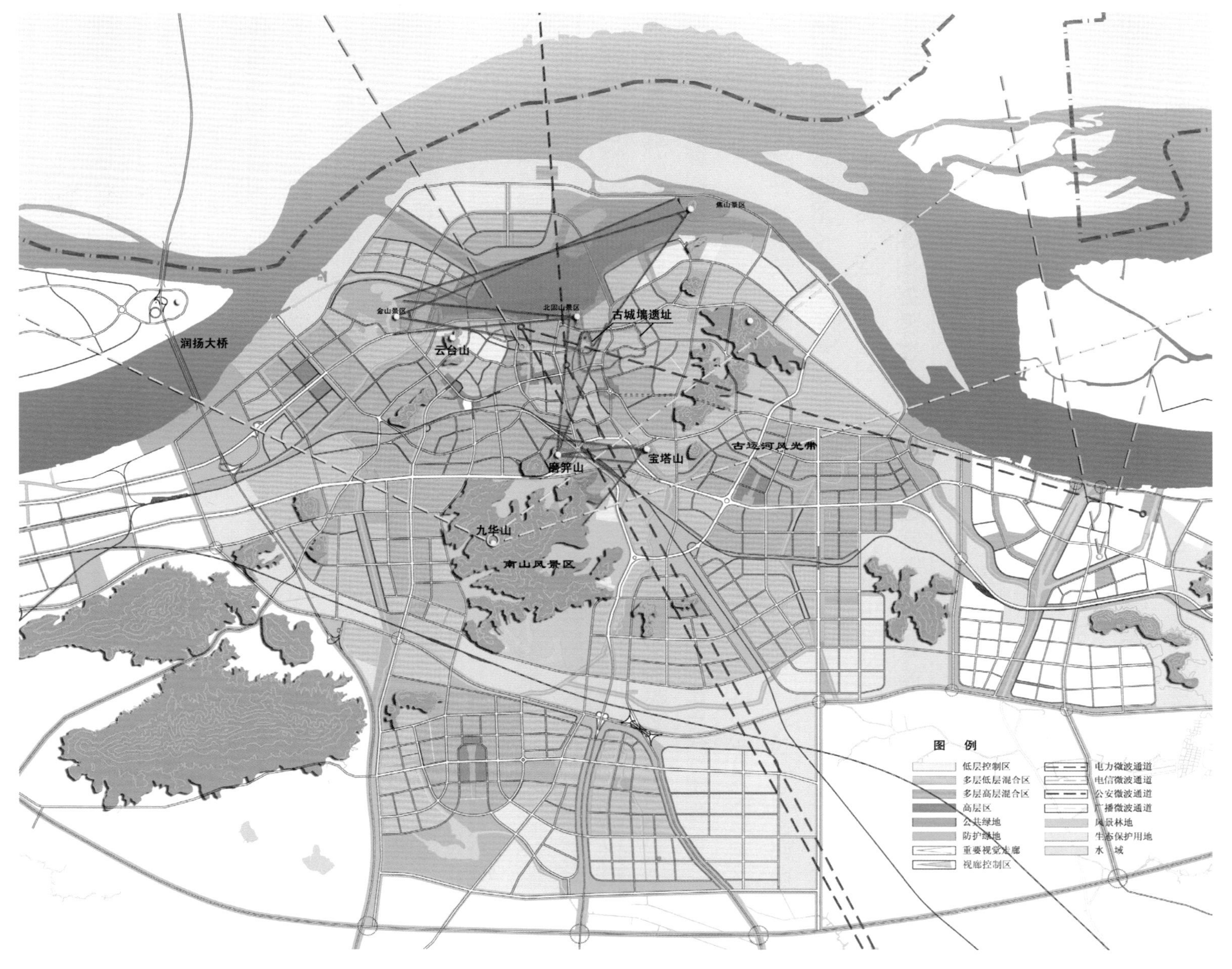

图D-1-1-3-7 镇江市主城建筑高度及视线通廊控制图

整治和景观建设，突出“显山、露水、透绿、现蓝”的原则，重点整治城市干道两侧、历史街区及其周边环境，将历史文化遗存充分展现出来，进一步展示历史文化名城的环境魅力和文化特色，增强城市的吸引力，促进旅游业的繁荣发展。

四、历史文化遗存的展示

（1）构筑多方位的历史文化遗存展示体系。

（2）有计划地建设博物馆系列。运用丰富的文物资源，多方位、真实生动地反映和展现镇江的历史和文化，包括历史博物馆、名人纪念馆、民俗风情博物馆等。

（3）建立标志物系列。对于现存的历史文化资源设立全面的指引和标识系统，更好地向市民及游客展示镇江丰富的历史文化资源，同时加强全社会对历史文化资源的保护意识。对于重大历史事件发生地和重要历史人物活动场所，除了设立必要的标志以外，可通过雕塑等艺术手法加以展现，进一步增强城市的历史文化氛围和艺术性，丰富人们的文化生活。

（4）重视老城内的历史文化积累，揭示隐形文化的内涵，在老城改造中创造出富有地域文化和风貌特色的新景观。规划要求在今后的老城有机更新过程中,充分重视文学、戏曲、名人轶事和民间传说等口述和非物质文化在老城中的积累，挖掘其内涵，运用各种手段将这些美好的意境形象化地再现出来，增加城市的历史文化氛围。建议结合老城环境建设，重点修复一批有特色的文物古迹。

五、实施措施

（1）加强对历史文化名城保护工作的领导、规划、建设和管理。成立由市政府负责，各有关部门参加的名城保护专门机构。

（2）广泛、深入地进行保护名城、建设名城的宣传教育，提高名城保护意识。

（3）研究制定历史文化名城保护的技术经济政策。加强文物保护、历史街区、环境风貌保护区等方面的政策研究，探索历史街区、老城区有机更新的有效途径。

（4）在名城保护规划指导下，尽快编制相关控制性详规或专项规划，落实规划管理的监控措施，使保护和建设严格按规划实施。

（5）加强执法力度。认真贯彻落实“保护为主、抢救第一、合理利用、加强管理”的方针；研究制定名城保护条例和实施办法，依法保护和建设。

（6）建立历史文化名城保护的资金保障机制。对历史街区、重点文保单位周围可建设用地，明确划分财政投入和市场运作的范围，通过市场运作，开拓吸聚资金的渠道，广集资金以用于名城保护。

（7）加强历史文化名城的研究运用。深入研究镇江历史文化名城的特色，研究名城保护同城市现代化建设的关系，保护历史街区同所在地居民要求改善居住条件和环境的关系。充分利用名城资源，传承历史文脉，创造时代风采，

提高文化品位，运用现代理念和先进科技，使历史文化和现代文明交相辉映。

第四节 镇江市历史文化街区保护规划

镇江市三个历史文化街区相互毗邻，环云台山北侧和东侧展开。这些历史街区的发展展示了自古以来特别是清末民国初镇江成为开埠口岸后西区城市发展的脉络，最能代表和反映古城的传统格局和风貌，展示城市发展的历史延续和文化特色。西津渡街区紧靠港口，以“渡”为特色。历史上西津渡以交通及商务活动为主，而租界为西方列强长期占领；伯先路街区以“商”为特色，是镇江市民族工商业发源和地方巨头集聚的区域；大龙王巷以“居”为特色，主要是居民集中居住区域。在《镇江市城市总体规划》基础上，《镇江市历史文化名城保护规划》明确划定了三个历史文化街区的保护范围，制定了相应的保护原则和措施（图D-1-1-4-1）。

一、保护范围

历史街区的保护范围指由重要的文物古迹、传统建筑物以及连接这些传统建筑物的主要街道视线所及范围的建筑物、构筑物所共同组成的区域。此范围内各种建设活动，应以维修、整理、修复及内部更新为主，对不符合要求的新旧建筑应予拆除或限期改造，较大的建设活动和环境变化应通过专家评审二三个历史文化街区的保护范围和保护要求。

1. 西津渡历史街区的保护

西津渡历史街区位于镇江市区西北部，东起迎江路，西至玉山大码头，南起云台山北麓，北至长江路。包括小码头街、西津渡街，保护区面积约6hm^2，规划用地面积14hm^2。1982年被市政府定为市级文物保护单位，该区域内有全国重点文物保护单位1处，省级文保单位1处，市级文保单位4处。老街有六朝古渡遗址、历代石板路以及元明清及民国时期众多的文物建筑，形成了“千年古渡，百年老街”的历史街区风貌。

规划要求对保护区范围内的各级文保单位及控制保护建筑原状实行保护，保护历史街区的古渡遗址、传统民居、前店后宅的格局以及街巷格局的形态与环境，展现镇江明清时期商业古街风貌、传统居住街区的历史特征和民间传统生活氛围，积极创造具有浓郁地域特色和深厚文化内涵的社区生活，充分协调保护与发展商业、开发旅游、改善居民生活的关系，使之可持续发展。

2. 伯先路历史街区的保护

伯先路从大西路至京畿岭段集中了多处近代优秀建筑，有原镇江商会旧址、广肇公所、怀仁医院、京畿路邮局和红卍字会旧址等典型建筑。这些建筑各具特

第二章
镇江市西津渡历史文化街区保护规划

西津渡历史文化街区因其独特的“津渡文化”，被中国文物协会原会长、古建筑保护专家罗哲文先生誉为“中国古渡博物馆”，是我国历史最悠久、规模最大、保存最完善的渡口历史街区（图P-1-2-0-1、图P-1-2-0-2）。

图P-1-2-0-1 国家文物局古建筑专家组前组长罗哲文先生（中）考察西津渡时合影

随着城市的发展，旧城改造与历史名城保护工作成为城市建设的重大课题。20世纪80年代中期，西津渡古街的保护修缮工作开始起步，先后修缮了西津渡古街大西路入口券门、五十三坡、待渡亭和部分街道路面。1989年的历史文化名城保护规划只是对历史文化名城各区作定性研究，而定量的工作几乎未涉及。单就

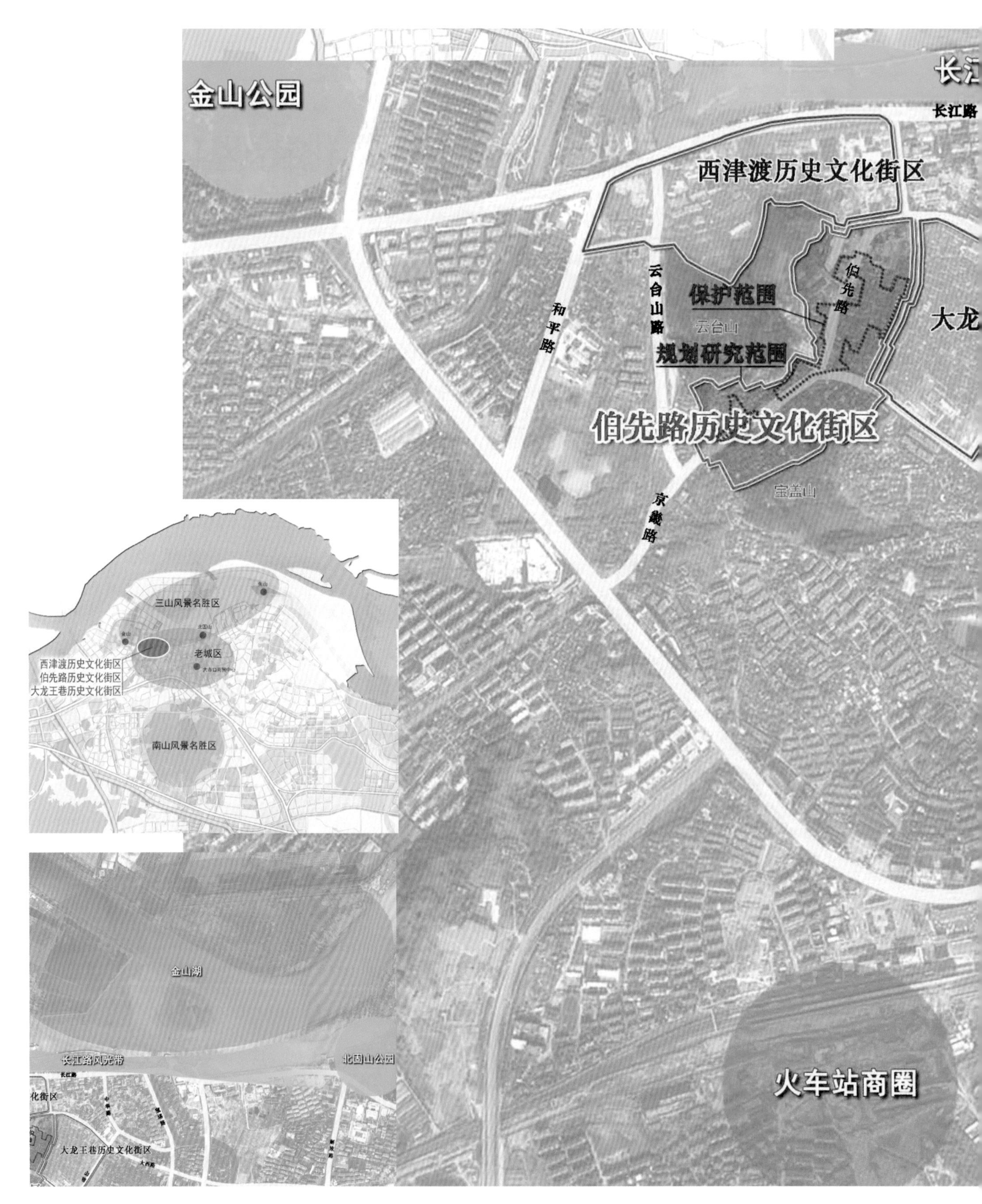

金山公园
长江
长江路
西津渡历史文化街区
云台山路
和平路
保护范围
云台山
伯先路
规划研究范围
大龙
伯先路历史文化街区
宝盖山
京畿路
火车站商圈
三山风景名胜区
老城区
西津渡历史文化街区
伯先路历史文化街区
大龙王巷历史文化街区
南山风景名胜区
金山湖
长江路风光带
北固山公园
大龙王巷历史文化街区

图D-1-1-4-1 镇江市历史文化街区分布图

色，继承古典风格并结合镇江地方传统而有所发展，代表了民国时期的建筑风貌，保护区面积约3.4hm²，规划用地面积为15.6hm²。

规划要求加强对上述建筑的保护，划定保护范围。对保护范围内的各级文保单位及控制保护建筑原状保护，保持原有街道的尺度、色彩及传统建筑风貌和繁华的市井气象，严格控制保护区内新建建筑的数量、高度、体量、色彩和材质，严格控制保护区外围建筑的高度。

3. 大龙王巷历史街区的保护

位于大西路以南，宝盖路以北，迎江路以东，山巷以西地区成片的清代及民国风格的传统民居建筑群，保护区面积约5.3hm²，规划用地面积为10.5hm²。实行有重点的分片保护原则。除了保护以文保单位为代表的有历史价值和使用价值的古建筑，更重要的是保护其特定的历史风貌，即传统的街坊和清代、民国时期的建筑风格。要编制专门的保护规划，明确划定重点保护片区的范围。严格保护文物建筑和重点民居，对一般民居建筑可保护外观，改造内部，维护传统的街巷格局和风貌，大力改善基础设施，提高居住质量，改善居住环境。

二、保护规划

对各历史街区应专门编制详细的保护规划，确定保护原则、保护主题和保护要点，划定保护范围，提出保护方法，制定重要节点或建筑立面整治规划设计，拟定保护整治措施和管理办法。

规划要求根据上位规划，坚持遵循历史真实性、风貌整体性和生活延续性这三个基本原则，制定并实施三个历史文化街区保护规划，努力保护历史遗存、传统风貌、空间格局等，改造公共服务和市政设施，改善街区居住环境，促进旅游和经济的同时发展。三个街区各有特色，规划也要各有侧重。在历史文化街区保护规划编修的实践过程中，坚持总体规划，分期实施；修旧如故，分类保护。对历史文化建筑，坚持“修旧如故，以存其真”的修缮原则；对沿街风貌建筑，立足“迁危拆违、保持风貌”的维修策略；对新建景点园区，采取“呼应得当、品相相容”的营造思路；对工业文明建筑，采用“保存形态、功能再造”的操作手法。中共镇江市委托镇江市规划院、东南大学建筑学院制定保护规划，聘请全国著名专家和本市专家跟踪指导，确保保护规划及其保护实践严格按照规划实施。

三个历史文化街区保护规划详见本卷第二章、第三章和第四章。

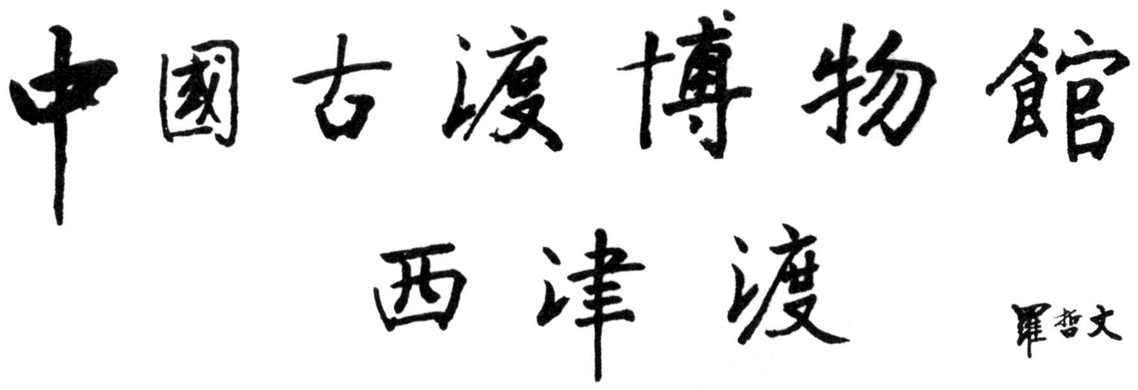

中國古渡博物館
西津渡
羅哲文

图P-1-2-0-2 罗哲文先生考察西津渡时题词

历史文化博览区的西津渡古街而言，尽管该街文物古迹多，历史上的人文遗产丰富，有保留完整的、独特的、成片的清末民国初民宅和商业古街，但是对于那些大量不属于文物古迹的建筑如何保存、保护、改造和更新就说不清。为此，市政府成立以常务副市长张克敏为组长、副市长解信鹏为副组长、市委调研组负责人钱永波、余耀中为顾问的西津渡古街保护领导小组，市建委副主任范然为办公室主任，专门负责启动和实施西津渡历史文化街区的保护更新工程。90年代末，西津渡古街正式启动街区修缮工程。

镇江市建委于1998年3月委托市规划设计院承担西津渡历史文化街区的保护规划。该规划由时任镇江市规划院院长王根生总负责，高级规划师（代总工程师）耿金文先生主持，规划师秦元、梅亮、周光宏等参加了规划编修。经实地调查、资料收集和分析（图P-1-2-0-3、图P-1-2-0-4），本着保护真实的历史遗存和整体风貌的原则，制定了《西津渡古街区保护规划》，并于1998年7月17日组织镇江市有关专家进行论证；1998年10月请省、市及国内著名专家学者评审、通过专家论证，1998年11月完成报批。

《西津渡古街区保护规划》由历史沿革、区域位置、现状分析、西津渡街区资源分析、保护规划依据、规划原则与指导思想、规划目标、保护规划设想、保护规划实施措施、资金、保护规划实施建议及远景构想和附件等12部分组成，规划进一步明确了西津渡古街的保护范围和区域位置、规划设想和目标、实施部署和资金来源及保护的政策依据和常态管理办法。

《西津渡古街区保护规划》的完成，标志着镇江市历史文化街区保护更新工作开始走上正轨，相关规划成果也成为西津渡历史文化街区未来十年的工作目标。

图P-1-2-0-3 王景慧、阮仪三先生考察西津渡

图P-1-2-0-4 2002年1月22日东南大学教授董卫先生陪同联合国教科文组织（UNESCO）文化事务专员Richard Engelhardt考察西津渡

第一节 西津渡古街区概况

西津渡历史文化街区位于镇江市区西北部，东起迎江路，南起云台山北麓，西至玉山大码头，北至长江路，规划用地面积14hm^2，重点保护区面积约6hm^2。街区北临三山风景名胜区，东接“古城风貌区”，西距著名金山寺1km。与大西路商业街相连，又在历史文化名城保护规划确定的“历史文化博览区”之中（图P-1-2-1-1、图P-1-2-1-2）。

一、古街的历史演变

西津渡街与西津渡口的兴衰息息相关。古代西津渡是大江南北客货往来唯一通道，是自六朝以来唐、宋、元、明、清历代的一个重要渡口。六朝时期，渡口

图P-1-2-1-1 西津渡古街区航拍图（1998年）

图P-1-2-1-2 西津渡历史文化街区航拍图（2017年）

航线已经形成固定在京口（今镇江）和广陵（今扬州）之间；西晋末年，北方人民避乱南迁到达长江下游流域的人至少70万，史称“永嘉南渡”，其中从广陵至京口的南渡人口最多，占全部南渡人口的半数以上。而今云台山（古名蒜山——以山多泽蒜，因以为名）脚下蒜山渡（即今西津渡，唐时称金陵渡）是京口重要的古渡口之一。“蒜山无峰岭、北悬临江中”。这里东有象山为屏，可挡海口潮涌，北与广陵相应，沿江岸线稳定是泊舟寄楫的理想地，同时又是军事要塞地。东晋隆安五年（401年）孙恩率领农民军“战士十万，楼船千艘”，由海入江，直抵京口，“鼓噪登蒜山以图控制渡口，切断南北，围攻建康（今南京）”。

唐代，西津渡渡口形态渐趋完备。唐开元年间，长江入海口不断东移，北岸江滩淤涨，苏北漕河口门扬子津渡淤塞，开元二十六年（738年），润州刺史齐浣在瓜洲开挖伊娄河（瓜洲新河），直趋对岸（蒜山渡口），伊娄河的开凿，改善了通航条件，南北客商往来更加繁忙。如《瓜洲伊娄河棹歌》中记述了当时漕船从渡口出发过江的情景：“粮艘次第出西津，一片旗帆照水滨。稳渡中流入瓜口,飞章驰驿奏枫宸。”

西津渡北对瓜洲，西通建康，东达海口，摆渡于金山寺，“使命客旅，络绎往回，目不暇接”。西津渡不仅担负着普通客运，而且还担负着军运，陆游在入蜀经镇江时，在西津渡“两日间阅往来渡者，无虑千人，大抵多军人也”。

唐宋元明清，西津渡主要以官办渡运为主，“往来官史公差及老幼贫民者”分文不收。随着社会的发展，南北客货运输量的增加，其渡口的吞吐量越来越大，客船的数量也不断增加。如宋代只有渡船5艘，到元延祐三年总管段廷一次添置渡船15艘，又在各渡船上添设1名艄工，水手就有9人，可见当年渡船之大。清乾隆年间（1711—1799年）郡守蔡光在西津渡“置巨舫五，仍采昔人遗制各植旗一，以利、涉、大、川、吉为识”，繁忙的津渡促使西津渡古街和商业街的形成。

清康熙四十一年（1702年），京口蒋氏发起镇江绅士15人组建京口救生会，成为世界上第一家民间水上救助组织，蒋氏一脉7世163年救助江上遇难者无数；同治十年（1871年）九月，浙江余姚商绅魏昌寿等人筹资创立了镇江江船义渡局，可称为民办渡运，此举不仅受到镇扬民众和南来北往商民的欢迎，还得到地方官员的支持。同治十一年（1872年）四月义渡局正式成立，总局设西津坊小码头。义渡局共备帆桨大渡船10艘，往返对渡不取分文，黎明开渡，上灯止渡，极大地方便了来往南北往的过客商贾。近代以来，河势变迁，加上公路、铁路的修建，渡口功能逐渐衰退。渡口遗址犹存，西津渡古街尚在，但商旅往来、络绎不绝的景象一去不复返，商业也逐渐冷落萧条。

千百年来，西津渡街区遗存了丰富的历史遗产，唐代的小山楼、宋代观音洞、元代昭关石塔、明代铁柱宫、清代的救生会和原英租界西洋建筑、大片清末民居和小码头商业街。历代文人墨客如李白、孟浩然、张祜、苏东坡和米芾等都曾在此渡江来往或旅行，留下了许多为后世所传诵的诗篇。如唐代诗人张祜客居小山楼时留下的《题金陵渡》诗云：“金陵津渡小山楼，一宿行人自可愁。潮落夜江斜月里，两三星火是瓜洲。”

二、区域位置和范围

1998年完成的《西津渡古街（区）规划》范围东起迎江路，西至小码头西端新河路，南起云台山北麓，北至长江路，总面积约10.67hm^2（图D-1-2-1-1）。

三、现状分析

规划范围内主要单位有镇江博物馆、镇江市第二人民医院、小码头小学，主要工厂有滤清器厂、前进印刷厂，城市居民分别由云台山、迎江和小码头居委会管辖，在册906户，人口约2000人，实际人口较在册人数少。主要街道有西津渡街和小码头街，这2条街1982年被市政府定为市级文物保护单位。1998年，该区域内有全国重点文物保护单位1处，省级文保单位1处，市级文保单位4处（图D-1-2-1-2）。

1. 西津渡街

从大西路五十三坡到待渡亭向右下二十余级台阶至长江路，长约397m。这里有六朝古渡口、千百年来所留下的有深深车辙印的石板道路以及元明清时期众多的文物建筑。形成“千年古渡，百年老街”的历史街区风貌。由于形成的年代不同，其形状为L形，从银山门到待渡亭为古街（即小码头街东段）；从待渡亭下台阶右转到长江路，这段街曾叫过义渡巷，现为西津渡街。

小码头街东段街道空间高低起伏变化丰富，断面宽窄不一。银山门入口处较宽，约8～10m，博物馆后门至待渡亭路面宽度约3～4m，西侧为砖围墙，空间由开敞逐渐转为封闭。自入口向西现存古迹有镇江博物馆、救生会、昭关石塔、观音洞和待渡亭，其中有六道券门连续，错落有致，尤其是昭关石塔，独具一格，布局合理。由五十三坡，经镇江博物馆，渐次通过六道券门、救生会、观音洞、昭关石塔、地藏殿、铁柱宫后到达待渡亭，慈善的救生文化、神秘的宗教文化，昭示平安的石塔，心理上为过往渡江旅客提供安全保障，彰显独特的街区文化。重点保护的古迹主要有：

（1）待渡亭：古代为旅客候船过江之所，原先建筑形式已无从查考，现有待渡亭是清代建筑形式，为依附于山墙上的半亭，现为市级文物保护单位。

（2）观音阁：始建于宋代，清咸丰九年重建，为附着在山洞前的三层清水砖建筑，底层有观音洞，二层后墙有佛像壁龛，三层为阁楼，保存基本完好，现为居民住家，为市级文物保护单位。

（3）昭关石塔：是全国唯一保留完整的元代过街石塔，省级文保单位。明代万历10年（1582年）重修，属喇嘛塔，下为块石垒砌的四根石柱，顶部铺满条石，筑成一个框架式台座，石塔建于台座上，高4.59m，座、身、顶三部分全部用青石和汉白玉雕刻而成，造型优美，既分隔了街道空间，又成为街道上的主要景点。如此布局堪称一绝，引起国内外学者的关注。

（4）救生会：是清康熙四十一年（1702年）镇江人蒋豫与其余18人共同创设的民间慈善机构，同年在观音阁开成立会，当时规定救活1人即赏银1两。遇难者如无家可归，一律由会中留养，有家的则根据其路程远近贴给费用与应用行李送之。遇难而死者，由会中负责打捞沉尸，置棺装殓,葬于牌湾义冢之内。救生会的诸般义举引起社会各界的热烈关注，捐资者甚众、积金日多，时经5年以后，购得小码头昭关晏公庙旧址后建房3间作为会址，逐年扩大，形成如今三合院平面形成的二层楼，二层是用来瞭望南来北往渡船安全，及时发现江中险情意外。

救生会备有快速稳使的红船，每日行驶江面，救援遇险船只及落水船客。江

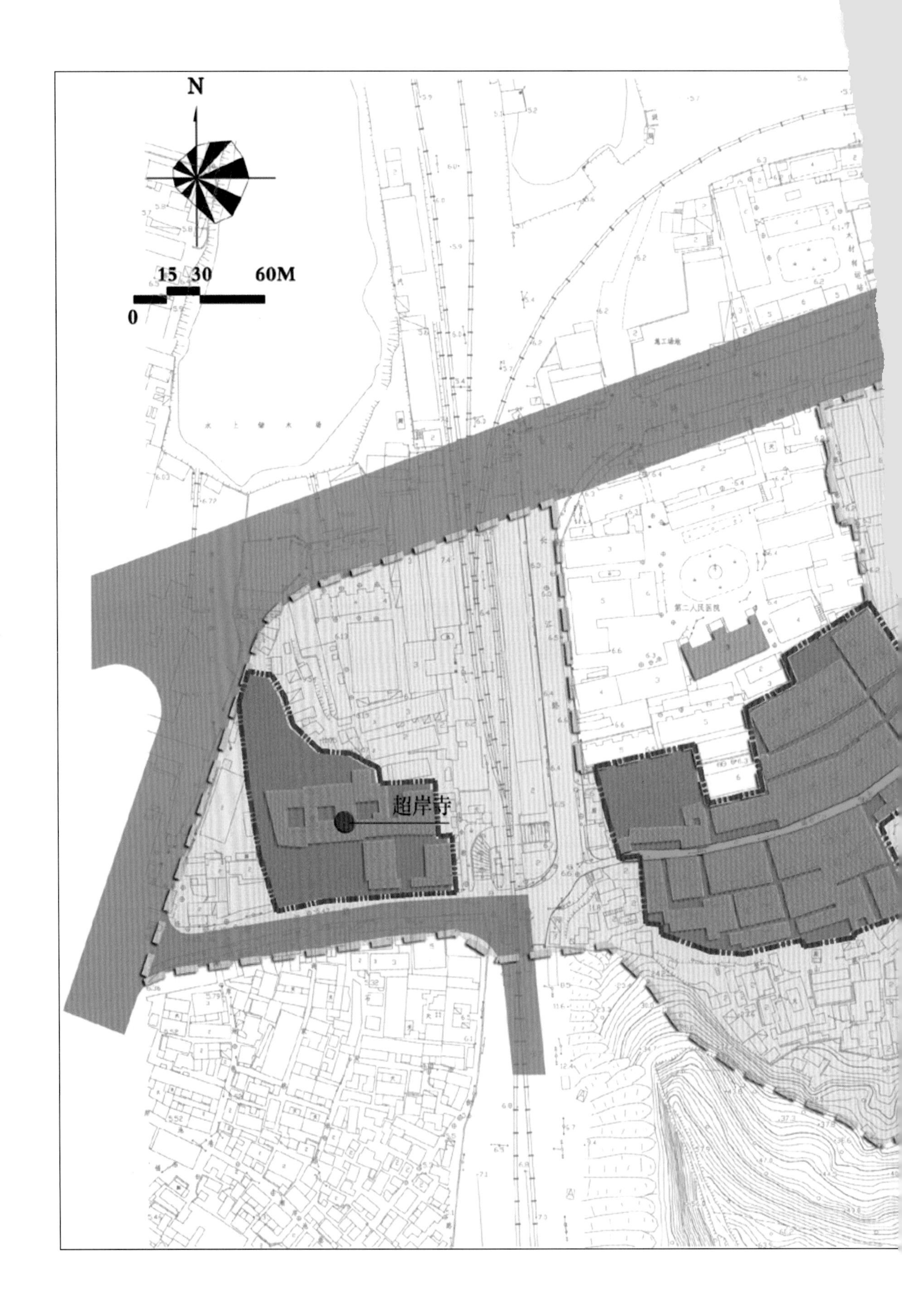
N
15 30 60M
0
超岸寺
第二人民医院

图D-1-2-1-1 西津渡历史街区保护范围示意图

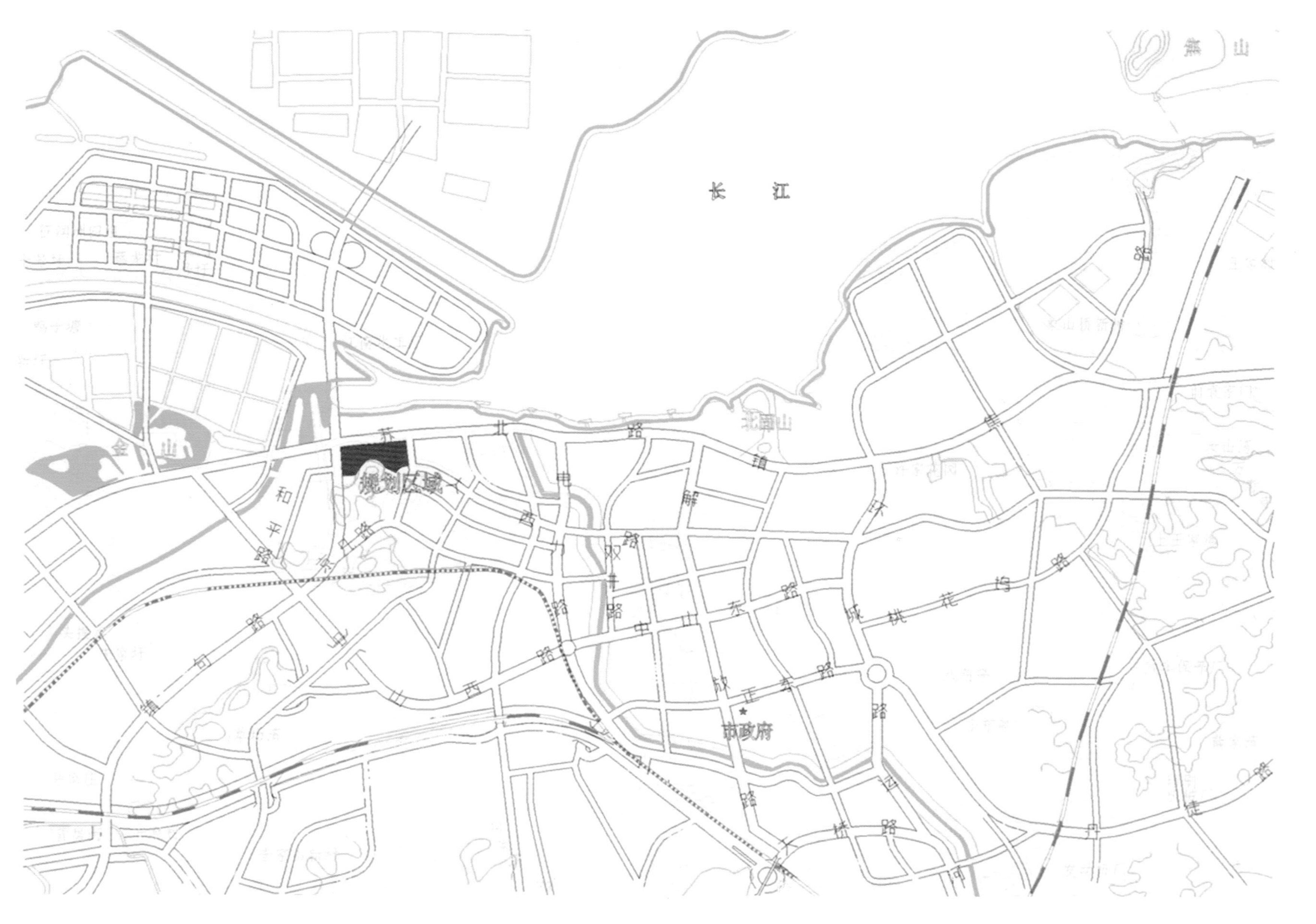

图D-1-2-1-2 西津渡历史文化街区区域位置图

中救生事宜深得民心，影响之大，连地方官府都刮目相看。现建筑为清光绪年间重建，目前为船厂职工宿舍，建筑结构尚好，但有损坏。

（5）券门：自待渡亭至救生会设有五道形式类似的券门，其尺度适宜，有机地把街道分隔成一个个宜人的空间，并结合建筑环境在券门门楣上题字石刻。如观音洞东西二券门上，东刻“同登觉路”、西刻“共渡慈航”，这就增添了宗教气氛；待渡亭之东券门门楣上刻“层峦耸翠”“飞阁流丹”，点出了云台山苍翠葱绿的山景和商业街店铺林立的商业景象。

（6）镇江博物馆：全国重点文物保护单位，原为英国领事馆，始建于1861年（注：根据最新研究成果，应为：“1876年”），1890年重建，为五幢西洋风格建筑组成的建筑群，利用地形，依山而筑，可俯视全城，远眺长江，现为镇江市博物馆。

2. 小码头街

由待渡亭折向北的西津渡街，原为长江江滩。由于地理环境变迁，在清末和民国初期修建成民宅，这些民宅为多进式砖木结构建筑，小青瓦屋面，较有特色的硬山墙造型及装饰，形成了西津渡古街较有特色的居住性建筑群，反映了古街文脉的连续。但其中设施普遍跟不上现代化要求，如无卫生设施等。部分后续建筑与原建筑风格不协调，对街道风格、景观造成了一定的破坏。

清初，古西津渡以西的玉山脚下（现超岸寺内）设置了“大码头”，命名此地为小码头。后因江滩淤涨，山下江面逐步北移，光绪年间金山寺与南岸相连，在小码头处逐步形成了一条热闹的商业街，长约307m。当时这条滨江街道，两边多为两层楼房，商行林立[民国二十六年（1937年）该街有商行40多家，其中茶食店7家，米行17家，商业十分繁盛。街道平坦，条石路面，宽3～4m，尺度宜人。随着城市道路的修建，交通工具改善，昔日那种骑驴、坐轿和徒步上金山的必经之路，逐渐冷落萧条。现除零星店铺外，大多改为住宅。但这些店房仍保持着清末民国初商业建筑的特点。小码头街西段沿街墙壁和门额上清晰可见镌刻有“民国六年春长安里”“吉瑞里西街1914”“德安里”等字，为当时修建这些住宅的鉴证。目前仍为居民居住，这些民居显示出固有的民俗特色，算得上是镇江“古老的一条商业街”。

3. 街区公共建筑和工业建筑

（1）镇江市第二人民医院:城市西片较大规模的一所市级医院，近年来在更新改造过程中对西津渡古街风貌有一定影响，特别是与小码头街较近的住宅楼。

（2）滤清器厂：为20世纪50年代建造的工厂，设备陈旧，厂房简陋，产品

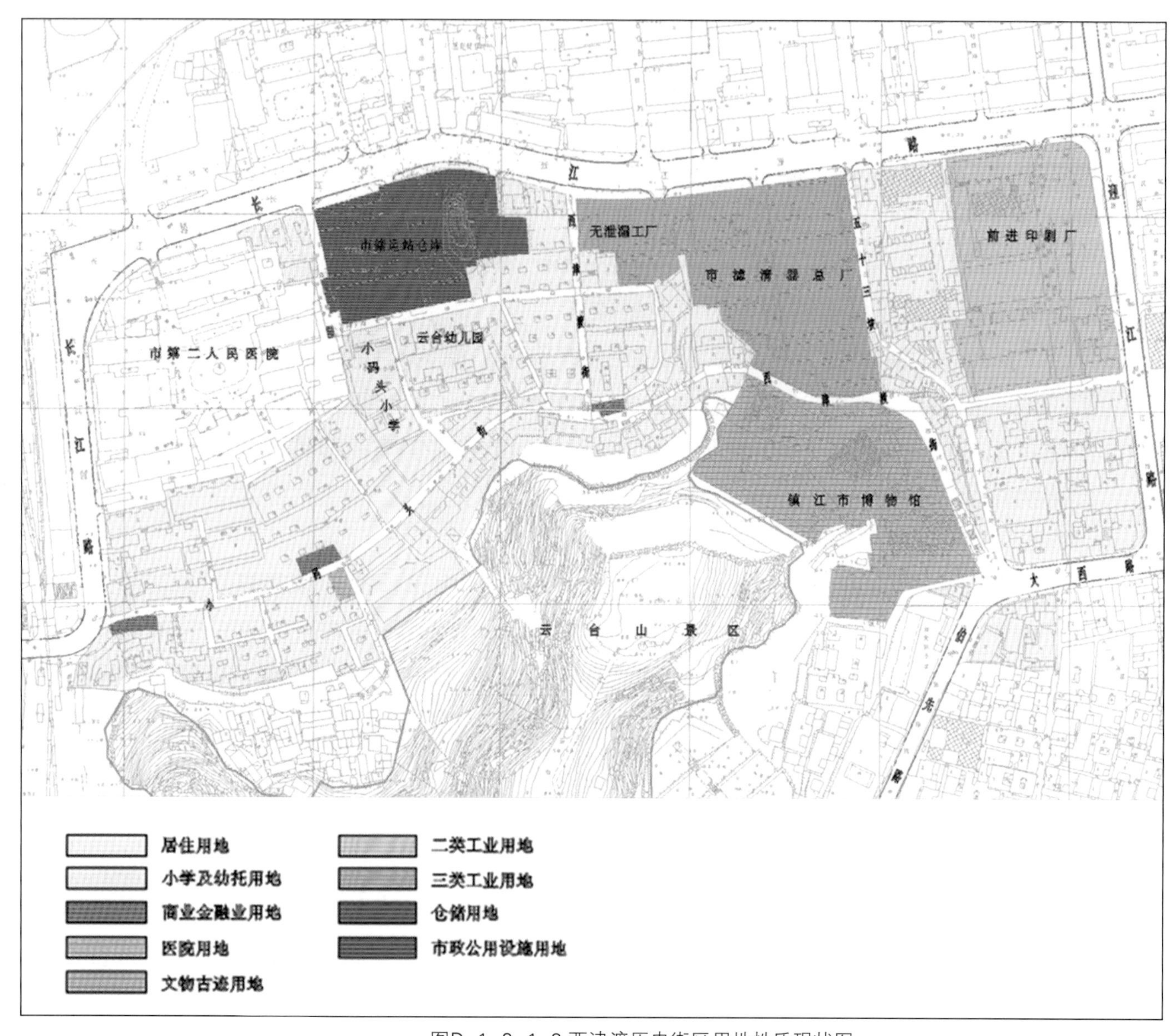

图D-1-2-1-3 西津渡历史街区用地性质现状图

销路不佳，依据有关规划和目前状况，属于“退二进三”或改变其使用性质的企业，同时又处于救生会平台（原观察江面景点）的下面，对景观影响较大。

（3）前进印刷厂：该厂内有一处市级文物古迹——税务局公馆，同滤清器厂状况一样属于搬迁改造对象。厂南墙外还有市级文物古迹——工部局巡捕房一栋，东面有亚细亚石油公司楼房一座。

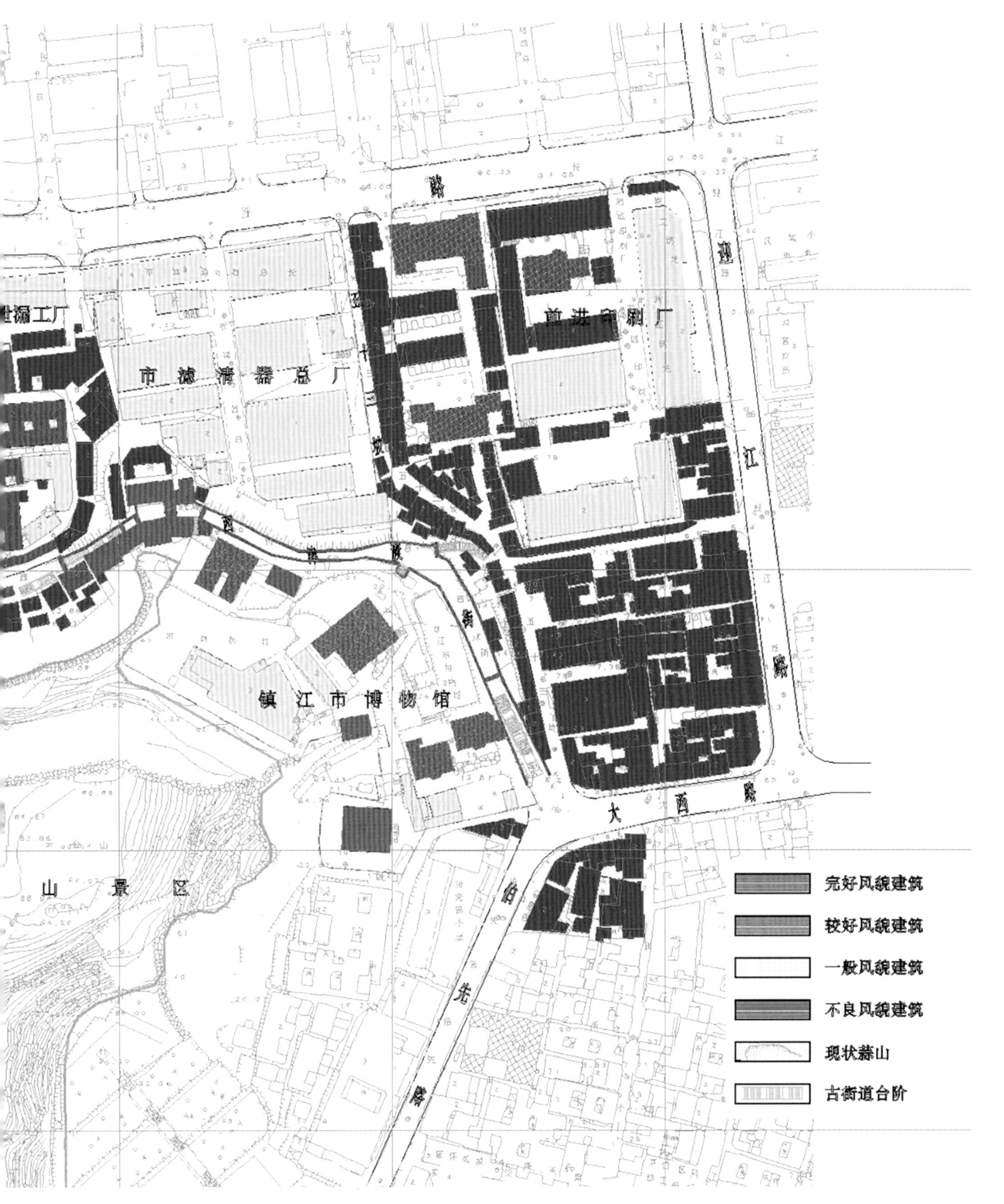

图D-1-2-1-5 西津渡历史街区建筑风貌现状分析

N
15 30 60M
0
第二人民医院

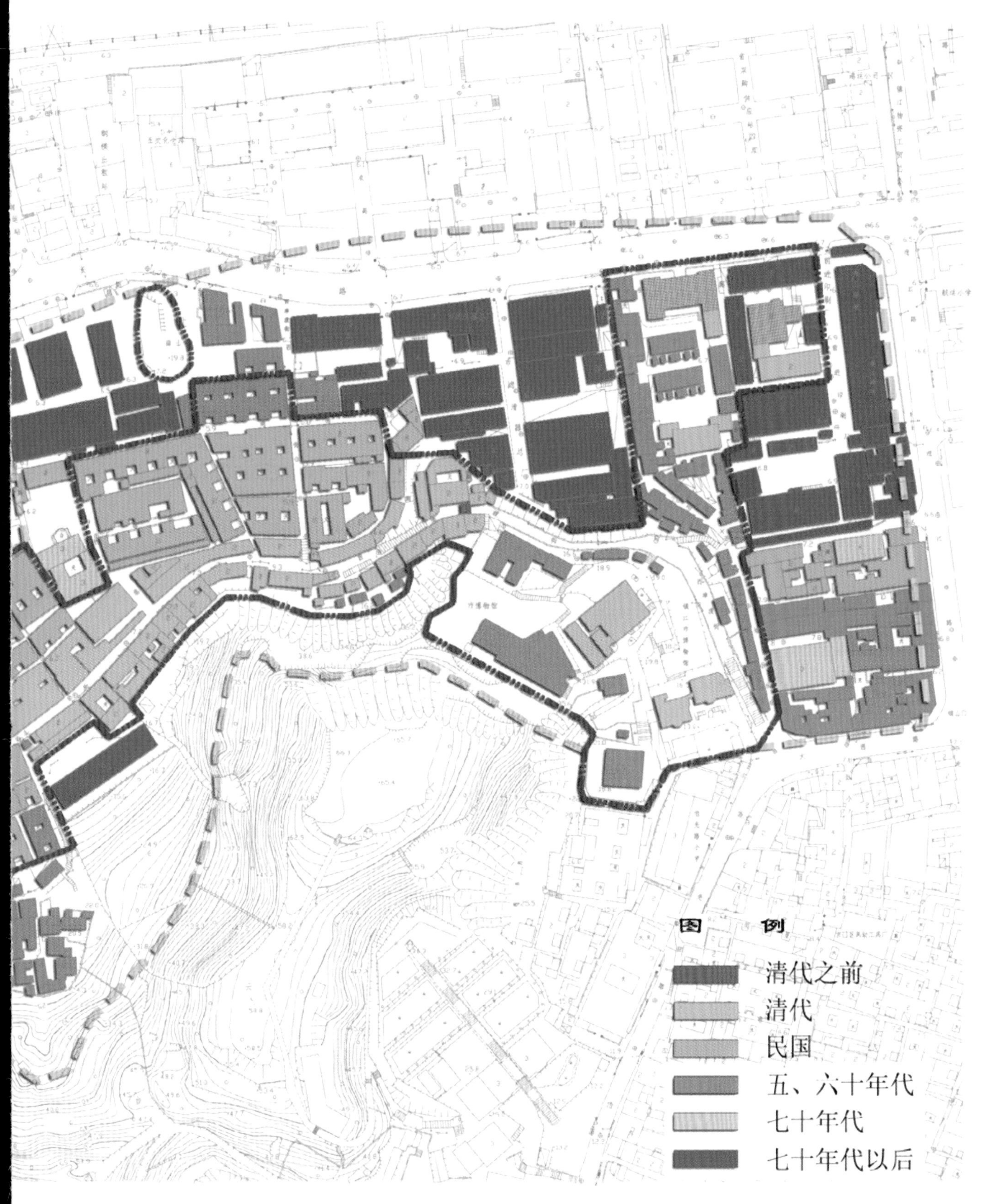

图D-1-2-1-4 西津渡历史街区建筑年代分析

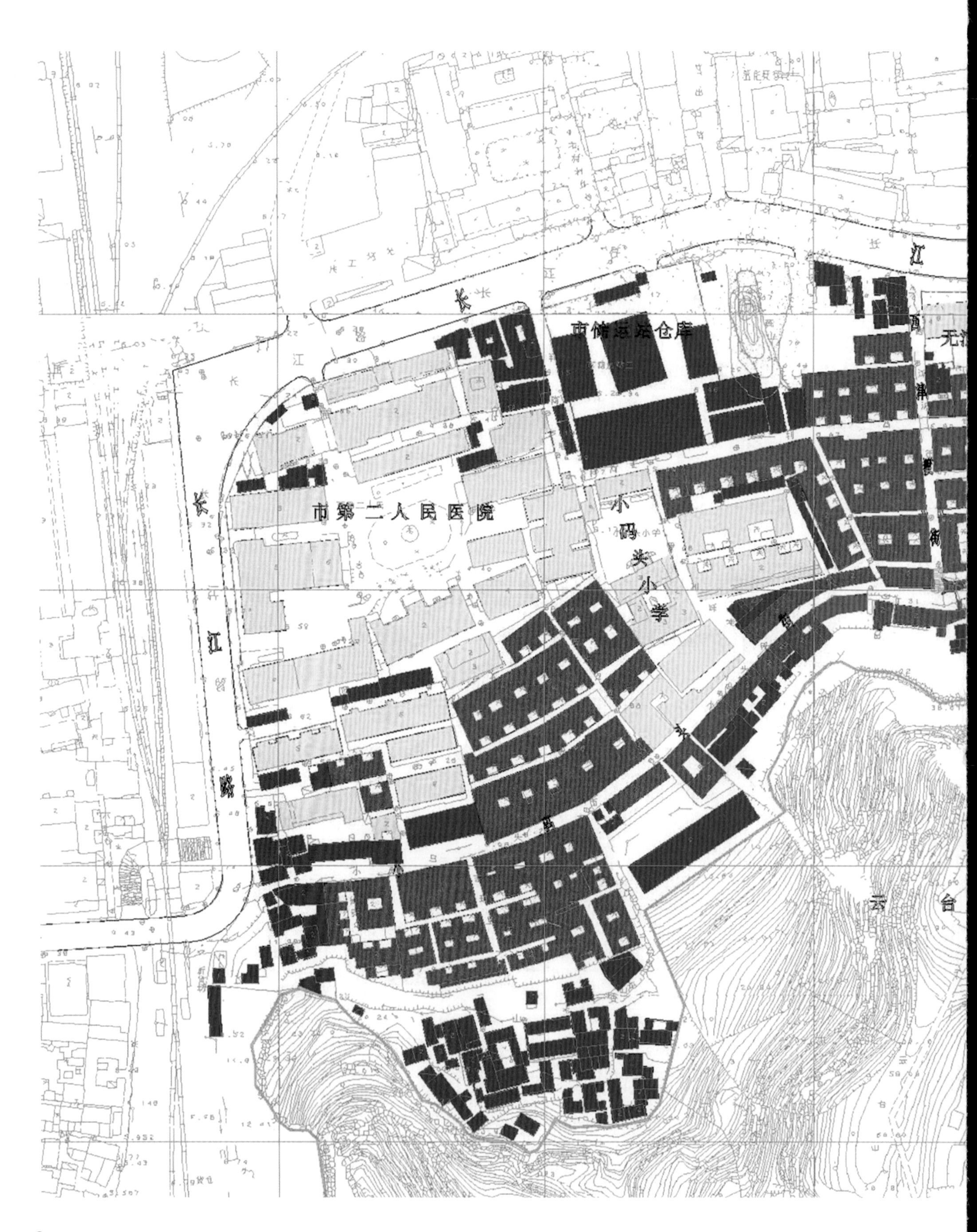

长江路
市储运站仓库
市第二人民医院
小码头小学
云台

（4）小码头小学：是该片区唯一的小学，用地规模不足，近几年改造中整体上与周围环境尚能协调，但局部与古街风貌不相称。

（5）云台幼儿园：为该片区唯一的幼儿园，利用民宅改建而成，条件及环境较差，活动场地小。

（6）仓储用地：蒜山西部和东部仍为20世纪五六十年代修建的库房，属于搬迁之单位（图D–1–2–1–3）。

四、西津渡街区资源分析

西津渡古街区是前人给我们留下的宝贵财产，具有优越的自然和人文资源（图D–1–2–1–4、图D–1–2–1–5），主要从以下几个方面体现:

（1）文物古迹多，历史上的人文遗产多，可以说是从晋、唐、宋、元、明、清，历代都有踪迹可寻。

（2）保留完好的、独特的、成片的民宅区和几代人都居住于此的老住户，形成了当地的民俗风情，大有可观瞻之处。

（3）老商业街形式较完整， 随着云台山西津渡街等游览观光景点的开发和沿街建筑的局部修缮、改建，小码头街一定能成为一处具有文化内涵、传统特色的商业文化街。

（4）该区南傍云台山，与近代历史街区伯先路、京畿路相连， 可将该区的游览路线及景点的设置往纵深发展，形成规模效益。

（5）整个街区的环境及其所处的外部环境都具有很强的历史性和文化性。

综上所述，西津渡街区，具有较完善的历史风貌；具有真实的历史遗存； 具有一定规模和较完整的环境风貌， 基本满足了历史地段（街区）所具备的内涵。这些条件促成西津渡街区成为古迹观光、风景游览、传统商业和传统居宅为一体的多功能的、具有很强历史性和文化性的街区。

五、街区保护工作存在的主要问题

（1）较有历史价值的文物建筑尚未得到保护。如观音洞、救生会等为居民所占用，既破坏了文物，也不利于人文景观的开发。

（2）古街市政基础设施薄弱。西津渡古街部分下水和给水管暴露。西津渡街北段地势较低，遇到暴雨和长江水位较高时，雨水排不出去， 出现倒灌现象。云台山北麓山洪排泄不畅，未修截洪沟，致使部分山坡雨水流入宅院，造成室内积水；部分地段滑坡。该区无污水管道和煤气管道。

（3）西津渡街区房屋虽有特色，但质量极差，生活设施落后。居住建筑室内

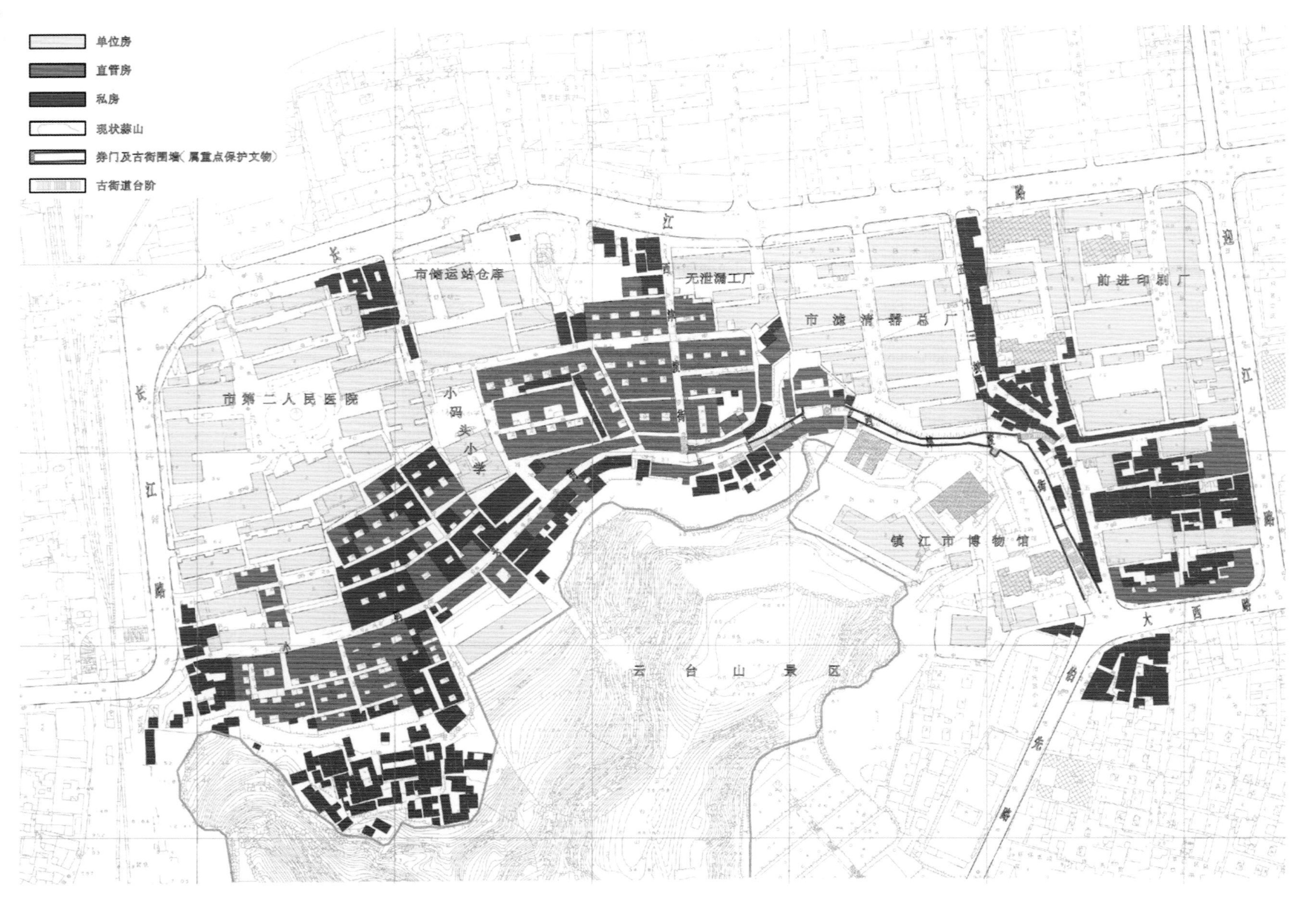

图D-1-2-1-6 西津渡历史街区建筑产权现状图

图D-1-2-1-7 西津渡历史街区建筑质量评价

无卫生设施。房屋产权复杂。住宅产权，以房管所管辖的为主，少部分为私房和单位所属房屋，改造难度大。西津渡街以北被周围简陋的工厂、仓库包围，环境很不协调（图D-1-2-1-6、图D-1-2-1-7）。

（4）西津渡街道路起伏较大，于周边道路不畅。

（5）近几年修建的部分建筑，如云台山北麓的六层住宅楼， 西津渡古街内插建的民宅、人防设施、商店等，与西津渡历史街区风貌极不协调。

第二节 西津渡古街区保护规划

《西津渡古街（区）保护规划》确定了保护原则和指导思想，明确了保护目标和保护设想，突出了保护重点和保护措施。

一、规划原则与指导思想

（1）坚持“保护为主，抢救第一”的文物工作方针和贯彻“有效保护，合理利用，加强管理”的原则。

（2）正确处理保护与建设的关系，在保护中建设，在建设中保护。

（3）遵循整体保护和积极保护与合理利用相结合的原则，既有利于保护，又产生良好的社会效益、环境效益和经济效益。

整体保护在内容上不仅要保护老街体形，还要保护其历史文化内涵；在空间上不仅要保护老街本身，还要保护毗邻传统的民宅。

积极保护除文物保护单位以外的传统民宅、传统店铺，其内部不可能一成不变，相反要适应经济社会发展，使其保持活力，以适应现代生活之需要，否则便很难得到群众的理解和支持；但又要保护传统风貌不受破坏。鉴于国情，政府不可能对这样大的地段进行补贴，只能调动沿街店户和居民的积极性，在保护规划指导下，在政策的扶持下，整治改善自己的经营环境。

二、规划目标

（1）完整保护西津渡遗址和西津渡街、小码头商业古街风貌。保护现存文物，原样修复部分古迹；整治有碍历史风貌的新建筑，使其与老街建筑相协调；老街道路平面形态宽度、空间尺度、材料及色彩基调保持原貌。

（2）继承和保护传统民居特色，改善居住环境，提供现代服务设施。如，保留小码头街和西津渡街北段两旁传统民宅区（外观与格局保持原貌）。

（3）完善西津渡历史街区旅游服务设施。如汽车停车场等。使该区成为体现镇江历史文化名城历史风貌和文化内涵的重要历史街区，成为国家级历史地段，最终争取列为世界文化遗产。

三、保护规划设想

1. 功能分区

根据现存文物、传统建筑和地段将西津渡历史街区划分为三个功能区，即:古迹观赏游览区、商业文化古街观光区、传统民宅区（图D-1-2-2-1）。

（1）古迹观赏游览区。以文物保护单位为主的西津渡古街，向游人展示镇江

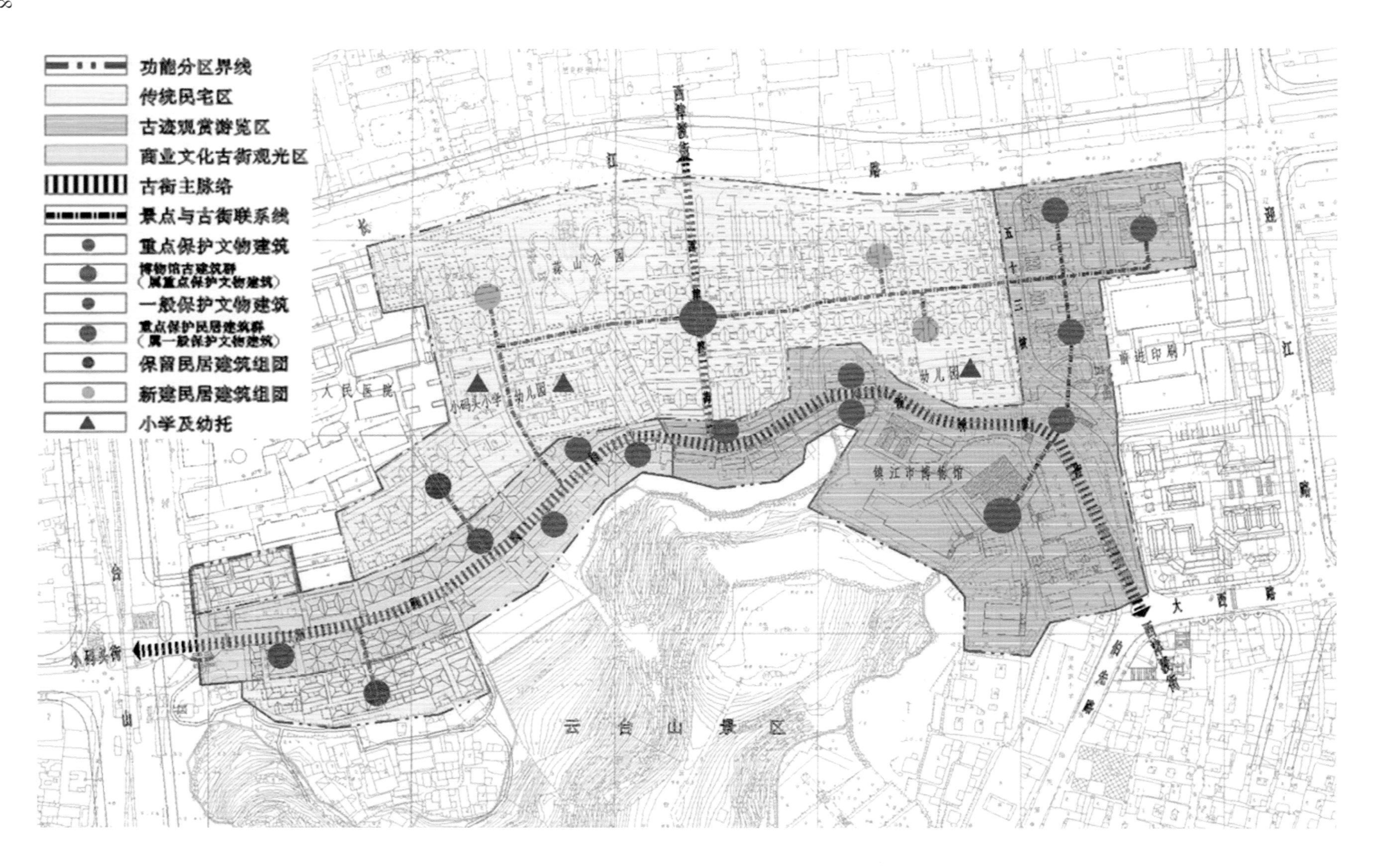

图D-1-2-2-1 西津渡古街保护规划功能结构分析图

的古文化及历史发展。

（2）商业文化古街观光区。以传统商业店铺为主的小码头街，向游人重现古老的商业文化活动风貌（图D–1–2–2–2）。

（3）传统民宅区。以清末民国初民宅为主的西津渡街、小码头街两侧成片的住宅，为市民和游人展现镇江传统民风民俗风貌。

2. 规划保护层次

（1）核心保护区。主要包括古迹观赏游览区、商业文化古街观光区、传统民宅区。核心保护区内必须保护原有建筑风貌，文物保护单位古迹的修缮，按文物保护有关规定执行；非文保单位对其立面装修，对屋顶、墙面、马头墙、材料、色彩、地面和室内均提出严格要求（图D–1–2–2–3）。

（2）建设控制区。主要包括规划范围内除核心保护区以外的地段，建筑高度除镇江市第二人民医院和沿迎江路西侧50m，高度控制15 ～ 20m（檐口以下）；沿长江路以南， 五十三坡至西津渡街北段高度控制9～15m；蒜山以西至镇江市第二人民医院围墙高度控制9m以内， 其建筑风格以镇江民居特色，但功能布局可按现代化要求。

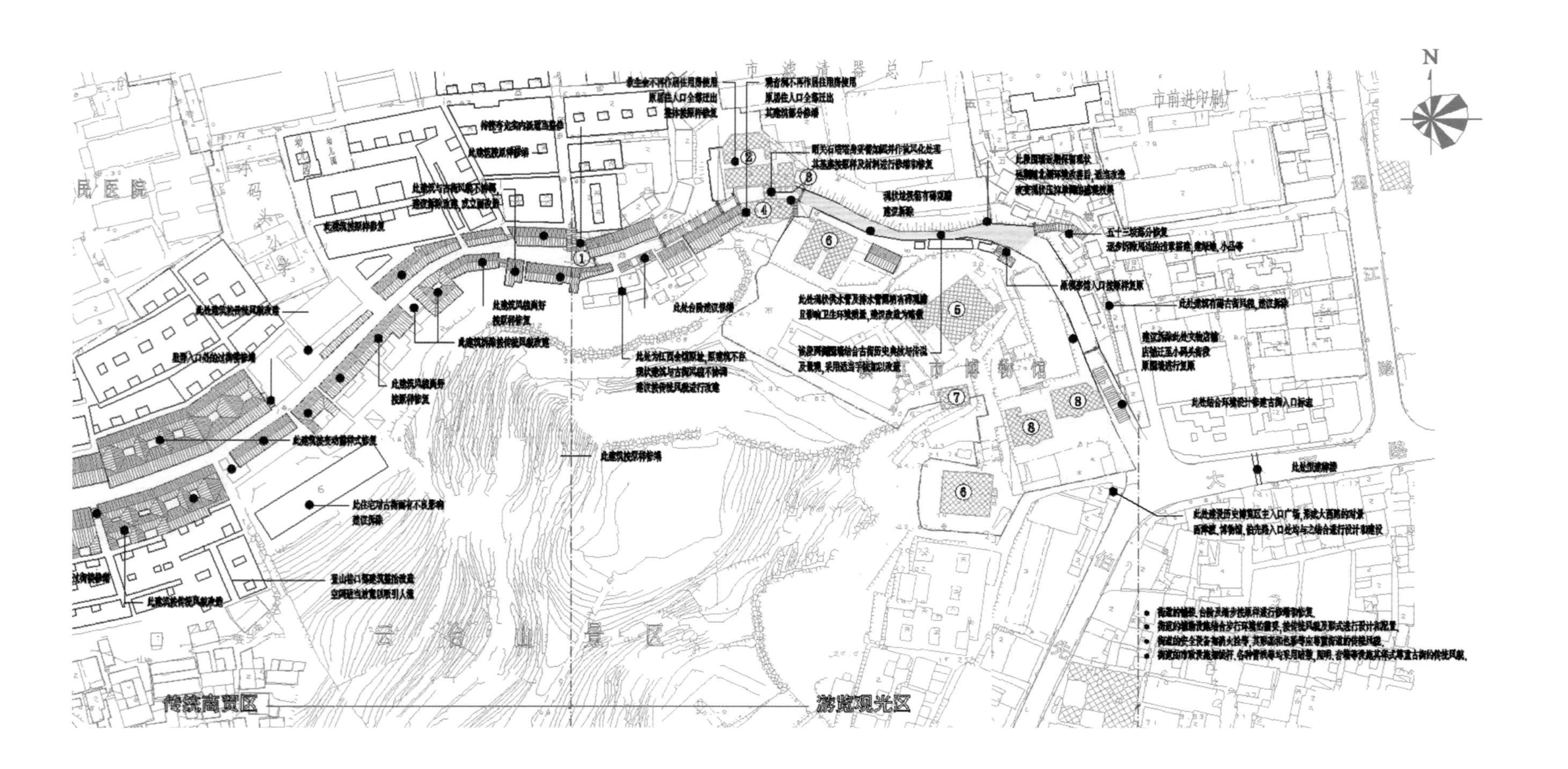

图D-1-2-2-2 西津渡小码头街现状分析和规划设想图

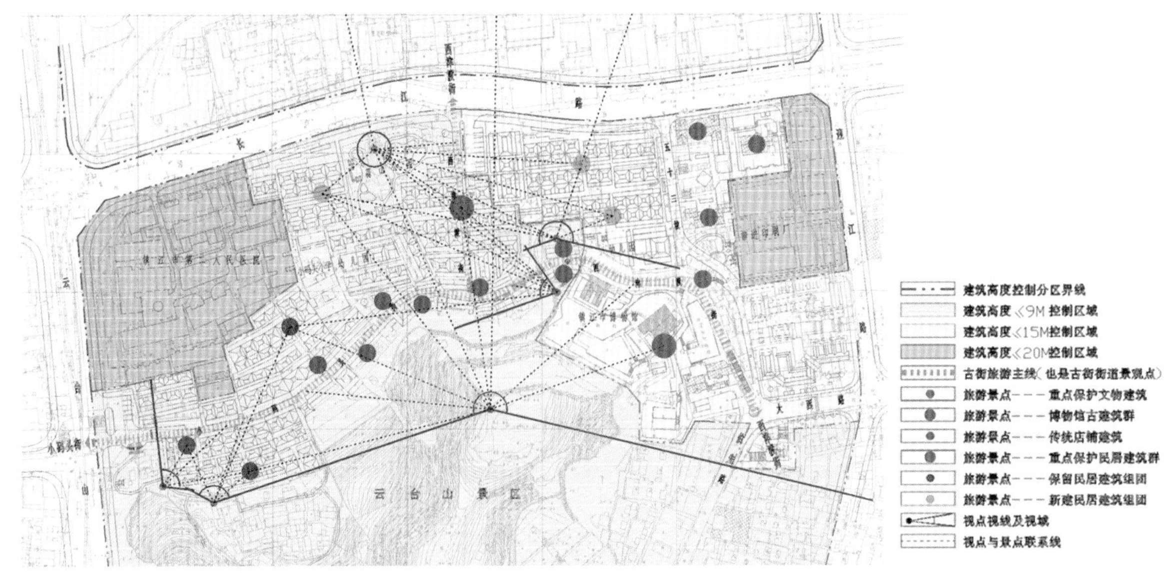

图D-1-2-2-4 西津渡古街高度控制和景观视线分析图

（3）环境协调区。鉴于街区周围已建不少遮挡观赏视线的建筑，为体现山、水、城融为一体的空间尺度，在规划范围外局部地段作为环境协调区的范围。即该区北面：沿长江路北侧东起迎江路，西至小码头铁路线，北至镇江老港，建筑高度控制在15m以下，视廊地段建筑高度控制在9m以下；该区南面: 北起云台山山脚(挡土墙)，南到山顶，整个北坡已建1～2层住宅逐步拆除，恢复植被，除建公园休息小亭外，不得修建其他用途的建筑。该区西面: 沿新河路从小码头街口到和平路，两侧不宜建高度15m以上的建筑，其建筑性质应以商业为主，使游客从该区到金山寺有商业文化街延续之感（图D-1-2-2-4）。

3．建筑分类

（1）绝对保护区内建筑

可分为以下四类：

文物古迹——已被各级政府批准的文保单位，这些建筑只修缮、复原，保持原貌。

重点保护建筑——原结构、布局、风貌保护完好，未遭破坏。这些建筑只进行粉刷、修缮和设备更新。

一般保护建筑——原结构、布局、风貌基本完好，部分已变动。这些建筑以修缮为主，可实施加固扩建和完善配套。

改建建筑——现结构、布局、风貌与传统建筑不协调。这些建筑应拆除，在原地基上重建并与传统建筑协调。

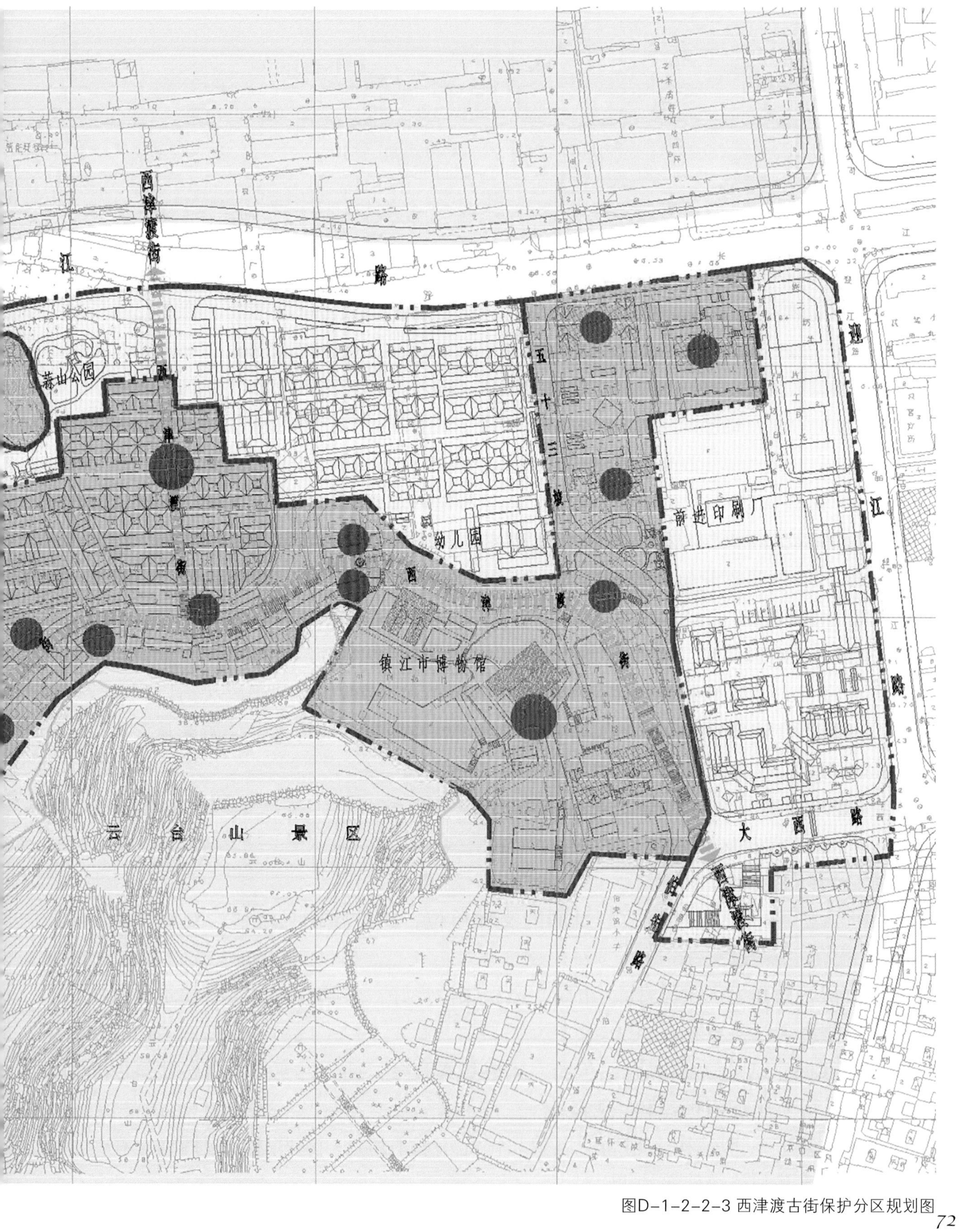

图D-1-2-2-3 西津渡古街保护分区规划图

图例
保护分区界线
核心保护区
建筑控制区
环境协调区
古街主脉络
重点保护文物建筑
博物馆古建筑群(属重点保护文物建筑)
一般保护文物建筑
重点保护民居建筑(属一般保护文物建筑)
保留民居建筑组团
3566000
3565900
3565800
3565700
长江
镇江市第二人民医院
小码头小学
幼儿园
云台山路
小码头街

（2）建筑控制区内建筑

可分为一些三类：

拆除建筑——对传统风貌有破坏的建筑。这些建筑视具体位置，拆除后新建与传统建筑相协调的建筑或改作其他性质用地。

新建建筑——建与传统风格相协调的建筑。

保留建筑——用地性质不可能改变的单位内三层以上建筑（如小码头小学、镇江市第二人民医院）。

4. 规划设想

该区规划保护重点是已公布的文物保护单位、西津渡街、小码头街和传统民宅。

（1）古迹观赏游览区

文物古迹。该区域文物古迹部分严格按文物保护法要求及“修旧如旧”的方针进行精心保护和修缮，尽量保持原汁原味不走样。如镇江博物馆一组建筑主要是保护和维修；待渡亭整修并增其内涵，如著名人物的题字等；救生会一组建筑迁出住户并经维修复原后作港监博物馆，增添原碑刻，其上部开辟观景台，遥望长江，远眺金山与蒜山；观音洞迁出住户，修复后恢复原样，如，洞内请佛像一尊等或作佛教陈列馆；昭关石塔上部作防风化处理，其座恢复原材质；印刷厂内外的文物古迹随着工厂改变性质及成片改造后，恢复原貌及其环境；后五道券门保持原样，适当维修，整旧如故，继续发挥其框景及上部题词的景点作用。

对于古街有破坏性的建筑和设施应拆除。

街道路面：恢复一段条石路和铺一段带有车辙的条石路面，五十三坡台阶按原样修复，以增加古街道气氛。原样修复街道两侧台阶。

增加古街内涵：在西津渡街（券门前）树立古街标志，其内容为古街概况和游览示意图。在东入口处，大西路西头建门楼一座，既是西津渡街区，也是近代历史街（伯先路、京畿路）的出入大门。从五十三坡到昭关石塔两侧围墙的适当部位，嵌入叙述以古街典故和传说的石刻，或集中一段结合围墙修建半廊，为观瞻石刻创造舒适条件，使市民及游客对“千年古渡”有更深的了解。

（2）商业文化古街观光区（小码头街）

恢复商业古街风貌，修复具有商业古街风格的底层商店、上部住人的二层楼房。对与商业古街风貌不协调的建筑，如沿街近几年修建的几幢二层房，进行改造和包装。建议拆除对历史文化名城、古街风貌有破坏性的建筑。街的西部两侧传统民宅保留，即保持原来的风格及风貌，维修吉瑞里、长安里、德安里过街楼及过街楼后面的民宅，仅完善其内部设施和搬迁出部分居民，改善其居住条件

（原貌和结构不变）。在小码头街的南侧开辟上云台山小道，并留空地一块作为小广场，增加古街的公共空间。在小码头街与长江路交会处留一处停车场，并修街门楼或街牌坊一座，门楣上题字石刻——小码头街五个大字，美化入口空间作该区的次出入口，与金山遥相呼应。以增加游客，并修上云台山之道路和伯先公园后门，使西津渡历史街区与云台山（伯先公园）紧密结合，融为一体。

商业经营方面除恢复有特色的店铺。如茶食店，结合镇江情况和该街所处地理位置应设文物商店，如古玩、古画店，开辟地方民间艺术品商店，如剪纸、挑花、面塑等。并增设戏剧场所，如扬州评话等以增加街道的文化气氛；风味小吃如锅盖面、肴肉店等，形成有特色的商业文化街。

（3）传统民宅区

西津渡历史街区民宅是经过统一规划设计，风格独特的公共住宅（相当于目前的住宅区），从街道来讲，既有上海里弄之特点（如长安里、德安里），又有北方胡同之风格；从庭院来讲，既有南方天井（多进式）民宅，又有北方四合院之烙印；从建筑单体来讲，既有江南民居之风貌（如多进、穿堂），又有北方建筑纯朴、厚实之特色；既有东方民族之风格，又有西方建筑之符号，从而形成镇江清末民国初的民宅风貌。总之，这些民宅从历史研究、文化内涵和观赏角度都是不可多得的传统民宅区。本次规划，将传统民宅区分为保留民宅、改造民宅和新建民宅。

保留民宅。主要是西津渡街北段靠西津渡古街处，保留民宅除保留其建筑原貌外，还要对街巷原貌进行保留。对于这部分住宅，主要是恢复原貌，完善内部设施，即增设卫生间和厨房间，其外貌和内部结构不变。疏散部分居民，改善居住条件和环境。

改造民宅。主要是危房或与传统民宅区风貌不太协调的建筑，原则上就地改造，其形式风格、材料保留与民宅一样，为一二层，高度控制在9m以下。

（4）蒜山游园

规划蒜山游园，将蒜山东西两边的仓库和南面的住户搬迁，形成蒜山游园，并在蒜山顶建观江亭一座。

（5）道路和停车

保留原道路，其路面结构、宽度及风格不变。如，台阶恢复五十三坡旧貌；西津渡街、小码头街保持原貌，即恢复历史条石路面。

拓宽五十三坡巷。与城市主要道路相通，以利居民出行和参观者游览。

在小码头街与长江路交口处、蒜山游园处、西津渡古街与伯先路交叉口处各设停车场一处，便于车辆停放。

（6）街区出入口

主出入口设在西津渡街与伯先路交会处，通过改造的出入口，既是西津渡街的出入口，又是近代历史街区伯先路、京畿路的出入口。

次出入口设在小码头街与长江路交会处，与金山大门口遥相呼应。其余几个出入口都设在长江路和迎江路上。

（7）基础设施

雨水排放。在原入江主管处修闸一座，以防江水倒灌， 扩大原排涝泵的排水能力。修建污水管，采用合流制，污水入雨水管，直接排入长江路上污水截流工程主管内。云台山北麓山脚下挡土墙上修截洪沟，以防山洪冲入街道和民宅内；治理部分山体以防山体滑坡而殃及民宅。

供电、邮电、电视等设施，由各主管部门负责实施，规划预留位置。古街上的高压线电杆与古街风貌极不协调,建议移位；路灯加以改造，只在路条石下铺设下水、 给水和路灯管线（图D–1–2–2–5）。

（8）街区发展规划

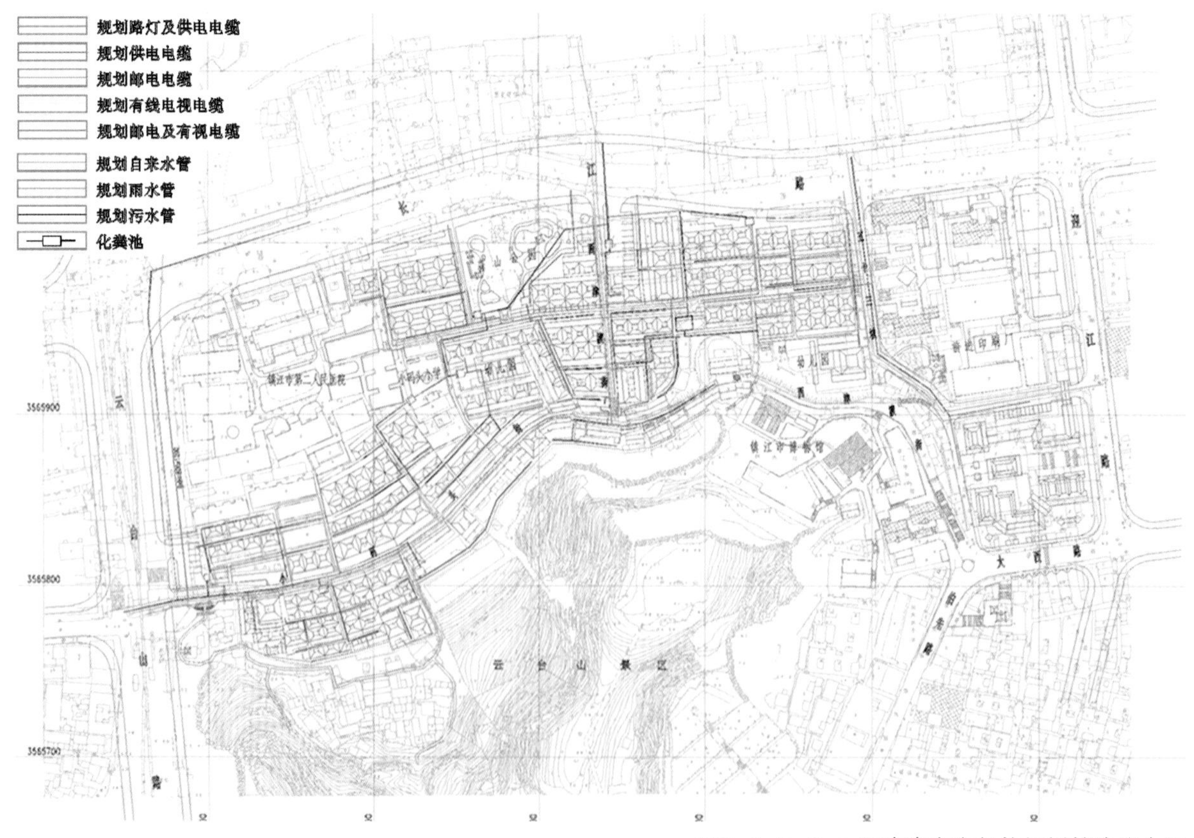

图D–1–2–2–5 西津渡古街保护规划管线综合图

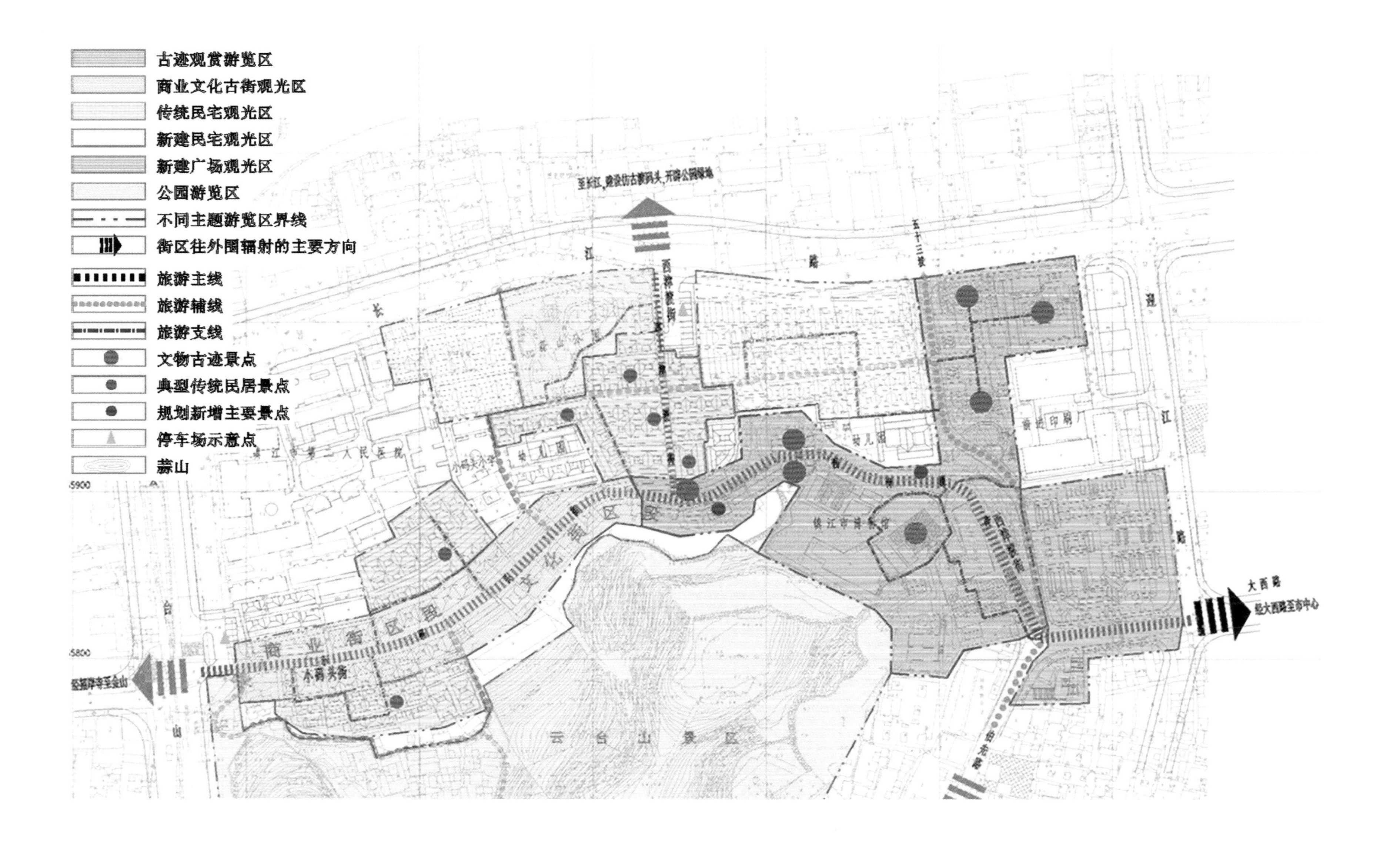

图D-1-2-2-6 西津渡古街区发展规划图

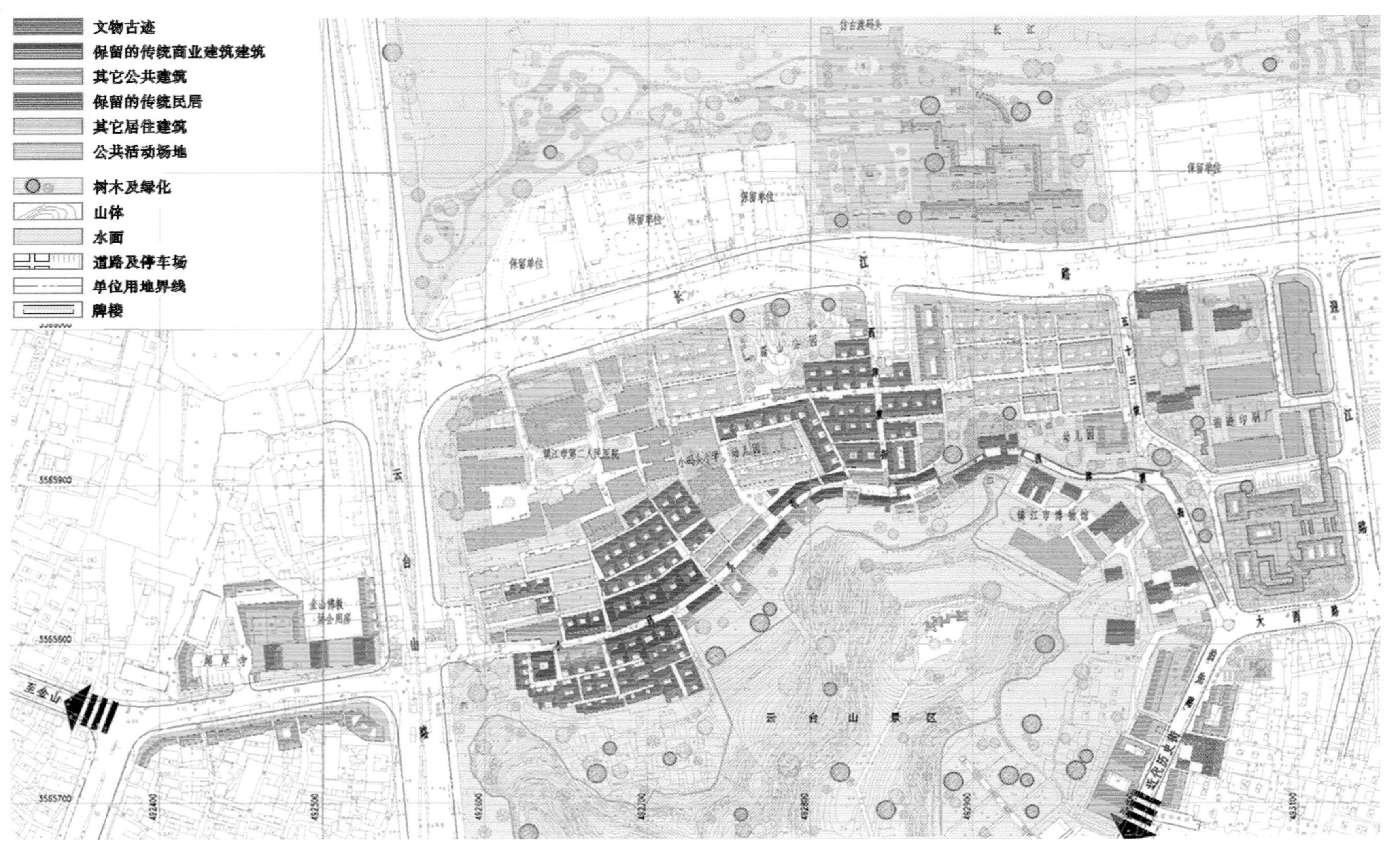

图D-1-2-2-7 西津渡古街区保护远景图

商业发展规划。小码头街恢复商业街后，鼓励经营古玩、古画、土特产品、民间艺术品、旅游纪念品和风味小吃，形成一条有特色的商业街，为城市居民和旅游者购物创造便利条件。规划将该街分为文化街区段和商业街区段，同时于适当位置设文化场所，以增加文化气氛。

旅游发展规划。规划区内设三个出入口，可接纳从金山方向及从伯先公园出来的游客从西入口进入，同时还可以接纳从市区大西路方向来的游客从东入口进入；随着长江路裁弯取直和三山风光带形成(内河港池成为内湖)，蒜山入口(北入口)作为接纳这部分游客进入该区观光的入口。

街区内部规划参观线路，分为主线、辅助线和支线，主线以西津渡古街和小码头街为主，辅助线以五十三坡巷，西津渡北段、利商街为主，支线为德安里、长安里内的小巷及历史博物馆内的道路。线路主次分明，以满足参观者。

该区内根据建筑保护价值和特点规划参观景点文物古迹有七处，传统民宅点有六处，新增点两处。文物古迹点有:历史博物馆内文物、昭关石塔、待渡亭、观音洞、救生会、税务公馆和工部局巡捕房；传统民宅点有：跑马楼、一进（二层楼式）、二进平房式、三进平房式、德安里和长安里；新增点为小山楼、石刻。

该区内根据街道、巷道两侧建筑及环境规划供参观的街道和巷道共六条，即西津渡街、小码头街、利商街、利群巷、西长安里和吉瑞里。通过入口、参观线路、景点的规划以吸引国内外游客，增强该区的活力，达到积极保护的目的（图D-1-2-2-6）。

（9）远景构想

随着西津渡古街区保护规划的实施，三山风景区的建设，长江路的拓宽改造，内港池功能的改变，为使该古街区发挥更大的效益。

远景构想是：

长江路以北原环境协调区内沿港池修建滨江绿化带，建小游艇码头一座，作为游客登船逛北固山和焦山，同时也作为接纳北固山、焦山游客从水路观赏西津渡古街。

在西津渡古街北段正对长江路处修小游园一处，该游园与滨江绿化带连为一体，使游客在待渡亭处就能观赏到长江水面，仿佛置身于当年渡口之情景。

云台山北麓，建休息小亭和景点，使伯先公园与该古街融为一体。修复伯先路、京畿路，近代历史一条街（图D-1-2-2-7）。

总之，通过远景构思的设想和逐步实施，进一步挖掘该古街的历史价值，使西津渡古街成为名副其实的国家级历史街区和世界文化遗产。

第三节 西津渡古街区保护规划实施措施

《西津渡古街（区）保护规划》确定了保护规划的实施措施和办法。规划要求从1998年起，用5~6年时间，分期分批、逐步实施，先易后难、逐步推进，突出重点和以点带面，逐步扩大保护成果直至全面完成。

一、分期分批，逐步实施

规划范围内分一期和二期。一期范围主要是滤清器厂以西至镇江市第二人民医院和小码头街以北至长江路，西津渡古街和小码头街。二期范围：滤清器厂以东至迎江路，大西路以北至长江路。

二、突出重点，以点带面，逐步扩大

以古迹观赏游览区为重点，以商业文化古街沿街店铺为突破口，以保留民宅内部改善卫生设施为契机，初步形成社会效益和经济效益；进一步扩大范围，最终达到规划目标。

三、先易后难，逐步推进

保护规划实施中，选择简单的、花钱少、见效快的项目先实施，如西津渡古街首先解决暴露在外的上下水，选择重点文物古迹修缮；小码头街，选择保留比较好的二层楼上部雕花栏杆和通空透窗油漆一遍，下部恢复部分商店；保留民宅中先择一两个典型住户进行内部卫生改造试点，取得经验后再逐步推广。

四、分阶段按时序实施规划

1. 第一阶段：1998—1999年

西津渡街（古街段）小码头街的道路照明、部分给排水及恢复一段条石路。

江边修闸一座，以防江水倒灌；完善和扩大江边泵站；滤清器厂以西传统民宅的排水管铺设；传统民宅内改造部分住户的卫生设施；拆除古街上的垃圾箱。

修复部分文物古迹，如救生会或观音洞等。改造修复小码头街部分沿街建筑，使小码头商业街初具雏形。

2. 第二阶段：1999—2001年

完善保留民宅内部设施，主要修建卫生设施，疏解部分居民。

进一步完善和按规划实施西津渡街和小码头街。

修建蒜山小游园。

继续扩大规划中要改造的住宅，以接纳上述居民。

3．第三阶段：2001—2003年

搬迁工厂，按规划建造住宅和其他配套设施。

按规划改造完住宅区。

修复两街沿街建筑。

除上述以外的各项设施。

五、保护规划实施建议

西津渡历史街区保护是一项复杂的系统工程也是造福后代，进一步提高镇江历史文化名城知名度的工程，它涉及规划、建设、文物保护、管理、资金及有关政策，为做好这项工作，特建议：

（1）加大宣传力度， 使西津渡历史街区走向全国，走向世界，从而名扬海内外。通过宣传不仅进一步提高了镇江的知名度，同时也增强了广大群众对古建、名城的意识，从而促进了历史文化名城的保护和管理工作。

（2）小码头街（307m）沿街建筑改造应一次形成，建议列入市政府计划采用拆迁马路的办法异地安置住户。单位用房由单位自身负责改造（如镇江市第二人民医院、人防等）。房管所管理的住宅由房管所负责，私人用房由开发公司负责，居民安置享受一定政策，按规划设计要求改造后的房子，由改造单位负责出租和管理。应立即着手对沿古街建筑进行测绘以确定每幢文物古迹修缮方案和与古街风貌不协调建筑的改造方案。保留传统民宅，由产权单位提供有关资料会同设计单位与住户共同商定内部厨房、卫生间的改造方案，由规划设计单位编制该区的详细规划，进一步研究实施的可能性和最终编制实施规划。

（3）旧城改造中拆除的传统民宅构件、古街巷条石应集中用于该街，并收集原西津渡古街道路条石，以便修复古街原貌。

（4）文管会应负责对该街区中的核心保护区内的保留建筑进行普查（含地下），进一步弄清它的年代、风格和价值，以挖掘古街的内涵。

第四节 《西津渡古街（区）保护规划》三个附件

1．镇江市西津渡古街(区)保护管理暂行办法（附件一）

镇江市西津渡古街（区）保护管理暂行办法

第一章　总　　则

第一条　为进一步加强镇江市西津渡古街（区）的保护与管理，推动镇江市旅游经济发展，根据国家有关法律、法规，制定本办法。

第二条　西津渡古街（区）保护管理范围分三个区域，即核心保护区、建设控制区和环境协调区。

核心保护区：一、街道东到西津渡街入口券门，西到小码头街与长江路交会处，街侧两边纵深各20m，有保护价值的小巷两侧各5m。二、传统民宅，小码头街以北，东到市滤清器厂西围墙，南接小码头，西至小码头小学和镇江市第二人民医院东围墙，北到蒜山南山脚；小码头街以南；东起登山巷，南起云台山北麓挡土墙，西至德安里，北至小码头街。三、蒜山及蒜山山脚外5m。

保护区范围局部调整按规划办理。

建设控制区：东到迎江路，南到云台山北麓，西侧到长江路， 北到长江路。环境协调区：东到迎江路，南到云台山山脊，西到和平路， 北到长江内港池。

第三条　核心保护区内的建筑划为甲、乙、丙、丁四类。

甲类建筑：已被各级政府批准的文保单位。

乙类建筑：原结构、布局、风貌保护完好，未遭破坏。

丙类建筑：原结构、布局、风貌基本完好，部分已变动。

丁类建筑：现结构、布局、风貌与传统风貌不协调。

建筑类别的确定和划分由专家委员会鉴定后，由西津渡古街（区）保护管理委员会或领导小组公布。

第四条　西津渡古街（区）保护的重点是核心保护区和建筑控制区。保护管理的内容是对保护区范围内的规划、建筑、市场、市政公用设施和社会治安等进行科学规划和综合管理。

第五条　古街（区）的保护、管理遵循统一领导，地方行政管理与专业管理相结合的原则。市人民政府设立西津渡古街（区）保护管理委员会或领导小组，统一负责古街（区）的保护管理，协调有关部门的工作。委员会或小组下设办公室，执行委员会或小组的决议，处理日常事务，地方行政管理由润州区人民政府下属的街道办事处负责。

第六条　任何单位和个人都必须遵守古街（区）保护与管理的各项规定，并有权对破坏保护区工作的行为进行检举和控告。

第二章　规划管理

第七条　对西津渡古街（区）的规划管理以西津渡古街（区）保护规划为依据，坚持保护、整治为主，适当更新的方针。对古街（区）的传统商业建筑、传统古街（区）风貌以及原有的山水环境加以保护，继承、维持传统的布局和格调。对古街（区）内一部分建筑质量、环境状况和基础设施不适应当前经济和社会文明进步的进行治理和调整。

第八条　保护的主要内容是：一、老街传统商业建筑；二、石板路面；三、空间特色；四、古街（区）周围地区传统城市风貌；五、西津渡古街（区）与周围山、水协调的环境。同时还包括古街（区）历史文化内涵的挖掘、继承和发展。

调动一切积极因素，吸引当地居住群众参与古街（区）的保护管理工作，努力创造条件，适应现代生活的要求。

第九条　绝对保护区内：

甲类建筑按《文物保护法》有关规定进行保护和修缮。

乙类建筑必须保持原样，不得翻建，可按原样使用相同的材料修理。

丙类建筑应按乙类建筑风格整修，对已改动的建筑部位应按变动前的原样修复。

丁类建筑按乙类建筑风格重建或改建。

五十三坡、利商巷与西津渡街及各巷口与小码头街交叉口的建筑应保持原有的风貌、特色，并按批准的交叉口的规划设计施工，留出公共绿地和景观视廊。

古街（区）西入口即小码头街口的建筑应结合过街楼、停车场及小街风貌处理，东入口设在大西路西端，建（街）牌楼和停车场；东入口分成两支，一支到该区西津渡古街（区），一支去近代历史街区，两侧建筑应与两街建筑风貌相协调。

第十条　建设控制区的规划管理

蒜山游园以西新建的民宅应保持与保留原民宅的道路结构、空间特点和传统风貌，其高度为二至三层，以二层为主局部三层。蒜山公园以东至五十三坡巷新建民宅高度二至四层，以三层为主，局部二层和四层。建筑应与保留民宅建筑相协调，既有时代特色又反映镇江民宅建筑的特点，迎江路西侧50m以内建筑可淡化处理。

第十一条　环境协调区的规划管理

街区南云台山山体保护原有风貌，严格按绿地系统规划控制山林，因保护山体确需开采山土石的要经有关部门审查批准。长江路以北，建筑高度控制在15m以下，视廊内建筑高度控制在9m以下， 建筑风格、形式可淡化处理；沿新河路从小码头街口到和平路两侧20m内建筑高度控制15m以下，其性质以商业为主，建筑风格与西津渡古街保留商业建筑协调。

第十二条　环境保护

西津渡古街（区）保护范围对大气、水环境的要求应执行国家二级标准。所有排烟装置要采取有效的消烟除尘措施，有害气体的排放必须符合国家规定的标准；环境噪声白天不得超过55dB、夜间低于45dB。

第三章　建筑管理

第十三条　核心保护区的建筑管理

建筑的立面、屋面、马头墙和地面一律按该区保留建筑的传统手法设计，并经该街区保护管理机构审查交有关部门批准后方可施工。

沿小码头商业街两侧，建筑高度（檐口）与街宽的比例为1：0.8～1，层数为2层或1层，第一层层高3.3m左右，第二层层高2.5m至2.8m。

一般均应保留传统开间，调整开间的要经街区保护管理机构审定批准。

建筑材料以砖木为主，需要用现代结构和保护技术加固的必须符合传统的砖木结构做法，并经该街区保护管理机构审查批准。

装饰、装修必须保持该区保留建筑的传统色彩，同时符合消防安全规范要求。

店堂招牌、字号应按传统做法用木质材料，临街的广告、招牌的制作和悬挂须考虑与街区的传统风貌相协调，有关部门提出方案后由该街区管理机构审查定位。

第十四条　建筑控制区的建筑管理

建筑外部形式必须是灰瓦屋顶马头墙，内部不做限制，建筑物檐口总高度控制按第十条有关规定执行。

第十五条　环境协调区的建筑管理

建筑高度控制按第十一条有关规定执行。新建建筑的设计必须对周围环境进行分析，使建筑物的高度、体量、色彩、材料、屋顶与周围环境相和谐，不影响景观视廊。

第十六条　建筑审批程序

核心保护区内所有建筑的修缮、翻建、改建，须先经过该街区保护管理机构审查同意并到环保、消防、文化等部门办理有关手续后，再到规划管理部门办理建筑工程规划许可证，方可施工。

建筑控制区和环境协调区内的建筑项目，由规划管理部门负责审批。

第十七条　建筑设计、施工管理

核心保护区的建筑设计、施工须由该古街（区）保护管理机构审查并确定设计单位和施工队伍。

第四章 市政公用设施管理

第十八条 核心保护区内的石板路面属于保护内容，任何单位和个人不得随意翻改和损坏。确因需要开挖石板路的，须先向该古街（区）保护管理机构提出申请，由规划管理部门和市政管理部门制定开挖和修复方案，并由市政管理部门施工和恢复。

第十九条 西津渡街（银山门至待渡亭）和小码头商业街，自行车和人力三轮车一律推行并按规划存放，禁止各种机动车和摩托车进入和通行。

第二十条 核心保护区和建设控制区内的用户不得随意拉、接供电线路，不得随意增加用电负荷，对违章者将按用电规定停止供电。

电话线、电视广播线实行暗管暗线，由规划设计部门统一规划设计，专业部门负责施工。

第五章 市场管理

第二十一条 核心保护区内市场经营应以旅游购物为主，鼓励经营古玩、古画、土特产品、民间艺术品、土特产品、风味小吃和旅游纪念用品等。

第二十二条 核心保护区不得经营液化石油气、汽油、烟花爆竹等易燃易爆危险品和化肥、农药等污染环境的商品。

第二十三条 核心保护区不准乱摆摊设点。店堂内的陈列商品不得超出店面，陈列于道路路面上，不得在街道、路口摆设桌球等娱乐设施。

第六章 社会管理

第二十四条 街区社会治安管理的方针：“联防联治、群防群治、综合管理、综合整治。”

第二十五条 户口管理

老街范围内的常住人口由公安派出所与居委会建立联合组织进行管理；暂住人口，须到居委会和公安派出所办理暂住人口登记手续，交纳社会治安保证金，并接受上述组织的管理。

第二十六条 消防安全管理

核心保护区和建设控制区禁止燃放烟花爆竹。消防部门会同街区保护管理机构按照消防安全要求，制定街区消防安全规范并负责实施。

第二十七条 禁止放养家禽，各商店和住户按“门前三包、门内达标”的要求，保护街区清洁卫生。

第七章　罚　　则

第二十八条　核心保护区内未经批准的建筑一律拆除，不得以罚款或其他处罚方式替代。

第二十九条　建筑控制区与环境协调区的违法建筑按《城市规划法》规定处罚。

第三十条　其他违反本办法管理规定的，由镇江市西津渡街区保护管理委员会（或领导小组）责成有关执法部门分别依法处罚。

第八章　附　　则

第三十一条　本办法由西津渡古街(区)保护管理委员会或领导小组制定实施细则并组织实施。

第三十二条　本办法由镇江市城市建设委员会负责解释。

第三十三条　本办法自发布之日起执行。

2．镇江市《西津渡古街（区）保护规划》论证会会议纪要（附件二）

1998年7月17日，镇江西津渡古街区保护、规划、建设领导小组在凤凰岭饭店召开了《西津渡古街（区）保护规划》论证会。出席会议的有常务副市长张克敏、副市长解信鹏，市委调研组负责人钱永波、余耀中和本市名城研究、规划设计、文物保护等方面的教授、专家、学者以及有关部门的领导等。常务副市长副市长兼西津渡古街（区）保护建设领导小组组长张克敏就我市历史文化名城保护和建设的总体构想以及近期西津渡古街（区）的保护、规划工作发表了指导性意见。会议通过了专家组名单，推选钱永波为专家组组长、余耀中为专家组副组长。钱永波主持了会议。与会专家首先听取镇江市规划设计研究院副院长耿金文汇报了《西津渡历史街（区）保护规划说明》（简称《保护规划》），并审阅了有关规划文本和图纸。各位专家从不同角度论证了《保护规划》，就历史街区的定名、历史文化、宗教文化、民间传说、世界文化遗产申报、街区环境整治、滑坡治理、积水排涝、古建筑保护、渡口遗迹和长江岸线考古调查、增设新景点、旅游文化、资金来源、相关政策及近期工作等各抒己见。通过充分讨论，专家组充分肯定了《保护规划》，并提出了不少建议，现将论证意见纪要如下。

一、保护建设西津渡古街（区）具有重要意义。镇江城因港兴，街随渡兴，古渡是镇江城市的根。保护建设西津渡古街，对名城建设、历史文化遗产保护、现代旅游开发和进行爱国主义教育都具有重要价值，开掘这一具有重要价值的

“金矿”，意义十分重大。

二、《保护规划》指导思想正确，思路清晰，内容齐全，资料翔实。规划对古街区内文物古迹、保留建筑，不仅对其形体进行规划保护，同时注意其历史文化内涵的挖掘和整理，符合建设部颁布的历史地段规划的有关规定。

三、根据历史街区功能制订的发展规划切合实际，贯彻了中央关于文物工作“有效保护、合理利用、加强管理”的原则，既增加了活力，又有利于古街区的保护。

四、市政设施改造、居住环境及旅游设施切合实际。

五、规划中增加了《保护管理暂行办法》，将会对古街区的保护、管理起到重要作用。

会议一致认为，《保护规划》达到了一定的规划深度，是一个切实可行的规划，建议尽快报送上级部门审查。同时，前期工作、基础设施和一些重点保护建设工作可以先做，做到一次规划、分期实施。一期工程要达到开放的要求，二期工程要能够符合申报世界文化遗产的要求。

会议还对《保护规划》提出了一些修改意见。

一、《保护规划》的定名，拟由《西津渡历史古街区保护规划》改为《西津渡古街（区）保护规划》。如考虑到将来申报世界文化遗产的需要，也可仍用“历史街区”的名称。

二、规划范围内的各类建筑按对古街区影响程度分为“文物保护单位”“重点保护建筑”“一般保护建筑”“改建建筑”和“拆除建筑”，这样分类有利于建筑的修缮和改造。在实施中不能走样，决不能搞“破坏性建设”。

三、西津渡古街（区）的保护建设要与金山、焦山、北固山“三山”风景名胜区的建设联系在一起考虑，成为“三山”游览线上必到的一个重要景区。

四、对“文物保护单位”“重点保护建筑”和民宅中确定的参观点，要进一步从建筑风格、内涵及居住家族的历史等方面进行调查，整理出系统的文字资料。

五、观音洞、救生会里的住户要先搬迁，停车场、条石路面、五十三坡改造、碑廊、西津坊和小山楼要抓紧设计，昭关石塔保护要委托高层次专家做维修保护方案。民宅的维修改建要组织专家进行研究，特别要搞好那些代表不同特点的民宅的保护和维修。要组织有关专业人员对第一期要实施的项目抓紧设计。对重要的建筑救生会、观音洞及部分沿街建筑应认真测绘，在此基础上制定维修保护方案。

六、小山楼可以建，可与街区服务中心、展示历史文化结合起来。蒜山游园要扩大，名称可另起。原工部局巡捕房要收回，可作租界史陈列展览。博物馆进口处旁门、全国政协副主席赵朴初原来的题字应恢复原貌，还可请全国著名古建专家罗哲文题字。围墙可改造为半廊，搞一些有文化内涵的石刻，墙面适当通透。

七、新建民宅区内住宅开发的范围、形式、高度和色调在规划中要严格控制。

八、西津渡古街（区）保护、开发、管理要具有一个得力的工作班子，“一条龙”抓到底。对其古街区的文化内涵、外延价值等都要进行深入研究。譬如，文献史料、文物考古、建筑文化、宗教文化、民间传说、旅游文化、房地产开发政策和政府对基础设施的投资等。古街建设要高起点、大手笔，保持原有风格，不能“搽粉”式建设。除国家拨款外，市政府要安排相应的配套资金，专款专用，把钱用在刀口上。

最后，市政府副市长兼领导小组副组长解信鹏讲了话。他说，西津渡古街区能否申报联合国世界文化遗产，要解决定位问题，注意按这一要求做好规划；要处理好保护与建设的关系，保护抢救是首要问题；注意防止人工雕琢；赞同西津渡古街（区）的定名；要建立一个有力的工作班子，抓紧工程实施。

3．镇江市建委《西津渡古街（区）保护规划》论证意见（附件三）

1998年10月10—11日，镇江市建委邀请江苏省建设部门和高校、科研单位的专家，召开了“西津渡古街（区）保护规划”论证会。与会专家组成论证组，听取了规划编制单位镇江市规划设计院关于西津渡古街保护规划情况的介绍，踏勘了现场并进行了认真讨论。现将论证意见纪要如下。

（1）《西津渡古街（区）保护规划》（以下简称《规划》）思想清晰，指导思想明确，内容比较全面，重点突出，布局合理，对西津渡古街的保护实施具有较好的指导意义。

（2）保护规划资料翔实，对功能、布局、环境、土地利用和远景设想研究较为充分。

（3）保护规划中内的文物古迹保护符合《文物保护法》中的有关规定，分层次、分类（建筑）保护较合适，可操作性强。

（4）保护规划深度符合目前历史街区保护规划有关要求，成果较为丰富，图文齐全。

（5）为进一步完善西津渡古街保护规划，论证组提出以下建议：

· 文本中提到古街建设中增加文化内涵，如诗碑文碑等是好的，但是半廊在修建时应特别慎重。廊是园林建筑，在街道似不合适，可考虑不修半廊较妥。

· 远景规划范围应适当扩大，最好把伯先公园、伯先路、京畿路以及金山包括在内，成为一体。

· 街道空间上结合云台山北麓，规划一些公共空间，使山、街、古建筑融为一体，以增加街景。

· 新建的六层住宅最好能拆除，其用地改作它用。超岸寺应作为该街区的一部分，最终形成金山寺、超岸寺、古街为一体的景观，以增加古街的活力。

· 现状图要从建筑的分类、年代、屋顶形式和使用性质等方面进一步分析，为下一步维修奠定基础。

· 进一步做好详细的规划设计，重点建筑要一幢一幢地设计。

· 要注重市政基础设施建设，以改善群众的生活条件。

第三章
伯先路历史文化街区的保护规划

镇江市伯先路历史文化街区位于主城西北部，云台山东麓。

1858 年6月，清政府被迫与列强签订《天津条约》，镇江被列为长江沿岸对外开放的口岸之一。1861年 5月10日，镇江正式开埠。紧邻西津渡的银山门一带凭借得天独厚的港口条件，逐步发展成为镇江近代中西方经济贸易及文化交流的中心，帝国主义洋行和近代资本主义工商业在镇江城迅速兴起。洋行会馆，鳞次栉比；中西建筑，比肩而立。昔日的辉煌给街区留下了大量珍贵的建筑遗产和文化精粹。2011年，镇江市城市建设投资集团公司所属西津渡公司委托镇江市规划院制定《镇江市伯先路历史街区的保护规划》。2012年2月17日组织镇江市文物保护专家耿金文、王玉国、张旭伟、王书敏、吴海龙、王敏松等组成专家组，耿金文任组长，论证通过了该规划。

在此之前，西津渡公司已经根据2009年云台山整治规划开始实施伯先路西侧云台山东南麓沿街建筑的保护修缮工程。到2014年，已经完成了伯先路到京畿路环云台山一侧建筑的保护更新工程。其修缮成果业已包含在伯先路街区保护规划中。因此，《镇江市伯先路历史街区的保护规划》主要是对伯先路以东至小街范围的建筑和保护做了重点研究和规划。2017年1月12日，江苏省住建厅和镇江市政府邀请江苏省有关专家，组成以朱光亚任组长的专家组，对《镇江市伯先路历史文化街区保护规划》进行了论证，与会专家原则上同意镇江市规划院对伯先路街区所做出的保护规划方案。

第一节 伯先路历史文化街区概况

镇江市伯先路历史文化街区位于主城西北部，毗邻大西路北侧西津渡历史文化街区，东起贾家巷，南至宝盖路、京畿路、西至云台山东麓、北至大西路。规划保护范围3.46hm^2（图D–1–3–1–1 、图D–1–3–1–2）。

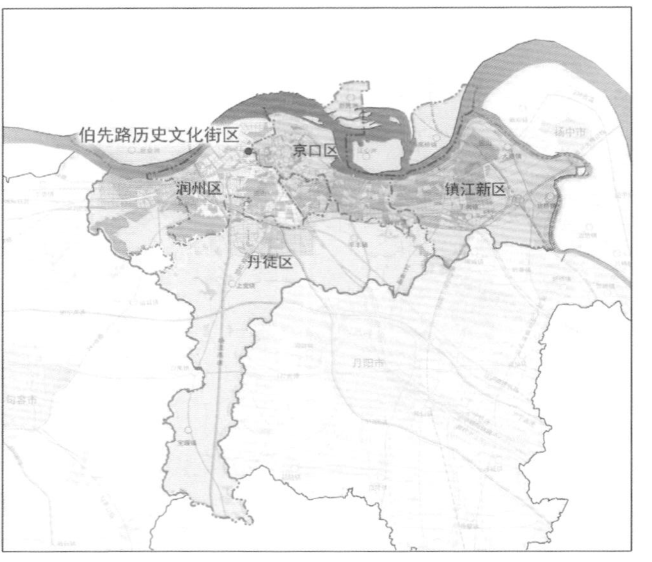

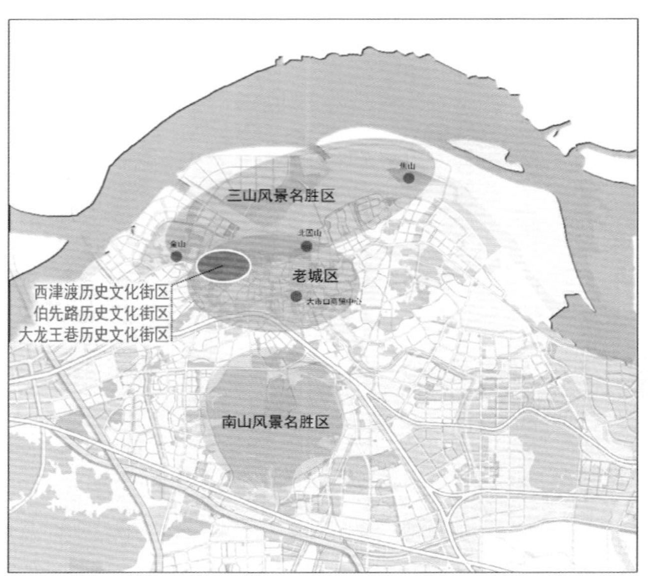

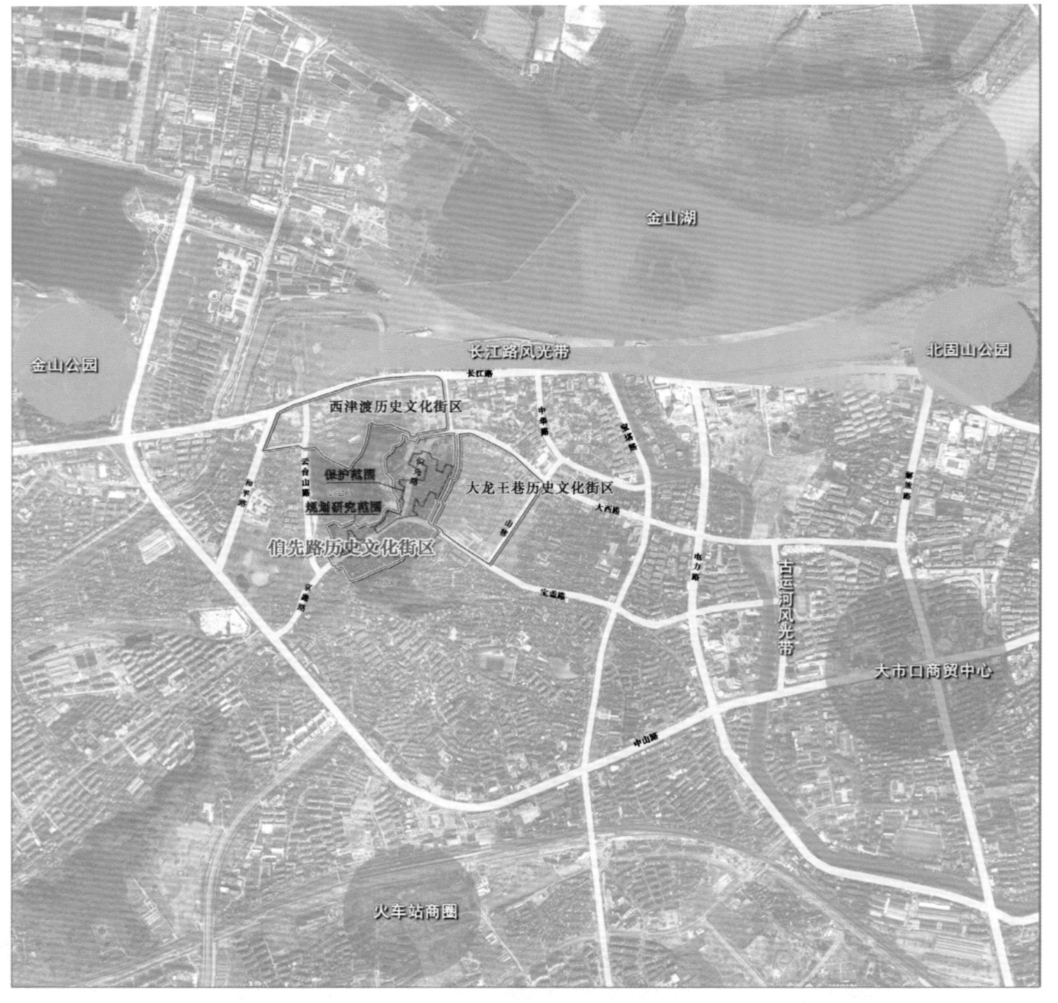

伯先路历史文化街区位于主城西北部，云台山东麓，是《镇江历史文化名城保护规划》中确定的三大历史街区之一。

伯先路历史文化街区保护范围北至广肇公所巷、南至京畿路-宝盖路、西至云台山东麓、东至贾家巷，用地面积为3.46hm²。规划研究范围北至大西路，南到宝盖山，西临云台山，东至贾家巷，总用地面积为15.09hm²。

图D-1-3-1-1 镇江市伯先路历史文化街区区位图

图P-1-3-1-1原银山门牌坊老照片

图P-1-3-1-2 镇江市伯先公园赵伯先铜像

一、历史沿革——伯先路、京畿路由来

同治十年（1871年）二月，英国驻镇江领事向镇江府提出要越出租界，在租界南面银山（今云台山）下往东南一带修筑马路，时任镇江关监督沈秉成未允。光绪元年至光绪四年（1875—1878年）间，英租界当局强行在租界外银山脚下向西南开筑马路，南端接京畿岭，因在租界之南，称作南马路（图P-1-3-1-1）。民国十五年（1926年），为纪念辛亥革命先烈赵伯先，在云台山的南端建伯先纪念公园，并举行伯先铜像的安置仪式（图P-1-3-1-2），公园大门外的南马路就更名为伯先路。1949年以后，一度改为人民路，改革开放以后，路名又改回伯先路。

清光绪三十四年（1908年）沪宁铁路建成。民国二年（1913年），辛亥革命镇江光复的领导人之一李竞成，邀请商会陆小波等人，共商筹筑了自西火车站至

图P-1-2-1-3 伯先路历史文化街区全景图（谢 戎 航拍）

京畿岭石子铺设的道路，连接伯先路。民国二十一年（1932年），对道路进行削坡拓宽，成为弹石路面，取名为京畿路，成为伯先路街区的另一条骨架道路。

1929年江苏省会迁到镇江，使镇江成为江苏省的政治、文化中心。城市西区建设了中华路、大西路和若干公共设施，同时由于港口条件恶化、铁路通车及公路发展，镇江的城市空间形态结构也逐渐发生变化，形成东城西市的格局。西门外是水陆交通和商贸、旅游、服务繁华之地。直到新中国1980年代之前，大西路是镇江商业中心，而伯先路则因为伯先公园，成为市民休闲游玩的观光胜地（图P-1-3-1-3）。

二、中西建筑文化的交融

清末镇江开埠后，经济的繁荣，西洋建筑的引进与中西建筑文化的融合，建造了一批以满足新城市功能要求的新体系建筑，例如蒋怀仁诊所等，成为开启镇江建筑近代化的重要标志，也使得伯先路街区成为不同地区不同形式建筑的荟萃之地。20世纪10—30年代，中西交融的建筑达到了成熟阶段，中西合璧成为当时时髦的建筑思潮，该街区出现了一大批代表建筑，例如屠家骅公馆等。因此，伯先路街区是一个建筑文化特别丰富的历史街区。西式建筑、中式传统建筑、中西合璧式建筑等各式公共建筑和民用建筑星罗棋布，参差错落，美不胜收。

1. 建筑风格演变

鸦片战争后，镇江被辟为通商口岸，外来贸易迅速增加，特别是火车这种革命性的运输方式的使用，使得长江与运河水上枢纽与陆路交通火车运输在这一区域有机结合，大西路—伯先路—京畿路一带沿街商业“忽如一夜春风来，千树万树梨花开”，商业建筑不仅沿线展开，而且垂直于这些街道向纵深发展，形成商业街区。比较典型的就是西津渡小码头街以及与之垂直、纵横相连的利商街、德安里、吉瑞里、长安里等，店铺有数百家之多，行业涉及木材、粮米、洋油等，盛极一时。此时的商业街不仅包含过去的临水而设、线状特点，而且形成街巷纵横的街区，实现了面的扩张。单体商业建筑平面一般采取前铺后居，下铺上居、前店后坊的平面布局形式，沿街立面开敞。如采用下铺上居楼式，由于二楼为居住用，相对私密性较强，仅开窗，且窗子一般不太大。为装饰店面，一般在一楼顶外侧设置比较精美的栏杆，栏杆下与一层檐口装有雕刻精美的“华板”，京畿路、小码头街一带多用这种形式。经济实力强、比较考究的店家，其店面有的采用入口歇山抱厦或垂花门等形式，如大西路宴春酒楼等。

1861年镇江正式开埠后，云台山麓、迎江路出现了英、美租界、日本领事馆，出现了西洋建筑，此后开始出现仿西洋建筑和中西合璧式建筑。镇江英国领事馆旧址，主楼是东印度式，其他四幢是歌德式建筑；原屠家骅公馆、临江三楼式凉台以铁栏构筑，中西合璧； 蒋怀仁诊所为仿欧洲古典建筑；镇江商会旧址原为洋务局遗址，中西结合形制；广肇公所大门，雕琢福、禄、寿三星及渔、樵、耕、读、琴棋书画等传统图案，为中国传统古建筑形制；京畿路邮局巷、红卍字会江苏省分会旧址、瑞芝里等都是近代较大规模建筑精品。如此多的建筑形式和大规模的殖民建筑存在，充分积淀了伯先路街区的历史文化内涵。

尽管如此，传统街巷里坊仍然是街区建筑的主体。伯先路、大龙王巷街区主要以云台山、运河、长江为依托而展开，被大大小小的街巷分隔成大小不一、形式各异的街坊，保持着中国传统城市的肌理和格局。“三合院”是则是镇江民居的基本细胞。三合院由三间两厢组成一个单元。在三合院建筑的基础上，因家庭人口、经济实力以及社会地位等多重因素共同决定着一个家庭（族）居住规模的大小。即院落的群体组合，将院纵串联横并列，形成纵向多路、横向多进的建筑群。

2. 街区重要建筑和街巷里坊

（1）街区重要建筑

① 镇江商会：位于伯先路73号，2006年被公布为江苏省文物保护单位。

② 广肇公所：位于伯先路82号，2011年被公布为江苏省文物保护单位。

③ 伯先路近代建筑群：伯先路一条街至京畿岭，包括屠家骅公馆、蒋怀仁诊所、内地会、老邮政局、红卍字会江苏分会和古定福禅寺遗址。1999年被公布为镇江市文物保护单位。

④ 东长安里民居（徐氏住宅）：2014年被公布为镇江市文物保护单位。

⑤ 吉安里民居建筑群：位于小街、染坊巷、同兴里、吉安里交叉处。2014 年被公布为镇江市文物保护单位。

⑥ 吉庆里民居建筑群：2014年被公布为镇江市文物保护单位。

⑦ 大兴池：位于京畿路4号，2014年被公布为镇江市文物保护单位。

⑧ 包氏钱庄：位于小街115号，1993年被公布为镇江市文物保护控制单位。

⑨ 火星庙：位于穆源小学内。

⑩ 贞节牌坊。

（2）主要街坊里巷

小街、贾家巷、大孙家巷、京畿巷、染坊巷、小白龙巷、广肇公所巷、福寿巷、东大院和西大院；东长安里、吉安里、瑞芝里、吉庆里。

3．典型民居院落研究

镇江民居区别于扬州盐商私宅的奢华精美，也区别于苏州宅院的典雅精致，皆因镇江是个移民的城市，天南地北四方混处，有着不同的文化背景、不同文化市民的集聚，造就了兼收并蓄的镇江民居风格。既带有江南民居的基本形式，又有北方建筑的简洁，形成简朴寓变的民居风格。镇江民居单元为“三合院”，即三面房屋围合，另一面围墙围合，天井居中，屋面组织排水汇入天井之中，称之“四水归堂”。三合院又有三间两厢基本型以及在此基础上演变而成的明三暗四、明三暗五、对合式等。镇江地处江南，土地金贵，在一屋基本型及派生型的基础上，平房又变成楼式，楼有二层、三层，但基本平面形式变化不大。三间两厢“三合院”型式：依中轴线依次建有灰坪、大门、天井、正厅和后厅等。正厅面阔3 间，进深6m，穿斗式构架。以东长安里、邮局巷民居为代表。

“明三暗四”型式：“三间两厢”型式的东（西）卧室，增建一间套房，套房要求隐蔽一些，宜建在里口。魏同兴巷民居有此种型式民居。

“明三暗五”型式：“三间两厢”型式的东、西两卧室，各增建一间套房，东卧室为尊。

四水归堂“对合式”型式：“三间两厢”型式的对面又添加了三间下房，天井处在中心处。吉庆里民居就是此种型式。

“三合院”：在三间两厢一层基础上发展的两层式；“三间两厢”型式，平房改二层楼。吉庆里民居同样也是此种型式。

建筑细部：建筑门、窗、屋顶和檐口等细部均有极具地方特色样式与做法。

镇江民居属砖木结构。木构架框为穿斗式或为抬梁式构架，兼具南北风格。举架提栈，屋面成曲线。传统建筑屋顶“灰瓦”，一般使用小瓦（本瓦、蝴蝶瓦），冬暖夏凉。镇江民居变化最大的在山墙。山墙一般是硬山式，硬山式中采用的形式有弧型封火墙、观音兜、五山屏风墙和三山屏风墙，房屋进深小的甚至只做一山屏风墙。同时镇江民居建筑有着一个十分显著的特点，虽地处江南，但墙体采用清水墙砌筑，即“做细清水砖”，工艺考究。具体做法包括，门洞边的“做细清水砖”、门檐垛头、五屏风墙线、门窗头清水砖和檐墙满式抛坊，有北方建筑的特点，而不是江南一般意义上石灰粉刷显白色的粉墙，所以整体建筑风貌呈现青墙黛瓦的特征。

三、历史文化遗存价值评估

从现状整体的街巷空间格局分析，街区现存历史街巷众多，“山—街—巷”

的空间格局、街区肌理富有特色并保存完整，改造痕迹较少，总体上表现出传统的特色空间特征。规划范围内有各级文保单位7处、文控单位 1 处。大多文保单位保存状况较好，进行了修缮和功能置换，但是东长安里、吉安里等民居型文保单位人为改造情况比较普遍，存在不同程度的负面影响。

通过上述历史文化研究可以看出，伯先路街区有别于其他街区的特色主要有如下几点。

（1）历史价值。

镇江近代的开埠历史、民族工商业的兴盛历史奠定了伯先路历史街区文化内涵的基础。伯先路街区的更新演变见证了镇江老城区的发展史，也是镇江历史文化名城文化内涵的外部体现。

（2）文化价值。

街区遗存丰富，承载了大量的物质文化遗产（如文保单位、历史建筑、传统风貌建筑和历史环境要素等）和无形的非物质文化遗产（如名店、老字号、民俗文化等），是民国时期多元化文化的见证地，具有相当重要的情感意义和文化价值。街区内的建筑遗存内容丰富、类型多元，包括有老邮政局、镇江商会、广肇公所、毕尔素医院、红卍字会和蒋怀仁诊所为代表的公共建筑（即公共事业、办公、医疗等），教堂、绍宗藏书楼、五卅演讲厅和英国领事馆为代表的文化建筑，大兴浴池、江南饭店（屠家骅公馆）、包氏钱庄为代表的商业建筑，另外还有公馆、名人故居类等。多元的文化和产业功能的建筑发展，见证了镇江城市经历渡口时代、运河时代、长江时代和铁路时代的发展历程。

（3）景观价值。

伯先路、京畿路两侧拥有比较完整的民国商业街的特色风貌和建筑空间格局。中式传统建筑——对称布局，高墙封闭，设有天井，主次分明。例如广肇公所、毕尔素医院、包氏钱庄等。西式建筑——以殖民风格为主，带外廊，拱形窗、青砖墙、红砖发券并嵌线，屋顶设老虎窗和塔柱，檐口和勒脚简约线条装饰。例如镇江慈善医院、蒋怀仁诊所、老邮政局等。中西合璧——简单拼接、“中学为主，西学为用”、空间与造型千姿百态。例如大兴池、红卍字会旧址、屠家骅公馆、镇江商会及内地会等，建筑外防内开、院落独幢合建；建材循环利用，建造因材而建，形成鲜明“中西合璧”的地方建筑特色。

历史形成的“山—街—巷（里）”的空间及街巷格局清晰，相当一部分街巷的界面保存着传统风貌，建筑类型丰富，不同历史时期、不同类型的建筑共存，具有很高的景观价值。以伯先路、京畿路为轴线，大西路、宝盖路、山巷围合，形成延伸至山体的巷道，呈现纵横交错的网络状街巷里弄肌理、“两山夹一街”的空间形态。街区内的传统民居内以三合院，即“三间两厢一天井”的形制最为典型，杰出代表有东长安里、吉庆里、吉安里民居建筑群，建筑风格以江南民居风格为主，局部建筑南北风格交融；传统特色建筑大都在清末民国初年间建造；建筑单体质朴，装饰较少，且以院落围合为建筑群落的基础，不但参考了上海早期的里弄建筑式样，还有徽派民居和江南水乡民居的特征。

（4）旅游价值。

作为历史文化名城，街区是城市文化遗产的重要组成部分，是表现城市精神、展现城市传统文化的重要载体。伴随西津渡历史街区建设的不断完善，该地区区位价值迅速上升，这些都为该规划区的再度复兴提供了重要的契机。通过功能整合，镇江的三个历史街区自成特色，形成合力，具有巨大的内在旅游开发的潜力和价值。

第二节 伯先路街区历史文化遗存的保护利用规划

一、街区保护范围划定及保护控制要求

保护区范围界线，北至广肇公所巷、南至京畿路–宝盖路、西至云台山东麓、东至贾家巷，面积为 3.46 hm^2（参见本章第一节图D–1–3–1–2）。

在保护范围内保护控制要求是：保护历史街巷格局、尺度，局部拓宽改造不得破坏原有空间关系；整治更新以单体建筑的维修、整修、整治和整体环境的提升为主，不得进行成片更新改造；对改建、整治、修缮的传统建筑应当保持原来的格局、朝向以及高度、体量、色彩等外观形象，并尽量采用传统工艺与材料，以保持传统建筑的原汁原味；除必要的基础设施和公共服务设施外，不得进行新建、扩建活动。严格控制新建、扩建建筑的布局、体量、高度、色彩及建筑细部，体现镇江传统建筑风貌；保持街巷城市家具、标识系统、店招店牌等设施与传统风貌的协调。

保护范围周边确定为规划研究范围，根据实际需要可新增、拓宽或改造部分街巷，但应与街区整体街巷格局及空间尺度相协调；可进行适量的更新改造，应采用类进落式或院落式布局，与街区整体传统风貌和肌理相协调；传统建筑的维修、整修，按照相关技术要点，与保护范围内要求一致；控制新建建筑的布局、体量、高度和色彩，与街区整体风貌协调；新建、改建、扩建建筑，不得遮挡和影响重要景观视廊。

二、特色定位

该街区特色定位为民国商贸文化建筑最集中、街巷格局清晰的历史文化街区。

该街区形成于清末民国初，由银山门—伯先路—京畿路向两侧徐徐展开，鼎盛于民国时期，各类公共建筑类型丰富、风格多样、风貌独特，堪称镇江城市近代发展的缩影和见证。规划以“商”为特色，引入文化、展览、餐饮休闲及旅游服务业等新功能，体现民国街巷特色风貌，展现镇江当时的民国文化和民俗风情文化。

三、保护目标

（1）保持传统格局。保持街区“山—街—巷（里）”的整体空间格局，保护纵横交错历史街巷肌理，体现街区格局的演变历史。

（2）传承历代文化。传承与复活镇江代表性历史文化，结合街区特征空间多方式展示，形成文化节点与景观节点，传承千年延续的历史文脉。

（3）再现传统风貌。保护与修复现存传统民居及商贸建筑，整治沿街界面，

须坚决拆除；保证满足消防要求。

未核定为文保单位的不可移动文物29 处，包括宝盖路314号民居、大孙家巷 10号等。

历史建筑3处，包括小街90-1/90号(于氏宅)、大孙家巷75/77/79号、小 街70号(徐氏宅)、小街41号（镇江慈善医院旧址）等。这些建筑应参照相应各级文物保护单位的保护要求执行。原则上在原址保留修缮，根据其历史文化价值和完好程度进行针对性的维修、改善；保护历史建筑的立面、结构体系和建筑高度、典型装饰风格与建造材料以及其他体现本地区历史文化特征的建筑元素；其他保护要求按照《镇江市历史建筑保护办法》（征求意见稿）执行。

传统风貌建筑，即具有一定建成历史，能够反映历史风貌和地方特色的建筑物8处，包括邮局巷25号民居等，应参考各栋建筑的具体情况提出相应的整治方式，根据其历史文化价值和完好程度进行针对性的维修、改善。建筑立面、结构体系和建筑高度不得改变，建筑内部允许适度改变；建筑维修、改善的重点是恢复其传统建筑与院落的布局，在细部做法上采用镇江地区的典型做法、样式材质等，可以在对当地建筑的特色提炼下，对无法恢复原样的部分做一定改动。

（3）保护牌楼、山墙、古井和古树等历史环境要素，包括贾家巷偏海洪堂井、染坊巷古井、屠家骅公馆石门额、传统地面、 古建筑门楼、墙面及古树等。

（4）保护街区与周边宝盖山、云台山的视线关系。

（5）保护与空间相互依存的非物质文化遗产以及优秀传统文化，老字号、传统地名、历史人物和事件信息及传统生活方式等。

六、街巷及空间格局保护

（1）街巷肌理保护（图D-1-3-2-2）。保护以小街为轴形成的纵横交错的街巷特征空间，保持街区内以院落式建筑为主要形式的传统建筑空间尺度。规划重点保护小街、东大院、西大院、染坊巷、福寿巷、东长安里、吉安里、吉庆

图D-1-3-2-2 镇江市伯先路历史文化街区街巷分布图

图D-1-3-2-2 镇江市伯先路历史文化街区街巷分布图

控制建筑高度、色彩、体量等要素，体现传统风貌特色。

（4）延续传统生活。保护与维修传统民居和古井、牌坊、门楼等环境要素，改善居住条件，提升环境品质，保持原住民比例，延续传统生活氛围。

四、保护路径

（1）文化特色复活。以存往接续为原则，物质遗存与相关历史文化信息考证为基础，以历史文化体验路径为导向，合理复活街区历史特色文脉，传承与弘扬传统文化，明确展示空间和方式，并与游线相结合。

（2）产业活化传承。挖掘街区传统产业历史特色，引导老字号商业、传统手工业及旅游休闲产业的发展，适应现代需求，实现传统产业的活化传承，诱导地区功能复兴与活力增长。

（3）民居专业维修。研究制定清代、民国时期传统民居维修、整修技术审查要点，基于真实性、多样性原则，专业化保护民居传统建筑特色，改善街区整体风貌。

（4）风貌特色提升。重点关注伯先路以西、京畿路以北公共建筑建筑群的民国特色风貌保护与提升，体现街区民国风情特色。

（5）居民优化结构。保持原住民比例，并通过生活和生产条件的改善，引导街区居民有机更新，优化居民文化、年龄、收入结构。

五、保护内容

（1）保护街区整体“山—街—巷（里）”的传统特色空间格局、小街为轴的纵横交错的独特的街巷肌理和街巷尺度。

（2）保护物质文化遗存（图D-1-3-2-1）。

文保文控单位省级文保2处，市级文保5处，市级文控1处。文保建筑及环境应严格按照《中华人民共和国文物保护法》的要求进行保护；只能进行日常保养、防护加固、现状修整、重点修复等维护和修缮性建设活动；其建设必须严格按审批手续进行，坚持不改变文物原状的原则，保存真实的历史信息；现有严重影响文物原有风貌的建筑物、构筑物必

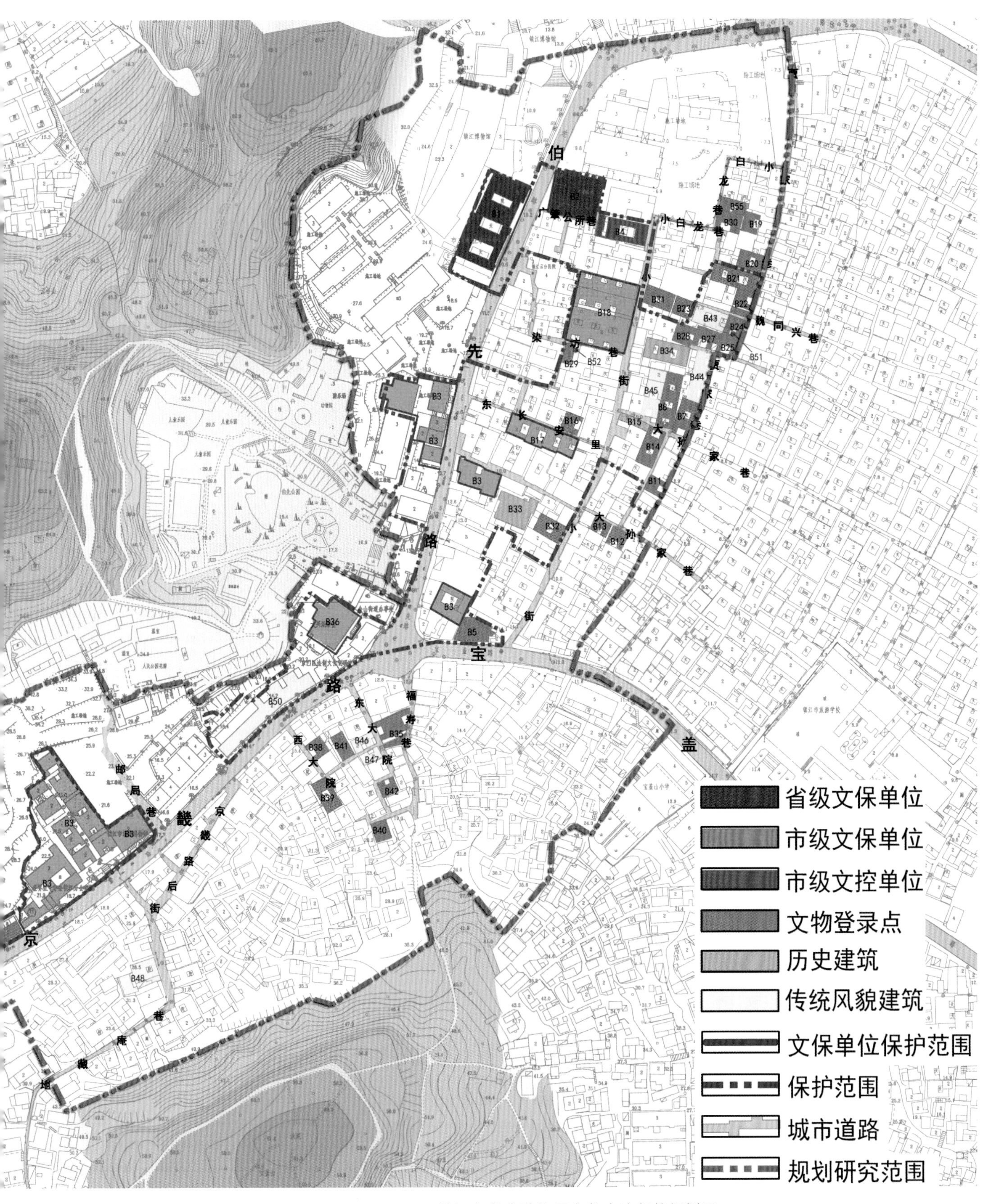

图D-1-3-2-1 镇江市伯先路街区文物古迹保护规划图

须坚决拆除；保证满足消防要求。

未核定为文保单位的不可移动文物29 处，包括宝盖路314号民居、大孙家巷 10号等。

历史建筑3处，包括小街90-1/90号(于氏宅)、大孙家巷75/77/79号、小 街70号(徐氏宅)、小街41号（镇江慈善医院旧址）等。这些建筑应参照相应各级文物保护单位的保护要求执行。原则上在原址保留修缮，根据其历史文化价值和完好程度进行针对性的维修、改善；保护历史建筑的立面、结构体系和建筑高度、典型装饰风格与建造材料以及其他体现本地区历史文化特征的建筑元素；其他保护要求按照《镇江市历史建筑保护办法》（征求意见稿）执行。

传统风貌建筑，即具有一定建成历史，能够反映历史风貌和地方特色的建筑物8处，包括邮局巷25号民居等，应参考各栋建筑的具体情况提出相应的整治方式，根据其历史文化价值和完好程度进行针对性的维修、改善。建筑立面、结构体系和建筑高度不得改变，建筑内部允许适度改变；建筑维修、改善的重点是恢复其传统建筑与院落的布局，在细部做法上采用镇江地区的典型做法、样式材质等，可以在对当地建筑的特色提炼下，对无法恢复原样的部分做一定改动。

（3）保护牌楼、山墙、古井和古树等历史环境要素，包括贾家巷偏海洪堂井、染坊巷古井、屠家骅公馆石门额、传统地面、古建筑门楼、墙面及古树等。

（4）保护街区与周边宝盖山、云台山的视线关系。

（5）保护与空间相互依存的非物质文化遗产以及优秀传统文化，老字号、传统地名、历史人物和事件信息及传统生活方式等。

六、街巷及空间格局保护

（1）街巷肌理保护（图D-1-3-2-2）。保护以小街为轴形成的纵横交错的街巷特征空间，保持街区内以院落式建筑为主要形式的传统建筑空间尺度。规划重点保护小街、东大院、西大院、染坊巷、福寿巷、东长安里、吉安里、吉庆

里等历史街巷（里），保持和延续原有的空间尺度、肌理和界面，不得全线拓宽改造，保护传统铺地等，保留和恢复历史街巷名称。沿街建筑改造整治应保持和延续街巷的空间尺度、传统风貌，并鼓励采用传统的建筑材料进行修复。规划整治的街巷应保持街巷空间尺度和界面的连续性，禁止任何破坏街巷空间连续性、改变街巷空间尺度的建设活动，禁止在其中建设大体量建筑或采用不协调的建筑形式。原则上不再新增街巷；保护范围外围可结合地块更新，适当织补原有街巷肌理或新增街巷，并沿袭传统空间尺度，优化街巷界面。

（2）空间格局保护。保护历史形成的云台山、宝盖山“两山夹街区”的空间格局。沟通京畿路、伯先路两侧街巷，规划上山通道，形成系统的开敞空间，体现“山—街—巷（里）”的特色历史空间格局。整体保护街区内街、巷、宅围合形成的传统民居聚落格局，保护街巷空间不受侵占。任何建设活动不得侵占划定的街巷保护空间，并不得在此空间内设置占用空间的生活设施。保护重要的空间节点，严格控制吉庆里、大兴池、广肇公所—银山门等周边建筑的体量和尺度，恢复门楼等文物古迹以及一些历史建筑的庭院空间。协调外部空间，控制沿街建筑的体量、高度和天际轮廓线，保持与云台山、宝盖山景观视廊的通透；街区新建建筑控制不超过三层，宜采用院落布局方式，建筑形式宜采用坡屋顶，体量不宜太大，在肌理和尺度上应与周边环境相协调；色彩以青、灰、白、黑为主色调，并要保证景观错落有致，以保持整个街区整体风貌和肌理。

七、环境风貌保护

（1）加强小街两侧、京畿路以南影响街区风貌的建筑与设施的整治，沿线增加开放空间、小品等，构筑街区的景观视廊，并强化与云台山、宝盖山景观视廊的沟通。

（2）清除违章搭建和严重影响风貌的建筑，严格控制街区内的新（改）建项目，建筑形式、高度、体量、饰面材料及建筑色彩必须与现存的传统建筑风貌协调。

（3）恢复街区西入口“京畿晓发”重要节点历史风貌，整治朝阳楼广场节点环境，展现街区历史文化内涵，激发街区潜在活力。

（4）影响街区风貌的空调、热水器等设施应结合背街里巷布置，原则上不得布置在景观视廊两侧、入口景观以及标志性景观周边。

（5）街区内新增的小广场、绿化、小品、设施等应进行精心设计，严格控制，突出历史文化的真实性、保护传统风貌的完整性；对公厕、垃圾站管线等市政设施的环境风貌加以整治，使之符合历史文化街区风貌要求，具有地方特色。

（6）建设控制地带的保护要求：当文物保护单位的建设控制地带与历史文化街区的保护范围出现重叠时，应服从历史文化街区保护范围的建设控制要求以及本规划要求，实行整体保护。文物保护单位周围影响文物原有风貌或对文物的安全构成影响的建筑物、构筑物必须予以拆除，保证满足文物的消防、环保等要求。

八、物质文化遗存利用

建（构）筑物利用应本着有利于文物保护和彰显街区特色的原则，结合街区的功能定位加以利用；建筑文化遗产利用应符合其历史文化内涵，以展示镇江民国商业服务、贸易文化为主题，同时进行适度文化展示、旅游休闲、社区服务等；街区内各类建筑的利用可根据实际情况进行功能调整，引入与街区产业定位相符合，并无不良影响的功能，如小型展览馆、休闲商业、创意店铺、特色酒店和民宿等。

文保文控单位、历史建筑、文物登录点的利用必须与街区特色及产业定位相符合，严禁引入对街区定位和特色产生不良影响的产业或功能；应保持建筑原有内部空间布局；传统风貌建筑可根据不同业态的使用需求对内部布局进行合理调整。街区内其他建筑内部装修尽可能采用传统元素，体现传统韵味；内部装修应保证可逆性。

九、非物质文化遗产保护与利用

（1）保护内容。包括地方传统美食、代表性商业门类、地方风俗、历史人物及思想文化、历史地名、历史公共空间场所、民间传说和与街区相关的历史人物及其思想文化等。

（2）保护与利用措施。恢复历史公共空间场所、文化广场——“京畿晓发”入口广场、银山门节点、朝阳楼广场；以铭牌展示等方式为非物质文化提供物质空间支撑，实现非物质文化遗存的传承。对历史街巷名称悬挂统一制式铭牌加以标识。

结合包氏钱庄等建筑的修缮恢复，成为街区展示近代钱、木、江广、江绸、绸布“五大业”的场所。

保存京畿路“手工艺一条街”的传统手工艺作坊，包括冷轧店、白铁坊、木器店、修锁铺、修鞋店、修钢笔店、修旧家具店及弹棉花店等，挽救传统手工艺，传承相关技艺、文化，努力确保这些遗存的社会群体以及物质性的承载环境，使其在现实社会生活中得到应用和发展。

通过伯先路、京畿路、小街、小白龙巷、地藏庵巷及染坊巷等道路街巷和部分特色传统民居型客栈，展示传统民俗生活。

第三节 伯先路街区建筑整治与更新规划

一、分级保护与适度整治更新原则

充分考虑现状和可操作性的原则，按建筑的等级分类及其质量、风貌等的综合调查评估，对街区内的建筑物提出分级保护和整治的方式和措施。

（1）通过现状“五图一表”（建筑年代分析图、建筑层数评价图、建筑质量评价图、建筑风貌评价图、建筑历史风貌分析图、历史文化遗存分布一览表）综合调查评估，根据省导则，对街区保护范围内的建（构）筑物提出分级保护和整治更新的措施（图D-1-3-3-1 ~ 图D-1-3-3-6、表B-1-3-3-1）。

（2）文保文控建筑、历史建筑的规划措施应尊重历史原貌，且符合相关法律、法规及技术规定。

（3）传统风貌建筑应着重于外部风貌、建筑细部等方面与街区历史风貌相协调。

（4）其他建筑的整治更新以符合历史街区风貌要求为主旨，并避免大拆大建。

（5）民居建筑的整治与更新应更加注重内部布局的调整及生活设施的完善，提高居民生活的硬件设施水平。

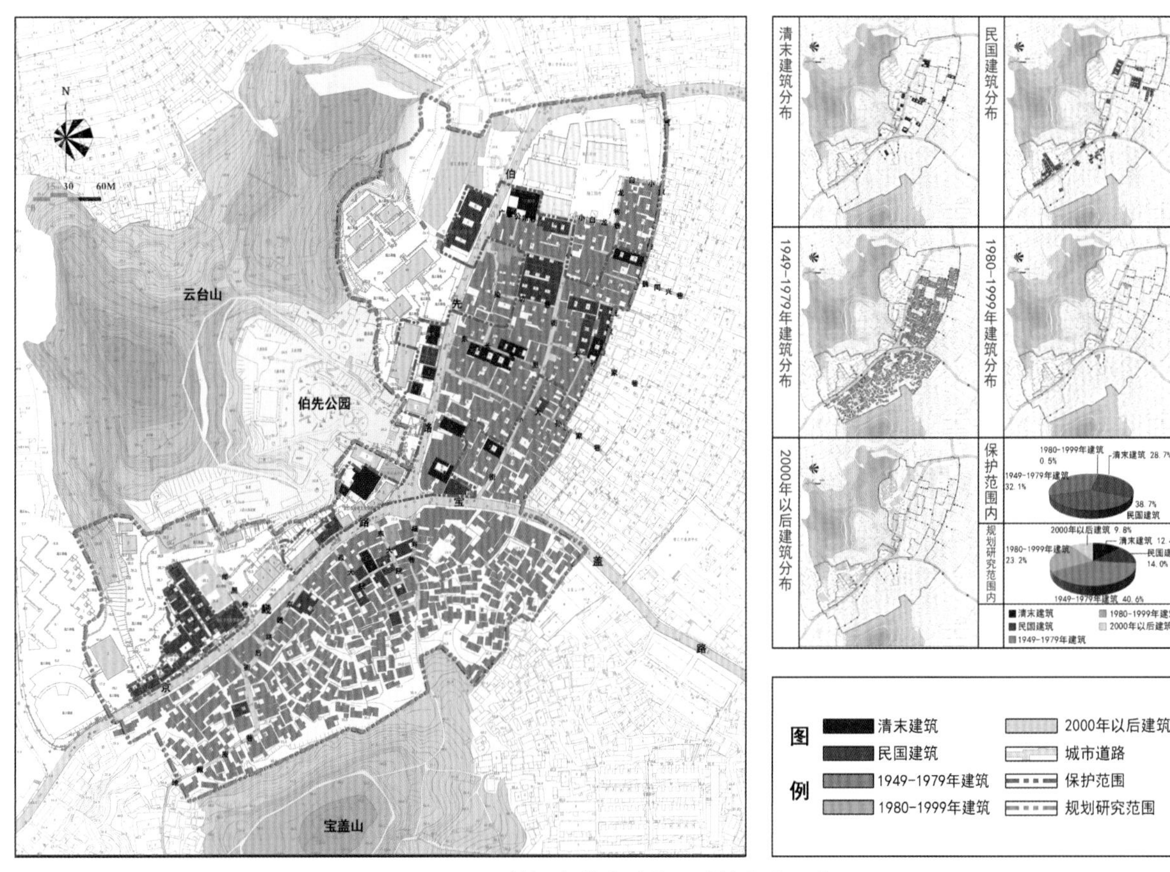

图D-1-3-3-1 镇江市伯先路街区建筑年代评定图

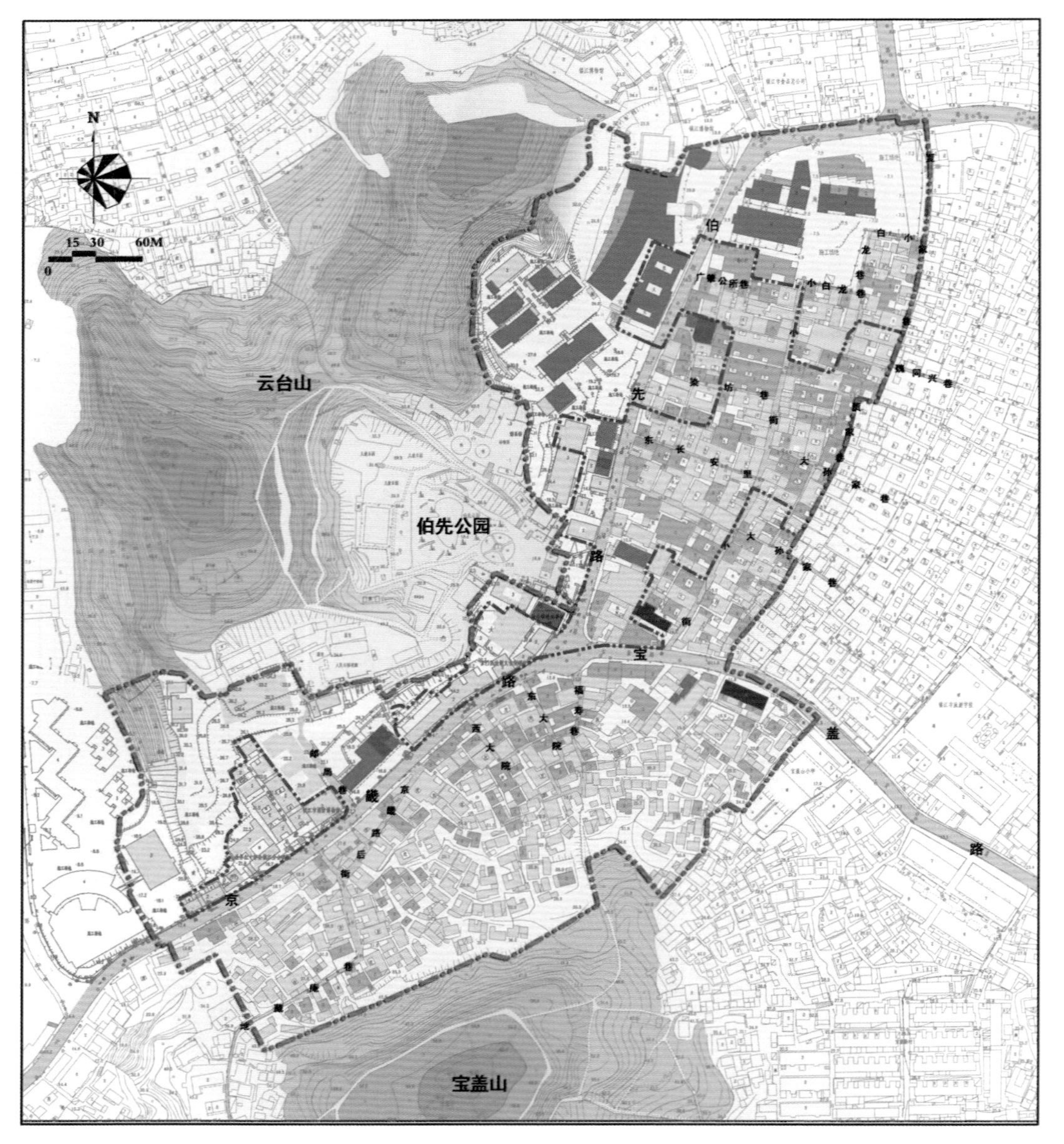

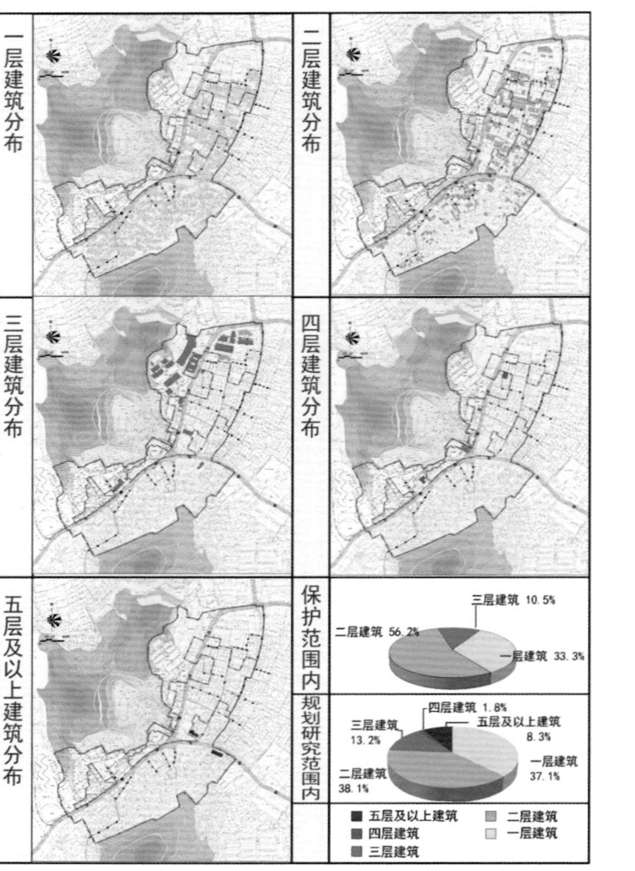

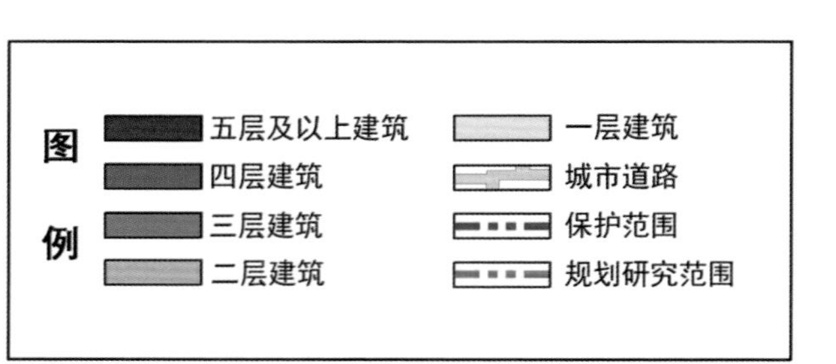

图D-1-3-3-2 镇江市伯先路街区建筑层数评定图

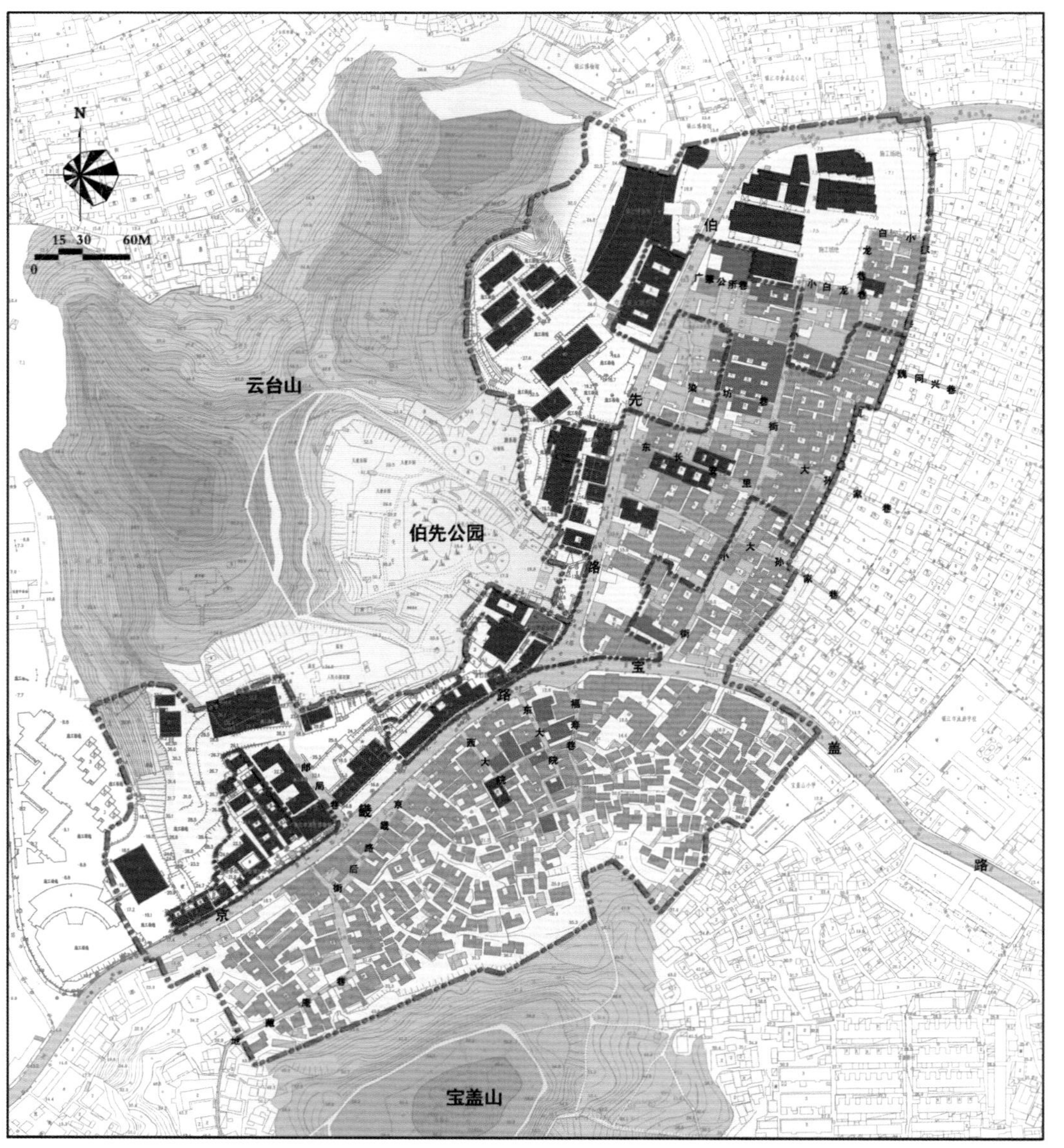

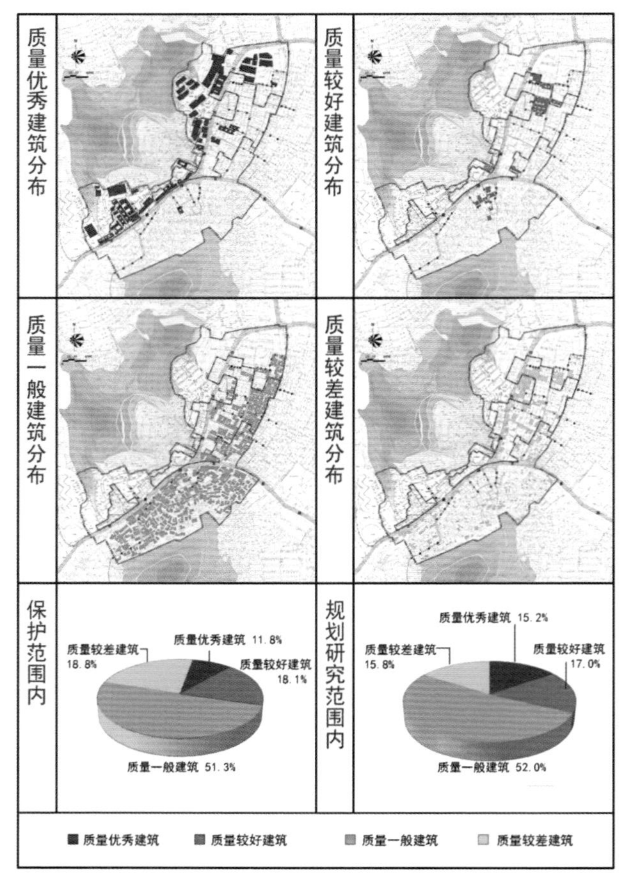

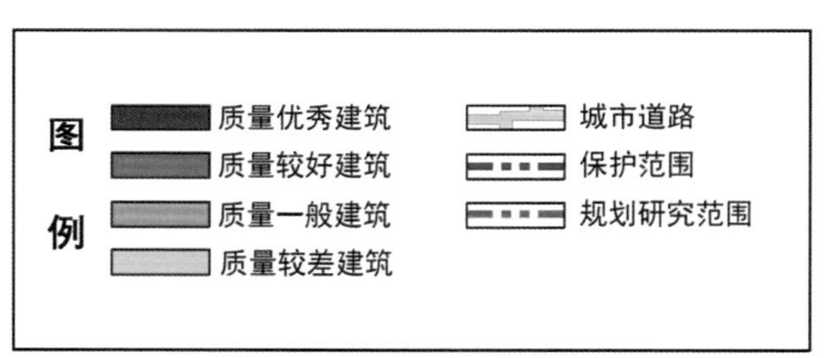

图D-1-3-3-3 镇江市伯先路街区建筑质量评定图

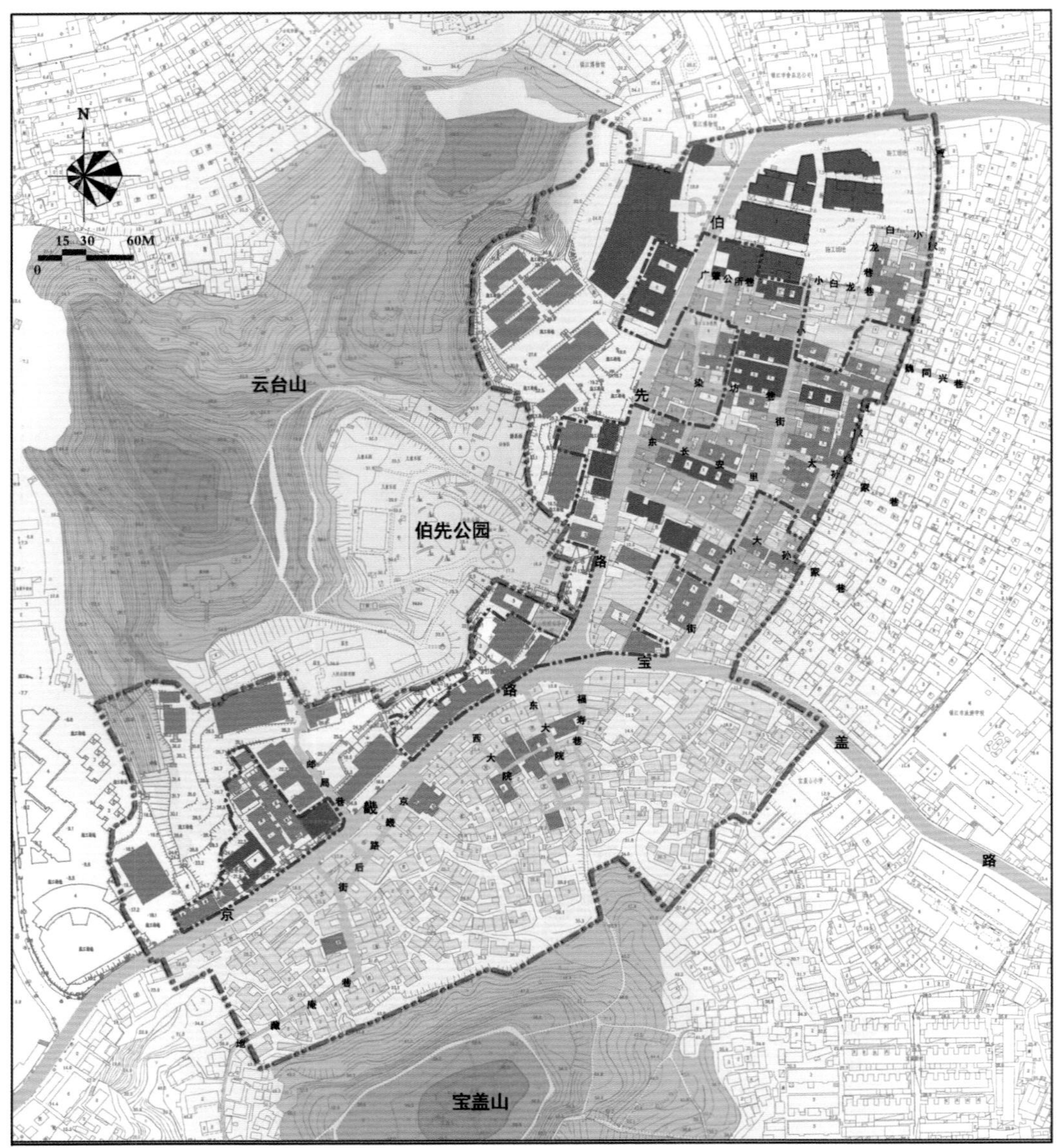

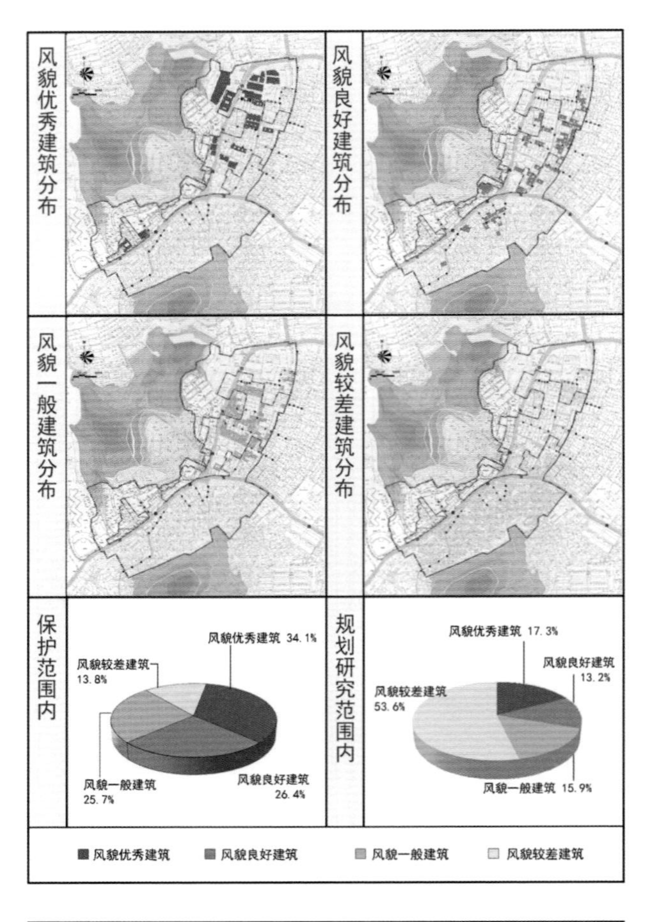

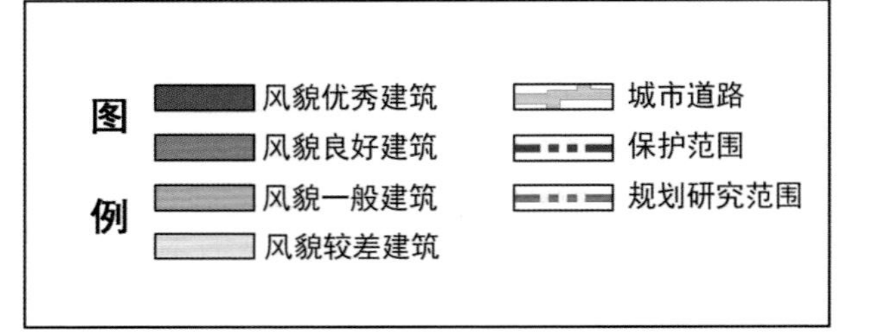

图D-1-3-3-4 镇江市伯先路街区建筑风貌评定图

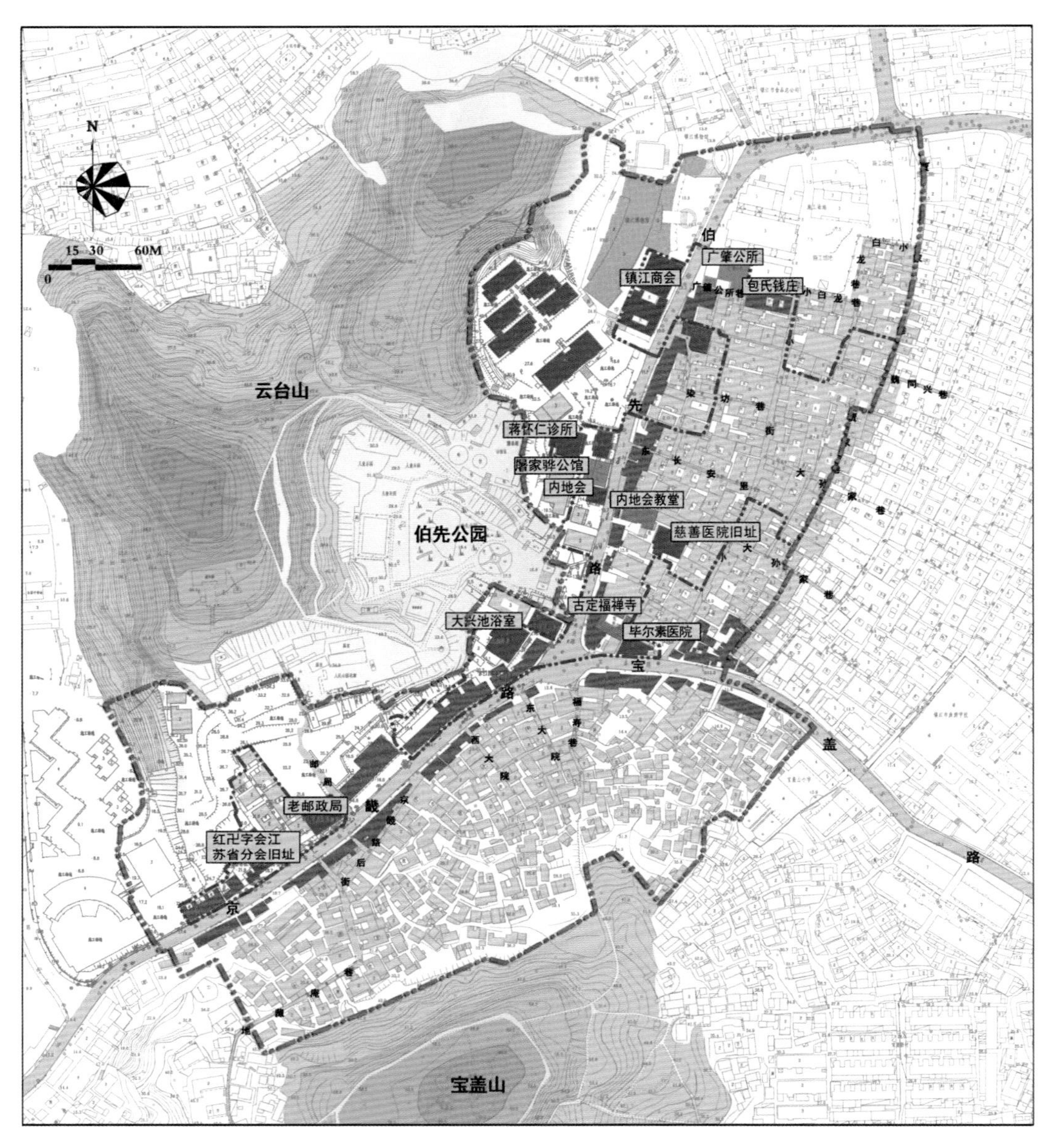

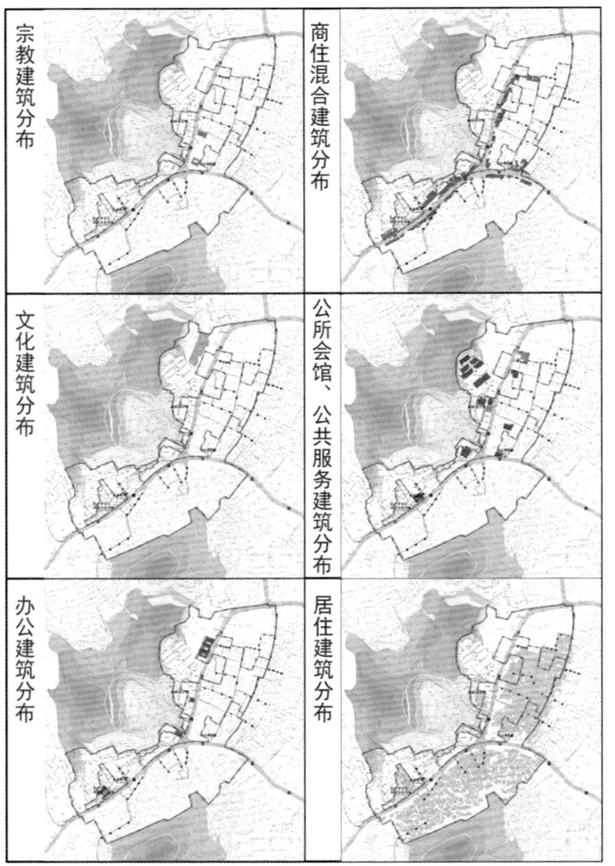

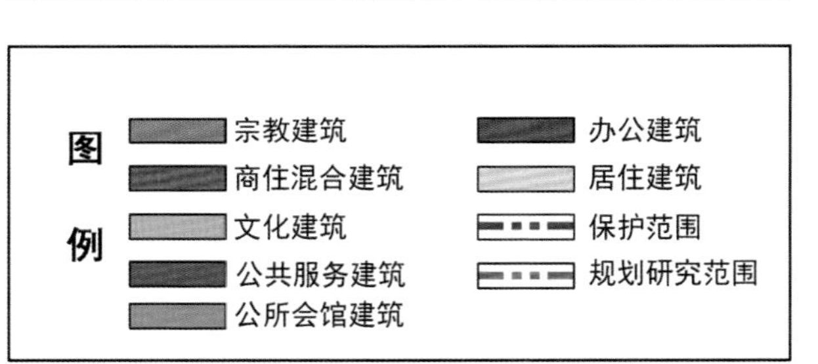

图D-1-3-3-5 镇江市伯先路街区建筑功能评定图（初始功能）

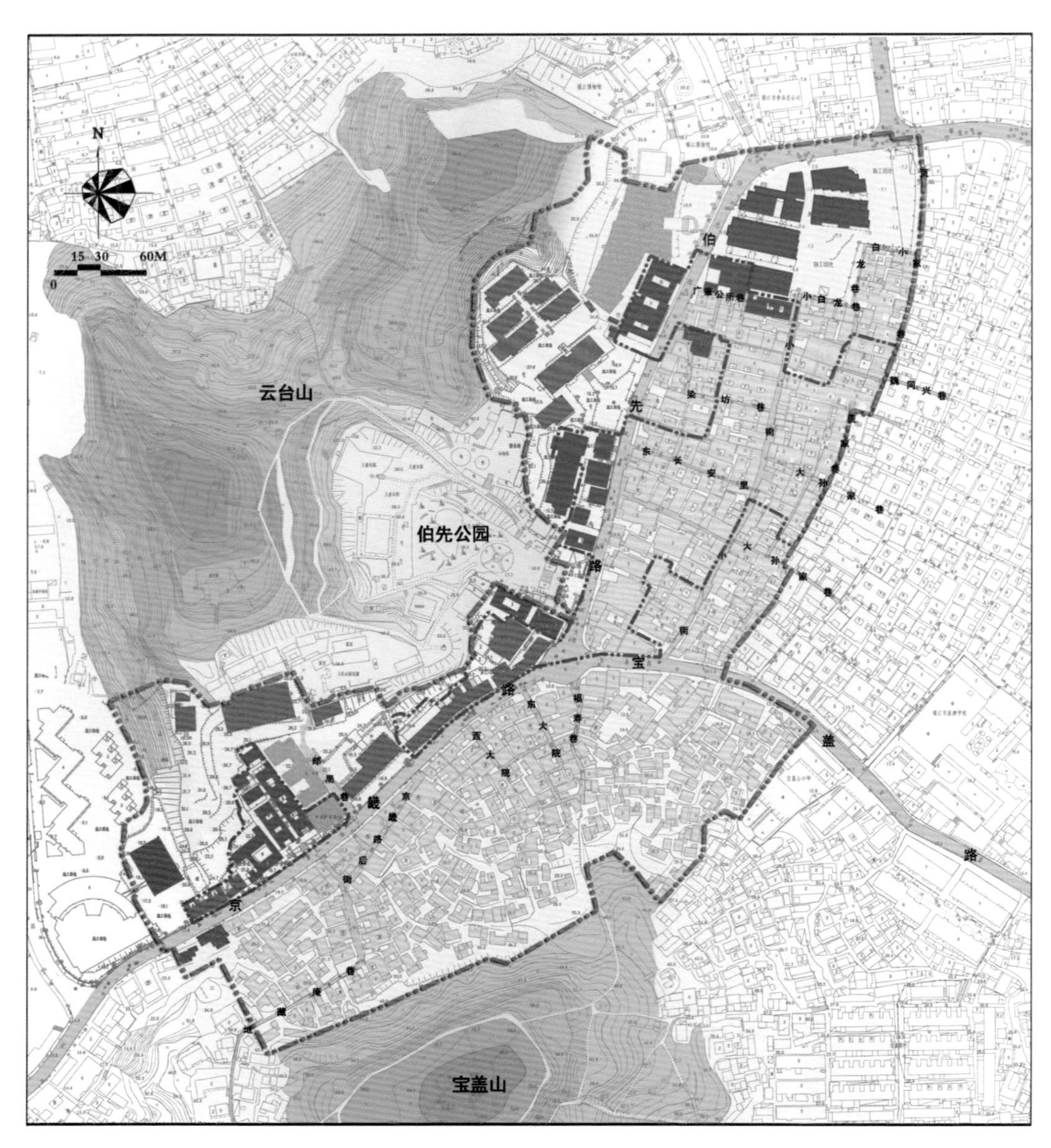

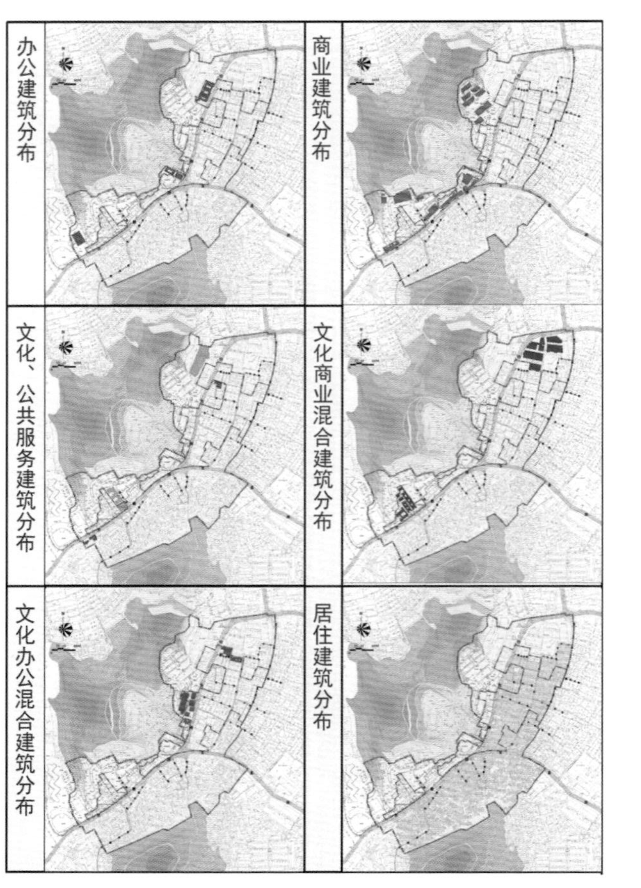

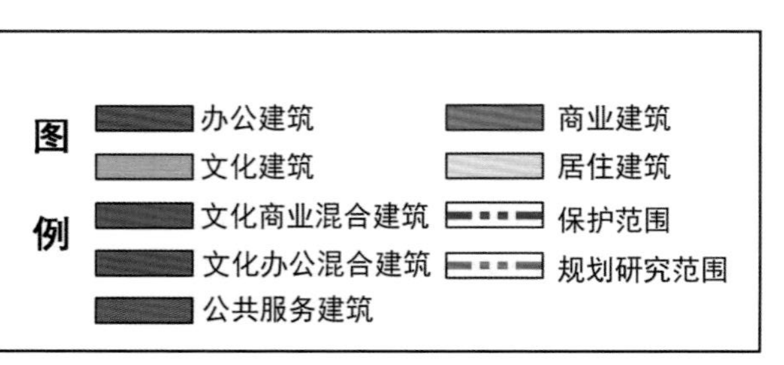

图D-1-3-3-6 镇江市伯先路街区建筑功能评定图（现状功能）

表B-1-3-3-1 镇江市伯先路街区历史文化遗存分布一览表

编号	名称		文保单位级别
B1	镇江商会		省级文保
B2	广肇公所		省级文保
B17	东长安里民居		市级文保
B18	吉安里民居建筑群		市级文保
B3	吉庆里民居建筑群		市级文保
B36	大兴池		市级文保
B3	伯先路优秀建筑群	蒋怀仁诊所	市级文保
		屠家骅公馆	
		内地会教堂	
		镇江老邮政局	
		红卍字会所	
		古定福禅寺遗址	
B4	包氏钱庄		文控
B5	宝盖路 314 号民居		文物登录点
B7	大孙家巷 10 号民居		文物登录点
B8	大孙家巷 12 号民居		文物登录点
B11	大孙家巷 49 号民居		文物登录点
B12	大孙家巷 61 号民居		文物登录点
B13	大孙家巷 65 号民居		文物登录点
B14	大孙家巷 71、73 号民居		文物登录点
B15	大孙家巷 75/77/79 号徐氏宅		历史建筑
B16	东长安里 25 号民居		文物登录点
B19	贾家巷 32 号民居		文物登录点
B20	贾家巷 36 号马氏民居		文物登录点
B21	贾家巷 40 号民居		文物登录点
B22	贾家巷 42 号民居		文物登录点
B23	贾家巷 48 号民居		文物登录点
B24	贾家巷 54 号民居		文物登录点
B25	贾家巷 56 号民居		文物登录点
B27	贾家巷 58 号民居		文物登录点
B28	贾家巷 60 号民居		文物登录点
B29	染坊巷 20 号民居		文物登录点
B30	小白龙巷 9 号民居		文物登录点
B54	小白龙巷 7 号谈氏宅		文物登录点
B31	小街 100、102、104、106 号民居		文物登录点
B32	小街 31 号民居		文物登录点
B33	镇江慈善医院旧址		历史建筑
B34	小街 90-1、90 号于氏宅		历史建筑
B35	京畿路 1 号邱氏宅		文物登录点
B37	京畿路 86、88、90、92、94 号民居（瑞芝里 1、2、3 号）		文物登录点
B38	西大院 3 号欧阳氏宅		文物登录点
B39	西大院 7 号民居		文物登录点
B40	东大院 11 号		文物登录点
B41	东大院 16 号民居		文物登录点
B42	东大院 5 号秦氏民居		文物登录点
B43	贾家巷 50、52 号民居		传统风貌建筑
B44	贾家巷 62 号民居		传统风貌建筑
B45	大孙家巷 14 号民居		传统风貌建筑
B46	东大院 14 号民居		传统风貌建筑
B47	东大院 34、36 号民居		传统风貌建筑
B48	地藏庵巷 38、40 号民居		传统风貌建筑
B49	邮局巷 25 号民居		传统风貌建筑
B50	京畿路 20-68 号民居		传统风貌建筑
B51	贾家巷54号偏海洪堂井		
B52	染坊巷古井		
B53	屠家骅公馆石门额		

伯先路（上）沿街立面现状图——沿街建筑规划立面意向图（东）

伯先路（下）沿街立面现状图——沿街建筑规划立面意向图（东）

京畿路沿街立面现状图——沿街建筑规划立面意向图（南）

传统风貌契合度

图D-1-3-3-7 镇江市伯先路——京畿路沿街立面保护整治效果图

本相符 一般相符 不相符

二、保护与整治模式

（1）修缮：结构、布局、风貌保护完好，未遭破坏的。以文保文控单位、文物登录点、历史建筑等保留建筑为主。对此类建筑按照《中华人民共和国文物保护法》严格保护，保持原样，不得翻建，使用传统材料和工艺进行修缮（图D–1–3–3–7）。

（2）修复：结构、布局、风貌基本完好，局部已变动。对此类建筑，应按变动前的式样修复，调整内部空间布局，增加水电及厨卫设施，改善居住条件。

（3）整治和更新：结构、布局、风貌尚可，大部分已改动的和结构、布局、风貌已与传统不协调、影响风貌的建筑。对此类建筑可通过墙面整饰、门窗修补、调整外观色彩等措施，按传统风貌和建筑形式整治更新，达到与街区传统风貌的协调。

（4）改造或重建：结构、布局、风貌已与传统风貌有较大冲突的建筑。通过降低高度、改造屋顶形式以及墙面粉饰等措施，按传统风貌和建筑形式进行改造；对严重影响风貌的建筑进行拆除后改建、重建或不建。

三、规划控制要求

1. 建筑高度控制

高度控制规划。现状保留建筑层数对整个区域建筑的高度、风貌起到控制作用，也是周边建筑控制的依据。原则上分两类进行控制：各级文保文控单位、历史建筑、文物登录点和传统风貌建筑等，规划需要拆除搭建、加建建筑，维持历史高度；整治、新建建筑控高3层，檐口不高于9m，建筑限高12m。

2. 建筑退让控制

建筑退让城市道路距离根据道路宽度和建筑高度确定，街区内部道路两侧新建建筑退让道路红线距离可根据现状建筑环境特点和规划用地情况，参照街巷空间保护要求进行控制。

3. 建筑色彩、材质、形式控制

传统建筑色彩颜色以青、灰、白、黑为主导色调，新建建筑应延续传统建筑的色彩。新建、扩建、改建的所有建筑物，其立面屋面色彩、材质等应与周边传统建筑相协调。文保文控单位、历史建筑的修缮和修复，需保证外部采用原有建筑材料和色彩、保持历史外观特征。

传统建筑材质主要有清水砖墙、木材、石材和青瓦（砖）等，严格禁止色彩风格与历史风貌无法协调的现代材质在新建建筑及传统建筑上的运用。室外台阶、铺地、墙基宜为灰色石材。新型现代材质的运用应经过专家论证。

街区内传统民居呈现镇江典型的三间两厢“三合院”形制，以及在此基础上衍生的“明三暗四”“明三暗五”“四水归心”“对合式”等形制。完整院落可在规划引导下置换功能，但原有院落形式和建筑外立面形式不得改变。

建筑门、窗、屋顶和檐口等细部宜采用镇江地方传统样式。

4. 民居改善引导

街区的人口搬迁与民居改善实施“可走可留，可换可修”的模式，对自愿留下的，由政府出资进行房屋外立面统一改造；对愿意迁出的，由政府按照市场化方式，选择货币安置或实物异地安置。

第四节 伯先路街区用地、人口与空间规划*

伯先路历史文化街区的历史价值和特色在于民国街巷风貌和民国商贸文化，以“商”为特色，显著区别于西津渡街区“渡”的特色和大龙王巷街区“居”的特色。本街区以公共服务设施和传统居住功能为主，体现文化旅游休闲、传统生活体验等功能为一体。

一、空间结构

规划形成“一主两次十组团”的空间结构。

“一主”——沿京畿路、伯先路形成的公共活动景观主轴。

“两次”——南北向居住生活人文景观轴、东西向公共活动景观轴。

“十组团”——一个中心广场、四个公建组团、五个居住街坊。

二、用地规划目标和现状调整

通过对现状用地的调整达到科学合理地使用土地，从而更好地保护街区风貌，同时完善配套、改善居住、提高环境和引入多种公共活动等，适当发展旅游，激发街区活力。

调整原则：协调用地、整合资源、适度调整、增加弹性（图D-1-3-4-1）。

（1）通过建筑与环境整治，基础设施配套，改善和提升原有居住用地类别。规划设置两块小区公共服务设施用地，包括社区活动区、社区商业网点等。

（2）伯先路以东、京畿路以南延续居住为主的街区性质不变，通过建筑与环境整治，完善各项基础设施配套，改善和提升原有居住用地品质，同时考虑为居住配套的公共服务设施。

（3）伯先路以西、京畿路以北地块，除现状商业、旅馆用地外，鼓励发展经营传统工艺和文化产品的商铺、手工作坊，尤其是京畿路以北，除了保留手工艺一条街外，争取传统名店、老字号入驻，恢复往昔的传统商业氛围。同时结合旅游发展的需求，增加特色商业休闲服务和文化体验功能，强化基础设施的综合服务能力。

（4）规划研究范围内拆除改建或新建的建筑，必须维持历史风貌完整性，引入的新功能宜为文化、展览、餐饮休闲、居住及小型旅游商业等；拆除不建的，作为绿化用地或公共空间，提高环境品质。

（5）规划研究范围内不允许设置工业、仓储、大型商业与金融办公等可能造成污染、体量过大、人流密集的用地，适当增加停车设施，缓解街区交通通行压力。

* 本规划由镇江市规划设计院于2011年1月编制，耿金文主持。

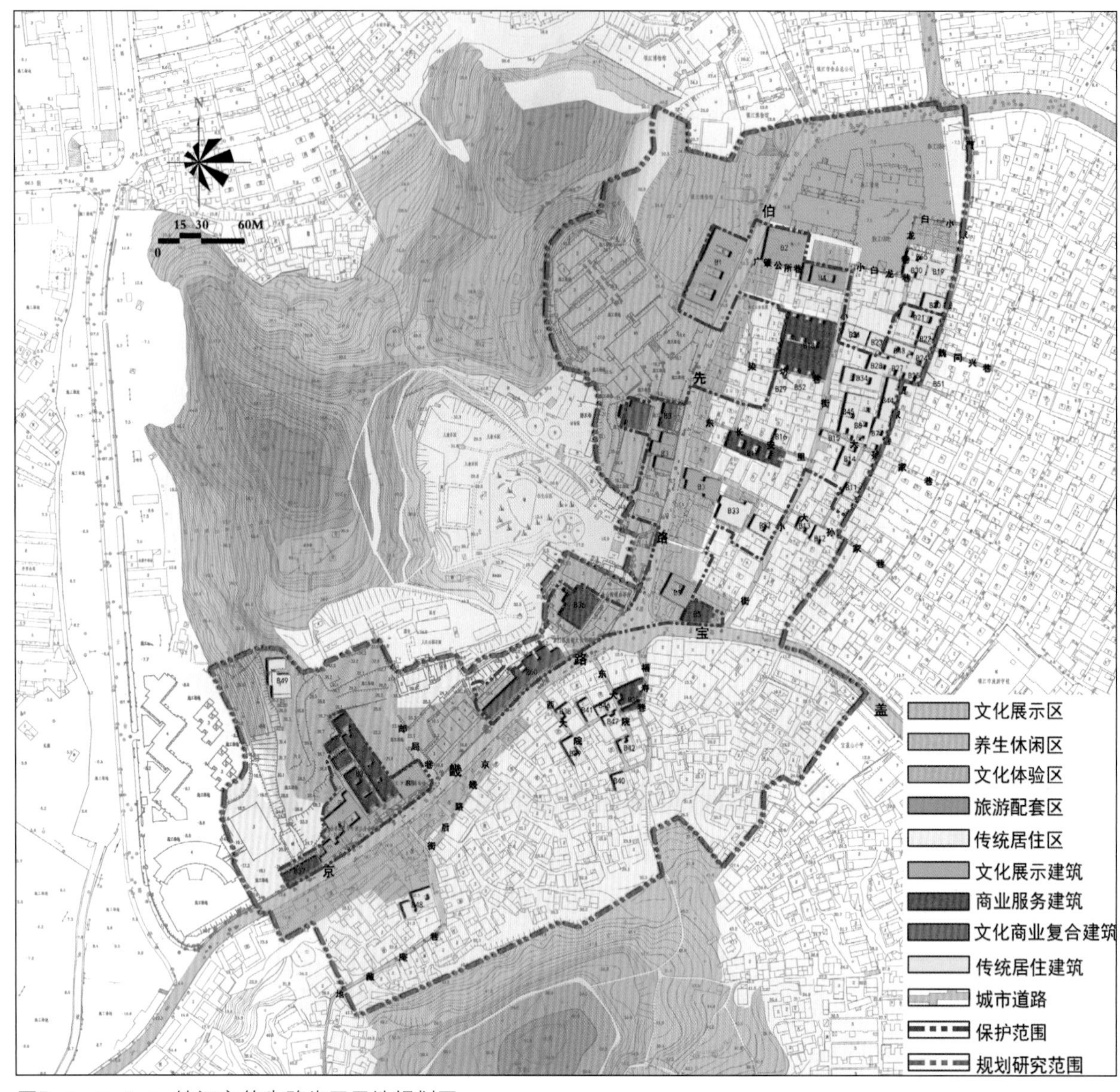

图D-1-3-4-1 镇江市伯先路街区用地规划图

（6）为了提升街区活力，增加用地弹性，实现可操作性，允许特定区域内用地使用的兼容性，规划设置了商业文化混合用地和居住商业混合用地。商业文化混合用地（Ba）主要分布在伯先路两侧、京畿路以北，除现状商业网点、旅馆用地外，适当增加旅游服务设施配套和传统文化展示用地。居住商业混合用地（Rb）主要集中在大孙家巷—大龙王巷沿线，体现与大龙王巷街区的沟通与联系，包括旅游产品销售、特色餐饮、旅游住宿和时尚消费，同时穿插服务于本地居民的商品零售和各类餐饮。

三、公共服务设施规划

1. 城市级公共设施

主要分布在伯先路京畿路两侧，包括商业服务业、商务办公、文化展示和旅游服务等公共服务设施。

（1）维持伯先路以西现状公共管理与服务设施以及商业服务业设施用地，包括镇江博物馆、镇江商会、旅馆和连锁酒店等。

（2）维持京畿路以北商业服务业设施用地，强化文化展示功能，保持京畿路作为镇江地区手工艺一条街的特色街道定位。同时结合传统民居用地更新，建设民居客栈、文化展示、餐饮商业及文博纪念等业态多元的综合休闲街道。

（3）银山门规划新增旅游服务设施用地，为整个片区旅游服务。

2. 社区级公共服务设施

（1）保留金山街道服务中心，并完善社区养老、文体等基本公共服务功能配置。

（2）按相关专项规划要求，迁建现状宝盖路以南的朝阳楼幼儿园，用地改作社区公共服务设施，配置养老、文体、卫生服务等功能。

（3）街区内部，尤其是大龙王巷沿线的商业主要服务于旅游者，包括旅游产品销售、特色餐饮、旅游住宿和时尚消费，同时穿插服务于本地居民的商品零售和各类餐饮。

四、特征空间规划

各类特征空间在整治提升中，强调因地制宜，在保证功能性、生活性，突出地方性的前提下，系统考虑空间、场地、铺装、标识、小品和绿化等要素，并融入传统文化，形成精细化、小尺度、多样性和个性化的空间特征，提升空间识别度（图D–1–3–4–2）。

1. 街区主要出入口

对街区主要出入口进行空间优化，提升街区门户景观品质，沿袭传统性，提升标志性，增强引导性。规划结合游线组织、交通条件、业态策划等确定“京畿晓发”（京畿路—云台山路交叉口）、银山门（伯先路—大西路交叉口）两处节点分别作为街区南北两个方向的主要出入口，从空间、场地、铺装、标识、小品和绿化等方面对主要入口空间进行重点设计。“京畿晓发”节点恢复历史上关隘门楼（图D–1–3–4–3），两侧山体向外开敞，强化云台山、宝盖山视线通廊。增设雕塑、小品、引导标识及停车场，建设广场入口空间，体现街区历史文化并加强旅游路线引导。银山门是伯先路历史街区与西津渡历史街区的交会点，规划建

图D-1-3-4-2 镇江市伯先路街区特征空间规划布局图

设老镇江民俗文化风情区，成为集展览、旅游、商务休闲服务和宾馆为一体的综合性节点。

2. 街区内部重要节点

有朝阳楼广场（图D-1-3-4-4），即宝盖路、京畿路、伯先路交会处，现保存独具特色的外凸型交叉口形式，周边有伯先公园及饭店、菜市场、大兴池浴室等，历来是本地重要的活动场所。规划通过建筑后退、增设景观小品和场景雕塑等形成市民广场，开发商业及服务业，结合伯先公园主入口形成街区内部重要节点。

图D-1-3-4-3 镇江市伯先路街区“京畿晓发”节点效果图

3. 街区出入口

加强对街区内名人会馆、公所等主要建筑出入口的标识引导，结合建筑功能特色强化入口空间场所，从铺装、标识、设施和绿化等方面对入口空间进行设计。东长安里、吉安里、吉庆里等民居建筑群等，在建筑前增加相关背景文化的标识介绍，凸显建筑文化特色。

4. 转角空间

提升转角空间的景观品质，适当增加环境设施，形成交往空间，营造社区邻里的交往氛围。

5. 庭院空间

保护传统建筑的庭院空间，拆除搭建，恢复传统布局，借鉴园林设计手法增加绿化，恢复铺装形式。

6. 绿地广场

对现有绿地广场进行整治提高，增加绿化量，合理设置环境设施，为居民及游客提供休憩、观赏空间。街巷内小型街头绿地强调精细化设计，注重植物品种、形态、尺度、色彩和季相等要素；广场合理增设与街区历史文化相关的小品雕塑、景墙等，提升街区文化意境。

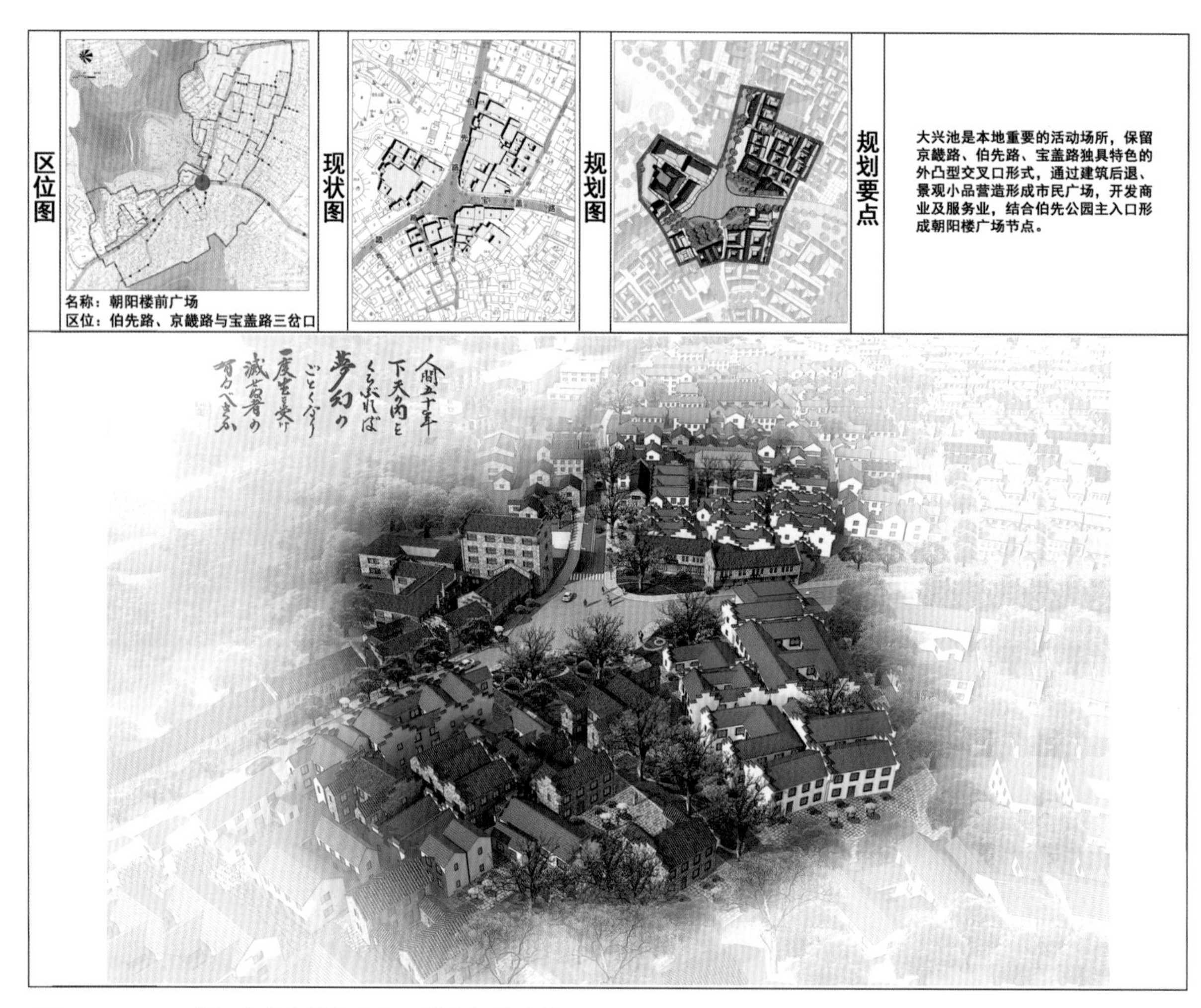

图D-1-3-4-4 镇江市伯先路街区朝阳楼广场整治效果图

五、街巷空间规划

严格保护街区内历史街巷的历史风貌和传统空间尺度、界面，禁止在受保护的街巷内进行任何破坏街巷空间连续性、改变街巷空间尺度的建设活动。禁止在其中建设大体量建筑或采用不协调的建筑形式，居住型街巷应保持其宁静亲切的

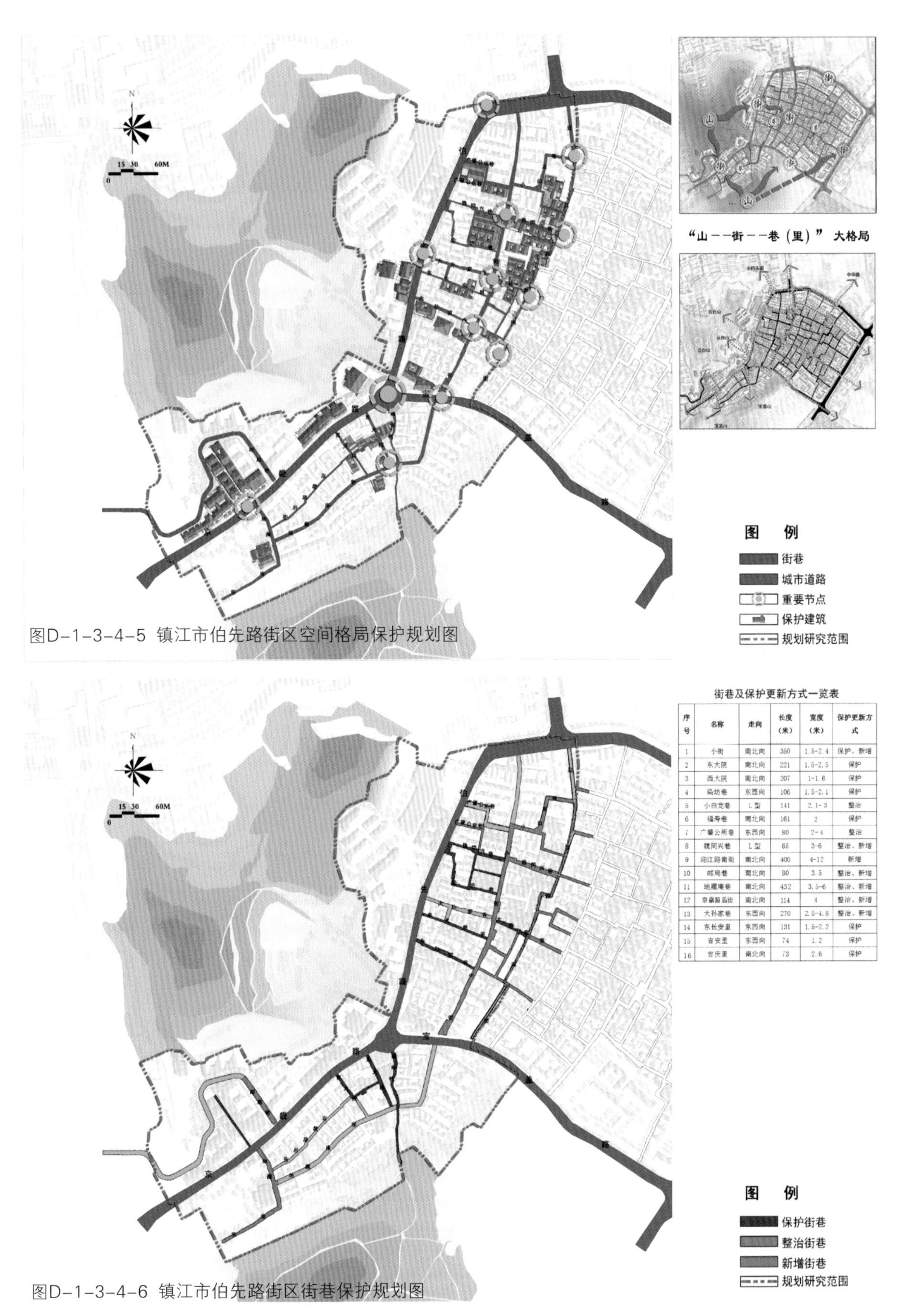

图D-1-3-4-5 镇江市伯先路街区空间格局保护规划图

街巷及保护更新方式一览表

序号	名称	走向	长度（米）	宽度（米）	保护更新方式
1	小街	南北向	360	1.5-2.4	保护、新增
2	东大院	南北向	221	1.5-2.5	保护
3	西大院	南北向	207	1-1.6	保护
4	染坊巷	东西向	106	1.5-2.1	保护
5	小白龙巷	L型	141	2.1-3	整治
6	福寿巷	南北向	161	2	保护
7	广肇公所巷	东西向	80	2-4	整治
8	魏同兴巷	L型	65	3-6	整治、新增
9	迎江路南街	南北向	400	4-12	新增
10	邮局巷	南北向	80	3.5	整治、新增
11	地藏庵巷	南北向	432	3.5-6	整治、新增
12	京畿路后街	南北向	114	4	整治、新增
13	大孙家巷	东西向	270	2.5-4.8	整治、新增
14	东长安里	东西向	131	1.5-2.2	保护
15	吉安里	东西向	74	1.2	保护
16	吉庆里	南北向	73	2.6	保护

图D-1-3-4-6 镇江市伯先路街区街巷保护规划图

居住氛围，禁止破墙开店。鼓励采用传统的材料和形式铺砌路面，鼓励街巷绿化种植以及街巷转角环境整治。在不影响各级保护建筑的前提下，织补街巷肌理，延续传统空间格局，规划整治、新增一些巷道；同时有效组织交通、解决街区消防问题，新建街巷的空间尺度、界面等需符合街区整体控制要求（图D-1-3-4-5、图D-1-3-4-6）。

第五节 伯先路街区道路交通和市政设施规划

街区道路规划从区域总体出发，遵循街坊的空间脉络和尺度，突出历史文化氛围，同时尽量满足市政设施同步建设的技术需求；遵循区内自足、干扰最小原则，保护好街区历史风貌。街区内部对机动车严格管控，从街区外围区域构建区域干道网，理清道路功能，疏解交通压力。合理引导社会车辆，采用多种方式解决出行和车辆停放矛盾，合理配置公共停车场设施，完善公交站点等设施。

一、路网规划和交通组织

路网研究范围（北至长江路、南至宝盖路、西至和平路—云台山路、东至山巷）内道路系统分为四个等级，即主干道：长江路（红线宽40m）；次干道：山巷（红线宽32.5m）；支路：迎江路（红线宽22m）、大西路（红线宽22m）、京畿

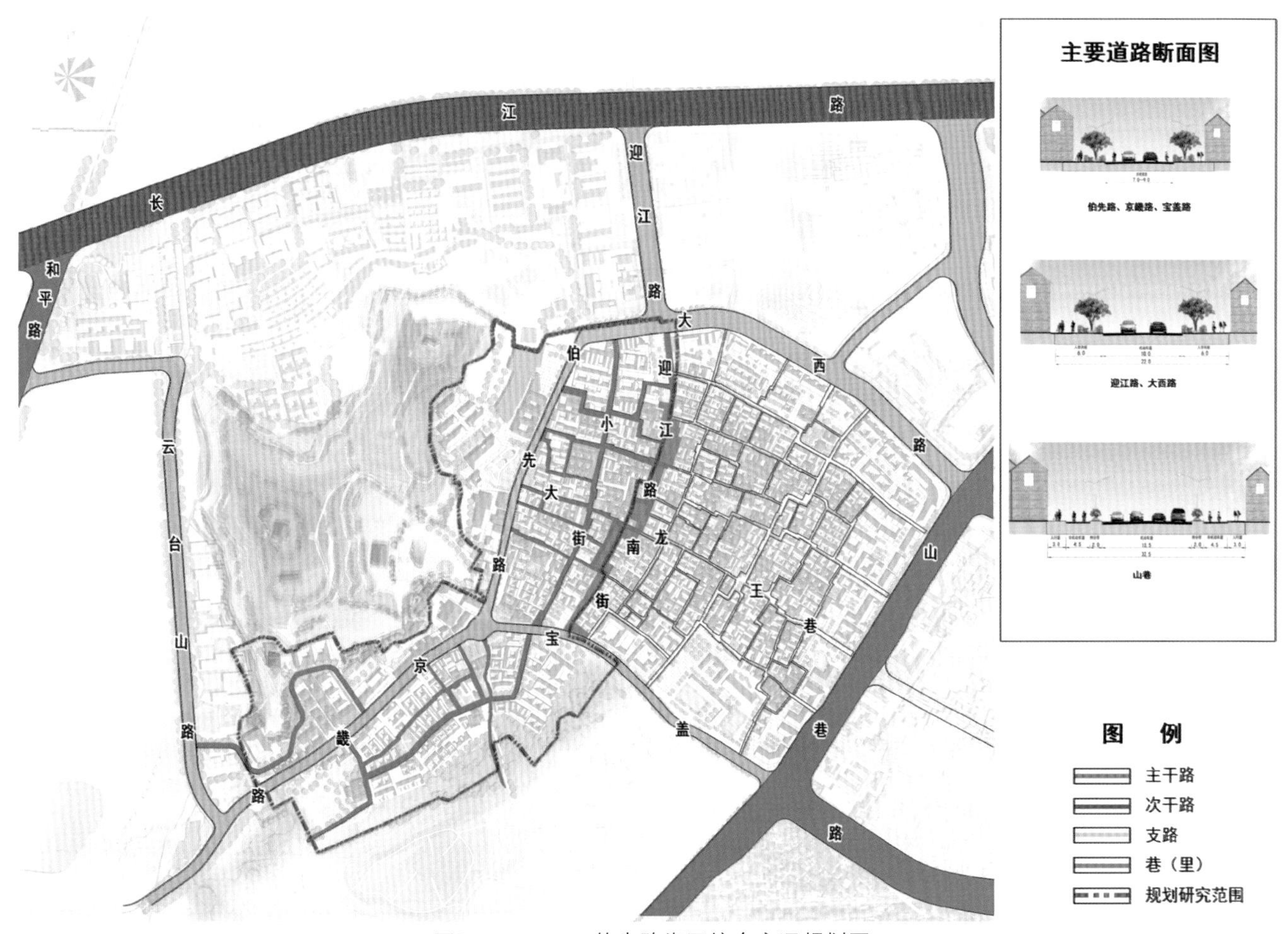

图D-1-3-5-1 伯先路街区综合交通规划图

路（红线宽7 ～ 9m）、伯先路（红线宽7 ～ 9m）、宝盖路（红线宽8 ～ 9m）；巷道：为区内生活性道路，包括迎江路南街，以及其他街巷，道路红线宽度在2 ~ 5m不等，有小街、大孙家巷、地藏庵巷等。为保护街区历史风貌，确定京畿路、伯先路、宝盖路（山巷以西）为保留原貌不拓宽的街道，除保持原有道路的宽度和相关尺度外，还要严格控制沿线地块的建筑高度、体量、风格和间距等，另外伯先路为街区公交车专线道路并限制机动车通行（图D–1–3–5–1）。外围道路上优化公交线

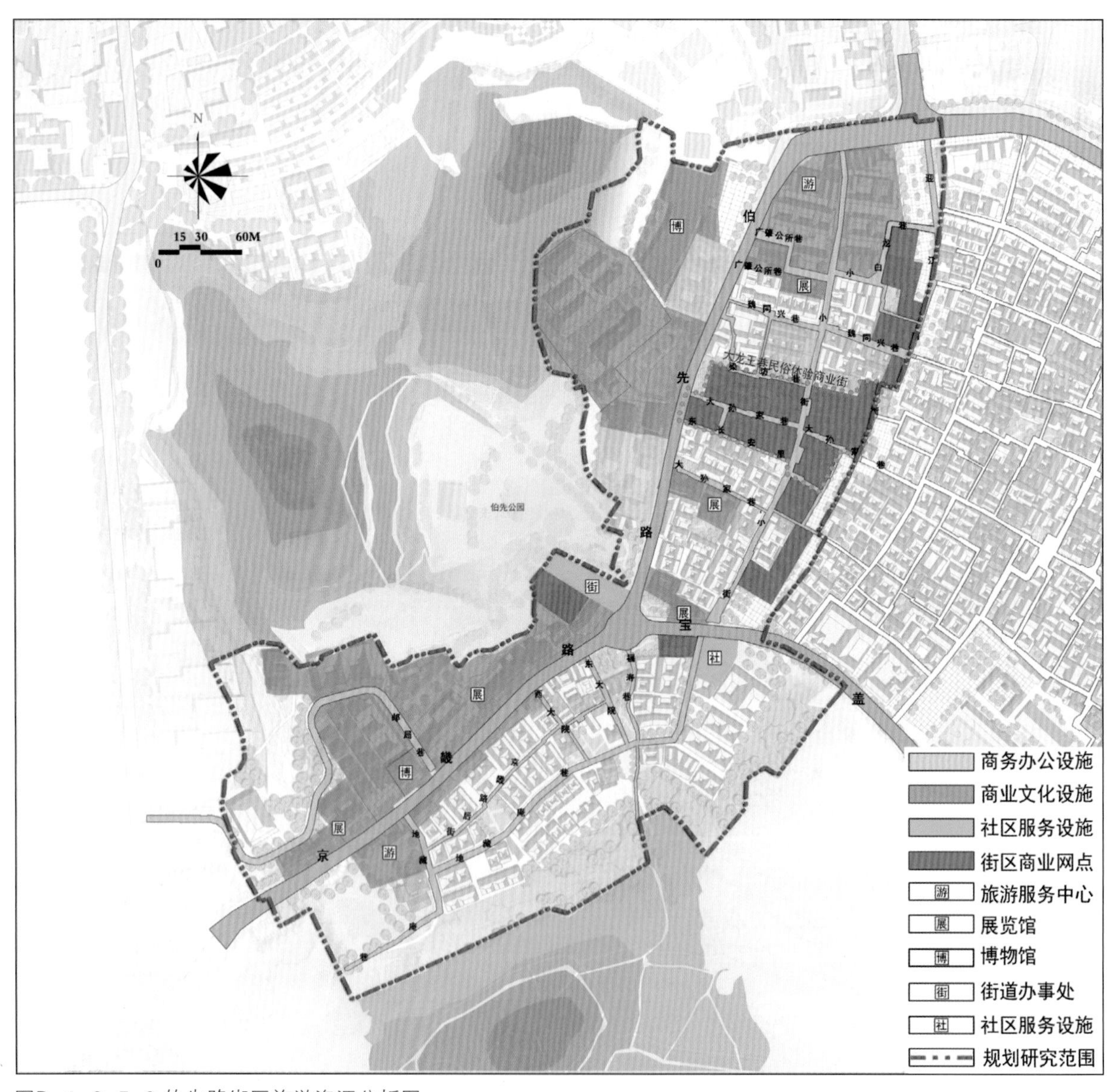

图D–1–3–5–2 伯先路街区旅游资源分析图

路、增设公交站点，保证街区的对外旅游交通和公共交通可达性。街区内居民出行主要采用步行与非机动车通行，远距离出行采用公交。街区内住户停车主要集中停放在街区内部地下车库。

二、旅游线路交通组织

统一考虑西津湾、西津渡历史街区和东边大龙王巷历史街区，形成“五里长街”游线，在西津湾设置旅游接待中心，引导游客步行或通过电瓶车公交进行街区内的游览。在各入口处均设置有电瓶车或者特色公交停车场接驳站点,游客可租借这些车辆在街巷内畅通骑行或乘坐。

结合环云台山旅游，街区内部线路主要由“京畿晓发”开始，经过云台山内街、朝阳楼广场，至伯先路近代建筑群，最后到银山门老镇江民俗文化风情区，形成一条民国游的经典旅游线路（图D–1–3–5–2）。

三、慢行交通组织

完善街区慢行交通系统，设置生活慢行道（小街等）和旅游慢行道（伯先路、迎江路南街）；结合公交站点、机动车停车场布置特色公交集中停放点3处（京畿晓发和银山门）和公共自行车停放点3处（伯先公园、宝盖山和博物馆），提高站点覆盖率，方便居民和游客慢行出行的接驳，营造安全舒适的慢行环境，构筑以人为本的慢行空间。

四、消防交通规划

街区内外部的机动车交通道路、限制车行道、可通行电瓶车道路作为主要的消防交通道路。主要街巷道路宽度尽量不小于3.5m，消防通道净高达到4m以上，满足小型消防车驶入；次要街巷小白龙巷、福寿巷等宽度尽量不小于2m，有利于消防摩托快速到达扑救场所。

街区新开通道路宽度在4.5m以上，所有可通车的道路及回车场形成尽端式消防通道和回路式消防通道，以保证整个街区的消防可达性。

五、市政设施规划

历史街区市政设施按照区内自足、干扰最小原则，以满足历史街区内居民生活及适量旅游商业用途为主。区内市政设施应体量小巧、位置隐蔽、布置灵活，不破坏或威胁历史建筑安全，并与传统风貌相协调。路灯、果皮箱、垃圾收集箱、消火栓、公厕、公用电话、邮筒及指示牌等市政设施的形式、色彩、风格应与街区风貌相统一；各种市政设施的设计和布置应有利于功能的发挥，做到功能与形式的统一；完善环境设施，如栏杆、座椅、路灯、垃圾收集点及路牌标识系统等。

海绵城市建设以保护为主，保持原有风貌，通过引入低影响开发（LID）技术，将雨水由管道快排转向渗、滞、蓄、用、排相结合，降低保护建设对城市生态环境及街区历史传统排水格局的影响，提高现状排水防涝标准，削减面源污染。

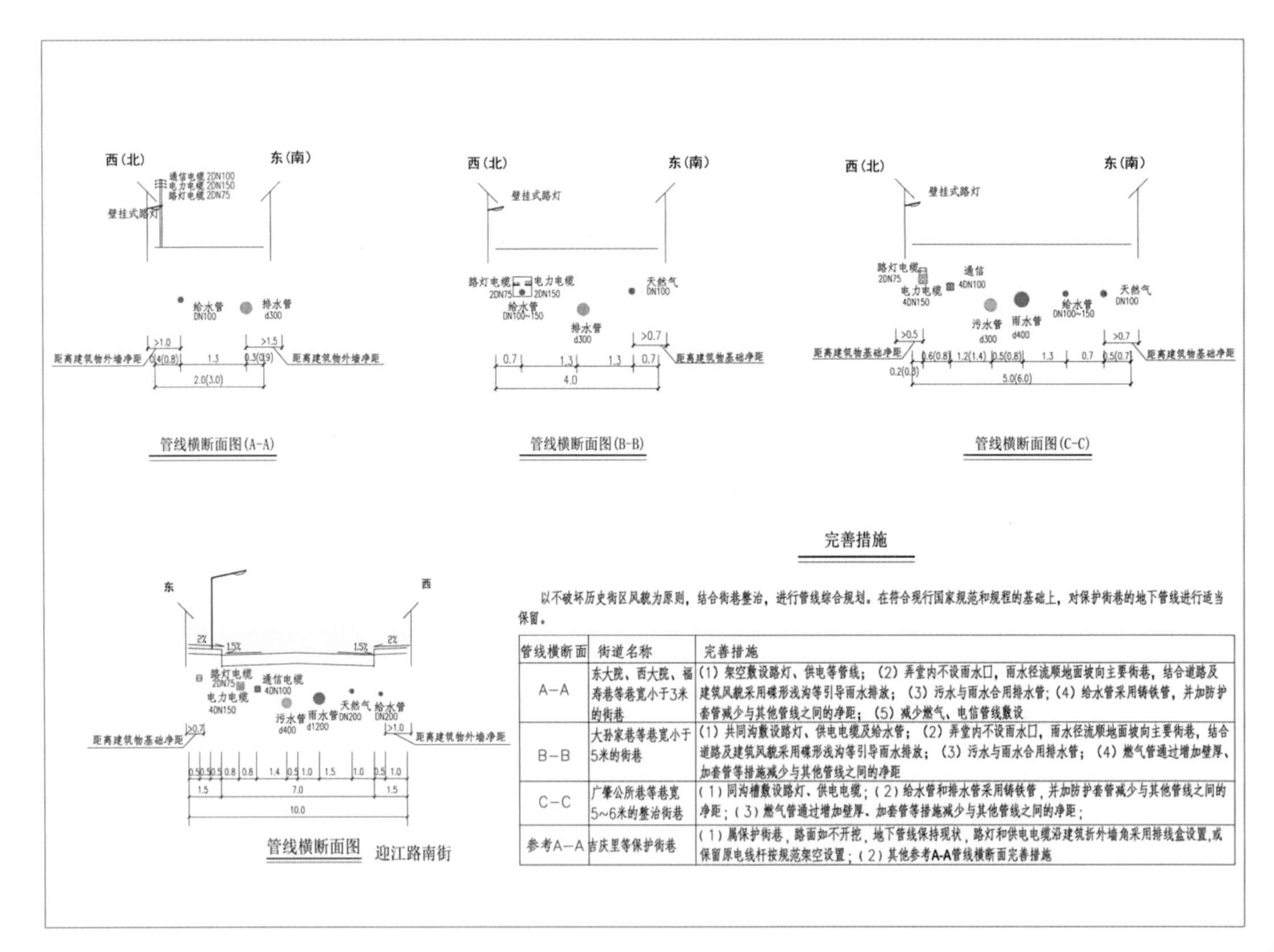

完善措施

以不破坏历史街区风貌为原则，结合街巷整治，进行管线综合规划。在符合现行国家规范和规程的基础上，对保护街巷的地下管线进行适当保留。

管线横断面	街道名称	完善措施
A–A	东大院、西大院、福寿巷等巷宽小于3米的街巷	(1) 架空敷设路灯、供电等管线；(2) 弄堂内不设雨水口，雨水径流顺地面坡向主要街巷，结合道路及建筑风貌采用碟形浅沟等引导雨水排放；(3) 污水与雨水合用排水管；(4) 给水管采用铸铁管，并加防护套管减少与其他管线之间的净距；(5) 减少燃气、电信管线敷设
B–B	大孙家巷等巷宽小于5米的街巷	(1) 共同沟敷设路灯、供电电缆及给水管；(2) 弄堂内不设雨水口，雨水径流顺地面坡向主要街巷，结合道路及建筑风貌采用碟形浅沟等引导雨水排放；(3) 污水与雨水合用排水管；(4) 燃气管通过增加壁厚、加套管等措施减少与其他管线之间的净距
C–C	广肇公所巷等巷宽5~6米的整治街巷	(1) 同沟槽敷设路灯、供电电缆；(2) 给水管和排水管采用铸铁管，并加防护套管减少与其他管线之间的净距；(3) 燃气管通过增加壁厚、加套管等措施减少与其他管线之间的净距；
参考A–A	吉庆里等保护街巷	(1) 属保护街巷，路面如不开挖，地下管线保持现状，路灯和供电电缆沿建筑折外墙角采用排线盒设置,或保留原电线杆按规范架空设置；(2) 其他参考A-A管线横断面完善措施

图D–1–3–5–3 管线综合规划图

六、管线综合规划

主街上路灯、供电、通信电缆原则上埋地敷设，以避免影响街道景观，较少部分的生活街道以及宽度狭窄的支巷（如染坊巷、东长安里）可保留架空线路，但须注意与景观的协调。对保护街巷（如小街、东大院、西大院、染坊巷、福寿巷、东长安里和吉安里等）的地下管线适当保留（图D-1-3-5-3）。

七、消防规划

1. 防火改造

提高建筑的耐火等极，加强防火改造。文保、文控、历史建筑等在不破坏原状的前提下，对内部进行防火改造：

（1）对其结构和材料进行适当的防火处理，改变燃烧性能，对被确定为防火分区的隔墙进行改造，将木支柱改为非燃烧材料。

（2）改造老化的配电线路。

（3）对整治改造或改建的建筑，在不影响历史风貌的前提下，按《建筑设计防火规范》设计施工，与保留建筑之间保证一定的防火间距。

2. 打通消防通道

利用城市道路作为消防车道，消防车道的间距控制在160m。通过街区改造，适当拆除部分建筑物，使街区内主要街巷道路宽度不小于3.5m，消防通道净高不小于4m，以满足小型消防车快速驶入的要求；次要街巷小白龙巷、福寿巷等尽量不小于2.0m，以有利于消防摩托车快速到达扑救场所。

3. 增加疏散通道

增加部分街坊（吉庆里、吉安里）的通道和出入口，两个外部出口之间的距离基本控制在70m之内，单向走道尽端房间至外部出口的距离控制在20m内。

4. 防火分区

文保、文控建筑宜单独划分防火分区，其他建筑成组划分防火分区。对满足防火间距要求有困难的历史建筑，可通过打通建筑周围的消防通道或增加历史建筑及其周围建筑的消防设施来适当减小防火间距；街区各店铺之间采用防火墙进行分隔，并封堵或加装防火门，修复防火墙上人为开设的空洞。每个防火分区内按规范设置室内消火栓系统。

5. 消防给水系统

加强改造街巷下消防给水管道，历史街区周围城市干道上消防给水管道管径不小于 DN150，街区内消防通道上管径不小于 DN100，管网末梢最小自由水头不小于0.14MPa。街区内原有的水缸、水井等汲水设施应予以复位、修葺；结合街区内部绿化，新增景观水池。沿街区内主要街巷设置室外消火栓。商业和公共建筑内设置喷淋灭火装置，并同时设置火灾自动报警装置。在消防车无法到达的区域，设高压消火栓系统。

第四章
镇江市大龙王巷历史文化街区保护规划

大龙王巷历史文化街区位于镇江古城区东侧，北临大西路，东至山巷，南为宝盖路，西与伯先路街区毗邻。街区街巷格局保存完整，其建筑形式呈现出多元文化相互融合的特征，既有纯正的传统院落式民居，也有借鉴西洋风格的混合式建筑，能清晰反映时代特征，具有多元的传统文化与生活氛围，是镇江城市近代传统聚落文化遗存地的缩影和见证，是镇江名城的重要历史文化资源地之一（图D-1-4-0-1）。2011年，镇江市城市建设投资集团公司所属西津渡公司委托镇江

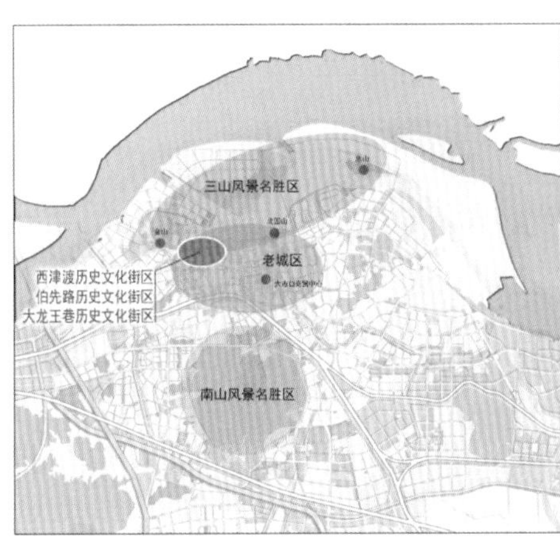

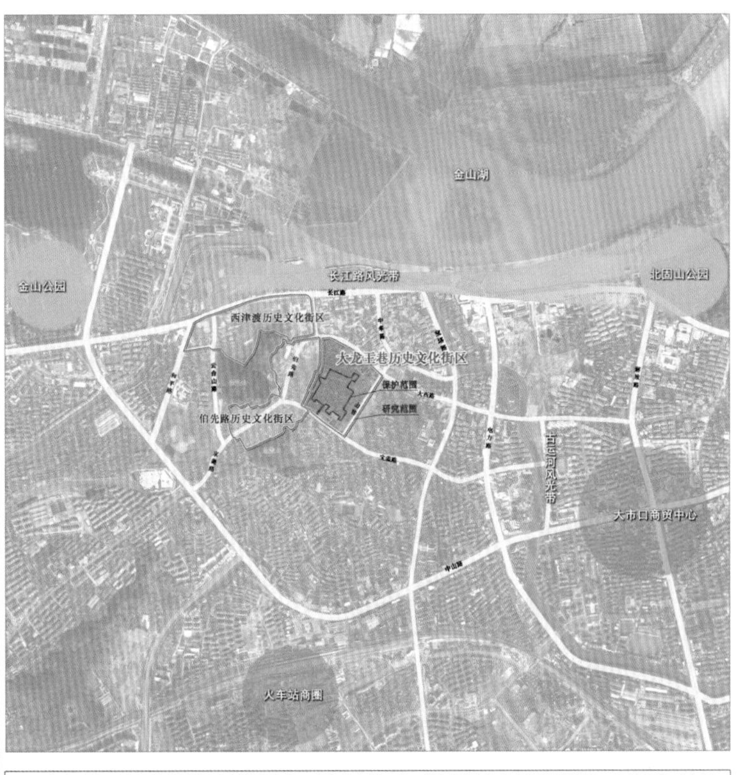

大龙王巷历史文化街区位于主城西北部，云台山东侧，是《镇江历史文化名城保护规划》中确定的三大历史街区之一。

大龙王巷历史文化街区保护范围南至丰和巷-节约巷-火星庙巷，北至皮坊巷，东至小龙王巷，西至芦州会馆巷，用地面积4.2hm²。规划研究范围扩至周边城市道路，南临宝盖路，北至大西路，东接山巷，西至迎江路南街，总用地面积为14.1hm²。

图D-1-4-0-1 大龙王巷历史文化街区区位图

市规划院制定《镇江市大龙王巷历史街区的保护规划》。2012年2月27日组织镇江市文物保护专家耿金文、王玉国、张旭伟、王书敏、吴海龙、王敏松等组成专家组，耿金文任组长，论证通过了该规划。2017年1月12日，江苏省住建厅和镇江市政府邀请江苏省文物保护专组成专家组，朱光亚任组长，对《镇江市大龙王巷历史文化街区保护规划》进行了论证。与会专家基本同意镇江市规划院对伯先路街区做出的保护规划方案。

第一节 大龙王巷历史文化街区概况

一、街区沿革

2013年，考古工作者在山巷发现了唐代朝京门遗址。这证明现有大龙王巷街区的地理位置在唐罗城城墙以外。宋至清代，镇江府城范围相较唐罗城大大缩小，府城西垣东移，大龙王巷历史街区距离府城更为偏远。

根据可考资料，可以判断位于城外的大龙王巷地区清代已零星建有一些公共

图P-1-4-1-1 大龙王巷历史文化街区现状鸟瞰 （谢戎 摄）

建筑和居住建筑，初现街巷格局。如节孝祠建于雍正年间，清乾隆年间，万家巷因万姓在巷口开设铜锡店而得名、火星庙巷以庙取名、大孙家巷因该巷为孙家房产而取名。清咸丰年间，大龙王街区内已有龙王庙一座。清末民国初，随着近代化建设的开始，镇江城市建设开始突破传统城墙限制向外围发展。1858年6月，清政府先后同俄、美、英、法签订《天津条约》，镇江被列为长江沿岸对外开放的口岸之一。1861年5月10日，镇江正式开埠。开埠以后，位于大龙王巷街区以西的租界区商业经济发展十分迅速，从镇江西门到镇江英租界之间的地段迅速形成繁盛的商业区和居民区。大龙王历史街区规模开始逐渐扩张，开洋行、设机构、经营店铺和成立公所，建筑不断增多，街巷也逐渐繁密起来，如建于光绪年间的魏同兴巷、芦州会馆巷、丰和巷、生产巷等。大龙王巷街区即成为集居住和工商业为主要功能的街区，并一直延续至中华人民共和国成立后。至20世纪70年代，大西路都是镇江全市的商业中心，大西路沿街商业繁华，周边人口不断积聚，但大龙王巷街区内部商业店铺逐渐迁出，逐渐成为以居住功能为主的街区。80年代以后，大西路商业中心地位被大市口取代，大龙王巷街区也逐渐走向衰败，居住人口开始以租户和低收入居民为主，街区内建筑逐渐增密，搭建加建为常见，但整个街区的肌理仍保持了清末民国以来的特征（图P-1-4-1-1）。

二、街巷格局

街区内街巷历史悠久、格局保存完整，较好地保存了其历史风貌。从街区图的关系来看，传统街巷空间格局十分清晰。街区内的街巷总体上延续了清末民国初的街巷格局，通过对比现状街巷与清光绪年间的街巷历史资料图件，发现两者的重合度非常高。

1. 外围道路

街区外围道路主要是大西路、山巷、宝盖路等。

大西路，20世纪30年代以前是一系列狭窄的街巷，从东至西的各段，原分别称为堰头街、小门口、老西门桥、西门大街（武宁街）和银山门。1936年，镇江作为当时的江苏省会，将该路拓宽改建成江苏省的第一条柏油马路，两旁栽植梧桐树，并统称为大西路。1937年11月，在中国抗日战争初期，镇江大西路两侧繁盛的商业区基本上被日军烧毁。战后，大西路仍为镇江乃至全江苏省最繁华的商业街，街上有鼎大祥绸布店、老存仁堂药店等多处“老字号”商铺，以及基督教福音堂、镇江商会等标志性建筑。中华人民共和国成立后，先后开设镇江国营百货商店(今中百一店)和宝塔路五金交电化工商店，各行各业的名、老店保持原有特色，以后又新建儿童妇女用品商店、自行车专业商店、京侨饭店等。1966年“文革”开始后，大西路一度改称东风路，“文革”后又恢复为原名。70年代以后，随着镇江火车站东迁，城市重心开始东移，大西路作为全市商业中心的地位也随之被大市口所取代。2010年以来，大西路进行了整治，初步建成了具有清末民国初期风格的商业一条街。路两边仍保留有老存仁堂、鼎大祥、谢馥春等老字号商店，以及绸布、百货、五金及酒楼菜馆等老店。

山巷，南至宝盖路，北至大西路，长约400m，是镇江非常著名的一个地名，人口密度高，是回汉居民杂居地，山巷清真寺位于山巷东侧。为改善老城区的生活环境，2004年1月山巷拓宽改造完成，横贯中华路、宝盖路，全长510m，宽20m。2013年，考古工作者在山巷发现了唐代朝京门遗址，对于揭示唐代罗城西垣及城门形制具有不可低估的意义。

宝盖路，东接新马路、西北至伯先路，长1300m，原为弯曲小路，于1930年和1934年拓宽成马路。

2．内部街巷

目前街区内记有街巷名称的共有大龙王巷、小龙王巷、魏同兴巷、万家巷、节约巷和皮坊巷等约21条历史街巷，部分街巷在城市建设过程中进行了局部改造，部分已消失。现存的历史街巷名称由来可分为如下几类：由传说和历史事件得名、由地标性地点得名、由地形地貌得名、由商业得名和由名人得名等。现存的历史街巷名称由来的多样性充分体现街区深厚的历史文化沉淀。若干条街巷现今的名称已发生改变，如节约巷，原名节孝祠巷；生产巷，原名冬赈局巷。历史街巷长度在40m至300m不等，宽度在1.0 ～ 4.5m之间：万家巷最长，约280m，小龙王巷最短，约77m。同一条街巷往往宽窄不一，宽处有时可达4.5m，可容纳两辆摩托车并行；窄处则不足1.5m，仅能容单人通行。

三、街区文物古迹和重要建筑现状和历史研究

街区内共有各级文物、文控保护单位6处。其中市级文保单位 4 处，即节孝祠堂牌坊及碑刻、火星庙戏台、嵇直故居和布业公所旧址；市级文控单位2处，即原镇江商会办公处旧址、公济药店老板公寓。目前街区文保单位保存一般，其中火星庙戏台已经修缮，其他均存在不同程度的损毁。

据第三次全国文物普查，街区内尚有未核定为文保单位的不可移动文物107处，主要包括：芦州会馆、新中旅社旧址、苏北公寓旧址和魏同兴巷当铺等及大量民居。现状保存状况总体较好，建筑结构、材料、格局等能基本反映历史风

貌，部分建筑存在外墙、屋顶损坏，普遍存在外墙粉饰、门窗等构件更换、内部装修等问题。

1. 节孝祠堂牌坊及碑刻

节孝祠，清雍正元年始建于银山之麓，后建于山巷后今址，同治9年落成。目前为穆源小学围墙，损毁严重。校园内还有碑石八十多块。每一碑上刻一节孝妇，记载孝女姓氏及旌表的时间，字多楷书、阴刻。此处于1993年由市政府公布为市级文保单位（图P–1–4–1–2）。

图P–1–4–1–2 节孝祠碑刻现状照片

2. 火星庙戏台

该戏台现位于穆源小学校园内，于1982年由市政府公布为市级文保单位。戏台在清代中期即存在，因其地处闹市区，市民乐聚于此，平时香火亦盛,演戏频繁。后复建于同治初年（1862年）。镇江火星庙戏台是保存至今、具有典型意义的清代江南戏台建筑,似可见镇江昔日戏曲繁荣的景象（图P–1–4–1–3）。

戏台分为上下两层，两旁各有高廊看台，夹中为一大天井场地，为一般市民看戏之处。戏台前台向前凸出，歇山式，三面有木方板雕有纹饰，后台三间，屋脊嵌古寿字砖，后台两端与高廊看台相连融为一体，高廊看台为雅座。古戏台集

图P-1-4-1-3 修缮后原火星庙戏台旧址

图P-1-4-1-4 嵇直故居现状照片

图P-1-4-1-5 原布业公所旧址现状照片

图P-1-4-1-6 原芦洲会馆旧址照片

建筑、雕刻、绘画、楹联和书法等静态艺术于一体，造型千姿百态，极具观赏价值和人文价值。这里也曾是展现杂技、百戏、音乐、歌舞和戏曲等动态艺术以及集祭祀、娱神等多种功能在一身的艺术载体，是产生、发展、传播中国传统文化的重要设施。每年农历六月二十三日都要举行庙会，致祭演戏酬神,多演出昆曲、徽戏。已修缮，现为学校办公场所。

3．嵇直故居

嵇直故居位于润州区布业公所巷8号、10号，是爱国主义和国际主义战士嵇直出生和革命过的地方。故居为四间两厢式二层小楼，一进。外墙为斗子墙，硬山顶，上覆小瓦，单峰防火墙。现为镇江市润州区党员教育基地。2014年由市政府公布为市级文保单位（图P-1-4-1-4）。

嵇直（1901—1983年），本名嵇元茂，号泽全，1901年2月18日出生于江苏镇江。1919年 投身“五四”运动，1922年3月加入中国社会主义青年团，1925年8月转为中国共产党党员。嵇直一生经历坎坷，曾因革命需要三赴苏联，累计在苏联工作、生活28年，参加过苏联卫国战争，多次荣获勋章、奖章和褒奖。1955年嵇直回国，被任命为公安部办公厅副主任。“文革”中被打成“苏修特嫌”，锒铛入狱。1975年获释，1979年平反，并任全国政协委员；1983年逝世，终年82岁。他是镇江第一个共产党员，被尊为“镇江早期的革命先行者”“镇江第 一个共产主义播火人”，载入《镇江市志》。故居已修缮，现为爱国主义教育基地。

4．布业公所旧址

布业公所位于润州区布业所巷26号，建于清光绪十三年（1887年）。建筑两

图P-1-4-1-7 原镇江商会办公处现状照片

图P-1-4-1-8 原公济药店老板公寓旧址

进，磨砖雕花门楼坐北朝南，存“布业公所”石额，门口有户对一对，面阔三间两厢，楼上下房屋共两套，每进面阔10.5m，进深6.4m。布业公所是当年镇江布业行业经商者会商的场所，是镇江清代商贸流通的重要见证。2014 年公布为市级文保单位。建筑整体破败不堪，门楼、户对均严重损坏，墙体腐蚀、风化严重，窗、木柱被蚀空（图P-1-4-1-5）。

5. 芦州会馆

据传为清代合肥旅镇同乡会所在。芦州会馆巷43号为进口，41号为出口，前有堂屋，后为主房。43号为原来的总大门，进去后有一过道，左拐41号内为办公处，后面为停尸房。原庭院中有1口水井，现今仍在使用。41号为五开间平房，前一进为小五架梁结构，后一进为七架梁结构。现为民居（图P-1-4-1-6）。

6. 原镇江商会办公处

位于市区大龙王巷36号、38号，门楣上刻有“诚仁堂分局”石额一方。诚仁堂系老存仁堂药店的前身。1931年以前，此处乃镇江商会原办公地点。现存房屋面阔三间，前后共三进，传统建筑。现为民居，但房屋年久失修，风化腐蚀，内部结构被破坏（图P-1-4-1-7）。

7. 公济药店老板公寓

位于万家巷23号，原为公济药店老板公寓。现有房屋1栋，二层小楼，中分为两家，进屋有玻璃天井。面阔6.6m，纵深10.5m，左边半幢为门厅，左侧前半部有楼梯可上二楼，后为两间房。现状外观已无传统建筑模样，内部结构也已改变（图P-1-4-1-8）。

四、街区历史文化遗存价值评估

大龙王巷历史文化街区至今仍是镇江为数不多能够体现城市历史风貌的地段。整个街区真实地承载着清民以来镇江城市经济、政治、文化、建筑艺术、城市面貌、居民生活条件和生活方式等多方面的信息，是镇江历史文化信息的载体和城市传统风貌的“标本”。自清末民国以来逐渐形成的街巷格局保存基本完整、变迁脉络清晰，对中国城市发展史的研究具有极高的史料价值。街区拥有丰富的物质文化遗产（如文保单位、历史建筑、环境要素等）和无形的非物质文化遗产（如商贾文化、名人文化等），对镇江历史文化传承具有重要的意义。

1. 江河交汇处城市独特的街区空间肌理的代表

镇江开埠后，大西路作为连接租界地区和内城的主要通道逐渐成为城中主路，住宅和商业在这一地区迅速发展，大西路以南即为以大龙王巷街区为主的住宅和商业区，南至宝盖山脚底，当时有一条小路，即为宝盖路前身。20世纪30年代，大西路和宝盖路均拓宽改造，成为城市主路。大西路和宝盖路之间的大龙王巷街区内住宅渐次增多、加密，逐渐形成了以南北两条东西向主路为界、内部街巷纵横有序布置、院落建筑紧凑排布的整体空间格局。街区呈现不同于中国传统棋盘式街区平面布局的网状街巷肌理。街区内部街巷以南北各通大西路和宝盖路，东西各通伯先路和山巷，曲折逶迤但井然有序。内部街巷基本垂直相交，内部南北走向的街巷基本垂直大西路和宝盖路，呈正北偏东向；内部东 西走向的街巷基本平行于大西路和宝盖路，呈东西偏北向。镇江地方民居集南北特点，“三合院”是基本形制。街区内的建筑在三合院建筑的基础上，因家庭人口、经济实力以及社会地位的不同，形成了不同的家庭（族）居住规模。通过院落的群体组合，形成规模较大的建筑群，建筑群与建筑群之间留出通道以供通行。

从整体的街巷空间格局分析，大龙王巷街区现存历史街巷众多，街区的整体空间格局和街区肌理富有特色并保存完整，变迁脉络清晰，改造痕迹较少，总体上表现出传统的特色空间特征。东西走向的民国春街、大龙王巷，南北走向的万家巷、节约巷、芦州会馆巷形成 “井”字形的主街巷，街巷主次分明，尺度宜人。次要街巷与支巷纵横交错， 形成独特的棋盘式网状街巷肌理，街坊分割平均，具有中国传统城市街巷的规整形式。

大龙王巷历史文化街区的独特肌理是在漫长历史演变过程中形成的，能反映不同历史时期的特定社会经济文化背景，其独特性和全面性对于研究街区历史、地方文化具有重要意义。

2. 特色鲜明的民国传统民居区

本街区在快速城市化的背景下保持了较少的改动。虽然2008年山巷拓宽，拆除了两侧部分建筑和街巷，但整体风貌还在。街区内传统特色建筑大都在清末民国初年间建造，以普通民宅为主；建筑单体质朴，装饰较少，且以院落围合为建筑群落的基础；建筑外防内开、院落独幢合建；部分建筑具有鲜明“中西合璧”的地方建筑特色。街区内风貌优秀，良好的建筑占60%，1～2层建筑占98%。年久失修造成的建筑自然损坏、居民的自行修缮行为都在一定程度上影响了街区的历史风貌完整性。建筑的更迭基本遵循原址原格局的翻新，多数建筑在反复改造过程中主体部分得到保留和延续。街区以传统居住功能为主，同时保留了大量完整的生活附属设施，包括古井等劳作空间以及老字号等商业服务设施，反映了街区传统居住区的历史风貌，同时也保留了较为完整、连续的历史痕迹。

3. 民国时期平民文化的见证地

街区的最早居住者是随着大西路的出现沿街开设商铺的手工业及商业服务人员，大量的中小型民居形成街区较为均匀细腻的空间序列感。街区商业功能的出现依赖于周边大西路、宝盖路等便捷的交通优势，商业功能的繁盛则得益于大西路商业带的崛起。街区范围内现存商业中银山门副食品商店、太平村茶食店、燎原文化用品商店、亨得利钟表眼镜行、森和裕酱园是贴近街区百姓日常生活的平民商业的代表。传统的平民生活方式在街区得到完整的保留，街区居民日常传统生活方式不但包括上述沐浴、餐饮等传统商业休闲，还包括普通百姓日常生活劳作、休憩、交流等活动。普通百姓的生活是朴素的慢生活，街区居民普遍有赏玩花鸟鱼虫的习惯；井边树下成为百姓日常劳作交流的重要空间载体，在本街区得到较好保留。街区拥有一般老街区常见的民风民俗文化活动，是维系当地社区共同文化生活和情感归宿的纽带，也是人们认识镇江平民文化的载体，对镇江历史文化传承具有重要的意义。

第二节 大龙王巷街区历史文化遗存的保护利用规划

一、街区保护规划范围及保护控制要求

大龙王巷街区历史文化遗存的保护利用规划的范围：南至丰和巷—节约巷–火星庙巷，北至皮坊巷，东至小龙王巷，西至芦州会馆巷，用地面积为 4.2 hm^2。范围内文保单位众多，历史遗存丰富，街巷格局保存完好。结合保护范围及周边城市道路等自然边界，确定规划研究范围：南临宝盖路，北至大西路，东接山巷，西为规划的迎江路南街，总用地面积为 14.1hm^2（图D–1–4–2–1）。

二、街区保护特色定位

具有传统居住形态特色和生活气息的城市住区；以镇江传统的人居文化为特色的旅游休闲体验区。以“居”为特色，集商业、展示、休闲、文化和旅游等功能为一体的具有典型镇江民国民居特色、富有生机活力的商住综合街区。

三、街区保护的基本目标

保持传统格局：保持街区“山–街–巷（里）”的整体空间格局，保护纵横交错的街巷肌理，体现街区格局的演变历史。

再现传统风貌：保护与修复现存传统建筑，整治沿街界面，控制建筑高度、色彩、体量等要素，体现传统风貌特色。

延续传统生活：保护与修缮传统民居和古井、牌坊、门楼等环境要素，改善居住条件，提升环境品质，保持原住民比例，延续传统生活氛围。

传承历代文化：传承与复活镇江代表性历史文化，结合街区特征空间多方式展示，形成文化节点与景观节点，传承千年延续的历史文脉（图D–1–4–2–2）。

四、街区保护的基本路径

文化特色复活：以存往接续为原则，物质遗存与相关历史文化信息考证为基础，以历史文化体验路径为导向，合理复活街区历史特色文脉，传承与弘扬医药、工艺、名人传说等系列文化，明确展示空间和方式，并与游线相结合。产业活化传承：挖掘街区传统产业历史特色，引导老字号商业、传统手工业及旅游休闲产业的发展，适应现代需求，实现传统产业的活化传承，引导地区功能复兴与活力增长。

民居专业维修：研究制定清民时期传统民居维修、整修技术审查要点，基于真实性、多样性原则，专业化保护民居传统建筑，改善街区整体风貌。

❶ 新中旅社
❷ 民国文化馆（刘立仁律师家宅）
❸ 社区服务中心
❹ 魏同兴巷民居院落
❺ 中医药展示馆（公济药店老板公寓）
❻ 大龙王巷小广场
❼ 镇江商会办事处
❽ 诚仁堂分局
❾ 游客服务中心
❿ 嵇直故居
⓫ 布业公所
⓬ 菜市场
⓭ 冬赈局
⓮ 穆源民族学校
⓯ 火星庙巷戏台
⓰ 节孝祠牌坊
⓱ 芦州会馆

图D-1-4-2-2 大龙王巷历史文化街区保护规划总平面图

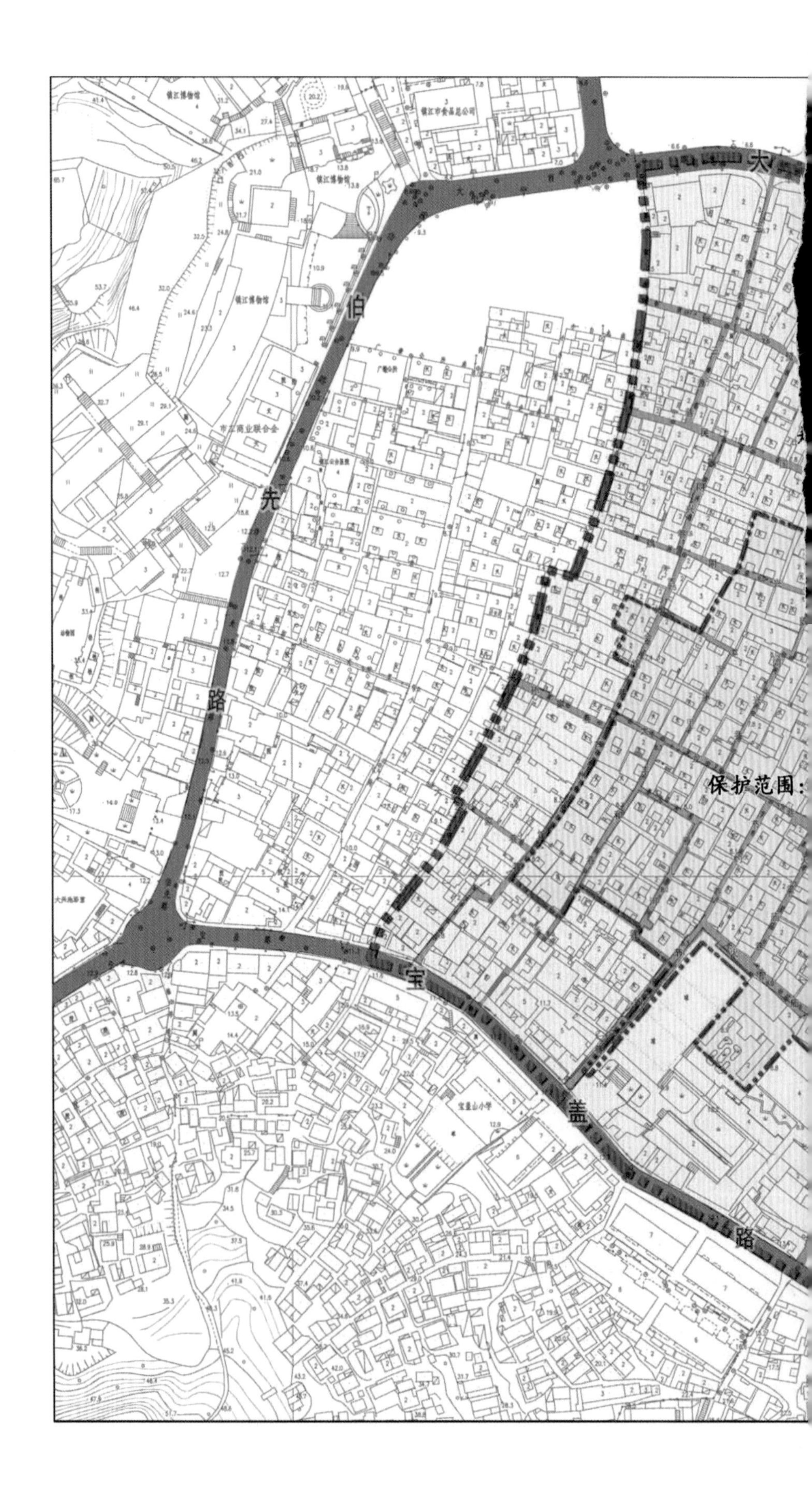

镇江博物馆
镇江市食品总公司
市工商业联合会
宝盖山小学
大
伯
先
路
宝
盖
路
保护范围:

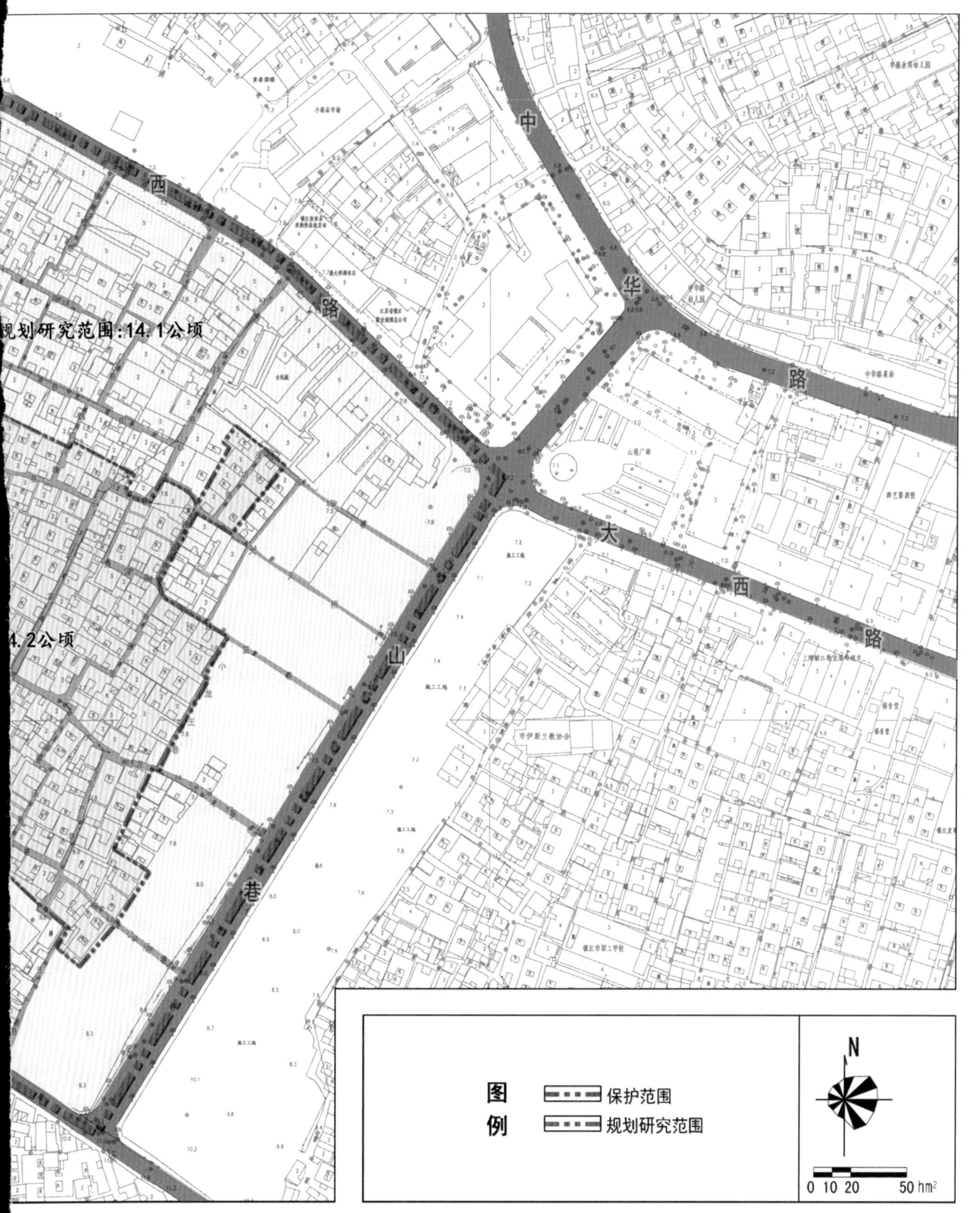

图D-1-4-2-1 大龙王巷历史文化街区保护范围划定图

大
伯
先
路
宝
盖
路

风貌特色提升：重点关注大龙王巷、迎江路南街以及魏同兴巷、吉康里、寿康里等里弄建筑群的民国特色风貌保护与提升，体现街区民国风情特色。

居民优化结构：保持原住民比例，并通过生活和生产条件的改善，引导街区居民有机更新，优化居民文化、年龄、收入结构。

五、街区保护的主要内容

（1）保护街区整体传统空间格局、独特的街巷肌理和街巷尺度。

（2）保护火星庙戏台、节孝祠堂牌坊及碑刻、嵇直故居、布业公所、原镇江商会办公处旧址和公济药店老板公寓等文保文控单位6处；未核定为文保单位的登录不可移动文物65处，如板壁巷伍氏宅、布业公所徐氏宅、许氏宅等；历史建筑23处，包括大夫桥20号民居、生产巷刘氏民居、雁儿河巷惠氏民居、大龙王巷张氏民居、节约巷冯氏民居、节约巷倪氏民居、诚仁堂分局旧址、芦州会馆巷10号民居和芦州会馆巷汤氏民居等；具有一定建成历史，能够反映历史风貌和地方特色的建筑物13处，包括新中旅社旧址、吉康里3号民居等成片的清末民国初的民居建筑群。

（3）保护牌楼、山墙、古井和古树等历史环境要素。

（4）保护街区与周边宝盖山、云台山的视线关系。

（5）保护与空间相互依存的非物质文化遗产以及优秀传统文化，老字号、传统地名、历史人物和事件信息及传统生活方式等（图D–1–4–2–3）。

六、街巷及空间格局保护

1. 空间格局保护

（1）保护云台山、宝盖山、伯先路和大龙王巷街区形成的“山—街—巷（里）”的特色历史空间格局。

（2）整体保护街区内街、巷、宅围合形成的传统民居聚落格局。

（3）保护街巷空间不受侵占。任何建设活动不得侵占划定的街巷保护空间，并不得在此空间内设置占用空间的生活设施。

（4）保护重要的空间节点。严格控制大龙王巷—山巷、大龙王巷—万家巷交叉口、布业公所、镇江商会旧址和寿康里等周边建筑的体量和尺度，维持其在空间格局上的统领作用。

（5）协调外部空间。历史街区保护范围外新建建筑控制不超过三层，宜采用院落布局方式，建筑形式宜采用坡屋顶，体量不宜太大，在肌理和尺度上应与周边环境相协调；色彩以黑、白、灰为主色调，并要保证景观错落有致，以保持整个街区整体风貌和肌理（图D–1–4–2–4）。

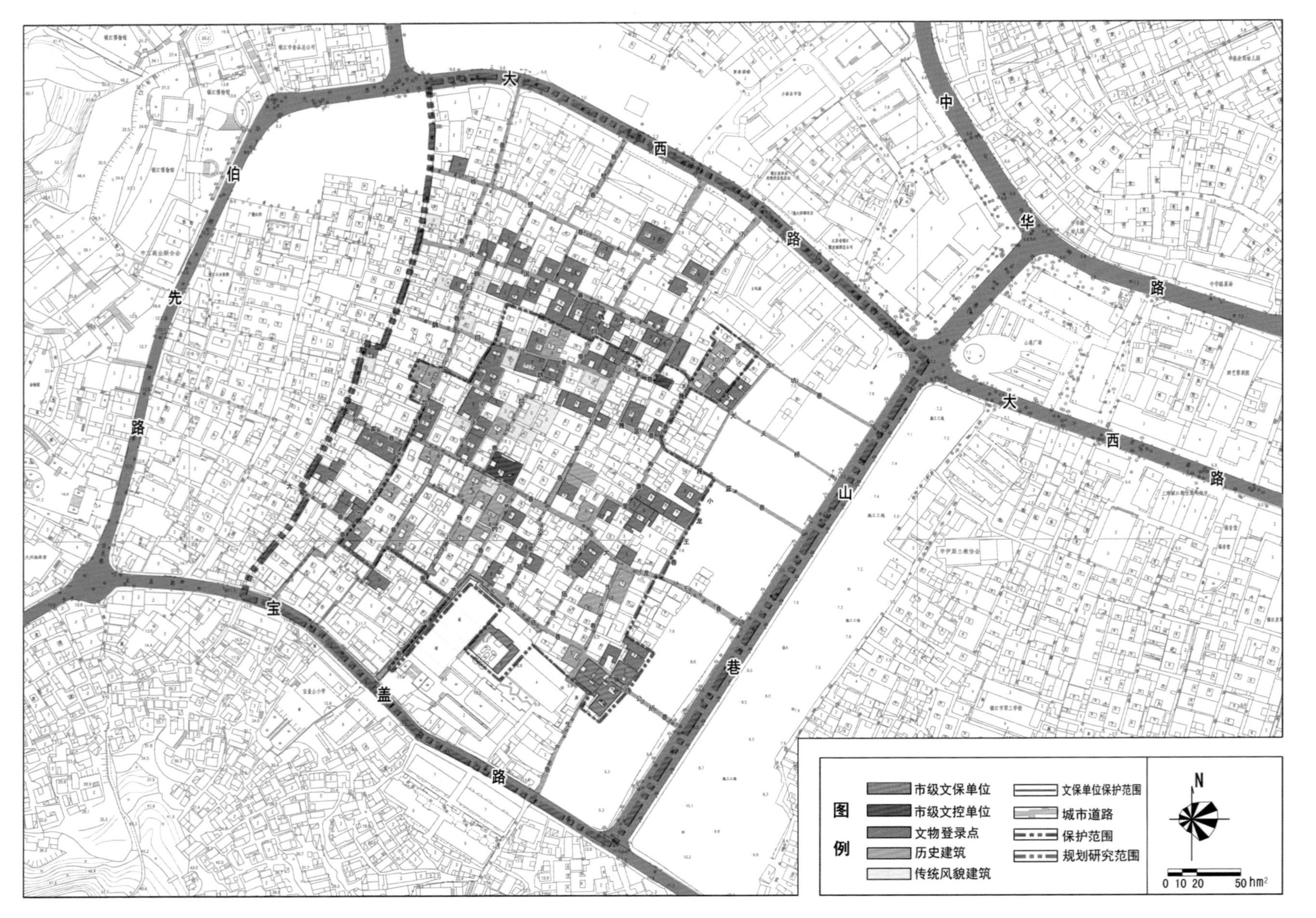

图D-1-4-2-3 镇江市大龙王巷街区文物古迹保护规划图

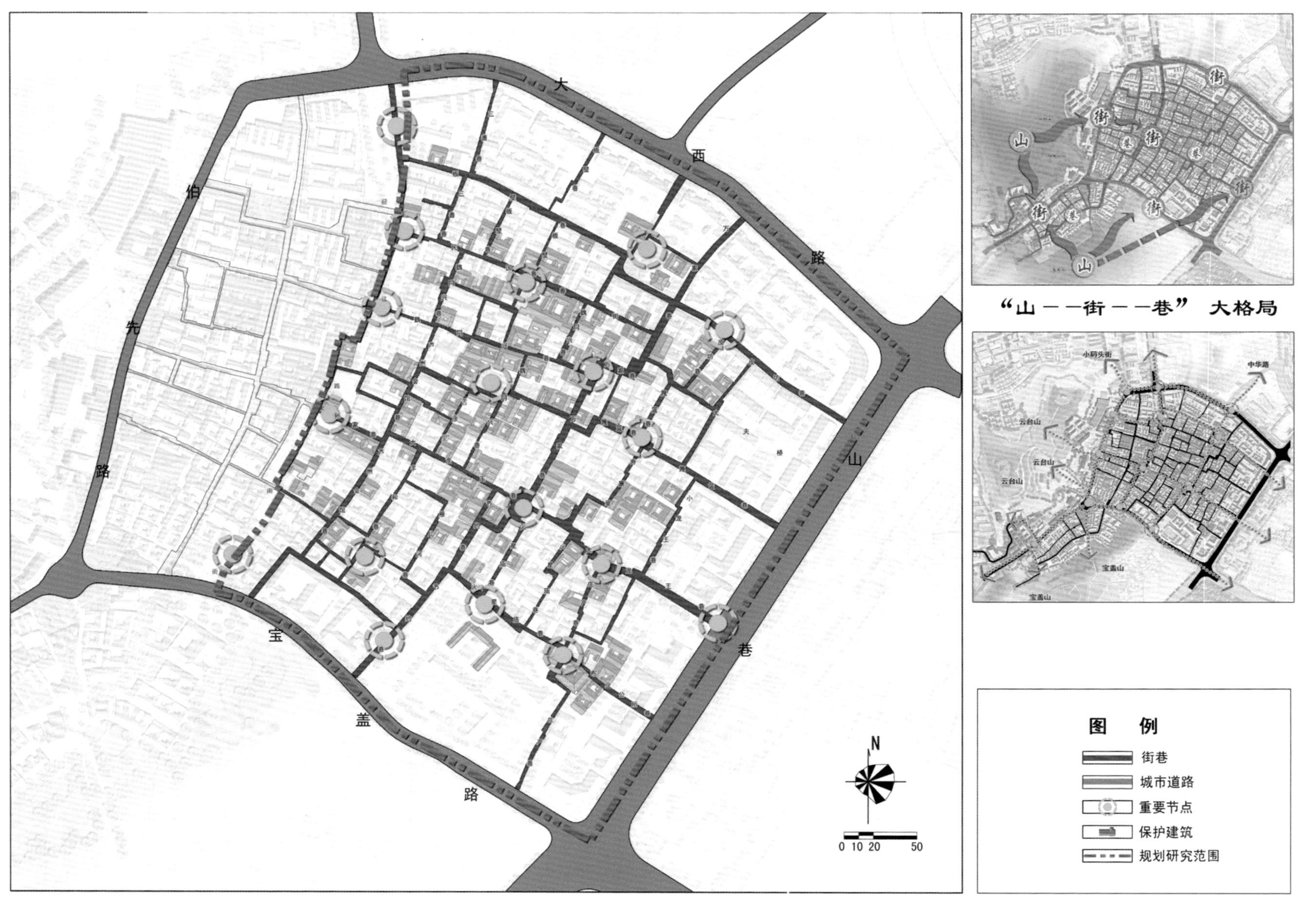

图D-1-4-2-4 镇江市大龙王巷历史文化街区空间格局保护规划图

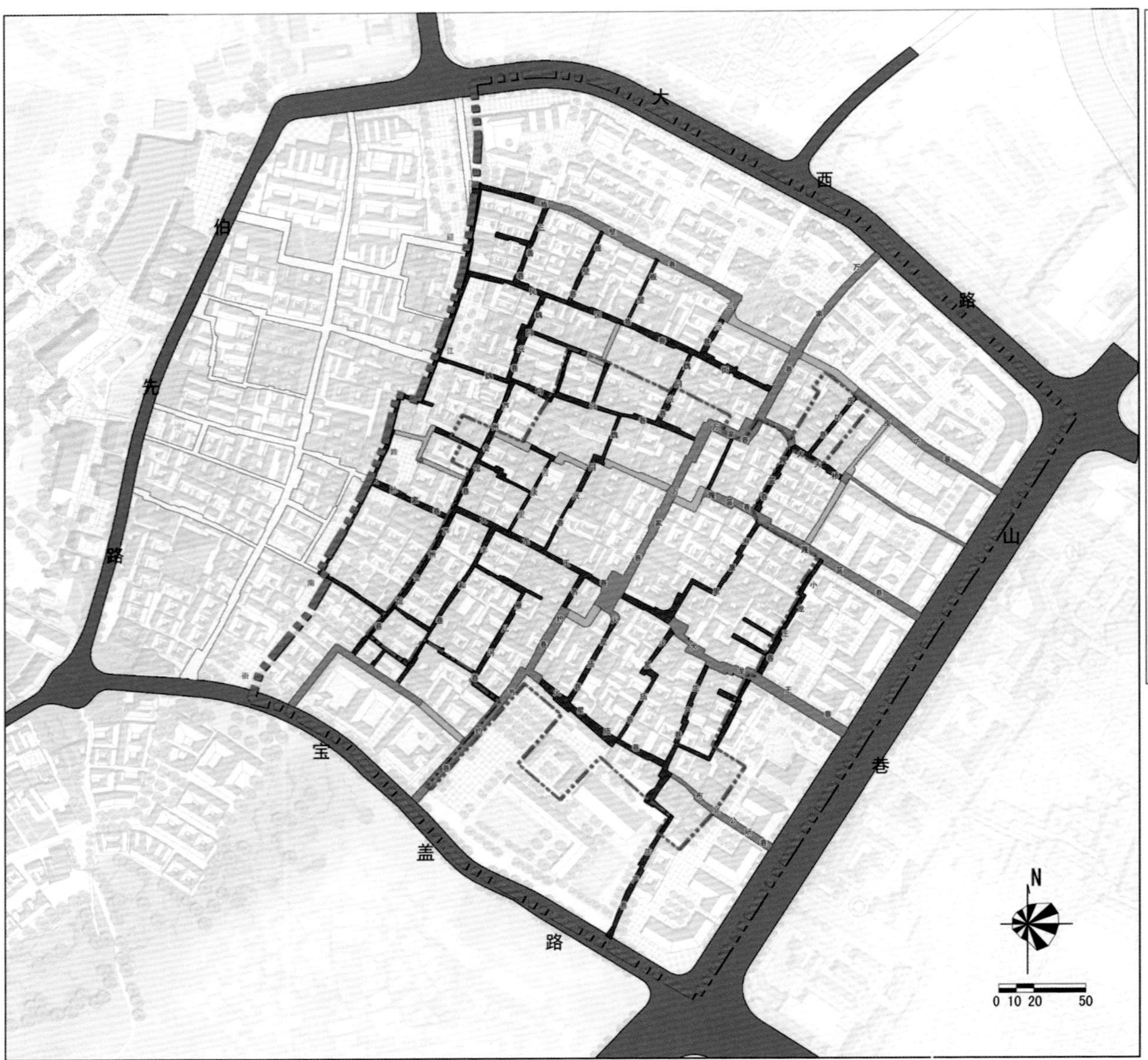

街巷及整治方式一览表

序号	名称	走向	长度	宽度	保护更新方式
1	大龙王巷	东西向	269米	2.0-4.0米	保护、整治
2	小龙王巷	南北向	77米	1.8-2.8米	保护
3	魏同兴巷	东西向	155米	2.0-4.0米	保护
		南北向	50米	2.0-4.0米	保护
		南北向	55米	2.0-4.0米	保护
4	万家巷	南北向	280米	3.5-4.5米	保护、整治
5	节约巷	南北向	170米	3.5-4.5米	整治、新增
6	芦州会馆巷	南北向	235米	2.0-3.8米	保护
7	丰和巷	南北向	164米	1.7-3.5米	保护
8	生产巷	南北向	190米	2.0-4.0米	保护
9	三元巷	南北向	30米	2.0-3.0米	保护
10	大夫桥	东西向	146米	1-2.5米	保护、整治
11	雁儿河巷	南北向	113米	1.5-3.2米	保护、整治
12	布业公所巷	东西向	85米	1.8-4.5米	整治
13	火星庙巷	东西向	95米	2.0-4.0米	保护
		南北向	77米	1.3-4.0米	保护
		南北向	70米	1.3-4.0米	保护、整治
14	篾篮巷	东西向	148米	3.5-4.5米	整治、新增
		南北向	50米	1.5-3.5米	保护
15	皮坊巷	东西向	150米	2.0-4.0米	整治、新增
		南北向	45米	2.0-2.5米	保护
16	三善巷	南北向	50米	2.0-3.0米	保护
17	板壁巷	东西向	210米	2.0-4.0米	保护
		南北向	45米	1.5-4.0米	保护、整治
		南北向	45米	1.5-4.0米	保护、整治
18	大孙家巷	东西向	50米	2.0-3.0米	保护
19	吉康里	南北向	87米	1.5-2.5米	保护
20	寿康里	南北向	90米	2.0-3.6米	保护
21	民国春街道	东西向	180米	2.0-4.5米	保护
22	迎江路南街	南北向	400米	4.0-12.0米	整治、新增

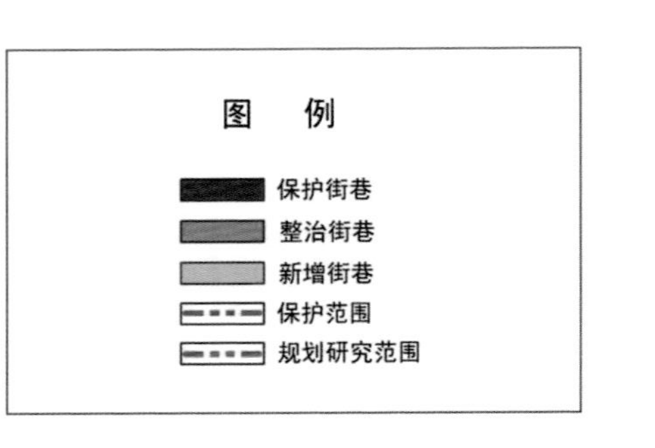

图D-1-4-2-5 镇江市大龙王巷历史文化街区街巷保护规划图

2. 街巷肌理保护

（1）保护清末民国初时期形成的以东西走向的民国春街、大龙王巷，南北走向的万家巷、节约巷、芦州会馆巷形成 “井”字形的骨干街巷，以及次要街巷与支巷穿插所形成的纵横交错的棋盘式网状肌理街巷空间格局。

（2）保护和整治大龙王巷、小龙王巷、魏同兴巷、万家巷、芦州会馆巷、丰和巷、生产巷、三元巷、大夫桥、雁儿河巷、火星庙巷、篾篮巷、皮坊巷、三善巷、板壁巷、大孙家巷、吉康里、寿康里、民国春街、万家巷、节约巷、大夫桥、布业公所巷、火星庙巷、篾篮巷、皮坊巷及板壁巷。这些街巷应该保持和延续原有的空间尺度、肌理和界面，不得全线拓宽改造；保护传统铺地等，保留和恢复历史街巷名称；沿街建筑改造整治应保持和延续街巷的空间尺度、 传统风貌，并鼓励采用传统的建筑材料进行修复。

（3）保持街区内以院落式建筑为主要形式的传统建筑肌理街巷尺度（图D–1–4–2–5）。

七、环境风貌保护

（1）加强大龙王巷、火星庙巷、魏同兴巷、芦州会馆巷等两侧影响街区风貌的建筑与设施的整治，沿线增加开放空间、小品等，构筑街区的景观视廊，并强化与云台山、宝盖山景观视廊的沟通。

（2）在大龙王巷东西两端和中部规划街区的入口景观和重要节点景观，应有相应的文化内涵和景观特色。

（3）街区内新增的小广场、绿化、小品和设施等应进行精心设计，严格控制，突出历史文化的真实性、保护传统风貌的完整性；对公厕、垃圾站管线等市政设施的环境风貌加以整治，使之符合历史文化街区风貌要求，具有地方特色。

第三节 大龙王巷街区建筑整治与更新规划

一、分级保护与适度更新原则

充分考虑现状和可操作性的原则，按建筑的等级分类及其质量、风貌等的综合调查评估，对街区内的建筑物提出分级保护和整治的方式和措施。

（1）通过现状“五图一表”（建筑年代分析图、建筑层数评价图、建筑质量评价图、建筑风貌评价图、建筑历史风貌分析图、历史文化遗存分布一览表）综合调查评估，根据省导则，对街区保护范围内的建（构）筑物提出分级保护和整治更新的措施。

（2）文保文控单位、历史建筑和文物登录点严格遵守原物保护、原貌整修原则。

（3）传统风貌建筑着重于外部风貌、建筑细部等与街区历史风貌的协调。

（4）为了维护街区的风貌特征和历史信息，对于大量一般性的传统建筑可以根据保存现状来决定，适当放宽对于建筑风貌的要求。对于与历史风貌相协调的建筑，可以保留；对于经过后人不适当改动，构件已经损害的建筑可以恢复其原来的风格。

（5）对于街区建筑的室内部分若没有有价值的历史信息，可以整修、改造，以满足居民生活的需要（图D-1-4-3-1 ~ 图D-1-4-3-7）。

二、保护与整治模式

依据导则，考虑现状及可操作性，对建筑提出修缮、修复、整治和更新及改造或重建 4 种保护整治模式。

（1）修缮：结构、布局、风貌保护完好，未遭破坏的，以文保文控单位、文物登录点、历史建筑等保留建筑为主。对此类建筑按照《中华人民共和国文物保护法》严格保护，保持原样，不得翻建，使用传统材料和工艺进行修缮。

（2）修复：结构、布局、风貌基本完好，局部已变动。对此类建筑，应按变动前的式样修复，调整内部空间布局，增加水电及厨卫设施，改善居住条件。

（3）整治和更新：结构、布局、风貌尚可，大部分已改动的和结构、布局、风貌已与传统不协调，有部分影响风貌的建筑。对此类建筑可通过墙面整饰、门窗修补、调整外观色彩等措施，按传统风貌和建筑形式进行整治更新，达到与街区传统风貌协调。

（4）改造或重建：结构、布局、风貌已与传统风貌有较大冲突的建筑。对此类建筑通过降低高度、改造屋顶形式以及墙面粉饰等措施，按传统风貌和建筑形式进行改造；对严重影响风貌的建筑进行拆除后改建、重建或不建。

三、规划控制要求

1. 建筑高度控制

（1）市级文保文控单位、文物登录点和历史建筑严格维持其原有高度；街区保护范围内和沿山巷、宝盖路建筑檐口限高9m，建筑限高12m。规划研究范围东北角部分新建建筑，檐口限高12m，建筑限高15m。具体建筑高度控制详见“建筑高度控制图”。

（2）穆源小学内两栋教学楼近期保持现有高度，远期可考虑减层改造。

（3）可改造或新建建筑的高度应与其内部和周边的历史建筑相协调。

（4）标志性的亭、台、楼、阁的建筑高度可不受所在地段高度分区限制。

2. 建筑退让控制

新建建筑退让老城区城市道路距离根据道路宽度和建筑高度确定；街区内部道路两侧新建建筑不规定退让道路红线最小距离（街区内部道路宽度即建筑红线宽度），在满足必要的交通空间的前提下，可根据现状建筑环境特点和规划用地情况，参照街巷空间保护要求进行控制。

可改造用地内的新建住宅建筑日照间距系数按 1:1.34。并应符合消防、抗震、环境卫生、工程管线埋设和文物保护等的规定和要求。

3. 建筑色彩、材料、形式控制

传统建筑色彩颜色以青、灰、白、黑为主导色调，新建建筑应延续传统建筑的色彩，新建、扩建、改建的所有建筑物，其屋面、立面色彩、材质等应与周边传统建筑相协调。

传统建筑材质主要有清水墙、涂料、瓦片、木材、石材和青砖等，新建建筑以及修复的传统建筑，严格禁止色彩风格与历史风貌无法协调的现代材质如白色塑钢、白色铝合金等门窗框材质在传统建筑上的运用。室外台阶、铺地、墙基为灰色石材。其他新型现代材质的运用应经过专家论证。

传统建筑应采用镇江地方传统风格，布局以传统进落式或院落式为主，屋顶形式采用传统的坡顶形式，坡度不宜过大；建筑细部装饰运用传统元素，鼓励建筑运用丰富的细节提升品质，如屋脊设计、立面设计等增添美观的建筑细部有助于街区整体的环境品质的改善。新建、扩建、改建的所有建筑物，在建筑空间布局、肌理和尺度上应与周边环境相协调，体量小巧、轻盈。

4. 民居改善引导

街区的人口搬迁与民居改善实施“可走可留，可换可修”的模式，对自愿留

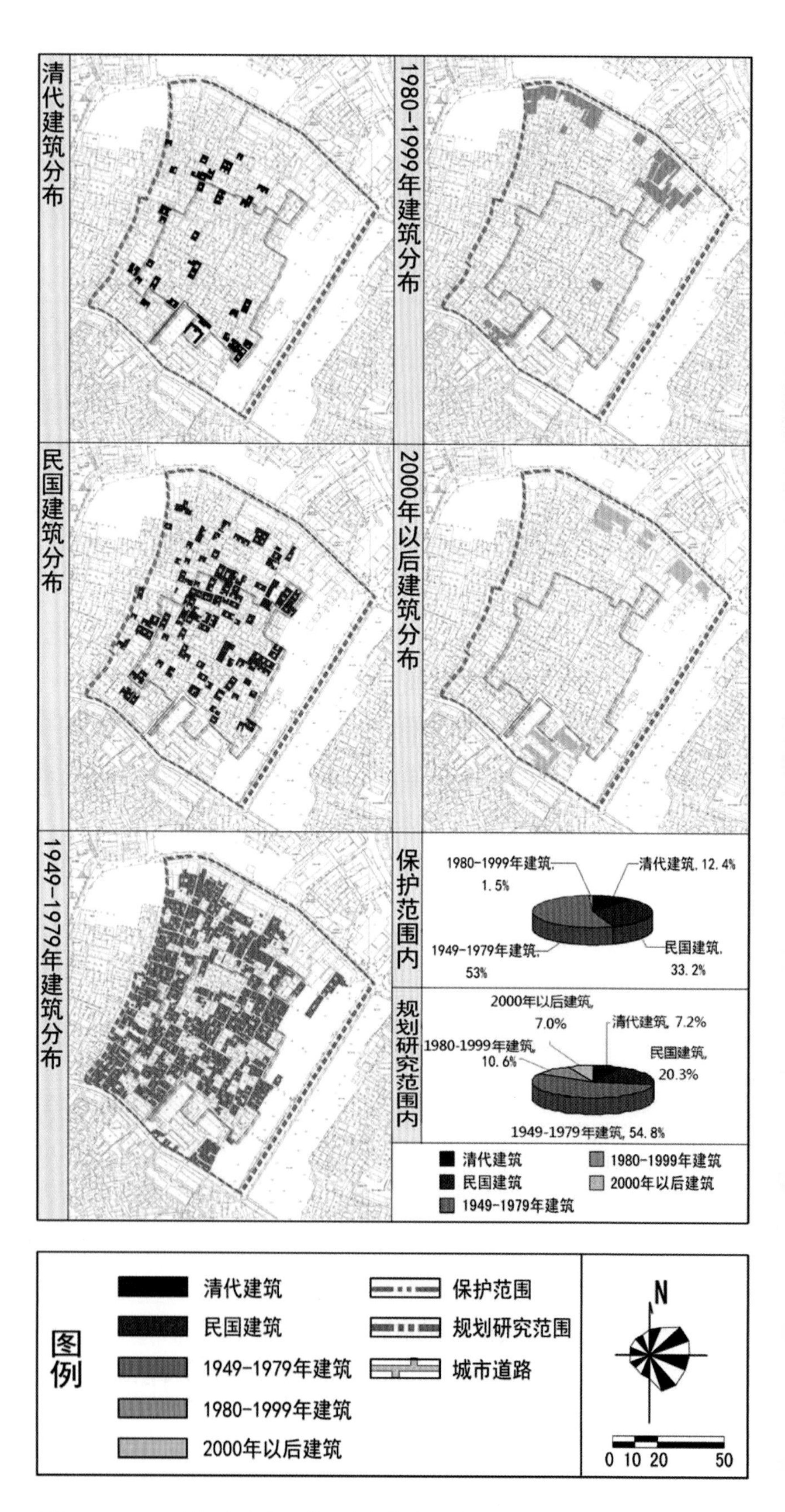

图D-1-4-3-1 镇江市大龙王巷历史文化街区建筑年代评定图

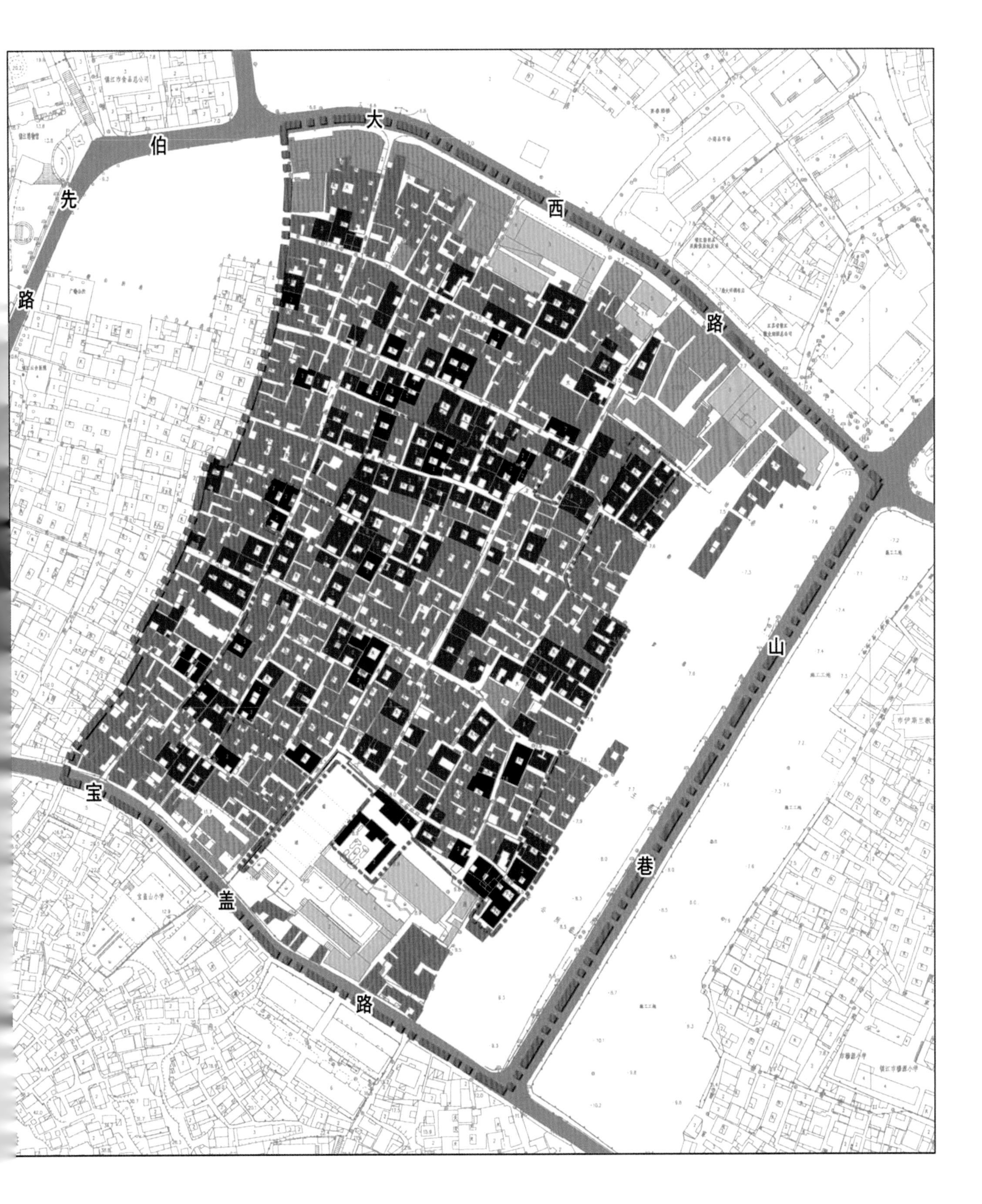
大
西
路
伯
先
路
山
巷
宝
盖
路

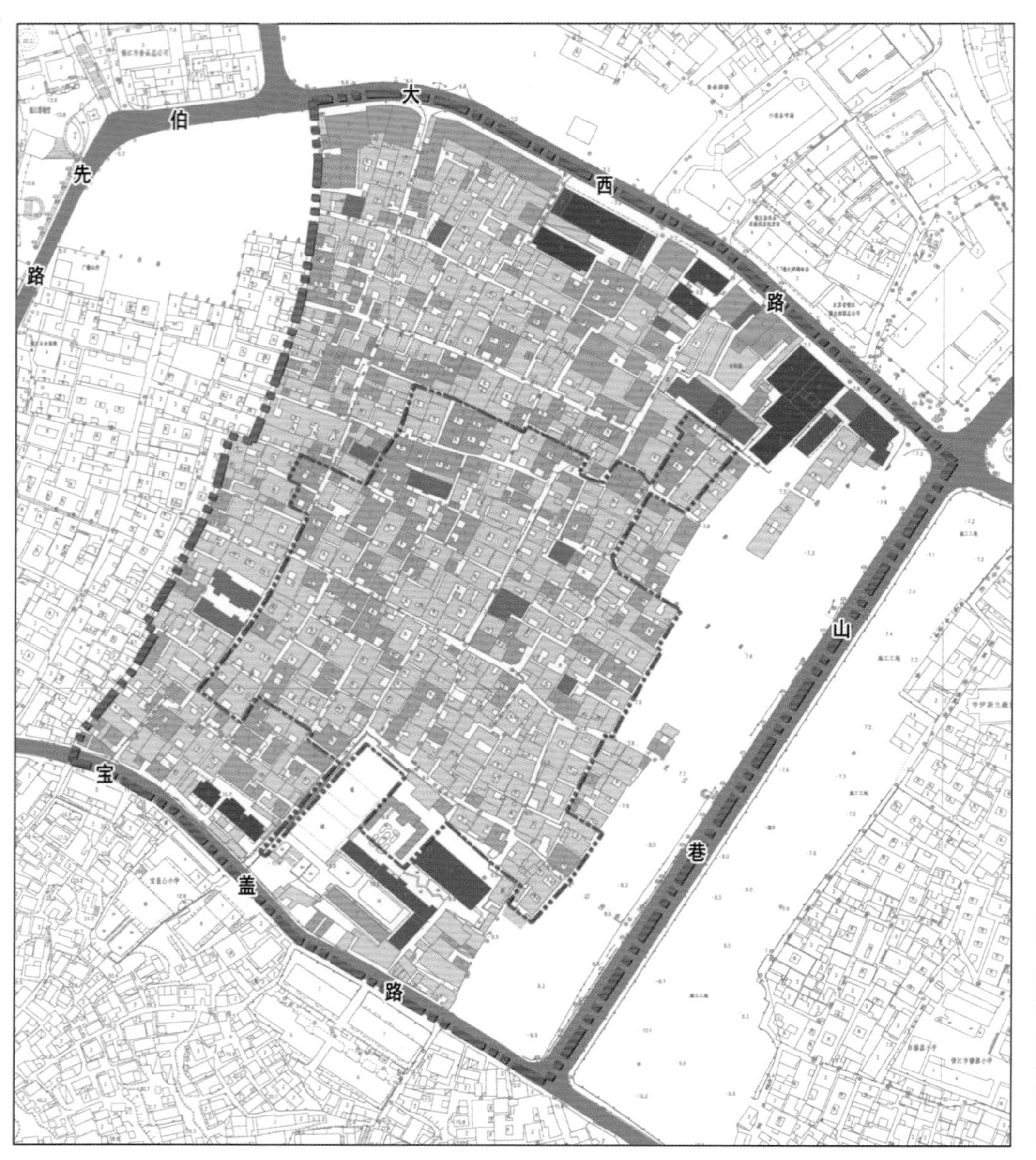

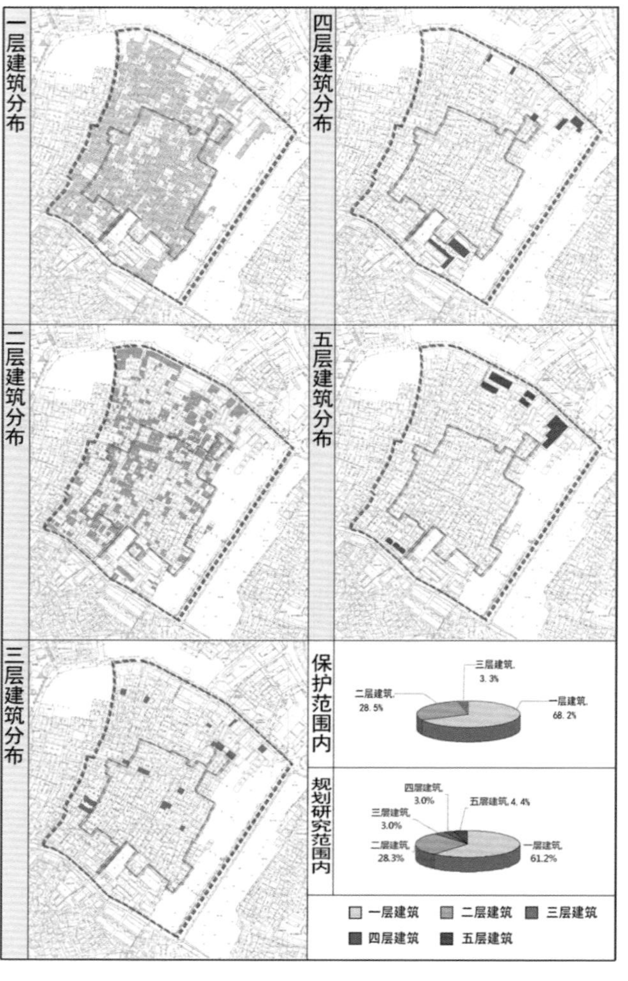

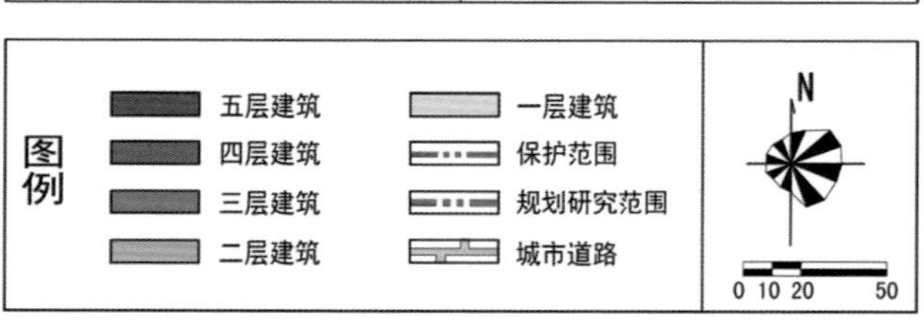

图D-1-4-3-2 镇江市大龙王巷历史文化街区建筑层数评定图

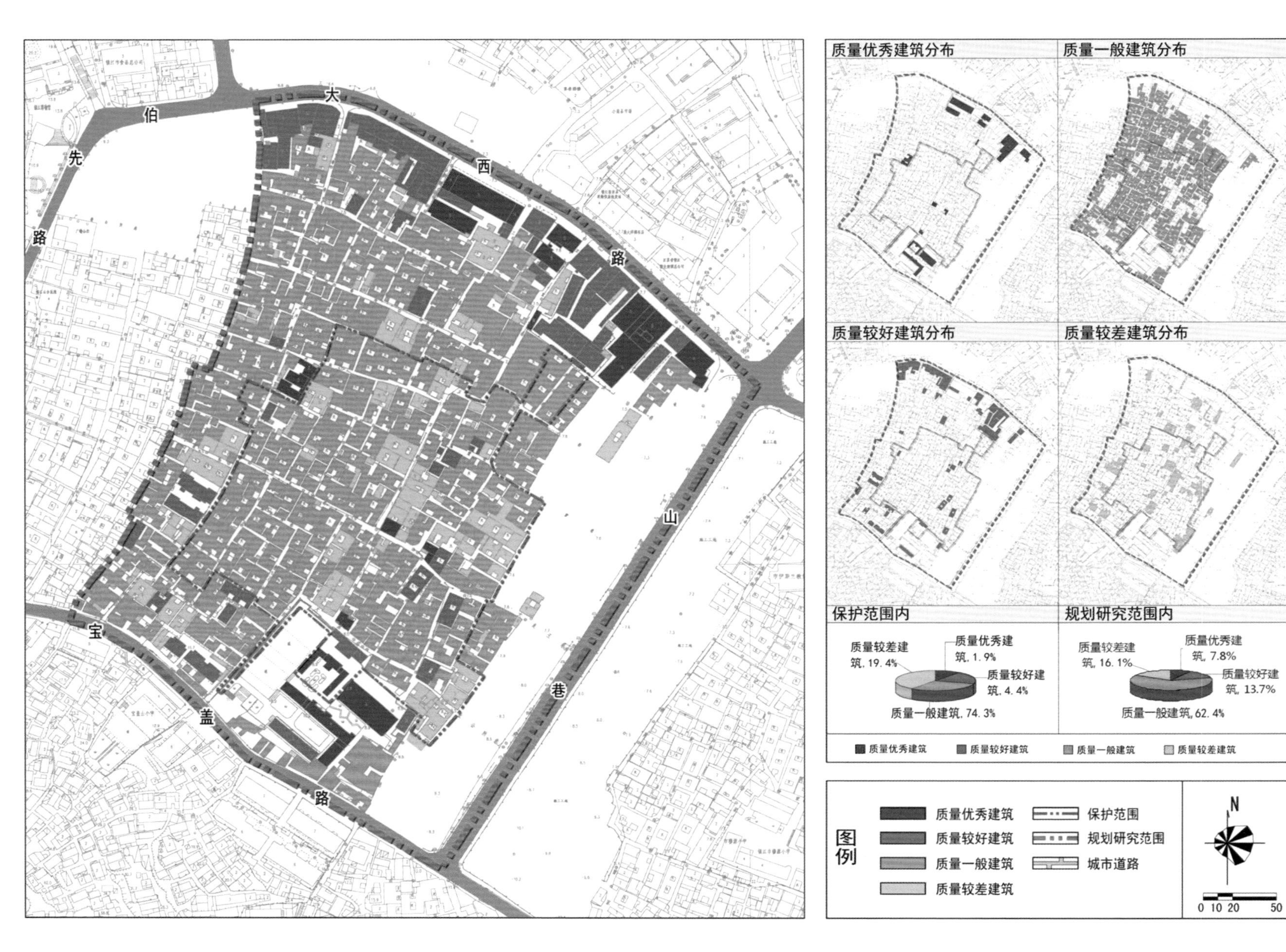

图D-1-4-3-3 镇江市大龙王巷历史文化街区建筑质量评定图

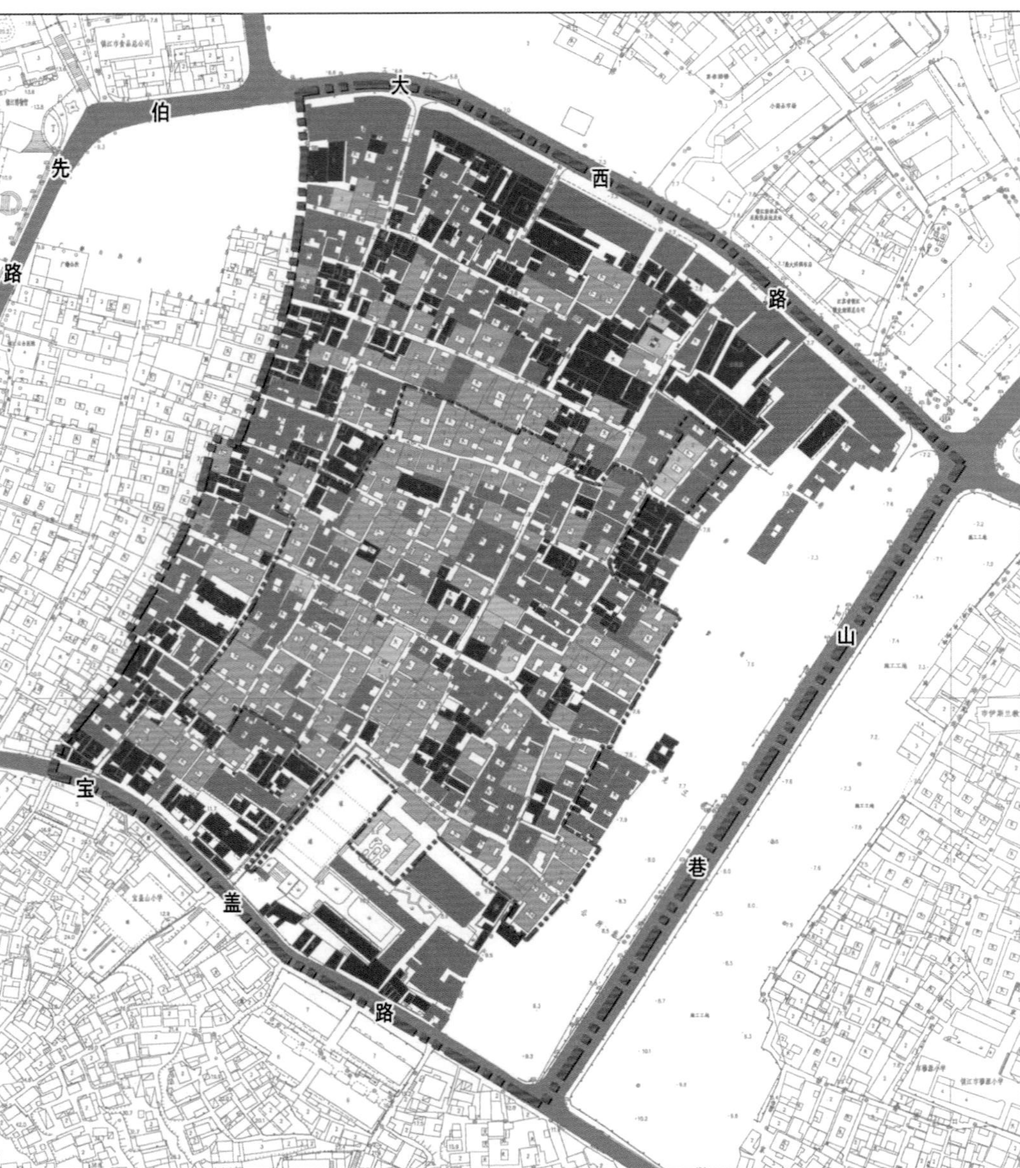

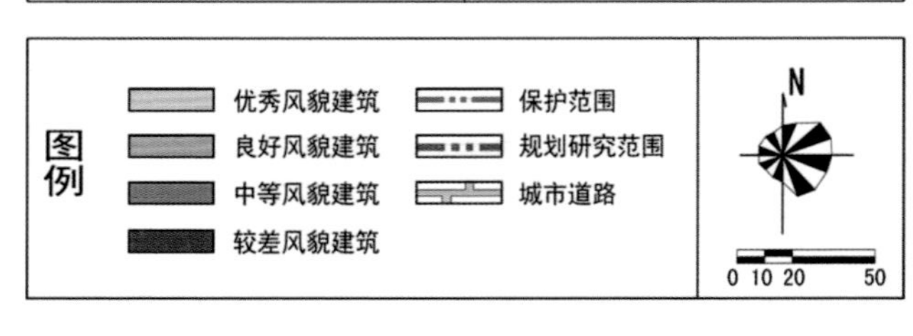

图D-1-4-3-4 镇江市大龙王巷历史文化街区建筑风貌评定图

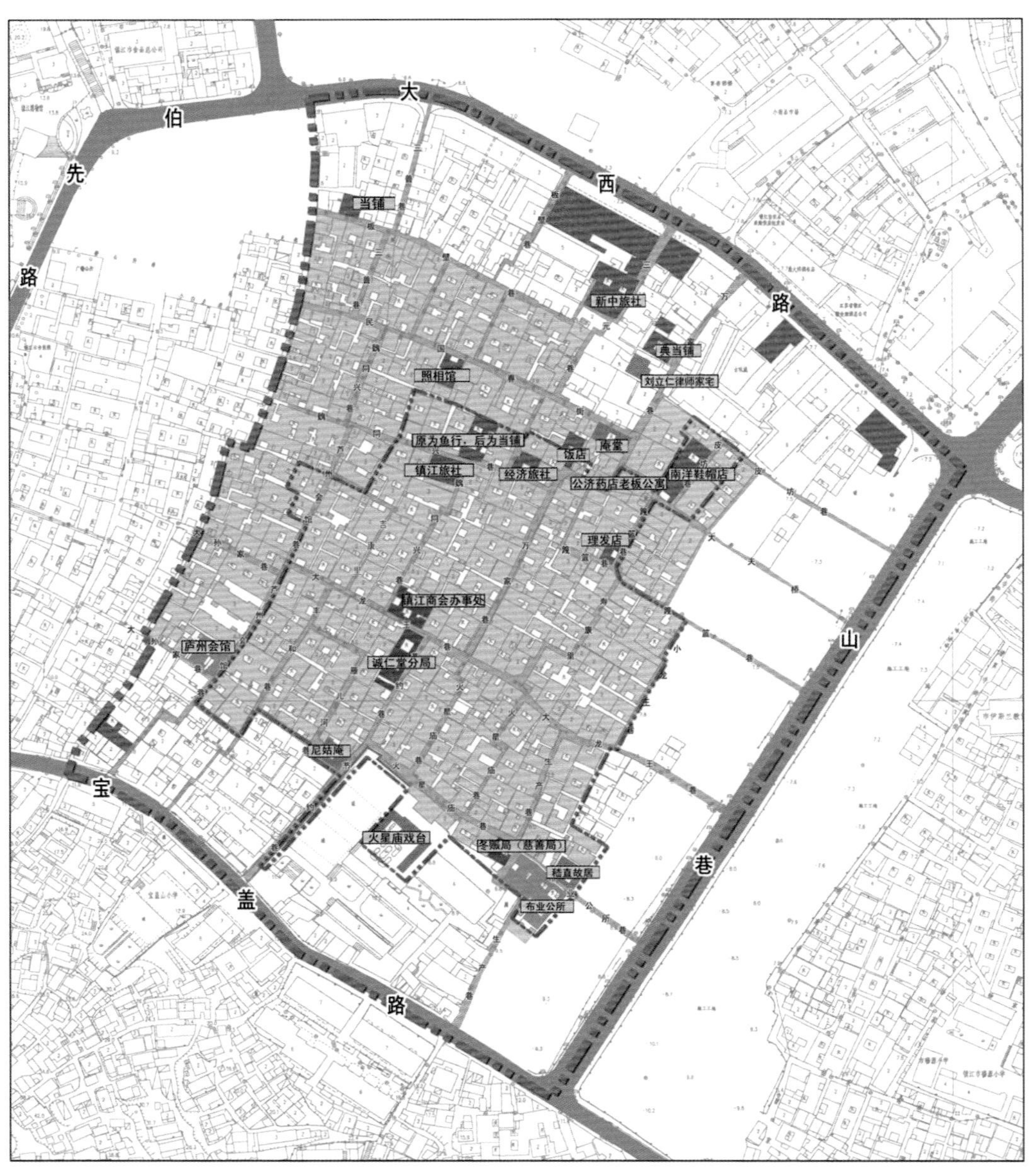

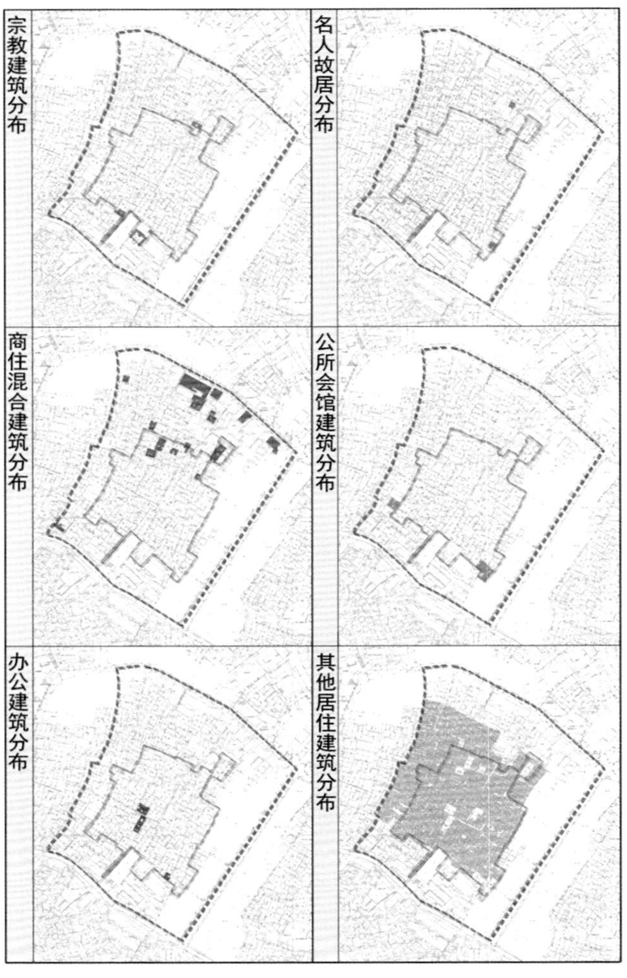

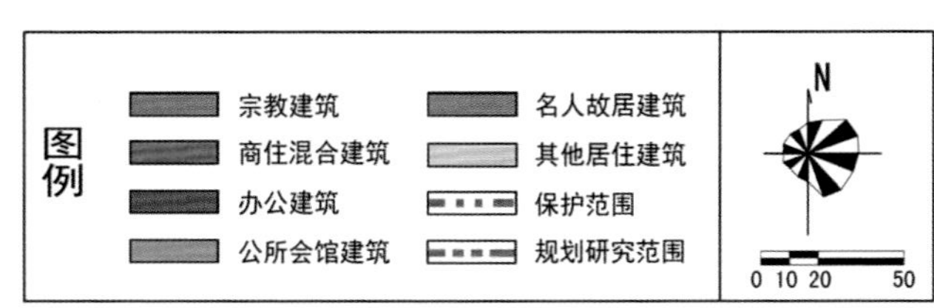

图D-1-4-3-5 镇江市大龙王巷历史文化街区建筑功能评定图（初始功能）

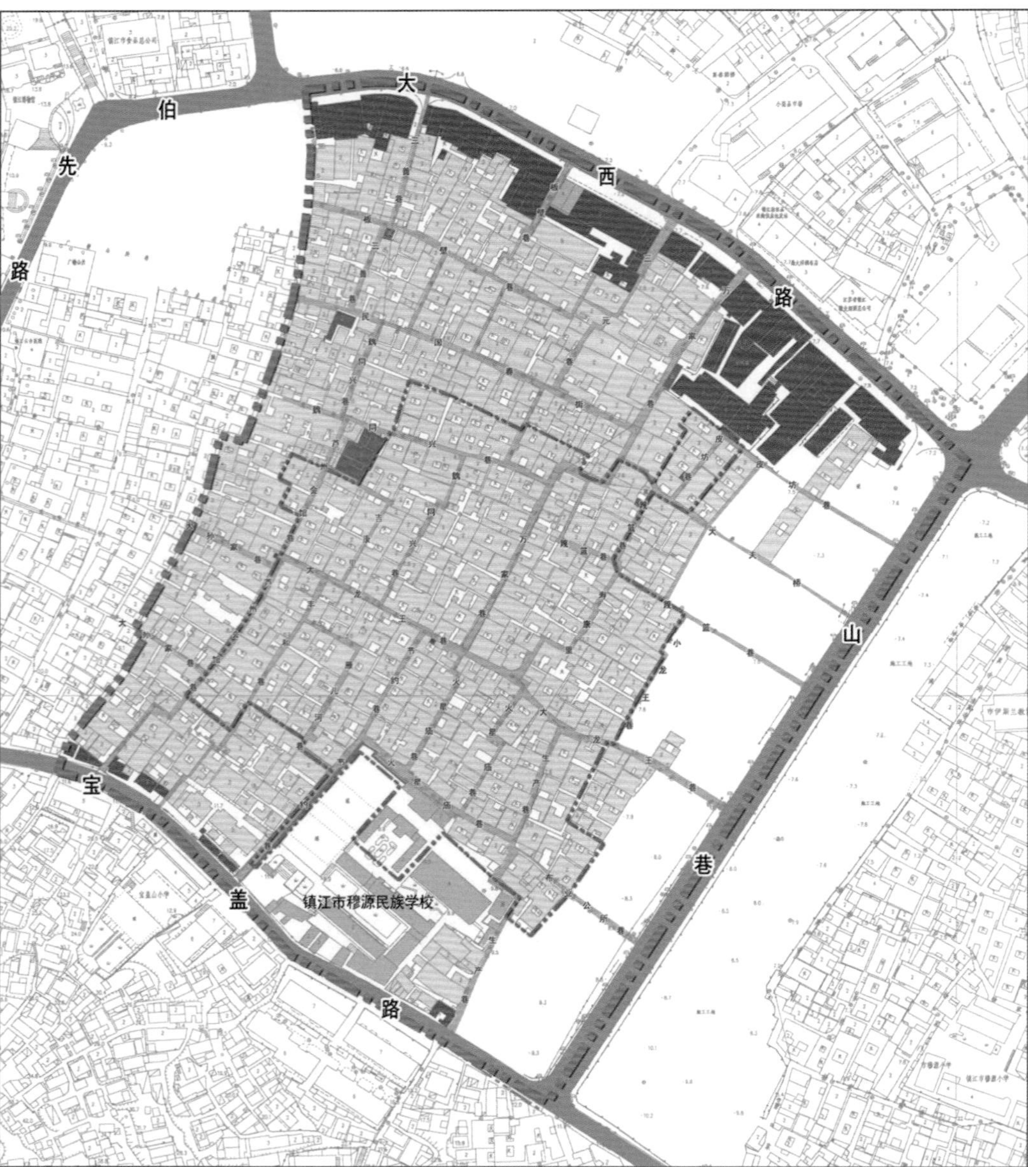

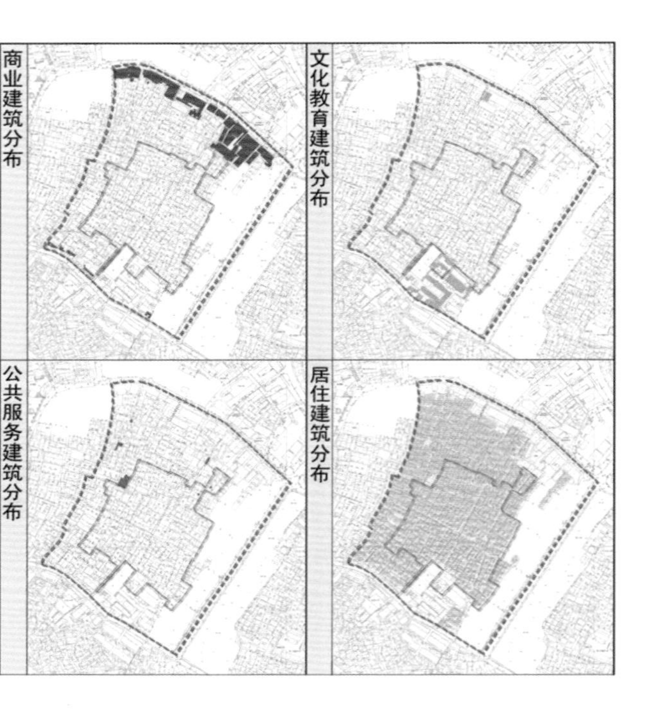

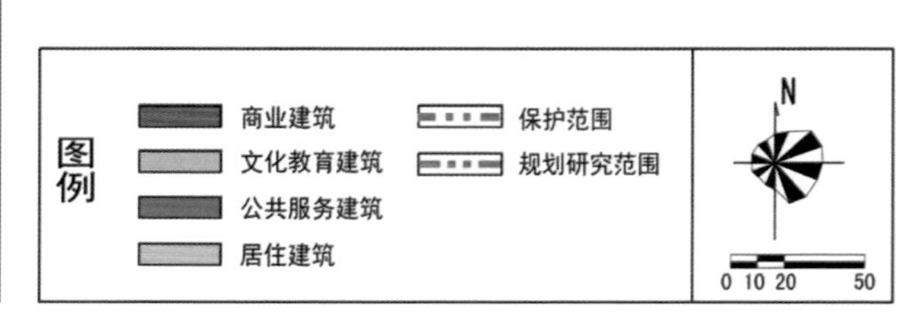

图D-1-4-3-6 镇江市大龙王巷历史文化街区建筑功能评定图（现状功能）

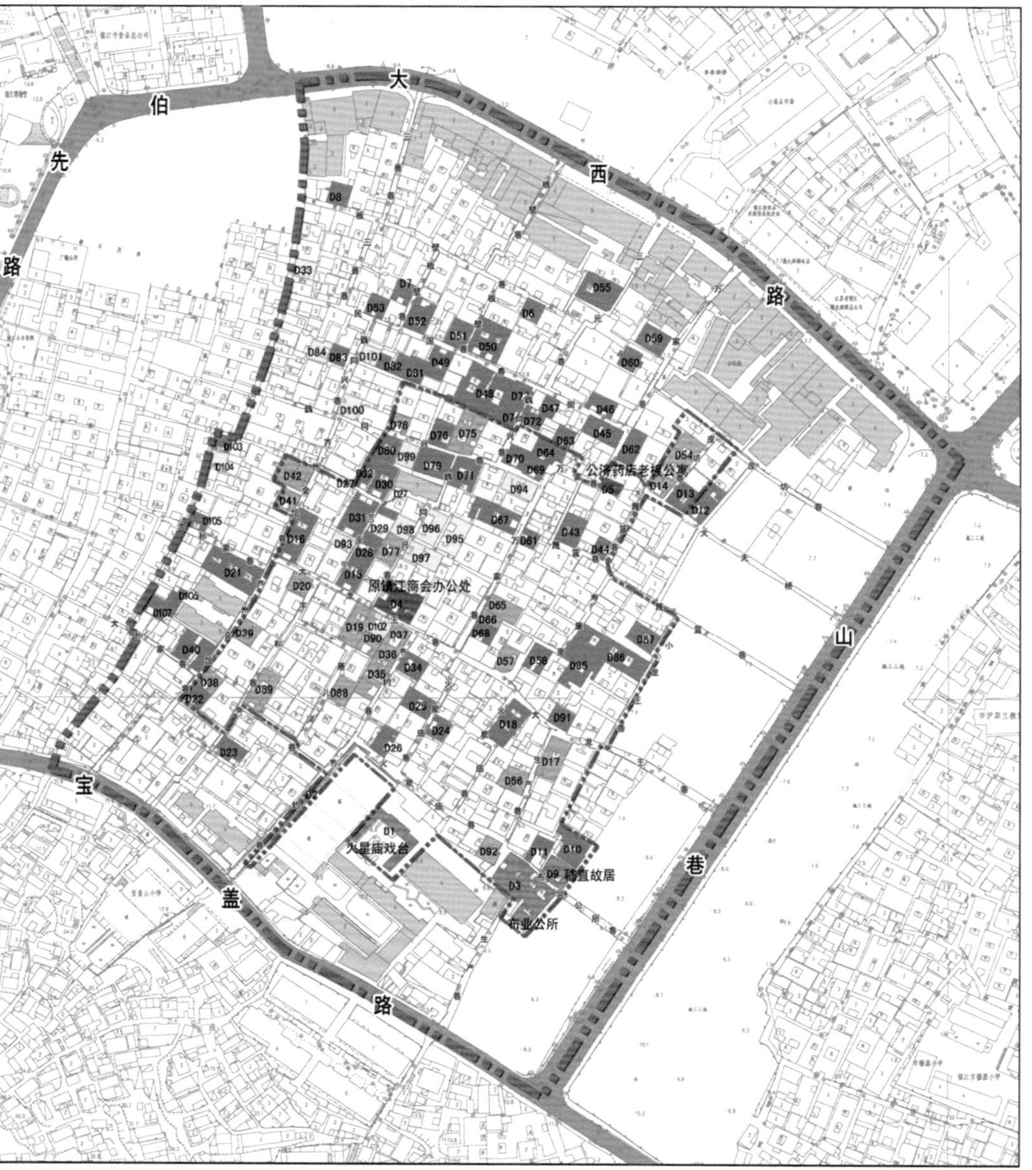

大龙王巷历史街区历史文化遗存分布一览表

编号	名称	文保单位级别
D01	火星庙戏台	市级文保
D02	节孝祠牌坊及牌刻	市级文保
D03	布业公所	市级文保
D09	稽直故居	市级文保
D04	原镇江商会办公处旧址	文控
D05	公济药店老板公寓	文控
D06	板壁巷 1 号民居	文物登录点
D07	板壁巷伍氏宅	文物登录点
D08	板壁巷 54 号民居	文物登录点
D10	布业公所巷许氏宅	文物登录点
D11	布业公所巷徐氏宅	文物登录点
D12	大夫桥兰氏民居	文物登录点
D13	大夫桥 18 号民居	文物登录点
D14	大夫桥 20 号民居	历史建筑
D15	大龙王巷 44 号民居	文物登录点
D16	大龙王巷徐氏民居	文物登录点
D17	生产巷刘氏民居	历史建筑
D18	大龙王巷高氏民居	文物登录点
D19	雁儿河巷惠氏民居	历史建筑
D20	大龙王巷张氏民居	历史建筑
D21	大孙家巷 1、3、5 号民居	文物登录点
D22	丰和巷陆氏民居	文物登录点
D23	丰和巷 28、30、32 号民居	文物登录点
D24	火星庙巷 46 号民居	文物登录点
D25	火星庙巷李氏民居	文物登录点
D26	火星庙巷钱氏民居	文物登录点
D27	吉康里过街楼	文物登录点
D28	吉康里 6 号民居	文物登录点
D29	吉康里 14 号民居	文物登录点
D30	吉康里 16、18 号民居	文物登录点
D31	吉康里 17、19、21、23、25 号民居	文物登录点
D32	吉康里 20、22 号民居	文物登录点
D33	贾家巷 15 号	传统风貌建筑
D34	节约巷陈氏民居	文物登录点
D35	节约巷冯氏民居	历史建筑
D36	节约巷倪氏民居	历史建筑
D37	诚仁堂分局旧址	历史建筑
D38	芦洲会馆巷 10 号民居	历史建筑
D39	芦洲会馆巷汤氏民居	历史建筑
D40	芦洲会馆	文物登录点
D41	芦洲会馆巷 55 号民居	历史建筑
D42	芦洲会馆巷张氏民居	历史建筑
D43	[illegible]巷 31 号民居	文物登录点
D44	[illegible]巷 35 号民居	文物登录点
D45	民国春街 1 号民居	文物登录点
D46	民国春街 2、4 号杨氏宅	文物登录点
D47	民国春街万氏宅	文物登录点
D48	民国春街 17、19 号民居	文物登录点
D49	民国春街张氏宅	文物登录点
D50	民国春街邱氏宅	文物登录点
D51	民国春街 30 号民居	文物登录点
D52	民国春街 42 号民居	文物登录点
D53	民国春街陈氏宅	文物登录点
D54	皮坊巷 24、26 号李氏宅	历史建筑
D55	新中旅社旧址	文物登录点
D56	生产巷孙氏民居	历史建筑
D57	寿康里 1 号民居	历史建筑
D58	寿康里 4 号民居	文物登录点
D59	万家巷 2 号民居	文物登录点
D60	万家巷 4 号民居	文物登录点
D61	万家巷 35 号王氏宅	文物登录点
D62	万家巷 7、9、11、13、15 号民居	文物登录点
D63	万家巷 40 号民居	文物登录点
D64	万家巷 42 号李氏宅	文物登录点
D65	苏北公寓旧址	历史建筑
D66	万家巷 47 号民居	历史建筑
D67	万家巷 48 号民居	文物登录点
D68	万家巷 49 号民居	文物登录点
D69	魏同兴巷 2 号民居	文物登录点
D70	魏同兴巷 4 号民居	文物登录点
D71	魏同兴巷 5 号民居	文物登录点
D72	魏同兴巷 10 号民居	文物登录点
D73	魏同兴巷 14 号民居	文物登录点
D74	魏同兴巷 16、18 号民居	文物登录点
D75	魏同兴巷当铺	历史建筑
D76	魏同兴巷 28 号民居	文物登录点
D77	魏同兴巷 31 号民居	历史建筑
D78	魏同兴巷 40 号民居	历史建筑
D79	镇江公寓	文物登录点
D80	魏同兴巷徐氏宅	文物登录点
D81	魏同兴巷江氏宅	文物登录点
D82	魏同兴巷 66 号民居	文物登录点
D83	魏同兴巷杨氏宅	文物登录点
D84	魏同兴巷 74 号	传统风貌建筑
D85	安乐堂	文物登录点
D86	小龙王巷汤氏民居	文物登录点
D87	小龙王巷丁氏民居	文物登录点
D88	雁儿河巷 8 号	历史建筑
D89	雁儿河巷 11 号民居	历史建筑
D90	雁儿河巷 12 号民居	历史建筑
D102	大龙王巷 81 号民居	传统风貌建筑
D91	大龙王巷 22 号民居	文物登录点
D92	火星庙巷 1 号	历史建筑
D93	吉康里 3 号	传统风貌建筑
D94	万家巷 44 号	传统风貌建筑
D95	魏同兴巷 11 号、13 号	传统风貌建筑
D96	魏同兴巷 15 号、17 号	传统风貌建筑
D97	魏同兴巷 21 号	传统风貌建筑
D98	魏同兴巷 35 号	传统风貌建筑
D99	魏同兴巷 43 号	传统风貌建筑
D100	魏同兴巷 44、46 号	传统风貌建筑
D101	魏同兴巷 68 号	传统风貌建筑
D103	贾家巷 57 号李氏宅	文物登录点
D104	大孙家巷 8 号民居	文物登录点
D105	大孙家巷 17 号民居	文物登录点
D106	大孙家巷 21 号民居	文物登录点
D107	贾家巷 59 号	传统风貌建筑

图D-1-4-3-7 镇江市大龙王巷街区历史文化遗存分布状功能）

下的，由政府出资进行房屋外立面统一改造；对愿意迁出的，由政府按照完全市场化的方式，选择货币安置或实物异地安置。

5. 建筑文化遗存的保护

（1）依法保护规划范围内的文保、文控单位。

（2）保护未核定公布为文保单位的登录不可移动文物。

（3）保护历史建筑和传统风貌建筑。

见（图D-1-4-3-8）。

第四节 大龙王巷街区用地、人口与空间规划

本街区以传统居住功能为主，兼文化旅游休闲、传统生活体验等功能为一体的功能复合型历史街区。

一、空间结构

规划形成“一带、两区、四片”的空间结构。

“一带”：大龙王巷人文景观带。

“两区”：沿大西路商业区和沿山巷商业区。

“四片”：四片居住街坊，包括魏同兴巷片区、丰和巷片区、篾篮巷片区和火星庙巷片区。

二、用地调整规划

调整用地结构，适当降低居住用地的占比，提高公共管理和公共服务设施、商业服务业用地的比重，增加交通设施及绿化用地等（图D–1–4–4–1）。

（1）居住用地：居住是规划研究范围内的主要功能，通过建筑与环境整治，基础设施配套，改善和提升原有居住用地类别，鼓励增加文化展示、商业、旅游休闲的功能；保留穆源小学，将火星庙戏台、节孝祠牌坊及碑刻和部分操场调出学校，将学校东面部分现状居住用地调入学校，合理调整小学用地及边界；保留小区医疗卫生用地，新设社区级公共服务设施。

（2）商业服务业设施用地：规划将大西路沿线断续的居住、商业混合用地重新整合，沿大西路建设商业服务设施带，以商业用地为主，同时布置一些服务业、旅馆业和市场用地等，重现大西路的商业繁华景象；同时，将原有街区内山巷旁空地设置为商业用地，打造特色商业街。

（3）公共管理与公共服务用地：规划研究范围内的各级文物保护单位、文物控制单位、历史建筑等，功能以文化展示、旅游休闲为主；利用火星庙戏台和节孝祠牌坊及碑刻，建设镇江地方戏曲展示、演习和传承的场所；布业公所展示布业公所文化；镇江商会办事处展示镇江商会文化；公济药店老板公寓展示镇江中医药文化。大龙王巷及迎江路南街两侧结合功能置换设置商住、文化、住宅等混合用地，以便于形成特色商业、旅游休闲街，采用前店后宅或底商上住的形式。

（4）绿化用地：拆除部分建筑后适当增加绿地、小游园，均衡布置绿化用地。

（5）道路广场用地：保留街巷原有的格局和走向，局部拓宽疏通；在大龙王巷东西出入口和中部设置广场；街区周边结合新建建筑设置地上或地下停车场。

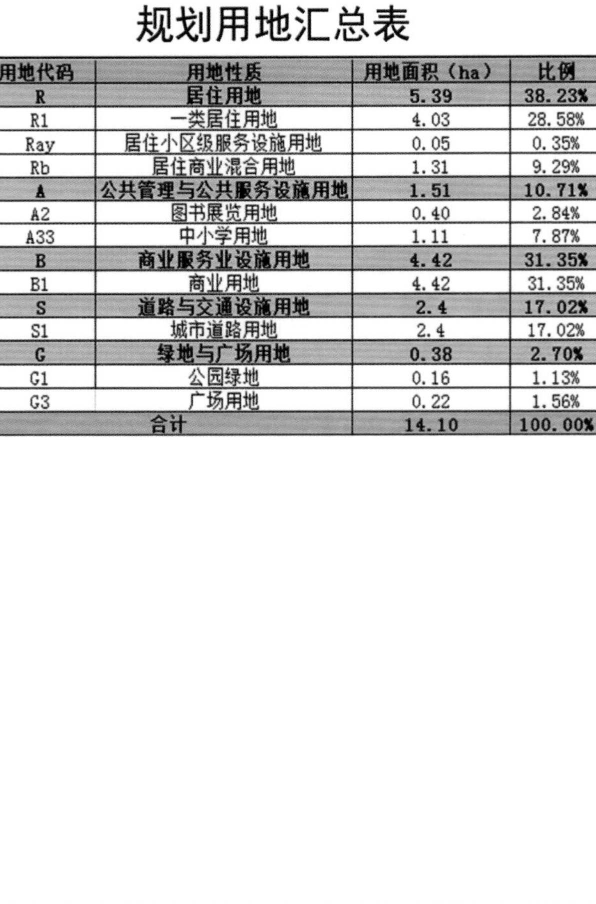

规划用地汇总表

用地代码	用地性质	用地面积（ha）	比例
R	居住用地	5.39	38.23%
R1	一类居住用地	4.03	28.58%
Ray	居住小区级服务设施用地	0.05	0.35%
Rb	居住商业混合用地	1.31	9.29%
A	公共管理与公共服务设施用地	1.51	10.71%
A2	图书展览用地	0.40	2.84%
A33	中小学用地	1.11	7.87%
B	商业服务业设施用地	4.42	31.35%
B1	商业用地	4.42	31.35%
S	道路与交通设施用地	2.4	17.02%
S1	城市道路用地	2.4	17.02%
G	绿地与广场用地	0.38	2.70%
G1	公园绿地	0.16	1.13%
G3	广场用地	0.22	1.56%
合计		14.10	100.00%

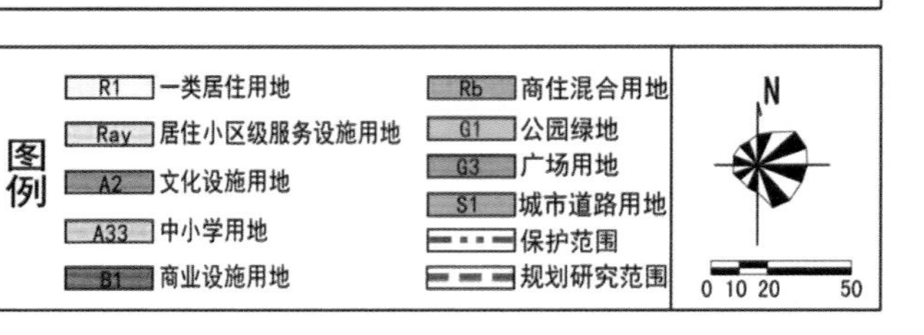

规划用地汇总表

用地代码	用地性质	用地面积（ha）	比例
R	**居住用地**	**5.39**	**38.23%**
R1	一类居住用地	4.03	28.58%
Ray	居住小区级服务设施用地	0.05	0.35%
Rb	居住商业混合用地	1.31	9.29%
A	**公共管理与公共服务设施用地**	**1.51**	**10.71%**
A2	图书展览用地	0.40	2.84%
A33	中小学用地	1.11	7.87%
B	**商业服务业设施用地**	**4.42**	**31.35%**
B1	商业用地	4.42	31.35%
S	**道路与交通设施用地**	**2.4**	**17.02%**
S1	城市道路用地	2.4	17.02%
G	**绿地与广场用地**	**0.38**	**2.70%**
G1	公园绿地	0.16	1.13%
G3	广场用地	0.22	1.56%
合计		14.10	100.00%

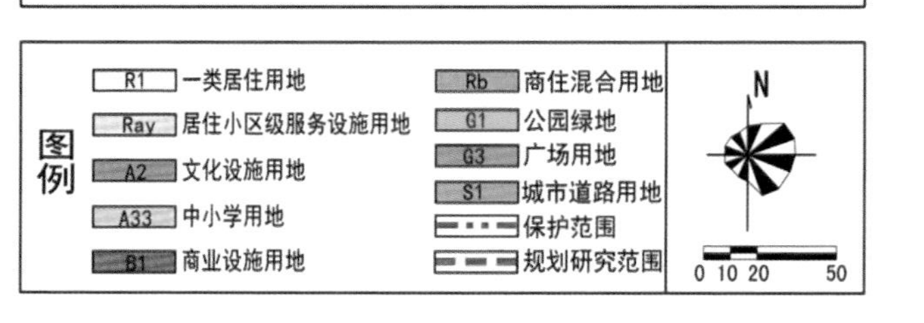

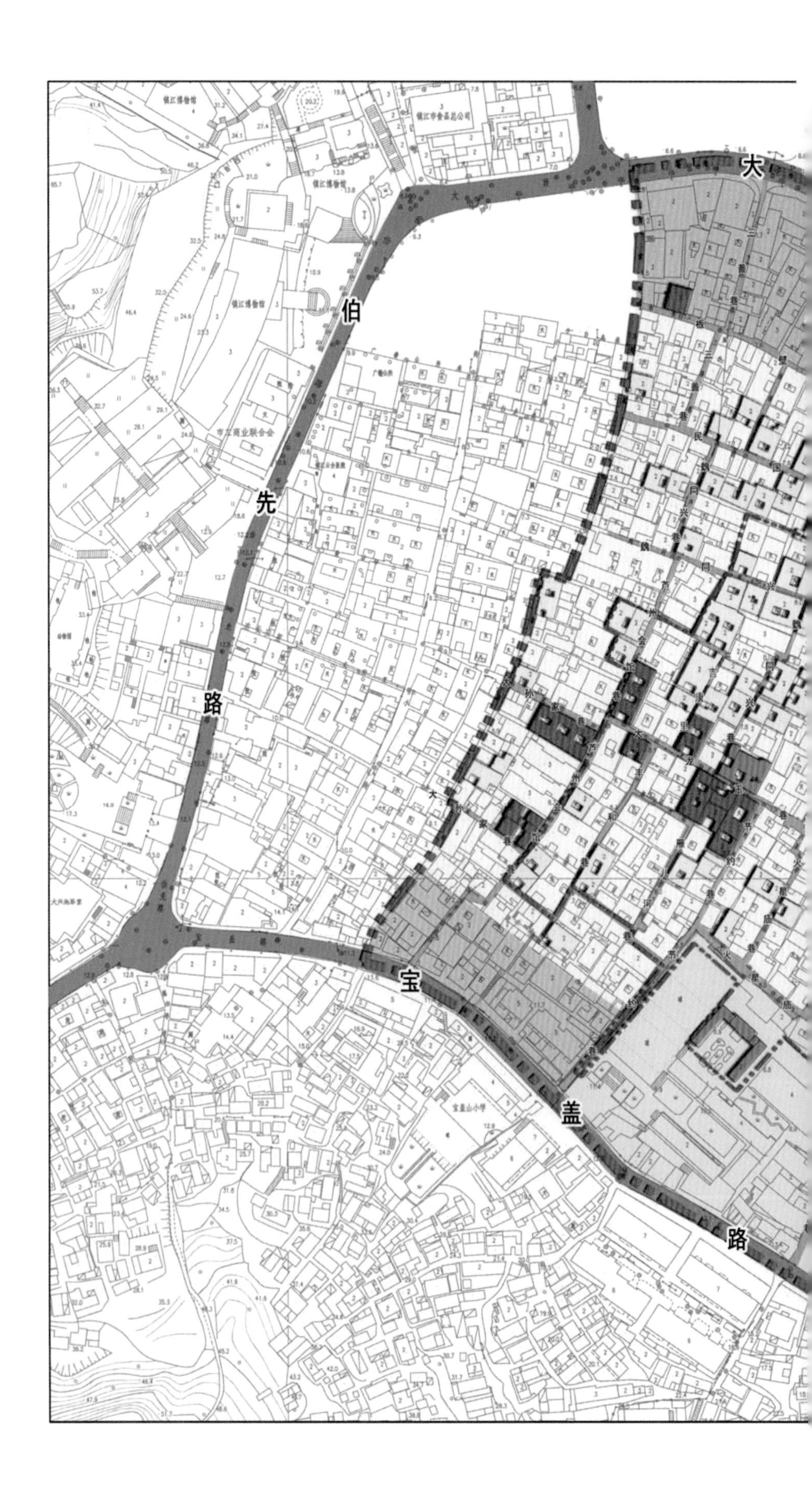
大
伯
先
路
宝
盖
路

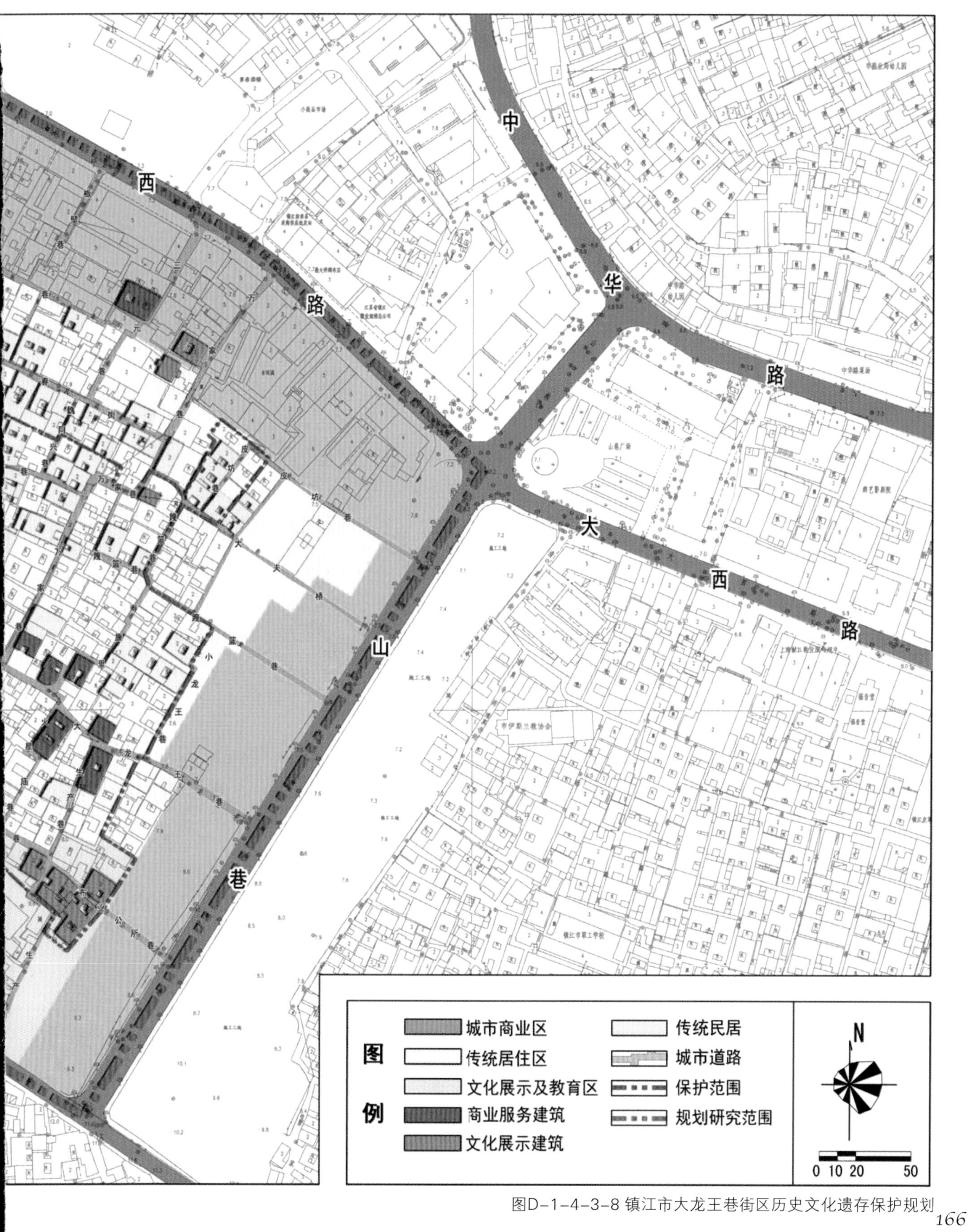

图D-1-4-3-8 镇江市大龙王巷街区历史文化遗存保护规划

第四节 大龙王巷街区用地、人口与空间规划

本街区以传统居住功能为主，兼文化旅游休闲、传统生活体验等功能为一体的功能复合型历史街区。

一、空间结构

规划形成“一带、两区、四片”的空间结构。

“一带”：大龙王巷人文景观带。

“两区”：沿大西路商业区和沿山巷商业区。

“四片”：四片居住街坊，包括魏同兴巷片区、丰和巷片区、篾篮巷片区和火星庙巷片区。

二、用地调整规划

调整用地结构，适当降低居住用地的占比，提高公共管理和公共服务设施、商业服务业用地的比重，增加交通设施及绿化用地等（图D-1-4-4-1）。

（1）居住用地：居住是规划研究范围内的主要功能，通过建筑与环境整治，基础设施配套，改善和提升原有居住用地类别，鼓励增加文化展示、商业、旅游休闲的功能；保留穆源小学，将火星庙戏台、节孝祠牌坊及碑刻和部分操场调出学校，将学校东面部分现状居住用地调入学校，合理调整小学用地及边界；保留小区医疗卫生用地，新设社区级公共服务设施。

（2）商业服务业设施用地：规划将大西路沿线断续的居住、商业混合用地重新整合，沿大西路建设商业服务设施带，以商业用地为主，同时布置一些服务业、旅馆业和市场用地等，重现大西路的商业繁华景象；同时，将原有街区内山巷旁空地设置为商业用地，打造特色商业街。

（3）公共管理与公共服务用地：规划研究范围内的各级文物保护单位、文物控制单位、历史建筑等，功能以文化展示、旅游休闲为主；利用火星庙戏台和节孝祠牌坊及碑刻，建设镇江地方戏曲展示、演习和传承的场所；布业公所展示布业公所文化；镇江商会办事处展示镇江商会文化；公济药店老板公寓展示镇江中医药文化。大龙王巷及迎江路南街两侧结合功能置换设置商住、文化、住宅等混合用地，以便于形成特色商业、旅游休闲街，采用前店后宅或底商上住的形式。

（4）绿化用地：拆除部分建筑后适当增加绿地、小游园，均衡布置绿化用地。

（5）道路广场用地：保留街巷原有的格局和走向，局部拓宽疏通；在大龙王巷东西出入口和中部设置广场；街区周边结合新建建筑设置地上或地下停车场。

三、公共服务设施规划

1. 城市级公共服务设施

（1）维持街区内临大西路一侧的商业功能，扩大商业进深空间。保持大西路作为镇江地区老字号一条街的特色商业街道定位，保留其中的老字号传统商业服务业设施。

（2）街区内临山巷一侧规划为特色商业街，从大西路搬迁部分老字号商铺至山巷，结合旅游服务设施建设一系列主题民居客栈、文化展示、餐饮商业和文博纪念等设施。

（3）保留宝盖路以北的穆源民族小学，并调整用地范围、适当扩大规模。

（4）保留并改建位于宝盖路和山巷交叉口的菜场，为周边地区居民服务。

（5）整合火星庙戏台、节孝祠牌坊及碑刻、布业公所、冬赈局等传统建筑特色资源，在该处形成传统戏曲展示、体验和公所公会文化展示、民国慈善文化展示的场所。

（6）保留宝盖路以北的服务于城市居民的商业服务设施。

（7）沿迎江路南街规划旅游服务设施、商业设施，服务于城市居民。

2. 社区级公共服务设施

（1）保留原银山门社区卫生服务中心，并适当向东扩大规模作为社区服务中心，并完善社区养老、文体等基本功能的配置。

（2）大龙王巷沿线设置服务于本地居民的商品零售和各类餐饮。

四、特征空间和景观规划

街区特征空间包括街区主要出入口、主要建筑出入口、街巷转角空间、井台空间、庭院空间和绿地广场等（图D–1–4–4–2）。

（1）街区主要出入口。对街区主要出入口进行空间优化，提升街区门户景观品质，沿袭传统性，提升标志性，增强引导性。确定大龙王巷—山巷交叉口及大龙王巷—迎江南街两处节点分别作为街区东西两个方向的主要出入口，从空间、场地、铺装、标识、小品和绿化等方面对主要入口空间进行重点设计。

大龙王巷 — 山巷交叉口为街区东入口，通过增设雕塑、小品及引导标识等手法，建设广场入口空间，体现街区历史文化并加强旅游路线引导。结合东入口广场设置游客服务中心。大龙王巷—迎江南街入口注重与伯先路历史街区的呼应及云台山的空间关系，利用更新地块合理点缀绿化，增设入口标志及场景雕塑等（图D–1–4–4–3 ~ 图D–1–4–4–5）。

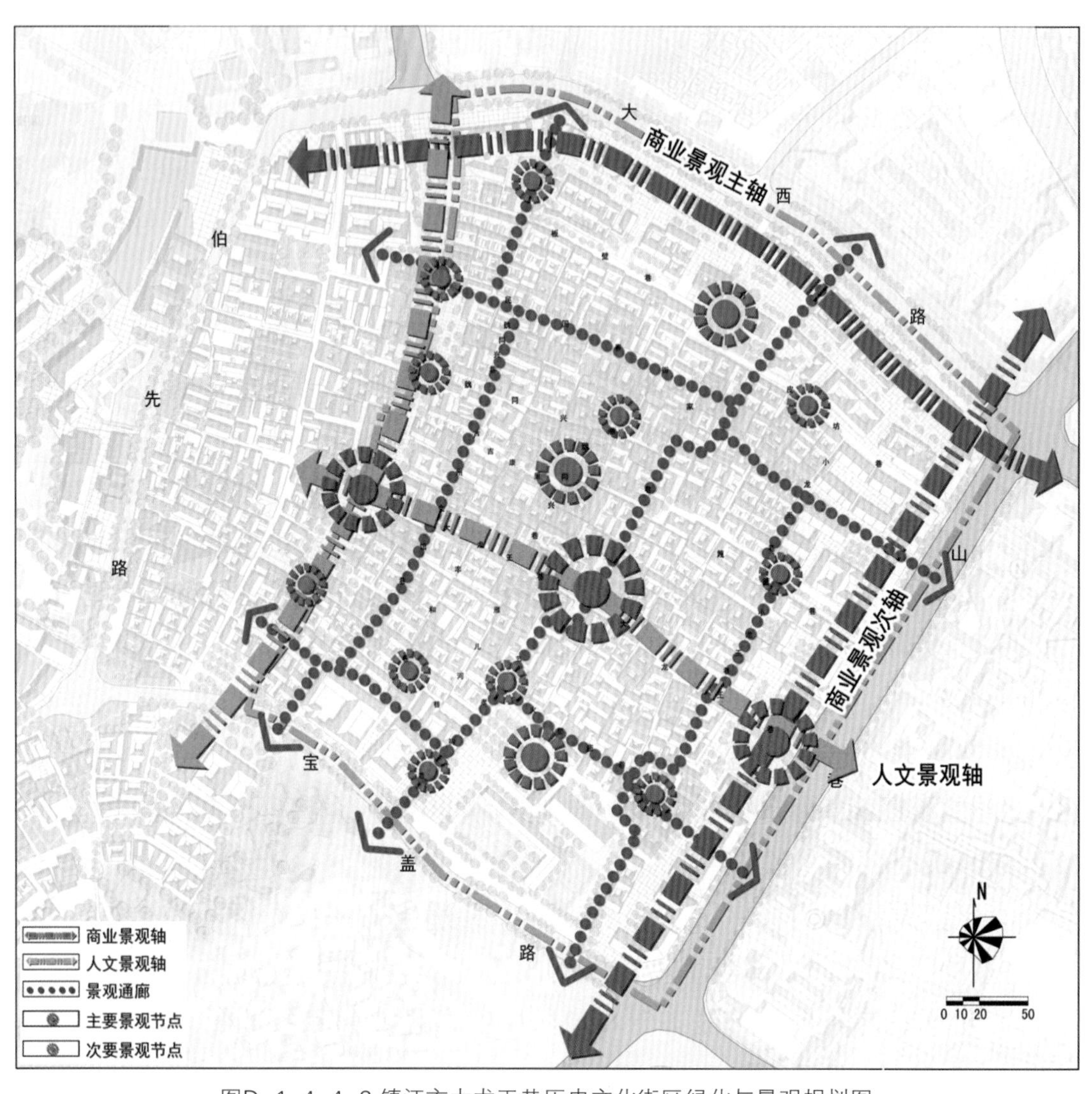

图D–1–4–4–2 镇江市大龙王巷历史文化街区绿化与景观规划图

（2）加强对街区内主要建筑，如名人故居、会馆公所等出入口的标识引导，结合建筑功能特色强化入口空间场所，从铺装、标识、设施和绿化等方面对入口空间进行设计。苏北公寓旧址、芦州会馆、寿康里1号民居等历史建筑前增加相关历史文化的标识介绍，凸显建筑文化特色。

（3）提升转角空间的景观品质，适当增加环境设施，形成交往空间，营造社区邻里交往氛围（图D–1–4–4–6）。

（4）井台空间是街区居民重要的生活节点，清理井台周边环境障碍，适当增加绿化，结合街巷收放、建筑围合，组成特色空间，合理增设城市家具，营造传统生活氛围（图D–1–4–4–7）。

（5）保护传统建筑的庭院空间，拆除搭建，恢复传统布局，借鉴园林设计手

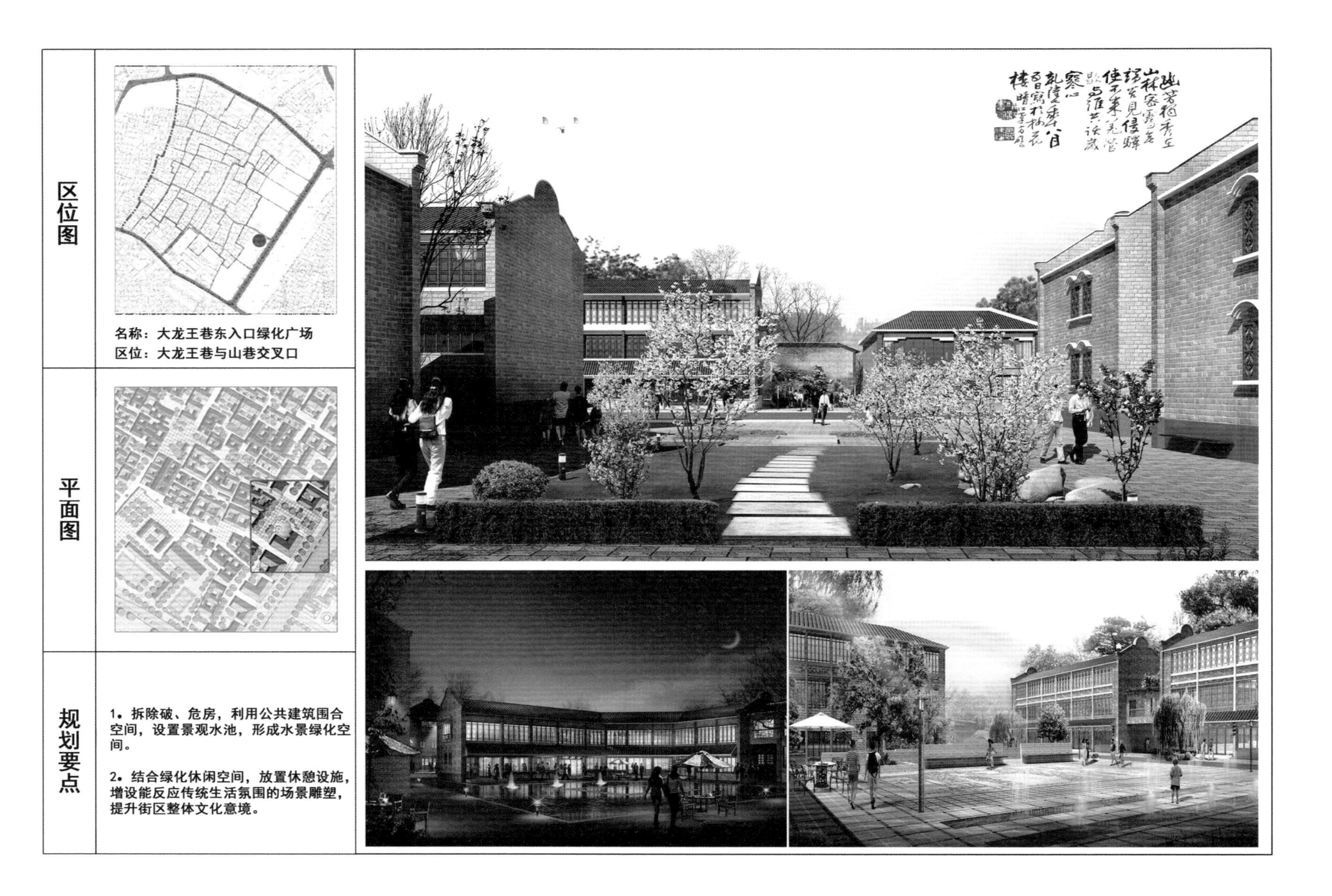

图D-1-4-4-3 镇江市大龙王巷历史文化街区大龙王巷东入口绿化广场规划图

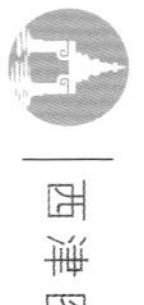

图D-1-4-4-4 镇江市大龙王巷历史文化街区迎江路南街节点规划图

图D-1-4-4-5 镇江市大龙王巷历史文化街区大龙王巷小广场节点规划图

区位图

名称：火星庙巷节点空间
区位：大龙王巷与火星庙巷交汇处以北

平面图

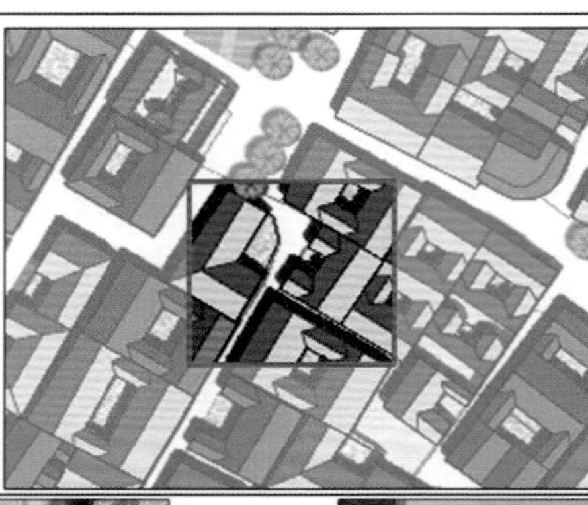

规划要点

1. 拆除搭建辅房，布置绿化休闲空间。
2. 窗户、屋顶翻修，电表箱家遮挡盒，保证街区节点景观统一。
3. 改造路面，恢复传统街巷路面肌理。

现状图

规划意向图

图D-1-4-4-6 镇江市大龙王巷历史文化街区火星庙巷转角绿化规划图

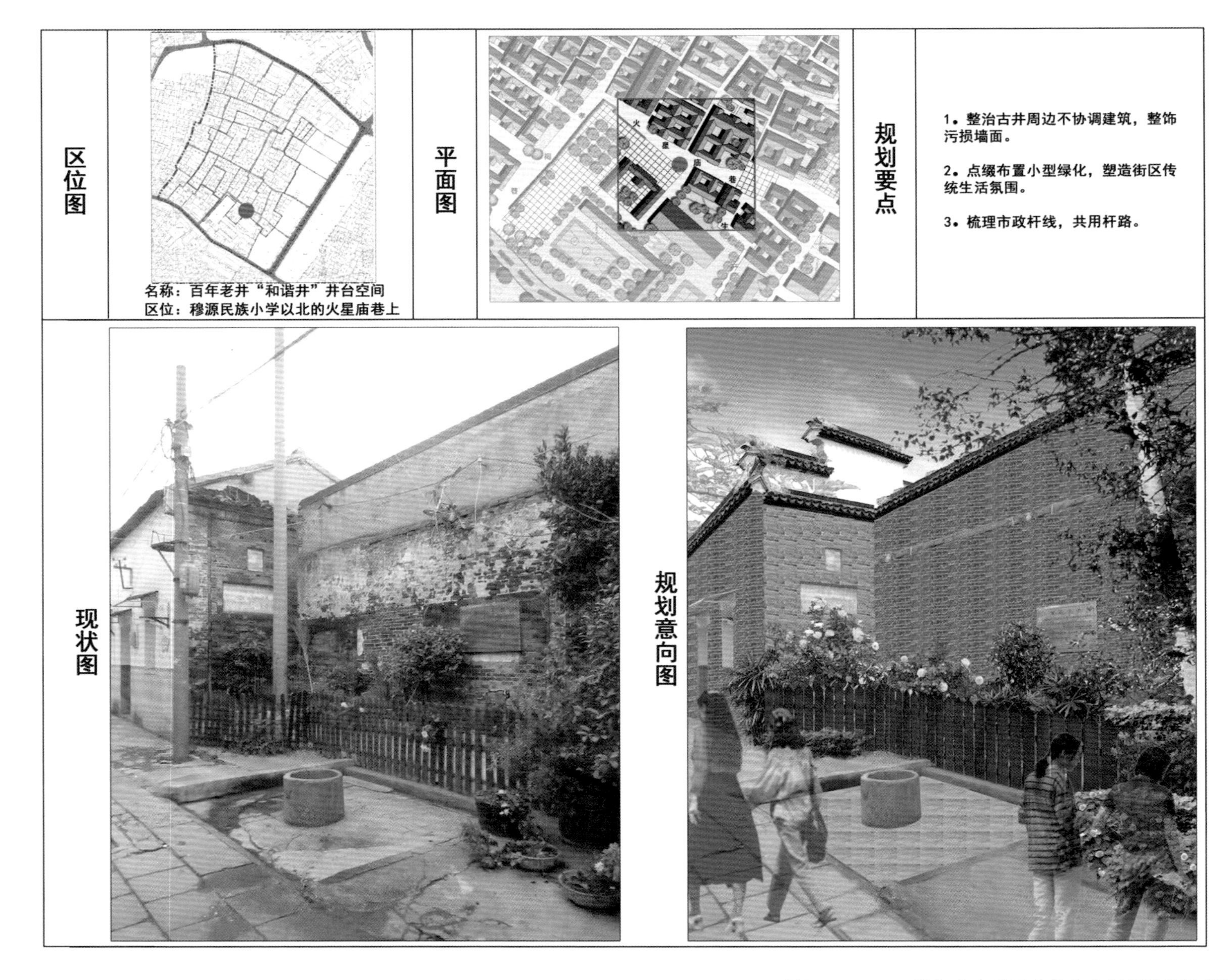

图D-1-4-4-7 镇江市大龙王巷井台空间保护整治规划图

法增加绿化，恢复铺装形式。

（6）对现有绿地广场进行整治提高，增加绿化量，合理设置环境设施，为居民及游客提供休憩、观赏空间。街巷内小型街头绿地强调精细化设计，注重植物品种、形态、尺度、色彩和季相等要素，广场合理增设与街区历史文化相关的小品雕塑、景墙等，提升街区文化意境。

五、街巷空间规划

严格保护街区内历史街巷的历史风貌和传统空间尺度、界面，禁止在保护街巷内进行任何破坏街巷空间连续性、改变街巷空间尺度的建设活动。禁止在其中建设大体量建筑或采用不协调的建筑形式，居住型街巷应保持其宁静亲切的居住氛围，禁止破墙开店。鼓励采用传统的材料和形式铺砌路面，鼓励街巷绿化种植以及街巷转角环境整治。在不影响各级保护建筑的前提下，织补街巷肌理，延续传统空间格局，规划整治、新增一些巷道；同时有效组织交通、解决街区消防问题，新建街巷的空间尺度、界面等需符合街区整体控制要求（图D-1-4-4-8 ~ 图D-1-4-4-11）。

六、景观系统规划

规划区的景观系统主要由景观轴、景观环和景观节点构成。

“景观轴”：规划形成四条景观轴线，沿大西路形成大西路商业景观主轴；沿山巷形成商业景观次轴；沿大龙王巷、迎江路南街分别形成人文景观轴。

“景观环”：景观环线由风貌良好的街巷组成，也作为街区公共交通中的重要组成部分。

“景观节点”：主要景观节点包括大龙王巷东入口、原镇江商会办事处、大龙王巷西入口三处。次要景观节点有火星庙戏台、布业公所、魏同兴巷民居群和公济药店老板公寓（中医药博物馆）等。

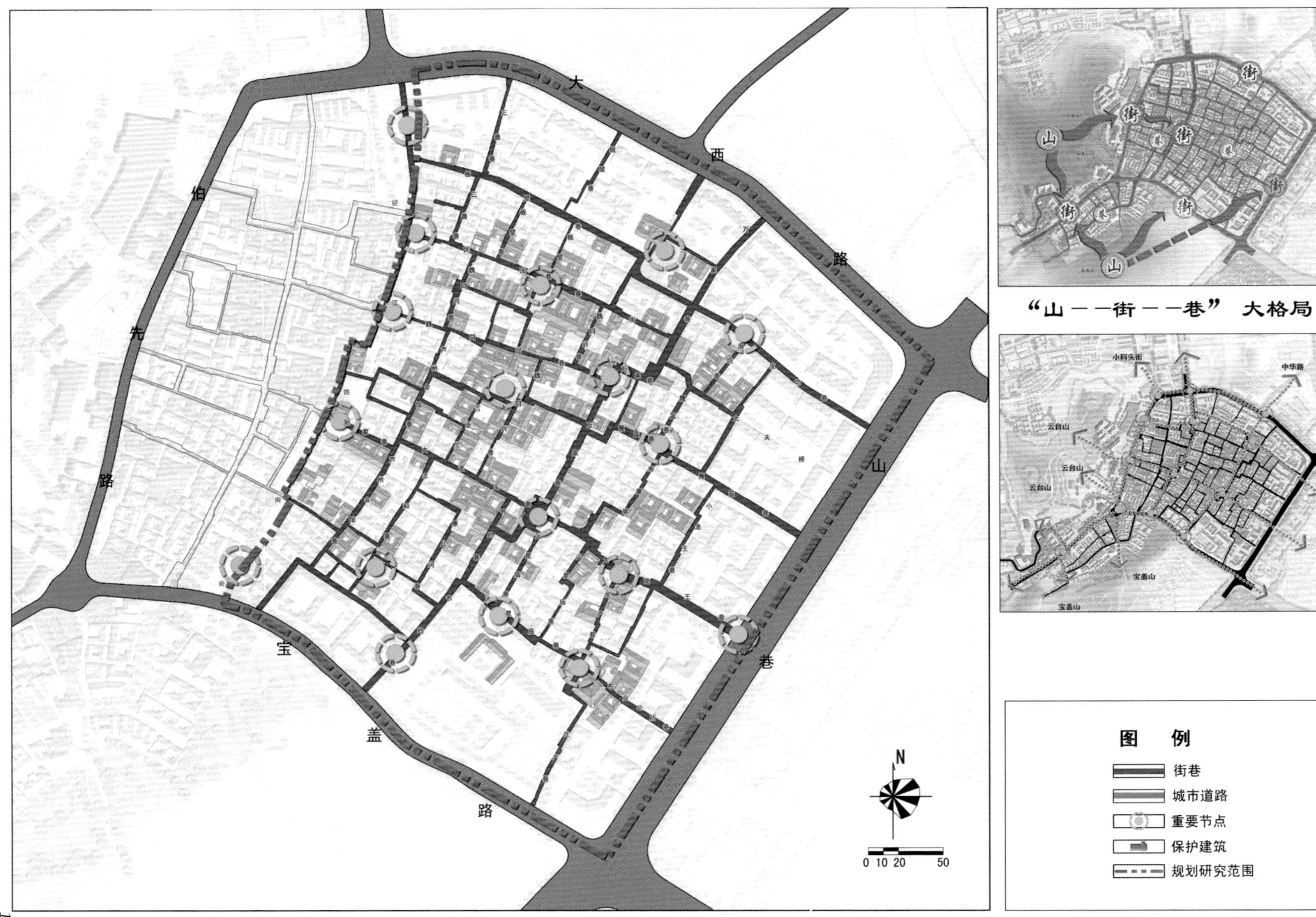

图D-1-4-4-8 镇江市大龙王巷历史文化街区空间格局保护规划图

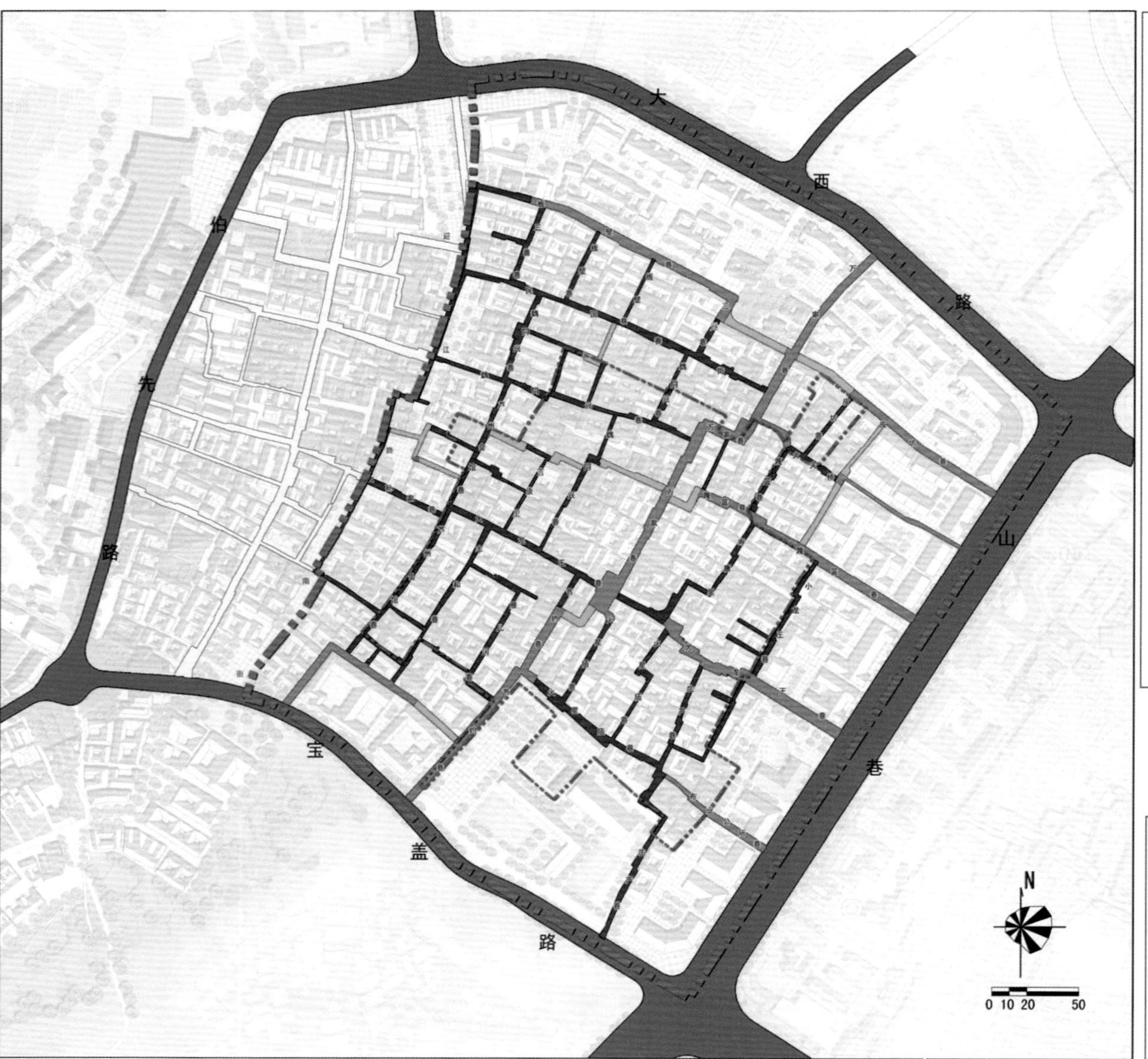

街巷及整治方式一览表

序号	名称	走向	长度	宽度	保护更新方式
1	大龙王巷	东西向	269 米	2.0-4.0 米	保护、整治
2	小龙王巷	南北向	77 米	1.8-2.8 米	保护
3	魏同兴巷	东西向	155 米	2.0-4.0 米	保护
		南北向	50 米	2.0-4.0 米	保护
		南北向	55 米	2.0-4.0 米	保护
4	万家巷	南北向	280 米	3.5-4.5 米	保护、整治
5	节约巷	南北向	170 米	3.5-4.5 米	整治、新增
6	芦州会馆巷	南北向	235 米	2.0-3.8 米	保护
7	丰和巷	南北向	164 米	1.7-3.5 米	保护
8	生产巷	南北向	190 米	2.0-4.0 米	保护
9	三元巷	南北向	30 米	2.0-3.0 米	保护
10	大夫桥	东西向	146 米	1-2.5 米	保护、整治
11	雁儿河巷	南北向	113 米	1.5-3.2 米	保护、整治
12	布业公所巷	东西向	85 米	1.8-4.5 米	整治
13	火星庙巷	东西向	95 米	2.0-4.0 米	保护
		南北向	77 米	1.3-4.0 米	保护
		南北向	70 米	1.3-4.0 米	保护、整治
14	篾篮巷	东西向	148 米	3.5-4.5 米	整治、新增
		南北向	50 米	1.5-3.5 米	保护
15	皮坊巷	东西向	150 米	2.0-4.0 米	整治、新增
		南北向	45 米	2.0-2.5 米	保护
16	三善巷	南北向	50 米	2.0-3.0 米	保护
17	板壁巷	东西向	210 米	2.0-4.0 米	保护
		南北向	45 米	1.5-4.0 米	保护、整治
		南北向	45 米	1.5-4.0 米	保护、整治
18	大孙家巷	东西向	50 米	2.0-3.0 米	保护
19	吉康里	南北向	87 米	1.5-2.5 米	保护
20	寿康里	南北向	90 米	2.0-3.6 米	保护
21	民国春街道	东西向	180 米	2.0-4.5 米	保护
22	迎江路南街	南北向	400 米	4.0-12.0 米	整治、新增

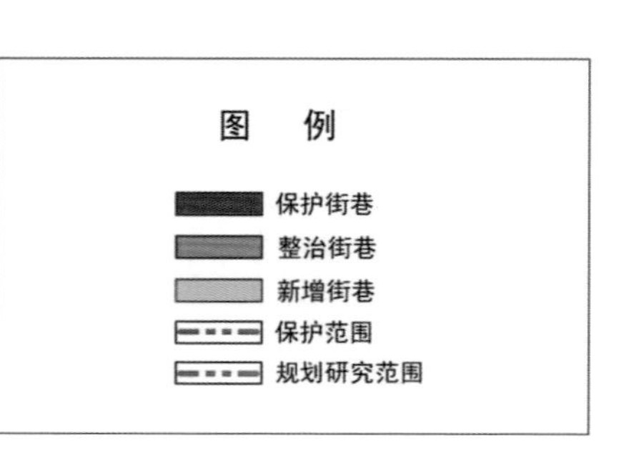

图D-1-4-4-9 镇江市大龙王巷历史文化街区街巷保护规划图

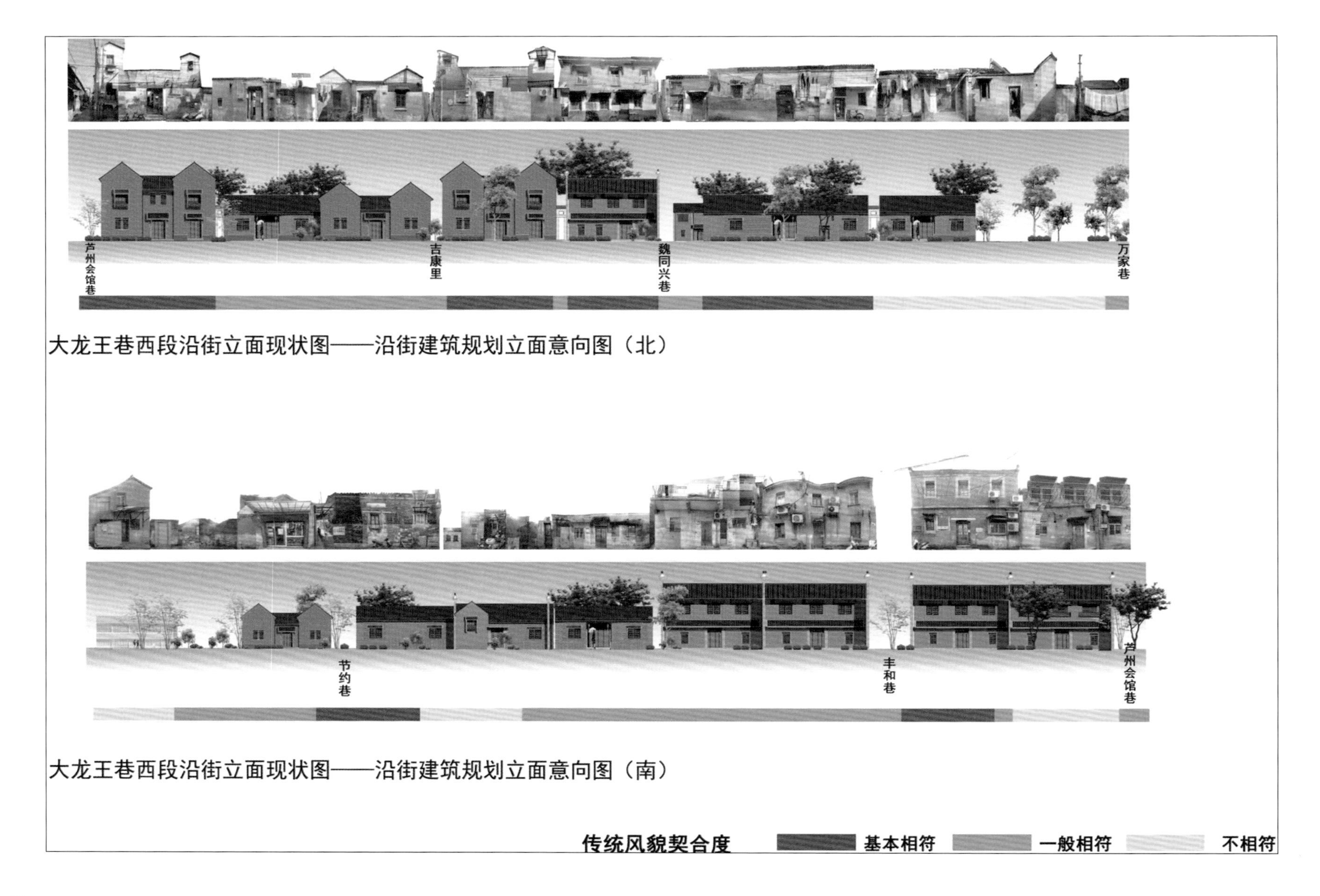

图D-1-4-4-10 镇江市大龙王巷沿街立面（西侧）保护整治规划图

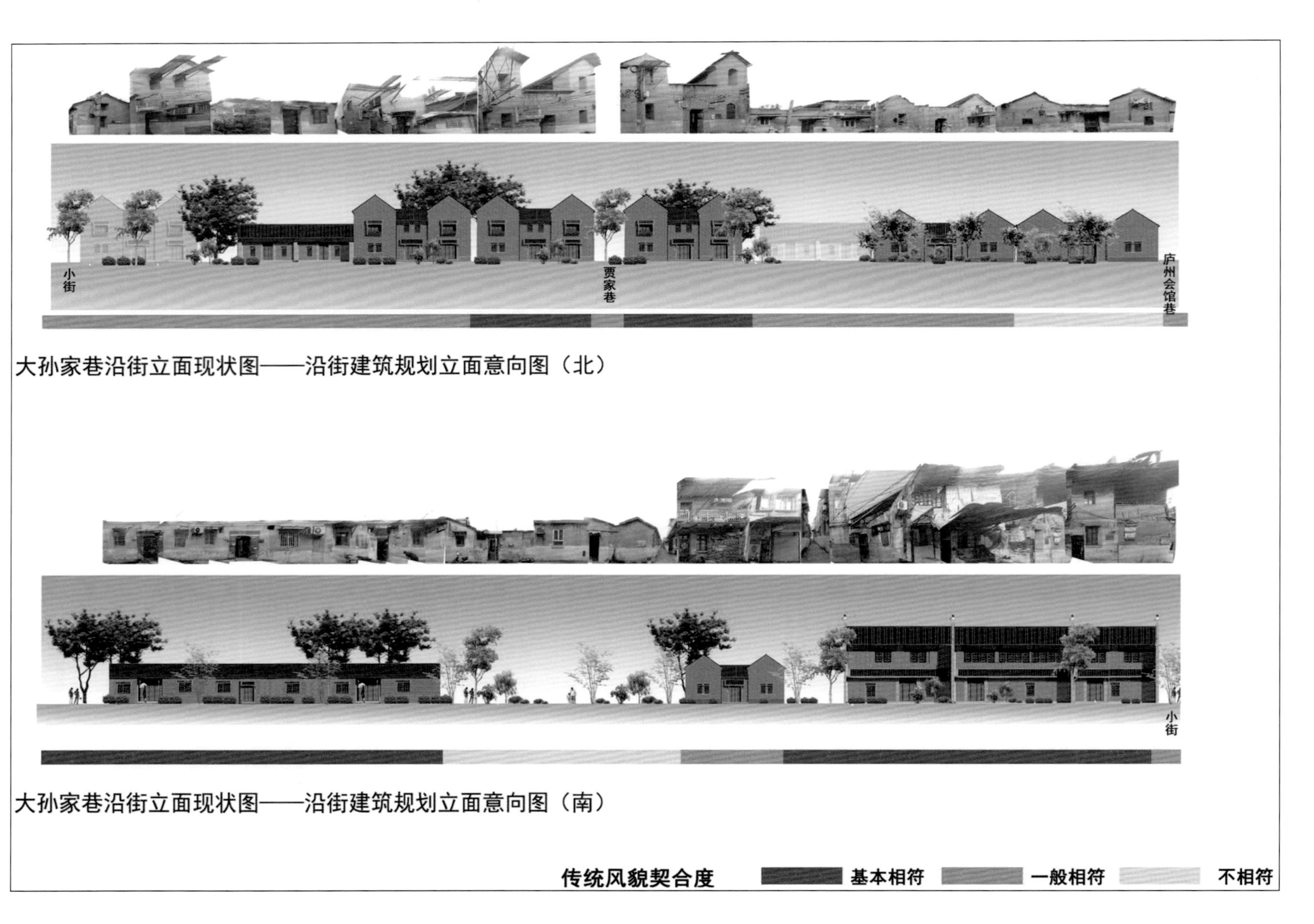

图D-1-4-4-11 镇江市大龙王巷沿街立面（东侧）保护整治规划图

第五节 大龙王巷街区道路交通和市政设施规划 *

街区交通规划从区域总体出发，力求处理好周边交通与街区的沟通衔接，遵循区内自足、干扰最小原则。道路规划应不破坏街区的整体风貌，街区内部对机动车严格管控，从街区外围区域构建区域干道网，理清道路功能，疏解交通压力。 重视支路网和街巷的改造建设，遵循街坊的空间脉络和尺度，突出历史文化氛围，同时尽量满足市政设施的同步建设技术需求。合理配置道路资源，优先考虑慢行和公共交通，合理引导社会车辆。采用多种方式解决出行和车辆停放矛盾，合理配置公共停车场设施，完善公交站点等设施。

一、路网规划

路网研究范围内（北至长江路、南至宝盖路、西至和平路—云台山路、东至山巷）道路系统分为四个等级：主、次干道和支路及伯先路街区。

巷道为区内生活性道路，包括迎江路南街以及其他街巷，道路红线宽度在 2 ~ 5m不等，包括万家巷、板壁巷、皮坊巷、民国春街、魏同兴巷、大龙王巷、芦州会馆巷、火星庙巷、丰和巷及小龙王巷等。为保护街区历史风貌，确定京畿路、伯先路、宝盖路西段为保留原貌不拓宽的街道，除保持原有道路的宽度和相关尺度外，还要严格控制沿线地块的建筑高度、体量、风格和间距等（图D-1-4-5-1）。

二、旅游线路交通组织

将西津湾、西津渡历史街区和伯先路历史街区统一考虑，构筑“五里长街”游线。在西津湾设置旅游接待中心，游客步行或通过电瓶车公交进行街区内的游览。在各入口处均设置有电瓶车或者特色公交停车场接驳站点。

结合环云台山游，在街区内部线路主要由宝盖山“京畿晓发”开始，经过云台山内街、大兴广场，至伯先路近代建筑群，到银山门老镇江民俗文化风情区，形成一个民国游的经典旅游线路。

三、慢行交通组织

完善街区慢行交通系统，设置生活慢行道（小街、大龙王巷等）和旅游慢行道（伯先路、迎江路南街）；结合公交站点、机动车停车场布置特色公交集中停放点 3 处和公共自行车停放点 5 处，提高站点覆盖率。

* 本规划由镇江市规划设计院于2011年1月编制，耿金文主持。

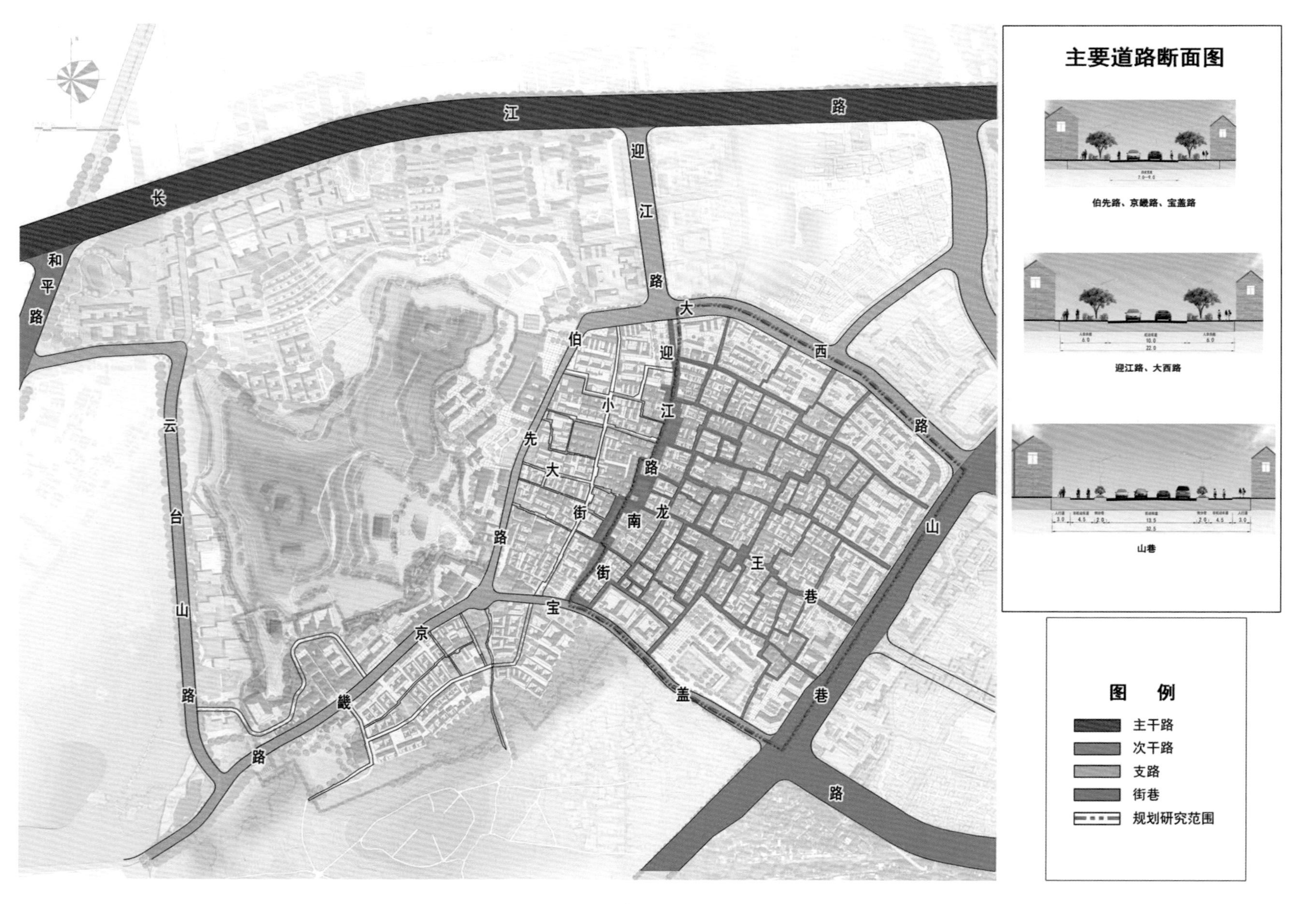

图D-1-4-5-1 镇江市大龙王巷历史文化街区综合交通规划图

迎江路南街为步行街。宝盖路、迎江路交叉口禁止车辆驶入，除消防、救护等应急车辆外，其他所有小汽车或者大巴车绕行或停在外围停车场。

宝盖路现状交通管理为从东到西的单向交通（不含公交车），未来随着历史街区的规划实施，建议恢复成双向通行，满足车辆过境的需求。

四、市政设施规划

历史街区市政设施按照区内自足、干扰最小原则，以满足历史街区内居民生活及适量旅游商业用途为主，不应将周边及城市其他地区的公共设施和市政设施配套需求纳入历史文化街区。各类市政干管均不应穿越历史街区。区内必要市政设施不应破坏或威胁历史建筑安全，设施应体量小巧、位置隐蔽、布置灵活，符合与传统风貌相协调的原则。市政工程设施在满足功能要求的同时，必须在建筑风格、色彩、尺度等方面与保护区的空间环境相一致，保护街区传统风貌。

海绵城市建设以保护为主，保持原有风貌，通过引入低影响开发（LID）技术，将雨水由管道快排转向渗、滞、蓄、用、排相结合，降低开发建设对城市生态环境及街区历史传统排水格局的影响，提高现状防涝标准，削减面源污染。

五、管线综合规划

以不破坏历史文化街区风貌为原则，结合街巷整治，进行管线综合规划。在符合现行国家规范和规程的基础上，对保护街巷(如大龙王巷、魏同兴巷、民国春街等）的地下管线适当保留。

在街区内部，考虑使用功能和管线便利敷设双重要求，相邻街巷可敷设不同管线。旅游性的主街（如迎江路南街、大龙王巷等）路灯、供电、通信电缆原则上埋地敷设，以提升街道的景观；生活性街道以及宽度狭窄的支巷（如吉康里、大孙家巷等），可保留架空线路，以与路灯杆同杆架设或沿墙壁设置支架的方式敷设。架空线路在满足安全的要求下需注意与景观协调。

旅游性的主街采用将路灯、供电、通信电缆以及自来水管同管沟敷设的方式以减少占地。生活性的支巷将上述路灯、供电、通信电缆架空敷设，有天然气管道的应保证其安全敷设间距。自来水管道可以从民居的厅堂和天井部分穿越，雨水可以地表浅沟的方式排放，或保留合流制管道排放雨污水。

六、消防交通和消防设施规划

1. 疏通消防通道

街区内外部的机动车交通道路、可通行电瓶车道路作为主要的消防交通道

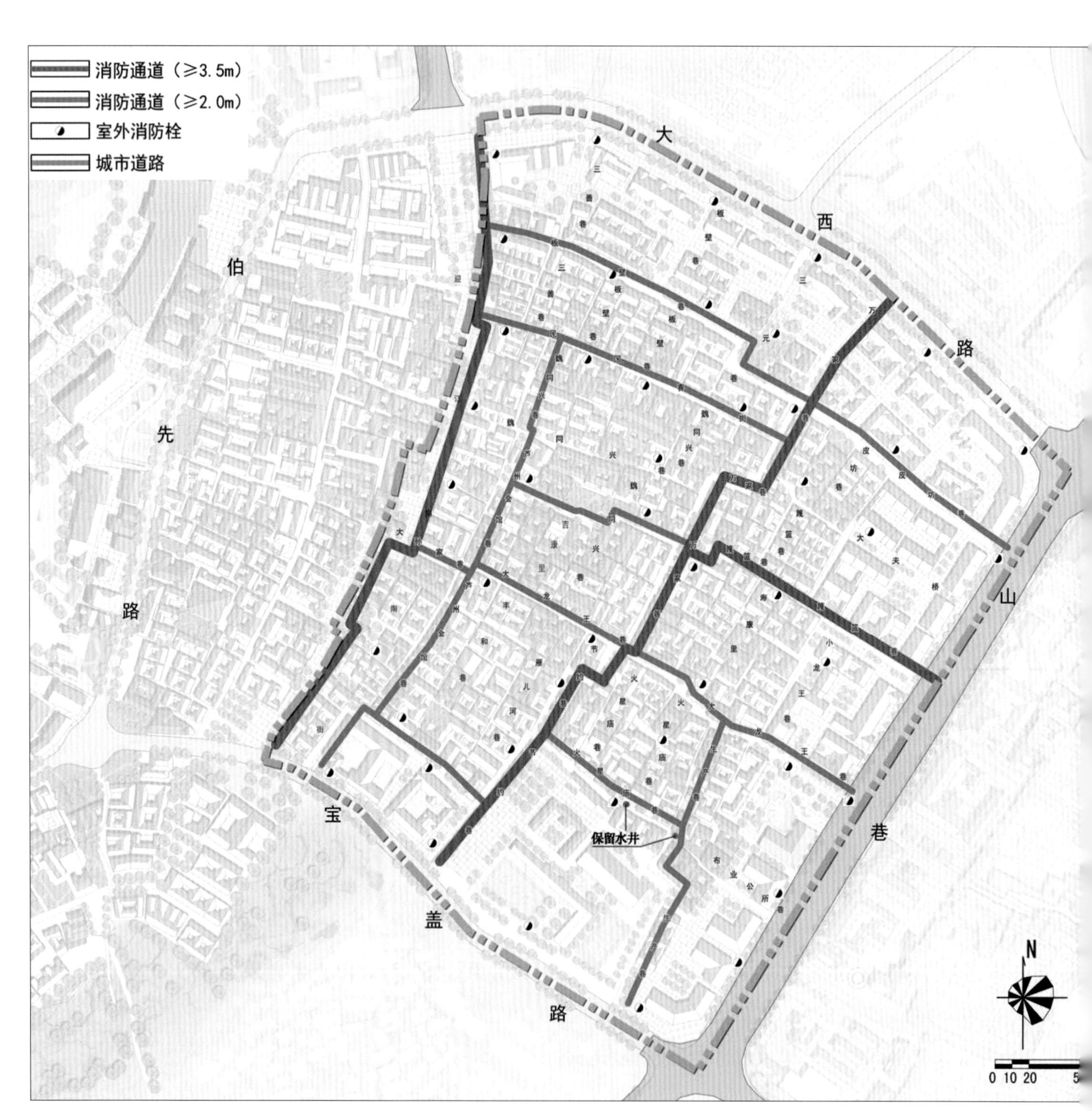

图D-1-4-5-2 镇江市大龙王巷历史文化街区消防交通和设施规划图

路。主要街巷道路宽度尽量不小于3.5m，消防通道净高达到4m以上，满足小型消防车驶入；次要街巷宽度尽量不小于2m，有利于消防摩托快速到达。

街区新开通道路宽度在4.5m以上，所有可通车的道路及回车场形成尽端式消防通道和回路式消防通道，以保证整个街区的消防可达性。

2．提高建筑的耐火等极，加强防火改造

现状历史街区的建筑耐火等级低，大多属于四级，应提高文保文控、历史建筑及其周围建筑的耐火等级，加强防火改造。文保文控、历史建筑等在不破坏原状的前提下，对内部进行防火改造：

（1）对其结构和材料进行适当的防火处理，改变燃烧性能，对被确定为防火分区的隔墙进行改造，将木支柱改为非燃烧材料。

（2）改造老化的配电线路。

（3）对新建及整治改造改建的建筑，在不影响历史风貌的前提下，按《建筑设计防火规范》设计施工，与保留建筑之间保证一定的防火间距，在建筑屋顶的适当位置增加女儿墙等防火分隔，其中重要公共建筑耐火等级不低于二级。

3．打通消防通道

在满足消防车通行与停靠的要求下，在历史街区核心区外围150m范围内，可以利用城市道路作用为消防车道，消防车道的间距控制在160m，保证消防车在150m安全供水范围内保护街区建筑。通过街区改造，适当拆除部分建筑物，使街区内主要街巷万家巷、迎江路南街、篾蓝巷等道路宽度尽量不小于3.5m，高度不低于4m，以满足小型消防车快速驶入的要求；次要街巷皮坊巷、小龙王巷等宽度尽量不小于2m，以有利于消防摩托快速到达扑救场所。

4．增加疏散通道

现有街巷宽度大多在1.5m以上，基本能够满足消防疏散走道的宽度要求。增加部分街巷（布业公所巷、节约巷等）的通道和出入口。街区内两个外部出口之间的距离控制在70m之内，单向走道尽端房间至外部出口的距离控制在20m之内（图D–1–4–5–2）。

5．设置防火分区

文保文控建筑宜单独划分防火分区，其他建筑成组划分防火分区，防火分区宜以建筑物本身所固有的隔墙进行划分，对于屋顶为可燃物的情况，应沿隔墙将1m内的可燃物更换为非燃烧物。对满足防火间距要求有困难的历史建筑，可通过打通历史建筑周围的消防通道或增加建筑的消防设施来适当减小防火间距；街区各店铺之间采用防火墙进行分隔，并封堵或加装防火门，修复防火墙上人为开设的空洞。每个防火分区内按规范设置室内消火栓系统。

6. 完善消防给水系统

加强改造街巷下消防给水管道，历史街区周围城市干道上消防给水管道管径不小于DN150，街区内消防通道上管径不小于DN100，管网末梢最小自由水头不小于0.14MPa。

街区内原有的水缸、水井等到汲水设施应予以复位、修葺；因地制宜，将在某些可以拆除的建筑处开辟景观水池，一方面可以改善历史街区环境景观，另一方面作为消防用水的重要来源。

沿街区内主要街巷设置室外消火栓，消火栓间距不大于80m，重点保护区域不大于60m。在每个防火分区设置室内消火栓（箱）及消防水喉。保留民居的外墙，以利于报警和消防。消火栓箱内同时设置消防水喉，以利于居民自救。商业和公共建筑内设置喷淋灭火装置，并同时设置火灾自动报警装置。在消防车无法到达的区域，设高压消火栓系统。

7. 消防电气

街区应该设置火灾报警系统。

第五章
西津渡历史文化街区专项保护规划和设计

西津渡历史文化街区保护更新工程始于20世纪末。鉴于当时的历史条件，规划设计在1998年《西津渡古街区保护规划》的基础上，根据街区的不同区域、不同的保护更新要求，采取分部专项设计、逐步推进完善的方式进行。2000年，镇江市建委授权镇江市城投公司及其下属公司作为出资股东组建西津渡建设发展有限责任公司，专门从事西津渡历史文化街区保护更新工程。2002年，西津渡公司划归镇江市城投公司直接运营管理，由镇江市城投公司直接负责筹措资金投资西津渡保护更新工程，大大加快了西津渡等三个历史文化街区保护的进程。

镇江市城投公司（2009年组建为镇江市城市建设投资集团公司，2014年更名为镇江市城市建设产业集团公司）先后委托镇江市规划院制定了2003年《西津渡小码头街建筑保护与修复设计》、2003年《西津渡风貌保护规划》、2007年《西津渡东北侧地块设计》、2008年《西津渡风貌保护区修规扩编》、2008年《西津渡风貌保护区修规扩编》、2009年《银山门地块保护更新规划》、2009年《环云台山保护整治规划》等，为实施西津渡历史文化街区的保护更新工程提供了强力支持。

第一节 西津渡小码头街区保护设计

小码头街原系沿古蒜山(云台山)北麓唐代凿壁而成的栈道。历史上它既是通往西津渡口的主要通道，也是联系城市与郊外的重要通道，栈道两侧逐渐发展形成了一条繁华的商业街。大约一个多世纪以前，长江主干道由这里北移，金山夹江淤沙连接南岸，小码头街又成为市民们前往金山寺的必经之路。民国时期，位于西津渡古街东南方的大西路和伯先路一带是为城市商业中心和高档住宅区，道路两侧店铺林立，各种商业十分兴盛（图P-1-5-1-1）。

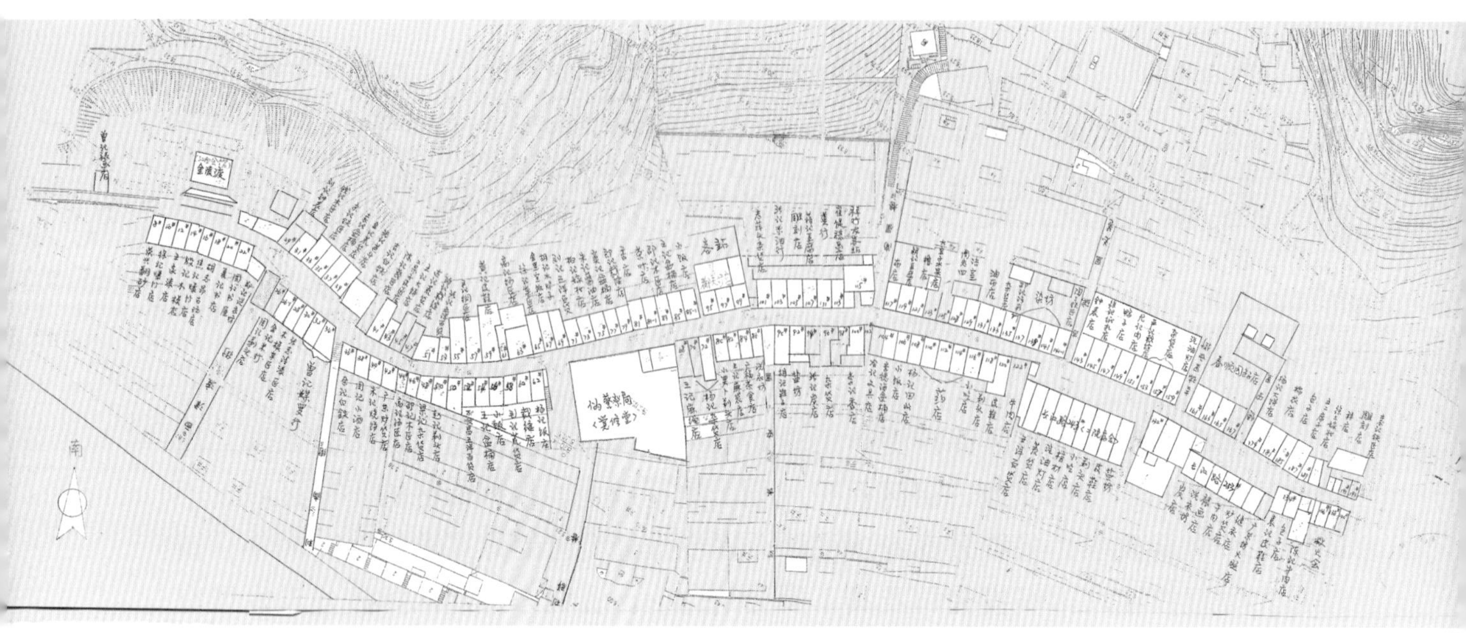

图P–1–5–1–1民国时期小码头街沿街商业历史格局图（张峥嵘制作）

20世纪50年代以后，镇江的城市建设进入了一个新的历史时期，城市中心从这里逐渐向东转移。新的交通干道和新火车站的建成使用加速了城市空间的这种结构性调整，小码头街逐渐离开城市的喧嚣和繁华，成为被遗忘的街区而得以完整地保存下来，80年代成为城市宝贵的文化遗产（图P–1–5–1–2、图P–1–5–1–3）。

图P–1–5–1–2 2002年小码头街沿街改造前原居民生活状况

图P-1-5-1-3 2008年修缮后的小码头街沿街街景

2003年，镇江市城投集团接手西津渡古街区保护工作。同年，委托东南大学城市规划设计研究院制定了《镇江市西津渡小码头街保护与修复设计》方案。东南大学城市规划设计研究院由丁宏伟教授负责，在《西津渡古街保护规划与整治规划》编制工作的基础上开展西津渡小码头街的保护设计工作，于2003年8月通过

图P-1-5-1-4 西津渡小码头街保护与修复设计方案论证会

专家论证。镇江市政府邀请了建设部总工程师王景慧、同济大学教授阮仪三等国内著名专家参加论证会。镇江市政府副市长黄宝荣主持了论证会（图P–1–5–1–4）。

东南大学城市规划设计研究院在对西津渡小码头街各类历史建筑进行实地踏勘、测绘，调查其历史变迁的基础上，综合分析西津渡小码头街的传统文化及空间特色，确定保护范围和保护对象。根据不同建筑情况制定了保护、维修、改造、整治措施与方法。

《镇江市西津渡小码头街保护与修复设计》方案的主要内容如下。

一、设计范围

西津渡小码头街：东南自大西路口起，经“五十三坡”，西至长江路（应为新河路—编者注）全长逾500m。本次保护设计范围：自“待渡亭”西至长江路（应为新河路—编者注），长约300m街道两侧的建筑物。设计宽度以保持沿街建筑庭院空间的完整性为原则，见图D–1–5–1–1。

图D–1–5–1–1 小码头街北段修缮前一层现状图

二、设计原则和目的

保护传统历史风貌，创造空间环境特色，恢复传统商业活力，改善居民生活条件，开发旅游观光景点，促进地方经济发展。

（1）充分尊重地方文化和历史遗产，保护和发扬传统文化的精髓，树立地方文化的自信与自尊，以此振兴地方文化产业。

（2）坚持以体现历史真实风貌、提高文化内涵和改善居住生活质量为原则，尽量保持街区原有合理的使用地功能和空间格局。

（3）保护、恢复小码头街特有的“山—街—巷—江”的景观特色，保护传统的街道、山体、墙门、广场等空间节点构成要素，建立完整的景观系统。

（4）挖掘有价值的历史性建筑和较完整民居群落，予以合理的保护和利用。

（5）增加小码头街的商业、娱乐和旅游服务等功能，完善小码头街传统特色商业街市的氛围。

（6）完善小码头街西入口空间序列，强化空间边界点和视觉交会中心点，严格保护和控制云台山景观系统的视线走廊。

（7）加强基础设施建设，结合工程管线规划，增加市政公用设施的用地，为改善居民生活水平提供土地和设备保障。

三、设计重点

（1）“历史古街”——保持小码头街原有街巷的尺度、比例和步行方式，严格禁止摩托车及小汽车进入，以确保其独特的空间格局及宁静的气氛。

（2）“繁华街市”——保护和恢复具有传统风貌的商业、手工业街市历史街区的繁荣景象；体现传统商业情趣，展示民俗生活氛围。

（3）“传统民居”——保护传统民居街区，根据实际情况，以传统的居住形态为本，选择某些有特色的民居院落，恢复传统居住空间格局。

（4）“古街八景”——在久享盛名的西津渡诗话的基础上，精心塑造西津渡小码头街新八景，即：“五十三坡”“小楼江揽”“昭关石塔”“古寺晚钟”“古亭待渡”“拱廊通幽”“西津驿站”和“古巷灯火”。

四、整治措施

西津渡小码头街保护整治内容主要包括沿街建筑风貌、西入口空间、古待渡亭等空间节点的保护与整治。为了更好地体现保护整治设计的重点和内容，把小码头街历史建筑风貌分成两类，采取保护整治、拆除改善环境等不同的保护措施。

1. 第一类建筑：恢复原貌，完善功能

——原有建筑形式、风貌保存较好，但门窗、墙体有一定的损坏、改造，较为完整的民居院落。保护整治措施：保持原样，略加修缮；保传统民居院落格局。

——原有建筑木构基本保存，但门窗、墙体和屋顶有较大程度的改造、损坏；或者是门窗被重新开设，失去了原有风貌特点；建筑质量较好但风貌欠佳的建筑。保护整治措施：利用原有框架，采取对个别构件加以维修，剔除近年加建部分；对门、窗、屋顶和墙体进行修缮和整修，恢复原有沿街建筑风貌和传统居住空间格局；对建筑内部加以调整、改造，恢复前经营后居住的店铺布局；完善厨卫、水电等生活设施，提高居民生活质量。

2. 第二类建筑：对传统风貌影响较大、有碍观瞻的违章搭建建筑和新建建筑

（1）拆除，按传统风貌重建，形成完整协调的街道连续界面。严格控制建筑高度、体量、作法和色彩。建筑高度控制在一至二层的坡顶传统建筑，檐口高度不超过7m，屋脊高度不超过10m。严格控制街道断面的建筑高度与街宽比例，同时保证街巷在平面和立面上错落有致，尽可能提供一定的公共活动空间。

（2）拆除，结合入口、空间节点，改善景观环境和确保云台山视觉走廊的通畅。如图D-1-5-1-2 ~ 图D-1-5-1-7所示。

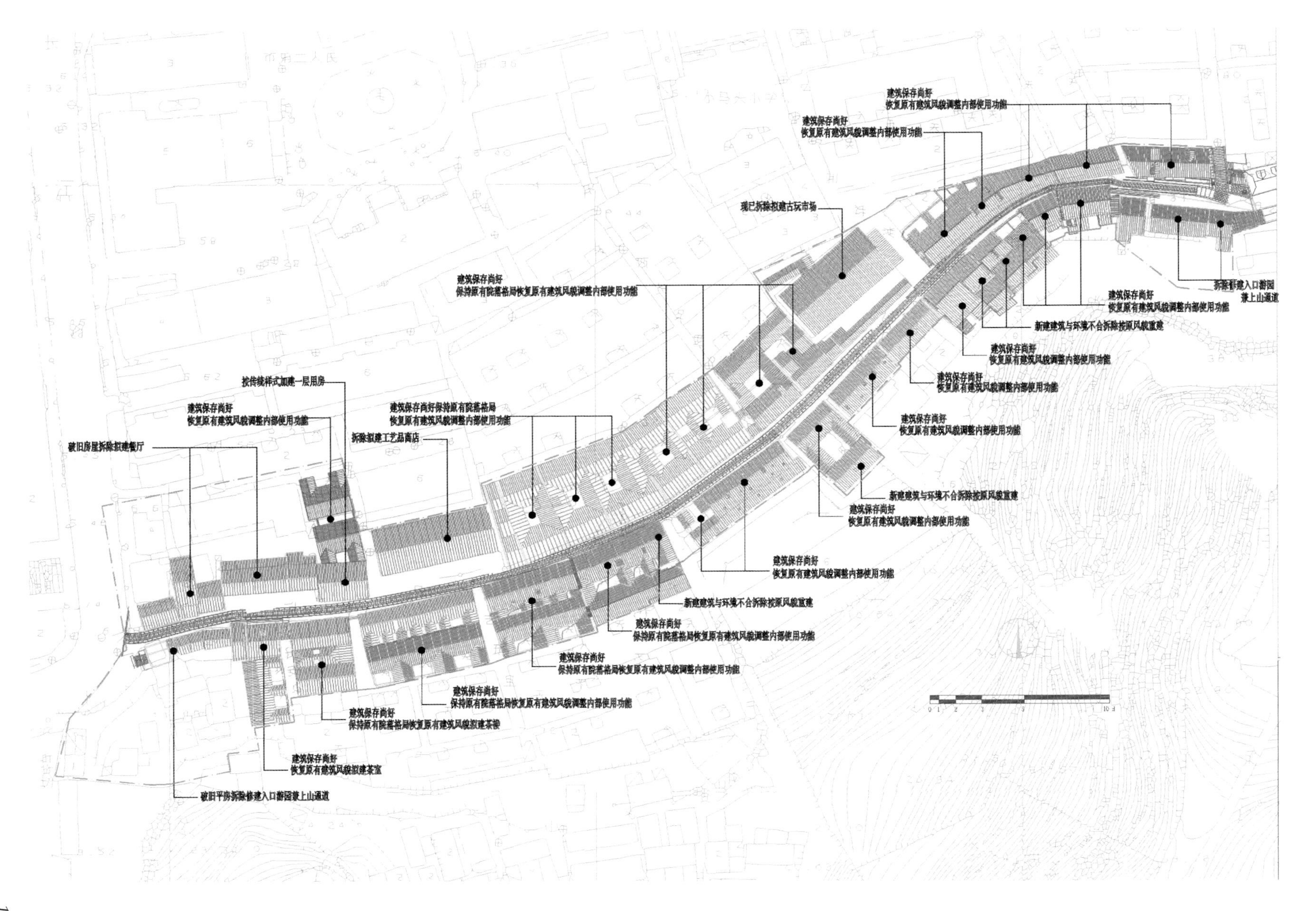

图D-1-5-1-2 小码头街北段保护设计屋顶平面及保护方案

图D-1-5-1-3 小码头街区保护设计立面效果

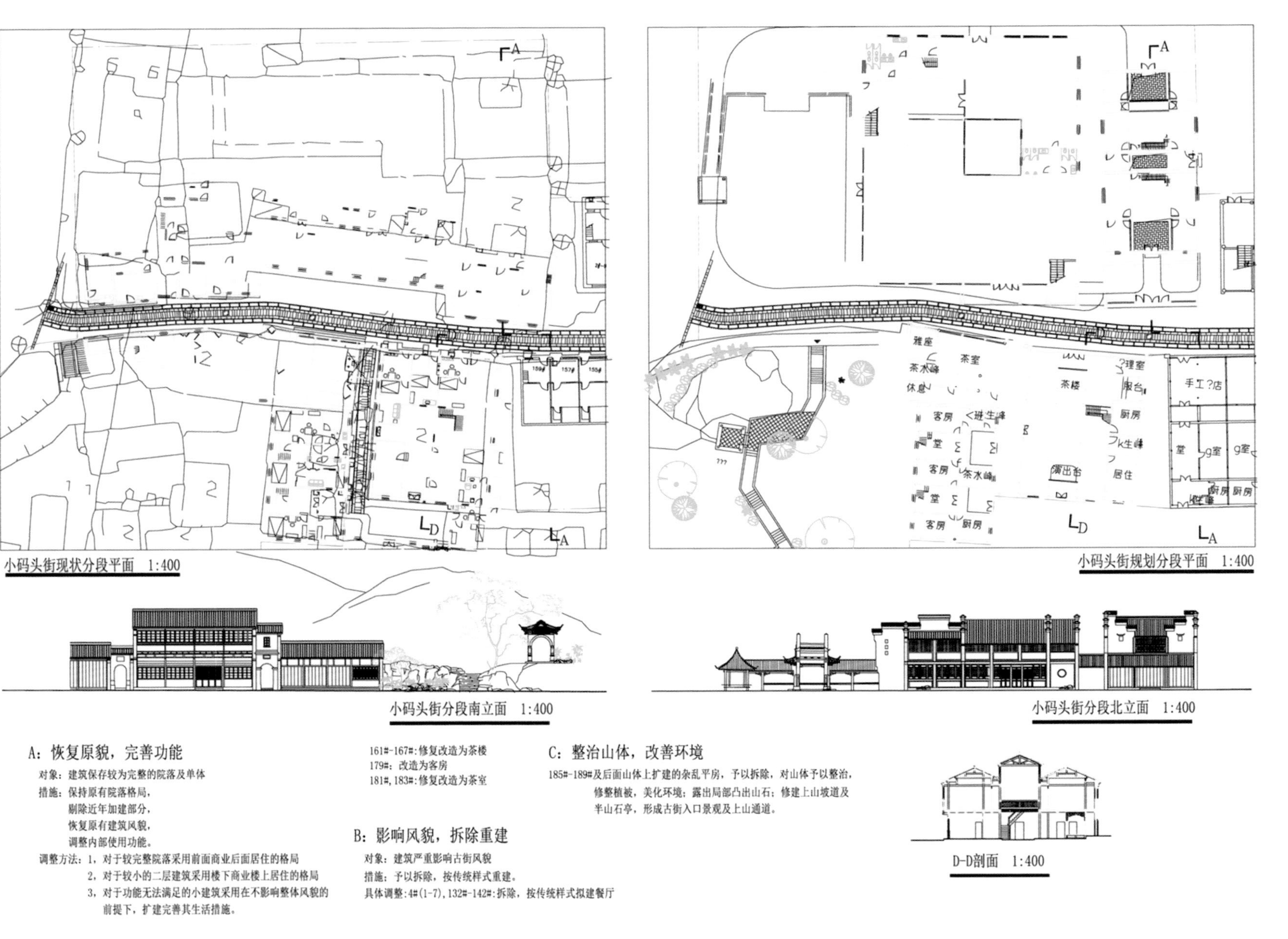

图D-1-5-1-4 小码头街分段保护设计详图(1)

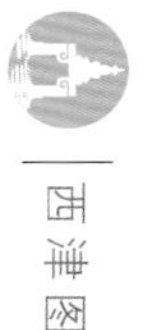

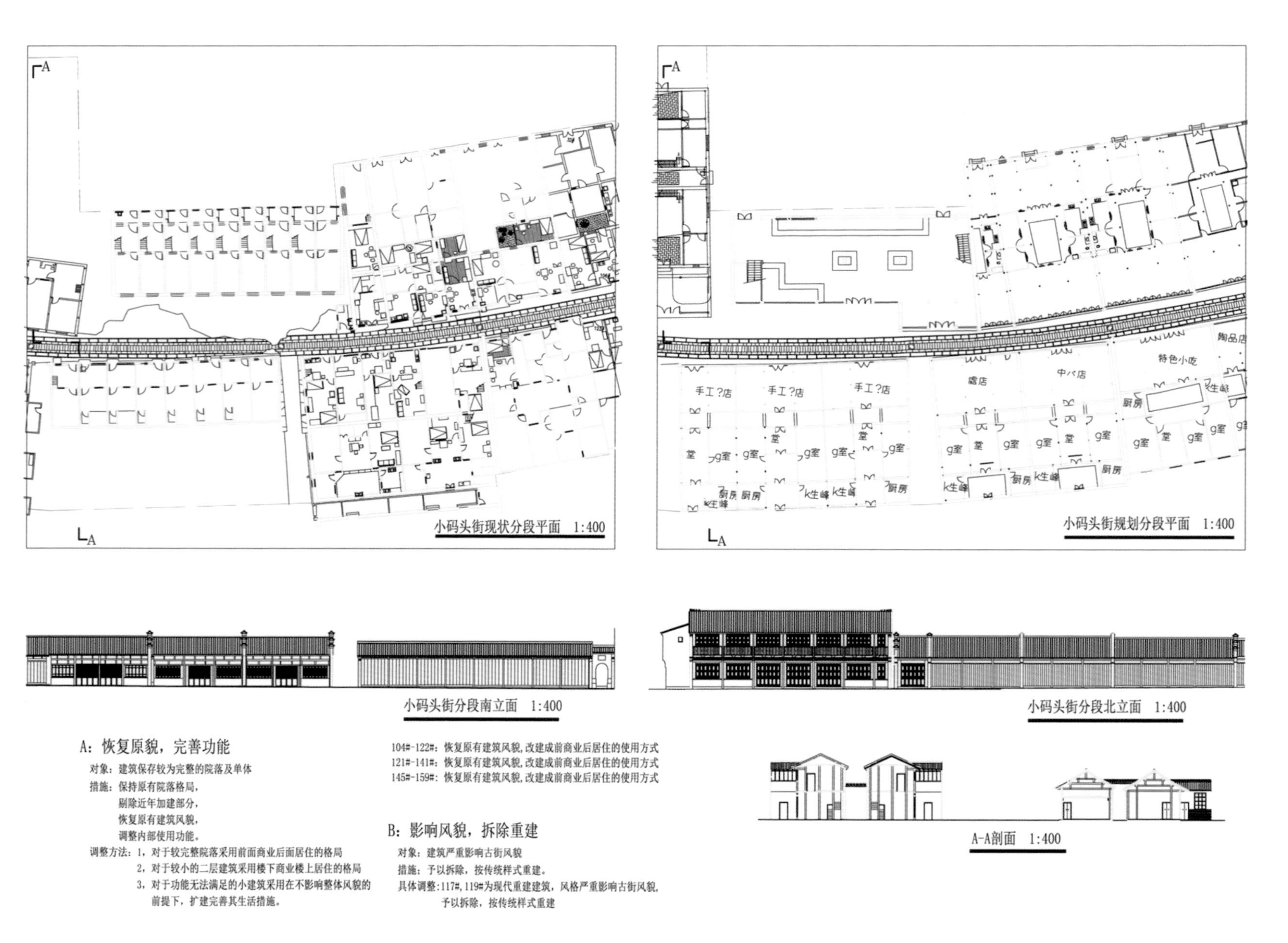

图D-1-5-1-5 小码头街分段保护设计详图(2)

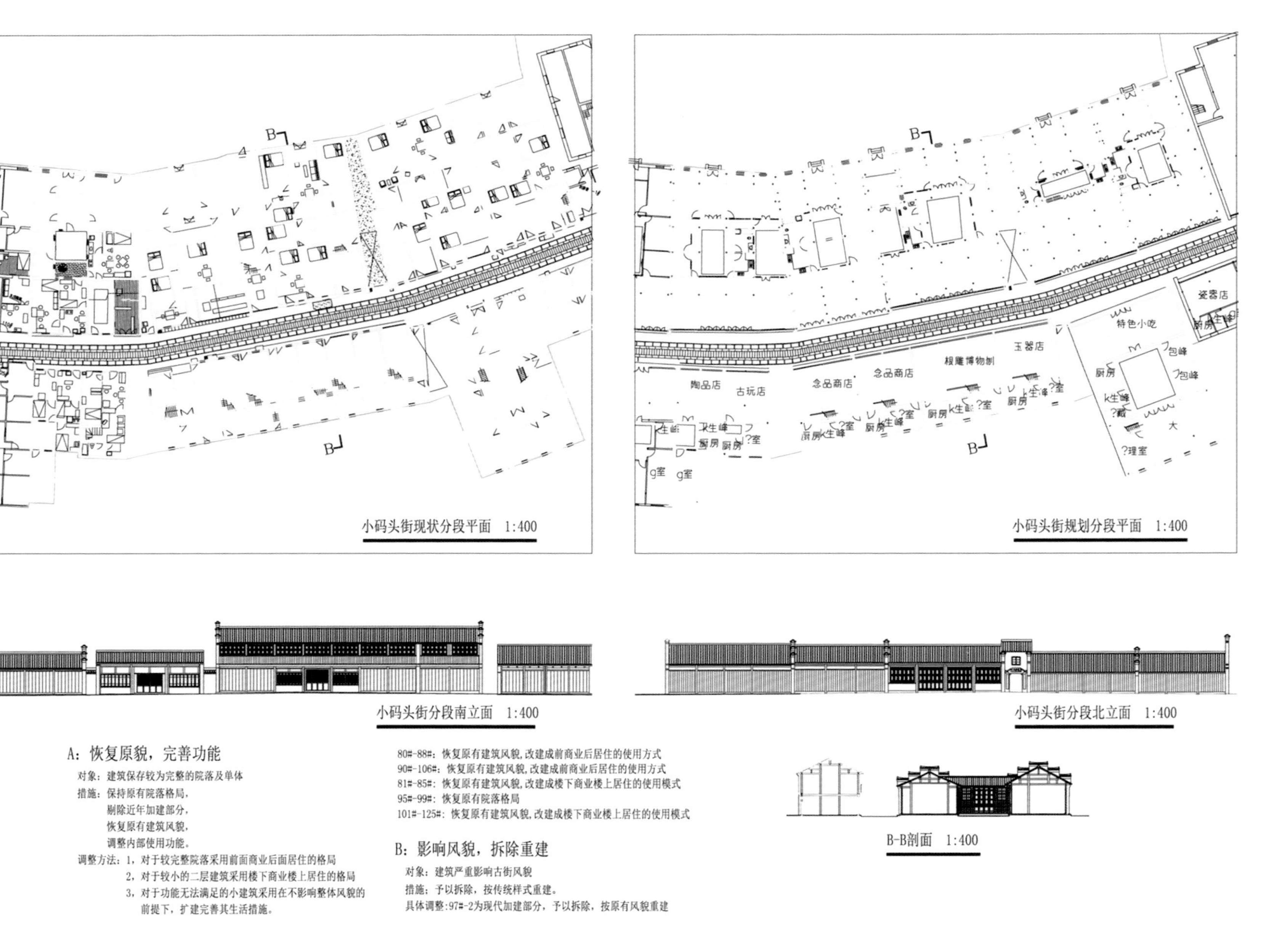

图D-1-5-1-6 小码头街分段保护设计详图(3)

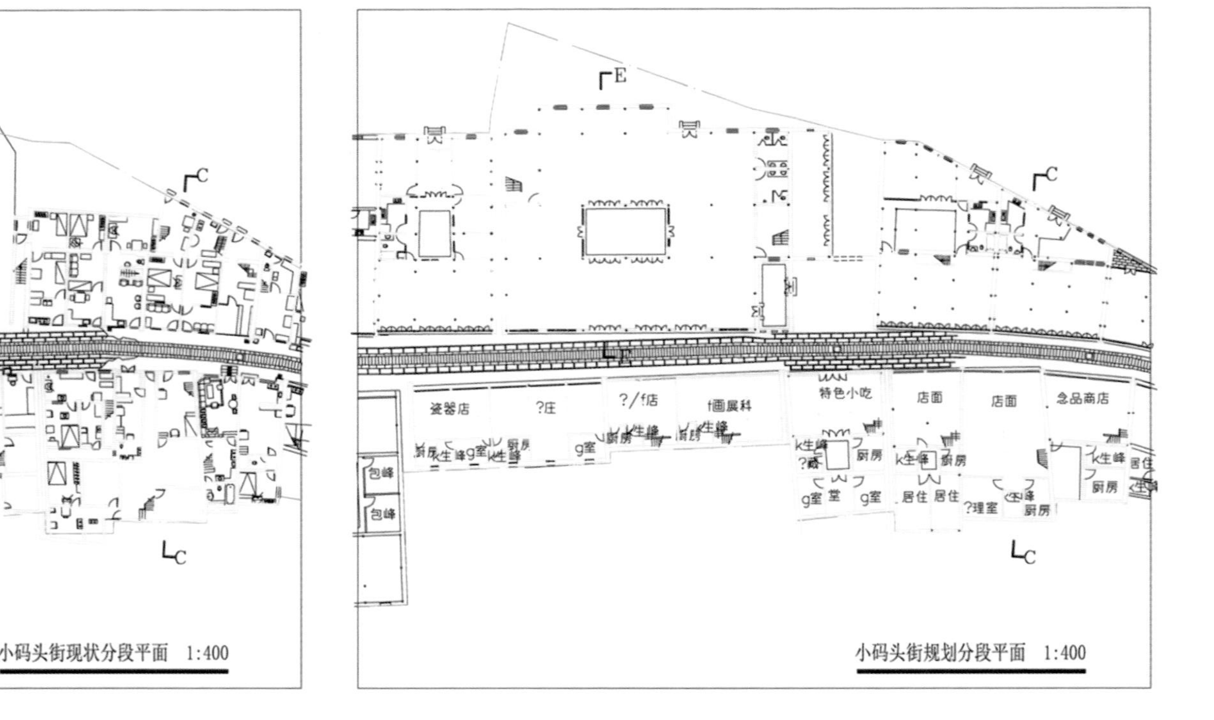

小码头街现状分段平面 1:400

小码头街规划分段平面 1:400

小码头街分段南立面 1:400

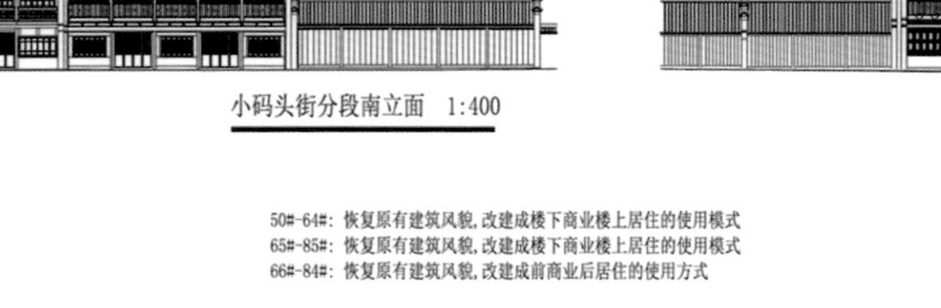

小码头街分段北立面 1:400

A：恢复原貌，完善功能

对象：建筑保存较为完整的院落及单体

措施：保持原有院落格局，
剔除近年加建部分，
恢复原有建筑风貌，
调整内部使用功能。

调整方法：1，对于较完整院落采用前面商业后面居住的格局
2，对于较小的二层建筑采用楼下商业楼上居住的格局
3，对于功能无法满足的小建筑采用在不影响整体风貌的前提下，扩建完善其生活措施。

50#-64#：恢复原有建筑风貌，改建成楼下商业楼上居住的使用模式
65#-85#：恢复原有建筑风貌，改建成楼下商业楼上居住的使用模式
66#-84#：恢复原有建筑风貌，改建成前商业后居住的使用方式

B：影响风貌，拆除重建

对象：建筑严重影响古街风貌

措施：予以拆除，按传统样式重建。

具体调整：1#（1-8）：现已拆除，按传统样式拟建古玩市场
59#-63#：为现代加建部分，予以拆除，按原有风貌重建

E-E剖面 1:400

图D-1-5-1-7 小码头街分段保护设计详图(4)

五、基础设施配套规划

1. 规划原则

以改善居民生活条件和保证历史街区安全和可持续发展为目标，做到市政工程设施的现代化功能与历史街区传统风貌特色相统一，市政工程设施建设服从传统建筑风貌保护要求。

2. 给水工程规划

古街内管网与城市水网相连。为保证供水安全性，将梳理有关管网，建成环状供水。给水要满足消防要求，给水管网布置考虑消防对流量和水压的要求。结合管网改造，加大管径和提高水压，以满足设置在室外消火栓的要求。

3. 污水工程规划

保护区污水全部进行二级生化处理，出水水质必须达到国家相关排放标准；排水体制采用雨污分流制。近期控制地面水达到三级标准。根据山坡走势设置不同标高的主干雨水管，统一排至城市雨水管网。雨水排放结合道路铺砌，就近排入主干雨水管。改造房屋内部结构，使用现代卫生设备。

4. 燃气工程规划

为改善保护区大气环境质量，减少火灾隐患，杜绝使用煤炉而完全应用液化石油气。鉴于保护区街道狭窄，燃气供应近期采用瓶装方式。远期可考虑使用管道煤气。

5. 电力电信工程规划

规划将保护区内380V/220V线路全部以地下电缆埋设。

电信线路远期全部改造为地下电缆，沿道路布置。有线电视线路与电话电缆同沟敷设。

增加保护区周边的邮政设施，提高自动化程度，方便居民使用。

6. 消防设施规划

380/220V电力架空线改为地埋电缆，减少着火隐患。室内线路包绝缘套管，减少线路火灾隐患。按规范要求在街道设置消火栓，间距不小于110m。结合给水管网改造，提高管网压力。

7. 市政小品设计

市政工程设施在满足功能的要求之外，必须从建筑风格、色彩、尺度等方面与西津渡历史街区的空间环境相一致，保护整体空间环境的传统风貌。路灯、果皮箱、垃圾收集箱、消火栓、公用电话、邮筒及指示标牌等应从形式、色彩、风格方面要表现历史街区特色，深化旅游者对西津渡的环境意象。有利于市政设施功能的发挥，努力做到功能与形式的统一。

8. 管线综合布置

考虑传统风貌的保护，工程管线全部地下敷设。鉴于街巷狭小，且断面多，布管时合理确定走向及管位。主要街道的管线如下：电力、给水、污水、电讯(含有线电视)。其中电力、电讯(含有线电视)线路敷设在街道的两边，电缆穿管直埋，埋深0.3 ~ 0.6m。污水管敷设在街道中央，给水管根据现状和街道情况灵活设置，埋深约0.2 ~ 1.2m。

根据保护区路面情况，并结合保护规划，主要路面拟采用花岗岩石板路，因此管线应依此为据敷设。

六、重点地段整治方案

保护西津渡特有的“山—街—江”的空间形式，加强传统街道、山体绿化间的视觉与空间的渗透性。

1. 小码头街西入口

现小码头街与长江路（应为新河路——编者注）交叉口街道两侧建筑多为临时搭建，建筑相当破旧，景观杂乱，与传统街道的氛围不相协调，规划予以全部拆除，对其功能和景观加以整治（图P–1–5–1–5）。

图P–1–5–1–5 小码头街道修复后照片

规划在小码头街西，长江路（应为新河路——编者注）口设一小型入口广场，塑造古街步行入口新形象。街道中置方形石坊一，为强调建筑与环境结合的传统空间思想，便于人流集散并突出入口标志。入口南侧，显山露绿，将云台山山坡、岩石裸露出来，覆以植被，使“山体—街道—广场”空间浑然一体。沿坡拾级而上，游人可在云台山上获得更好的视觉效果。石牌坊北，为有亭、廊、敞厅环绕的半开放式市民休闲广场。广场掩映在绿荫之中，敞厅可兼作演出戏台。亭廊、戏台北侧设小型停车场。如图P-1-5-1-6所示。

图P-1-5-1-6 小码头街西入口修复后景观

图P-1-5-1-7 小码头街待渡亭节点景观(航拍)

2. “古亭待渡”

“古亭待渡”位于西津渡街与小码头街丁字口，东与小山楼相邻，是一处重要的空间节点。正对西津渡街的南侧，拆除质量较差的现有建筑，在街道与云台山北坡间适当敞开一口子，将云台山绿化延伸到街道空间中来。利用街道与山体的高差，依附挡土墙设假山、瀑布、台阶，成为西津渡街的对景。由此而上，可游小山楼、云台山栈道，眺望古街、长江胜景。如图P-1-5-1-7所示。

图P-1-5-1-8 小码头街鸿禧广场节点景观

3．小码头街中段空间

在对小码头街两侧沿街立面进行整治，形成完整协调的连续界面的同时，位于小码头街中段南侧，小码头街与上山道相交处，适当放宽上山道入口尺度，成为市民上山晨练和游客登云台山、游明清祠堂建筑群（民俗博物馆）的又一通道。如图P-1-5-1-8所示。

七、环境要素整治

主要街巷路面采用花岗条石铺砌，并注重路面铺砌纹样的变化和绿化的配置。整治、规范街道环境小品，强化果皮箱、标牌、招牌和路灯等的特色。重建建筑色彩应采取黑、白、灰等传统民居特有的色彩及装饰和建筑形式；屋顶、门、窗、墙体、路面及其他细部也必须是传统民居的做法。

八、保护规划指标

见表B-1-5-1-1。

表B-1-5-1-1　规划指标

用地(hm^2)	总建筑面积(m^2)		建筑占地面积(m^2)		道路广场(m^2)		绿化(m^2)	
	现状	规划	现状	规划	现状	规划	现状	规划
1.1682	8897	9438	6807	7782	4875	2321		1612
规划指标	建筑容积率		建筑覆盖率		道路广场覆盖率		绿化率	
100%	80.8%		66.2%		19.9%		13.9%	
	拆除建筑(m^2)		保留建筑(m^2)		新建建筑(m^2)			
	1614		7283		2155			
规划指标	占现有建筑		占现有建筑					
	18.1%		81.9%					
			占规划建筑		占规划建筑			
			77.2%		22.8%			

第二节 西津渡历史街区东北侧地块详规

2006年，西津渡历史文化街区东北地块前进印刷厂、滤清器厂相继破产，西津渡公司为保护街区文化，在镇江市城投集团支持下，斥资收购了三家破产改制企业，启动厂房中间地带和文物建筑内居民搬迁工作。2007年9月，委托东南大学城市规划设计研究院王建国教授为主的团队，包括吴明伟、董卫、王鹤、柴洋波、杨佳对地块修编详规，以妥善保护该地块的历史建筑和特有街区文化，并使其在新的城市发展进程中充分体现应有的文化价值（图D-1-5-2-1）。

图D-1-5-2-1 西津渡历史文化街区东北侧地块鸟瞰图

一、规划用地状况

规划用地位于镇江市，北临长江路，南依英国领事馆及救生会，东接西津渡历史文化街区传统民居群落，西至迎江路，共3.39hm²。

规划用地历史上是镇江英租界的一部分。第二次鸦片战争结束后，长江沿线被迫对外开辟了五个通商口岸，镇江就是其中之一。1860年，云台山下沿江一带被划为英租界，清同治三年（1864年）在这里修建了英国领事馆。用地范围内现存原亚细亚火油公司（即现镇江民间艺术馆，一度曾为邮政江边支局）、税务司公馆、工部局巡捕房三座租界建筑，与南侧山坡上英美领事馆相邻。

规划用地主要以业已破产或外迁的前进印刷厂和滤清器厂用地所组成。其中前进印刷厂是一座具有辉煌革命历史的工厂，成立于抗日战争时期，原为新四军的印刷厂，专门印制重要文件、证券等材料。“文革”期间它还是江南地区印制《毛泽东选集》的主要工厂之一，现存一些厂房即为20世纪六七十年代为突击印制《毛泽东选集》而扩建。

用地东侧“五十三坡”、西南侧的救生会及西侧的小码头街和西津渡街都有着悠久的历史脉络和深厚的文化底蕴，是镇江“渡口文化”的集中代表。

从建筑形制看，英国领事馆与现存的原租界建筑系欧洲近代建筑与亚洲建筑传统结合的产物，也称“东印度式”建筑，以砖木结构为主，二～三层，外墙多以青砖夹红砖叠砌而成，勾白色灯草缝，形成青红相间的图案。

用地内存在多种历史文化积淀，包括：长江渡口文化层、近代租界文化层、当代工业文化层及杂居其间的老旧民居等。每一个文化层都反映了一段重要的历史，而它们的叠加，就构成了用地丰富多彩的历史文化背景。

二、规划思想与规划措施

1. 坚持文化遗产整体保护的原则

西津渡历史文化街区东北侧地块主要由前进印刷厂、镇江滤清器厂和镇江市农药厂（部分）三座工厂用地所构成。在前进印刷厂与滤清器厂之间还有一些20世纪五六十年代以后自发建设的民居，其中绝大多数为危房，急需整治改造。用地内还包括三座半殖民地时期遗留下来的租界建筑，建筑年代及风格与英国领事馆建筑群类似，属镇江市文物保护单位。但除一栋作为民间艺术馆经过维修整治外，其余两栋状况均十分危险，需进行抢救性保护修缮。

规划对用地现状建筑进行了价值评估，认为现存三座工厂的主体部分（包括三座租界建筑）反映出镇江西津渡近代以来的历史变迁过程，具有很高的综合性

图D-1-5-2-3 镇江市西津渡历史文化街区东北侧地块沿街（长江路）立面效果图

建筑名称、编号：商业服务建筑(F15)

建筑层数：2层，硬山顶

建筑面积、占地面积：1200平方米，550平方米

立面形式：传统建筑风格

图D-1-5-2-4 镇江市西津渡历史文化街区原农药厂办公楼（现镇江菜馆）立面效果图

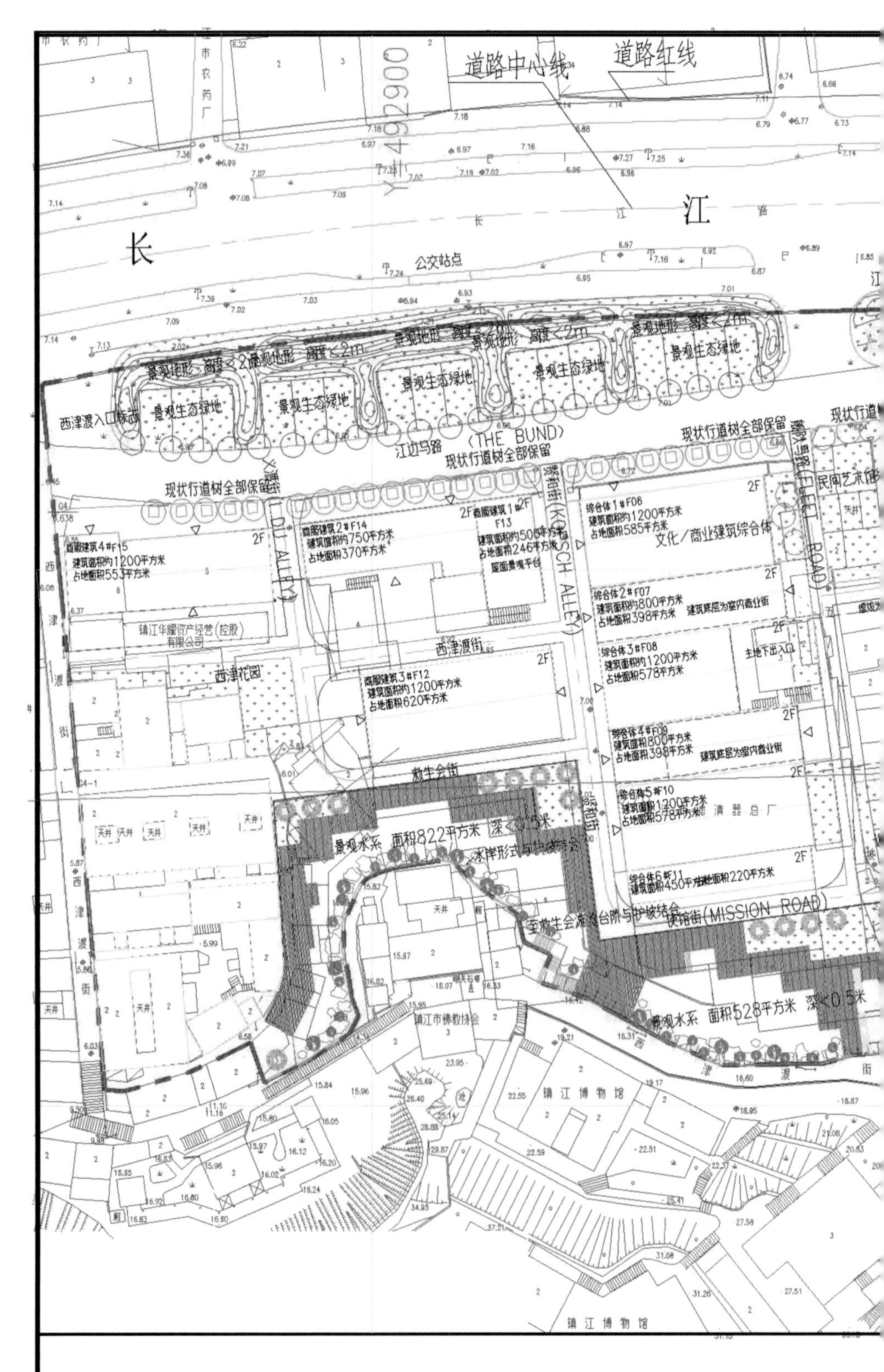

镇江西津渡历史街区东北侧地块

图D-1-5-2-2 镇江市西津渡历史文化街区东北侧地块详规

历史文化价值，应当予以整体保护和再利用。在此基础上根据新的功能要求对整体环境及建筑单体进行整治改造，营造出符合镇江历史特点并具有现代功能的历史文化场所。

2．坚持整体改造与整治的原则

现有厂房建筑多建于60—70年代，具有明显的现代工业建筑风格，大部分为一二层建筑，少数六层建筑经过降层改造后与西津渡传统建筑在形态上并无大的冲突，故可以继续使用，但需要全面维修整治与结构加固，以满足新的建筑规范和使用功能，并应当适应未来可能的功能调整。

对用地基础设施进行更新改造，提高管线质量与容量，在保护历史资源的基础上适当开发地下空间和辅助空间（图D-1-5-2-2）。

3．加入新的功能，提升用地环境品质

经过多次规划方案调整，基本确定新的功能以文化创意产业与特色服务为主，适当保持在使用过程中功能调整的灵活性。通过新功能的加入，激发用地的社会经济活力，是历史文化街区保护与改造的必要措施。因此，本地块的整治与建设必然对整个西津渡地区的保护与发展产生积极的效果。

三、建筑保护与整治办法

1．文物建筑

原有文物建筑亚细亚火油公司、税务司公馆和工部局巡捕房，按《中华人民文物保护法》及有关要求原样修复。原亚细亚火油公司已经开辟为镇江市民俗博物馆，工部局巡捕房内设镇江近代史博物馆。

迁建“德士古火油公司”。原德士古火油公司在长江路镇江市钛白粉厂内，2000年长江路拓宽改造时规划异地迁建。经镇江市文物局同意，决定迁建于西津渡原租界区内。

文物建筑的修复、迁建规划参见本书第三卷有关章节。

规划将四栋文物建筑用地及周边空间环境设置为“鉴园”，以更加集中地体现旧租界的文化遗存的历史意义，彰显西津渡历史文化街区具有爱国主义教育主题基地的文化特色。

2．工业建筑

工业建筑保护规划主要是结构加固、降层改造和立面改造。所有建筑都要求进行结构加固，符合安全规范；对前进印刷厂（迎江路）商住楼实施降层改造、结构改造和立面改造，将其原7层降为4层，仿古立面，功能改变为酒店用房；滤

图D-1-5-2-5 镇江市西津渡历史文化街区原前进印刷厂办公楼（现镇江市国画院）立面效果图

清器厂办公楼（长江路）实施降层改造和结构改造，原4层降为2层，仿古传统立面，改为商务用楼；对农药厂办公楼实施降层改造和结构改造，原6层降为2层，仿古传统立面，改为商务用楼。滤清器厂连跨厂房部分建筑实施加层改造。具体保护修复方案详见本书第四卷有关章节。如图D-1-5-2-3 ~ 图D-1-5-2-5所示。

四、基础设施

（1）本道路格局为“五横五纵”。“五横五纵”道路结构来自租界时期本地区的道路体系（图P-1-5-2-1、图D-1-5-2-6）。

（2）江边马路(老长江路)曾经是一条滨江道路，是西津渡近代历史（特别是租界历史）的见证。规划保持该路的格局，并根据总体规划将其规划为具有滨江景观特色的沿街公园（沿江公园, The Bund Garden）。

（3）原税务司公馆绿地、原工部局巡捕房绿地、民间艺术馆（原亚细亚石油公司）绿地和德士古石油公司广场是为“鉴园”的重要组成部分，这三块绿地所围合的范围即为“鉴园”，这里要突出租界历史意象，与英国领事馆景观相呼应。在此树立具有教育意义的铭牌，提醒游客和市民记住这段特殊的历史（图P-1-5-2-2）。

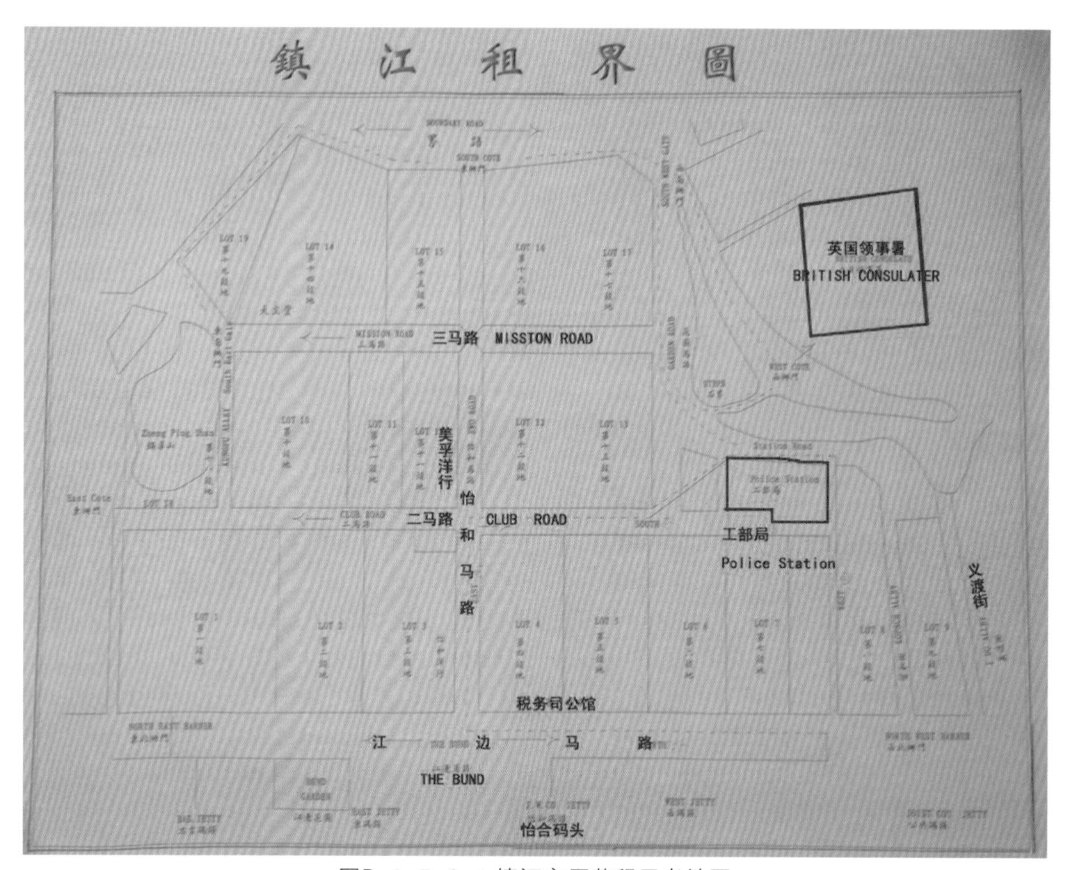

图P-1-5-2-1 镇江市原英租界老地图

图D-1-5-2-6 镇江市西津渡历史文化街区东北侧地块道路交通规划图

图P-1-5-2-2 “鉴园”（原租界）建筑群实景图

五、历史的真实性在规划中的体现

在本设计中不强调对某一特定历史文化层面的突出，而是在设计中对各个历史文化层均有物质的体现，形成西津渡地块的历史剖面文化层：西侧古街古渡、传统民居，东侧近代租界、现代工业的纵深历史剖面一览无余。

附：编者评注

总体上看，该规划是街区保护规划中极为成功的案例。有四个特点：

（1）对规划区域内历史遗存有所选择，对租界收回后特别是20世纪50年代以后五十三坡巷道两侧逐渐增加的简易民居建筑，由于其建筑质量低下，在街区文化中缺乏代表性而被舍弃，从而使街区空间结构得到了有效的疏解，提供了较宽阔的街区广场用地。

（2）突出了租界建筑的文化价值并借街区空地形成鉴园广场，既保护了历史遗产，又形成了一个新的爱国主义教育基地。

（3）在学习外地经验，保护镇江市现代工业遗产的同时，科学地处理了同一街区不同时期的历史遗存的文化多样性保护和共存，形成了独特的多元建筑遗存景观和多重历史文化共享的视觉空间。

（4）拓展了救生会北部空间，形成的水景展示了救生会的依山临江的地理形势（图D-1-5-2-7、图P-1-5-2-3）。

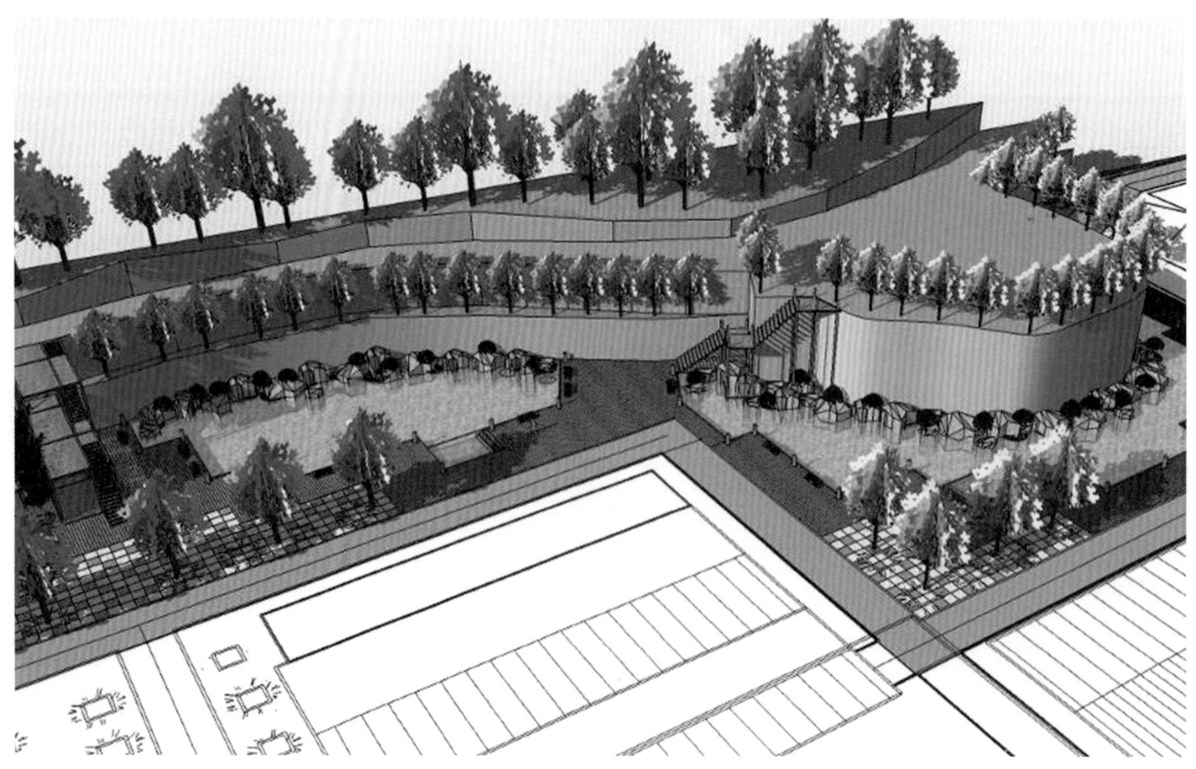

图D-1-5-2-7 镇江市西津渡救生会馆扩展区域设计

图P-1-5-2-3 修缮后救生会北侧尚清戏台水景鸟瞰图（航拍）

第三节 银山门地块详规

银山，即今云台山，又名蒜山。元代皇庆二年，银山上即建有银山寺；明万历年间，山的东坡下建有山门，名银山门。银山门地块位于大西路西端，东起迎江路——小街，南至包氏钱庄、广肇公所，西至伯先路——五十三坡，北至前进印刷厂。

自1861年镇江开辟通商口岸到民国二十六年（1937年）的七八十年中，从镇江西门到银山门的镇江英租界之间的地段（现大西路两侧）迅速形成繁盛的商业区。这里有许多大中型菜馆、小吃馆、点心店等，镇江仅有的两座西餐馆——“一品芳”“美丽”，都开设在这里；有大、中型旅馆若干家；还有绸布、百货、五金、中西药店、名特老店和批发行庄及红灯区。中华人民共和国成立后，大西路各行各业的名特老店基本保持了原有特色。但是20世纪80年代后，城市中心东移，这里繁华不再。特别是银山门地块，逐渐沦为棚户区，更有很多建筑改建为食品公司生产车间或仓库等单位。街区民居年久失修，质量极差，设施落后；道路狭小弯曲，起伏较大，通行不畅；街巷肌理破坏严重，老街面目全非。2006年起，该片区由西津渡公司收购拆迁改造。

2009年委托东南大学城市规划设计研究院董卫教授专家团队，设计制订了“银山门地块建筑设计”方案，对该地块实施规划改造。

一、北地块的规划设计要点

（1）规划一栋10000m^{2}左右的古玩市场。

（2）整体结构仿古建筑风格，混凝土结构、青砖墙面、蝴蝶瓦屋面；内设开敞庭院；屋顶设置休憩平台和分立式小型建筑体量的屋面。

（3）地下设置大型停车场。

二、南地块规划设计要点

（1）规划建设民居式单元排屋，沿街大西路、小街设置商业网点。

（2）整体结构仿古建筑风格，混凝土结构、青砖墙面、蝴蝶瓦屋面。

（3）地下设置大型停车场。

如图D-1-5-3-1 ~ 图D-1-5-3-8所示。

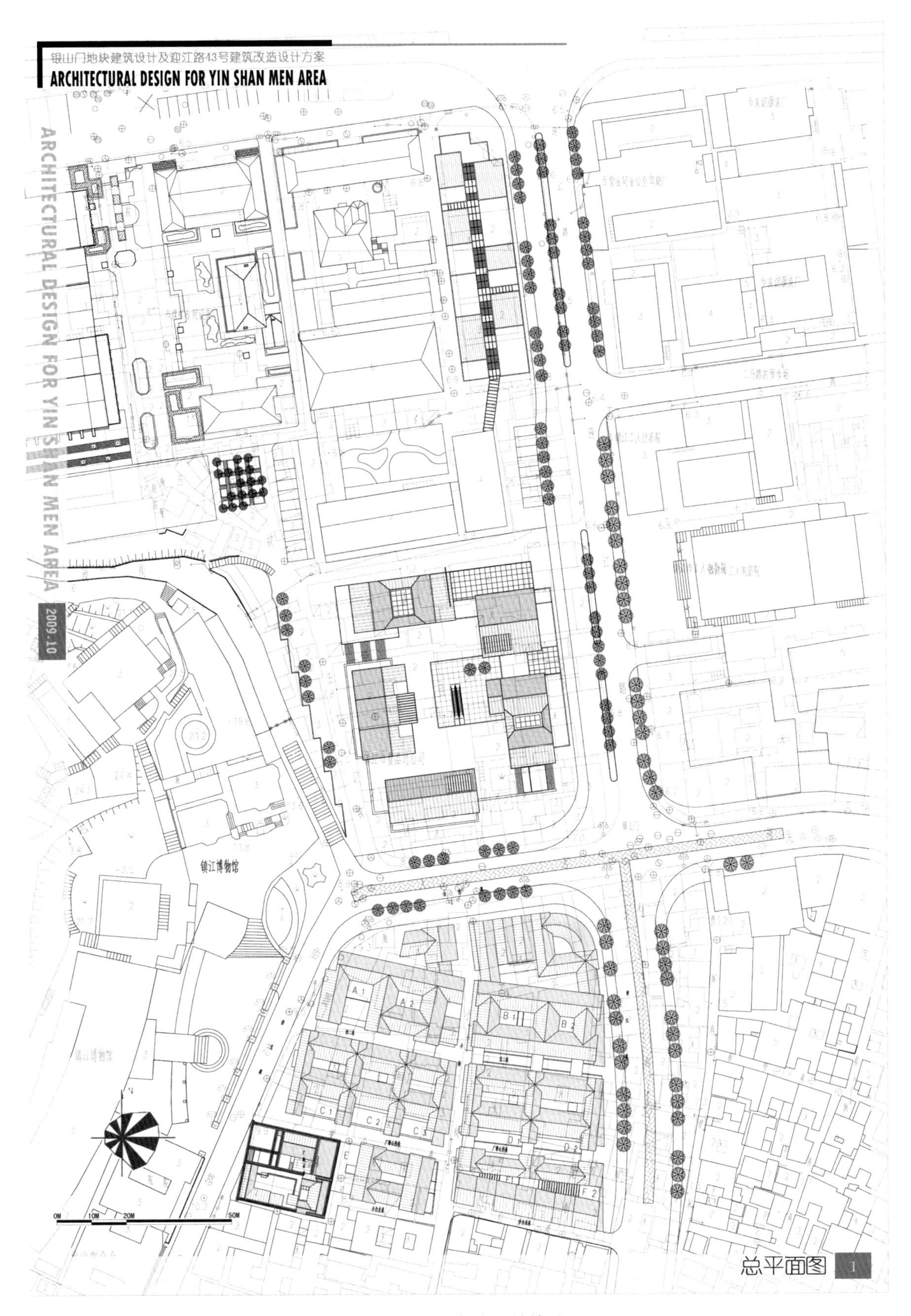

图D-1-5-3-1 银山门地块总平面图

银山门地块建筑设计及迎江路43号建筑改造设计方案
ARCHITECTURAL DESIGN FOR YIN SHAN MEN AREA

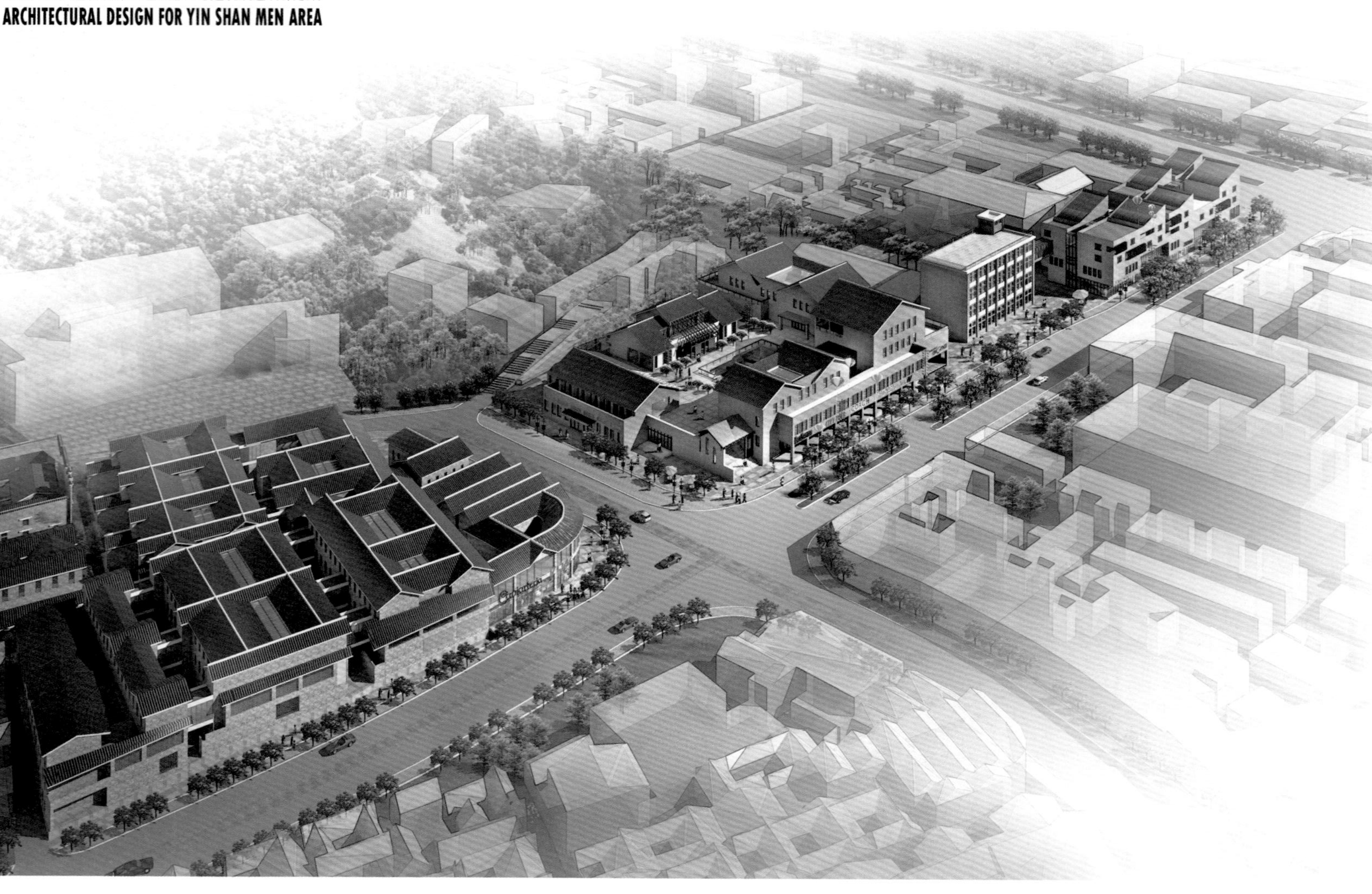

图D-1-5-3-2 银山门地块建筑设计效果图鸟瞰（1）

图D-1-5-3-3 银山门地块建筑设计效果图鸟瞰（2）

图D-1-5-3-4 银山门地块建筑设计效果图鸟瞰（3）

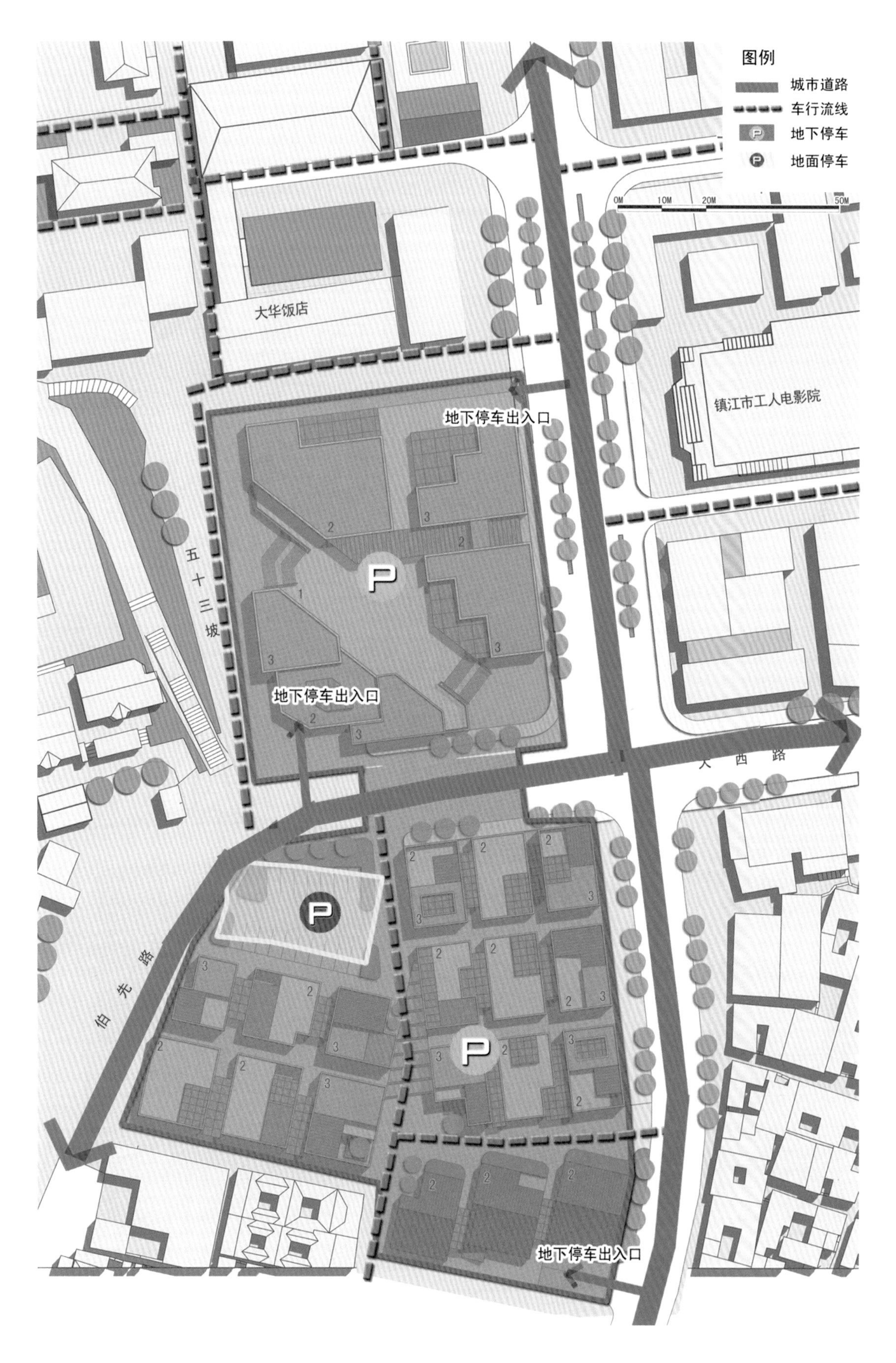

图D-1-5-3-5 银山门地块交通分析图

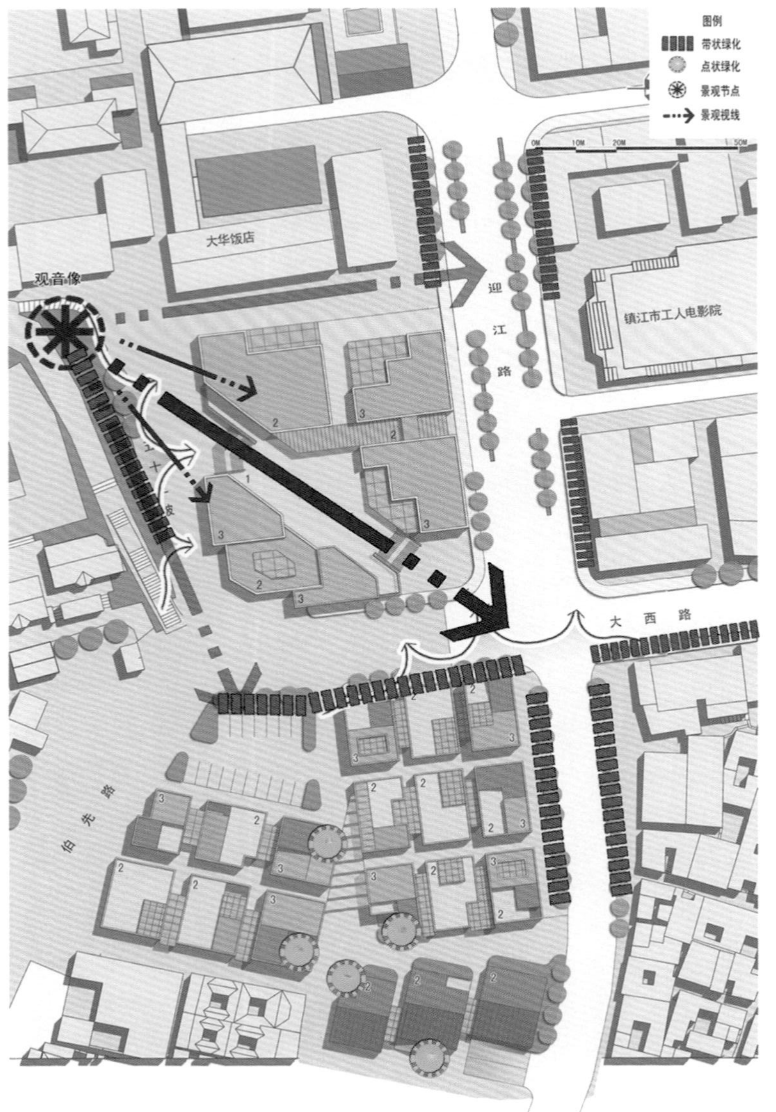

图D-1-5-3-6 银山门地块绿化景观分析图

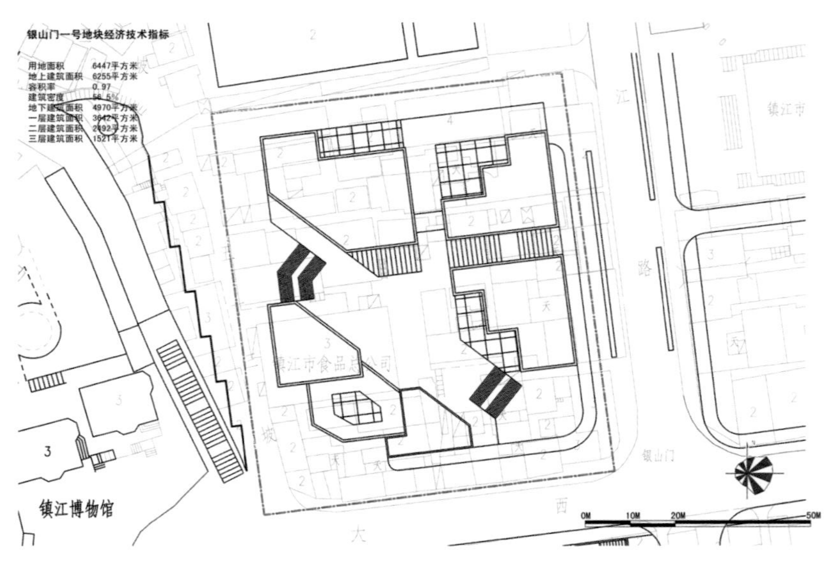

图D-1-5-3-7银山门地块一号地块（北）经济技术指标

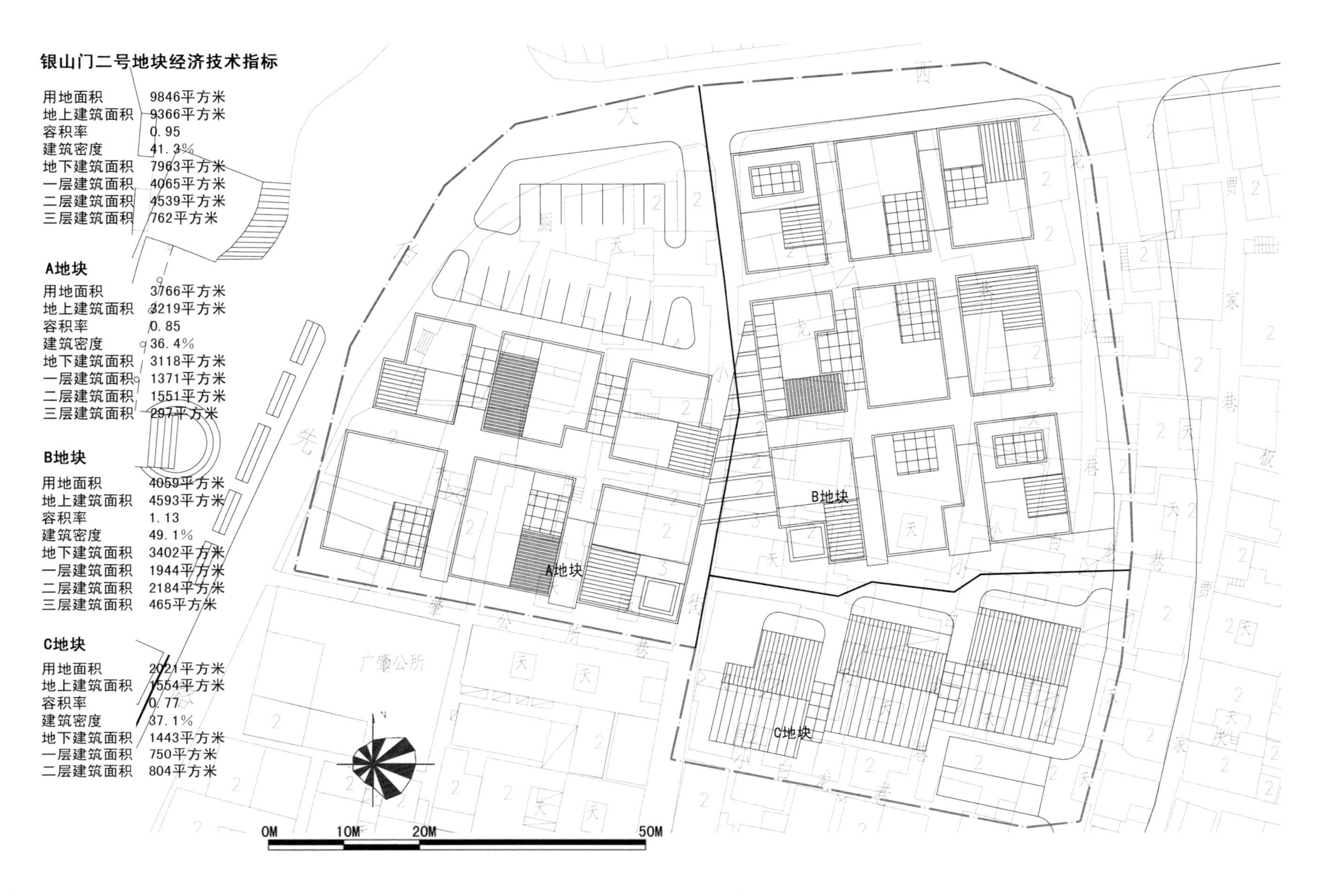

图D-1-5-3-8 二号地块（南）经济技术指

第四节 镇江市第二人民医院—玉山片区详细规划设计 *

一、前期研究

镇江市第二人民医院 — 玉山地块位于西津渡历史文化街区的西翼，也是街区重要的西部节点，同时这里也是西津渡街区与西部金山寺片区、长江路以北片区、莲花池片区之间的结合部。本次规划范围以道路为边界，东至蒜山游园，西至和平路，北至长江路，主要包括玉山地块，镇江市第二人民医院（以下简称二院）地块，蒜山西地块。总规划面积：3.9hm^2。如图P-1-5-4-1、图P-1-5-4-2和图D-1-5-4-1至图D-1-5-4-3所示。

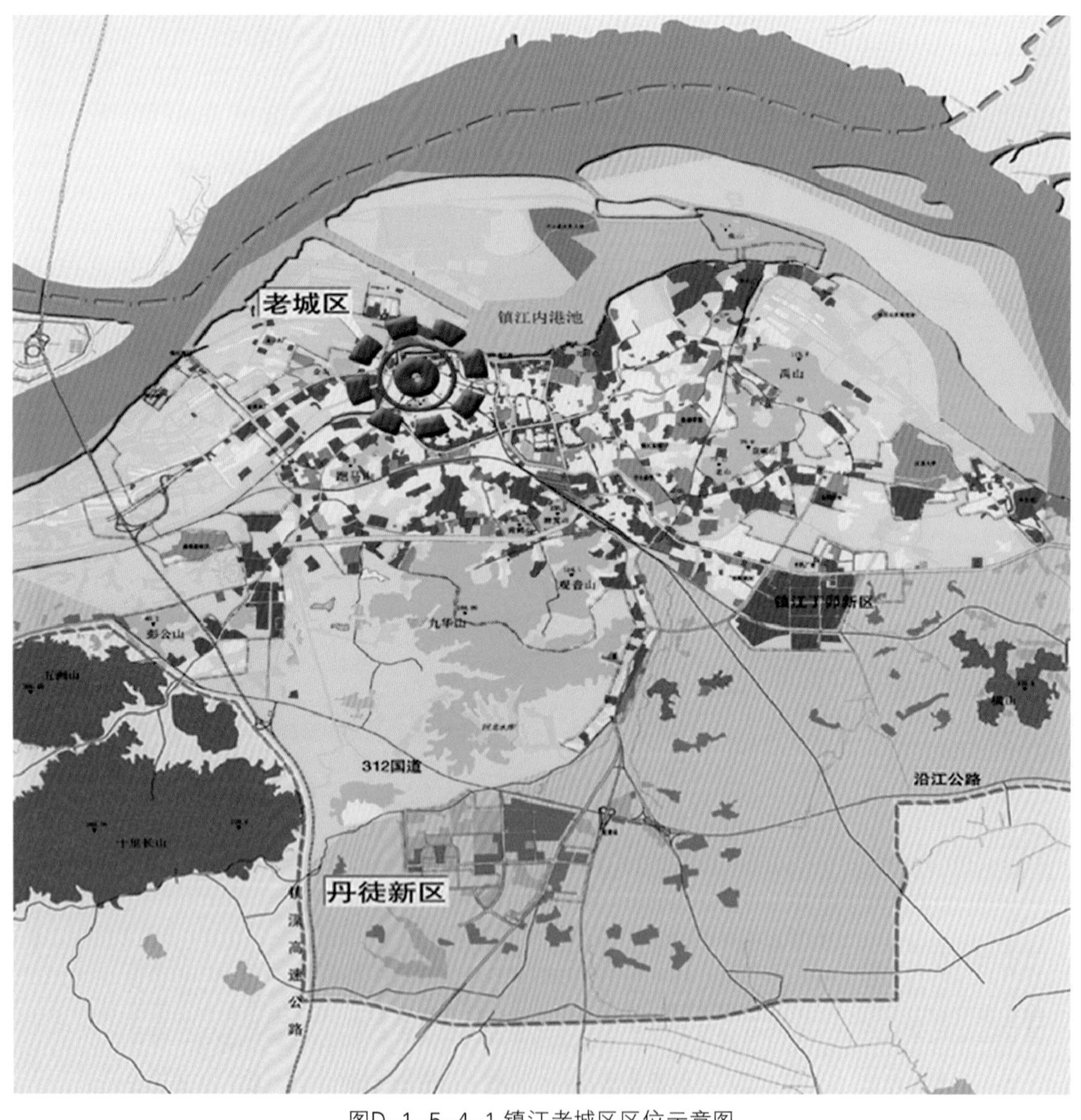

图D-1-5-4-1 镇江老城区区位示意图

* 本规划由镇江市地景园林规划设计公司于2012年5月编制，孙荣华、许忠东等主持。

图P-1-5-4-1 环云台山区区位示意图

图P-1-5-4-2 二院地块区位图

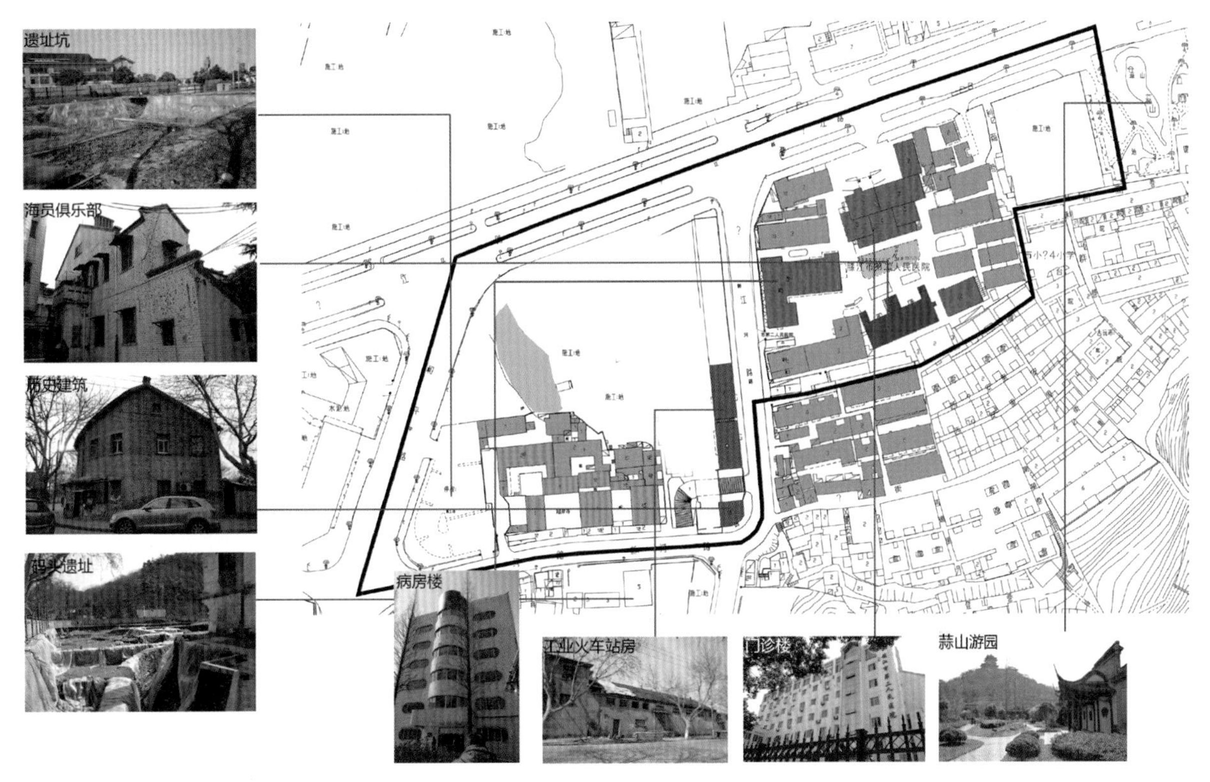

图D-1-5-4-2 现状分析

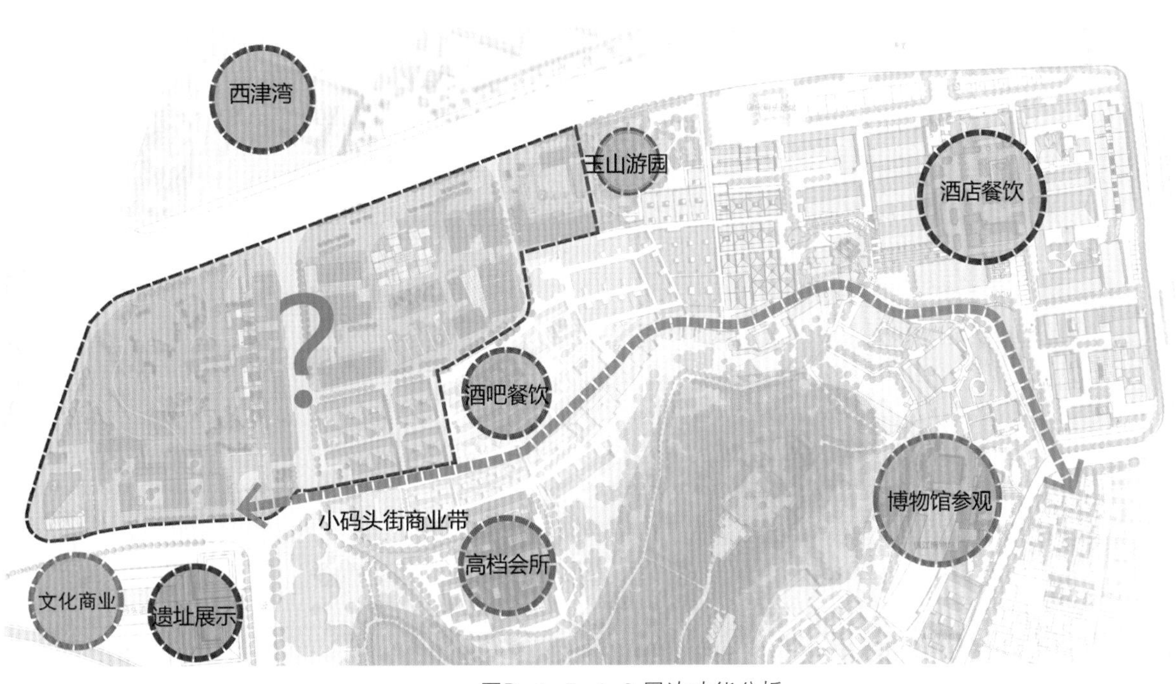

图D-1-5-4-3 周边功能分析

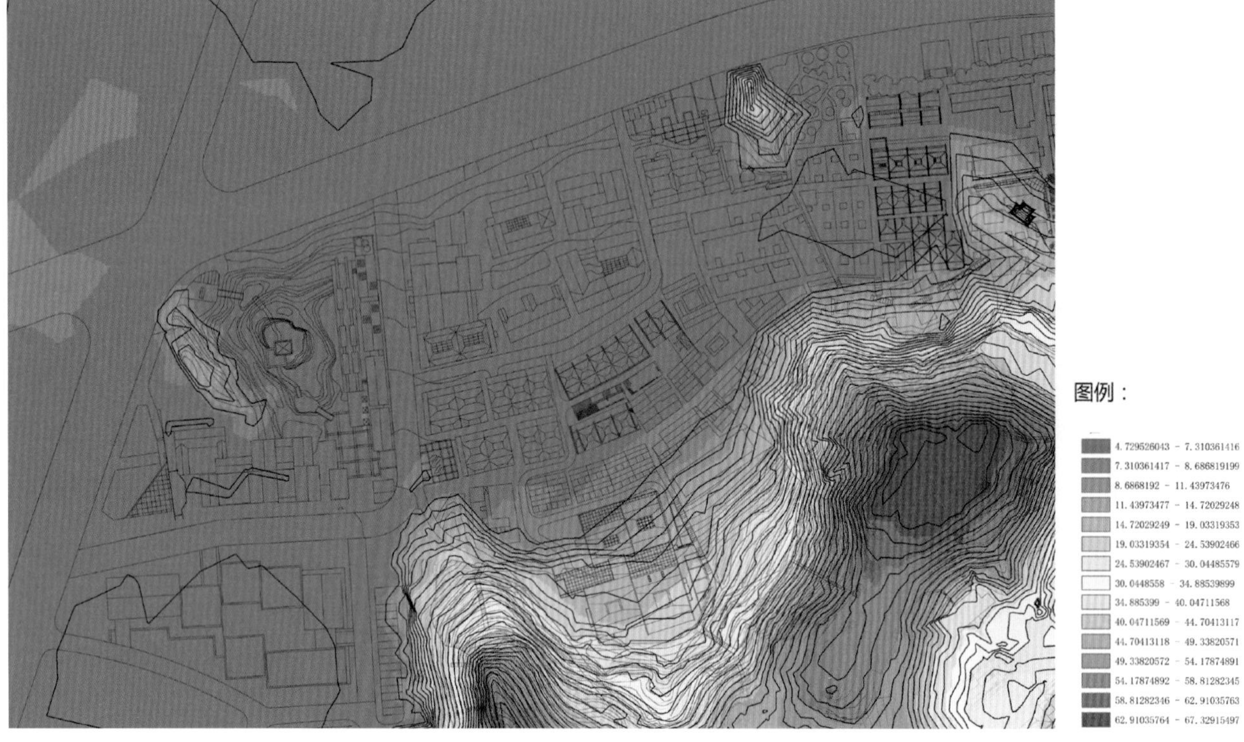

图D-1-5-4-4 高程分析

图D-1-5-4-5 坡度分析

图D-1-5-4-6 山体阴影分析

规划基地较为平坦，玉山和蒜山为云台山北麓余脉。根据历史地图的转译分析，规划区域原在江面下，玉山蒜山则为大江礁石。如图D-1-5-4-4 ～ 图D-1-5-4-6所示，根据分析看出，玉山西侧，蒜山北侧坡度较大，为景观设计意向提供指引。

二、规划理念

1. 开放式的古渡博物馆

自唐至今，码头岸线持续南移，形成一系列时间线性关联的码头遗址群（图P-1-5-4-3）。

本为长江沿岸的石头，随岸线变化，逐渐成为陆地，基地内岸线变迁记录了基地地形特征变迁的历史（图D-1-5-4-7 ）。

图P-1-5-4-3 玉山大码头和救生会小码头考古遗址发掘现场

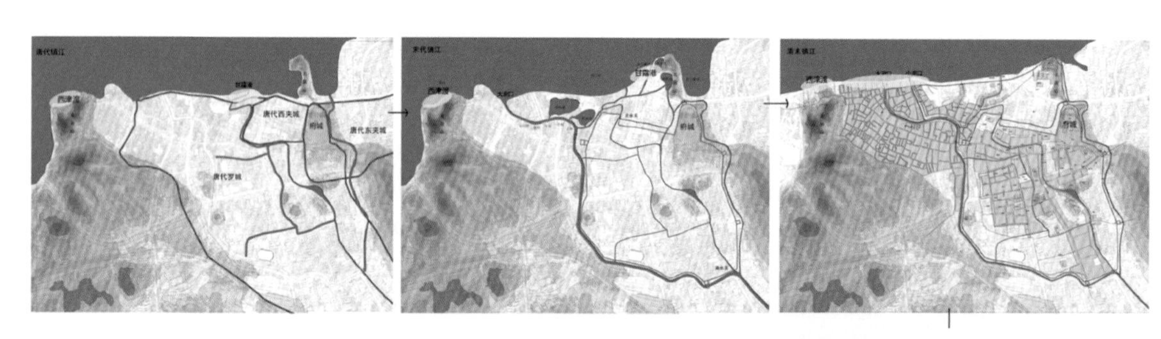

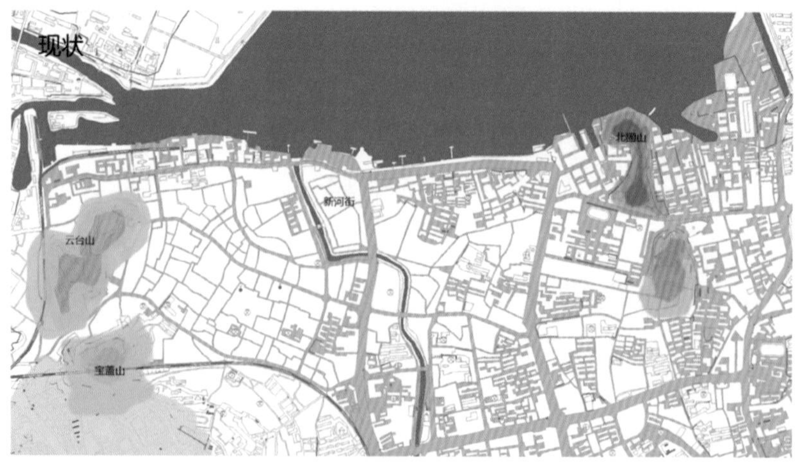

图D-1-5-4-7 长江岸线变迁图

2. 渡口文化

本基地位于镇江西津渡历史街区西北侧。西津渡地处镇江城西的云台山麓，自古以来就是镇江著名的渡口。长江岸线历经漫长的历史时期，不断向北移动。本规划区内自南向北发现了唐代、元代、清代的码头遗址，印证了这一变化并诉说着西津渡的渡口文化（图D-1-5-4-8，图P-1-5-4-4 ~ 图P-1-5-4-6）。

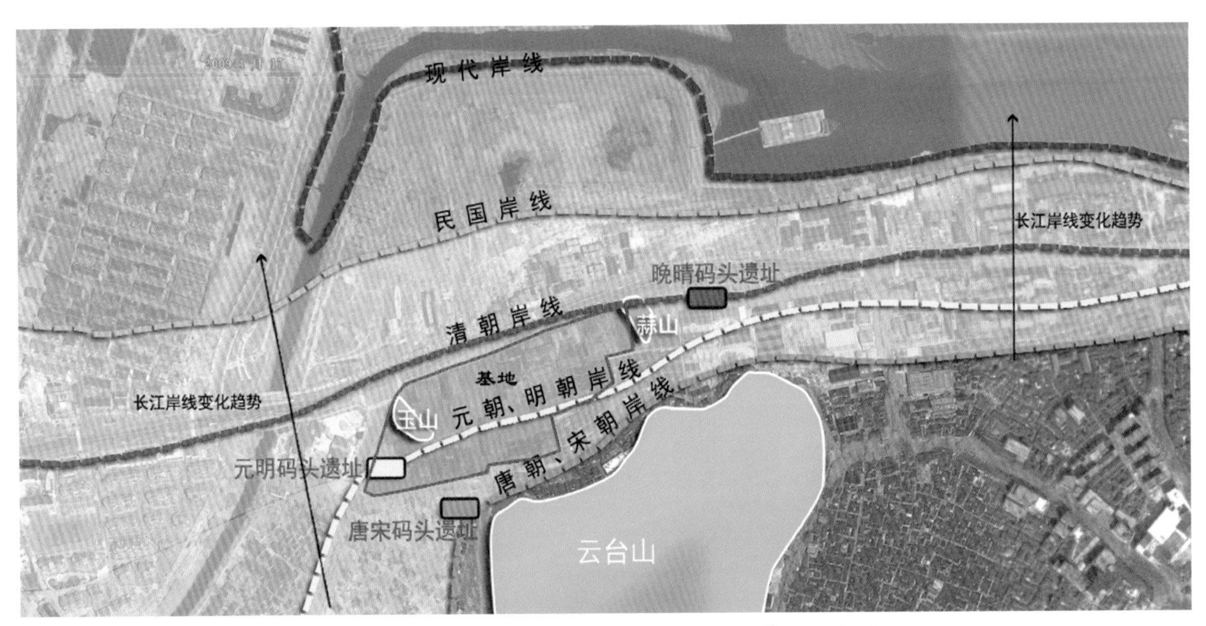

图D-1-5-4-8 长江岸线变迁及历代码头位置示意图

图P-1-5-4-4 镇江老照片

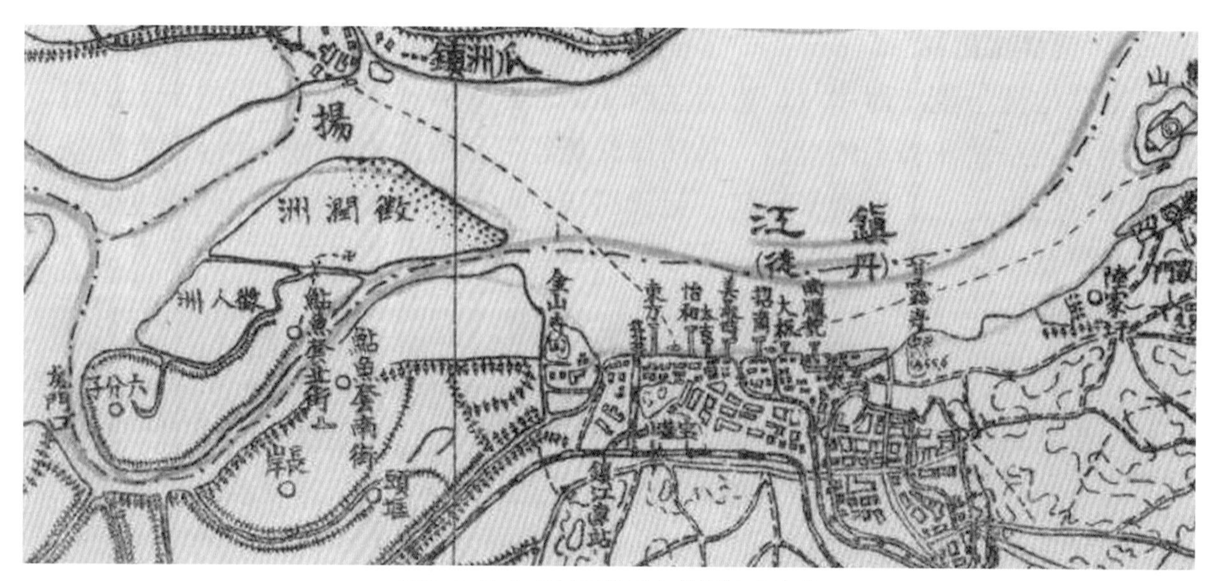

图P-1-5-4-5 民国地图上的沿江码头群

图P-1-5-4-6 清代救生会码头遗址

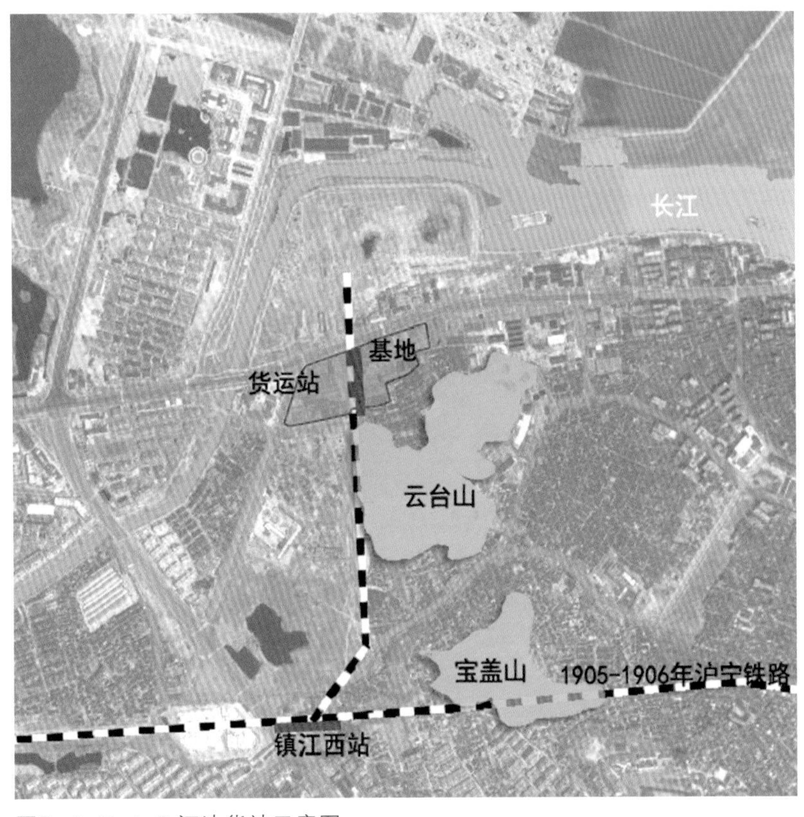

图D-1-5-4-9 江边货站示意图

3. 殖民文化

（1）江边货站历史：1905—1906年沪宁线在铺设正线的同时，由镇江西站引出支线，延伸至小码头江边，设江边货站，并设有码头一座，以供铁路和水上货物之接运。1949年后，江边货站改为镇江货场。1977年以后，改属南门货站，2005年拆除（图D-1-5-4-9）。

（2）海员俱乐部：19世纪90年代所建，原为两栋建筑，北侧建筑后来拆除（图D-1-5-4-10）。

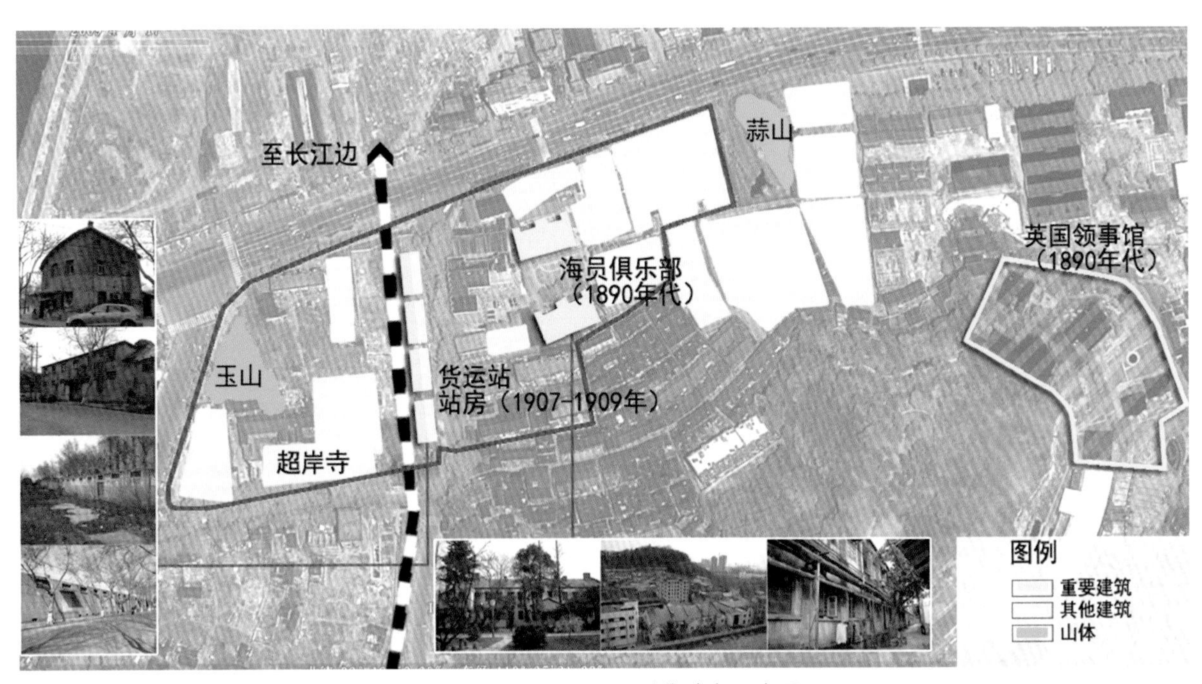

图D-1-5-4-10 租界时代遗存示意图

4. 民国省会时代文化

二院：始建于1929年7月，前身为江苏省立医院。1947年1月改名为江苏省立镇江医院。1950年7月更名为苏南公立医院。1954年1月划归镇江市，更名为镇江市人民医院。1971年12月起更名为镇江市第二人民医院（图D-1-5-4-11、图D-1-5-4-12）。

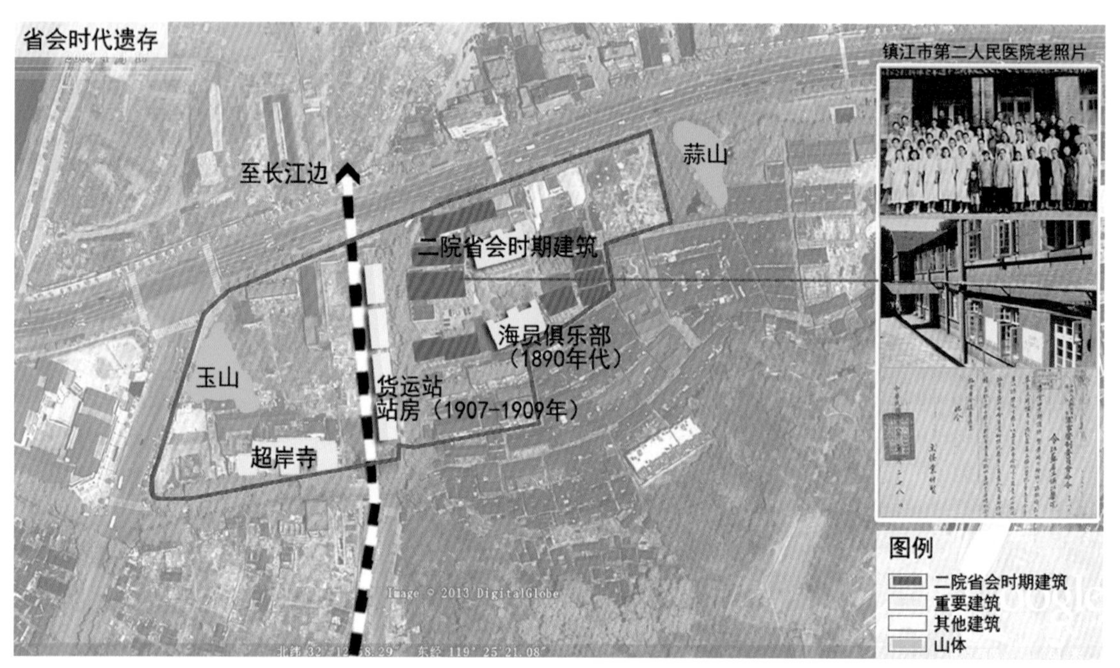

图D-1-5-4-11 民国江苏省省会时期遗存

图D-1-5-4-12 当代发展

三、规划设计方案

如图D-1-5-4-13 ～ 图D-1-5-4-19所示。

总平面图

总经济技术指标

序号	名称			单位	数值
1	总用地面积			ha	4.72
2	地上总建筑面积			m^2	30023
	其中	公共建筑面积		m^2	30023
		其中	宗教服务建筑面积	m^2	2234
			商业服务	m^2	27789
3	容积率				0.64
4	建筑密度				28.4%
5	绿地率				46.0%
8	机动车停车位数	地上		辆	16
		地下		辆	75
9	非机动车停车位数			辆	440
10	地下建筑面积			m^2	4145
11	总建筑面积			m^2	34168

1 玉山景园入口标识
2 枯山水盆景园
3 火车车厢餐厅
4 玉山码头遗址博物馆
5 超岸寺
6 唐宋码头遗址博物馆
7 小码头街入口广场
8 中心绿地
9 蒜山广场

图D-1-5-4-13 总平面图

图D-1-5-4-14 鸟瞰图

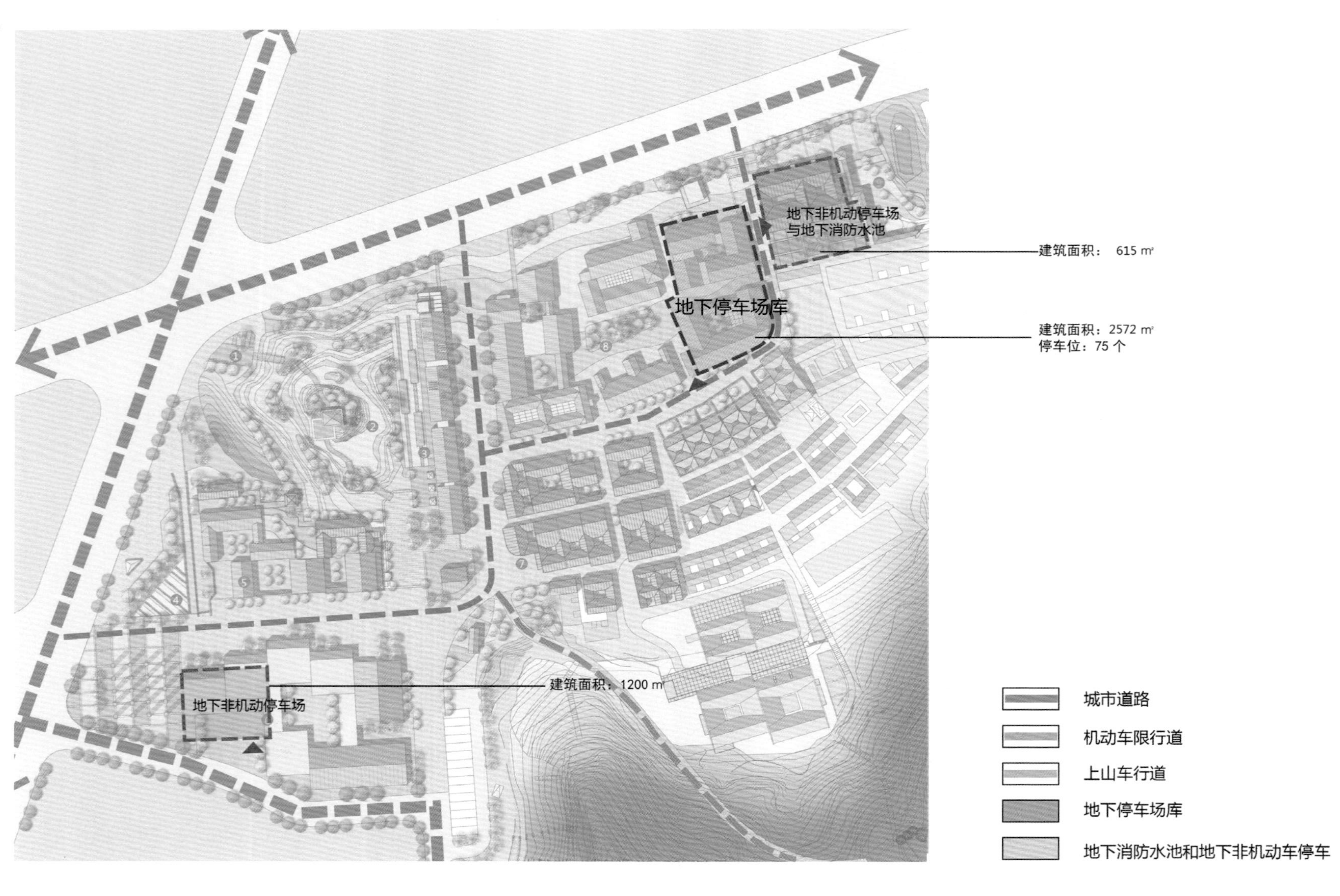

图D-1-5-4-15 车行交通图

图D-1-5-4-16 步行交通分析图

图D-1-5-4-17 地下空间分析图

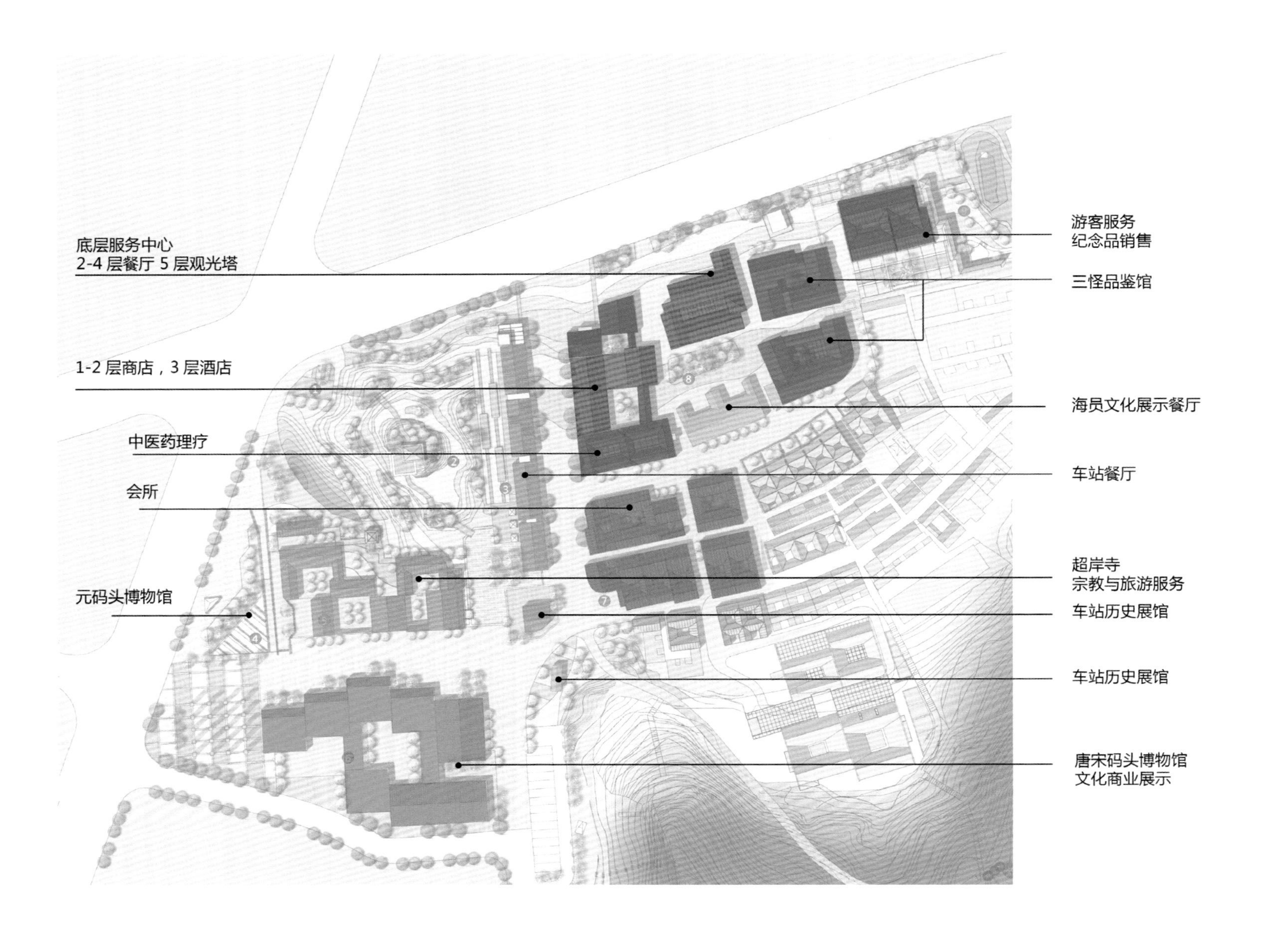

图D-1-5-4-18 建筑功能分析图

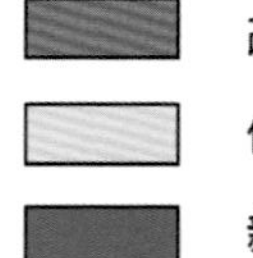

图D-1-5-4-19 建筑改造分析图

四、节点设计

如图D-1-5-4-20 ~ 图D-1-5-4-28所示。

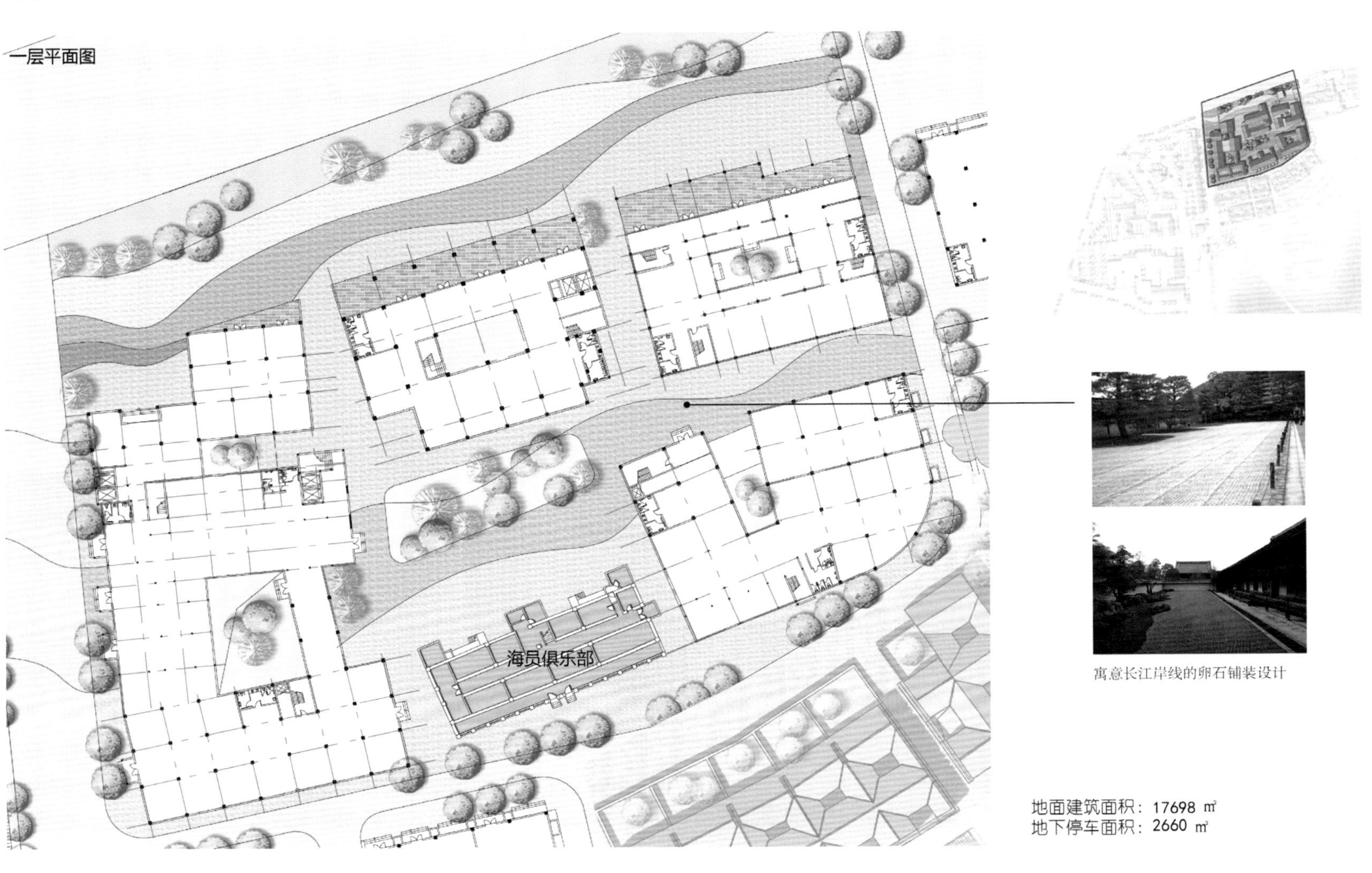

图D-1-5-4-20 建筑平面图：二院地块

建筑现状——南立面破败，二层连廊被封砌；其他三个立面后期被粉刷；建筑二层被封死，利用率较低。
改造方法——对海员俱乐部实地测绘，进行复原设计，局部结构进行加固。
改造后功能——可用作展示性主题餐厅。

现状照片

原海员俱乐部一层平面

原海员俱乐部二层平面

原海员俱乐部南立面

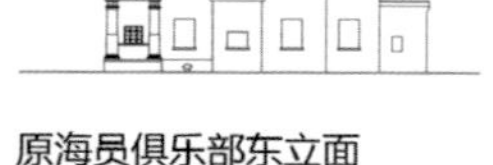

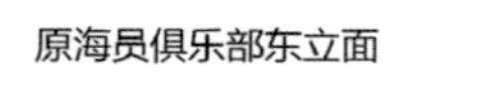

原海员俱乐部东立面

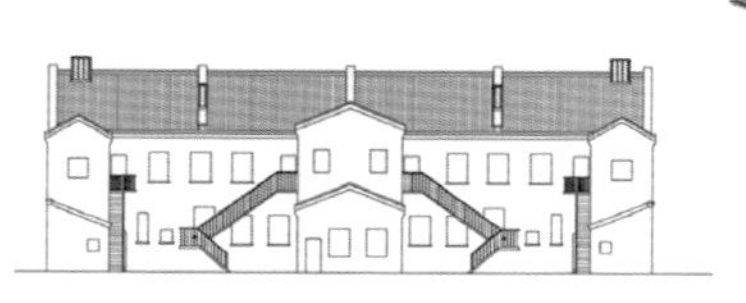
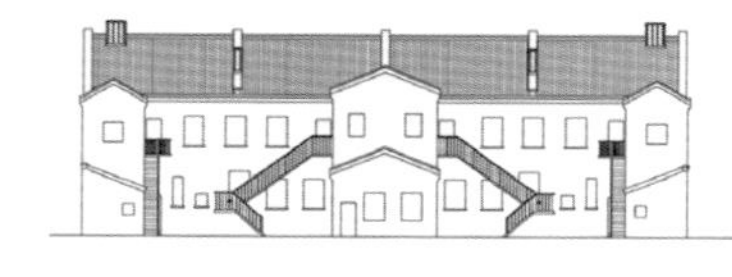
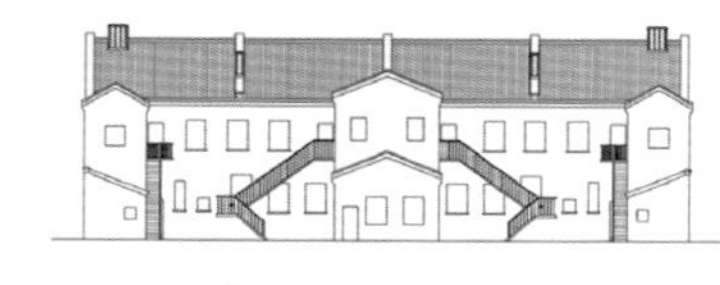

原海员俱乐部北立面

测绘图

改造方案

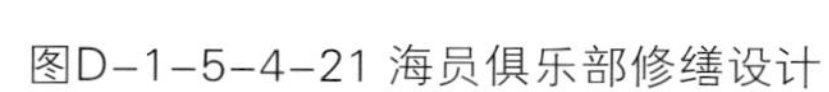

图D-1-5-4-21 海员俱乐部修缮设计

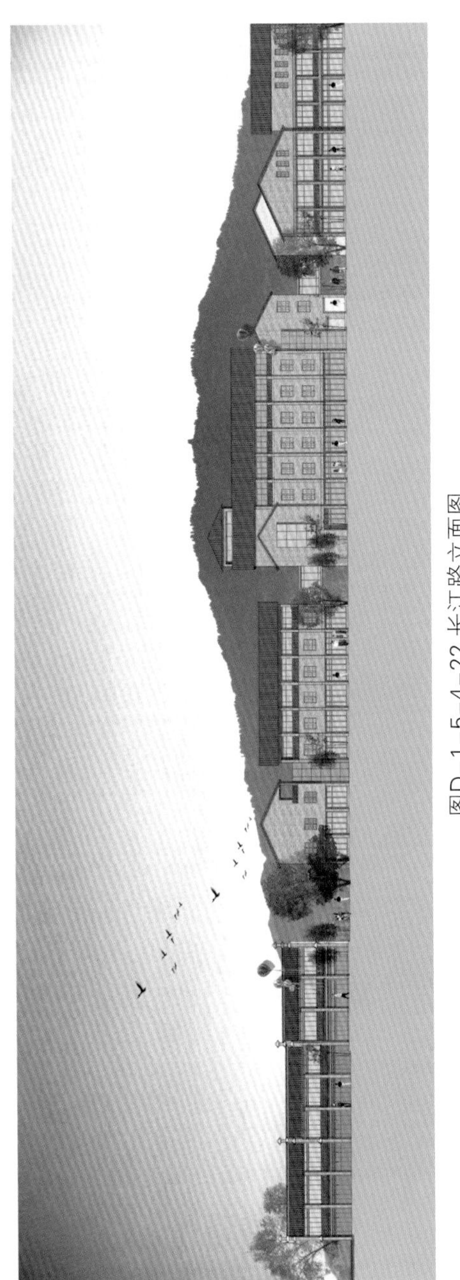

图D-1-5-4-22 长江路立面图

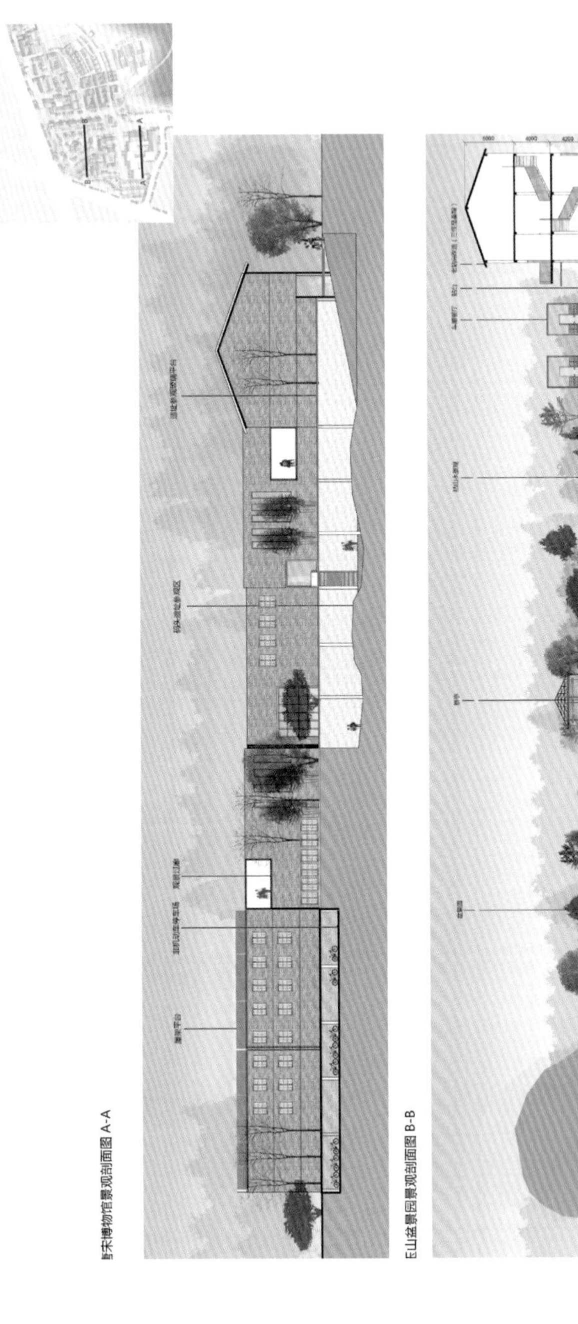

图D-1-5-4-23 剖面图（1）

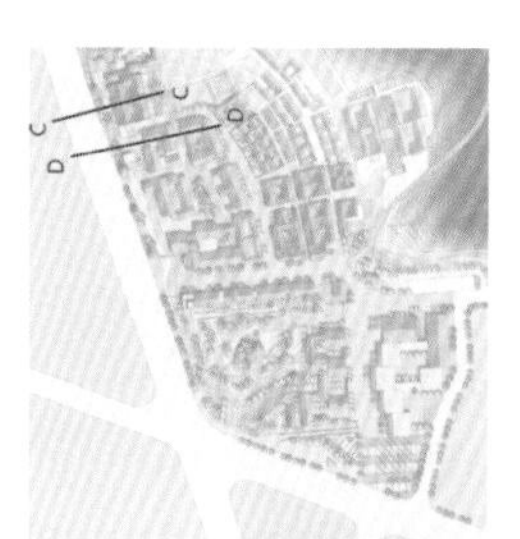

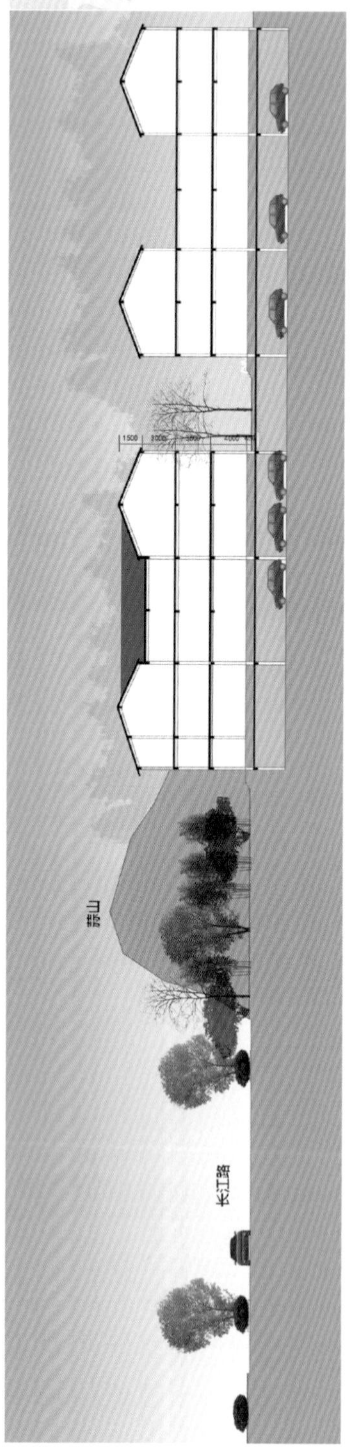

图D-1-5-4-24 剖面图（2）

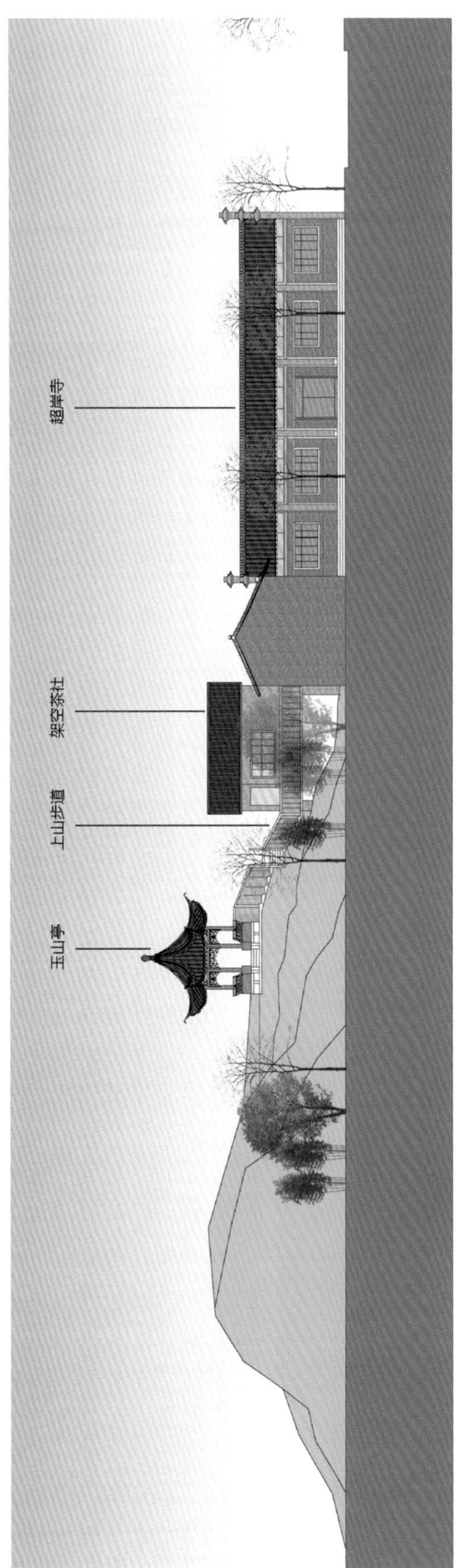

图D-1-5-4-25 剖面图（3）

图D-1-5-4-26 玉山码头遗址博物馆设计

根据规划要求，对地块北侧的变电器保留，通过绿色植物和建筑构架进行遮蔽，局部架空保证东西人行走廊的通畅。根据人的活动可以在建筑物设置宣传广告和led屏幕增加与商业建筑的互动。

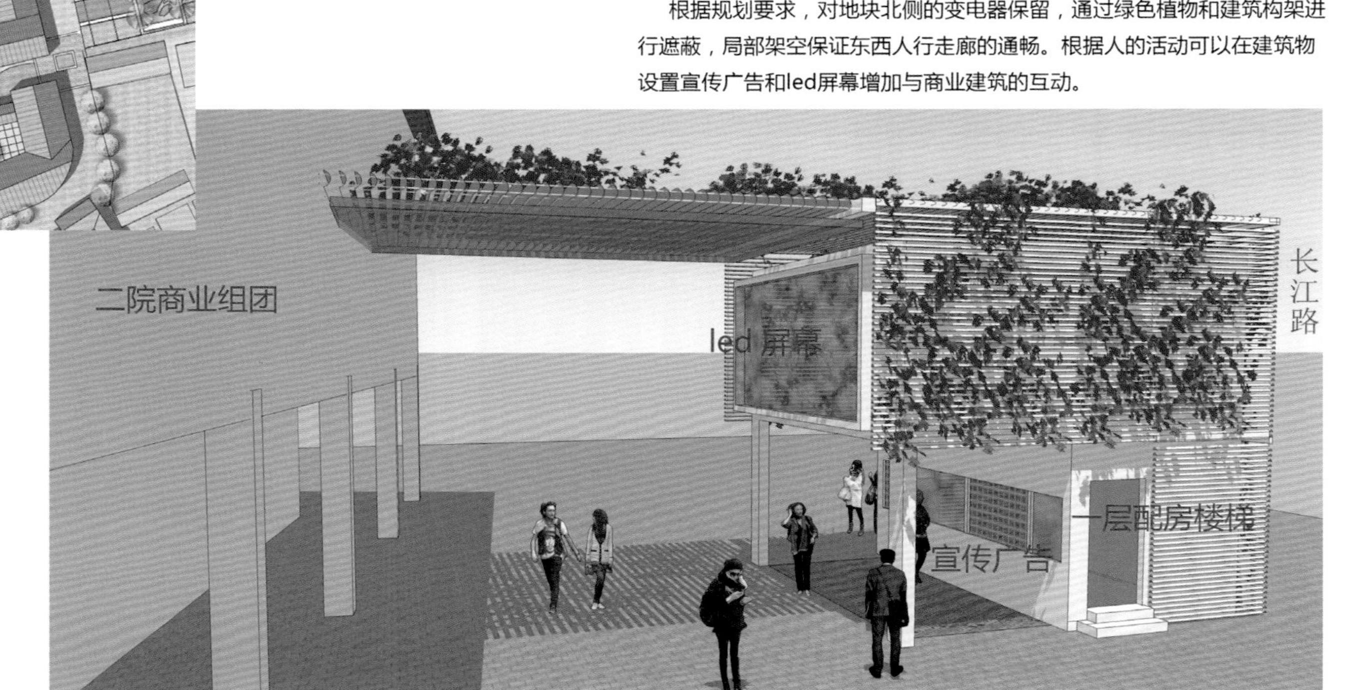

图D-1-5-4-27 变电器改造方案

车厢餐厅

二院片区入口

枯山水景观

玉山景园

图D-1-5-4-28 节点透视图

五、景观策略

如图D-1-5-4-29、图D-1-5-4-30所示。

图D-1-5-4-29 道路铺装设计图

路标示例

垃圾桶示例

座椅示例

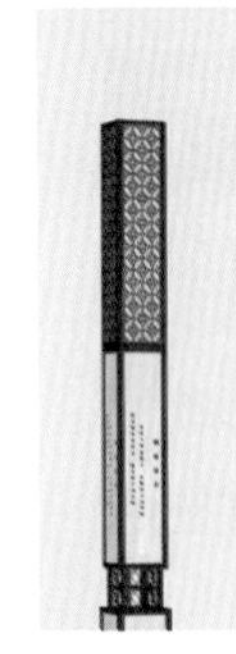

灯柱

LED地面灯

石质地面灯

节庆照明

图D-1-5-4-30 景观标识意向图

附：编者评注

该区域规划对区域内文化传承特别是渡口文化做了相对细致的描述，对玉山景区的建设提出了可靠的规划设计原则，确定了枯山水、保留火车站房、实施二院建筑降层改造等一系列修缮改造原则，为后面的工程设计留下了足够的发挥空间。

第六章
云台山景区规划

21世纪初，为进一步强化西津渡周边的街区风貌和环境的协调发展，镇江市政府及其职能部门规划局、住建局和街区保护主体城建集团及其所属西津渡公司委托镇江市规划院和东南大学规划设计研究院分别编制了《西津渡历史风貌区保护与整治规划》（2003）、《西津渡风貌保护区修规扩编》（2008）、《环云台山保护整治规划》（2009）、《青山绿水规划》、《三山风景区云台山景区西津湾片区修规》（2013）等若干规划设计方案，西津渡历史文化街区保护更新的概念逐步扩展到西津渡、伯先路、大龙王巷三个历史文化街区一体保护、有序推进，逐步融入云台山和北部滨水区，最终形成以西津渡为核心、以三个历史文化街区为主体，环绕云台山、辐射北部滨水区风光带的大西津渡景区，形成近1km^{2}的城市西部历史文化保护区、山水休闲观光区和商务旅游服务区。

大西津渡概念规划的形成，始于2003年的《西津渡历史风貌区保护与整治规划及修规扩编》，它首次将三个历史文化街区当作一个整体进行综合考量，提出“将城市遗产保护作为城市发展战略的一个有机部分，根据实际情况延伸西津渡历史街区保护和控制范围，形成以云台山为核心、东接规划“传统民居展示区”、西望金山古寺、南联宝盖山、北临长江的传统风貌区”的新概念。2008年，根据既有的保护实践经验，《西津渡风貌保护区修规扩编》对原有总平面图范围进行了调整，形成了新的格局。之后的云台山整治规划和三山风景区整治规划都进一步细化强化了大西津渡概念。

第一节 西津渡历史风貌区保护与整治规划及修规扩编

2003年，镇江市规划局、镇江市西津渡公司委托东南大学城市规划设计研究院和镇江市规划设计研究院制定了本规划，由董卫、耿金文等主持。2008年，东南大学建筑学院、东南大学城市规划设计研究院又对规划进行了修订和扩编，由董卫等人主持。

一、西津渡历史风貌区保护与整治规划

1. 规划目标

对镇江市三个历史文化街区保护范围内的各级文物保护单位划定保护范围，对保护范围内的建筑根据功能及建筑质量等具体情况确定不同的保护、整治或改造方法。保护重要的传统街道及民居群落，保护传统街区的空间格局，严格控制建筑高度、尺度、作法和色彩。保护各种类型的优秀传统文化和其他遗产，包括传统手工艺、戏曲、饮食等内容。

2. 规划内容

将原以西津渡历史文化街区所属10.67hm^{2}街巷的核心区扩大到约40hm^2，该区

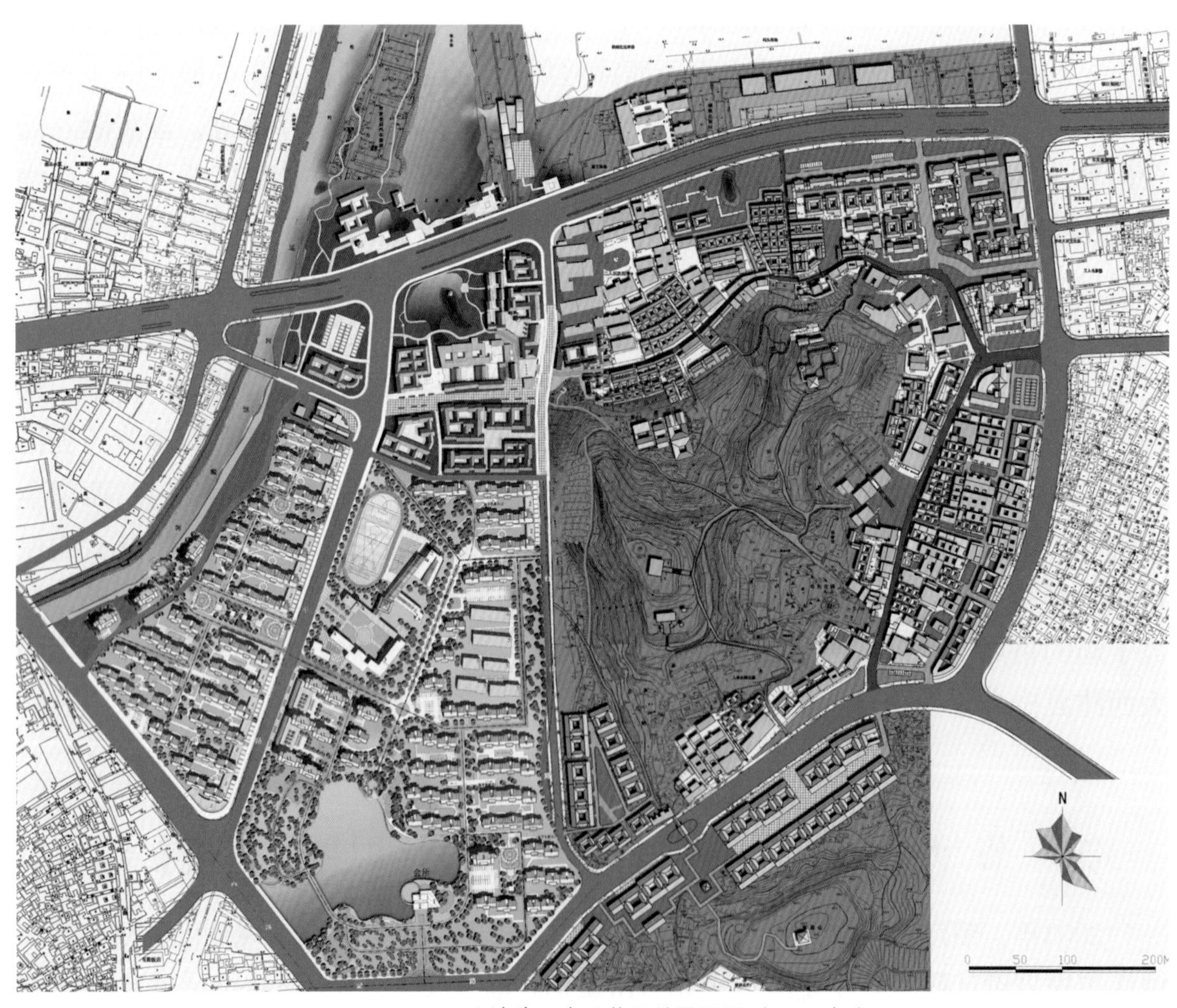

图D-1-6-1-1 西津渡历史风貌区总平面图（2003年）

域涵盖镇江名城保护规划中的西津渡历史文化街区、伯先路历史文化街区、大龙王巷历史文化街区。这三大历史文化街区是连片的，文脉相似，位置毗邻，风貌统一。以西津渡历史文化街区为核心延伸、辐射其他历史文化街区，实施统一保护，能够提升区域综合功能，形成规模效应。对规划用地内以及周边地段各类历史遗产、文物古迹进行实地踏勘，调查规划用地的历史变迁，在此基础上综合分析西津渡传统风貌区的空间特色，确定保护范围、保护对象和保护整治方法。对文物保护单位保护范围进行划定，对历史风貌区保护体系分为三个层次：重点保护区、建设控制区及环境协调区进行保护和整治。对景观格局、土地利用、建筑高度、道路交通及旅游规划等进行规划设计。同时，为便于实际操作，按地块绘制设计导则（图D-1-6-1-1 ~ 图D-1-6-1-3）。

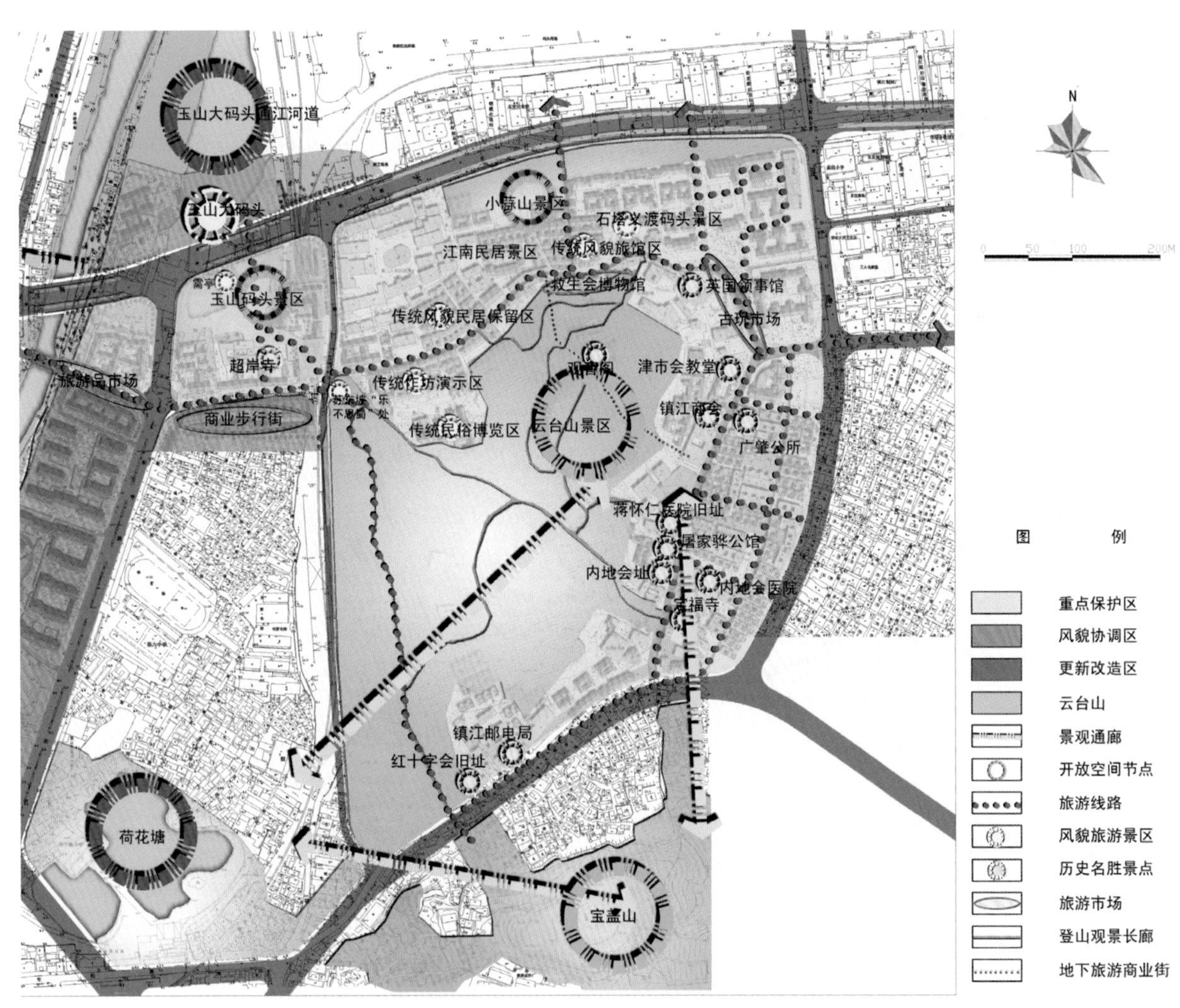

图D-1-6-1-2 西津渡历史风貌区景观、景点和视线分析图

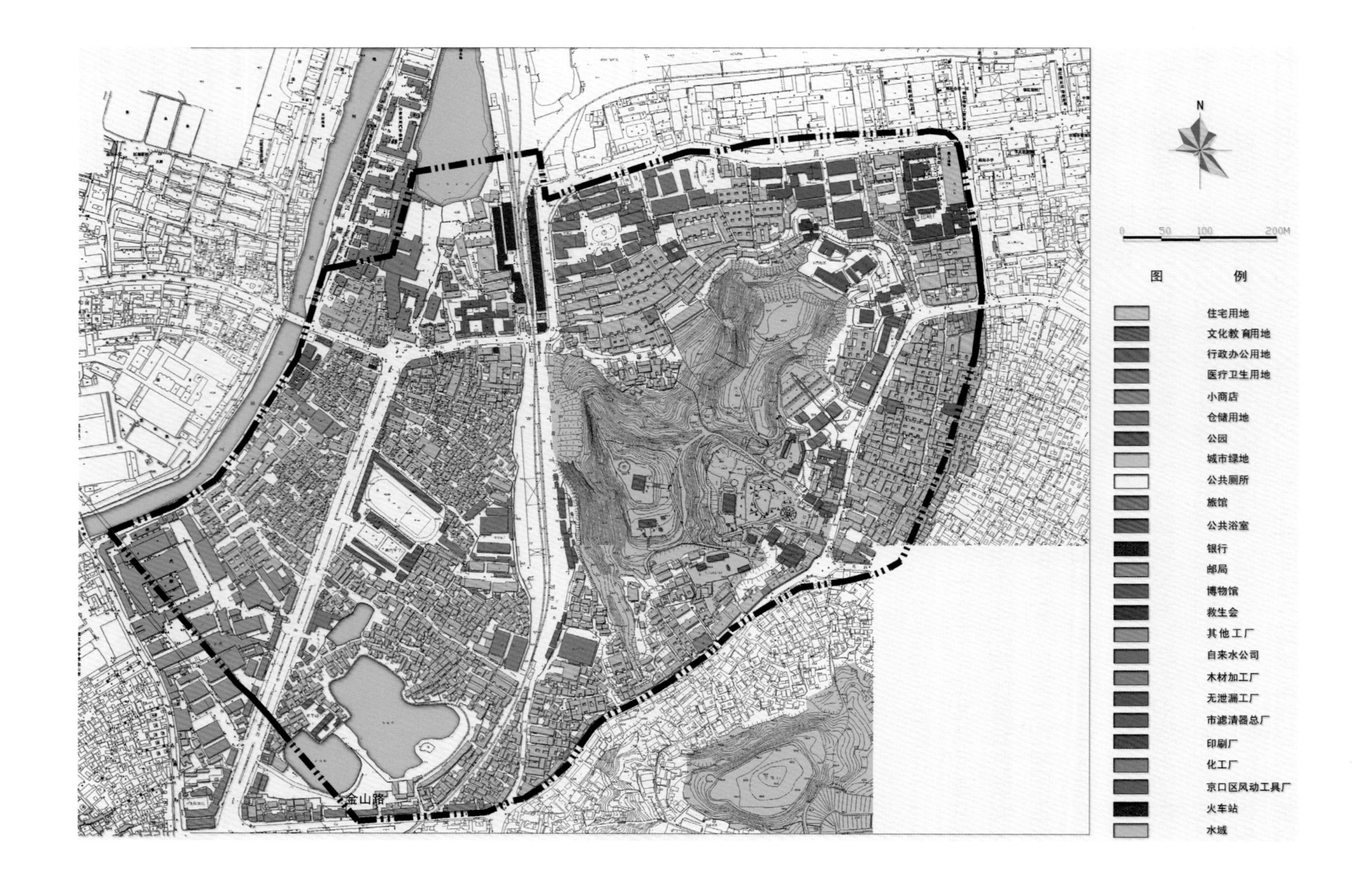

图D-1-6-1-3(a) 西津渡历史风貌区土地使用

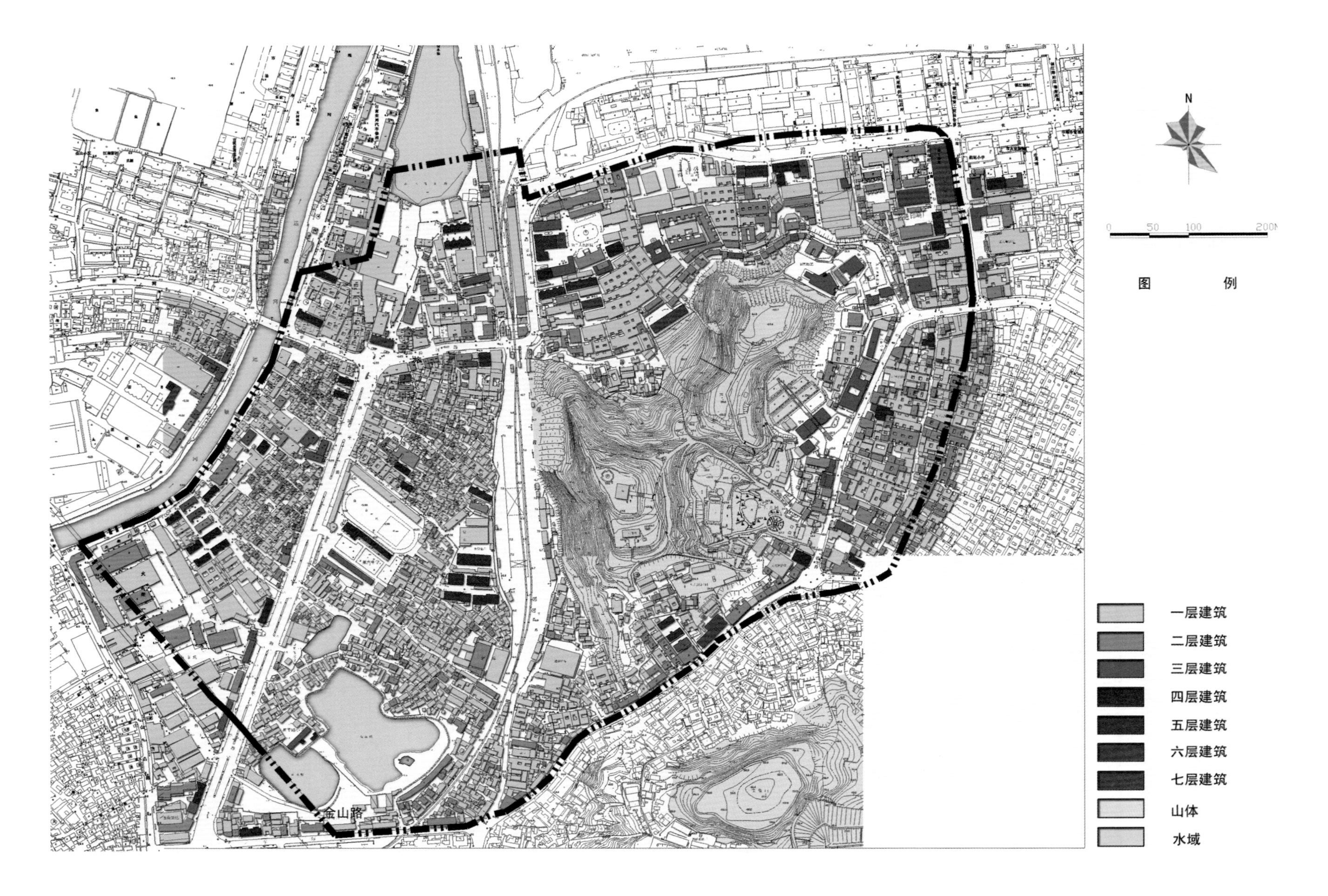

图D-1-6-1-3（b） 西津渡历史风貌区建筑分析图

3．规划特色：

（1）本规划从区域的角度研究旧城的功能和空间转型，将城市遗产保护作为城市发展战略的一个有机部分，根据实际情况延伸西津渡历史街区保护和控制范围，形成以云台山为核心、东接规划“传统民居展示区”、西望金山古寺、南联宝盖山和北临长江的传统风貌区。

（2）全面保护风貌区内各种物质和非物质历史遗产。为弘扬优秀传统文化，将传统人文景观与自然景观有效地结合起来，提高历史资源的综合价值。

（3）为便于实际操作，将规划用地划分为不同的地块。按照各主要地块具体情况制定不同的保护整治原则以及空间设计要点。

4．重要节点和沿街立面规划

（1）玉山大码头景观意向设计

如图D-1-6-1-4、图D-1-6-1-5所示。

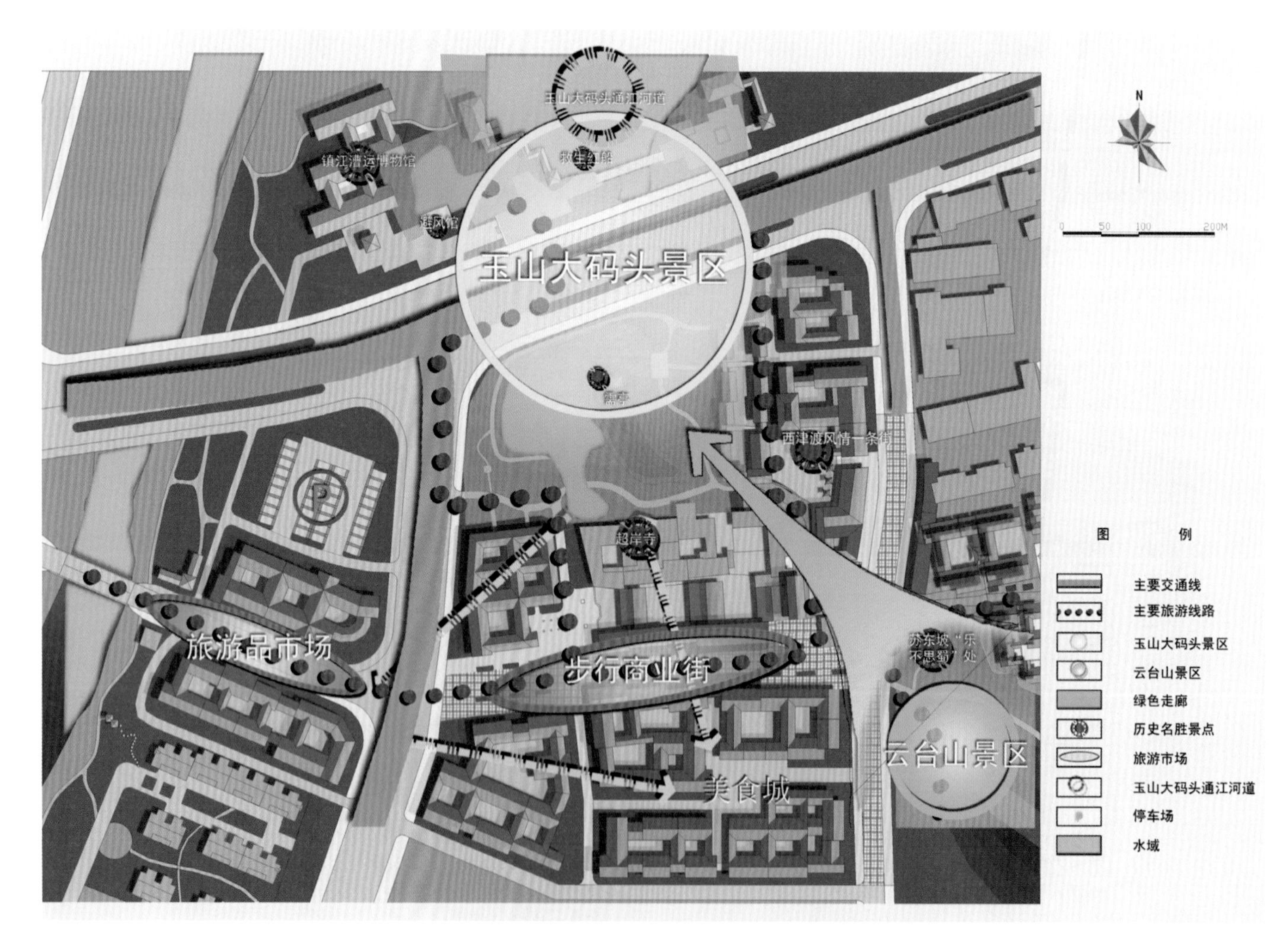

图D-1-6-1-4 西津渡历史风貌区玉山大码头景区功能分析图

图D-1-6-1-5 西津渡历史风貌区玉山大码头地区规划平面图

（2）蒜山游园的平面规划

如图D-1-6-1-6、图D-1-6-1-7所示。

（3）小码头街立面规划分析

如图D-1-6-1-8所示。

（4）街区立面规划分析

如图D-1-6-1-9 ~ 图D-1-6-1-12所示。

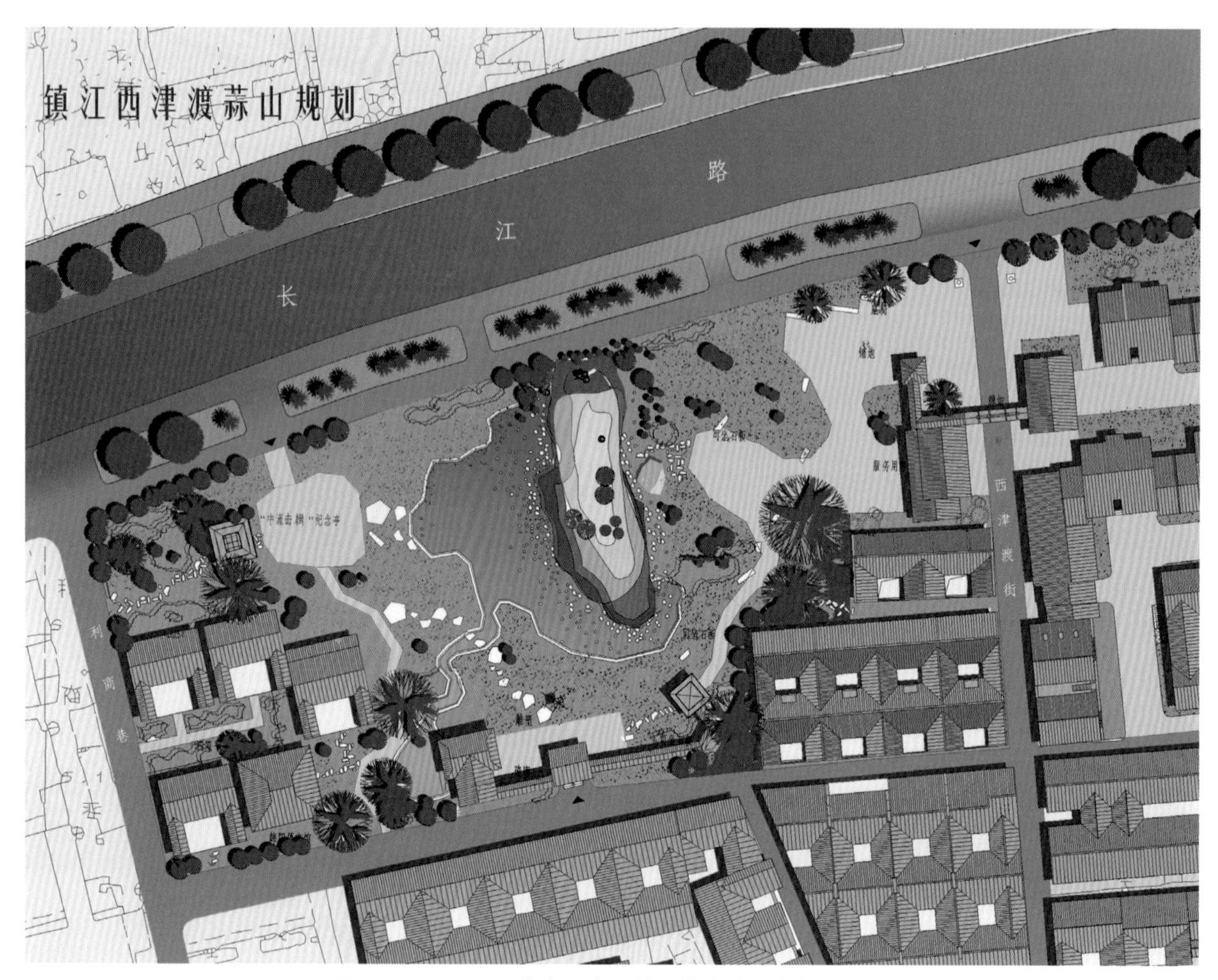

图D-1-6-1-6 西津渡历史风貌区蒜山游园规划总平图

图D-1-6-1-7 西津渡历史风貌区蒜山游园规划剖面图

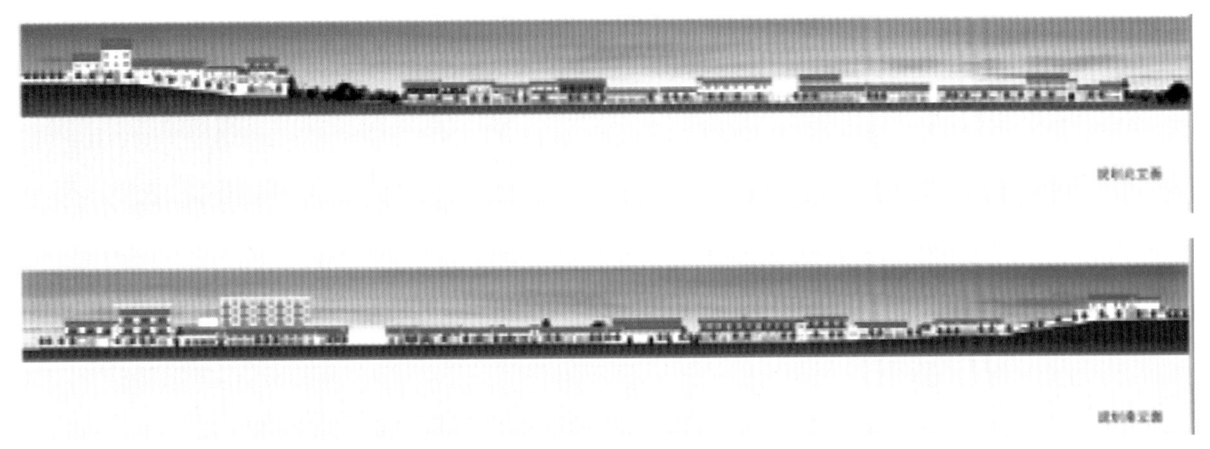

图D-1-6-1-8 西津渡街区小码头街立面分析

图D-1-6-1-9 伯先路街区小街东西立面分析图（1）

图D-1-6-1-9 伯先路街区小街东西立面分析图（2）

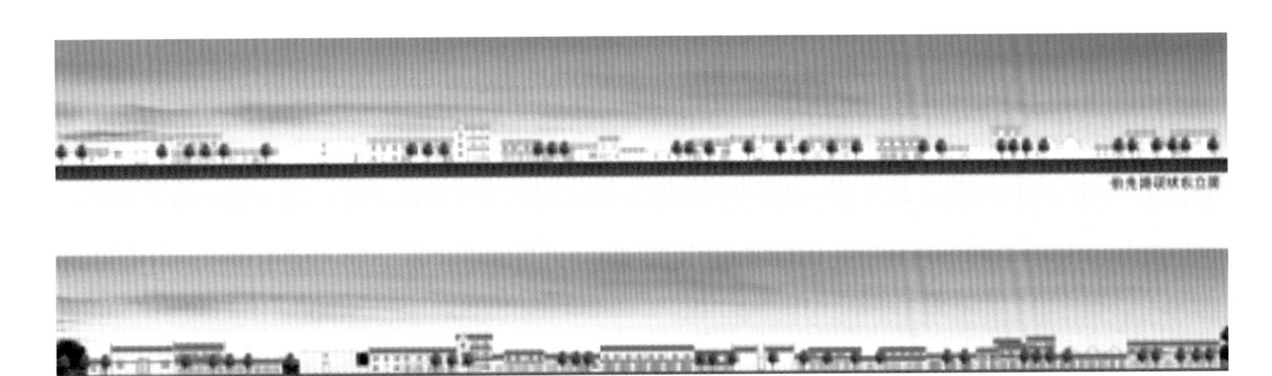

图D-1-6-1-10 伯先路东立面规划分析图

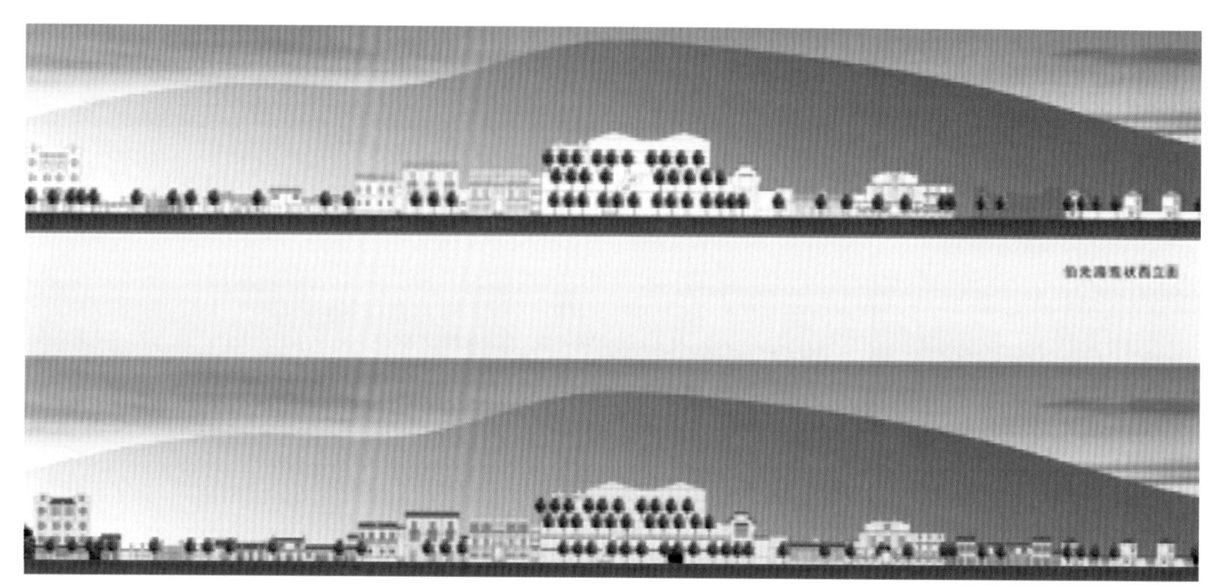

图D-1-6-1-11 伯先路西立面规划分析图

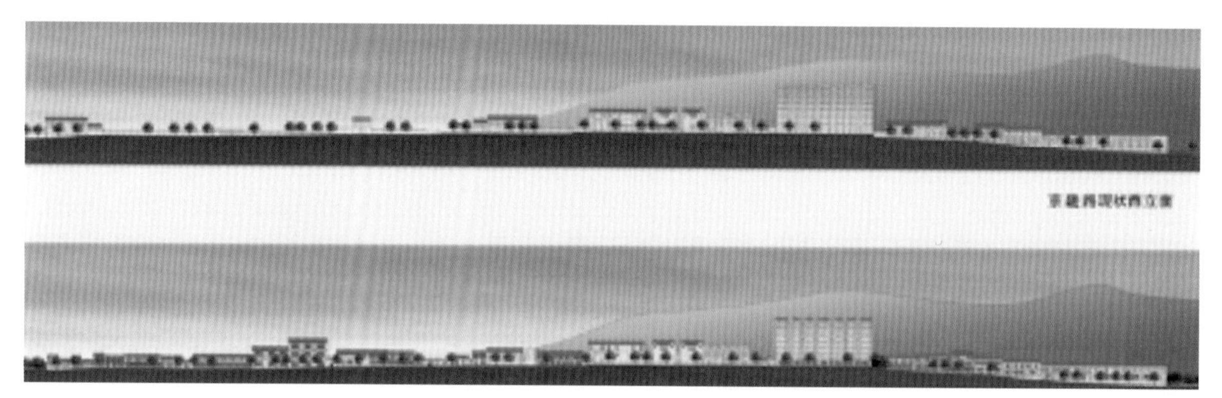

图D-1-6-1-12 京畿路立面规划分析

二、西津渡风貌保护区修规扩编（2008年）

2008年修规扩编后的西津渡风貌保护区总平图呈现东进北扩西退新格局：东侧风貌协调区扩展到宝塔路一线、北侧涵盖滨水区的沿江风光带、西侧仅仅保留了新河路西南侧沿街一线，划出了已经被房地产开发的西荷花塘及和平路西地块，大西津渡的概念基本形成：历年规划已经基本覆盖以西津渡为核心，辐射周边历史文化街区、古城风貌区和滨水风光带，该区域东至山巷路、中华路，西至云台山路、运粮河，南至京畿路、宝盖路，北至金山湖，总规划面积约1km^2，包括“一山一湾两码头三街区”。一山，指云台山，山体占地面积8.5hm^2，高66m，城市中的山林。一湾，指西津湾，占地面积约35hm^2，规划建筑面积约10万m^{2}和6.86hm^{2}的主题公园，打造新生活休闲目的地。目前32000m^{2}地下停车场、50000m^{2}景观已基本建成。两码头，上千年的鲜活记忆，西津渡的由来之源。救生小码头已展示，玉山大码头博物馆待建中。三街区，指西津渡历史文化街区、伯先路历史文化街区、大龙王巷历史文化街区，其中：津渡历史文化街区，以津渡文化为核心，占地10.67hm^2，规划保留建筑面积128000m^2；伯先路历史文化街区以民国文化为核心，占15.6hm^2，规划保留建筑面积10.06hm^2；大龙王巷历史文化街区以传统民居文化为核心，占地14hm^2，规划保留建筑面积119000m^2。另外中华路以西风貌协调区地块规划100000m^{2}商务休闲建筑，各类建筑总计600000m^{2}左右。如图D-1-6-1-13～图D-1-6-1-16所示。规划还给出了功能分区。

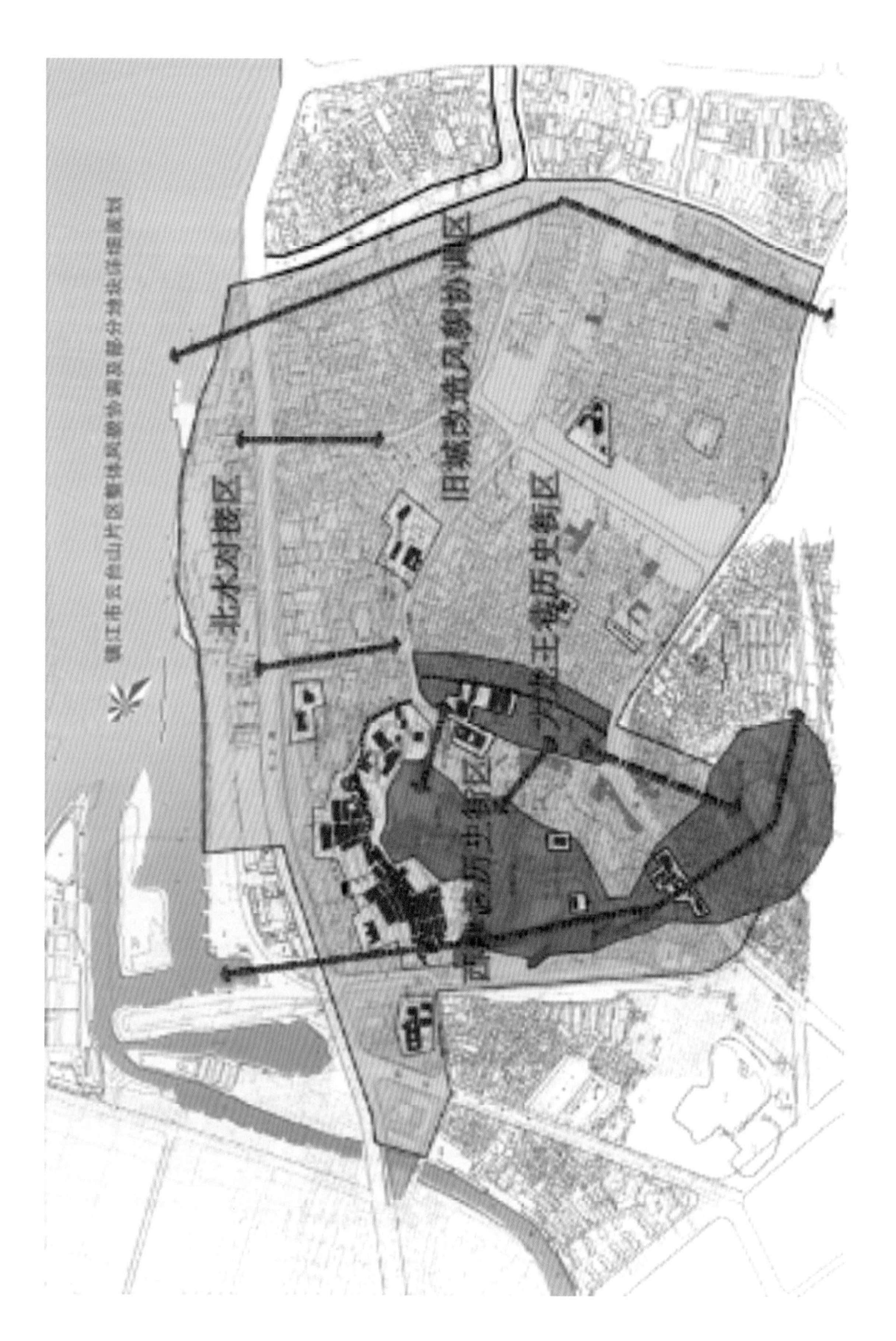
镇江市云台山片区整体风貌协调及部分地块详细规划
北水对接区
旧城改造风貌协调区

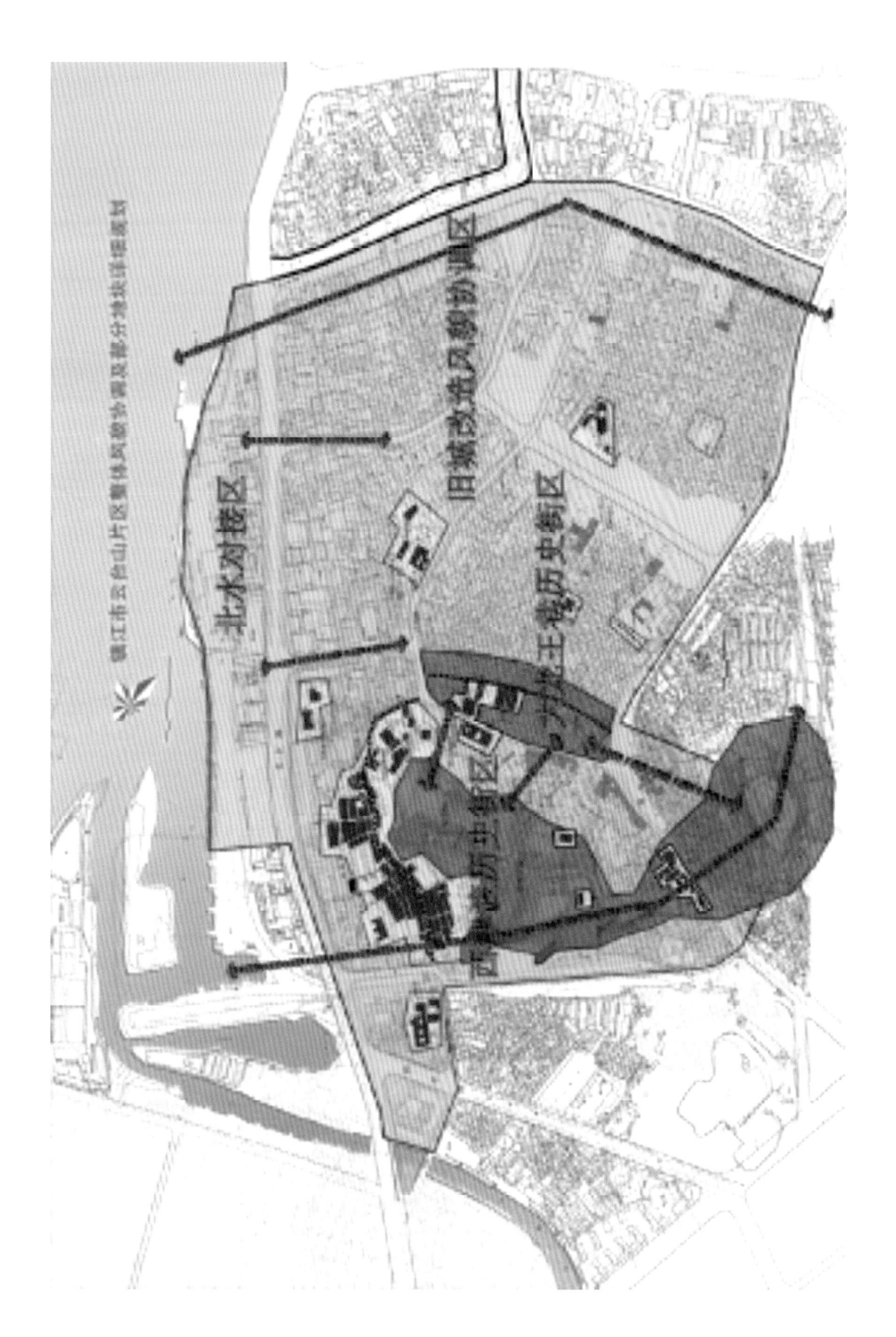
镇江市云台山片区整体风貌协调及部分地块详细规划
北水对接区
旧城改造风貌协调区

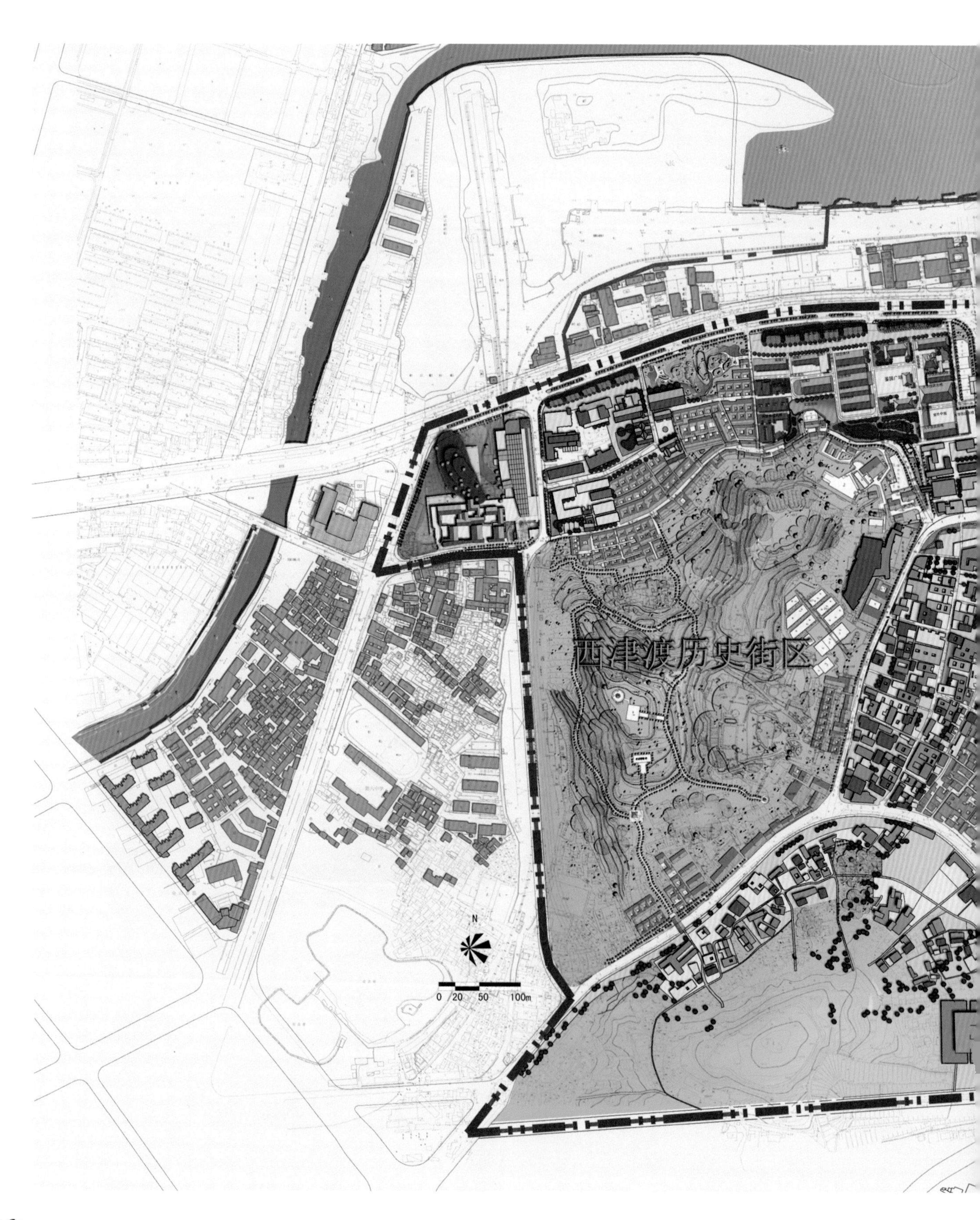
西津渡历史街区
N
0 20 50 100m

图D-1-6-1-13 大西津渡历史风貌区总平图（2008）

二、西津渡风貌保护区修规扩编（2008年）

2008年修规扩编后的西津渡风貌保护区总平图呈现东进北扩西退新格局：东侧风貌协调区扩展到宝塔路一线、北侧涵盖滨水区的沿江风光带、西侧仅仅保留了新河路西南侧沿街一线，划出了已经被房地产开发的西荷花塘及和平路西地块，大西津渡的概念基本形成：历年规划已经基本覆盖以西津渡为核心，辐射周边历史文化街区、古城风貌区和滨水风光带，该区域东至山巷路、中华路，西至云台山路、运粮河，南至京畿路、宝盖路，北至金山湖，总规划面积约1km^2，包括“一山一湾两码头三街区”。一山，指云台山，山体占地面积8.5hm^2，高66m，城市中的山林。一湾，指西津湾，占地面积约35hm^2，规划建筑面积约10万m^{2}和6.86hm^{2}的主题公园，打造新生活休闲目的地。目前32000m^{2}地下停车场、50000m^{2}景观已基本建成。两码头，上千年的鲜活记忆，西津渡的由来之源。救生小码头已展示，玉山大码头博物馆待建中。三街区，指西津渡历史文化街区、伯先路历史文化街区、大龙王巷历史文化街区，其中：津渡历史文化街区，以津渡文化为核心，占地10.67hm^2 ，规划保留建筑面积128000m^2；伯先路历史文化街区以民国文化为核心，占15.6hm^2，规划保留建筑面积10.06hm^2；大龙王巷历史文化街区以传统民居文化为核心，占地14hm^2 ，规划保留建筑面积119000m^2。另外中华路以西风貌协调区地块规划100000m^{2}商务休闲建筑，各类建筑总计600000m^{2}左右。如图D-1-6-1-13 ~ 图D-1-6-1-16所示。规划还给出了功能分区。

图D-1-6-1-15 西津渡历史风貌区功能分析图（2008）

图D-1-6-1-16 西津渡历史风貌区保护更新时序图（2008）

第二节 环云台山保护整治规划

2009年，结合镇江市青山绿水整治行动，镇江市规划局和西津渡公司委托东南大学城市规划设计研究院制定了《环云台山保护、整治规划》（董卫主持）。本次规划以环云台山环境整治为主题，北至超岸寺、二院，东南至宝盖山，西至云台山路，规划面积为34hm^2。对山上工人疗养院、牛皮坡和山下的京畿路环境整治作了重点研究。主要规划成果包括对规划区域的功能分区、重要节点地块的整治规划，如，中华路西片区重建、工人疗养院改造、西津渡街区民俗风情街、吉庆里修缮改造、大兴池周边改造、云台山西麓杂乱民居整治和玉山区域的整治方案建议等。

一、现状分析

1. 整体概况

本次规划地块处于镇江市老城区。2002年的镇江市总体规划明确细部老城区划为历史风貌保护区，西津渡、伯先路，大龙王巷为历史街区，有40hm^{2}受到规划控制，近15hm^{2}为重点保护区。镇江西部老城区是一个综合居住、商业、办公、文化娱乐及相应的公共服务等传统生活型城区。聚合组功能、文化娱乐为现状主要功能；商业服务主要位于西津渡历史街区，以及京畿路有部分零散商业。规划范围中最吸引人的是：西津渡历史街区、北部地块的超岸寺，伯先公园以及沿着伯先路、京畿路的民国建筑（图D-1-6-2-1、图D-1-6-2-2）。

规划用地在老城中的位置

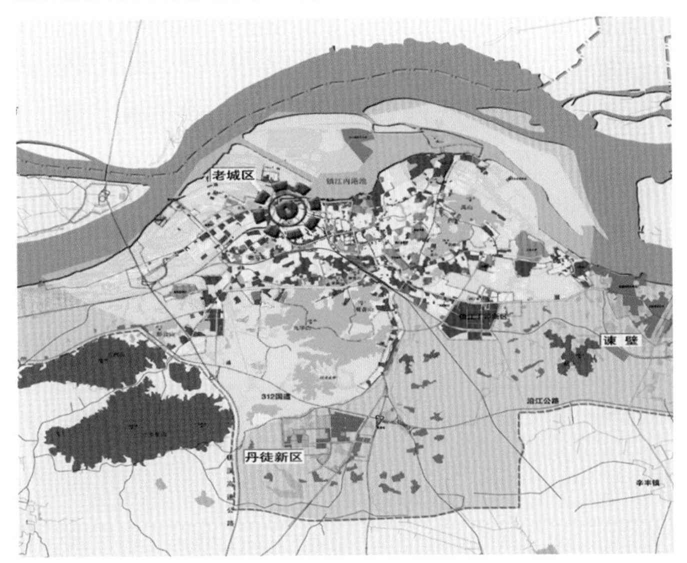

规划用地边界

图D-1-6-2-1 用地区位及边界

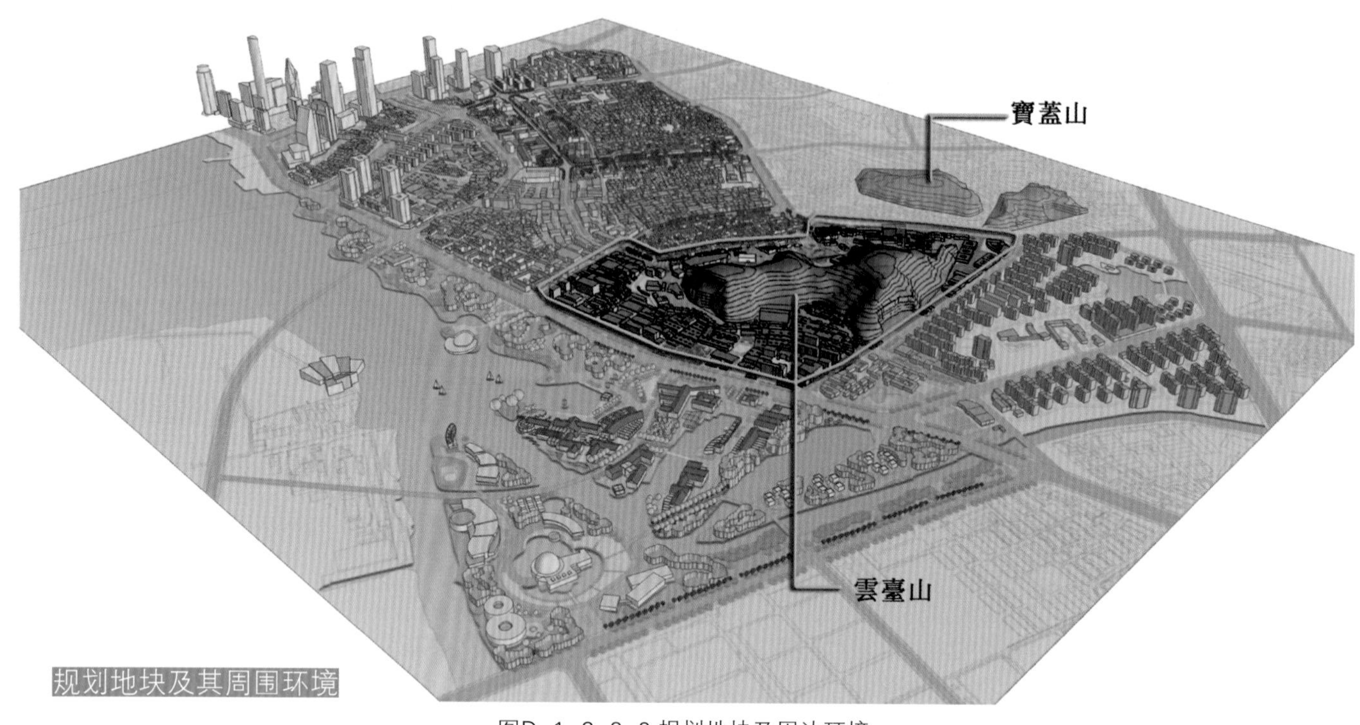

图D-1-6-2-2 规划地块及周边环境

图D-1-6-2-3 用地构成

规划范围内现状建筑主要集中在云台山北部以及云台山南角。沿着伯先路以及京畿路主要是沿街建筑，地块内主要以车行交通为主。传统巷道主要在西津渡历史街区，以及从西津渡到蒜山小游园之间。伯先路与京畿路路幅宽8m，人车混行（图D-1-6-2-3）。

二、规划设计总体构思

如图D-1-6-2-4～图D-1-6-2-8所示。

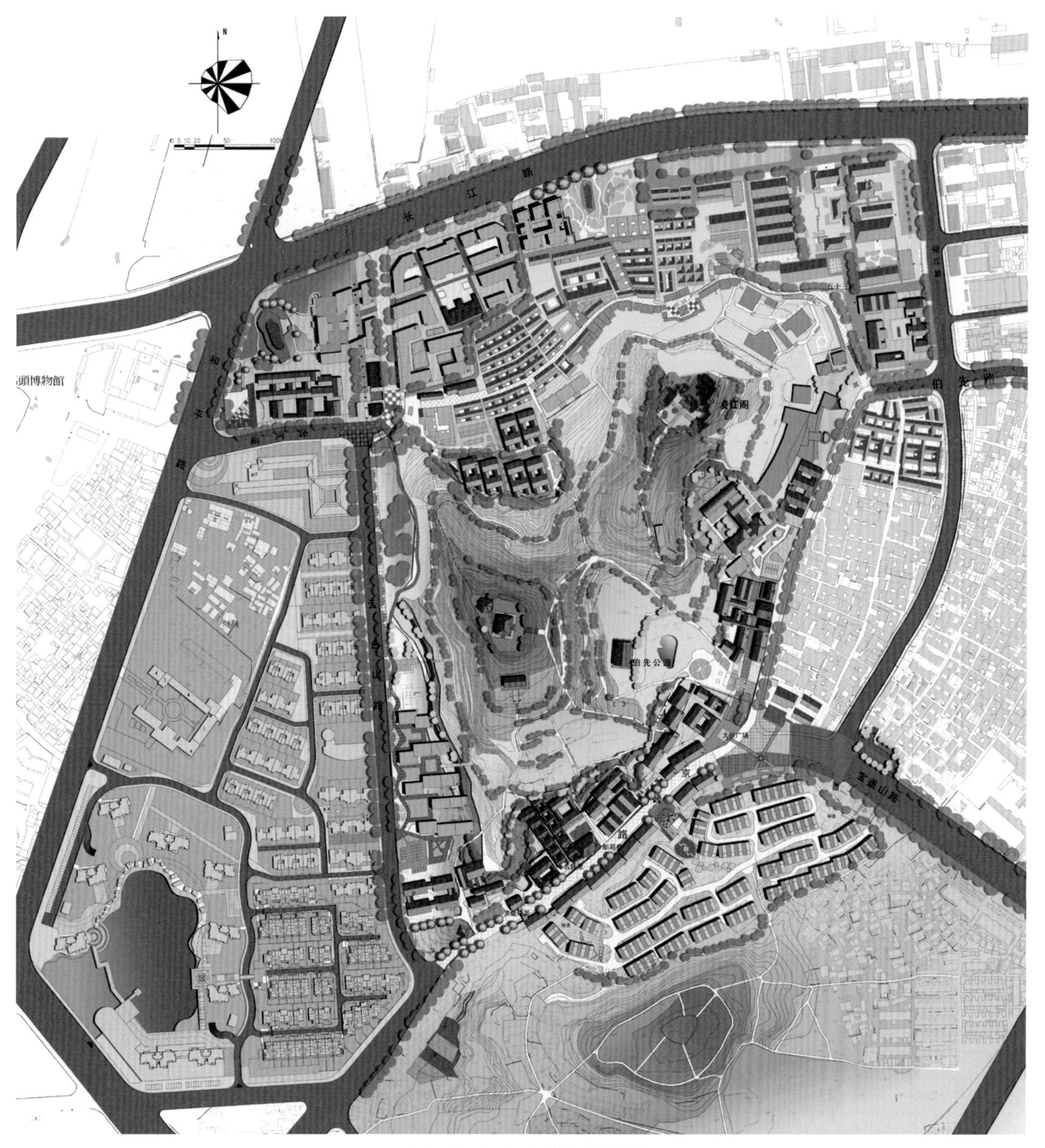

图D-1-6-2-4 建筑总平面

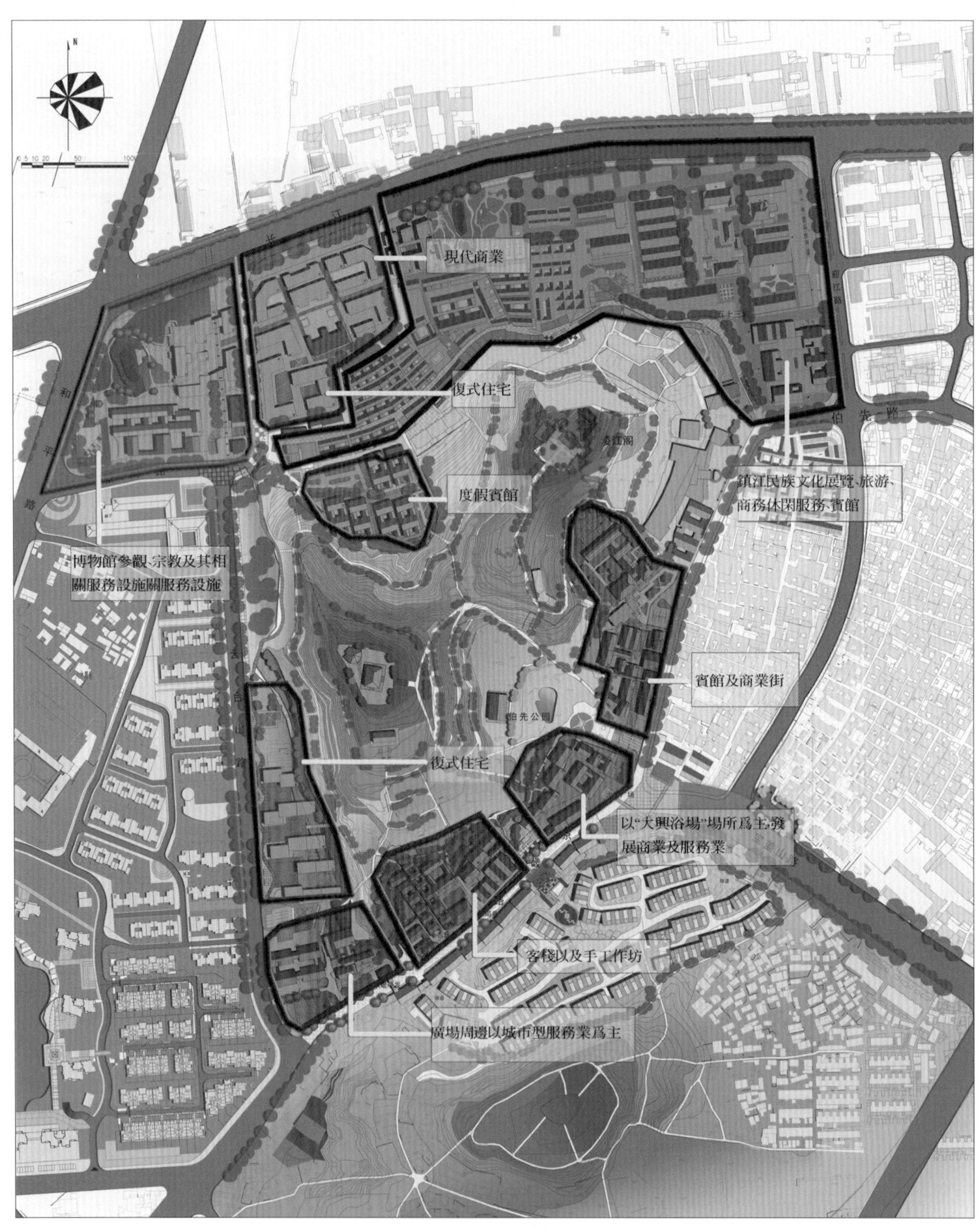
現代商業
復式住宅
度假賓館
鎮江民族文化展覽、旅游、商務休閑服務、賓館
博物館參觀、宗教及其相關服務設施關服務設施
賓館及商業街
復式住宅
以"大興浴場"場所爲主發展商業及服務業
客棧以及手工作坊
廣場周邊以城市型服務業爲主

图D-1-6-2-5 功能分区

用地编号	保留建筑总面积（m²）	改造建筑总面积（m²）	新建建筑总面积（m²）	拆除建筑总面积（m²）	现状总建筑面积（m²）	规划总建筑面积（m²）	增加建筑面积（m²）
A	5586		7759	1491	7077	13345	626
B	1695		23378	30105	31800	25073	-672
C			6534	5350	5350	6534	118
D			10435	3633	3633	10435	680
E		2498	4242	2638	5136	6740	160
F	4344	2498	1155	4038	10880	7997	-288
G		3222	5234	1929	5151	8456	330
H	1328	4347	5155	1715	7390	10830	344
I	27700	18300	18000	10400	56400	64000	760
[illegible]	[illegible]	[illegible]	[illegible]	[illegible]	[illegible]	[illegible]	[illegible]

图D1-6-2-6 需要整治的建筑分布图

图D-1-6-2-7 景观节点及视线分析

图D-1-6-2-8 景区游线分析

三、地块详细设计

1. 云台长街

营造“云台长街”，将京畿路拓宽至22m，沿云台山一个原有的人行道依旧十分重要，故从南入口将游人引入沿街内侧所形成的一组步行系统中，内街依山就势而建。主要节点有工人疗养院、伯先公园、大兴浴池和吉庆里等（图D-1-6-2-9、图D-1-6-2-10）。

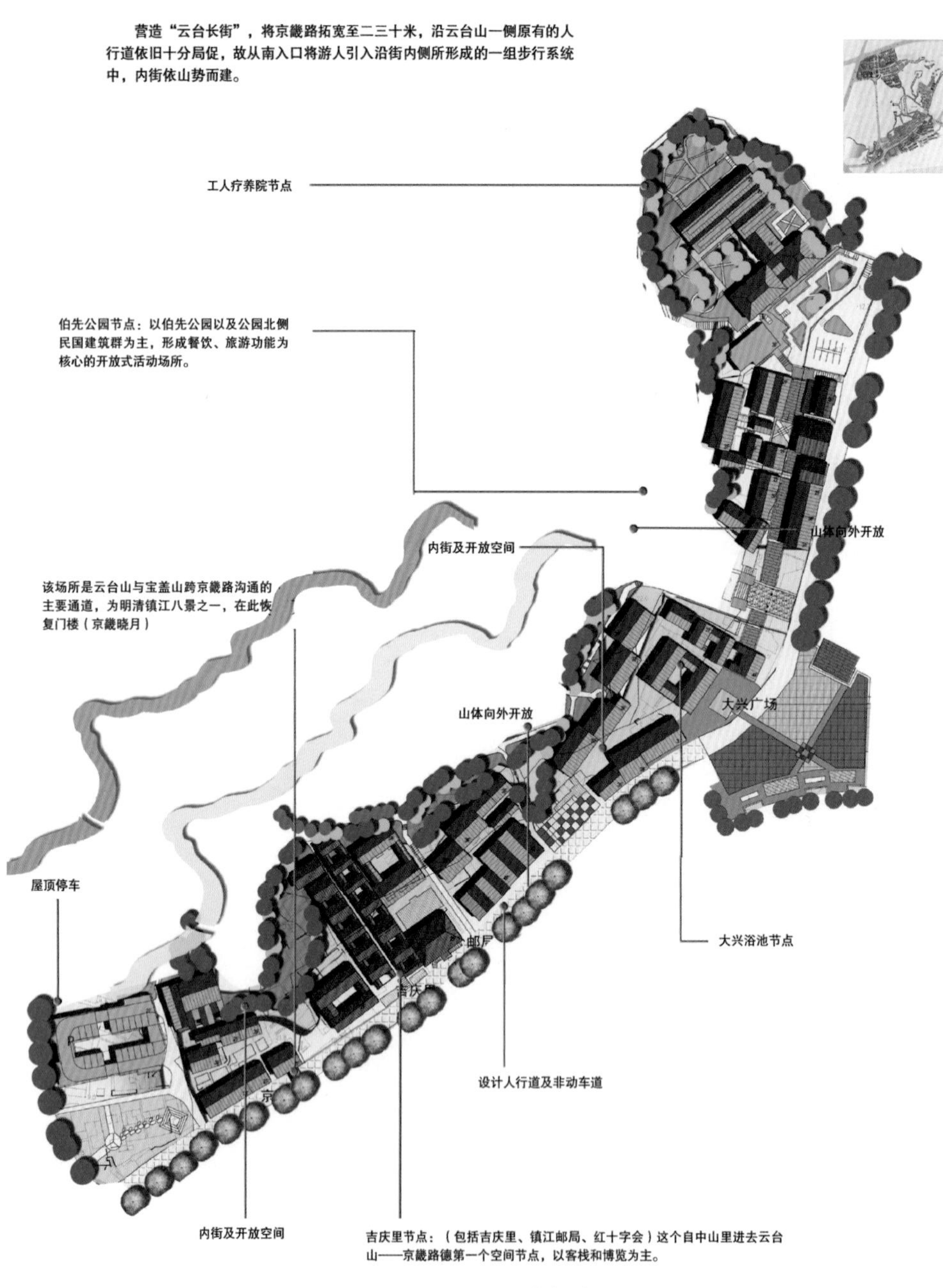

图D-1-6-2-9 云台长街

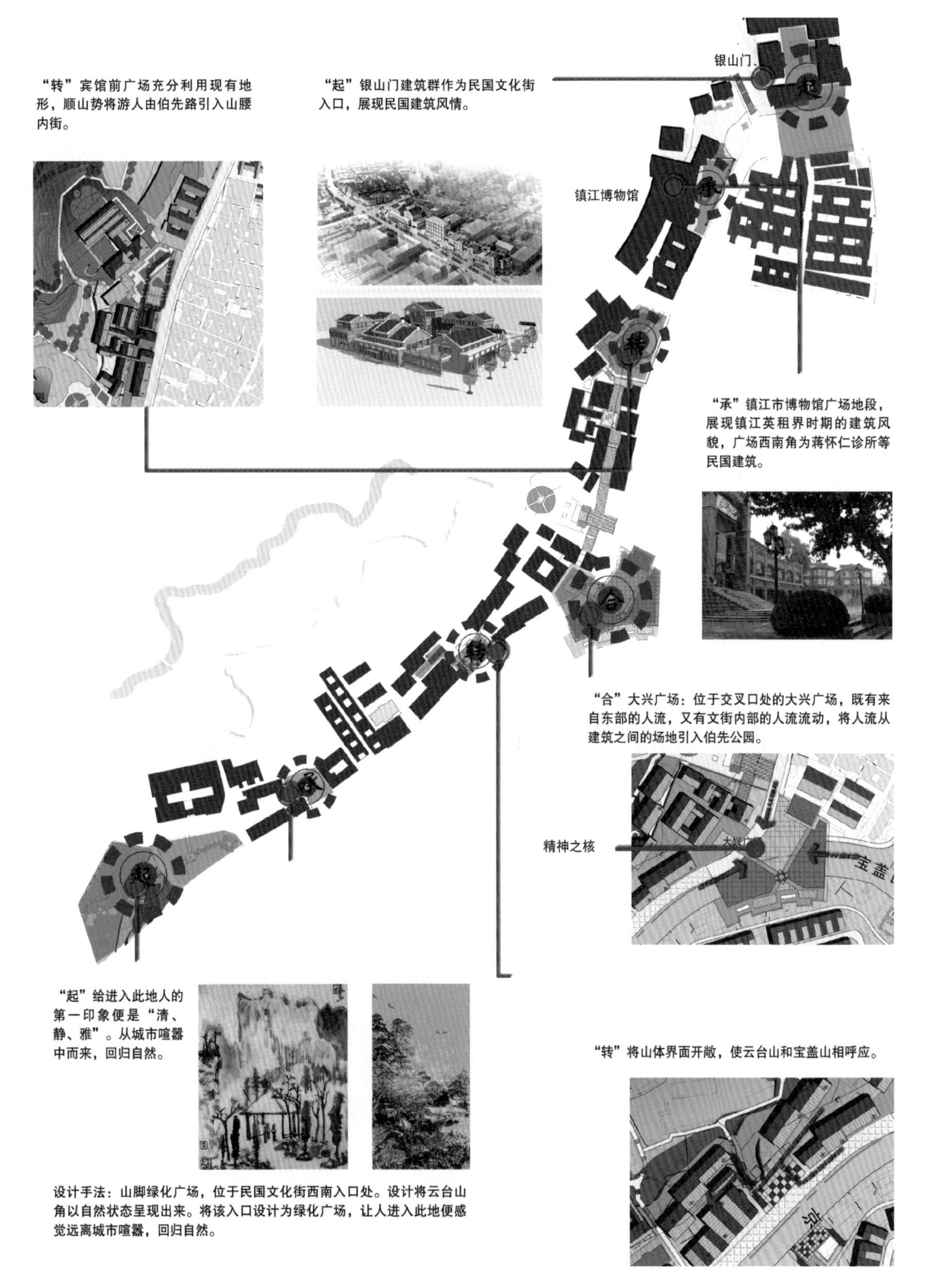

图1-6-2-10 街巷广场分析

图D-1-6-2-11 工人疗养院改

（1）工人疗养院改造规划

方案一设计手法：平台设计为三层，增加层次感，建筑设计为庭院式，由中央走道相连接（图D-1-6-2-11、图D-1-6-2-12）。

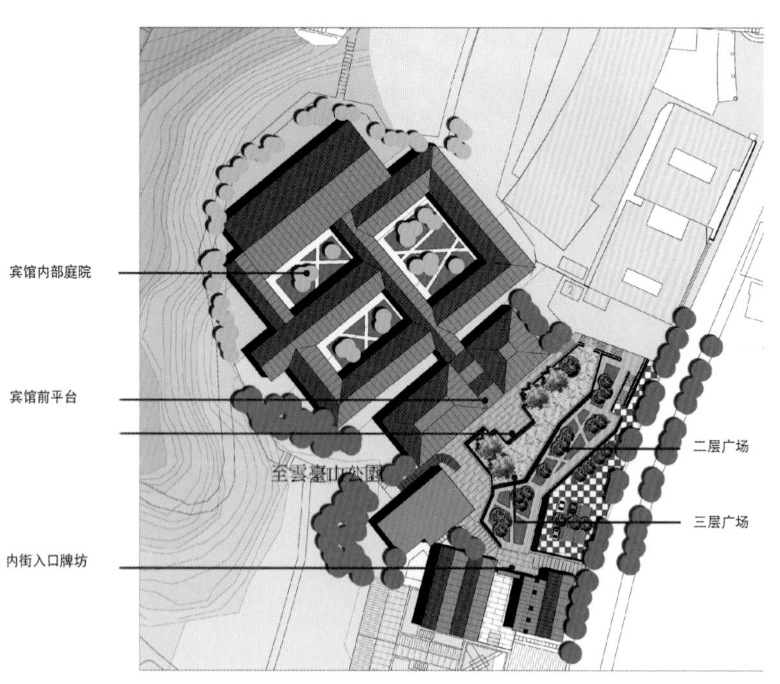

图D-1-6-2-12 原疗养院设计方案一

方案二设计手法：改变楼梯的位置，从广场两侧上二层平台，扩大广场空间。在二层平台上经过一个广场与内街相连，并可以直接进入云台山伯先公园。建筑布局相对紧凑，在建筑靠山部分留用地建设宾馆花园（图D-1-6-2-13、图D-1-6-2-14）。

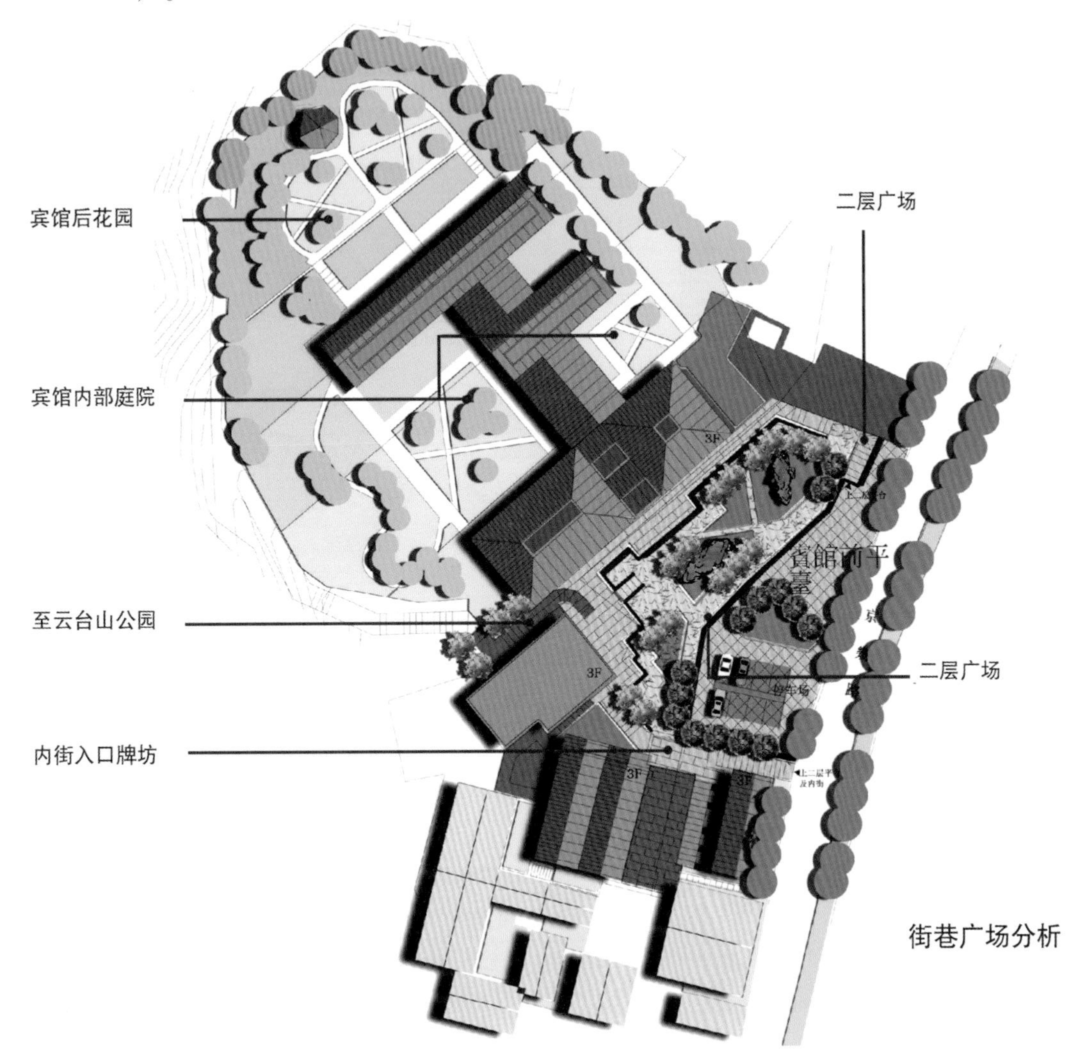

图D-1-6-2-13 原疗养院设计方案二

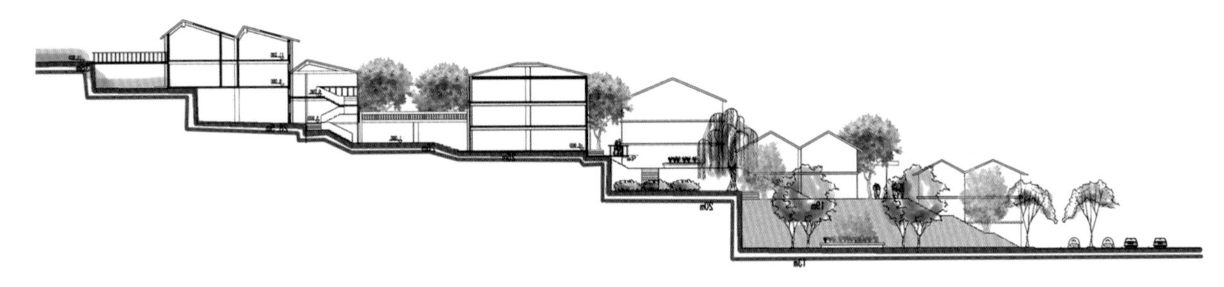

图D1-6-2-14 原疗养院设计剖面

（2）大兴浴池改造规划

大兴浴池是镇江本地的重要活动场所，建筑质量较差，建议在此新建建筑时，前面规划大兴广场，以唤起本地人对大兴浴池的记忆（图D-1-6-2-15）。

图D-1-6-2-15 大兴浴池现状

设计手法：在大兴浴池原址新建主体建筑，并将交叉口三块地用中间广场联系成为一个整体（图D-1-6-2-16、图D-1-6-2-17）。

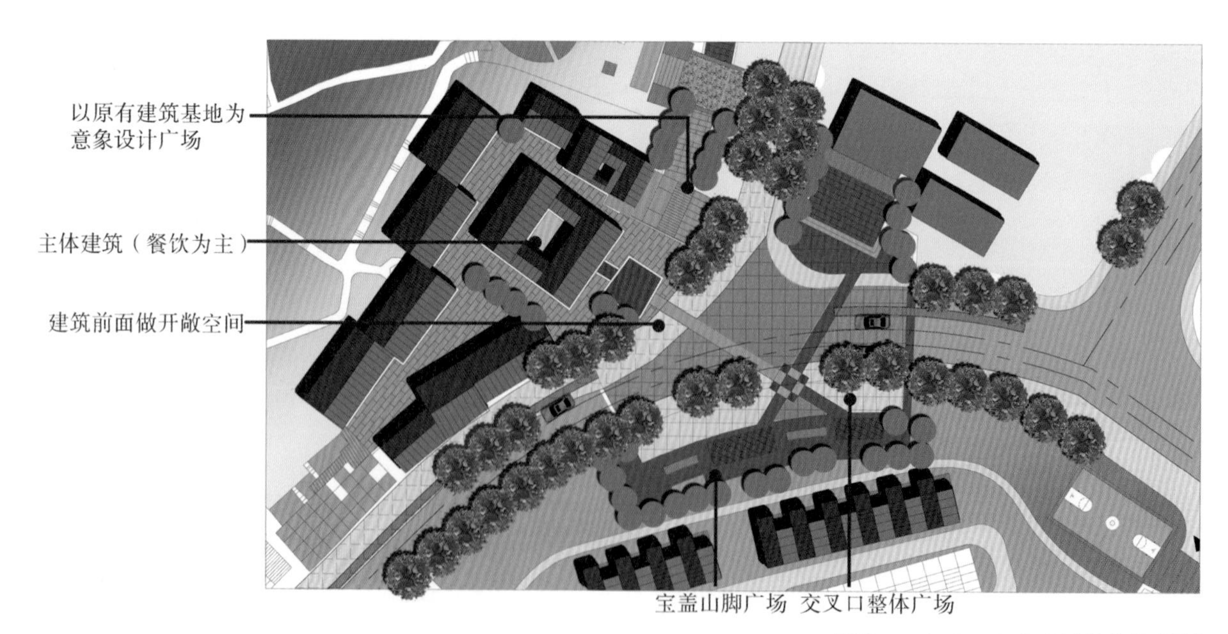

图D-1-6-2-16 大兴浴池修复规划

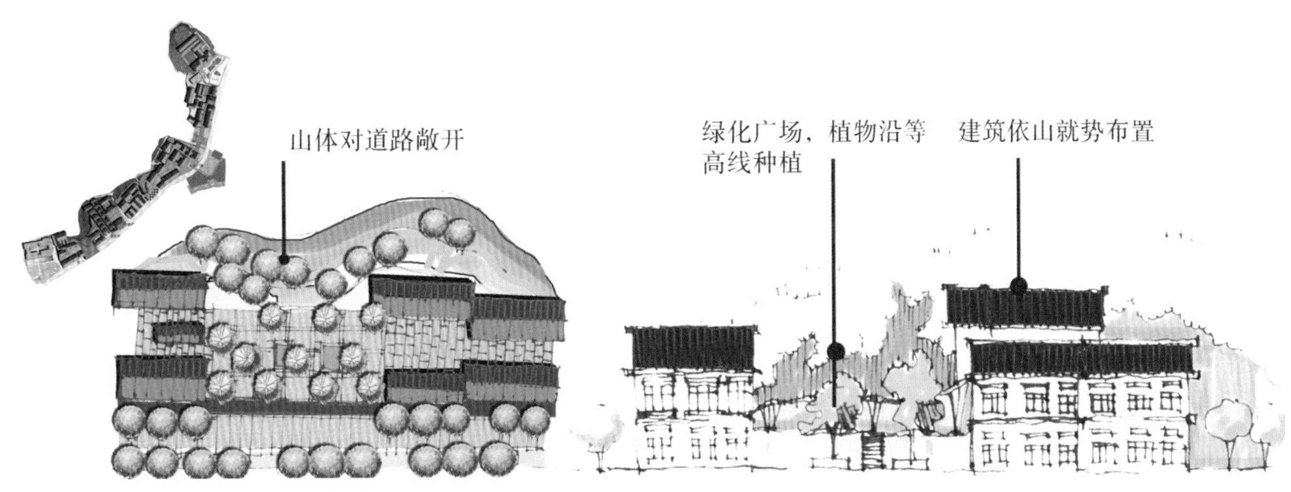

图D-1-6-2-17 山脚广场设计

（3）吉庆里改造规划

吉庆里是市级文物保护单位，是镇江传统民居的优秀代表。规划对其进行修缮，作为传统民居式旅馆（图D-1-6-2-18）。

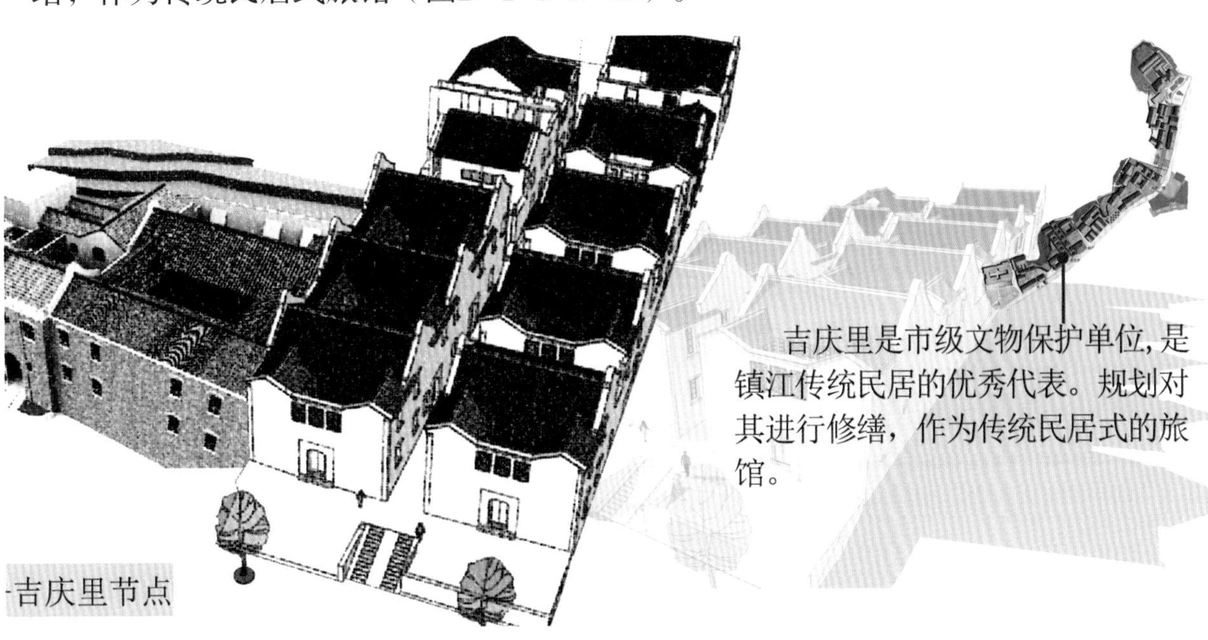

图D-1-6-2-18 吉庆里

（4）内街规划

如图D-1-6-2-19所示。

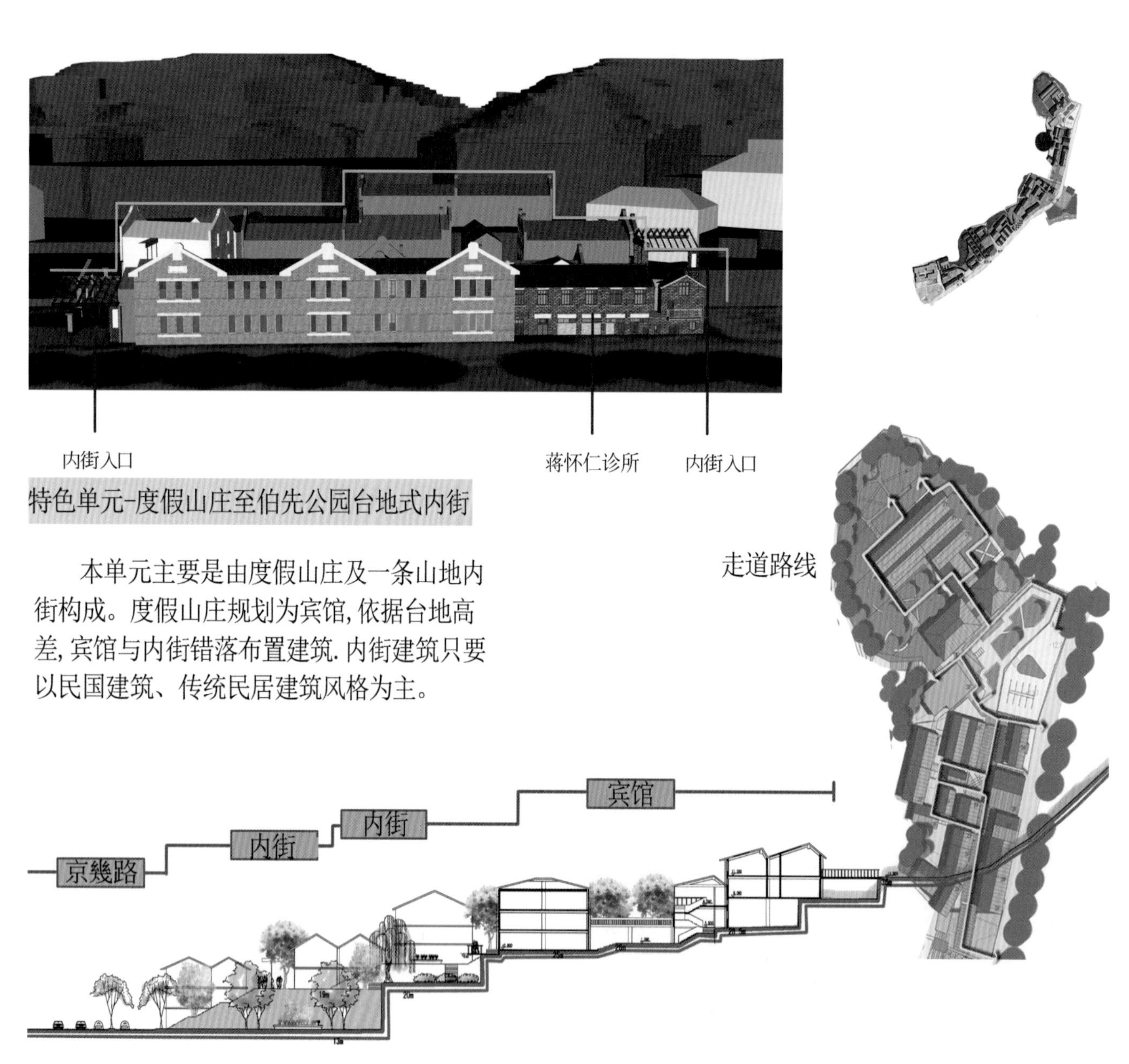

图D-1-6-2-19 台地式内街

2. 民俗文化风情街

如图D-1-6-2-20所示。

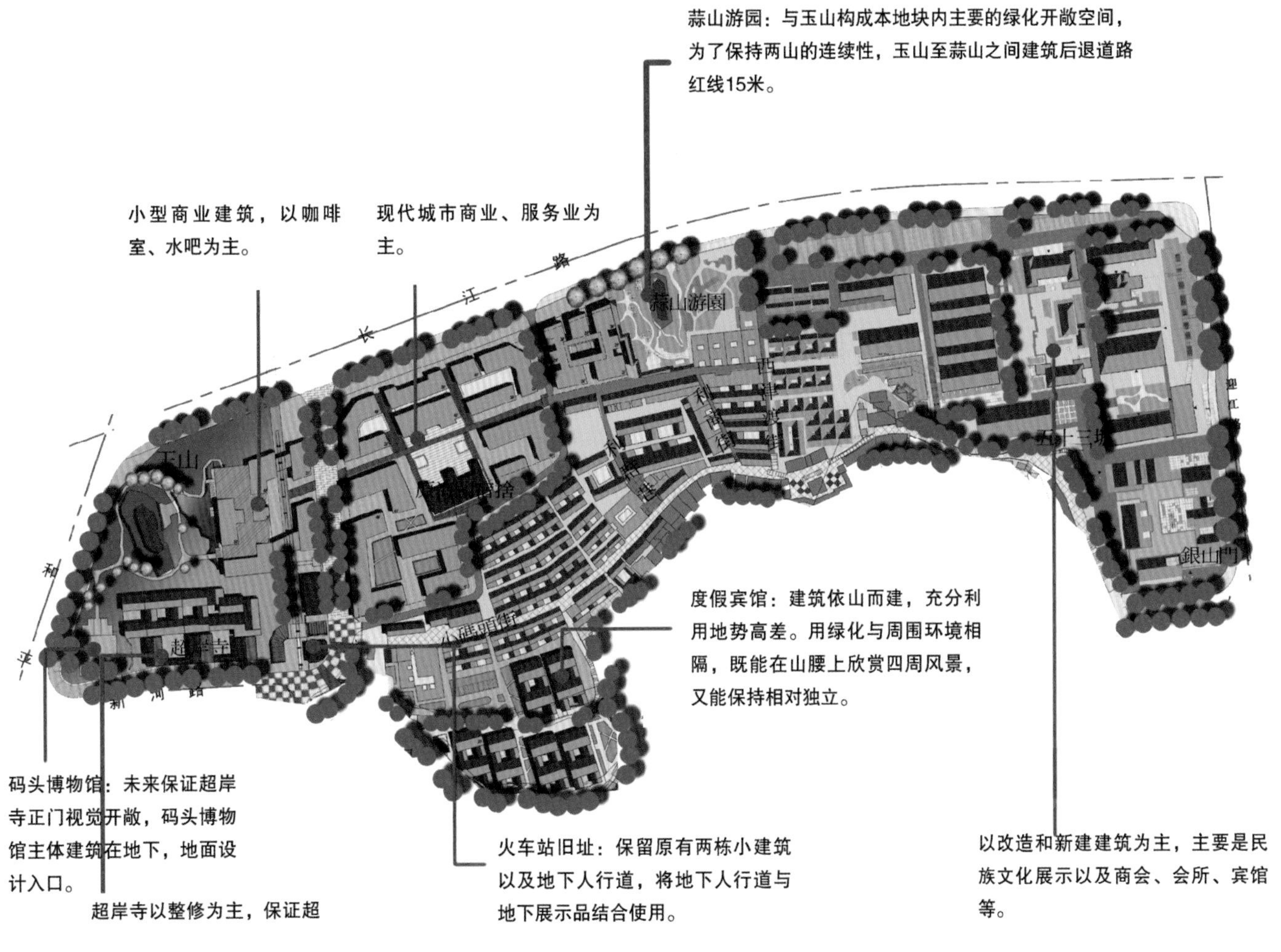

图D-1-6-2-20 民俗文化风情街规划

（1）超岸寺地块详细设计

超岸寺位于镇江西津渡古街的最西端，附近的玉山是当时的大码头（图D-1-6-2-21）。唐代大诗人李白、孟浩然，宋代王安石、陆游等人都曾在这里候船过江，并留下了许多动人的诗篇。其中脍炙人口的是唐代诗人张祜的那首《题金陵渡》。

超岸寺地块详细设计

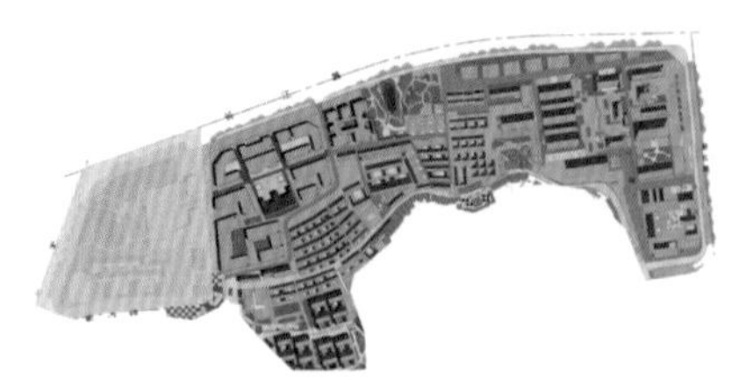

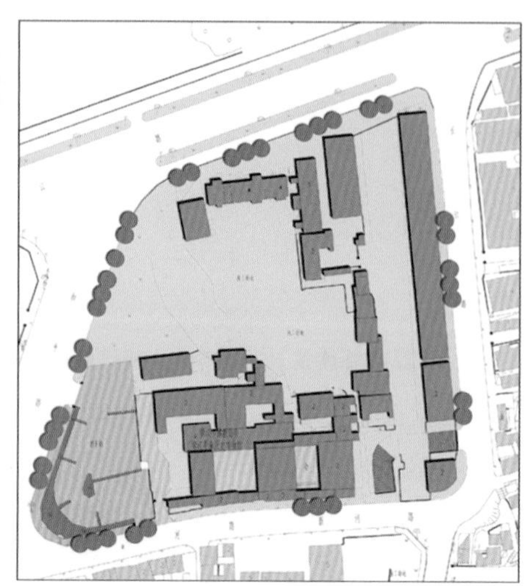

图D-1-6-2-21 超岸寺地块现状

设计说明：充分挖掘历史文化及环境价值，突出景观效果，形成可游、可赏的功能区。进行地下空间建造——对现状地下通道进行清淤，使之直接与古码头展示区联系，沿着曾经的铁路旧迹建造地下空间，打通至古码头展览区，地面铺玻璃地板，并考虑建设长江路的地下通道（图D-1-6-2-22、图D-1-6-2-23）。

新建建筑（水吧、茶室、咖啡厅）

保留原有火车站建筑，展示图片，回顾历史

古码头展示区

超岸式

保留地下通道，直接进入地下码头展览区

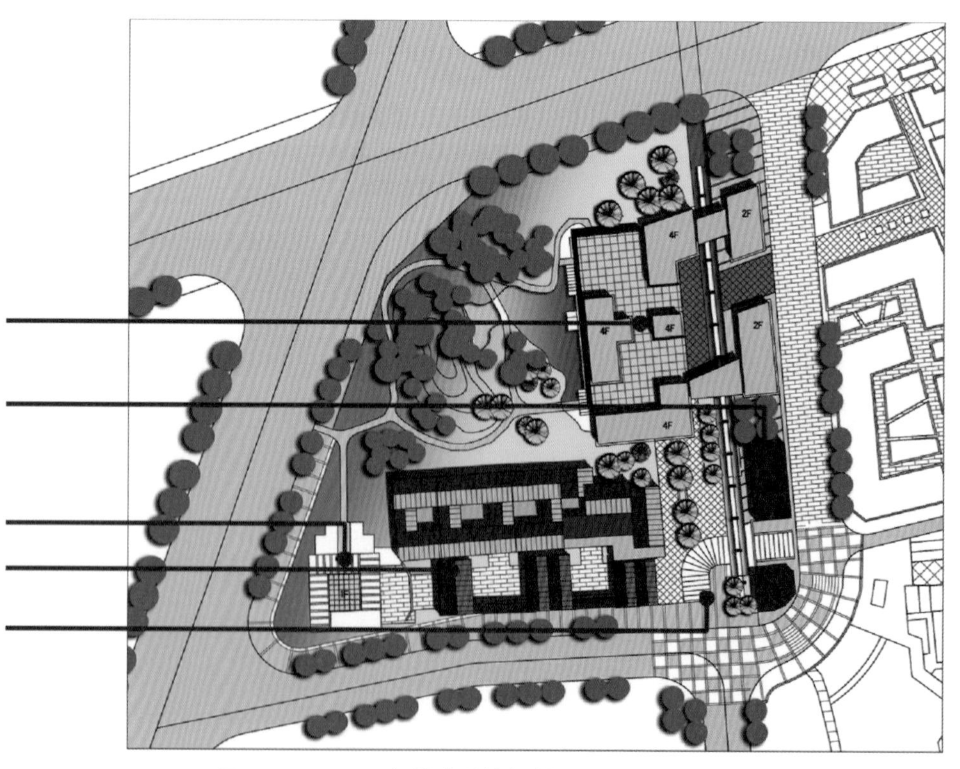

图D-1-6-2-22 超岸寺地块规划

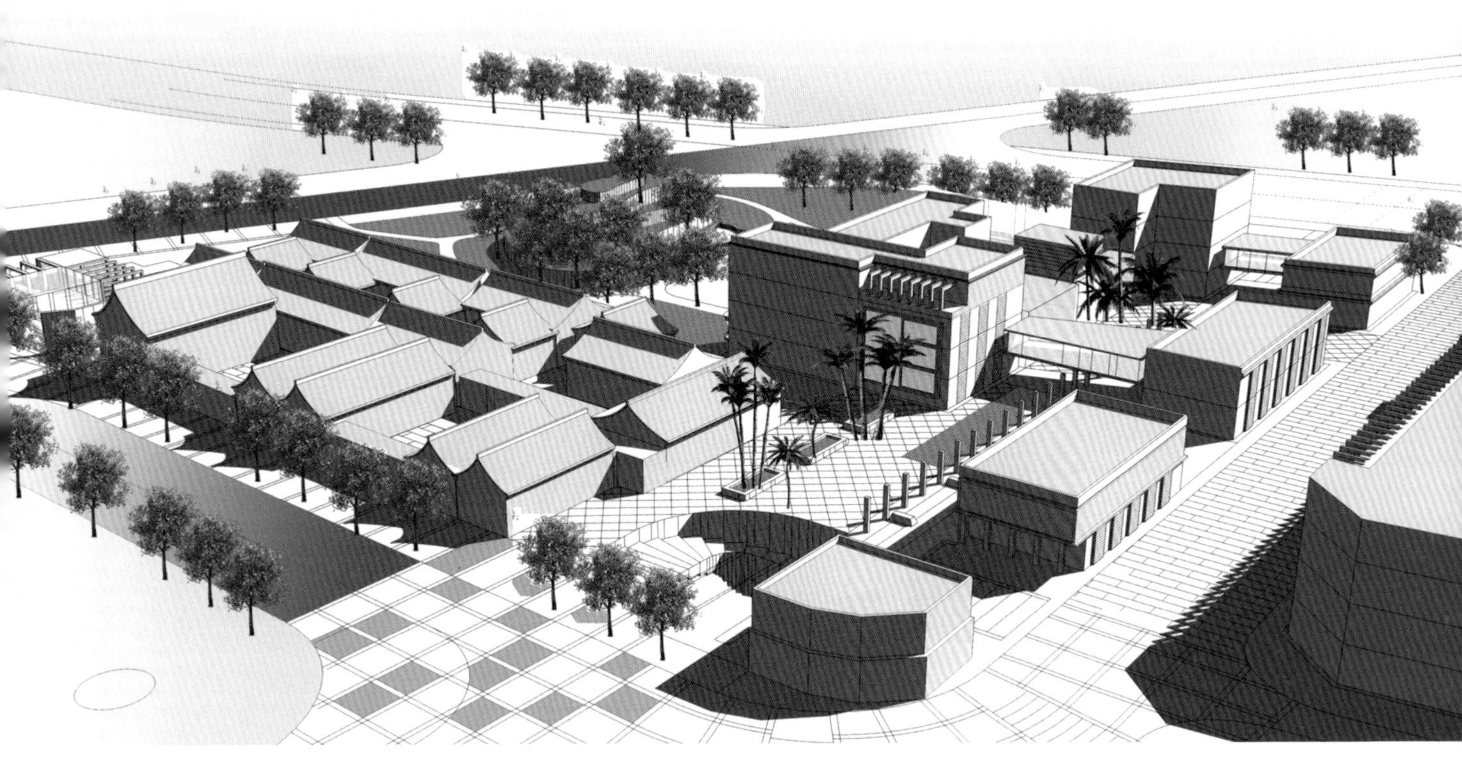

图D-1-6-2-23 超岸寺地块鸟瞰

（2）二院地块详细设计

规划建议提出对原建筑降层改造和风貌改造的要求；由中央的东西走道划分为两个部分，北部以商业为主，南部以居住为主，结合东西走道在原海关宿舍北侧设计小广场。如图D-1-6-2-24～图D-1-6-2-26所示。

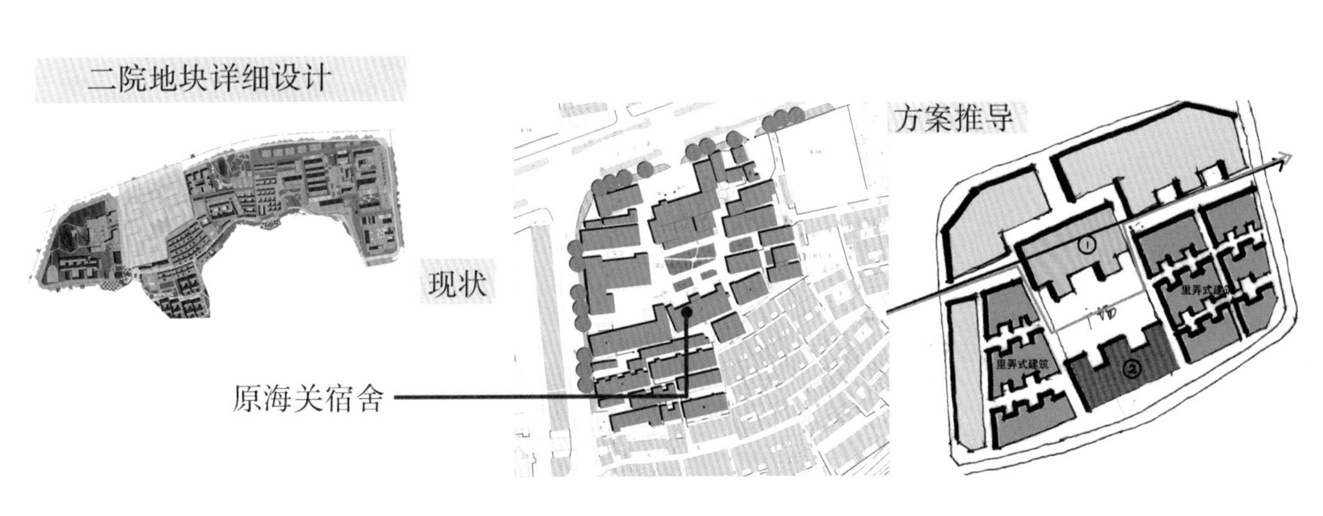

图D-1-6-2-24 二院地块现状

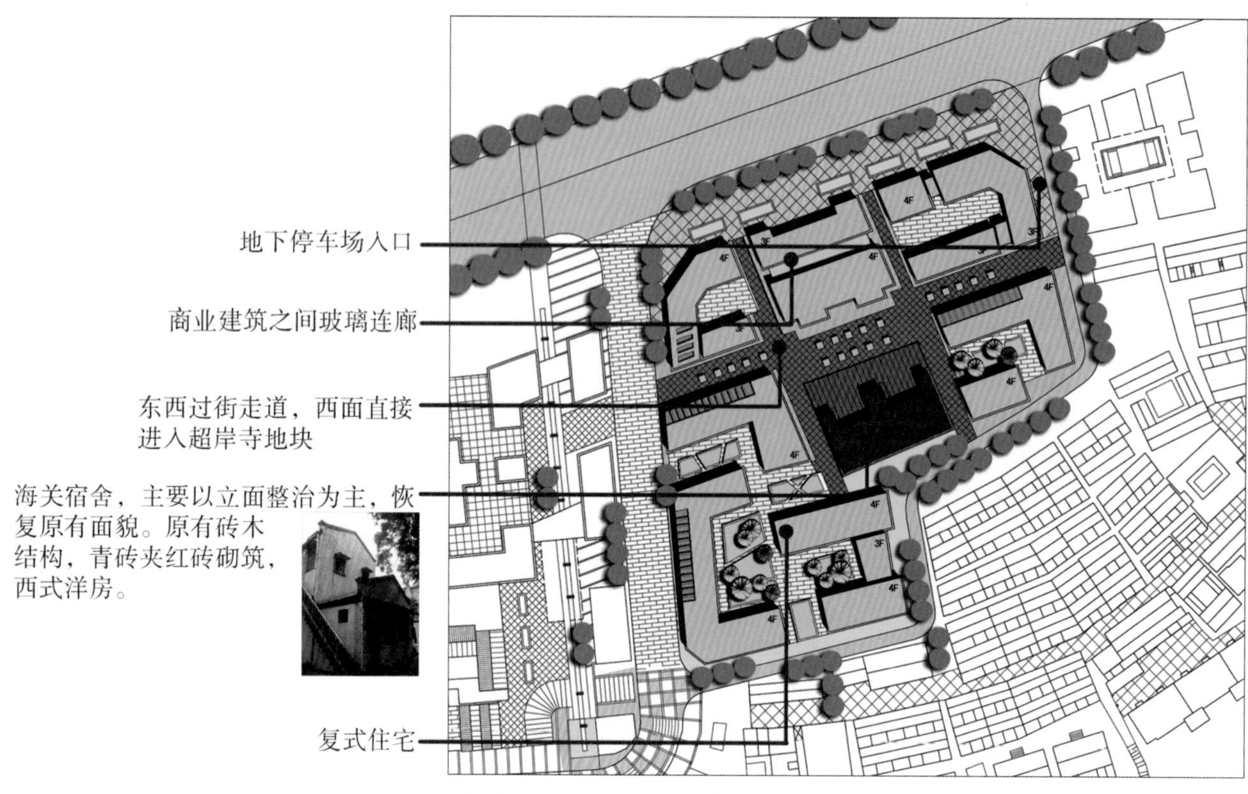

图D-1-6-2-25 二院地块规划

图D-1-6-2-26 二院地块鸟瞰

（3）云台山西麓山腰会馆建筑群体设计方案

· 方案一（图D-1-6-2-27、图D-1-6-2-28）。

山腰会馆建筑群体设计方案一

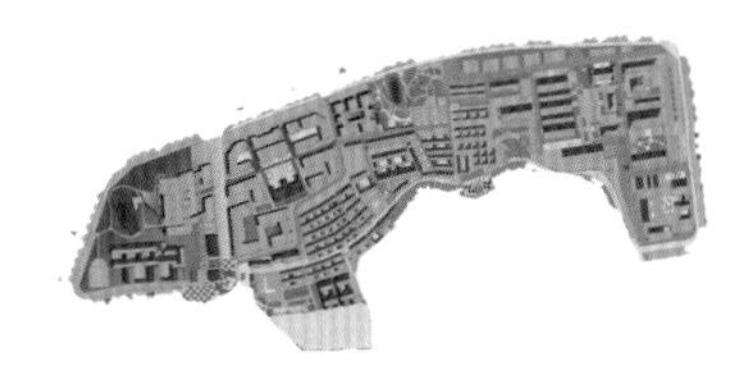

该地块处于山腰上，与北面有8米左右的高差。现状主要是零散的自建居民建筑，建筑质量差。规划建议利用地势高差，布置高档会馆。

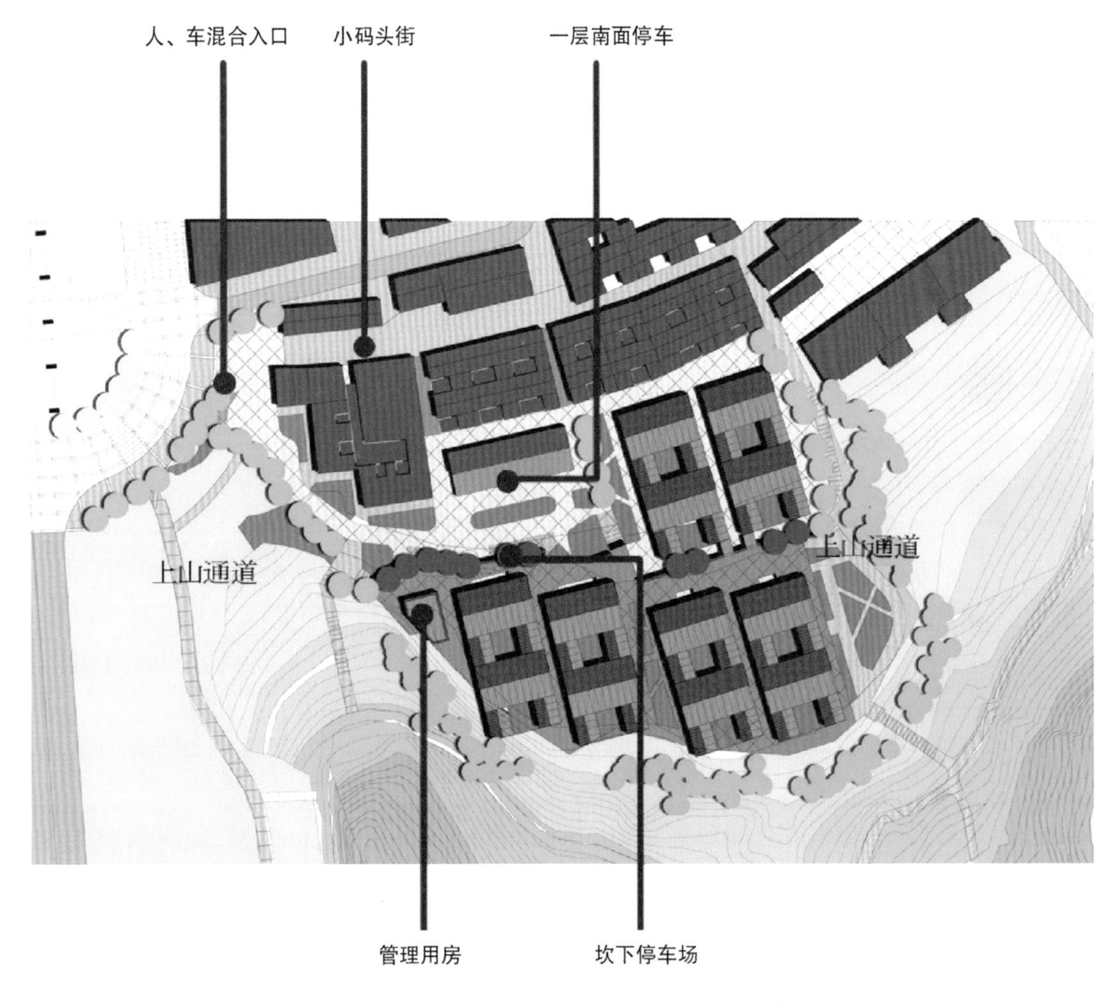

图D-1-6-2-27 山腰会馆建筑群体设计方案

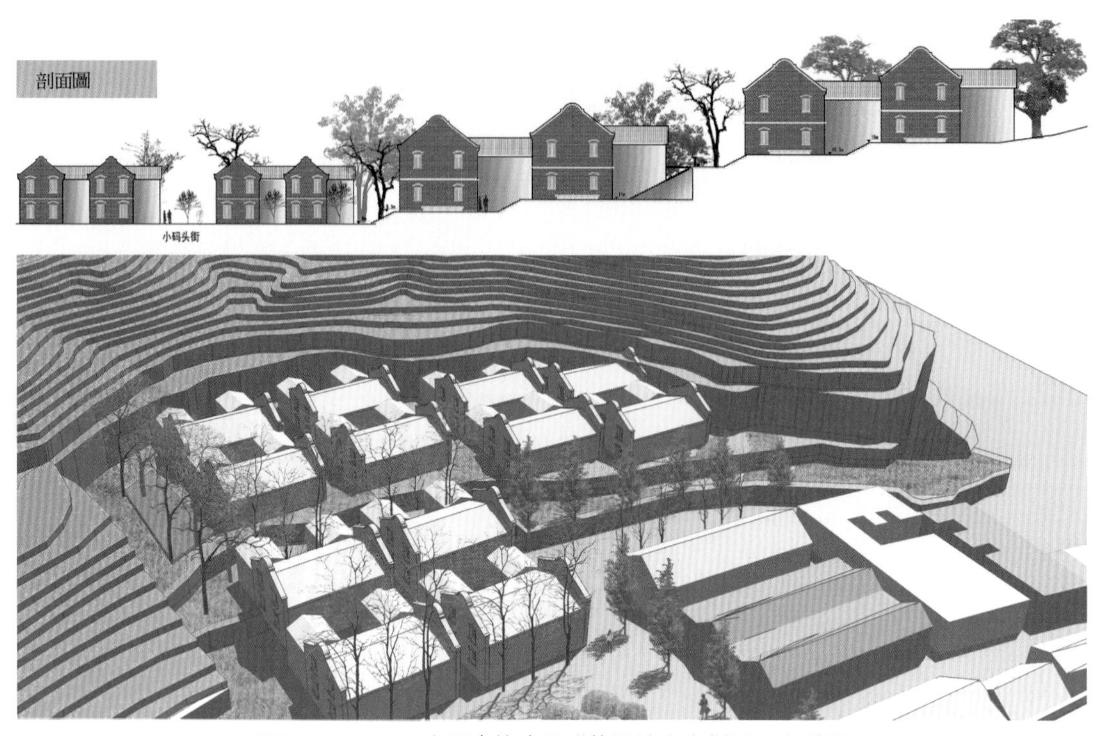

图D-1-6-2-28 山腰会馆建筑群体设计方案剖面及鸟瞰图

·方案二设计说明：该方案主要是建筑布局更加整体化，设计了三组“大院落套小院落”式的会所（图D-1-6-2-29、图D-1-6-2-30）。

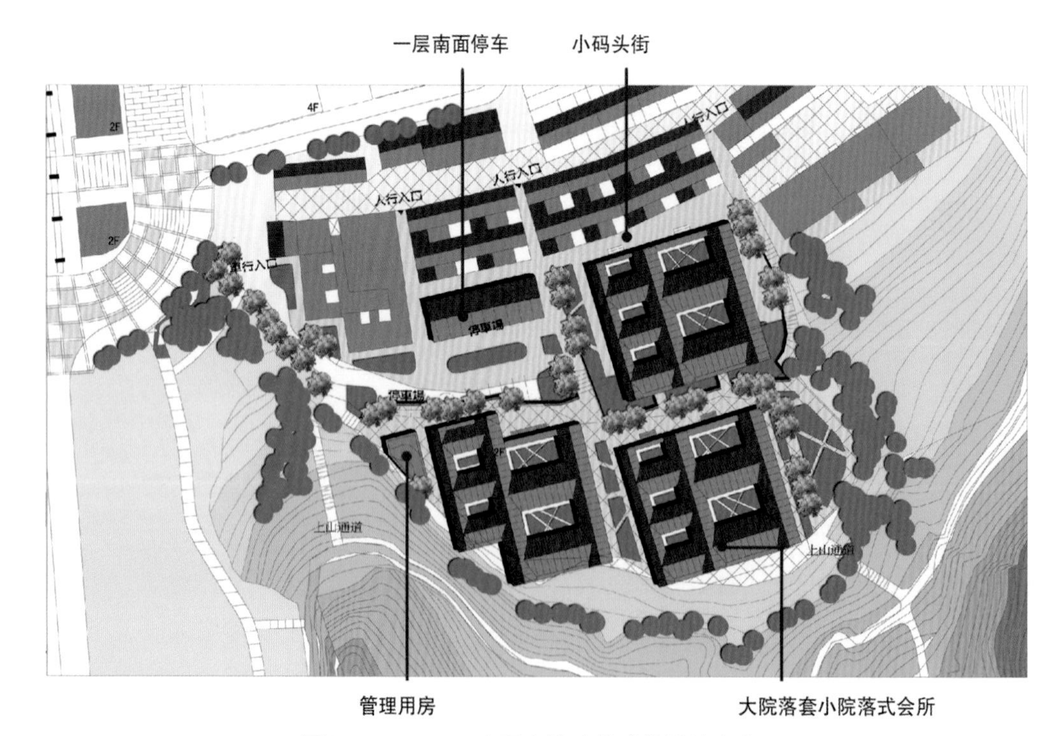

图D-1-6-2-29 山腰会馆建筑群体设计方案

车行入口的设置

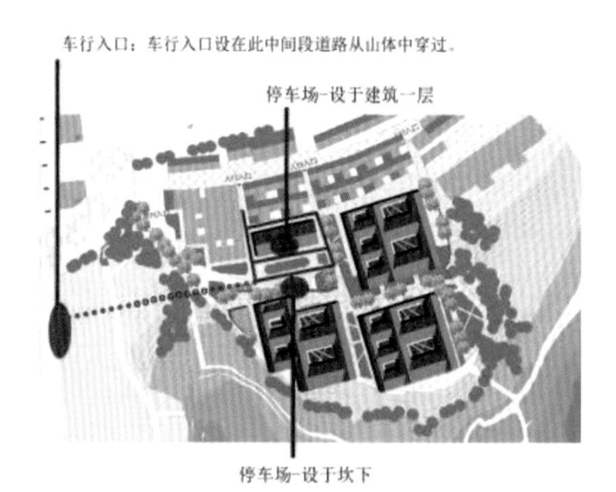

图D-1-6-2-30 车行入口设置方案图

四、景观空间设计导则

1. 总体控制

打通金山、云台山、宝盖山、北固山视线走廊，保护水岸线，展现山水交融的镇江老城（图D-1-6-2-31、图D-1-6-2-32）。

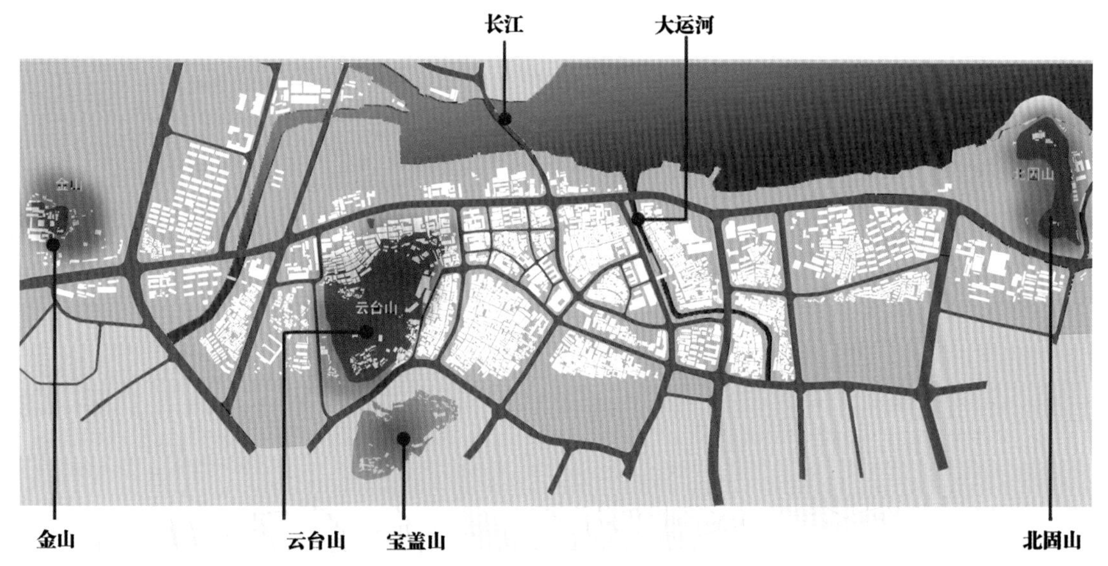

图D-1-6-2-31 地块整体环境

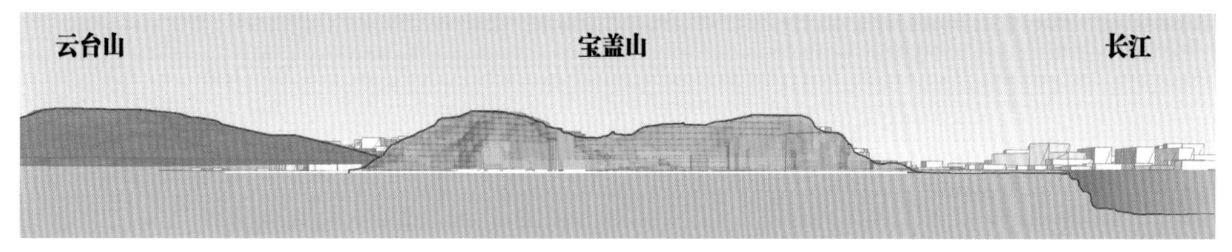

图D-1-6-2-32 规划区域内自然、人工环境

图D-1-6-2-33 景观空间

规划范围周边有云台山、宝盖山，北面有长江，为了保护该地块优美的山水环境，规划设计严格控制建筑高度，建筑设计“依山就势”，保护地貌，尽量保持地表的原有地形和植被（图D-1-6-2-33）。

2. 建筑与地形

山地建筑与环境的共生：山坡的坡地、山位、山势和自然肌理等构成山体形态的主要因素，规划设计时尽量保持地表的原有地形和植被，山地环境的生态敏感性特别强，因此在建设时应尽量少破坏山体、植被。

图D-1-6-2-34 建筑与地形

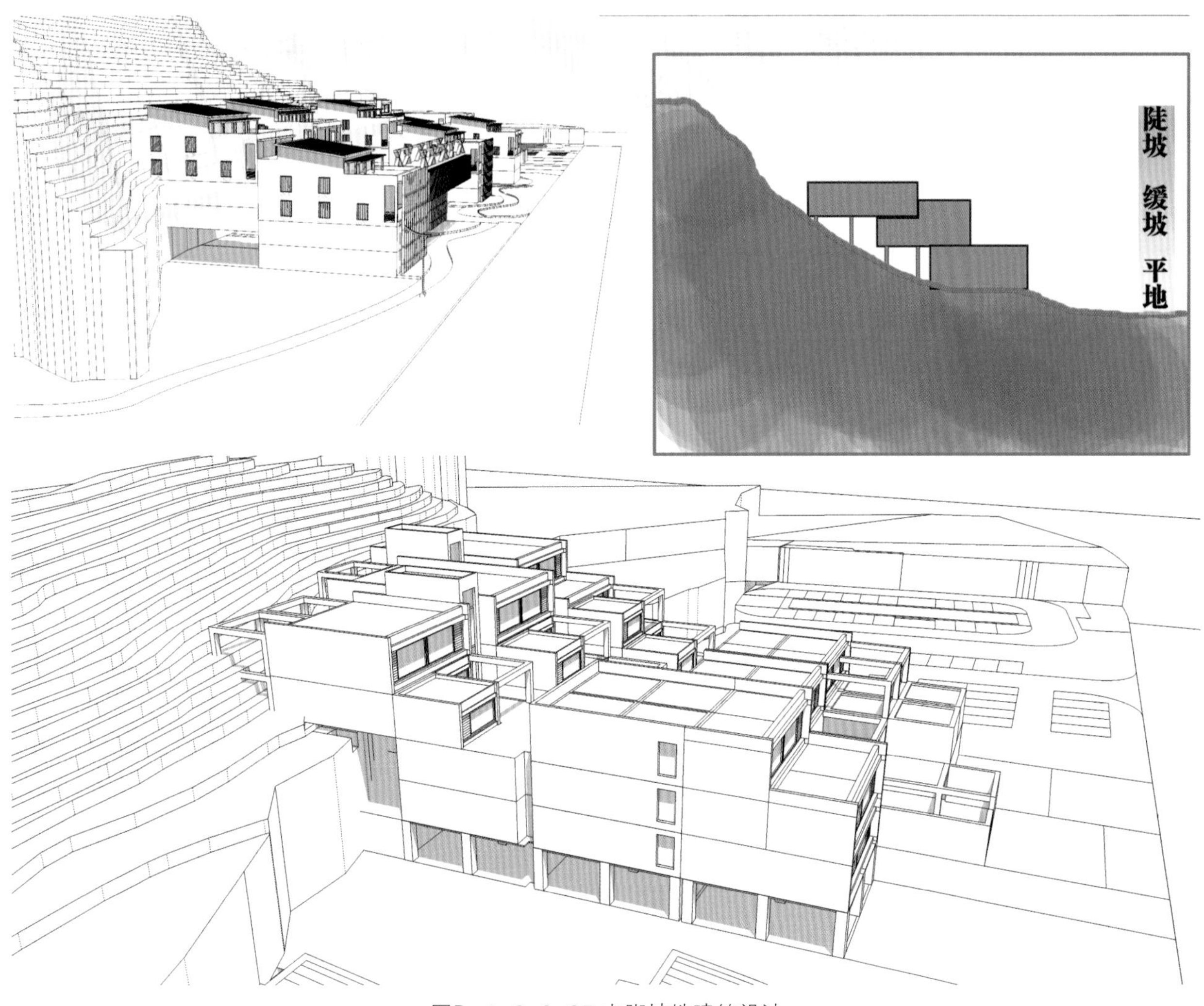

图D-1-6-2-35 山脚坡地建筑设计

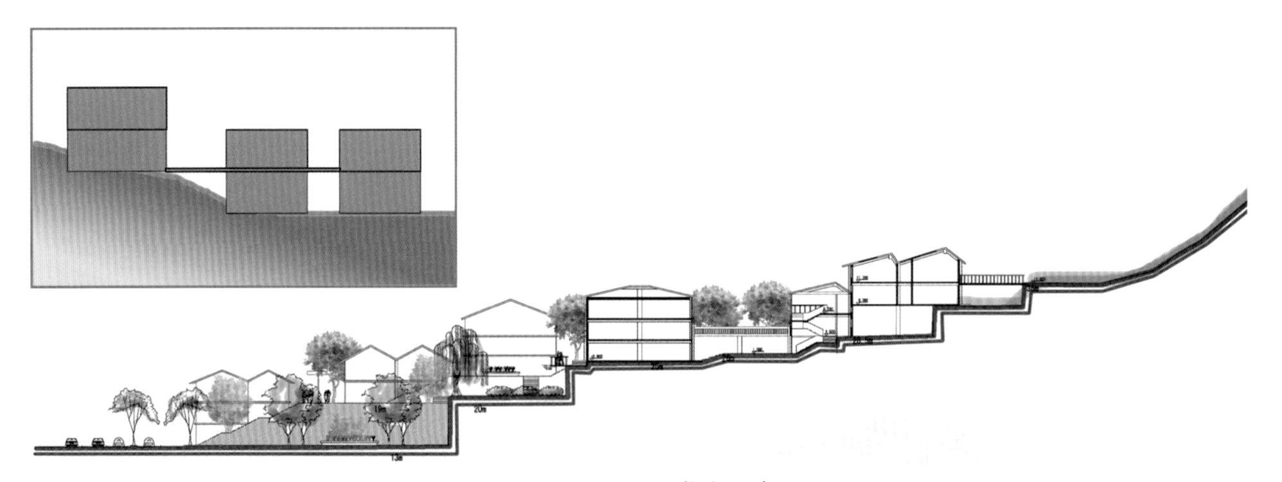

图D-1-6-2-36 依山而建

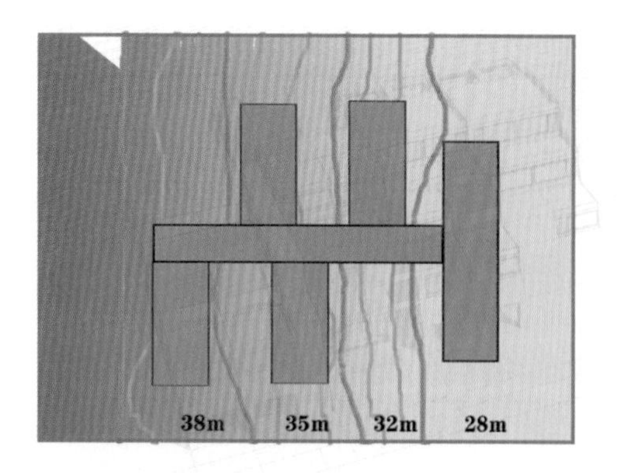

C 台地建筑设计:沿着等高线布局。

图D-1-6-2-37 沿等高线布局

D 山顶平台建筑设计

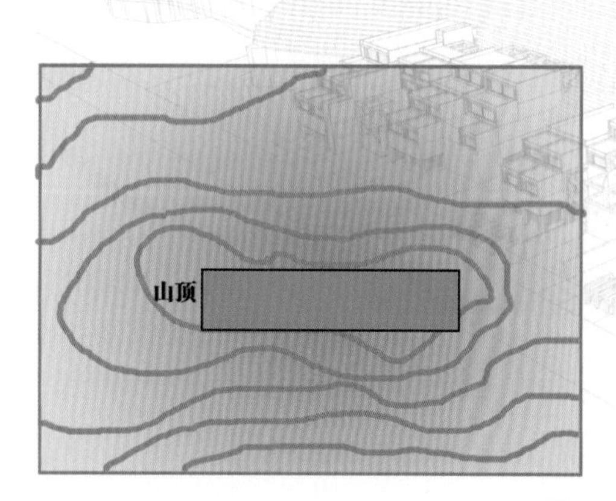

图D-1-6-2-38 山顶平台建筑设计

建筑设计与山体形态协调，提倡建筑与环境“共融”，建筑形体的塑造与山体地段环境相适应。如图D-1-6-2-34 ~ 图D-1-6-2-38所示。

3．建筑与空间

建筑是人们集散活动的场所之一，建筑空间交流互动提供条件把建筑与人的关系紧密结合起来，采用灰空间组织方式过渡室外环境和室内环境，从而把共享空间、绿地加入灰空间中去，创造交流互动的场所。

4．道路铺地设计

环云台山铺地分为三段，依次是：A段——小码头街；B段——云台山路；C段——伯先路及京畿路（图D-1-6-2-39、图D-1-6-2-40）。

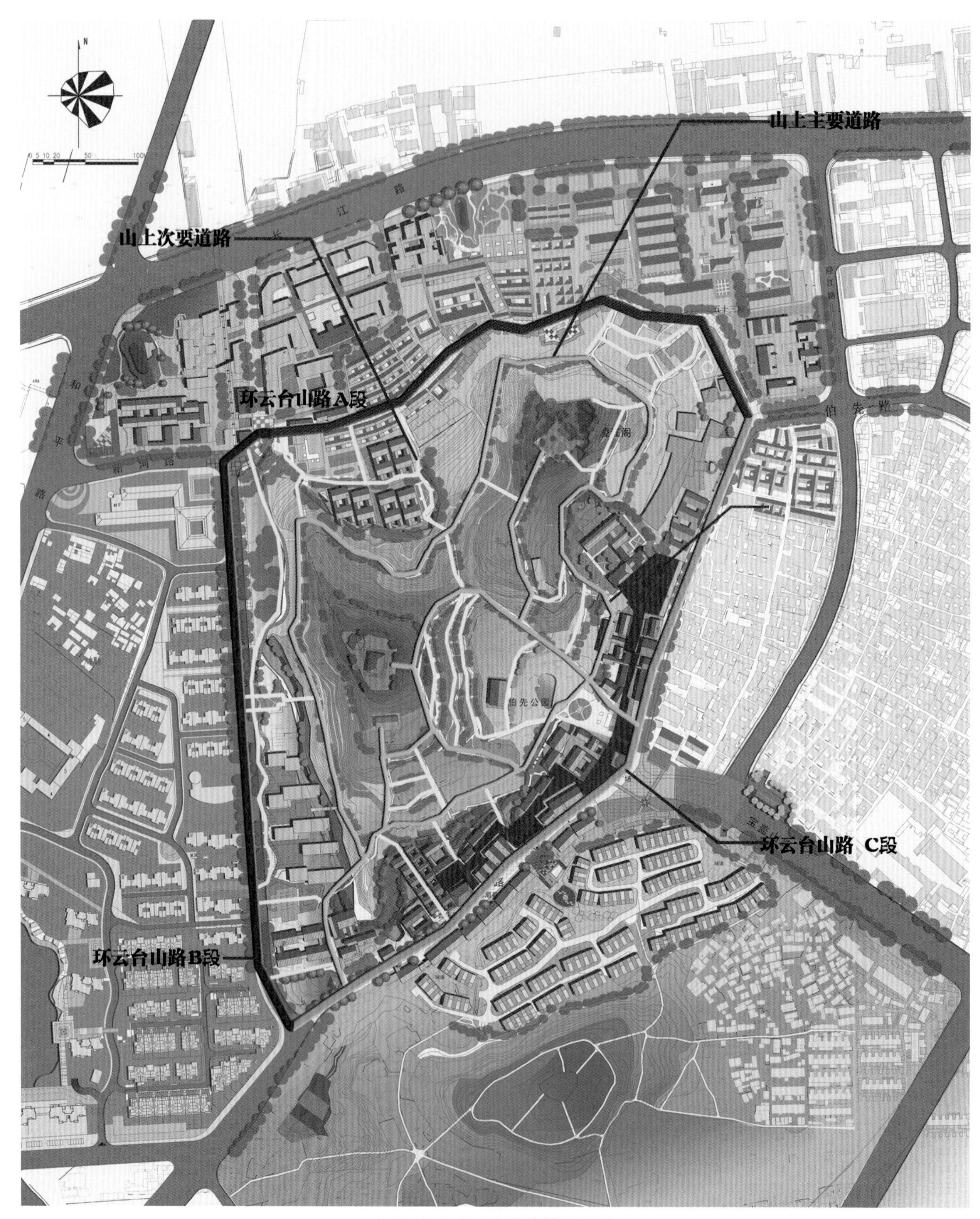

图D-1-6-2-39 道路铺地平面

■ 山上主要道路-道路宽度为1.8m-2.5m。道路中部为条石砖，两侧部分路段铺鹅卵石。山坳之间用空中木栈道连接。

■ 山上次要道路-道路宽度为：1.2-1.8m。铺地以碎石砖、小鹅卵石为主。

■ 内街,铺地以青石砖为主，广场上有大块石头铺地。

 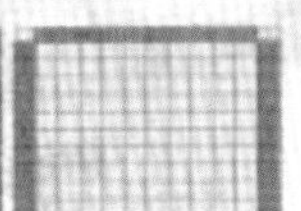

■ 环云台山路B段：在道路两侧铺青石

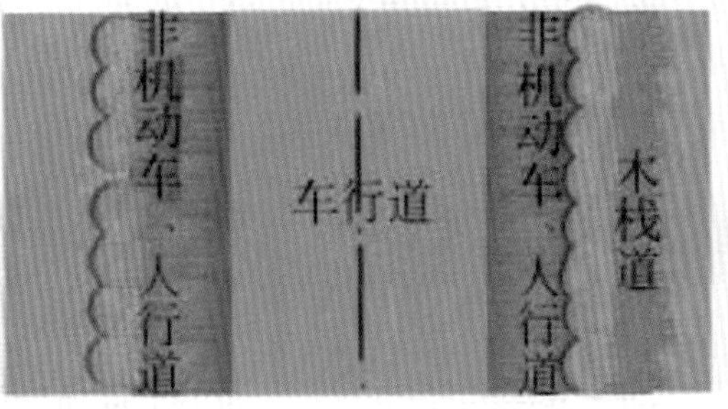

■ 环云台山路C段：道路全铺青石砖。节点上设计浮雕广场。

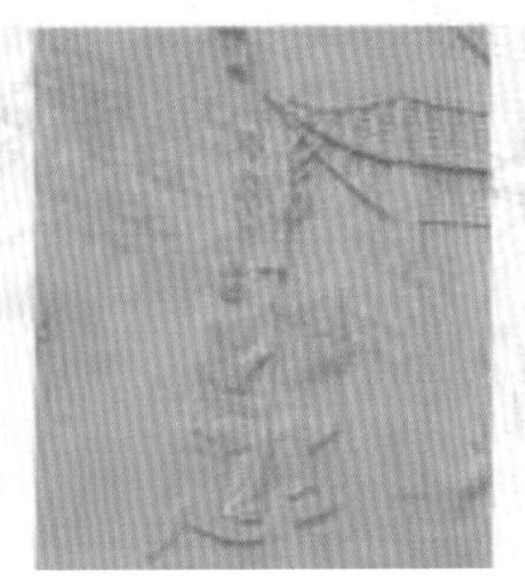

图D-1-6-2-40 铺地设计导则

五、地块控制图则

如图D-1-6-2-41 ～ 图D-1-6-2-45所示。

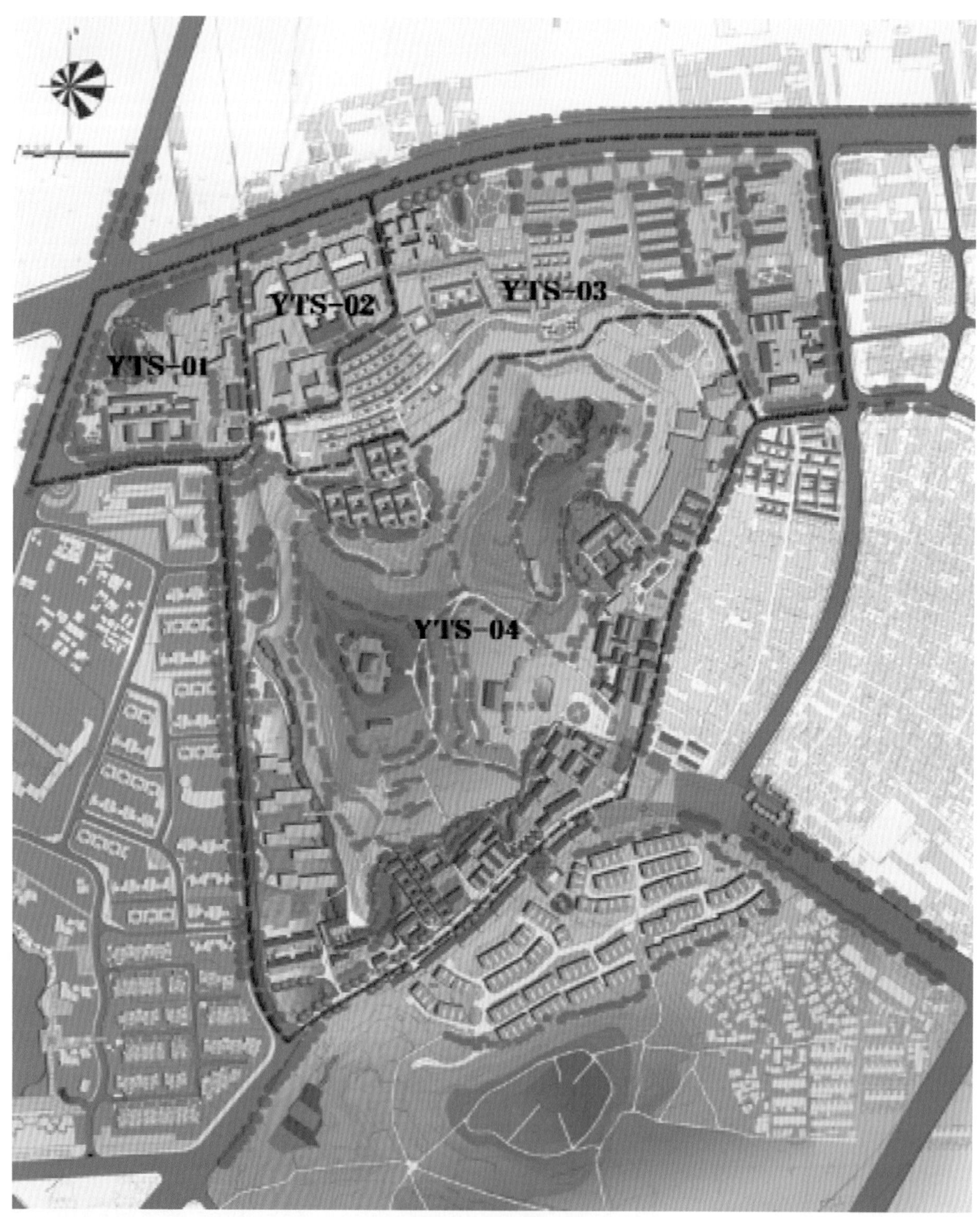

图D-1-6-2-41 地块规划分析

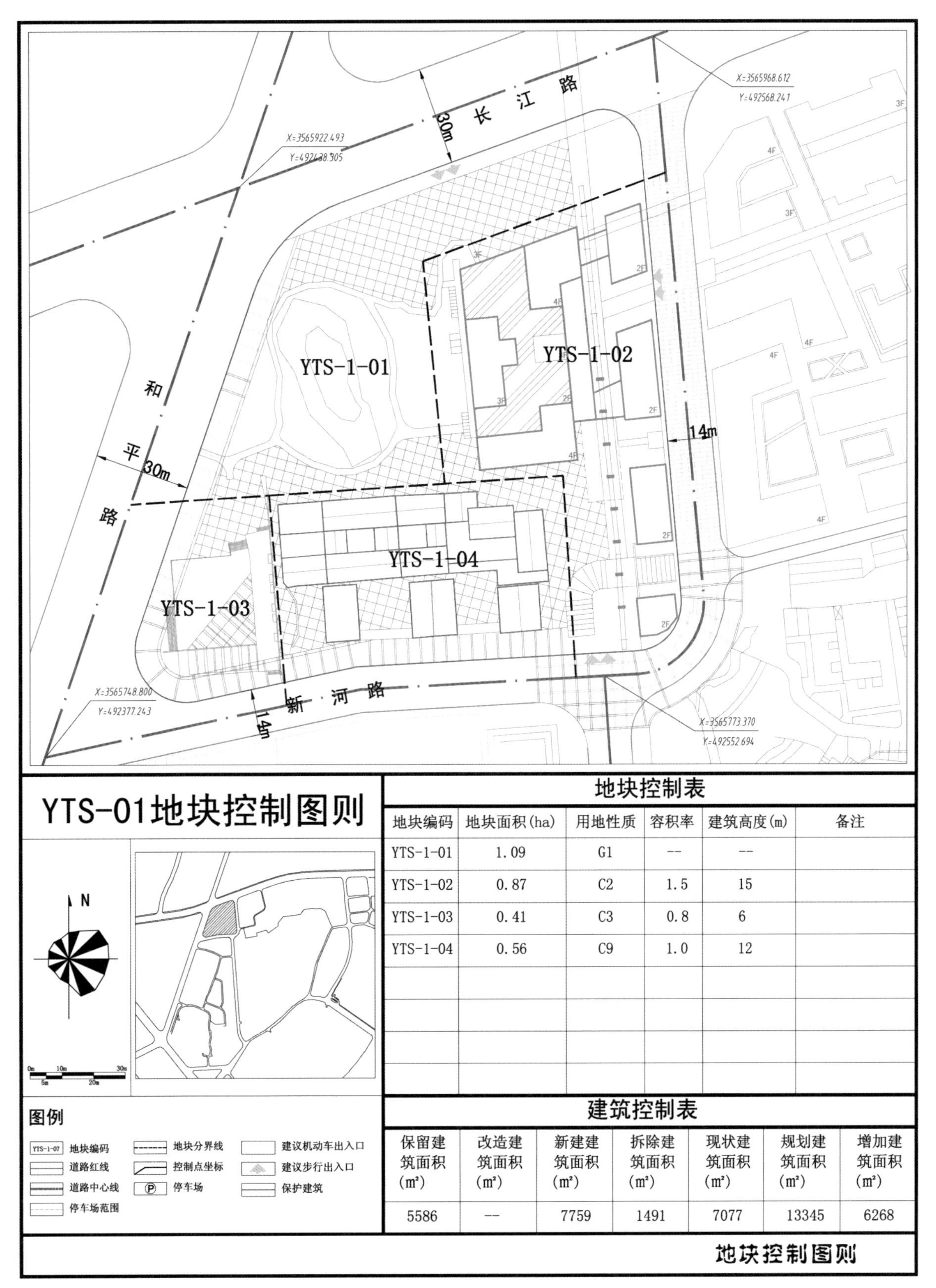

地块控制表

地块编码	地块面积(ha)	用地性质	容积率	建筑高度(m)	备注
YTS-1-01	1.09	G1	--	--	
YTS-1-02	0.87	C2	1.5	15	
YTS-1-03	0.41	C3	0.8	6	
YTS-1-04	0.56	C9	1.0	12	

建筑控制表

保留建筑面积(m²)	改造建筑面积(m²)	新建建筑面积(m²)	拆除建筑面积(m²)	现状建筑面积(m²)	规划建筑面积(m²)	增加建筑面积(m²)
5586	--	7759	1491	7077	13345	6268

图D-1-6-2-42 地块控制图则（1）

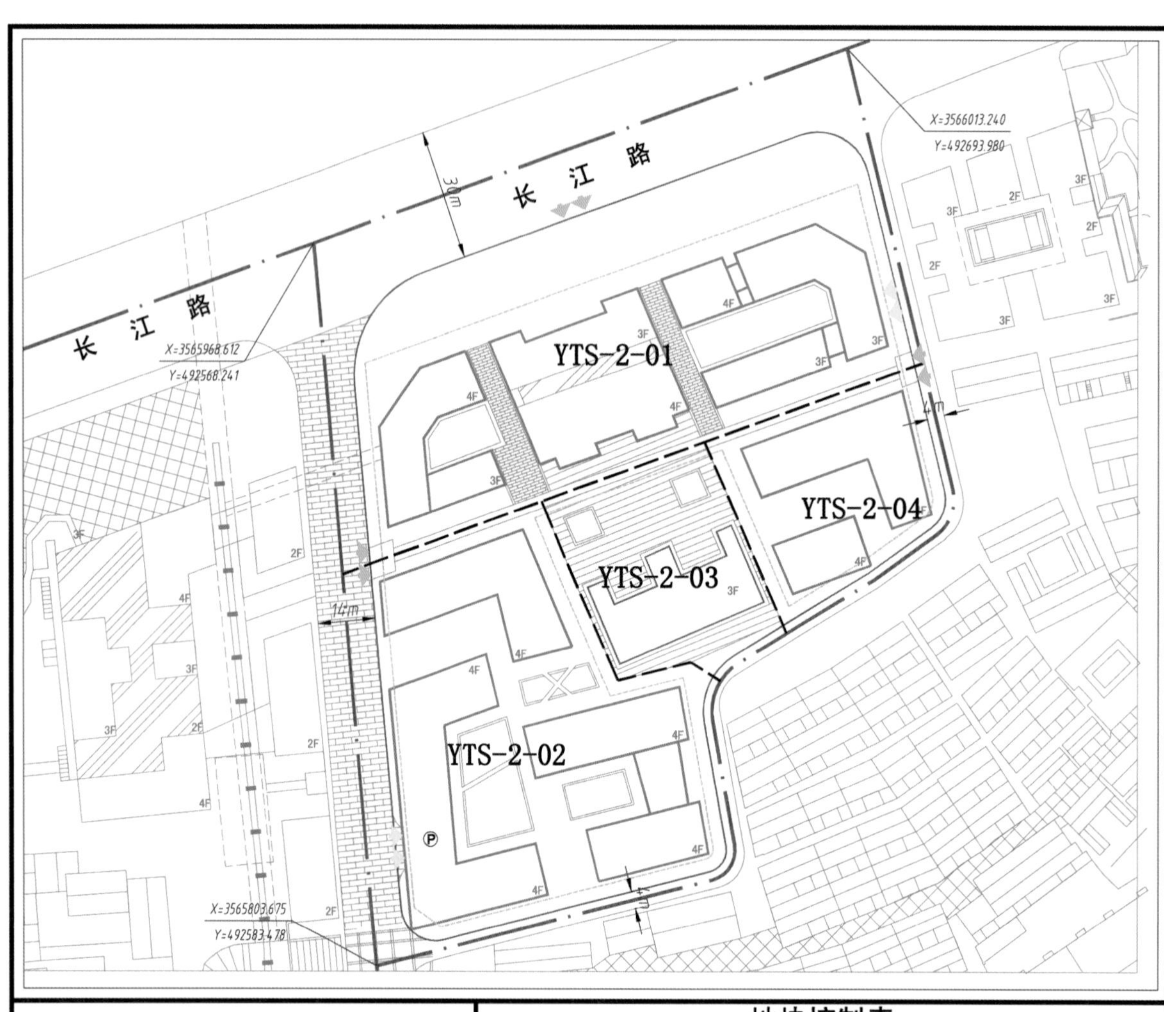

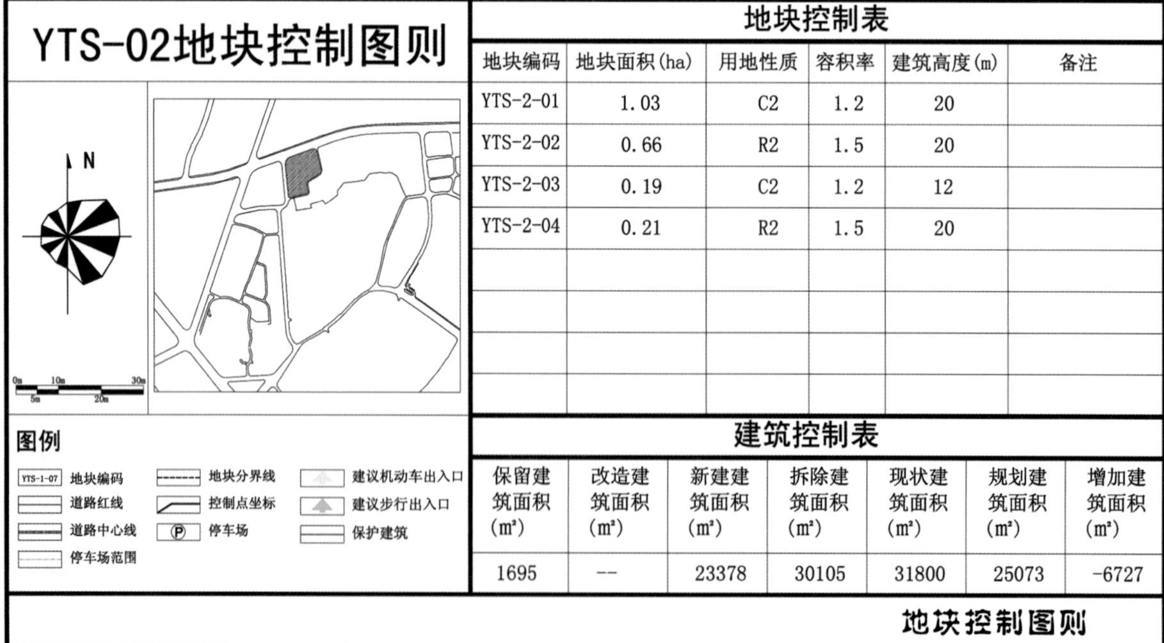

YTS-02地块控制图则

地块控制表

地块编码	地块面积(ha)	用地性质	容积率	建筑高度(m)	备注
YTS-2-01	1.03	C2	1.2	20	
YTS-2-02	0.66	R2	1.5	20	
YTS-2-03	0.19	C2	1.2	12	
YTS-2-04	0.21	R2	1.5	20	

建筑控制表

保留建筑面积(m²)	改造建筑面积(m²)	新建建筑面积(m²)	拆除建筑面积(m²)	现状建筑面积(m²)	规划建筑面积(m²)	增加建筑面积(m²)
1695	--	23378	30105	31800	25073	-6727

图例

YTS-1-07 地块编码
道路红线
道路中心线
停车场范围
地块分界线
控制点坐标
Ⓟ 停车场
建议机动车出入口
建议步行出入口
保护建筑

地块控制图则

图D-1-6-2-43 地块控制图则（2）

地块控制表

地块编码	地块面积(ha)	用地性质	容积率	建筑高度(m)	备注
YTS-3-01	0.38	C2	1.5	20	
YTS-3-02	0.65	G1	--	--	
YTS-3-03	2.47	CR	1.0	12	
YTS-3-04	5.62	C2	1.2	20	

建筑控制表

保留建筑面积(m²)	改造建筑面积(m²)	新建建筑面积(m²)	拆除建筑面积(m²)	现状建筑面积(m²)	规划建筑面积(m²)	增加建筑面积(m²)
27700	18300	18000	10400	56400	64000	7600

图D-1-6-2-44 地块控制图则(3)

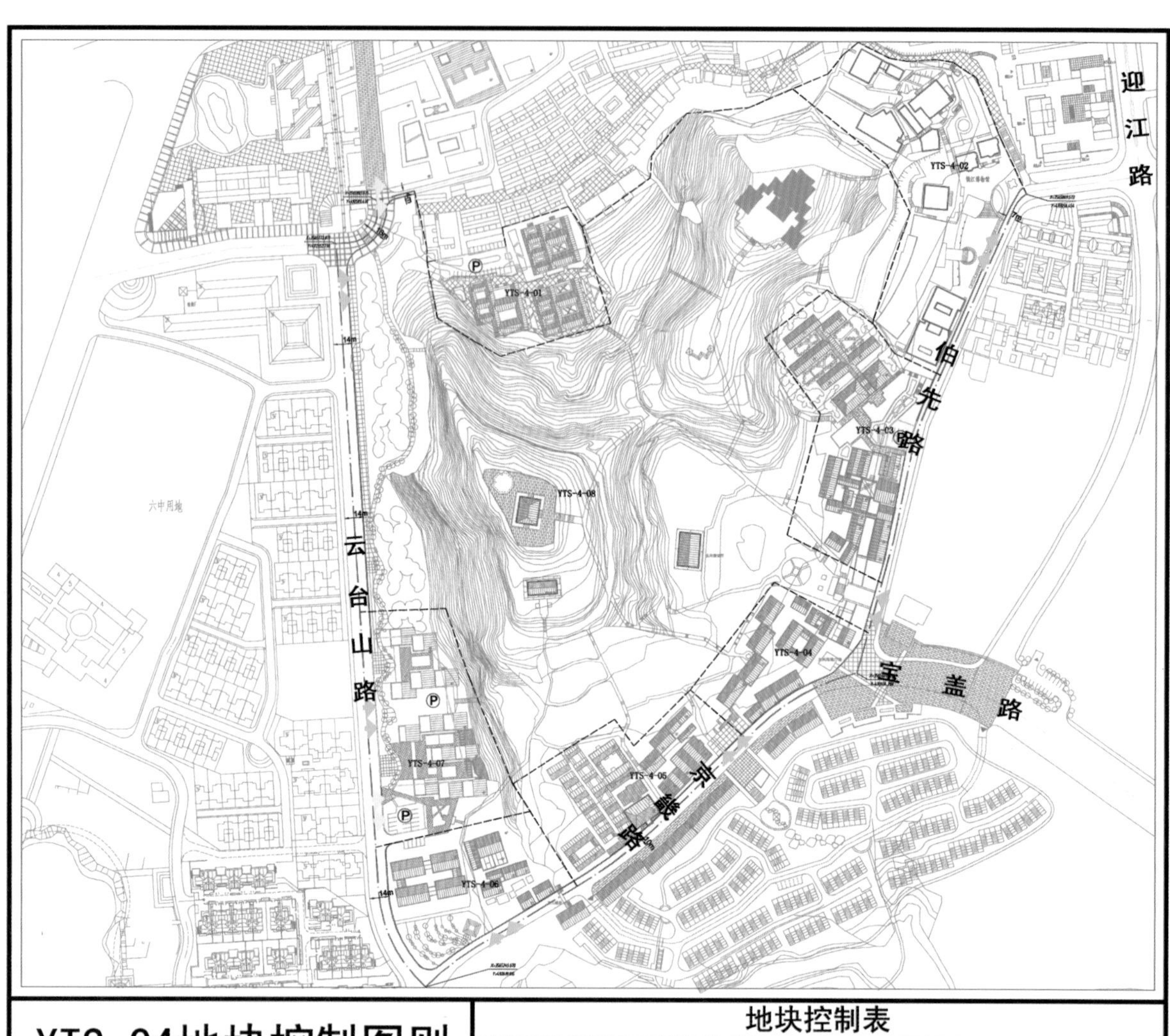

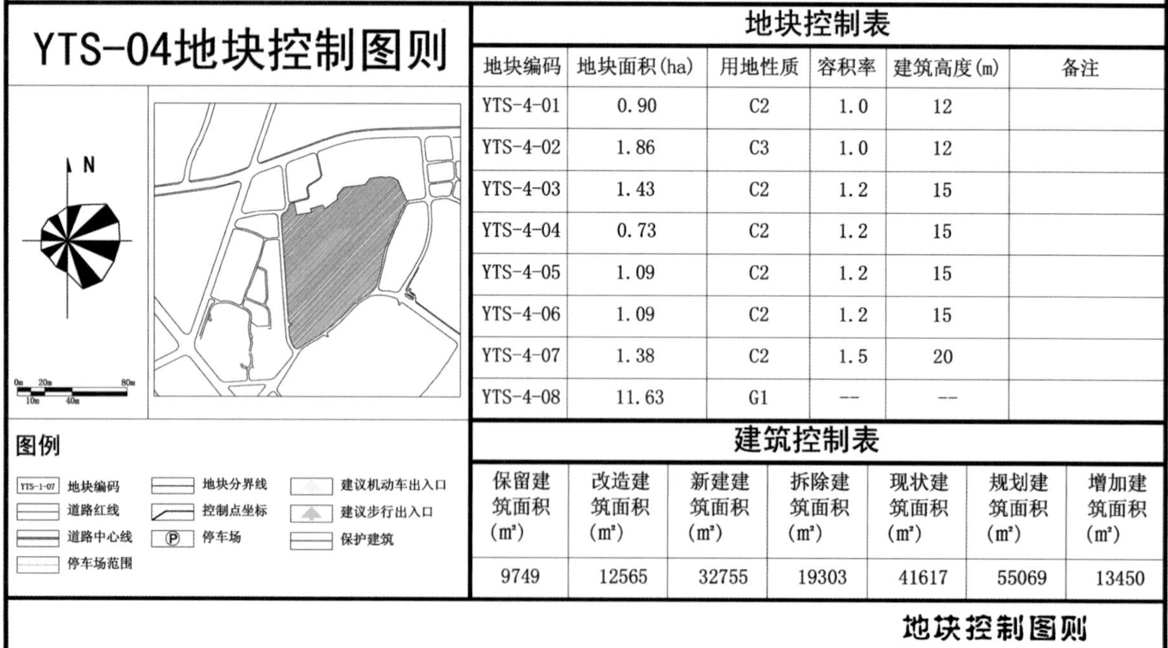

YTS-04地块控制图则

地块控制表

地块编码	地块面积(ha)	用地性质	容积率	建筑高度(m)	备注
YTS-4-01	0.90	C2	1.0	12	
YTS-4-02	1.86	C3	1.0	12	
YTS-4-03	1.43	C2	1.2	15	
YTS-4-04	0.73	C2	1.2	15	
YTS-4-05	1.09	C2	1.2	15	
YTS-4-06	1.09	C2	1.2	15	
YTS-4-07	1.38	C2	1.5	20	
YTS-4-08	11.63	G1	--	--	

建筑控制表

保留建筑面积(m²)	改造建筑面积(m²)	新建建筑面积(m²)	拆除建筑面积(m²)	现状建筑面积(m²)	规划建筑面积(m²)	增加建筑面积(m²)
9749	12565	32755	19303	41617	55069	13450

地块控制图则

图D-1-6-2-45 地块控制图则（4）

第三节 三山风景区云台山景区西津湾片区修建性详细规划

西津湾地块属于三山风景名胜区云台山景区，与城市关系密切，西部毗邻金山景区、南部跨长江路紧邻西津渡历史风貌区，场地三面环水，拥有良好滨江景观。该区域原来是镇江港西部港区，港区东迁之后，经过大规模环境整治，已拆除地块内原滞留的港区建筑和民居建筑近11万m^2，为地块的有限度开发利用创造了良好条件。2012年9月镇江市规划局、西津渡公司委托江苏省城市规划设计研究院编制《三山风景名胜区云台山景区详细规划》（刘小钊、吕龙、陶亮、秦兴美、李澄参与）。项目组于 2012年10月进入现场进行详细调查，在景源普查、广泛收集资料、大量分析和反复讨论的基础上，经多方交流、研讨，在吸取专家和部门修改意见后，于2013年3月12日通过由住房和城乡建设部授权江苏省住房和城乡建设厅组织的专家论证，会后项目组根据专家论证意见修改完善后形成报住房和城乡建设部的审查成果。

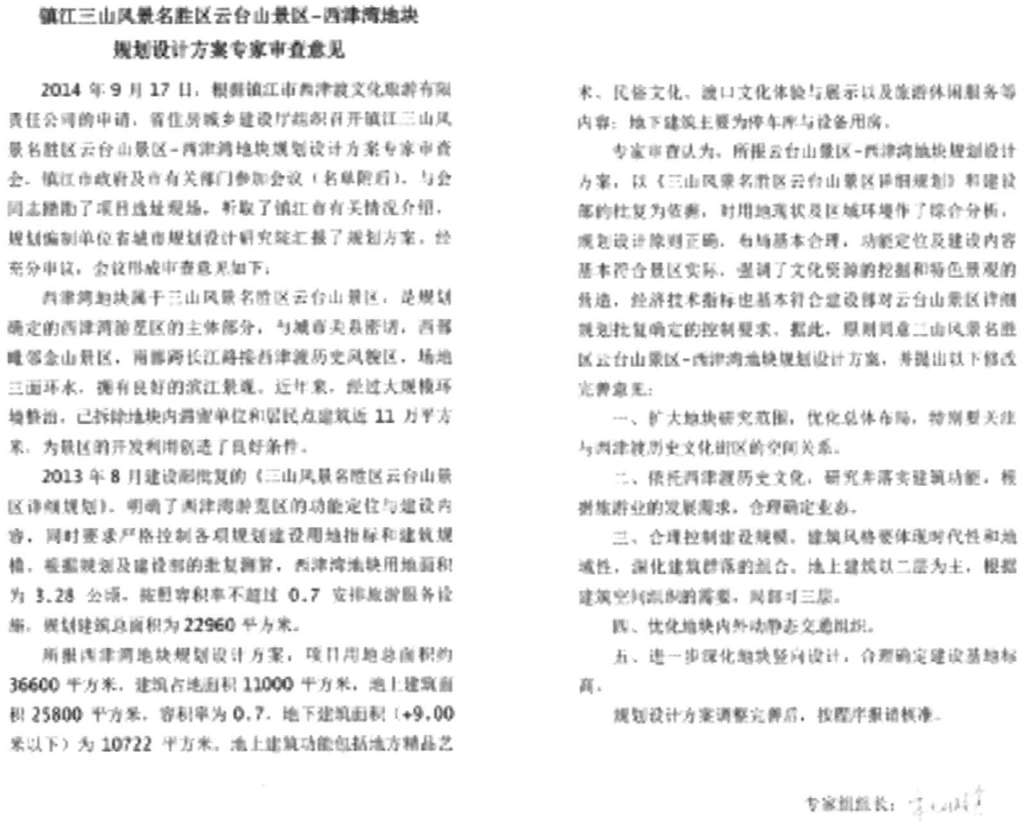

镇江三山风景名胜区云台山景区-西津湾地块
规划设计方案专家审查意见

2014 年 9 月 17 日，根据镇江市西津渡文化旅游有限责任公司的申请，省住房城乡建设厅组织召开镇江三山风景名胜区云台山景区-西津湾地块规划设计方案专家审查会。镇江市政府及市有关部门参加会议（名单附后）。与会同志踏勘了项目选址现场，听取了镇江市有关情况介绍，规划编制单位省城市规划设计研究院汇报了规划方案，经充分审议，会议形成审查意见如下：

西津湾地块属于三山风景名胜区云台山景区，是规划确定的西津湾游览区的主体部分，与城市关系密切，西部毗邻金山景区，南部跨长江路接西津渡历史风貌区，场地三面环水，拥有良好的滨江景观。近年来，经过大规模环境整治，已拆除地块内滞留单位和居民点建筑近 11 万平方米，为景区的开发利用创造了良好条件。

2013 年 8 月建设部批复的《三山风景名胜区云台山景区详细规划》，明确了西津湾游览区的功能定位与建设内容，同时要求严格控制各项规划建设用地指标和建筑规模。根据规划及建设部的批复测算，西津湾地块用地面积为 3.28 公顷，按照容积率不超过 0.7 安排旅游服务设施，规划建筑总面积为 22960 平方米。

所报西津湾地块规划设计方案，项目用地总面积约 36600 平方米，建筑占地面积 11000 平方米，地上建筑面积 25800 平方米，容积率为 0.7，地下建筑面积（+9.00 米以下）为 10722 平方米，地上建筑功能包括地方精品艺术、民俗文化、渡口文化体验与展示以及旅游休闲服务等内容；地下建筑主要为停车库与设备用房。

专家审查认为，所报云台山景区-西津湾地块规划设计方案，以《三山风景名胜区云台山景区详细规划》和建设部的批复为依据，对用地现状及区域环境作了综合分析，规划设计原则正确，布局基本合理，功能定位及建设内容基本符合景区实际，强调了文化资源的挖掘和特色景观的营造，经济技术指标也基本符合建设部对云台山景区详细规划批复确定的控制要求。据此，原则同意三山风景名胜区云台山景区-西津湾地块规划设计方案，并提出以下修改完善意见：

一、扩大地块研究范围，优化总体布局，特别要关注与西津渡历史文化街区的空间关系。

二、依托西津渡历史文化，研究并落实建筑功能，根据旅游业的发展需求，合理确定业态。

三、合理控制建设规模，建筑风格要体现时代性和地域性，深化建筑群落的组合。地上建筑以二层为主，根据建筑空间组织的需要，局部可三层。

四、优化地块内外动静态交通组织。

五、进一步深化地块竖向设计，合理确定建设基地标高。

规划设计方案调整完善后，按程序报请核准。

专家组组长：

图P-1-6-3-1 云台山景区西津湾地块规划设计方案专家审查会审查意见（影印件）

2013 年8月20日，住房和城乡建设部形成审查意见，并发出《关于镇江三山风景名胜区云台山景区详细规划的函》，原则同意江苏省城市规划设计研究院对环云台山88hm^{2}景区所做的详细规划，特别强调严格控制景区内各项规划建设用地指标和建筑规模；同意（在西津湾地块）景区内新增旅游服务设施建设用地建筑总面积不超过36000m^2，建筑密度不超过30%，建筑高度不超过12m。这就为大西津湾景区建设提供了合法的规划依据。

2014年9月17日，江苏省住建厅组织云台山景区西津湾地块规划设计方案专家审查会，以东南大学教授杜顺宝为组长的专家组经过认真审查，认为根据《关于镇江三山风景名胜区云台山景区详细规划》和住建部批复意见要求设计的西津湾地块规划设计方案，设计原则正确、布局基本合理、功能定位和建设内容基本符合景区实际，强调了文化资源挖掘和特色景观的营造，经济技术指标也基本符合住建部批复要求。专家组原则同意该规划设计方案（图P-1-6-3-1）。

但，由于种种原因，这一规划至今没有能够付诸实施。西津湾地块如今杂草丛生，凌乱不堪，区域内大面积硬化地面除了节假日用来停车外，像一块巨大的伤疤，令人叹息。这些在客观上影响了城市美化，破坏了街区形象，导致规划目标搁置，西津渡不能直接回到滨江而重现历史意向；从而街区功能不能全面完善，景区建设不能全面完成。这是西津渡建设保护的遗憾之一。

一、规划概况

本规划通过对云台山景区风景资源的系统普查，分析了宏观背景和现状条件，针对资源条件和发展潜力，旨在确定科学的发展路径和合理的风景区控制要素体系，构建风景区新的资源保护和开发的模式，形成资源保护和景区利用良性互动的可持续发展态势，为风景区的规划管理与可持续利用提供法律依据和保障。规划内容包括风景景源的类型与评价、空间布局规划、景区保护规划、景源利用与游赏规划、配套设施规划和地块划分及控制等。

规划成果包括2部分，即文本（含图纸、图则）和附件（说明书、规划方案专题研究）。

二、规划总则

为有效保护和利用风景名胜资源，控制和引导云台山景区及周边地区的建设和规划管理，协调好景区与城市发展的关系，充分发展景区的综合效益，根据国务院《风景名胜区条例》，在符合《三山风景名胜区总体规划（2007—2025）》的基础上，编制《三山风景名胜区云台山景区详细规划》。

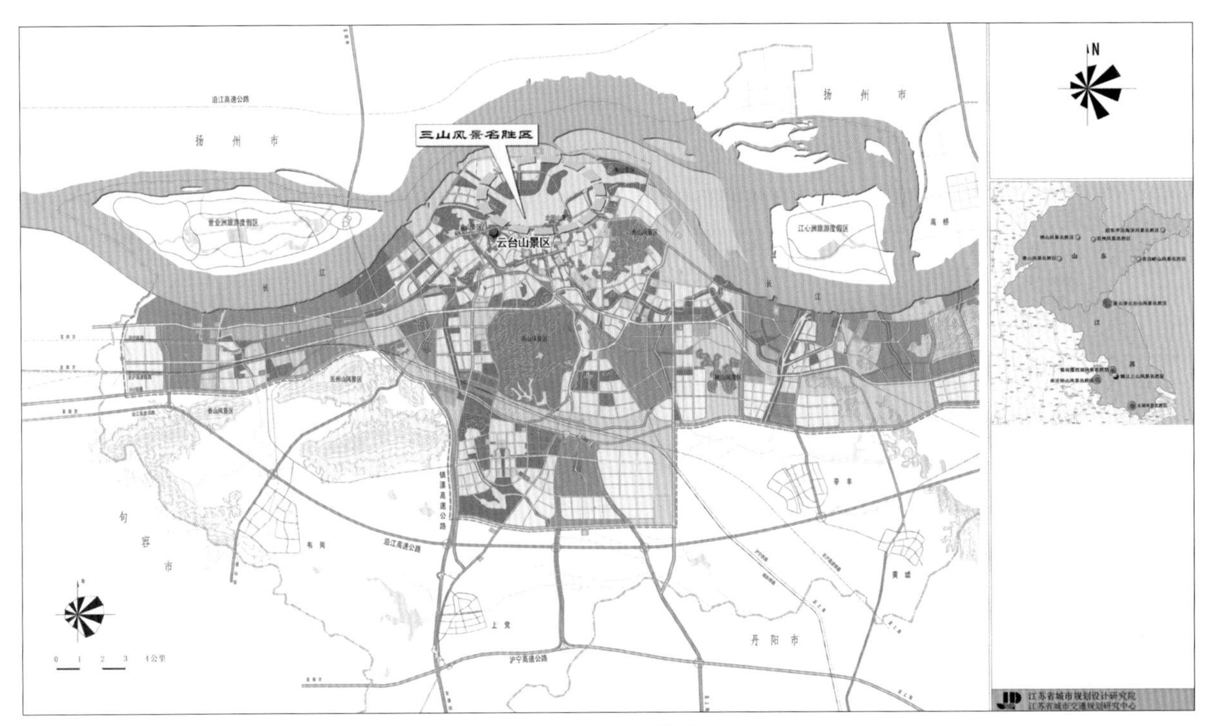

图D-1-6-3-1 区域位置图

图D-1-6-3-2 用地现状图

编制原则：生态优先、维持风貌、文化促进、城景协调。

规划范围：含京畿路以北、运粮河西岸以东、古运河以西、旅游服务基地南界以南滨水地块，面积约88hm^2。

规划目标：减少城市建设对云台山景区的影响，协调云台山景区保护与周边地区发展的关系，有效保护和利用风景名胜资源，维护滨江地区的江、河、山的生态延续性，控制和引导三山之间的视廊，“让西津渡回到江边”。

如图D-1-6-3-1、图D-1-6-3-2所示。

三、规划主要内容

1. 风景资源类型与评价

资源类型：云台山景区有2个大类，5个中类，14个小类，44个风景资源单体。景区的历史人文资源主要集中在西津渡历史文化街区（国家级）和伯先路—京畿路历史文化街区（省级），其中包括 3 处全国重点文物保护单位和 12 处省级文物保护单位（图D-1-6-3-3）。

图D-1-6-3-3 景源分布图

评价结论：人文景源类型丰富，数量较多，观赏游憩价值高。生态资源丰富，环境优良，具有较高生态价值和保护价值。西津文化具有较高的文化价值和保护利用价值，资源潜力价值较高，旅游后发优势明显。

2．空间布局规划

空间布局：形成“二片五区”的空间布局结构，二片即“西津渡片区、西津湾片区”，五区即“西津古渡游览区、云台揽胜游览区、民国文化游览区、西津湾游览区、津口文墨游览区”（图D–1–6–3–4）。

图D–1–6–3–4 功能分区图

（1）西津古渡游览区：规划面积16hm^2。利用西津渡码头的变迁史，进一步恢复历史街区原有风貌，发掘西津古渡文化的展示功能，结合滞留用地的搬迁、改造和景观整治，全面提升环境品质。该游览区西侧体现历史街区保护、风景资源保育、西津渡文化展示等功能；东侧依托已建成的文化创意场所，加强业态引导与文化氛围的营造，强化历史文化与现代文化的融合性和参与性。西津渡入口设置为云台山景区南片的主入口，为现有入口的改造提升，设置景区入口标识。

新建小码头街入口，作为西侧入口。利用小码头街、西津渡街形成游赏线路。利用老码头遗址、超岸寺建设玉山风景点。利用二院等周边搬迁企业用地集中建设旅游服务配套设施，保留海关宿舍。蒜山保留现有景点，改善沿长江路的绿化及防护措施。西长安里、利商街改善已有建筑，注重历史街区风貌的延续。西津渡街北侧区域维持现状，完善配套服务设施，加强步道及休闲区域的绿化；南侧以保护文保单位为主，加强沿山滑坡的加固和绿化。

（2）云台揽胜游览区：规划面积11hm^2。加强云台山的生态保育及环山的地质加固，完善旅游及配套服务功能。依托云台阁标志性景观节点的打造，改善周边游览环境，结合风景林地保育林向结构优化和文化景点提档升级，形成江山揽胜特色景观。建设云台山标志性景观和视线节点，控制和引导三山之间的视线廊道。建设东侧原英国领事馆、镇江博物馆，南侧的伯先公园和云台阁等集中的风景游赏区域，其他区域为风景林地。从小码头街与云台山路的交会处设置云台山门及车行道至云台阁西侧，并配套临时停车场，可用于游赏及消防通道。伯先公园优化已有步行登山道，合理控制景点的用地范围。

（3）民国文化游览区：规划面积12hm^2。保护伯先路近代建筑群，修缮建筑、整治街巷空间，打造民国文化特色游览区。形成伯先路东西两大区域，东侧以风景点建设为主，形成与西津渡历史街区的景观延续，可利用搬迁居民点，改建成游赏配套服务设施；西侧以文保单位为依托形成文化游赏片区。对原有疗养院进行建筑与生态化、景观化改造，形成与自然地形地貌景观相协调的风景点，建成具有文化体验功能的游赏设施。京畿路与云台山路交会西北侧，利用拆迁的仓储及居民点用地建设休闲娱乐设施和配套服务设施。利用邮局巷建设登山步道，联系其他游览区，加强与云台山登山道的连接。

（4）西津湾游览区：规划面积37hm^2。以渡口文化活态化展示及体验为主要功能，再现西津渡口的繁荣场景，“让西津渡回到江边”。围绕长江、运河交汇的地脉特征，挖掘文化特征，做好江河文化与滨江亲水文章，构建融合生态与文化节点在内的江河风貌的游览区。保证防洪大堤的防洪要求，加强沿线绿化。滞留镇江市排涝站、中国海事、镇江市排水管理处等单位，其余用地均作为风景点建设用地和旅游点建设用地。重点依托西津湾地块建设服务配套设施，完善西津渡历史文化街区的综合功能，促进江河资源的保护和利用。恢复渡口意向，通过码头与建筑等元素再现西津渡口的繁荣场景，处理好与历史街区及云台山的衔接和景观视线关系，完善游览服务设施，合理利用地下空间。

（5）津口文墨游览区：规划面积12hm^2。利用历史上众多历史名人在西津渡留下的诗词书画以及丰富的文学作品，通过水系沟通后形成江中岛屿，主要围绕津口墨客为主的西津渡口文化活态体验区。充分利用三面临水的景观优势，以风景点建设用地为主，周边滨水区域营造江滩芦苇景观。以津口墨客为主题，以渡口文化集中展示为主要功能，将文化展示与高端文化休闲功能相结合。

3．景区保护规划

（1）空间类型划分

核心景区与非核心景区；保育类型：自然景观保护区、史迹保护区、风景游览区风景、恢复区和发展控制区。

（2）核心景区划定

根据《三山风景名胜区总体规划（2007—2025）》对核心景区进行划定与落实，主要包括云台山体、小码头街、西津渡街和伯先路西侧，面积 17.8 hm^2（图 D–1–6–3–5）。

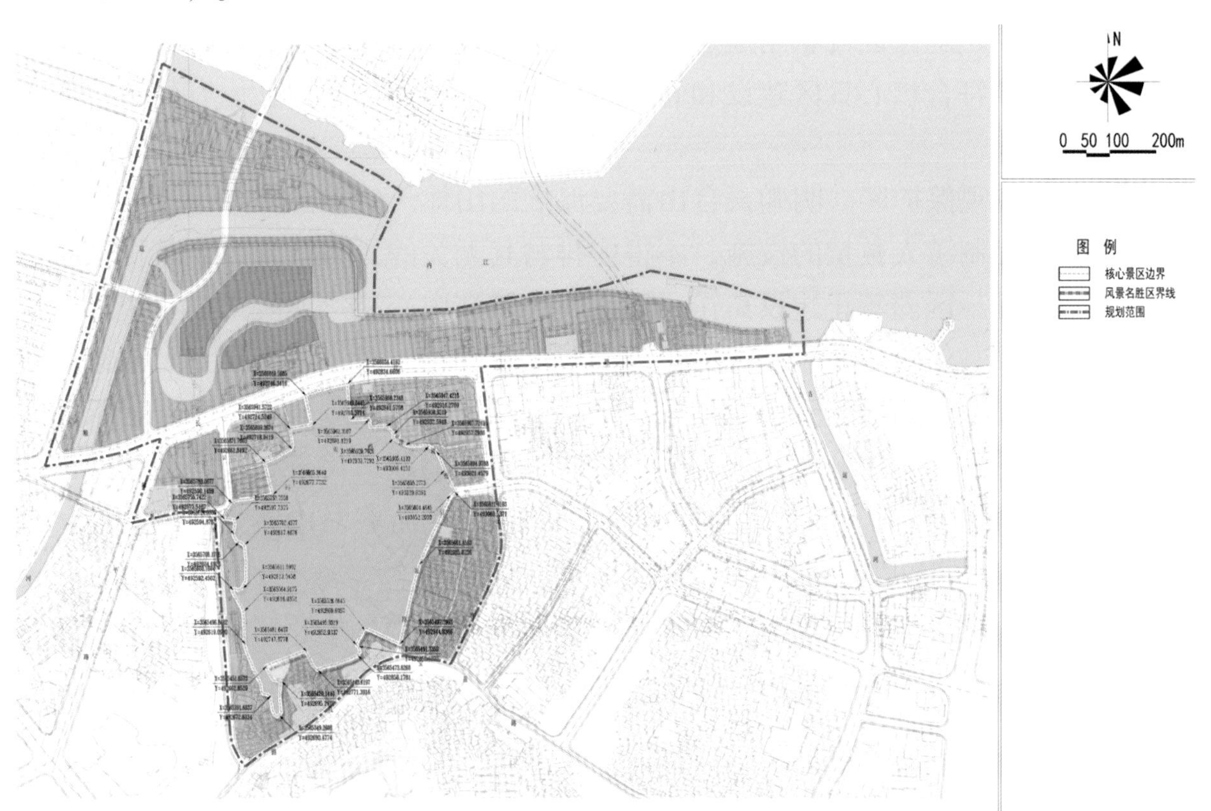

图D–1–6–3–5 核心景区定界图

（3）景区保护管理通则及保育要求

① 核心景区

依照《三山风景名胜区总体规划（2007—2025）》及相关文件要求，对范围、保护和管理的要求与措施予以明确规定。对不符合规划、未经批准以及与资源保护无关的各类建筑物、构筑物，应当提出调整、搬迁、拆除或改作他用的处理方案，严禁建设与资源和环境保护无关的各种工程项目，严格限制各类建筑物、构筑物建设。对于韶关石塔、西津渡古街、镇江英国领事馆旧址等全国重点文物保护单位，救生会旧址（含西津渡救生码头遗址）、五卅演讲厅、镇江商会旧址、西长安里民居建筑群、伯先公园、绍宗国学藏书楼和伯先路近代建筑群（伯先路西侧部分）等省级文物保护单位，应严格按照《中华人民共和国文物保护法》《江苏省历史文化名城名镇保护条例》《历史文化名城保护规划规范》等相关法律、技术规范的要求进行保护和利用。小码头街南侧居民点应逐步搬迁，用地调整为风景点建设用地，建设景点应体现与小码头街景观风貌的延续性。京畿路北侧沿山分布的现状居民点应逐步搬迁，用地调整为风景点建设用地，建设景点应体现与吉庆里、大兴浴池等文保单位的景观风貌的延续性。位于伯先路西侧的度假山庄，应保证现状用地边界不变，不得扩建、新建建筑，建筑高度与周边充分协调，符合核心景区建设和管理要求。应逐步将其迁出，原有建筑进行改建形成风景点。

• 自然景观保护区。明确云台山需要保护的山体天然景源和林地景观。可以配置必要的控制游人数量的设施，不得安排与其无关的人为设施，严禁机动交通及其设施进入。区内禁止建设宾馆、招待所、培训中心、疗养院、商业用房、住宅、餐厅以及与保护风景名胜资源无关的其他建筑物；对不符合规划、未经批准以及与核心景区资源保护无关的各项建筑物、构筑物，都应当提出搬迁、拆除或改作他用。做好封山育林工作，并根据景观需要，适地适树进行人工造林，保护山林生态系统的稳定。严格控制游人容量，防止过量游客对山体景观的破坏。对易滑坡的自然山体应及时进行生态恢复和景观改造。

• 史迹保护区。明确绍宗国学藏书楼、五卅演讲厅、蒋怀仁医院、屠家华公馆、内地会和镇江商会等各级文化和历史史迹遗址的保护范围。可以配置必要的控制游人数量的设施，不得安排旅宿床位，严禁增设与其无关的人为设施，严禁机动交通及其设施进入，严禁任何不利于保护的因素进入。完善游赏标识牌和说明指示牌。根据历史风貌和文物性质对其周边环境进行规划和整治，加强文物古迹的修缮工作。对文物古迹的修缮必须严格按照《中华人民共和国文物保护法》的要求，保证文物的真实性。合理组织游览线路，减少因游客增多对文物古迹造成的破坏。加强消防安全，禁止一切商业活动，突出历史文化氛围。对现状与文物古迹或历史文化不符的建筑、小品、铺地以及建筑细部等应予以拆除和更换。

对于寺庙等场所应加强管理，不得擅自改变寺庙格局，私自搭建、拆除房屋和砍伐树木，不得以宗教活动名义破坏文物建筑的真实性和完整性。

• 一级风景游览区。主要为小码头街历史街区、伯先路历史街区。可以设置必需的车行道和步行游赏道路等相关设施，严禁建设与风景无关的设施，不得安排旅宿床位。划为一级风景游览区的历史街区，还应按历史街区保护规划执行相关的保护要求。

② 非核心景区

根据所包含的资源及等级状况，结合所属保育类型的控制要求因地制宜地进行资源、景观与环境保护管理控制。长江路以南片区加强与核心景区资源保护和景观建设的延续性。对于亚细亚火油公司旧址、税务司公馆旧址、广肇公所、超岸寺、伯先路近代建筑群（伯先路东侧部分）和镇江自来水厂旧址等省级文物保护单位，应参照《中华人民共和国文物保护法》《江苏省历史文化名城名镇保护条例》《历史文化名城保护规划规范》等相关法律、技术规范的要求进行保护和利用。二院及周边滞留企业用地应逐步迁出，改建为游娱文体用地。位于云台山路东侧的垃圾中转站及部分企业滞留用地，应逐步搬迁，用地调整为风景点建设用地，加强绿化建设，形成与云台山体的连续性，突出云台山西入口的门户形象。

• 二级风景游览区：主要为超岸寺、大码头遗址、吉庆里、大兴浴池、伯先路东侧及长江路以北的原中国人民银行镇江分行旧址和镇江自来水厂遗址。可以进行适度的资源利用行为，适宜安排各种游览欣赏项目。可以安排少量旅宿设施和游览设施，但必须限制与风景游赏无关的建设。注重生态修复，营造特色景观，强化与其他游览区之间的联系。必须限制与风景游赏无关的建设，有效控制机动交通工具进入。

• 三级风景游览区：主要为长江路以北西津湾用地及云台山西侧部分用地。有序控制各项建设与设施，并应与风景环境相协调；在滨水地区的建设用地需预留风景恢复用地，进行生态恢复工程，保障水源安全。可以进行适度的资源利用行为，适宜安排各种游览欣赏项目。有序控制各项建设与设施，并应与风景环境相协调。运粮河北侧地块进行风景点建设和西津渡口文化内涵的挖掘，滨水地区应以绿化和防洪功能相结合的方式进行景观亮化。

• 发展控制区：主要的配套设施建设区域。区内可准许原有土地利用方式与形态，可以安排同风景区性质与容量一致的各项游览设施及基地，可以安排有序的生产、经营管理等设施，明确各项设施的规模与内容。需对建构筑物的开发强度、风格等内容进行严格控制，不得与风景区景观风貌产生冲突，影响风景品质。对滨水景观界面实施景观整治，对建筑高度、密度等进行严格控制，保证滨水视线通廊，保持滨水景观的完整性。严格禁止在内江非法填埋、侵占岸线或将污染物直接排入其中。云台山路与京畿路交叉口东北侧按照游娱文体用地进行建设，布局依山就势，建筑风貌与伯先路—京畿路历史街区保持统一和延续性。二院及周边的工厂用地应按照游娱文体用地进行建设，对二院进行改造、修缮，周边的工厂用地拆迁后，按照与小码头街的建筑风貌延续性进行保护、修缮和建设。

风景保育规划如图D-1-6-3-6所示。

图D-1-6-3-6 风景保育规划图

4. 典型景观保护规划

（1）山体景观

以云台山为代表。严格控制山地开发建设，维护原有山体轮廓的完整性；对云台山环山易滑坡处实施生态修复加固工程，保证安全性。严格控制云台山林地保育，对部分林相不佳的区域进行植被改良，保持山林景观特征。云台山西侧用地进行风景林地恢复，使其与山体林地形成自然延续。

（2）植物景观

以云台山的山体植被为代表，加强运粮河及滨水地带的绿化，形成相互渗透，突出“城市山林”景观格局。结合林相改造，提高林相景观质量，在游览步道附近适当种植观赏性较强的植被等。在各游览区内部应注重游赏风景林地的改善和更新，应因景制宜提高林木的覆盖率。在原有植被的基础上，通过植物群落整体的季相、色叶树和花灌木，充分展现云台山的自然景观。在游览设施用地范围内，应保持一定比例的高绿地率。

云台山南坡应加强山体保护，退屋还绿，融入云台山风景林地，加固易滑坡地段。伯先公园内宜在现有风景林内增加花灌木的品种和数量，提高风景林的郁闭度。西津渡街、小码头街沿线加强街区绿地，栽植具有镇江地方特色的乡土树种，如银杏、榆叶梅、桂花、榉树、朴树、梧桐、泡桐和女贞等，强调与民居建筑风格和环境的协调。

伯先路沿线应进行补绿，见缝插绿或垂直绿化，增加绿化覆盖率。

云台山滑坡地带要进一步加强绿化建设，选择适应性强、抗劣性强的树种，如石楠、小蜡、火棘、龙柏、侧柏和爬地柏等绿化材料进行补救。

滨水岸线应配置垂柳、池杉、水杉、落羽杉、乌桕、枫杨、喜树、枫香、碧桃和樱花等既耐水湿又生长良好的观赏植物，形成富有层次、错落变化的水岸绿化景观。

（3）水体景观

以内江、古运河和运粮河为代表。

加强沿内江岸线的防洪大堤稳定性。强化内江、古运河及运粮河的水体岸线的自然、生态特征，突出滨水风光，通过生态绿化进行美化。合理控制滨水岸线佳观景点，预留与周边山体的视觉廊道，严格控制观景视廊沿线的各项建设活动。对水环境的综合治理列为重点，强化水污染防治力度。

岸线景观规划，对于内江岸线处理方式的基本原则是在保证防洪安全的前提下，尽量采取景观化处理方式，避免采用生硬的驳岸形式，可采用多级平台、挑台与生态驳岸相结合的处理方式，弱化原有垂直驳岸；对于地块内部水系岸线则可以采取丰富多样的景观处理方式，灵活采用亲水台阶、挑台、滨水湿地、木栈道、码头和景观桥等多种形式相结合的方式进行整体设计，满足人们看水、亲水、玩水的需求。

（4）建筑景观

以西津渡历史街区文物类建筑、伯先路民国建筑群为代表。

风景建筑景观以展示云台山独特的西津渡口文化为主，建筑物与构筑物主要以具有地方文化特色的亭、台、楼、阁的古建筑为主，展现优美的自然环境与传统历史建筑交相辉映的历史氛围。西津渡片区应与西津渡历史街区建筑风格呼应，展现西津渡历史文化的重要景观要素。西津湾片区应注重西津渡口文化的历史延续性，以现代、覆绿建筑建设旅游服务配套设施。

服务类建筑的新建、重建或完善，要服从风景环境的整体需求和游览区主题特色的打造，能够融入景观环境中。

云台山景区各游览区建筑风貌分别进行了控制和引导：

西津古渡游览区中除价值较高的文保建筑需要严格遵守历史建筑维修原则外，对于大量相对一般的历史建筑修复、整治的目的是为了维护街区的历史信息和风貌特征，可以根据建筑具体保存现状来决定。对于保存着西津渡历史街区风貌特征的建筑要按原样维修、改善；对于其中经过不适当改动、构件已遭损害的部分可以恢复其历史原貌和原来的风格；对于街区建筑的室内部分若没有有价值的历史信息，可以进行整治以满足现代生活的休闲功能需求；对于西津古渡游览区其他非历史建筑，应考虑与现有历史街区建筑形式、材料、色彩等相协调，可以适当考虑结合现代材料进行处理，屋顶形式以坡屋顶为主。

民国文化游览区中除价值较高的文保建筑需要严格遵守历史建筑维修原则外，对具有一定历史风貌特征和功能特色的一般历史建筑，如江南饭店、大兴浴池、朝阳楼、吉庆里、老邮局及吉庆里等可结合新的使用功能进行保护和修缮，同时应处理好街道、建筑与山体的关系。对于其他非历史建筑，应考虑与现有历史街区建筑在形式、材料、色彩等方面相协调。云台揽胜游览区主要对价值较高的文保建筑需要严格遵守历史建筑维修，对于少量的一般性历史建筑进行修复和整治，对与风景区整体建筑风貌严重不协调的非文保和非历史性建筑进行改造或迁移。

西津湾游览区的建筑风貌总体应与西津渡古街建筑风貌相协调，同时又能满足不同的功能需求和空间特点。可以通过院落、下沉空间、半地下及地下空间，丰富建筑组合关系和整体空间层次，营造具有丰富空间体验和景观氛围的传统街巷空间。该游览区内建筑在材料、色彩上应与西津渡古街相协调统一，建筑细部做法有所借鉴，建筑屋顶采用坡屋顶形式。

津口文墨游览区主要以小体量的园林建筑为主，整体建筑风貌应能体现地域性景观建筑的风貌特征，整体空间关系及组合特点应符合开展文化、休闲等活动的功能需要，同时应与周边景观环境相协调。

景点规划如图D-1-6-3-7所示。

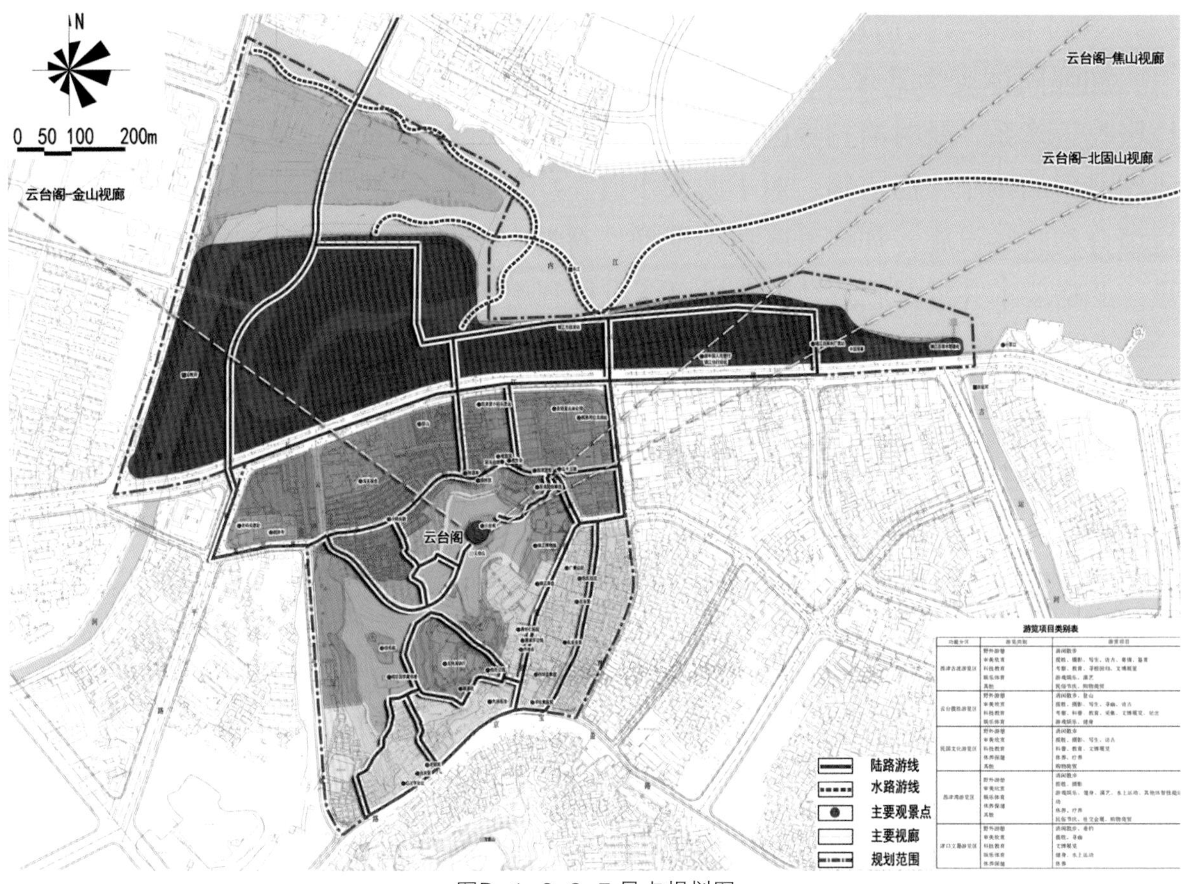

图D-1-6-3-7 景点规划图

5．环境保护规划

（1）大气环境保护

大气环境质量达到《环境空气质量标准》（GB 3095—1996）Ⅰ级标准。景区内游览服务设施推广使用清洁高效能源，提高除尘效率，减少烟尘对空气的污染。结合景区绿化建设，游览道路两旁适当种植抗菌、吸尘植物，提高空气质量。

（2）水环境保护

达到或优于《地表水环境质量标准》（GB 3838—2002）Ⅱ类标准。依托城市供水管网为景区供水，节约用水，提高用水效率，提倡和加强污水资源化利用。实施雨污分流，生活污水集中处理，达标排放。对景区内内江、古运河、运粮河进行清淤和疏浚，改善和增加生态水环境容量。

（3）声环境保护

达到《声环境质量标准》（GB 3096—2008）0类标准。加强景区内道路交通管理，实行禁鸣、车速限制等，减少过境车辆穿越景区内部。加强景区内第三产业的管理，对商业网点、市场合理布局，减少对周围环境的噪声污染。

（4）固体废物清理

加强固体废物处理，减量化优先、资源化为本、无害化处置。完善景区生活垃圾收运体系，及时清扫景区道路沿线及旅游接待点垃圾等，避免人流高峰期垃圾清理产生的扬尘、污水等。对于游人步道、广场等游客经过和聚集地区，合理配备垃圾分类收纳设施，加强景区垃圾管理，对游客进行宣传教育，控制并减少垃圾总量，严格要求并督促服务经营者尽可能重复利用各类资源，实现景区清洁化生产。

6. 景源利用与游赏规划

如图D-1-6-3-8所示。

图D-1-6-3-8 风景游赏规划图

西津渡口文化游线（西津渡小码头遗址—西津渡街—英国领事馆旧址—云台阁—小码头街—超岸寺—老码头—西津湾游览区）。

民国建筑文化游线（西津渡小码头遗址—西津渡街—镇江博物馆—伯先路近代建筑群—吉庆里—伯先公园—云台阁—小码头街—蒜山—西津湾游览区）。

西津渡水上游线（西津湾码头—北固山—焦山—江心岛景区—征润洲景区—金山景区—西津湾码头）。

7. 土地利用规划

（1）用地主导功能分类

为突出风景名胜区特点，增强规划针对性和便于规划管理，按照土地利用的主导功能划分为五种主要的功能类型：资源保护与游赏对象类、直接为游客服务类、间接为游客服务类、景区所需的基础工程类和滞留用地类（图D-1-6-3-9）。

图D-1-6-3-9 用地功能划分图

（2）用地协调控制要求

① 控制原则

突出风景名胜区土地协调利用的重点与特点。在资源保护的基础上，明确用地范围、性质及控制要求，根据所属的空间类型和不同使用强度区别对待。

落实符合景源保护特征的土地利用形式与结构。重点扩展资源保护与游赏对象类用地，有效引导与控制直接和间接为游客服务类用地，严格控制非景区所必需的特殊工程用地，大力缩减滞留用地。

② 控制要求

资源保护与游赏对象类用地侧重对景源及其周边环境的维护和品质提升。

直接为游客服务类用地侧重建筑风貌与景区环境的融合。

景区所需的基础工程类用地、非景区所必需的特殊用地侧重于降低建设活动对环境的影响。

涉及景区生态环境、整体景观风貌和保障景区生态安全的用地应严格控制，保障其必需的用地规模，不得占用。

非景区所必需的特殊用地，应根据总体规划及资源、环境协调要求，明确滞留用地和特殊工程的选址范围及控制要求。省级以上审核的特殊工程项目用地，应单独编制可研报告和进行环境影响评价进行。

（3）土地利用规划

在用地协调的基础上结合不同空间类型的保护要求和规划布局落实各类用地（图D-1-6-3-10）。

① 风景游赏用地

风景游赏用地面积为54.89hm^2，占规划用地比例62.4%。

风景点建设用地面积为46.21hm^2，占规划用地比例52.5%，主要为分布在玉山、蒜山、西长安里、利商街、南新巷、小码头街、西津渡街、伯先路、京畿路和长江路北侧等用地，以及云台阁、伯先祠等用地。

风景保护用地面积为2.60hmm^2，占规划用地比例3.0%，主要为历史文保单位。

宗教观光用地面积为0.39hm^2，占规划用地比例0.4%，主要为超岸寺用地。

风景林地面积为5.69hm^2，占规划用地比例6.5%，主要为云台山山体。

② 游览设施用地

游览设施用地面积为8.69hm^2，占规划用地比例9.9%。

旅游点建设用地面积为3.36hm^2，占规划用地比例3.8%，主要分布现状为游客接待中心、长江路北侧接待中心。

游娱文体用地面积为5.33hm^2，占规划用地比例6.1%，主要为二院周边用地、西津渡街北侧现状游娱文体用地，京畿路与云台山路交会处西北侧用地。

③ 交通与工程用地

交通与工程用地面积为13.50hm^2，占规划用地比例15.3%。

对外交通通信用地面积为9.77hm^2，占规划用地比例11.1%。

内部交通通信用地面积为6.61hm^2，占规划用地比例7.5%，主要为分布云台阁西侧停车场、长江路北侧停车场以及景区内部交通道路等用地。

供应工程用地0.1hm^2，占规划用地比例0.1%，主要为镇江市排涝站用地。

④ 水域。

主要为景区内的内江、运粮河、古运河以西津湾片区景观河，面积为7.58 hm^2，占规划用地比例8.6%。

⑤ 滞留用地

滞留事业单位用地0.36hm^2，占规划用地比例0.4%，主要为位于长江路北侧的中国海事、镇江市排水管理处用地。

图D-1-6-3-10 土地利用规划图

8. 配套设施规划

（1）服务中心规划（略）

（2）道路交通规划（图D-1-6-3-11）

① 陆路交通

对外交通：主要包括为长江路、迎江路、伯先路、京畿路和云台山路等。

内部交通：由车行道和步行道构成。

车行道。构筑建设从小码头街西侧入口至云台阁西侧停车场的车行道，主要满足游赏及消防需要。道路宽度5～7m，长度320m，为新建柏油路面。西津湾片区建设自南向北、自西至东的车行道，作为满足电瓶车游赏和消防需要，宽度16m。

步行道。步行道可分为一级步行游览道，宽度3～4m；二级步行游览道，宽度1.5～2.5m。一级步行游览道主要为游人的主要步行登山道，游客量较大。景区内

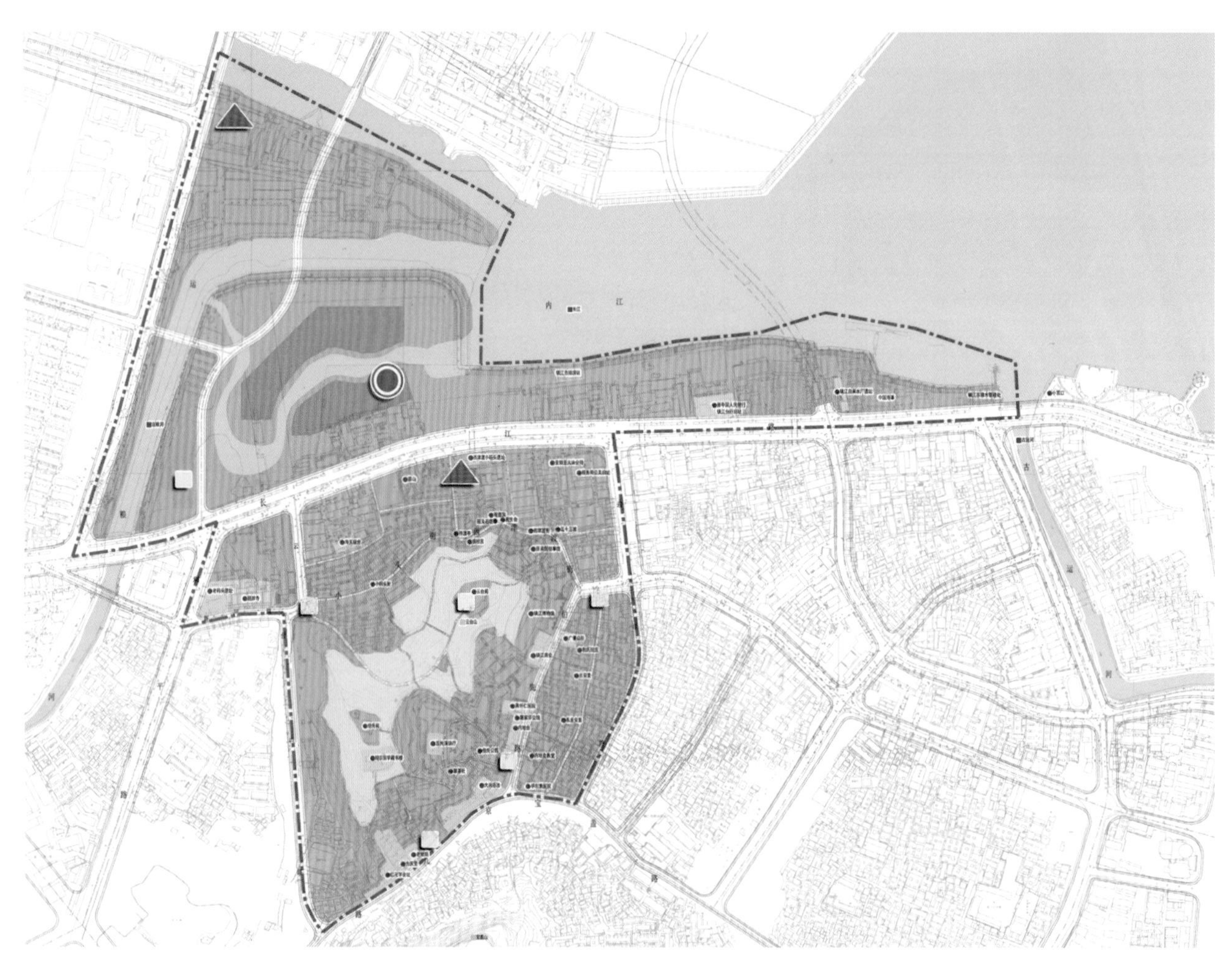

图D-1-6-3-11 道路交通规划

共建串联相关景点的步行登山游览线路。二级步行游览道主要串联一般游览景点。

② 水路交通

在西津湾片区北侧的运粮河及东侧，分别设置3处游船码头，以此联系金山、北固山、焦山、征润州等景区。

③ 停车场。

规划主要在西津湾片区西侧、镇江中国人民银行旧址东侧等设施地上停车

场，分别配置车位115辆和95辆。

在西津湾片区结合旅游服务功能，在不影响景观前提下因地制宜，设置地下停车场，符合水利防洪要求，服务于整个三山风景名胜区及周边社会停车。

（3）给水工程规划（略）

（4）污水工程规划（略）

（5）雨水工程规划（略）

（6）供电工程规划（略）

（7）通信工程规划（略）

（8）燃气工程规划（略）

（9）环卫设施规划（略）

（10）防洪排涝规划（略）

（11）消防规划

④ 城市消防

规划范围内消防由镇江市城市消防体系负责其消防安全，不另建消防站。

规划范围内游客接待聚居区，历史文化街区等建设区应单独建设负有消防给水任务的管道，最小直径不应小于100mm；室外消火栓的间距不应大于120m。

⑤ 森林防火。

规划建立完备的消防救灾体系，设置必要的森林防火报警系统；为防止火势快速蔓延，设置必要的防火通道，并结合游步道设置贯穿全基地。配备专业扑火工具及相关设备，组建景区专业、半专业扑火队伍和群众义务扑火队。

9．地块划分及控制

（1）划分原则

与景源分布、保护与利用的整体要求相适宜；与地块所属空间类型的划分界线相衔接；用地性质体现单一性，适应多种功能的地块可以包含相互兼容的用地性质；规划予以保留的滞留用地单独划块。

（2）地块划分及编号

结合景区的空间布局，将相应片区地块代码前分别定义为：A——西津古渡游览区、B——云台揽胜游览区、C——伯先文化游览区、D——西津湾游览区、E——津口文墨游览区。

（3）地块控制

形成以“严格保护、强化融合、控制规模、彰显特色”为原则的规划控制体系。详细确定风景名胜区内各类用地的范围界线，明确用地性质和发展方向，提出保护和控制管理要求，以及开发利用强度指标等，制定土地使用、资源保护与利用等管理细则。主要包括土地使用控制、资源保护与利用、景观风貌控制、配套设施控制及游赏与交通控制等内容。

针对不同空间类型范围内的每个地块均制定控制图则，明确各种强制性和引导性控制内容。

其中：各地块按所属空间类型的通则性管理要求进行控制落实，其强制性控制要求区别对待。对不同空间类型或特定意图用地，根据风景资源保护与利用的实际情况，引导性内容可转化为强制性内容。

如图D-1-6-3-12所示。

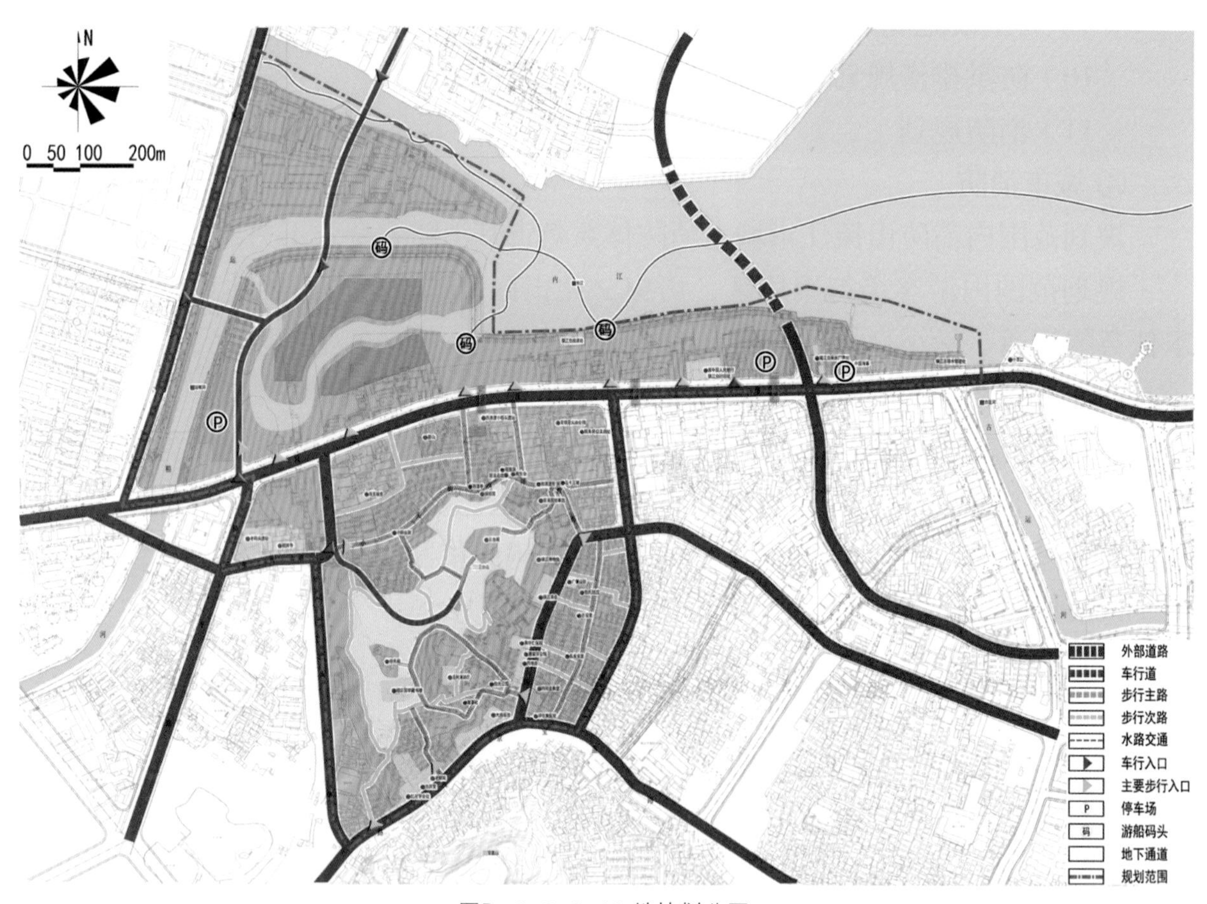

图D-1-6-3-12 地块划分图

四、规划图则

如图D-1-6-3-13 ~ 图D-1-6-3-23所示。

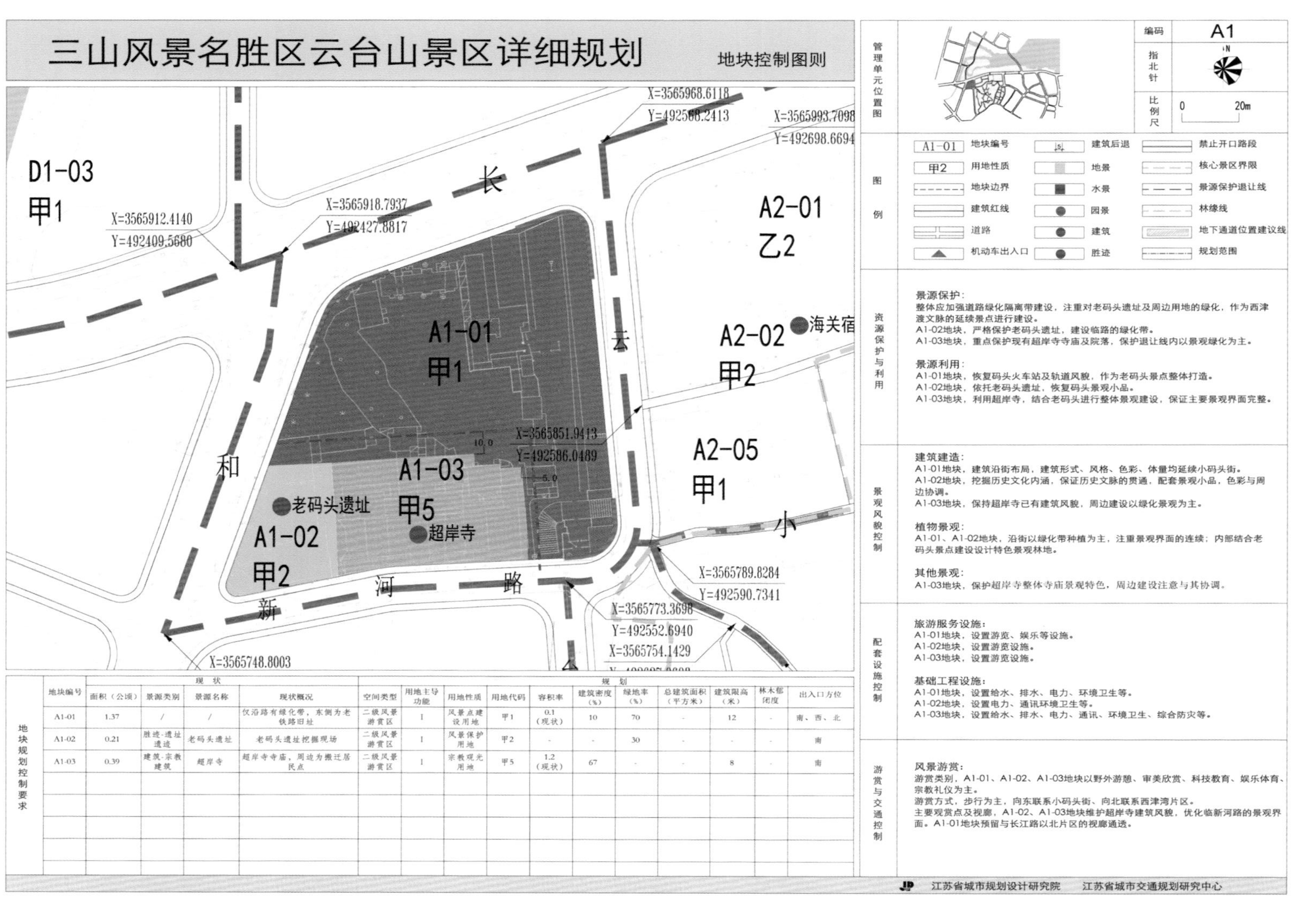

地块规划控制要求

地块编号	现状：面积（公顷）	现状：景源类别	现状：景源名称	现状：现状概况	规划：空间类型	规划：用地主导功能	规划：用地性质	规划：用地代码	规划：容积率	规划：建筑密度（%）	规划：绿地率（%）	规划：总建筑面积（平方米）	规划：建筑限高（米）	规划：林木郁闭度	规划：出入口方位
A1-01	1.37	/	/	仅沿路有绿化带，东侧为老铁路旧址	二级风景游赏区	1	风景点建设用地	甲1	0.1（现状）	10	70	-	12	-	南、西、北
A1-02	0.21	胜迹·遗址遗迹	老码头遗址	老码头遗址挖掘现场	二级风景游赏区	1	风景保护用地	甲2	-	-	30	-	-	-	南
A1-03	0.39	建筑·宗教建筑	超岸寺	超岸寺寺庙，周边为搬迁居民点	二级风景游赏区	1	宗教观光用地	甲5	1.2（现状）	67	-	-	8	-	南

图D-1-6-3-13 地块控规图则（1）

三山风景名胜区云台山景区详细规划

地块控制图则

编码：A2

指北针：N

比例尺：0 10 20 40m

管理单元位置图

图例：

资源保护与利用

景源保护：
A2-02地块，重点保护海关宿舍景源，保护范围为资源本身，景源保护退让线内以景观绿化为主。
A2-04地块，保护蒜山游园，维持现有绿化，改变游园西侧部分用地，增强景点延续性。
A2-06地块，保护现状利群街的资源，注重风貌的延续。

景源利用：
A2-01地块，通过改建二院及周边用地，形成游娱文体用地，预留游赏开敞空间。
A2-02地块，修缮海关宿舍景点，联合二院共同建设突出文化、科教的景点。
A2-03地块，延续蒜山景点建设，形成与海关宿舍联系游赏节点。
A2-04地块，加强蒜山的保育，提升整体及沿长江路的景观绿化建设，布局小型休息、赏景空间。
A2-05地块，修缮和改建小码头街北侧房屋，恢复街区景点。
A2-06地块，恢复、改建现有房屋作为小码头街的景群进行建设。

景观风貌控制

建筑建造：
A2-01地块，建筑布局与形式、色彩、体量注重与海关宿舍及周边街区景观延续。
A2-02地块，保持海关宿舍已有建筑风貌。
A2-04地块，加强蒜山游园南侧建筑风貌现状，形成与利群街的延续。
A2-05地块，严格控制改建、新建建筑的高度及风貌，与小码头街风貌协调，注意传统街巷的联系。
A2-06地块，恢复、改建现有房屋作为小码头街的景群进行建设。

植物景观：
A2-03、A2-04地块，注重沿长江路景观界面的连续，延续蒜山游园的植物景观。

其他景观：
A2-05、A2-05地块，形成景观特色连续的小码头街区景观。

配套设施控制

旅游服务设施：
A2-01、A2-05、A2-06地块，设置游览、饮食、购物、娱乐等设施。
A2-02、A2-03、A2-04地块，设置设施游览设施。

基础工程设施：
A2-01、A2-02地块，设置给水、排水、电力、通讯、燃气、环境卫生等。
A2-03、A2-04地块，设置给水、排水、电力等。
A2-05、A2-06地块，设置给水、排水、电力、通讯、环境卫生、综合防灾等。

游赏与交通控制

风景游赏：
游赏类别，A2-01、A2-02地块以科技教育、娱乐体育为主。A2-03、A2-04地块以野外游憩、审美欣赏为主。A2-05、A2-06地块以审美欣赏、科技教育、娱乐体育、社交聚会、购物商贸为主。
游赏方式，均以步行为主，与蒜山、西津渡街、超岸寺形成游赏线路。
主要观赏点及视廊，A2-02地块海关宿舍形成片区内观景点，形成与云台阁、西津湾片区的景观视廊。

地块规划控制要求

地块编号	现状				规划										
	面积（公顷）	景源类别	景源名称	现状概况	空间类型	用地主导功能	用地性质	用地代码	容积率	建筑密度（%）	绿地率（%）	总建筑面积（平方米）	建筑限高（米）	林木郁闭度	出入口方位
A2-01	1.20	/	/	二院及滞留企业用地	发展控制区	II	游娱文体用地	乙2	1.5（现状）	50	30	-	12	-	东、南、西、北
A2-02	0.06	建筑-其他建筑	海关宿舍	保护完好，周边环境杂乱	二级风景游赏区	I	风景保护用地	甲2	维持现状	维持现状	-	-	12	-	北
A2-03	0.25	/	/	滞留企业厂房	二级风景游赏区	I	风景点建设用地	甲1	-	-	-	-	-	-	东、南、西、北
A2-04	0.56	园景-专类游园	蒜山	蒜山游园，环境好	一级风景游赏区	I	风景点建设用地	甲1	0.2（现状）	18	75	-	8	-	东、西
A2-05	0.49	/	/	小码头街建筑群，风貌统一	一级风景游赏区	I	风景点建设用地	甲1	1.1（现状）	58	10	-	12	-	东、南、北
A2-06	1.28	建筑-民居宗祠	小码头街	小码头街建筑群，风貌统一	一级风景游赏区	I	风景点建设用地	甲1	1.4（现状）	70	10	-	12	-	东、南、西、北

江苏省城市规划设计研究院　江苏省城市交通规划研究中心

图D-1-6-3-14 地块控规图则（2）

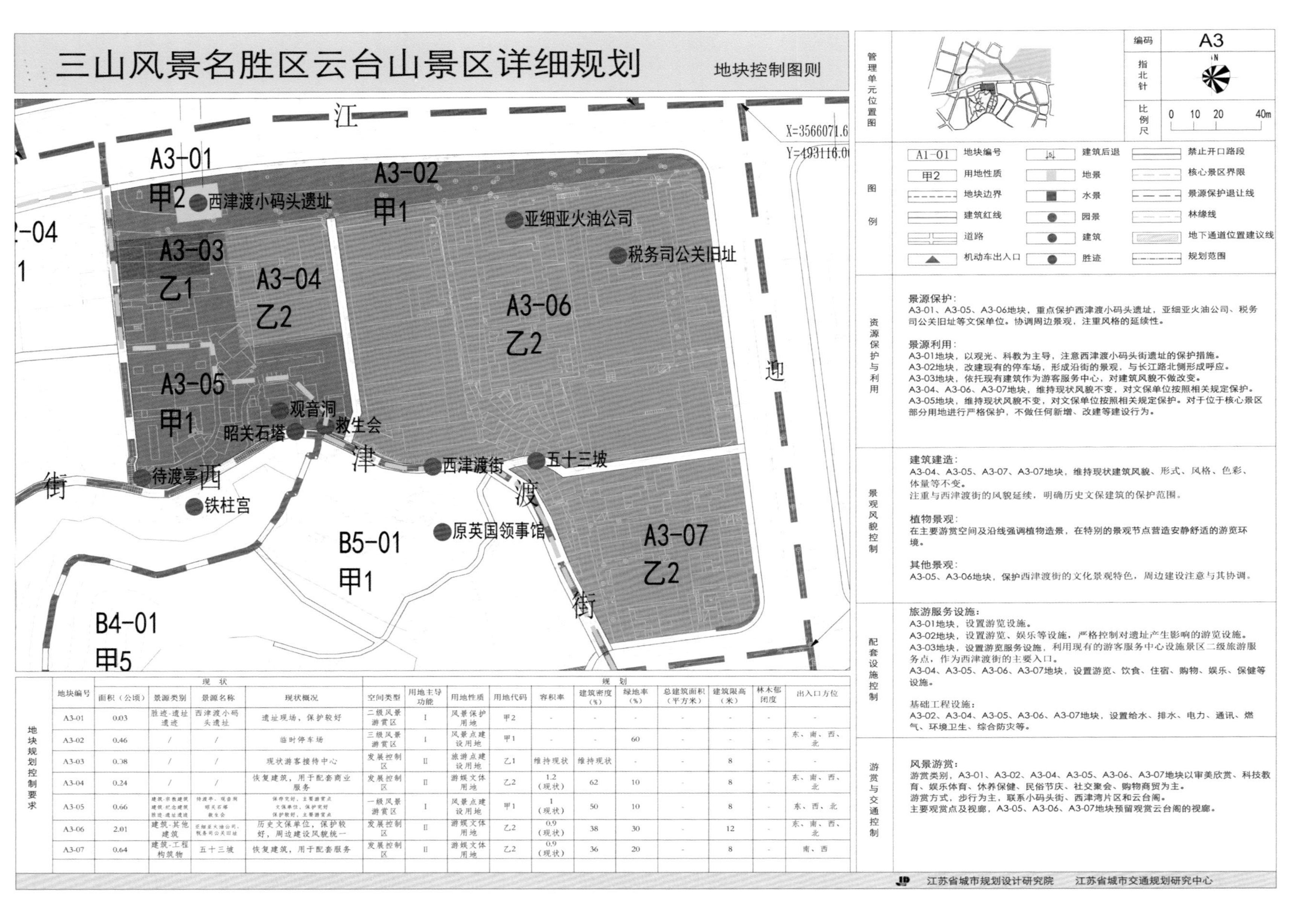

地块规划控制要求

地块编号	现状				规划										
	面积（公顷）	景源类别	景源名称	现状概况	空间类型	用地主导功能	用地性质	用地代码	容积率	建筑密度（%）	绿地率（%）	总建筑面积（平方米）	建筑限高（米）	林木郁闭度	出入口方位
A3-01	0.03	胜迹-遗址遗迹	西津渡小码头遗址	遗址现场，保护较好	二级风景游赏区	I	风景保护用地	甲2	-	-	-	-	-	-	-
A3-02	0.46	/	/	临时停车场	三级风景游赏区	I	风景点建设用地	甲1	-	-	60	-	-	-	东、南、西、北
A3-03	0.38	/	/	现状游客接待中心	发展控制区	II	旅游点建设用地	乙1	维持现状	维持现状	-	-	8	-	-
A3-04	0.24	/	/	恢复建筑，用于配套商业服务	发展控制区	II	游娱文体用地	乙2	1.2（现状）	62	10	-	8	-	东、南、西、北
A3-05	0.66	建筑-宗教建筑 建筑-纪念建筑 胜迹-遗址遗迹	待渡亭、观音洞 昭关石塔 救生会	保存完好，主要游赏点 文保单位，保护完好 保护较好，主要游赏点	一级风景游赏区	I	风景点建设用地	甲1	1（现状）	50	10	-	8	-	东、西、北
A3-06	2.01	建筑-其他建筑	亚细亚火油公司、税务司公关旧址	历史文保单位，保护较好，周边建设风貌统一	发展控制区	II	游娱文体用地	乙2	0.9（现状）	38	30	-	12	-	东、南、西、北
A3-07	0.64	建筑-工程构筑物	五十三坡	恢复建筑，用于配套服务	发展控制区	II	游娱文体用地	乙2	0.9（现状）	36	20	-	8	-	南、西

图D-1-6-3-15 地块控规图则（3）

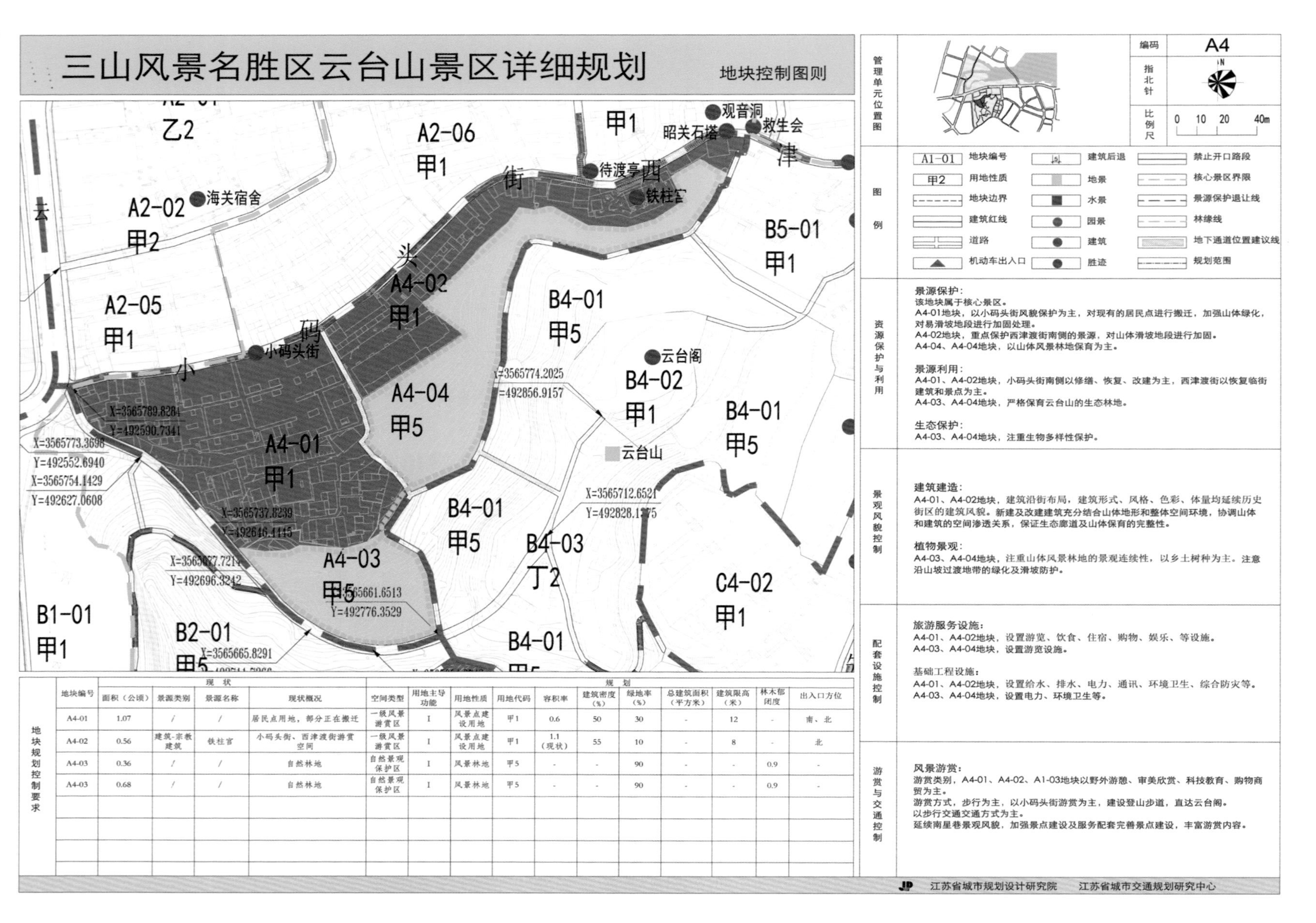

资源保护与利用

景源保护：
该地块属于核心景区。
A4-01地块，以小码头街风貌保护为主，对现有的居民点进行搬迁，加强山体绿化，对易滑坡地段进行加固处理。
A4-02地块，重点保护西津渡街南侧的景源，对山体滑坡地段进行加固。
A4-04、A4-04地块，以山体风景林地保育为主。

景源利用：
A4-01、A4-02地块，小码头街南侧以修缮、恢复、改建为主，西津渡街以恢复临街建筑和景点为主。
A4-03、A4-04地块，严格保育云台山的生态林地。

生态保护：
A4-03、A4-04地块，注重生物多样性保护。

景观风貌控制

建筑建造：
A4-01、A4-02地块，建筑沿街布局，建筑形式、风格、色彩、体量均延续历史街区的建筑风貌。新建及改建建筑充分结合山体地形和整体空间环境，协调山体和建筑的空间渗透关系，保证生态廊道及山体保育的完整性。

植物景观：
A4-03、A4-04地块，注重山体风景林地的景观连续性，以乡土树种为主。注意沿山坡过渡地带的绿化及滑坡防护。

配套设施控制

旅游服务设施：
A4-01、A4-02地块，设置游览、饮食、住宿、购物、娱乐、等设施。
A4-03、A4-04地块，设置游览设施。

基础工程设施：
A4-01、A4-02地块，设置给水、排水、电力、通讯、环境卫生、综合防灾等。
A4-03、A4-04地块，设置电力、环境卫生等。

游赏与交通控制

风景游赏：
游赏类别，A4-01、A4-02、A1-03地块以野外游憩、审美欣赏、科技教育、购物商贸为主。
游赏方式，步行为主，以小码头街游赏为主，建设登山步道，直达云台阁。
以步行交通交通方式为主。
延续南星巷景观风貌，加强景点建设及服务配套完善景点建设，丰富游赏内容。

地块规划控制要求

地块编号	现状 面积（公顷）	景源类别	景源名称	现状概况	规划 空间类型	用地主导功能	用地性质	用地代码	容积率	建筑密度（%）	绿地率（%）	总建筑面积（平方米）	建筑限高（米）	林木郁闭度	出入口方位
A4-01	1.07	/	/	居民点用地，部分正在搬迁	一级风景游赏区	I	风景点建设用地	甲1	0.6	50	30	-	12	-	南、北
A4-02	0.56	建筑-宗教建筑	铁柱宫	小码头街、西津渡街游赏空间	一级风景游赏区	I	风景点建设用地	甲1	1.1（现状）	55	10	-	8	-	北
A4-03	0.36	/	/	自然林地	自然景观保护区	I	风景林地	甲5	-	-	90	-	-	0.9	-
A4-03	0.68	/	/	自然林地	自然景观保护区	I	风景林地	甲5	-	-	90	-	-	0.9	-

图D-1-6-3-16 地块控规图则（4）

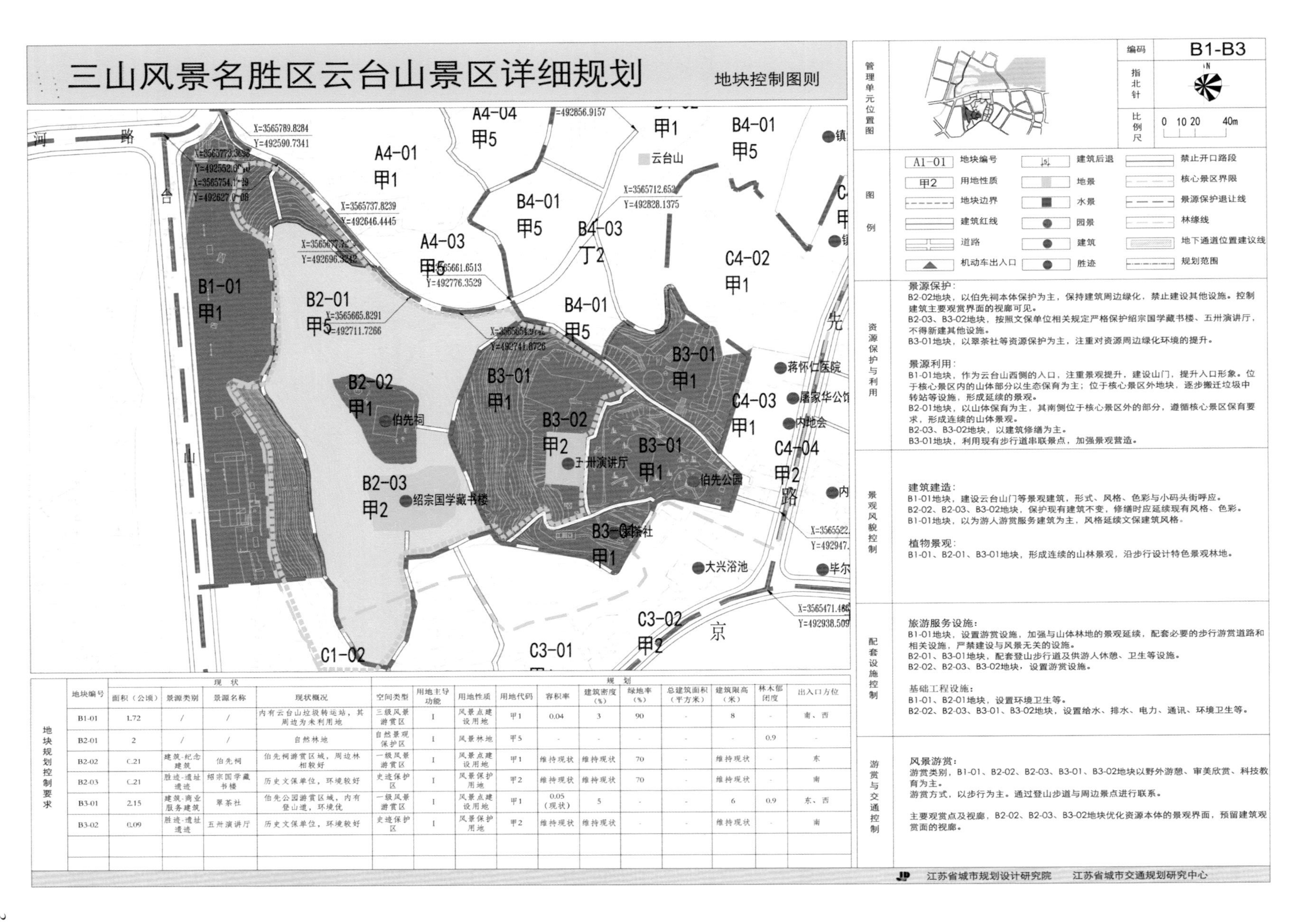

地块编号	现状 面积（公顷）	景源类别	景源名称	现状概况	规划 空间类型	用地主导功能	用地性质	用地代码	容积率	建筑密度（%）	绿地率（%）	总建筑面积（平方米）	建筑限高（米）	林木郁闭度	出入口方位
B1-01	1.72	/	/	内有云台山垃圾转运站，其周边为未利用地	三级风景游赏区	I	风景点建设用地	甲1	0.04	3	90	-	8	-	南、西
B2-01	2	/	/	自然林地	自然景观保护区	I	风景林地	甲5	-	-	-	-	-	0.9	-
B2-02	C.21	建筑-纪念建筑	伯先祠	伯先祠游赏区域，周边林相较好	一级风景游赏区	I	风景点建设用地	甲1	维持现状	维持现状	70	-	维持现状	-	东
B2-03	C.21	胜迹-遗址遗迹	绍宗国学藏书楼	历史文保单位，环境较好	史迹保护区	I	风景保护用地	甲2	维持现状	维持现状	70	-	维持现状	-	南
B3-01	2.15	建筑-商业服务建筑	翠茶社	伯先公园游赏区域，内有登山道，环境优	一级风景游赏区	I	风景点建设用地	甲1	0.05（现状）	5	-	-	6	0.9	东、西
B3-02	0.09	胜迹-遗址遗迹	五卅演讲厅	历史文保单位，环境较好	史迹保护区	I	风景保护用地	甲2	维持现状	维持现状	-	-	维持现状	-	南

图D-1-6-3-17 地块控规图则（5）

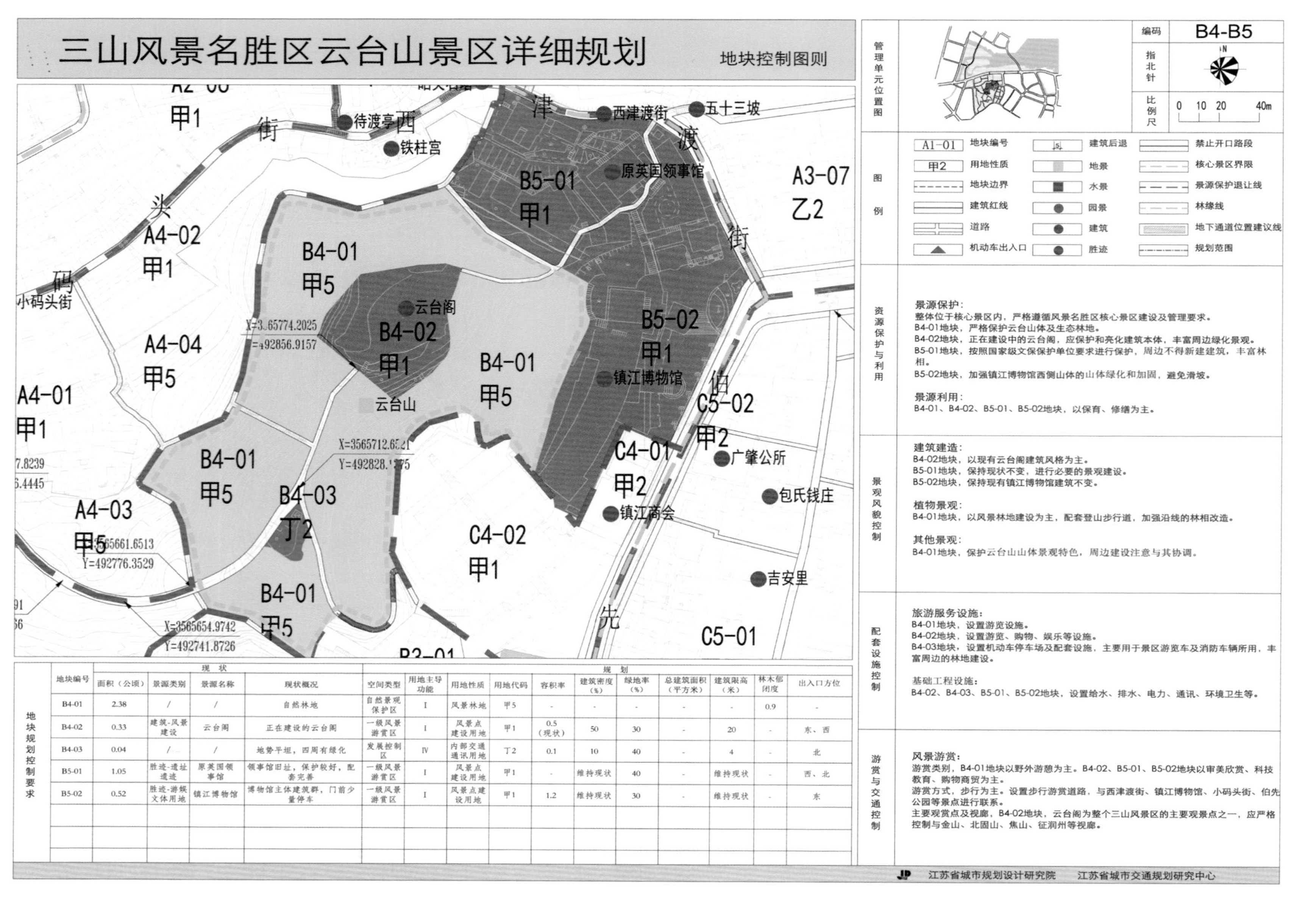

地块规划控制要求

地块编号	现状：面积（公顷）	现状：景源类别	现状：景源名称	现状：现状概况	规划：空间类型	规划：用地主导功能	规划：用地性质	规划：用地代码	规划：容积率	规划：建筑密度（%）	规划：绿地率（%）	规划：总建筑面积（平方米）	规划：建筑限高（米）	规划：林木郁闭度	规划：出入口方位
B4-01	2.38	/	/	自然林地	自然景观保护区	I	风景林地	甲5	-	-	-	-	-	0.9	-
B4-02	0.33	建筑-风景建设	云台阁	正在建设的云台阁	一级风景游赏区	I	风景点建设用地	甲1	0.5（现状）	50	30	-	20	-	东、西
B4-03	0.04	/	/	地势平坦，四周有绿化	发展控制区	IV	内部交通通讯用地	丁2	0.1	10	40	-	4	-	北
B5-01	1.05	胜迹-遗址遗迹	原英国领事馆	领事馆旧址，保护较好，配套完善	一级风景游赏区	I	风景点建设用地	甲1	-	维持现状	40	-	维持现状	-	西、北
B5-02	0.52	胜迹-游娱文体用地	镇江博物馆	博物馆主体建筑群，门前少量停车	一级风景游赏区	I	风景点建设用地	甲1	1.2	维持现状	30	-	维持现状	-	东

资源保护与利用

景源保护：
整体位于核心景区内，严格遵循风景名胜区核心景区建设及管理要求。
B4-01地块，严格保护云台山体及生态林地。
B4-02地块，正在建设中的云台阁，应保护和亮化建筑本体，丰富周边绿化景观。
B5-01地块，按照国家级文保保护单位要求进行保护，周边不得新建建筑，丰富林相。
B5-02地块，加强镇江博物馆西侧山体的山体绿化和加固，避免滑坡。

景源利用：
B4-01、B4-02、B5-01、B5-02地块，以保育、修缮为主。

景观风貌控制

建筑建造：
B4-02地块，以现有云台阁建筑风格为主。
B5-01地块，保持现状不变，进行必要的景观建设。
B5-02地块，保持现有镇江博物馆建筑不变。

植物景观：
B4-01地块，以风景林地建设为主，配套登山步行道，加强沿线的林相改造。

其他景观：
B4-01地块，保护云台山山体景观特色，周边建设注意与其协调。

配套设施控制

旅游服务设施：
B4-01地块，设置游览设施。
B4-02地块，设置游览、购物、娱乐等设施。
B4-03地块，设置机动车停车场及配套设施，主要用于景区游览车及消防车辆所用，丰富周边的林地建设。

基础工程设施：
B4-02、B4-03、B5-01、B5-02地块，设置给水、排水、电力、通讯、环境卫生等。

游赏与交通控制

风景游赏：
游赏类别，B4-01地块以野外游憩为主。B4-02、B5-01、B5-02地块以审美欣赏、科技教育、购物商贸为主。
游赏方式，步行为主。设置步行游赏道路，与西津渡街、镇江博物馆、小码头街、伯先公园等景点进行联系。
主要观赏点及视廊，B4-02地块，云台阁为整个三山风景区的主要观景点之一，应严格控制与金山、北固山、焦山、征润州等视廊。

图D-1-6-3-18 地块控规图则（6）

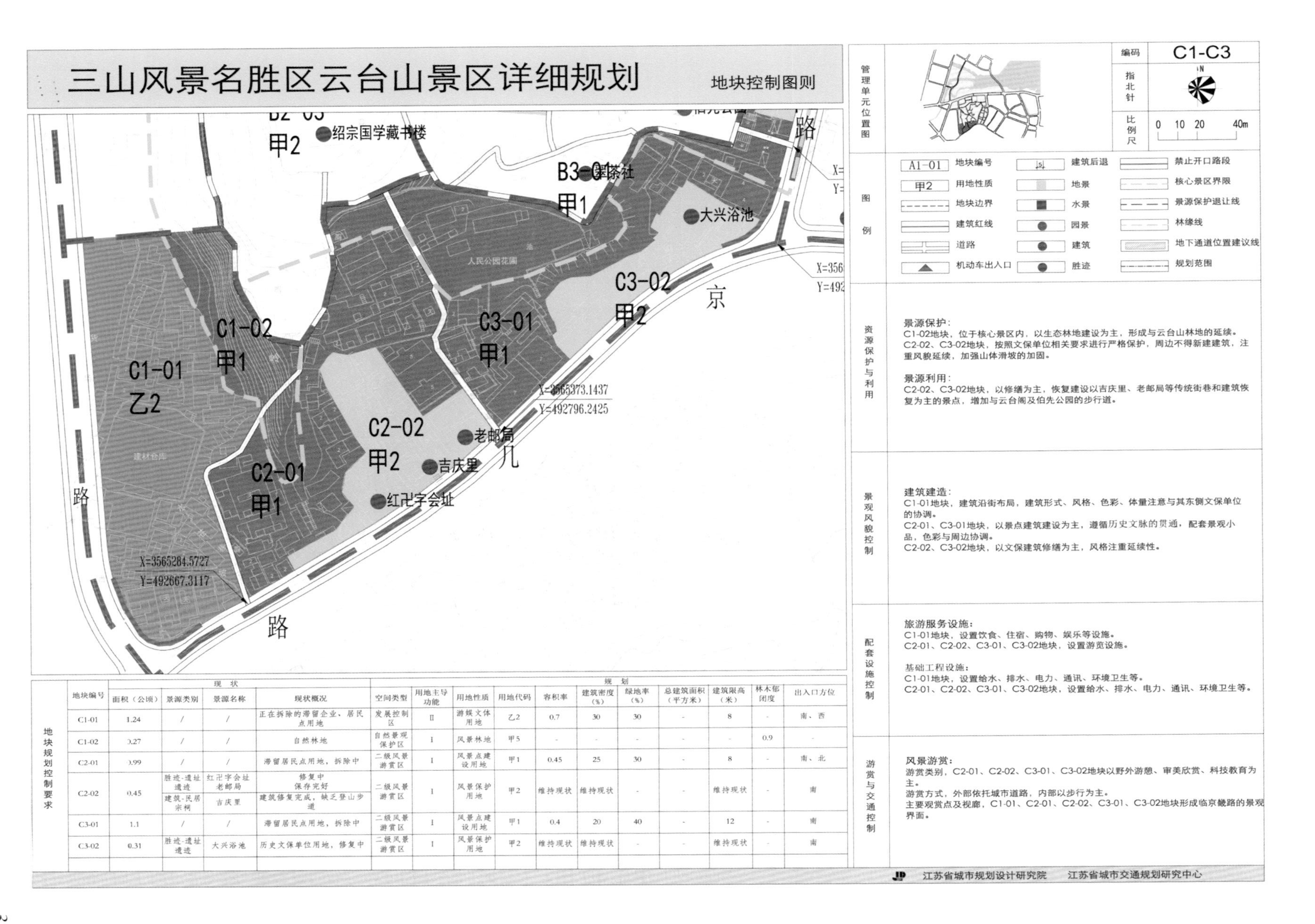

地块编号	现状				规划										
	面积（公顷）	景源类别	景源名称	现状概况	空间类型	用地主导功能	用地性质	用地代码	容积率	建筑密度（%）	绿地率（%）	总建筑面积（平方米）	建筑限高（米）	林木郁闭度	出入口方位
C1-01	1.24	/	/	正在拆除的滞留企业、居民点用地	发展控制区	Ⅱ	游娱文体用地	乙2	0.7	30	30	-	8	-	南、西
C1-02	3.27	/	/	自然林地	自然景观保护区	Ⅰ	风景林地	甲5	-	-	-	-	-	0.9	-
C2-01	3.99	/	/	滞留居民点用地，拆除中	二级风景游赏区	Ⅰ	风景点建设用地	甲1	0.45	25	30	-	8	-	南、北
C2-02	0.45	胜迹-遗址遗迹	红卍字会址 老邮局	修复中 保存完好	二级风景游赏区	Ⅰ	风景保护用地	甲2	维持现状	维持现状	-	-	维持现状	-	南
		建筑-民居宗祠	吉庆里	建筑修复完成，缺乏登山步道											
C3-01	1.1	/	/	滞留居民点用地，拆除中	二级风景游赏区	Ⅰ	风景点建设用地	甲1	0.4	20	40	-	12	-	南
C3-02	0.31	胜迹-遗址遗迹	大兴浴池	历史文保单位用地，修复中	二级风景游赏区	Ⅰ	风景保护用地	甲2	维持现状	维持现状	-	-	维持现状	-	南

图D-1-6-3-19 地块控规图则（7）

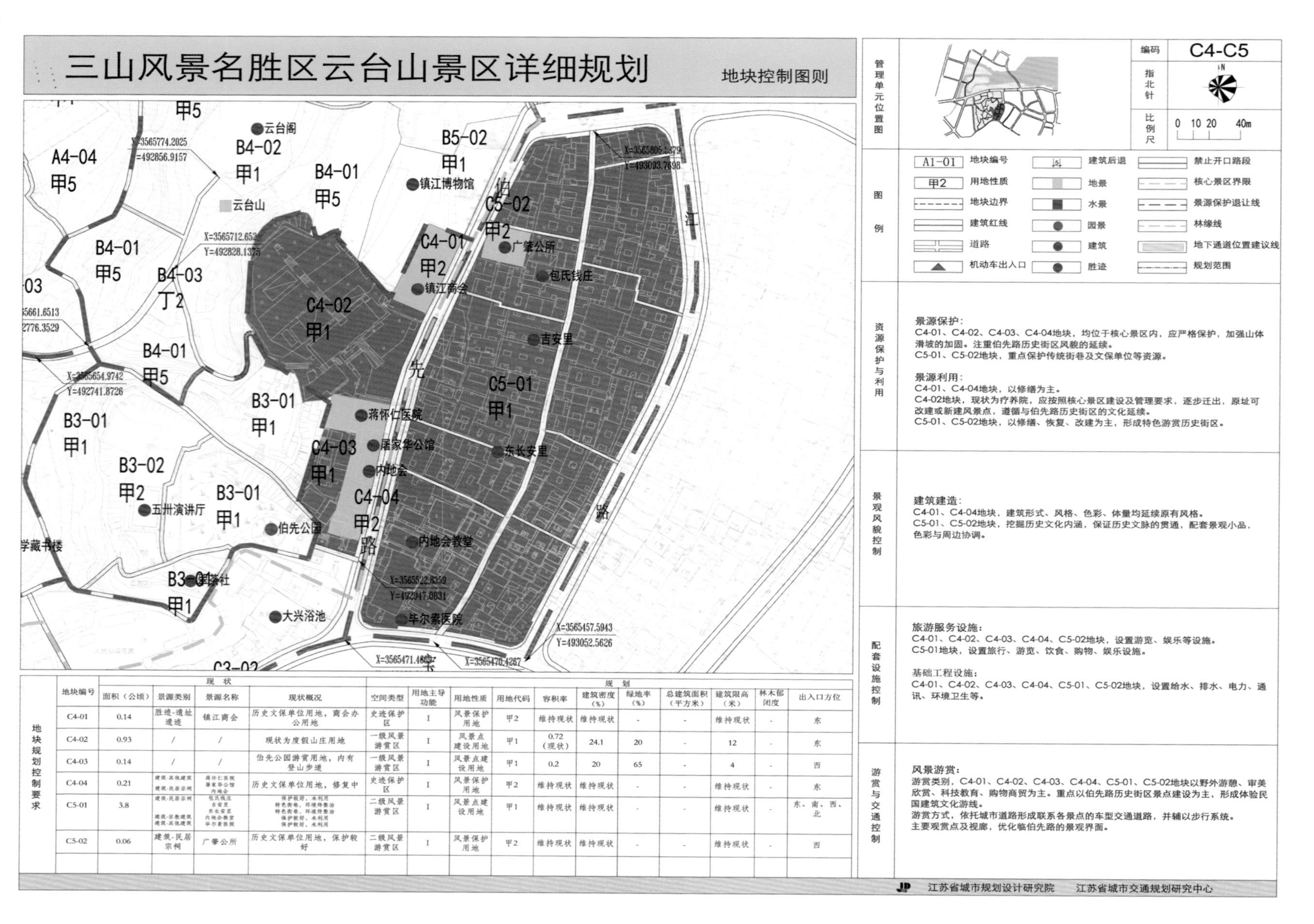

地块规划控制要求

地块编号	现状：面积（公顷）	现状：景源类别	现状：景源名称	现状：现状概况	规划：空间类型	规划：用地主导功能	规划：用地性质	规划：用地代码	规划：容积率	规划：建筑密度（%）	规划：绿地率（%）	规划：总建筑面积（平方米）	规划：建筑限高（米）	规划：林木郁闭度	规划：出入口方位
C4-01	0.14	胜迹-遗址遗迹	镇江商会	历史文保单位用地，商会办公用地	史迹保护区	I	风景保护用地	甲2	维持现状	维持现状	-	-	维持现状	-	东
C4-02	0.93	/	/	现状为度假山庄用地	一级风景游赏区	I	风景点建设用地	甲1	0.72（现状）	24.1	20	-	12	-	东
C4-03	0.14	/	/	伯先公园游赏用地，内有登山步道	一级风景游赏区	I	风景点建设用地	甲1	0.2	20	65	-	4	-	西
C4-04	0.21	建筑-其他建筑 建筑-民居宗祠	蒋怀仁医院 屠家华公馆 内地会	历史文保单位用地，修复中	史迹保护区	I	风景保护用地	甲2	维持现状	维持现状	-	-	维持现状	-	东
C5-01	3.8	建筑-民居宗祠 建筑-宗教建筑 建筑-其他建筑	包氏钱庄 吉安里 东长安里 内地会教堂 毕尔素医院	保护较好，未利用 特色街巷，环境待整治 特色街巷，环境待整治 保护较好，未利用 保护较好，未利用	二级风景游赏区	I	风景点建设用地	甲1	维持现状	维持现状	-	-	维持现状	-	东、南、西、北
C5-02	0.06	建筑-民居宗祠	广肇公所	历史文保单位用地，保护较好	二级风景游赏区	I	风景保护用地	甲2	维持现状	维持现状	-	-	维持现状	-	西

图D-1-6-3-20 地块控规图则（8）

地块规划控制要求

地块编号	现状：面积（公顷）	景源类别	景源名称	现状概况	规划：空间类型	用地主导功能	用地性质	用地代码	容积率	建筑密度（%）	绿地率（%）	总建筑面积（平方米）	建筑限高（米）	林木郁闭度	出入口方位
D1-01	0.84	/	/	滨河绿地	三级风景游赏区	I	风景点建设用地	甲1	-	-	90	-	-	-	西
D1-02	1.12	/	/	未利用地	发展控制区	IV	内部交通通讯用地	丁2	0.04	4	60	-	4	-	东
D1-03	0.92	/	/	未利用地	三级风景游赏区	I	风景点建设用地	甲1	-	-	90	-	-	-	东、北
D2-01	1.28	/	/	未利用地	三级风景游赏区	I	风景点建设用地	甲1	-	-	80	-	-	-	东、南
D3-01	6.51	/	/	未利用地	三级风景游赏区	I	风景点建设用地	甲1	0.02	-	80	-	4	-	东、南
D3-02	2.08	/	/	未利用地	发展控制区	II	旅游点建设用地	乙1	1.1	47	30	22400	12	-	东、南、西、北
D3-03	1.2	/	/	未利用地	发展控制区	II	旅游点建设用地	乙1	1	45	30	12410	12	-	东、南、西、北

图D-1-6-3-21 地块控规图则（9）

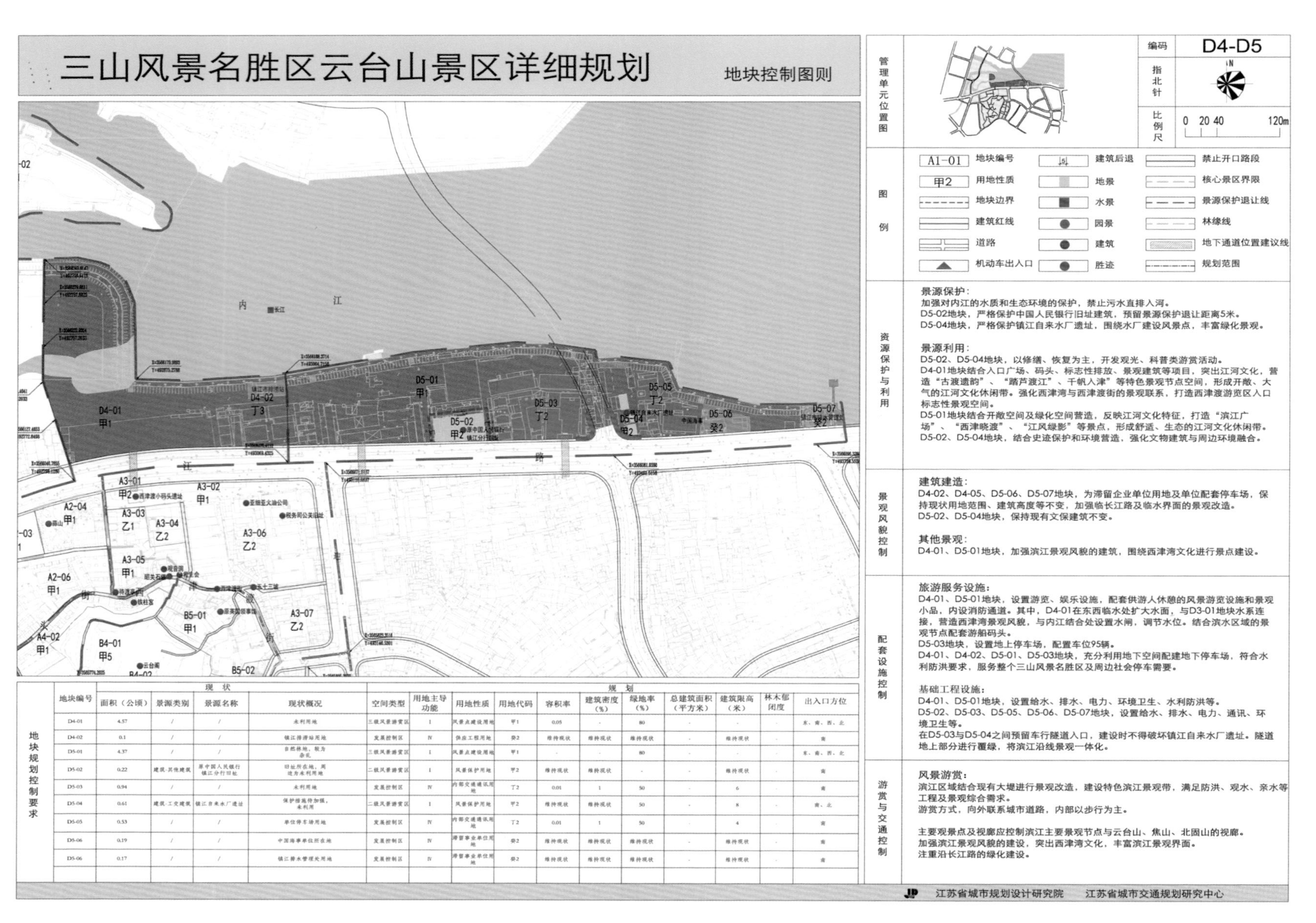

地块规划控制要求

地块编号	现状：面积（公顷）	景源类别	景源名称	现状概况	规划：空间类型	用地主导功能	用地性质	用地代码	容积率	建筑密度（%）	绿地率（%）	总建筑面积（平方米）	建筑限高（米）	林木郁闭度	出入口方位
D4-01	4.57	/	/	未利用地	三级风景游赏区	I	风景点建设用地	甲1	0.05	-	80	-	-	-	东、南、西、北
D4-02	0.1	/	/	镇江排涝站用地	发展控制区	IV	供应工程用地	癸2	维持现状	维持现状	维持现状	-	维持现状	-	南
D5-01	4.37	/	/	自然林地，较为杂乱	三级风景游赏区	I	风景点建设用地	甲1	-	-	80	-	-	-	东、南、西、北
D5-02	0.22	建筑-其他建筑	原中国人民银行镇江分行旧址	旧址所在地，周边为未利用地	二级风景游赏区	I	风景保护用地	甲2	维持现状	维持现状	-	-	维持现状	-	南
D5-03	0.94	/	/	未利用地	发展控制区	IV	内部交通通讯用地	丁2	0.01	1	50	-	6	-	南
D5-04	0.61	建筑-工交建筑	镇江自来水厂遗址	保护措施待加强，未利用	二级风景游赏区	I	风景保护用地	甲2	维持现状	维持现状	50	-	8	-	南、北
D5-05	0.53	/	/	单位停车场用地	发展控制区	IV	内部交通通讯用地	丁2	0.01	1	50	-	4	-	南
D5-06	0.19	/	/	中国海事单位所在地	发展控制区	IV	滞留事业单位用地	癸2	维持现状	维持现状	维持现状	-	维持现状	-	南
D5-06	0.17	/	/	镇江排水管理处用地	发展控制区	IV	滞留事业单位用地	癸2	维持现状	维持现状	维持现状	-	维持现状	-	南

图D-1-6-3-22 地块控规图则（10）

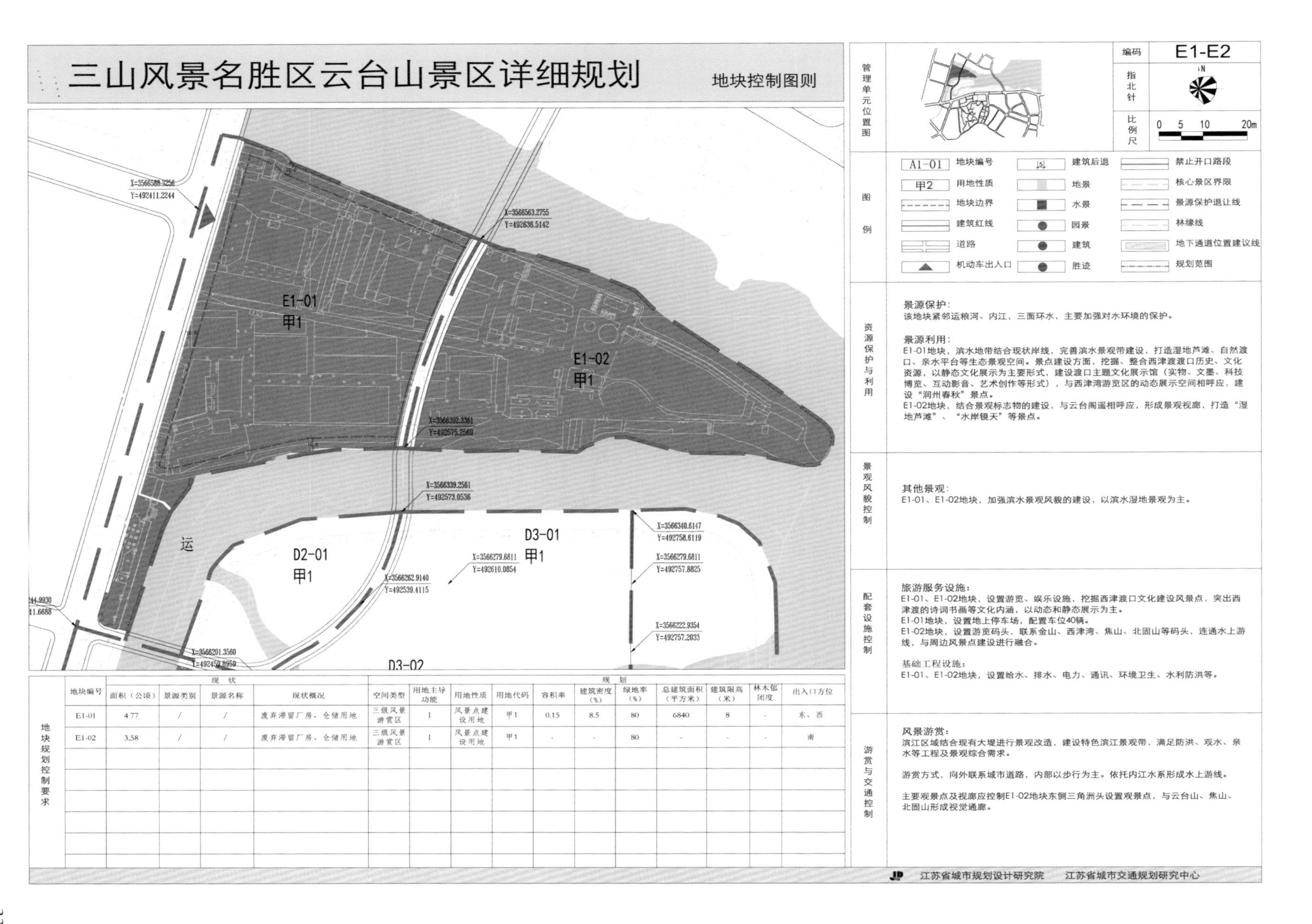

地块编号	现状				规划										
	面积（公顷）	景源类别	景源名称	现状概况	空间类型	用地主导功能	用地性质	用地代码	容积率	建筑密度（%）	绿地率（%）	总建筑面积（平方米）	建筑限高（米）	林木郁闭度	出入口方位
E1-01	4.77	/	/	废弃滞留厂房、仓储用地	三级风景游赏区	I	风景点建设用地	甲1	0.15	8.5	80	6840	8	-	东、西
E1-02	3.58	/	/	废弃滞留厂房、仓储用地	三级风景游赏区	I	风景点建设用地	甲1	-	-	80	-	-	-	南

图D-1-6-3-23 地块控规图则（11）

五、（西津湾地块）规划研究

如图D-1-6-3-24 ~ 图D-1-6-3-43所示。

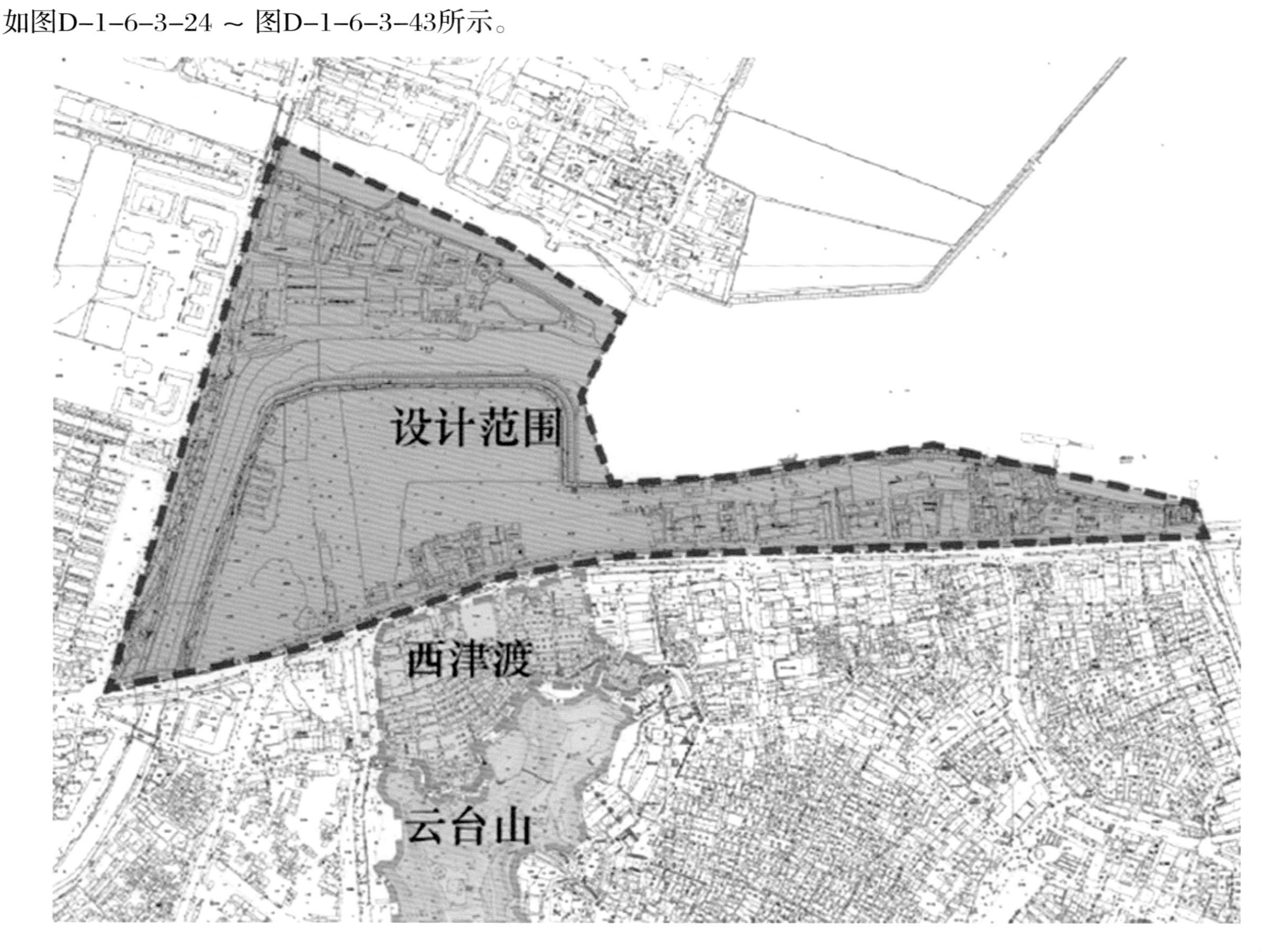

图D-1-6-3-24 地形分布图

图D-1-6-3-25 方案——设计理念

图D-1-6-3-26 方案——总平面

图D-1-6-3-27 方案——鸟瞰图

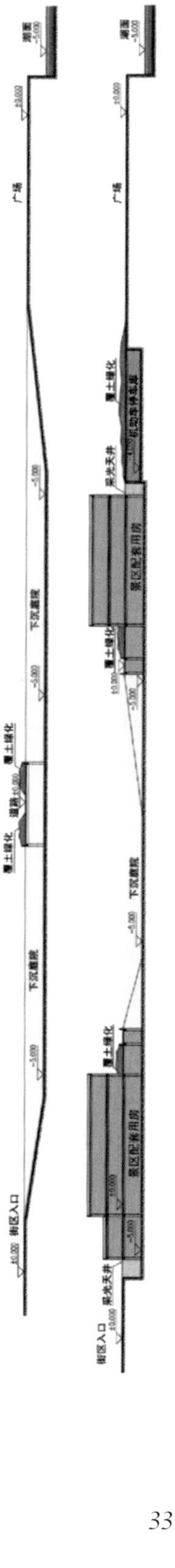

图D-1-6-3-28方案——剖面图

图D-1-6-3-29 方案效果图（1）

图D-1-6-3-30 方案效果图（2）

图D-1-6-3-31 方案效果图（3）

图D-1-6-3-32方案效果图（4）

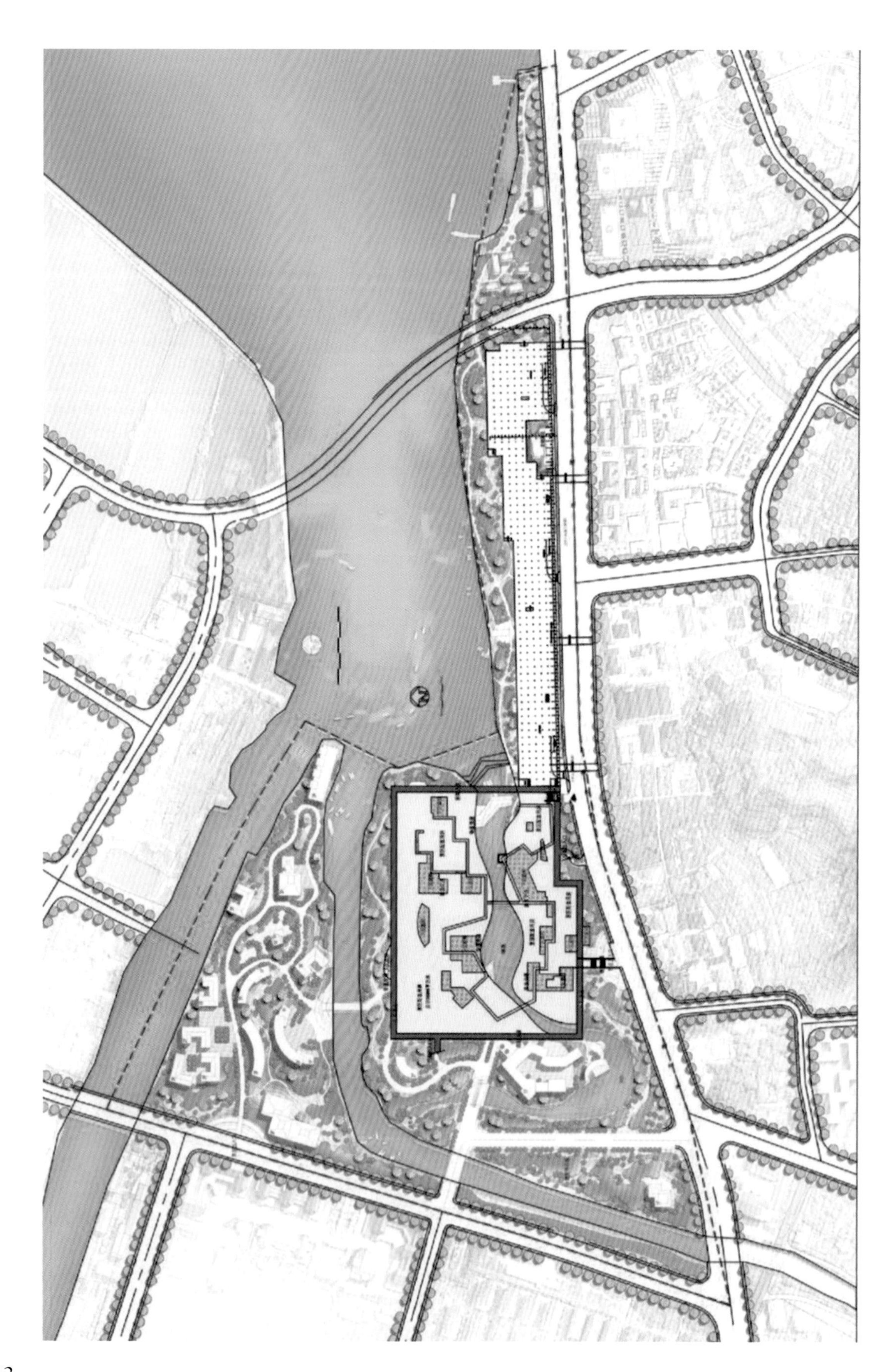

图D-1-6-3-33 方案——地下层平面

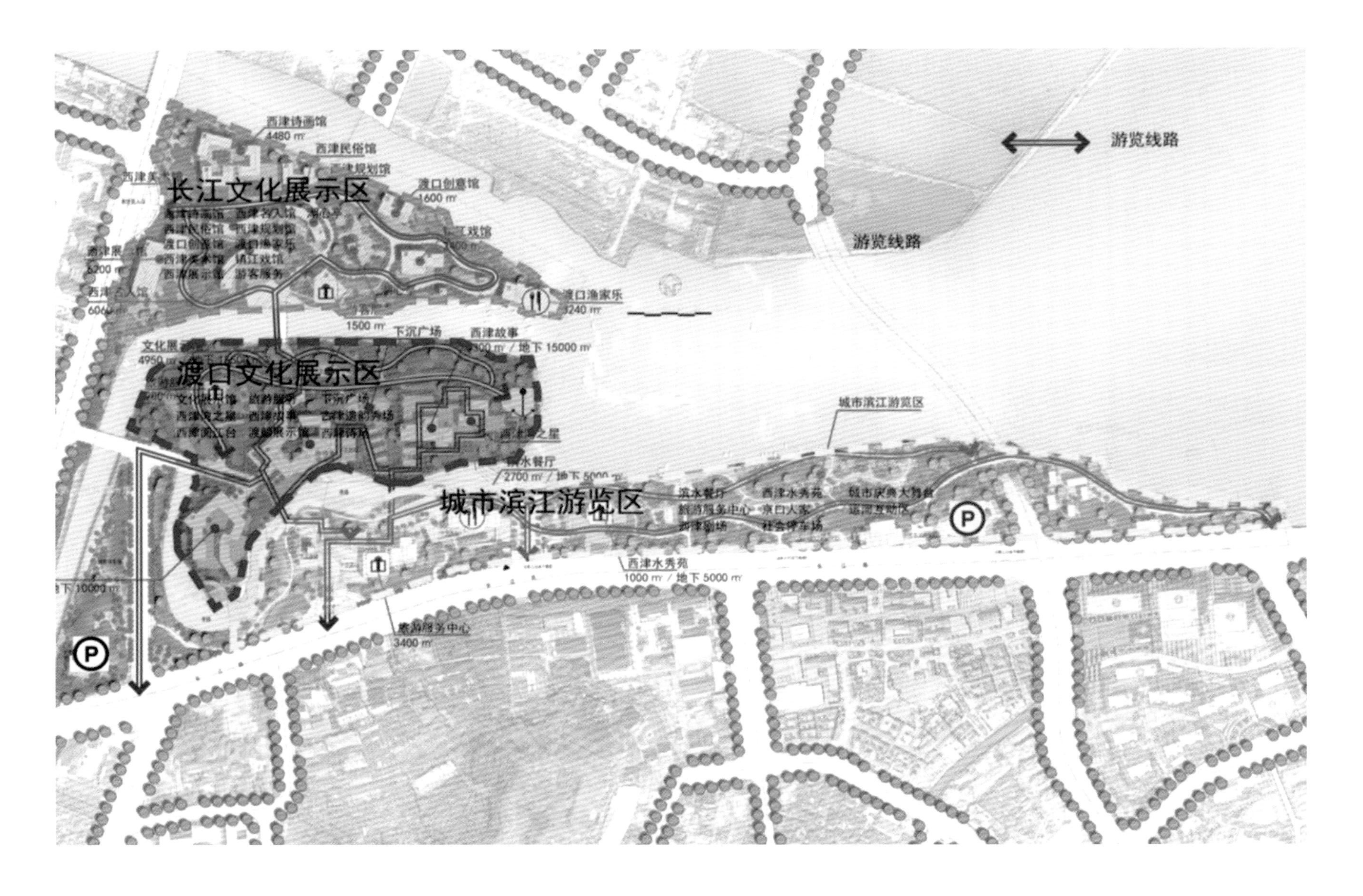

图D-1-6-3-34 方案——功能分析

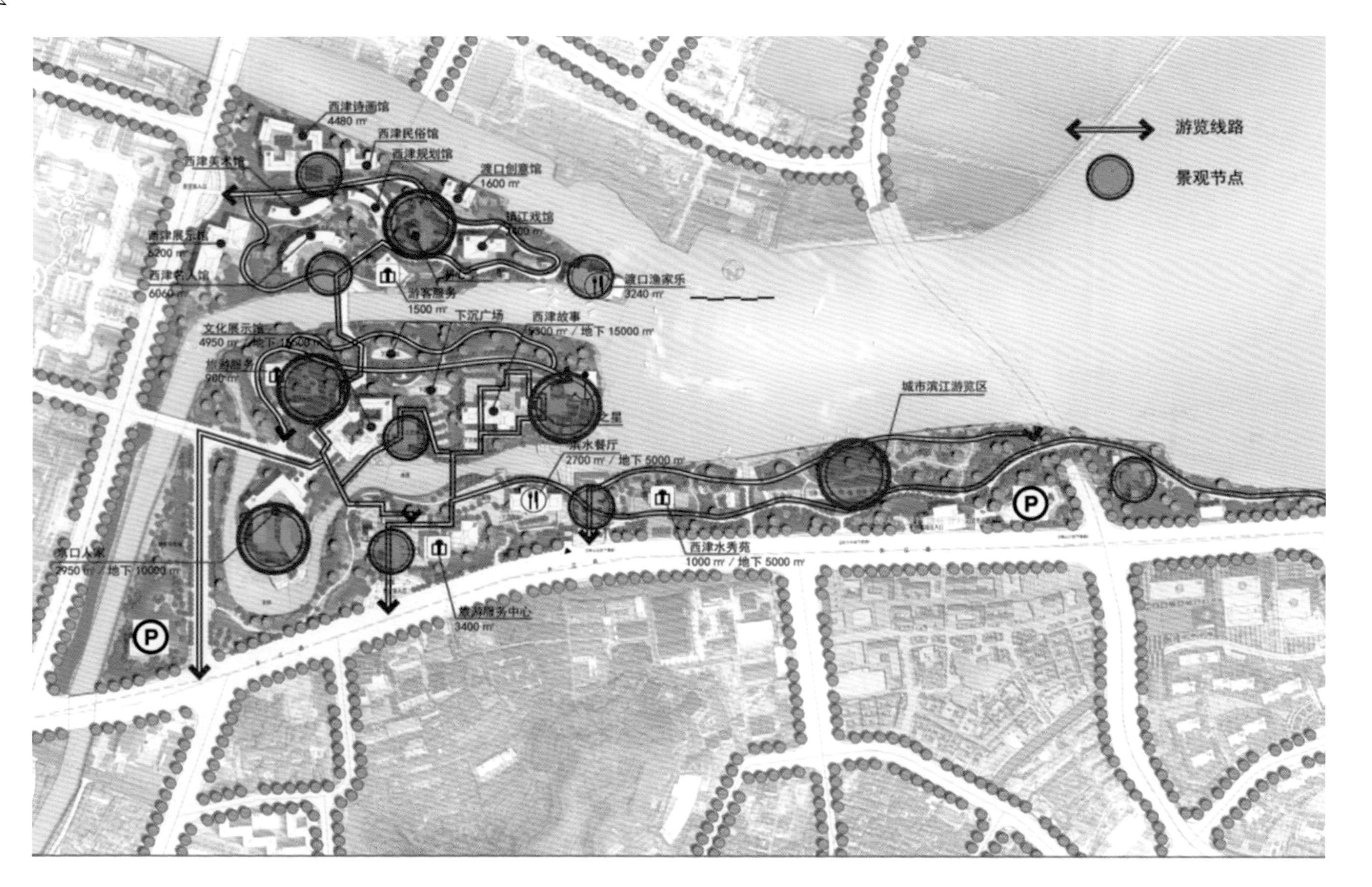

图D-1-6-3-35 方案——游览路线规划

图D-1-6-3-36 方案二总平面

图D-1-6-3-37 方案二透视图（1）

图D-1-6-3-38 方案二透视图（2）

图D-1-6-3-39方案二设计构思（1）

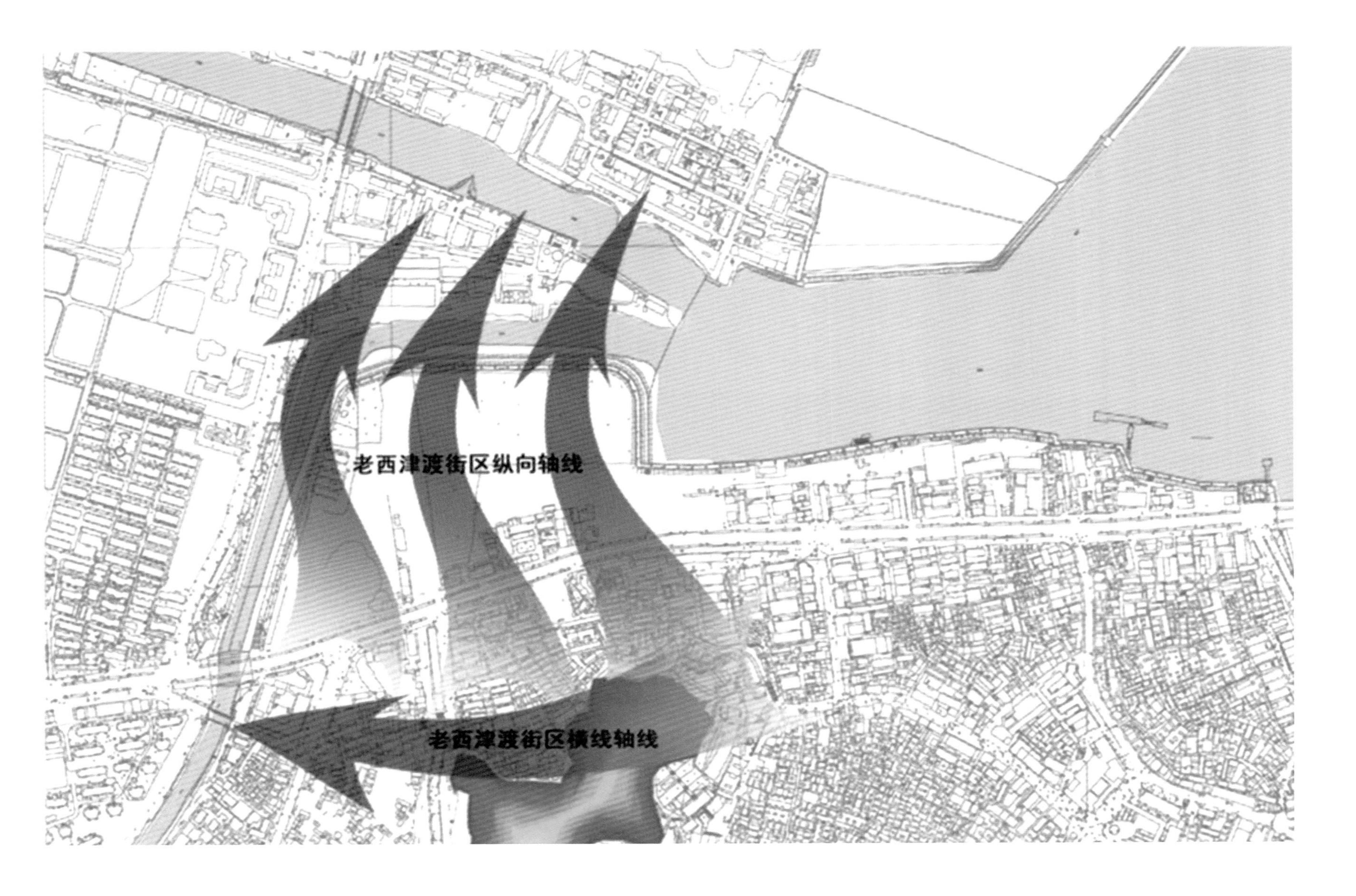

图D-1-6-3-40 设计构思（2）

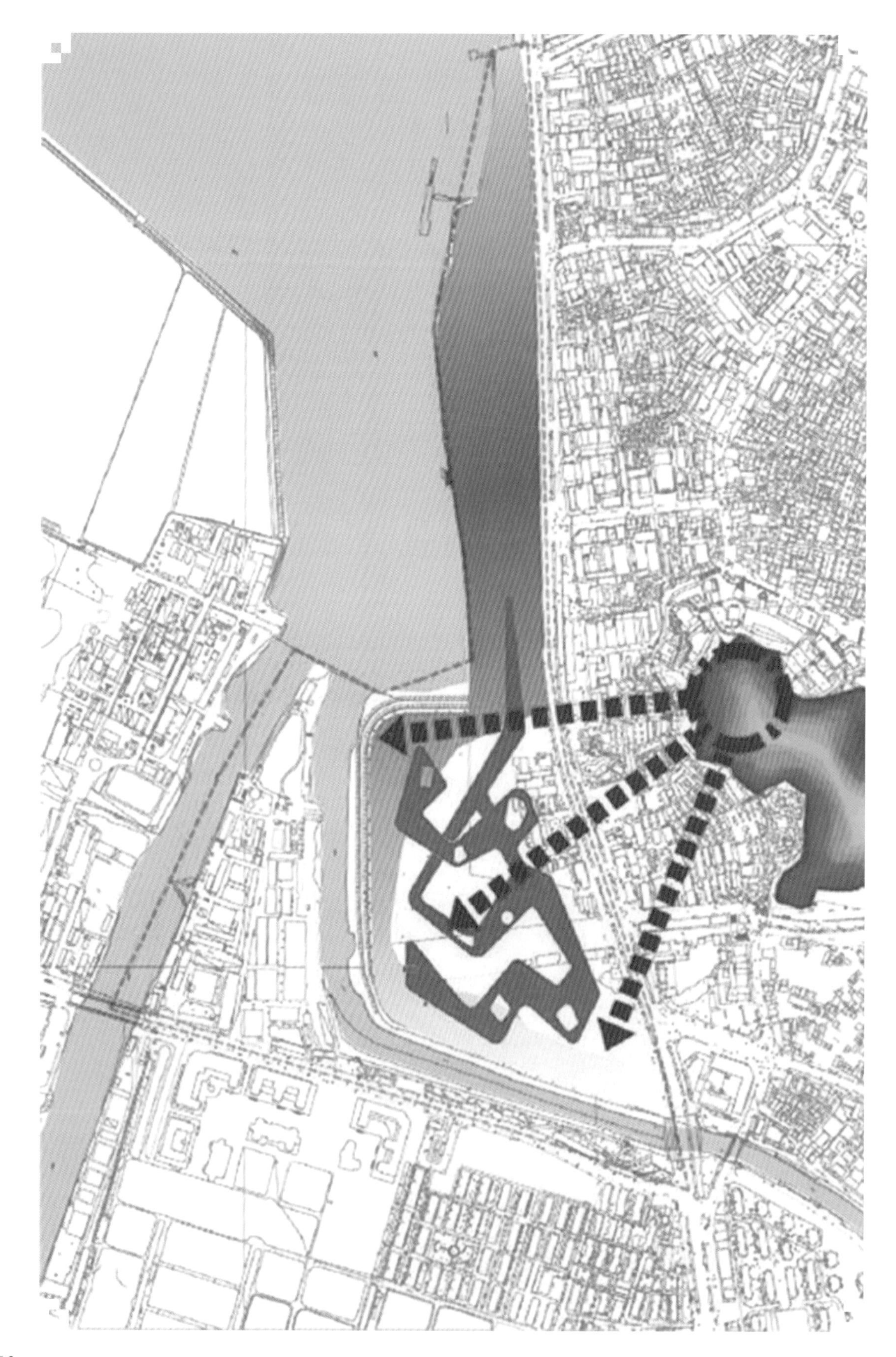

图D-1-6-3-41 设计构思（3）

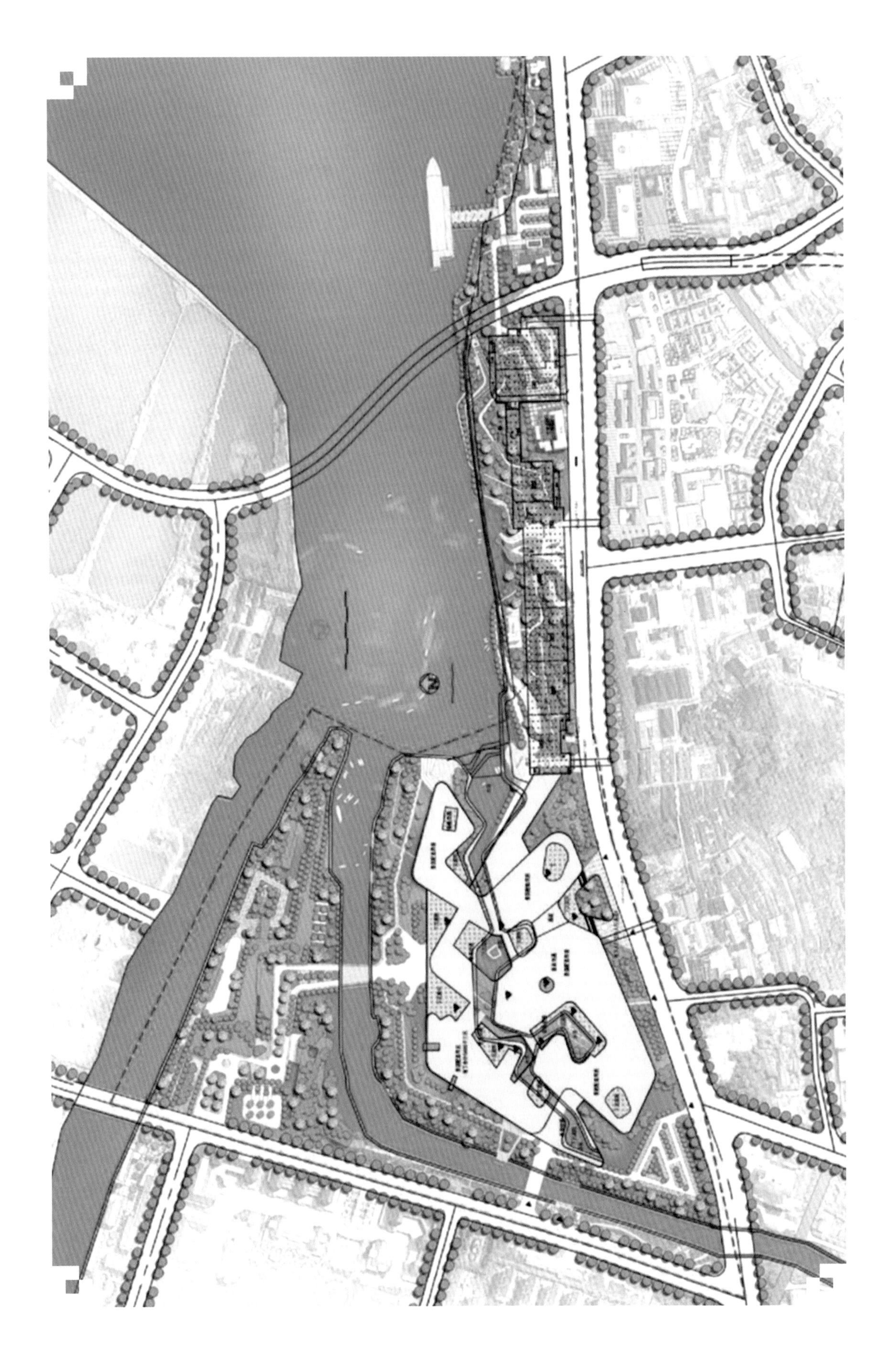

图D-1-6-3-42 方案二地下层平面

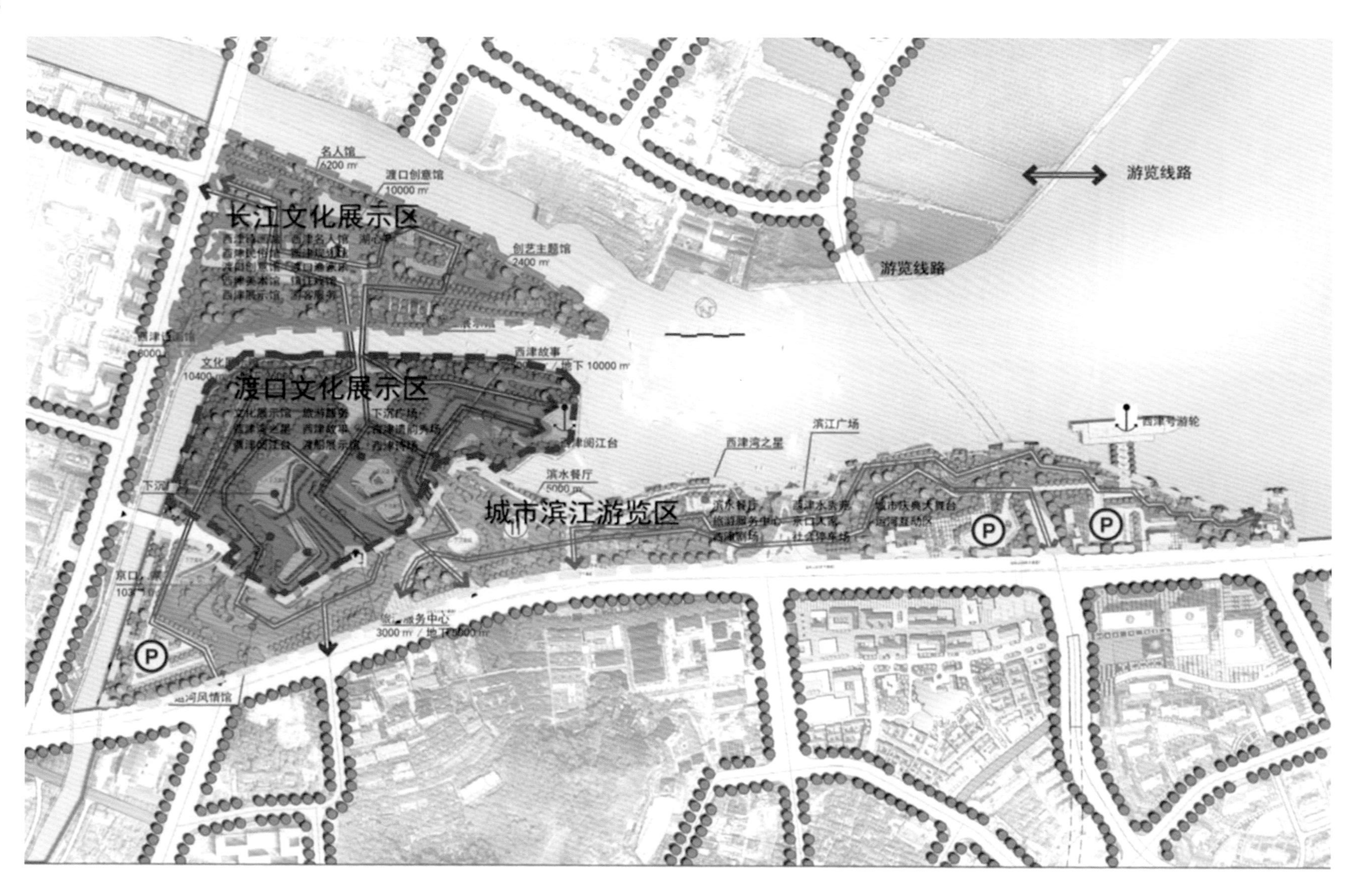

图D-1-6-3-43 方案二地下层平面

附录

附录一

加快打造镇江“历史文化发展轴”，推动西津渡历史文化街区可持续保护更新

西津渡研究课题组

西津渡是被罗哲文先生命名为“中国古渡博物馆”的历史文化街区。西津渡坐落在江苏镇江城市西北部，金山东南方。街区内从和平路口超岸寺、玉山大码头起，沿新河路、小码头街、待渡亭，经过西津渡核心保护区的昭关石塔、观音洞、救生会，折向东南至原英国领事馆、新博物馆，沿伯先路、京畿路，至正在建设的中山北路口，是一条长达1800m，厚载1300多年的历史文化发展轴线。这条轴线文脉清晰、积淀丰厚，所辐射的历史街区覆盖“三山六路”，即云台山、蒜山和玉山“三山耸立”其中，四周由和平路、长江路、迎江路、伯先路、京畿路和中山北路“六路围合”而成，规划总面积约60万m^2。区域内众多保存完好的文物古迹、传统民居，沿轴线星罗棋布、珠落玉盘，传承着自唐宋以来丰富的历史文化，是镇江文化的瑰宝、旅游的金矿。

保护更新西津渡历史街区，打造镇江历史文化发展轴，是实施城市建设“四年新提升”目标的重要组成部分，是提升镇江文化发展力，提升镇江城市品位的重要工程。我们要以更加高远的境界、更加清晰的思路、更加明确的目标、更加扎实的功夫来实施这一保护更新工程，积极促进城市建设率先发展、科学发展。

一、西津渡历史街区是展示镇江名城历史文化的天然轴线

文化是城市的灵魂，是城市可持续发展的重要战略资源。而历史文化街区是“看得见的历史”，积淀着丰富的文化遗存，以其整体的景观意象展示着城市的个性风貌，反映着城市的发展脉络，是城市文化特色最集中的体现。正因为如

此，有条件的城市都积极保护和科学地开发历史街区，并以此为依托构建城市文化轴心，成功开发了一系列的精品力作，彰显了城市的文化魅力。像海派文化，其精髓一脉相承地贯穿于外滩的“万国建筑博览馆”、豫园、新天地等风情各异的特色街区中；南京的六朝文化，在秦淮河、夫子庙一带得到集中展现；苏州的桐芳巷、浙江的乌镇、北京的“南池子”四合院群落，等等，都浓缩了当地历史文化的精华，成为城市文明的重要标志，不仅提升了城市建设的品位，而且加快了老城区的改造，带动了旅游、休闲等服务业的发展，成为重要的经济增长点。

从镇江来看，近几年来，随着昭关石塔、救生会、观音洞的修复，蒜山游园的兴建，英领事馆修缮、新博物馆的建设，西津古渡开始凸现鲜明的个性色彩和独特魅力，给人以古渡文化的视觉冲击和审美震撼。街区保护更新规划的深化、街区历史文化研究的深化，更使我们脉络清晰地挖掘、发现了位于街区内的历史文化发展轴线。根据现有资料判断，西津渡街区历史跨度之长、空间尺度之宽、记录信息之丰富，为一般街区所不可比拟。这条轴线至少具有以下三个重要特征：

第一，历史存续久远。西津渡的历史，至少可以追溯到三国时期。传说诸葛亮与周瑜在蒜山共议破曹大计，诸葛亮应当是在西津渡登岸。孙权之子孙亮是从西津渡渡江到扬州（广陵）去的。考古发现有确凿的历史遗存是在唐朝以后。西津渡历史久远的独特性，更在于它的历史存续的时间长。自唐以来，西津渡作为渡口，为镇江的经济文化发展服务了1300多年。延伸到渡口的铁路线，直到2004年才退出历史舞台。

第二，独特的古渡文化。西津渡历史街区是因渡成街，街区文化由渡而兴，古渡文化弥漫在街区的每一个角落。由古渡而生的宗教文化，主题是祈求渡江人的旅途平安；义渡局救生会展示着济渡乐施、积善好生的传统美德；因开放口岸而形成的西洋建筑，融入浓浓风情的江南民居之中，与庄重肃穆的宗教建筑共同形成西津渡的建筑文化。罗哲文先生考察西津渡后更是欣然命笔题词：“中国古渡博物馆——西津渡。”我们理解古渡之博，是古渡及其延伸的文化之博，即历史久远之博、空间宽广之博、遗存众多之博，而且都是由渡而博。

第三，宽广的街区空间。街区因渡口的发展而延伸，因渡口的开放而融入近现代历史。1800m的发展轴线辐射了600000m^{2}的历史街区，穿越历史的隧道记录和见证了渡口古往今来的兴衰更替，星罗棋布的残落遗存在街区的空间里，闪烁着珍珠般的光芒。

总之，镇江作为国家历史文化名城，这条轴线的可持续保护更新，可以集中有序地展示古城风貌，集聚分散的文化资源，显现隐性的文化内涵，让传统的文化特色融入现代生活，使之成为镇江作为历史文化名城的标志区、文化特色的展示区、“本地人常来、外地人必到”的旅游区。

二、保护更新以西津渡为核心的历史文化发展轴的优势

国内城市历史街区开发和文化轴心建设的成功案例，都有两个共性的特点：一是依托比较集中的历史文化资源，二是要有相当规模的旧城。从我市来看，最符合这两个特点的区域，是以西津渡为核心的“历史文化发展轴”。这个区域有五个特点是其他地方不可比拟的：

一是文物古迹众多。该区域内，集中了镇江自唐宋以来丰厚的文化积存。目前共有镇江博物馆（原英国领事馆）1个国家级文保单位，昭关石塔、五卅演讲厅2个省级文保单位，观音洞、救生会、小码头街、英工部局巡捕房和税务司公馆等13个市级文保单位，还有大量成片保存较好的传统民宅，许多古建筑在江苏乃至全国都堪称“孤本”“善本”，具有非常高的艺术价值和研究价值。如昭关石塔是全国唯一保存最完整、年代最久的过街石塔；救生会可能是世界上最早的民间救生组织。

二是文化积淀丰厚。镇江自古依江而建，靠江而兴。镇江城市的发展，经历了一个从沿江向东、向南递进的演变过程，直到20世纪七八十年代，“城外”（即西城区）仍是镇江的城市中心区。西津古渡，在镇江城市发展中扮演了非常重要的角色。如果说镇江三国文化主要看甘露寺、铁瓮城，六朝文化的标志是南山读书台、招隐寺，那么，以西津渡为核心的发展轴线则是见证了镇江自古以来作为九州通衢和近现代作为开放口岸的历史。西津渡是渡口，是千年古渡。古渡文化作为龙头，衍生出并汇聚了宗教文化、义渡救生、建筑文化和殖民文化等于一体。从小码头上街，脚下是印刻着千年轮印的石板，身边是粉墙黛瓦马头墙，耳旁是随江风而来的唐诗宋词，一下子就把人带进了历史。漫步向南，映入眼帘的又是风格迥异的民国建筑群，沿路蒋（介石）宋（美龄）订婚的江南饭店（原蒋怀仁诊所），于右任题字的“镇江商会”，纪念赵声的伯先公园，还有脚下游走的伯先路，无不折射出浓厚的民国文化气息。与这些人文景观相映衬的，有云台山、蒜山和登高可望的扬子江，可谓历史人文与自然景观相映生辉。

三是保护规划完善。由全国著名的规划、建筑、文史、文保及名城保护如罗哲文、王景慧、阮仪三和董卫等专家教授参与指导和设计的1999年的《西津渡古街区保护规划》、2002年的《镇江市西津渡历史风貌区保护与整治规划》、2003年通过的《镇江市小码头街保护与修复设计》和2005年初的《镇江市伯先路保护

更新规划》，从保护历史文化遗产的角度出发，在宏观上和微观上都明确了西津渡历史街区的保护建设的总体原则、功能分区与定位、保护手法和发展规划，为实施保护更新工程勾画了古朴的蓝图。

四是维护基础良好。1998年以来，我市已先后投入2500万元，对西津渡街区进行保护维修。昭关石塔、观音洞、救生会的维修工程获得联合国教科文亚太地区优秀遗产保护奖。近几年来，西津渡街区保护更新、大西路开发的有序推进，特别是博物馆新馆和蒜山游园建设，为历史文化街区的保护更新做了有益的探索。长江路的建设，使西津渡既独立于新城而得以完整保留其风貌，又作为沿江风光带“珍珠项链”上的一颗明珠，紧邻大西路传统商业街、古城风貌区，与“三山风景区”相呼应，具有大规模整合资源、协调开发的条件。其开发价值、带动效应也由此而增。

五是社会各界共识。愈来愈多的人认识到，保护历史街区，除了解读和展示城市文化外，更要充分估价其综合效应。目前，西部老城区的发展虽然相对滞后于东部城区和新区建设，但是随着城市基础设施的逐步完善，特别是润扬大桥的通车，西区正在悄然“热起来”。据了解，目前西区已有镇江城投、红豆集团、新湖房产、中住房产、宁波富达、镇江地产和苏源地产等8家投资商，启动了130hm^{2}土地上的开发项目。其中已经明确规划的商业服务业开发总量近200000m^2。市区餐饮业这几年也呈现出西进的发展态势，江鲜一条街、长江渔港等正在建设中。在这样的发展关口，及时打造镇江历史文化发展轴，可以进一步明确西区的发展定位，形成东西城区、新老城区定位分明、协调发展的格局，加快西区的建设步伐,提升西区发展环境和生活质量。同时，也可以整合旅游资源,促进旅游业的发展。

总的来看，以西津渡为核心，打造镇江历史文化发展轴，已经具备了全面启动的基础条件。

三、保护更新和开发利用要注重展示文化个性特色

打造以西津渡为核心的历史文化发展轴，最重要的是突出古渡文化个性特色，以此为龙头带动西津渡核心街区的保护更新和开发利用，充分发挥西津古渡的辐射带动作用。从西津渡历史街区的现实条件看，突出古渡文化的个性特色要在三个方面下功夫：

（1）重点文化遗存展示的历史文脉特色。古渡文化是西津渡精华所在。要以古渡文化为源起、为龙头，分门别类理清文脉。目前分布在西津渡区域内，有

各类文物保护单位16个，这是千年古渡文化的神韵，是镇江历史演进“活的印记”。在核心保护区，从西券门“层峦耸翠”到东券门“同登觉路”，87m的街道就有唐宋元明清各个朝代的遗存7处之多。从英领事馆经五十三坡到英工部局巡捕房、税务司公馆和亚细亚火油公司，集中展示了镇江开埠后形成的西洋建筑文化和近代殖民经济文化。在保护更新过程中，要认真梳理，精心制订方案，精心组织实施，依据历史线索还历史原貌。例如，在救生会遗址的基础上可以重点围绕义渡局救生会的历史建设“古渡博物馆”，展示千年古渡的历史风貌及其衍生的宗教文化遗址。更进一步，还可以考虑利用街区内旧厂房拆迁后腾出的空间，将全市一些具备条件的文化古迹，根据历史线索集中迁建到这里布局。比如文宗阁等，过去名气很大，但现在仅存遗址，可以经过规划后重新复建；再比如德士古石油、京畿晓发楼、宝和堂及大观楼等，也可以在尊重历史的基础上，进行仿建复建，进一步丰富西津渡的文物古迹资源，增强西津渡历史文化的可读性。此外，反映历史街区文化的历史资料、文字作品也应搜集、整理、出版，以与古街的保护更新配套，增强对古渡文化的认同。

（2）由渡而兴的商业街展示的古商市井文化特色。主要是对以传统商业店铺为主的小码头街和伯先路民国文化街的整体更新，来重现古商市井文化风貌。据调查，历史上小码头街两侧商铺林立，一间门面一个特色，约有150多间商铺字号。因此小码头街一方面要抓紧修复独具特色的二层商住楼，改造和包装与商业古街风貌不协调的建筑，拆除对古街风貌带有破坏性的建筑，恢复商业街的古味、历史味、镇江味。另一方面要吸引留住居民弃住从商，开门设店，增加商业文化内涵。经营内容可以考虑恢复特色的老店铺，如茶食店、锅盖面店、肴肉店；设置文物商店，如古玩、古画店；开辟地方民间艺术品商店，如剪纸、挑花、面塑等传统工艺的展示；征集民间收集收藏，开办小型多样的收藏展示馆、博物馆等。伯先路民国文化街要以伯先公园为龙头和主景点，依托沿街广肇公所、镇江商会、藏书楼和五卅演讲厅等文物古迹和近代建筑区，建成具有民国文化特色的商业步行街，在系统展示镇江近现代历史文化的同时，深度挖掘隐藏其中的市场价值。

（3）多样化的建筑集群展示的传统建筑文化特色。西津渡街区建筑文化内涵丰富，整体风格既有东方神韵，又有西方特色。有传统民居、宗教建筑、西洋建筑等，形成风格迥异又融于一体的建筑博物馆。从总量上看，超过80%比重的清末民国初江南民宅是主体，展现了镇江的“民俗、民风、活着的传统”。西津渡历史街区民宅不同于一般的私家住宅，它是经过统一规划设计，风格独特的公共住宅。街道既有上海里弄的特点（如长安里、德安里），又有北方胡同的风格；庭院既有南方天井（多进式）民宅，又有北方的四合院；单体建筑既有江南民居风貌（如多进、穿堂），又有北方建筑的纯朴、厚实。无论从历史研究出发、还是从观赏角度，都是不可多得的。一要维修保持风貌，重点是小码头街两侧居民区和伯先路民国民居建筑群落；二要重点修缮街道路面设施和管线工程，完善功能，提高街区居民的生活质量。再如宗教建筑。宗教建筑是街区的领衔级建筑，历史上西津渡街区教宗汇流，鼎盛时期有20多处寺庙道观，建筑形制各具特色，可以有选择地重建复建一些宗教文化遗址，相对集中地展示历史上的宗教活动。西津渡街区的西洋建筑，是近代百年半殖民地经济文化的缩影。对此类建筑物的保护更新，可以规划建设一座“鉴园”，形成爱国主义教育基地。即在现在工部局巡捕房、税务司公馆、亚细亚火油公司建筑修复的基础上，迁建复建德士古石油公司和相关遗址，在集中展示西洋建筑文化的同时，系统展示反映近代镇江半殖民地的历史和重大事件，如1949年时发生在镇江江面上的英国军舰“紫石英号事件”等。

四、保护更新要借鉴成功经验，坚持五条原则

西津渡历史文化发展轴线的保护更新和开发利用，要从历史文化发展的内在规律出发，借鉴先进城市保护历史街区的经验，把握好五条原则，精心设计、精心实施，丰富街区文物保护的内涵、提升轴线文化展示的品位，力求完整准确地再现西津渡街区作为镇江历史文化发展轴的历史风貌；在条件成熟时，争取申报世界文化遗产。

（1）修旧如旧，以存其真。无论修建复建，在形制、材料、工艺等各个方面，要原汁原味，尽量保持历史街区的“原生态”面貌。对于大部分的建筑要以修缮为主,同时适应现代生活和旅游的需求,综合治理环境。对一些不适应保护或旅游需求的建筑进行拆迁，或予以重建，或留作绿地空间。2004年年底竣工的蒜山游园和蒜山茶坊是典型范例。茶坊在形制上完全仿照传统民居，房屋外墙全部贴砌古旧的青砖，灰白压克力瓦头灯饰，白天是瓦头，晚上是亮化光带；屋内装饰采用传统装饰符号，全木构架、传统油漆和仿古灯饰、罗地砖，也刷了桐油，与古街整体风貌十分谐调，古色古香。

（2）存表去里，完善功能。即保留传统形式、改善原有功能，对保留建筑进行必要的维护、修缮,保留建筑外观和外部环境,对内部进行全面更新,以提高居住质量，增加商旅功能。换言之，就是外边不动,里面大动,对整个建筑的使用功能要定

位在商住结合，宜商则商，宜住则住，把整片居住区变成居住、商业、文化、娱乐和购物的场所。使老房子外边的风貌保持老样子, 里面的设施现代化，里弄的街巷情趣还在,传统的氛围也得以保持。

（3）以点带面，统筹运作。就是历史街区与周边地区一体规划，同步开发。既可以以古街开发带动周边地区，又可以以商业开发弥补古街区保护资金。这方面，可以学习上海“新天地”的经验。

（4）重点保护，整体协调。西津渡历史街区现有的建筑中有很多与原有风貌不相适应，有的破旧不堪，影响观瞻。对那些凸显城市历史文脉的文物古迹、建筑、民居等，要通过技术和管理的措施认真加以保护；对那些不具有文化、文物与艺术价值的房屋，特别是违章建筑要加快拆除，以保持历史街区的整体风貌。

（5）以人为本，可持续更新。历史街区的保护建设要更加突出“人本精神”。既要通过拆（搬）迁工作，降低人口密度，又要通过完善市政设施、环境建设和房屋修缮，改善留住居民的生活条件和质量。要采取多项措施，吸引当地居民共同参与保护工作。历史街区的保护建设要更加突出“可持续更新”的观念，不能指望“一蹴而就”。在保护建设到达一定阶段后，仍然需要采取“成熟一块，更新一块”的方式，形成长期有机更新的模式。

课题组组长 市建设局：鄂金书
课题组主要成员市委研究室：尹卫东 张卫平 杜晓镇
镇江市城投集团：祝瑞洪 庞 迅 张峥嵘

2006年12月完成

附录二
西津渡历史文化街区保护更新工程的探索与创新

西津渡研究课题组

镇江市是1986年经国务院批准的历史文化名城。西津渡历史文化街区是这座历史文化名城的根。不仅如此，西津渡历史文化街区还因其独特的“津渡文化”，在我国历史文化街区中占据着独特的历史地位。罗哲文先生考察后以题词“中国古渡博物馆——西津渡”，给予西津渡历史文化街区以极高的评价。因此，西津渡历史文化街区保护更新工程，事关镇江历史文脉的传承，事关中国古渡历史的传承。历史赋予我们这样一件富有挑战性的任务，既是机遇，也是对我们的考验。经过几年的实践探索，我们积累了一点心得，现在总结出来，就教于专家和同行。

一、正确认识和把握历史文化街区的个性特色，是制定和采取合适的保护目标和保护措施的重要前提

任何一个历史文化街区的形成，都有其自身的独特个性和历史轨迹。西津渡历史文化街区有三方面独特的文化个性和历史遗存，构成了我们保护历史文化街区的基本元素和核心价值。

1. 街区因渡而生、历史存续久远、风貌保存完整，构成我们保护历史文化街区的独特元素

街区既是一部“活着的历史”，又是镇江的 “历史文化博览区”。街区位于江苏省镇江市城区西北部，北濒长江，南临云台山，西起玉山大码头，中心轴线1800m，环绕云台山沿小码头街由西向东转南延伸至伯先路、京畿路到中山北路口，保护规划面积约52hm^2，厚载着自唐朝以来1300多年的历史遗存。

街区因渡而生，城市因渡而发展。史载西津渡形成于三国时代，至唐代具有

完备的渡口功能。当年，这里千帆入津、商贾云集、寺观林立、民居错落、层峦耸翠、飞阁流丹。一直以来，西津渡是我国南北水上交通、漕运的枢纽。作为人流物流集散港口的功能，西津渡一直到20世纪80年代还在发挥作用。2003年年底，镇江市区内连接渡口到沪宁线的市区铁路停止运行，渡口的历史才算终结。街区的一切，无论建筑、宗教、文化、租界，还是民俗、风物，都是因渡而生，靠江而兴。城市的发展，也经历了一个从沿江向东、向南递进的演变过程，直到20世纪七八十年代，“城外”（即西城区）都是镇江的城市中心区。及至今天，街区内民居虽然年久失修、功能缺失，但居民仍然在其中居住；历史文化遗产有些已经成为遗址，还在为我们利用，发挥着能够发挥的功用。如果说镇江六朝文化的标志是南山读书台、招隐寺，三国文化主要看甘露寺、铁瓮城，那么，西津渡街区则是活生生地记录了唐宋以来的镇江城市发展的历史。

历经1300多年的发展，街区内现存有2个国家级文保单位、14个省市级文保单位，居住着3800户13300人。众多的历史遗存，横向，展示着镇江宽广而深厚的阅历；纵向，记载着城市的史脉与传承。从小码头上街，脚下是印刻着千年轮印的石板，身旁是古色古香的老宅民居，耳畔是随江风而来的唐诗宋词，一下子就把人带进了历史。从西券门“层峦耸翠”到东券门“同登觉路”，77m长的街道，一眼看过唐宋元明清千年历史长河。著名的历史遗存有唐代的渡口客栈小山楼遗址，宋代的铁柱宫遗址，元代的昭关石塔（国家级文保单位），成立于宋、延伸至民国初年、世界上成立最早的救生会，传承久远、行旅商贾祈求平安、顶礼膜拜的观音洞。古街尽头，特别是镇江博物馆（原英国领事馆，国家级文保单位），是目前全国保存最完整的领馆和租界之一，见证了镇江作为最早开埠口岸的历史。伯先路两侧，映入眼帘的又是风格迥异的民国建筑群：蒋（介石）宋（美龄）订婚的江南饭店（原蒋怀仁诊所），广肇公所，于右任题字的“镇江商会”，为纪念民主革命先驱赵伯先而建的“伯先公园”“五卅演讲厅”。街区内还有大量清末民国初的江南民居，以及众多因渡而生的古老传说、民俗风情和传奇人物。众多物质的和非物质的文化遗产承载着许多政治、军事、经济、文化和宗教等的重大历史事件，使街区成为镇江“看得见的历史”。

2．多元聚合、主题明确、独具特色的“津渡文化”，定格我们保护历史文化街区的核心价值

西津渡历史文化街区厚载的物质的和非物质的文化遗产，汇聚成保护更新工程的核心价值取向——津渡文化。因渡而生，靠江而兴的街区，各种社会现象和文化要素汇聚一起，凝练、升华，形成了以济渡救生、平安和谐为核心价值的津渡文化。罗哲文先生题写“中国古渡博物馆——西津渡”，实际上是用津渡文化来统领西津渡物质的和非物质的文化遗存，来概括西津渡人文的和自然的历史遗产，起到提纲挈领、纲举目张的作用。中国有很多古代渡口，但是很少有古代渡口沿用至今而具有久远的历史；中国很多古代渡口都有过历史街区，但是很少有渡口街区风貌保存如此完好；中国有很多历史街区，但很少有历史街区像西津渡历史文化街区这样依山傍水，风景如画。津渡文化是这个街区延伸至今、保存至善、秀丽至美的生命之源。

津渡文化是多种文化元素和风格的聚合。古渡文化是津渡文化的基础和前提。自古以来，西津渡就是南北交通咽喉，服务于军事、商旅客货；也是皇家驿道，运送官差、皇粮国税，由此衍生出西津渡的各种文化现象。以义渡局、救生会为载体，以义渡救生为内核的慈善文化，是津渡文化的最为重要的组成，自宋代以来传承至今。成立于清代的镇江救生会是世界上最早的民间救生组织。行旅经商、家居生活，平安和谐是第一要义。在古代交通工具简陋、防灾避害缺少有效手段的条件下，以观音洞、超岸寺、铁柱宫为载体，以祈求平安为内核的宗教文化成为人们对平安生活的精神依托。街区因渡而建，反映各种文化诉求和实际需要，建成了风格迥异而又相互映衬的建筑群落——江南民居、宗教建筑、西洋建筑和民国建筑，形成了具有多样化特色的建筑文化。许多古建筑在江苏乃至全国都堪称“孤本”“善本”，具有非常高的艺术价值和研究价值。渡口的街区是商贾汇聚之地，也是商贾文化的热土。各地商户在街区活动中逐渐形成自己的场所，江西会馆、广肇公所、镇江商会及利商街等正是商贾文化的结晶。第二次鸦片战争后，镇江成为中国最早通商开埠的港口城市，租界建筑带来的西洋文化也成为津渡文化的一部分。春秋战国时期，西津渡（蒜山渡）用作军事码头已见于历史文献。军事文化的著名传承是三国时诸葛亮、周瑜于西津渡蒜山定计火烧赤壁，蒜山因此得名“算山”。东晋末年，刘裕大败孙恩十万军队，成为一代小皇帝。其他诸如民俗风情、传奇传说、诗文词画和历史人物，都映射出津渡文化的绚丽光芒。

3．街区南屏山北濒水、依山布局、临水而建，复兴街区风貌就是彰显镇江城市个性的关键选择

“仁者乐山、智者乐水”。镇江是一座有山有水的城市，镇江的人文历史受真山真水的滋润营养。西津渡历史文化街区是镇江山水城市发展历史的缩微景观，街区依水而建，环绕云台山布局，人文景观与山水形胜的自然景观交相辉映。郁郁葱葱的云台山是它的天然屏幔；登上云台山，一幅大江东去的天然长卷尽收眼底，鳞次栉比的江南民居展示着依依江南风情，为神秘的历史遗存披上了温情的长裙，使街区成为“名城中的明珠”。不仅如此，层峦耸翠的云台山、浩浩荡荡的扬子江，作为津渡文化的自然背景，肯定是滋润她、营养她、孕育她又渲染了她。千百年来，文人墨客对西津渡的山水人文低吟慢唱。唐人张祜有诗：“金陵津渡小山楼，一宿行人自可愁。潮落夜江斜月里，两三星火是瓜洲。”清代画家周镐的《镇江二十四景》，《西津晓渡》《江上救生》名列其中，日本画家雪舟《镇江全景图》更是以西津渡为主景，云台山为背景，描绘了明代西津渡的繁盛景象。保护和复兴西津渡历史文化街区，就是保护镇江作为山水城市的发展历史。

二、坚持街区个性特色的复兴、传承、延展、提升一体化，是我们保护历史文化街区的总体思路和目标

街区丰富的历史遗存和蕴涵的津渡文化使我们充分认识到，保护西津渡历史文化街区，必须要坚持一体化保护的原则，在明确分区分类保护目标的基础上，确立总体保护目标，形成街区保护的目标系统。也就是说，保护目标不仅是简单地恢复街区的历史文化景观，还要健全功能，提高街区居民的生活质量；不仅是保护物质文化遗产，而且包括保护非物质文化遗产，使历史文脉真正得到存续和延伸；不仅是一景一物的修缮保护，更要综合规划，整体保护和合理利用；不仅是保护街区这一片天地，更是保护镇江城市发展的历史；不仅是领导和专家的事，更要居民、社区乃至全社会的理解、支持和参与。遵循这一思路，我们在实践中逐步形成并深化了西津渡历史文化街区保护更新工程的总体思路和工作目标：就是以复兴历史街区为基础，以弘扬津渡文化为核心，以“传承历史文脉，复兴街区风貌，提升街区功能”为主要目标，在保护中复兴，在保护中传承，实现街区持续发展、永续利用。通俗地讲，保护目标就是居民说家居环境不错，生活方便多了；游客说可以看了，也有休闲了；文人墨客说有点情趣、品位了；专家说像一个历史文化街区了。

1. 复兴街区风貌，保存生活风情

街区风貌和生活风情的保存和复兴，是我们重点思考的一个空间意象。不能设想，一个历史文化街区除了古旧建筑以外没有居民的街区生活。但是，街区经过历史的迁延和现代社会文化的侵蚀，存在着建筑物破损严重，违章搭建多，空中蜘蛛网一般布置着各种各样的电线电缆，人口密度大，生活设施落后，街区居民的生活质量远远低于市区其他街区的居民。因此，复兴街区风貌，保存生活风情，一方面要着重修缮民居、迁危拆违、管线下地，不断完善街区功能，更重要的是实施人文关怀，通过降低人口密度，改善居住生活条件，切实提高街区居民的生活质量。

2. 传承历史文脉，延展文化内涵

重点保护、重点展示街区的重点历史文化遗产和自然遗产，是街区文脉的核心组成，也是我们保护历史文化街区的核心目标。昭关石塔、救生会和观音洞，是街区文化遗产最为集中的地段，经过抢救性保护，恢复本来面目，2002年获联合国教科文组织亚太地区文化遗产优秀保护奖。同时将救生文化和观音文化的研究成果用于保护工程，建设救生博物馆和观音文化展示馆，将历史文脉实体化、形象化。蒜山游园是2003年规划建设，拆除旧厂房，置换民居逾3000m^2，修成开放式园林，尽显蒜山东秀西峻的风采。

3. 提升街区功能，整合旅游资源

保护历史文化街区，不仅仅是为了复兴，也是为了利用，为了可持续的复兴和利用。提升街区功能，关键在提升街区历史文化内涵。这方面的三个子目标，一是系统研究历史文脉，研究成果既用来指导物质遗产的保护，又物化为物质形态的展示和观赏的景点。二是系统重建古商市井，通过旅游招商形成服务业和居民生活浑然一体的古街风情。三是系统引导观光旅游，精心建设旅游景点、精心设计旅游线路，逐步使街区成为游客必到、观光必赏，能够融入镇江旅游主流路线的观光旅游区。

三、紫线理念、人本理念、精品理念、市场理念，指导我们探索保护历史文化街区的基本模式

围绕西津渡历史文化街区保护的总体思路和目标，我们从总体规划、保护政策、保护技术和市场运作等四个方面不断创新，努力探索具有街区特色、相互支持配套、能够解决问题的工作模式。

1. 紫线理念指导我们高起点制定和实施街区保护规划

西津渡历史文化街区的保护规划由东南大学建筑学院教授董卫领衔的专家组负责。在对街区的历史和现状进行了缜密细致调查的基础上，专家组1999年提出《西津渡古街区保护规划》，2002年提出《镇江市西津渡历史风貌区保护与整治规划》。镇江市规划局和建设局特聘了全国泰斗级的著名专家罗哲文、王景慧、阮仪山等多次对西津渡街区进行考察，对保护规划进行了专题评审指导。根据评审指导意见修改后的保护规划，在宏观和微观上都明确了西津渡历史街区保护建设的总体原则、功能分区与定位、保护手法和发展规划，为保护更新工程的推进奠定了坚实的基础性框架。

2. 人本理念指导我们制定和实施既符合规划又顺从民意拆搬迁政策

街区的保护更新需要在重要节点和街巷恢复历史风貌，保留原有的生活风情，同时也需要降低人口密度来改善和提高居民的生活质量。但是，“拆迁难”。我们在调查中发现，街区内居民有强烈的改善居住条件的愿望。但根据现有的城市建设的拆迁政策，他们不能享有足够的补偿款来购买新的住房。还有部分居民，一辈子居住在西津渡，对街区有着深厚的感情，不愿意离开街区，而且期待街区保护后可以享用更好的街区环境。对此，我们采取了两方面的措施：一是以人为本、自愿选择。街区居民可以根据自家住房的实际状况和个人意愿对拆搬迁自愿选择：可走可留、可修可换。就是说，愿意搬迁的居民可以搬迁，愿意留住的居民可以留住；留住居民的住房可以由我们帮助维修以恢复和保存风貌，也可以在街区内进行置换以保证实施重要节点和街巷的保护规划。二是以房为本、居有其屋。我们制订并实施了《西津渡街区房屋置换办法》（以下简称《办法》）。《办法》明确了房屋置换和维修的估价补偿、奖励政策、实施程序和时间安排。我们将《办法》印成宣传材料，分发到每家每户，将政策直接交给居民，让他们明明白白知道利益所在，享有充分的选择权。同时，加强与居民的互动，通过各种扶持政策推进留住居民的保护意识和参与意识，鼓励留住居民改住经商，培育商机。搬迁置换政策实施以来，累积置换民居近400户、逾15000m^2。置换工作灵活透明、行之有效，达到了既合理的降低了人口密度，又维持街区生活风情；既降低了安置成本，又减少了安置矛盾，真正做到了“和谐拆迁”。

3．精品理念指导我们精雕细琢、修旧如故、软件硬做

一是保护更新手法系列化。在总体保护规划的基础上，我们先后完成了《西津渡小码头街保护与修复设计方案》《西津渡历史街区消防方案》《西津渡历史街区三街一巷巷市政管线整治规划》等保护性修建详规的编制与论证，准确定位，一脉相承，维护了规划的权威性。在保护维修工程中坚持规划领先，准确地把握街区建筑的保护分类，根据不同的保护等级确定维修方法：文物建筑坚持“修旧如故，以存其真”的保护原则，如救生会、观音洞、铁柱宫、小山楼和都天行宫的修复；沿街风貌建筑的维修立足“迁危拆违、保持风貌”的原则，拆除违章搭建的阳棚、水池等杂乱建筑，街道立面的晾晒杆和路灯杆都作古旧处理；各种信息管道和水电管网按规划全部下地埋设，路面用石块或砖块敷设；新建景点（区）采取“呼应得当，品相相容”的原则，如蒜山游园、西津雅苑的修建；全部修复工程都坚持“精雕细琢、精工打造”的原则，大则亭台楼阁、空间布局，小则门窗桌椅、花草树木，都要使风貌得到复兴和延伸。

二是无形的文史研究和有形的实物保护一体化。历史文化街区的文史研究是保护街区、传承文脉的一个不可或缺的重要内容，文史研究的成果是指导街区保护工程、展示街区历史文脉的根据和前提。没有街区的文史研究及其成果支持，街区保护充其量就是一个建筑工程。因此，我们专门成立了“西津渡文史研究办公室”，研究编制了“西津渡文史研究工作意见”，规划了今后一段时间文史研究工作总的指导思想、方向方法、措施步骤。通过推进“津渡文化”为核心的西津渡文史系列课题的研究，编辑出版西津渡文化系列丛书，积极开展以西津渡地域文化为主题的民间艺术收藏征集，收集整理前期保护建设资料，记录西津渡保护建设工作的全过程，推进西津渡现代史鉴的编撰，系统地强化文史研究力度，把研究成果应用到保护更新工程的策划、规划、建设、展示及宣传推介等各个环节，将津渡文化内涵予以充分的延展。

三是软件硬做，文史研究成果实体化。根据对救生会、观音洞文史的大量研究，已将对西津渡“救生文化”“观音文化”的研究成果实物化为展示工程——“中国镇江救生文化博物馆”“观音文化展示馆”；同时根据对“津渡文化”的研究，《中国古渡博物馆——西津渡》《西津渡诗词选》《西津渡道教研究》《风雨西津渡》等丛书分册也将出版，并作为对外交流、文史和旅游读物。

4. 市场理念指导我们进行资金运作和市场开发

历史文化街区的保护更新需要投入。近几年来，镇江市建设局以城投公司作为运作平台，积极进行政府主导型的市场运作，2003年获得国家开发银行专项贷款1.2亿元，为西津渡保护更新工程提供了强有力的资金保障和信心支持。目前，已经投入资金8000万元，完成了街区一期保护工程包括街区昭关石塔等核心保护区的维修复建、800m旅游通道的街巷整治改造、蒜山游园建设、西津雅苑改造、400户15000m^2民居的置换改造、救生文化以及观音文化展示项目等7项工程。同时，对街区内农药厂、滤清器厂、印刷厂等三家破产企业2.63hm^2土地和25500m^2厂房的收购，为街区二期保护奠定了基础。最近，我们正在包装一些属于风貌保护的可以进行市场化运作的项目，招商引资，吸引民间资本和战略投资机构来共同投资街区保护更新工程。此外，随着街区保护成果的形成，旅游资源包括旅游景点和旅游购物也将产生市场效益，置换的房产资源也可以增值变现，市场化运作的理念将为历史街区“有机更新”、为街区保护更新工程提供源源不断的资金支持。

西津渡研究课题组成员名单

鄂金书：镇江市建设局局长

祝瑞洪：镇江市建设局副局长、城投公司总经理

庞　迅：镇江市城投公司办公室主任、西津渡建设发展公司总经理
张峥嵘：镇江市西津渡建设发展公司文史办主任
廖　星：镇江市西津渡建设发展公司办公室主任

于2008年12月完成

附录三

文化遗珍　名城瑰宝

——西津渡历史街区概述

范然

镇江雄踞于长江下游南岸，江苏省中部。祖国第一大川长江与世界最长的人工运河京杭大运河在这里交汇。西津渡历史街区就是这十字“黄金水道”上一颗光芒璀璨的明珠。“大江横万里，古渡渺千秋。”西津渡历史街区因其渡口的发展而形成。西津渡早在远古时代便形成了岸线稳定的天然港湾。据考古资料证实，五千多年前西津渡口已有人类活动。春秋战国时期这里是吴楚要津，称西渚。三国至唐代，因为渡口在蒜山（今云台山）北麓，故称蒜山渡。唐代，因为金陵废州为县辖属润州（今镇江），所以润州当时也别称金陵，蒜山渡又别称金陵渡。唐天宝元年，润州改为丹阳郡，西津渡曾称为丹阳古渡。宋代，因为金陵渡在润州城和甘露渡之西，故称西津渡，一直沿用至今。隋代以前，西津渡与古扬子津对渡。唐大历以后，长江河道南移，西津渡便与瓜洲渡对渡。西津渡依蒜山而立，扼大江南北要冲，航路四达，防江控海，素有“吴楚要津”“长江锁钥”“漕挽咽喉”之称。英籍华人作家韩素音到镇江寻幽探胜，在考察游览了镇江西津渡古街后赞叹说：“漫步这条古朴、典雅的古街道上，仿佛是在一座天然历史博物馆内散步。这才是镇江旅游的真正金矿。”国家文物局原顾问、古建筑专家组组长罗哲文曾说：“西津渡是中国古渡博物馆。”

一、星罗棋布的津渡遗址

“蒜山无峰岭，北悬临江中”，蒜山渡是著名的江南古渡，三国时曾是东吴军港渡口。刘备到京口时便是从蒜山大码头登岸的。《三国志·先主传》载：“（刘）琦病死，群下推先主为荆州牧，治公安，权稍畏之，进妹固好，先主至京见权，绸缪恩纪。”从《三国志》传记的行文顺序推断，其时当在建安十四年

（209年）。唐许嵩《建康实录》载："十四年，权居京口，刘备诣京口见权，求荆州。"刘备在京口与孙权会谈成功，并联姻为亲家。刘备携孙夫人返回公安时，孙权亲自将刘备送到蒜山渡大码头的需亭。据宋《嘉定镇江志》载：孙权"自饯备于江上，观望久之，谓备曰：'孤与公扫清逋秽，迎帝定都事宁之日，愿与公乘舟游沧海耳'。备对曰：'此亦备之志也。'以泝江发棹处考之，正当此地。旧亭绝小，乾道己丑守臣陈天麟重建。"唐时，蒜山渡是"江淮之粟所会，诸郡咽喉处"；近代，西津渡曾一度为洋货内运的最大口岸。西津渡大码头、救生、义渡码头和近现代码头等多处渡口遗址仍存。

二、利济行旅的慈善机构

西津渡江阔浪险，老百姓和贤良官绅趋先恐后，从善如登，历代尚义赈灾、利济行旅的善举不胜枚举。

"世界之最"的救生会遗址。古代，西津渡北对扬子渡、瓜洲渡，历史上曾多次发生船沉人亡事件。唐长庆二年，李德裕以御史大夫、润州刺史、浙西观察等使的身份官润州，为确保西津渡过江旅客的安全，下令向渡口添拨兵勇，"严勒渡逻"。宋乾道年间，镇江郡守蔡洸便在西津渡创设立救生会。此后代代相承，其创设之早，规模之大，影响之深远，为世界之最。义士蒋豫于雍正以迄，初年继承族人之志振兴京口救生会，连续 7 代计140多年。受镇江救生会影响，沿江许多城市办起了救生会。许多清廷高官都称自自己的官船为救生船。英国皇家救生艇协会执行总裁安德鲁·弗里曼特尔先生曾说，世界上最早的专业人命救助机构在中国，这个机构就是江苏镇江西津古渡救生会。西津渡现存光绪二十一年（1895年）冬重修救生会旧址义渡和义渡局遗址。从清同治十一年（1872年）至1950年近80年间，镇江西津渡码头到对岸瓜洲七濠口等地有一种大型航船，每天定时来往行驶，装载旅客，不取渡费，称"义渡船"，管理义渡船只的机构叫"瓜镇义渡局"。受镇江"义渡"影响，大江南北到处都办起了"义渡"。西津渡现有义渡局巷。

三、绰有可观的宗教寺宇

西津渡白浪如山，过江旅客为祈求神灵保佑平安，从唐代开始，先后在这里建有众多寺观教堂。仅据志书记载，西津渡曾建有佛寺16座，道观11座，基督教堂3座。云台山上宋有褒忠廟，元有云山寺、聚明寺（基督教十字寺）后改为金山下院般若禅院，元集贤学士赵孟頫、翰林学士潘昂霄奉敕撰碑，后在其址建有银山寺、云台院二寺，明天启年中在山半建有西来庵，后更名为清宁道院，在山前建拱真庵，明万历初增修易名玉皇殿，旁有三元宫、关帝廟、大王庙、紫阳洞、观音洞和凌江阁等。

观音洞遗址。观音洞又名古普陀岩，为宋代延祐年间建寺，明代成化年间重修，清代重葺。现建筑为清咸丰九年（1859年）重建。清同治元年（1862年）立“重修观音洞记”。

“中华之最”过街石塔。昭关石塔为过街塔又称观音洞喇嘛塔、瓶塔,是元代武宗海山皇帝命画塑元大都白塔寺的工匠刘高，仿京刹梵相而作的金山般若禅院的一部分。昭关过街塔由下部的云台及上部的石塔构成，通高8.63m，是北京白塔寺白塔（通高50.86m）高度的六分之一，分塔座、塔身、塔颈、十三天、塔顶五部分，全部用青石分段雕成。昭关石塔现为国家级文保单位。据国家文物局古建筑专家组组长、中国文物学会原会长罗哲文等全国知名专家鉴定，昭关石塔是我国现存唯一完整、年代最早的过街石塔，也是元代后期噶顿觉当式石塔的代表作品。它的选址、造型及工艺都是高水平的建筑典范，具有很高的艺术欣赏价值和重要的科学研究价值。联合国教科文组织对昭关石塔的维修给予高度评价，授予该项目亚太地区2001年文化遗产保护优秀奖。

五十三坡遗址。位于西津渡街的入口处，约修建于宋元时期，即观音洞和过街石塔兴建之后。其名取佛教“善财童子五十三参”之意。

铁柱宫与紫阳洞遗址。铁柱宫在西津渡观音洞西侧。是根据清康熙二十年（1681）《重修铁柱宫记》与清嘉庆《润州重修铁柱宫碑记》内容而复建的古代道教建筑。江西商人修建铁柱宫，是因为第二次鸦片战争后，镇江成为长江沿江通商口岸之一，各路客帮由上江运木材来镇江的日渐增多，其中江西帮人数较多。这些江西商人就在铁柱宫西侧，兴建了江西会馆和铁柱宫，他们希望铁柱宫的铁柱，能够锁住江上的蛟龙，保佑他们的木排能平安抵达四面八方的目的地。铁柱宫后院有一个岩洞叫“紫阳洞”， 供奉的“紫阳君”，即北宋年间的张伯端，其为南宗始祖，专行内丹修炼，提倡三教合一，后人奉为“紫阳真人”。据康熙《镇江府志》载：“银山……其下紫阳洞，张紫阳真人居此。”西津渡紫阳洞驰名大江南北。明武宗朱厚照到镇江时，曾亲临拜谒。明正德《丹徒县志》载：“紫阳洞在西津银山，岁庚辰（1520年）闰八月十八日皇上尝幸。”现洞为2003年重修云山寺、聚明山寺和银山寺遗址。据《至顺镇江志》载，1278年，元代基督教“也里可温”教徒马薛里吉思任镇江路总管副达鲁花赤（蒙古语译意为“镇守使”），这是当时镇江最高的行政长官。他为了推广该教，仗势夺取了在云台山顶属于金山寺的田地，兴建了答石忽剌云山寺、都打吾儿忽木剌聚明山寺，简称云山寺与聚明山寺，又称十字寺，二寺是镇江最早的基督教寺院。意大利旅行家马可·波罗在他写的《马可·波罗游记》中曾记载了这两座基督教十字寺的情况。马薛里吉思强占金山寺在西津渡云台山上的寺田修建十字寺的行为，早有人报告了怀宁王海山。怀宁王海山即皇帝位后，即降玺书，遣宣政院断事官泼闾，都功德使司丞臣答失贴木儿乘驿驰喻江浙等处行中书省说："也里可温擅作十字寺于金山地，其毁拆十字，命前画塑白塔寺工刘高，往改作寺殿屋壁佛、菩萨、天龙图像，官具给须用物，以还金山。"云台山上还有过凌江阁、清宁道院等，许多名人在其中写的书法作品和诗词至今仍然流传于世。

超岸寺。玉山下有超岸寺，旧为元代所建的玉山报恩寺，始建于元至大三年（1310年）。此前，是浮玉亭旧址。明代弘治年间，镇江郡守王存忠主持重修玉山报恩寺。寺内有水府殿、观音殿、观澜亭，旁有藏经阁、钓鳌亭。明代崇祯年间，苏北兴化人李长科捐资，僧人长镜主持建避风馆于玉山之下，用以拯救翻船溺水之人。超岸寺由康熙皇帝赐名。咸丰癸丑（1853年），超岸寺大殿被太平天国战火全部烧毁。光绪十七年（1891年），寺僧圆光接任主持，他不畏艰险，与强占寺庙的恶棍争讼多年才胜诉。此后，他十方劝募，使超岸寺恢复了旧观。现超岸寺为金山寺下院。

龙王庙遗址。龙王庙在玉山上。《方舆纪要》："玉山临江耸立，上有龙庙。庙已毁。"

四、扼南拒北的军事要塞

西津渡北横巨浸，据南北要冲，扼江河之要，是南北战争的前沿阵地，素有"南北咽喉""长江锁钥"之称。历代在西津渡发生的战役，有文字记载的就有数百次之多。

周瑜、诸葛亮算山定计。在古蒜山上，相传诸葛亮与东吴周瑜在此的算亭里共商破曹之策，所以蒜山又称算山。其时，二人各将谋略书于手掌，伸开时，二人掌中均写一个"火"字。唐朝诗人陆龟蒙有《算山》诗云："周郎计策清宵定，曹氏楼船白昼灰。"

刘裕蒜山破孙恩。东晋隆安年（397年）间，孙恩在会稽发动农民起义，占领了东南八郡。晋廷派北府名将卫将军谢琰、前将军刘牢之前往镇压。刘牢之任命刘裕为参军。隆安五年（401年）六月，孙恩率领"战士十万，楼船千艘"，由海入江，直抵京口，"鼓噪登蒜山"，以图控制蒜山渡渡口，切断南北交通，围攻京城建康（今南京），朝廷为之震动。刘裕日夜兼程从海盐（今浙江省海盐市）

赶往丹徒，率军奔袭蒜山，大破孙恩军。

骆宾王逃潜蒜山。唐高宗李治去世后，武则天临朝称制。开国元勋英国公李勣（原姓徐，赐姓李）的孙子孙徐敬业和“初唐四杰”之一的骆宾王等以恢复中宗李显帝号为号召，于嗣圣元年（684年）九月在扬州武装暴动，招聚兵马十余万。骆宾王写下著名的《代徐敬业传檄天下文》声讨武则天，楚州司马李崇福也率所部三县兵马响应，一时天下振动。武则天大为震惊，急命左玉铃卫大将军李孝逸统兵三十万进剿。由于天下思定，也由于徐敬业开始就犯了战略错误,起兵三个月便彻底失败了。十一月，徐敬业在高邮前线失败，与徐敬猷、唐之奇、杜求仁、骆宾王等“轻骑遁江都，悉焚其图籍，携妻子奔润州，潜蒜山下，将入海逃高丽”。

韩世忠伏击金兵。宋建炎四年（1130年），金兀术至镇江，浙西制置使韩世忠，屯兵焦山，以拦截金兵归路。他觉得金兵北逃，势必想抢占西津渡口，便派帐前提辖王权到金山侦察地形，王权将侦察的情况报告韩世忠后，韩世忠向诸将分析形势说：西津渡口的玉山龙王庙临江耸立，“是间形势，无如龙王庙，寇必登此观我虚实。”他调集200名士兵埋伏在庙中，300名士兵埋伏在西津渡口，并再三告诫他们说：“闻江中鼓声，岸下人先入，庙中人继出，里应外合，活捉敌酋！”几天后，果然有五骑奔向庙里，韩军伏兵听到鼓声都冲出来。五骑见到这种情况，都勒转马头逃命。韩军奋力合击，抓获了其中的二人。但金兀术乘乱逃跑。

郑成功大战清兵。清顺治十七年（1659年）春，郑成功听说吴三桂带领清兵打入云南，永历帝逃往缅甸，便决定迅速出兵。五月，郑成功和张煌言联军再度北上,并发布了张煌言代郑成功所拟的《海师一路收复镇江檄》。在与清军交战中，清江南提督猛将管效忠以步兵陈古蒜山，分为五路三层，进压海师。郑成功认为蒜山靠近镇江府衙，必须坚决拿下。他令陆上、江上齐发大炮轰击，郑军杀得清军人仰马翻，管效忠狼狈逃走，郑军大获全胜，并将镇江城团团围住。清守将高谦、镇江知府戴可进开城门迎降，镇江得以光复。在抗清的历次战争中，郑成功大举北伐，克复瓜洲、镇江是震动全国的重要一役。

鸦片战争镇江之战。1842年7月21日，英国侵略军乘船舰侵犯镇江，云台山是重要战场。

五、遗迹尚存的租界遗址

英国领事馆旧址。第二次鸦片战争后，根据不平等条约，镇江被迫开辟为通商口岸。咸丰十一年（1861年），云台山下沿江一带被划为英租界。同治三年（1864年）在这里修建了英国领事馆。根据租界条约，英国殖民主义者以极为低廉的代价，取得了西津渡这块地盘的租权，设立了镇江英租界。同年2月24日，巴夏礼又从汉口来镇江，复议增添租地面。他借口西津渡银山地面自江边直进二十四丈不够建造署栈，又要求扩大租界面积。不久，英人迅速在云台山上建造了领事馆公署（今镇江博物馆所在地）。美国虽未能设立租界，但仅迟于英国两年，即在银山门南马路北端建成领事馆。英国人在租界内筑有3条马路和4座栅栏，早晚关闭，不准中国人自由出入。江边兴建码头、江边花园和俱乐部，这些地方不准华人入内。租界内还设有工部局，掌握租界内的一切行政权。镇江英国领事馆旧址今已成为镇江博物馆，并且是全国文保单位。

“白人公墓”遗丘。在云台山西南麓下牛皮坡处有一处乱坟地，曾经是清末民国初，外国人在镇江去世后埋葬的坟地，老百姓称为“鬼子坟”，又称“白人公墓”和“洋坟”。美国女作家赛珍珠的母亲就葬在那儿。内地会的创立者戴德生1905年逝世，他和他的妻子及在中国早丧的小儿子也安葬在这里。刘龙先生在《镇江赛氏五人墓揭秘》中说，19世纪至20世纪前半叶的镇江白人公墓，墓址属内地会所购地界，位于云台山西麓牛皮坡小铁路巷东，面积不足一亩（档案记载为0.773亩），呈长方形，南北长，东西短而窄，南北向路径三条，东西向路径四条，铺沙的小径和几棵树相间，墓群自然安排成大小不等的20块，坟墓大小迥异，高低大小的墓碑为主要标志。有的还竖立着十字架，表明死者国籍、身份、姓名，另有国籍不明，无标志物的也为数不少。总计约近60块坟墓挨挨挤挤而井然有序。

六、因渡而成的唐宋古街

西津渡历史街区是古渡形成的千年古街区，始于三国，成于唐宋。三国时期，蒜山渡是东吴的军事渡口，驻有东吴水师。东晋永嘉年间，北方大批流民从这里渡江侨寓京口。六朝时，卫里是南北对峙的前沿。元嘉二十七年（450年），魏主（拓跋）率军至瓜洲，声言渡江。宋文帝刘义隆下诏：“于北固、蒜山、西津、谏壁、焦山皆置军，以防突犯。”隋代，京杭大运河开通，蒜山渡成为南北通津、“漕运咽喉”“浙盐门户”。举凡官宦、商旅、应举游幕者，多途经于此。唐李德裕出任润州刺史、浙西观察等使时，亲往蒜山渡口巡视，不仅建有驻扎军队和观阅水军演练的军事设施，而且建有供旅客食宿的小山楼等。唐代这里还建有观音寺、真武殿等。北宋时，西津渡已形成了一个相当规模的市镇江口镇。江口镇开河设港，并建有两所造船场，可以造2000人乘坐的大船。江口镇是海运码头，宋代，海上贸易船经常抵达此处。

北宋蒜山建有二翁亭、蒜山松林院、好汉亭等。宋绍兴间，镇江郡守程迈在玉山建浮玉亭，常肆习水军，麾节临阅于此。嘉定间又重建浮玉亭，规模宏大，郡守史弥坚题曰：“东南形胜”。宋大中祥符六年（1013年），蒜山渡建有水军营。宋大观元年（1107年），朝廷于西津渡设置巡检营。唐宋时，镇江以漕运为主体的水运进入鼎盛时期，西津渡还设立了囤积漕粮的大军仓。从西津渡运送京师的粮食，曾数次解唐宋朝廷缺粮的燃眉之急。西津渡北的瓜洲，“始于晋，盛于唐宋，屹然称钜镇，为南北扼要之地”“繁盛殷富，甲于扬郡”。唐宋时，瓜洲隶属润州。西津渡与瓜洲渡相对渡，瓜洲的建设必然要依靠西津渡，可见唐宋时西津渡必然繁盛殷富，非同寻常。

七、江山秀美的观光胜地

云台山是镇江有文字记载的最早的旅游观光胜地。许多帝王将相、文人墨客巡游观光于此，留下传世之作。南朝宋颜延之、谢灵运、鲍照在中国诗歌史上被称为“元嘉三大家”。他们作诗“俪采百字之偶，争价一句之奇，情必相貌以写物，辞必穷力而追新”，诗文之美，冠绝于世。三大家中的颜、鲍都是京口人。颜延之随宋文帝刘义隆巡游蒜山，奉诏作《车驾幸京口侍游蒜山作》。鲍照随始兴王刘濬游览蒜山，写有《蒜山被始兴王命作》。

宋代苏轼与西津渡有不解之缘，曾求借蒜山松林居住。苏轼先后十多次到镇江，并在西津渡的蒜山松林中过了一段时间的隐居生活。他觉得这里非常好，想长期居住。为此，他写诗给金山寺主持僧佛印，诗名为《蒜山松林中可卜居，余欲僦其地，地属金山，故作此诗与金山元长老》。诗中有“蒜山幸有闲田地，招此无家一房客”的句子。为了能隐居蒜山，苏轼又写诗给曾任大理寺知润州的好友许遵，谈及了自己想借隐蒜山的事：“酒泉钟鼓还江左，青壁丹崖借隐居。”

李白、许浑、张祜、欧阳修、梅尧臣、苏舜钦、曾巩、王安石、沈括、黄庭坚、秦观、米芾等都在西津渡留下了千古传诵的佳作。李白看到润州刺史齐浣于开元二十六年（738年）主持在瓜洲开挖了一条25里的伊娄河后，便写诗赞道：“齐公凿新河，万古流不绝。两桥对双阁，海水落斗门。丰功利生人，天地同朽灭。”张祜去扬州途经润州时，未能过江，旅愁难眠，奋笔写下了《题金陵渡》这首情、事、景水乳交融的绝唱：“金陵津渡小山楼，一宿行人自可愁。潮落夜江斜月里，二三星火是瓜洲。”宋熙宁八年（1075年）春，王安石应朝廷以翰林同平章事起复，舟次瓜洲时，回首西津渡口，诗情勃发写下了《泊船瓜洲》这首传世名作：“京口瓜洲一水间，钟山只隔数重山。春风又绿江南岸，明月何时照我还。”江山非笔墨无灵，笔墨得江山为助。西津渡擅江山之胜，诗人词家，丹青妙手，飞文染翰，扬讫风雅，留下许多千古佳作。

八、人文荟萃的风雅之域

孙楚别墅“第一村”。东晋名将孙楚才藻卓绝，爽迈不群。他参与镇东军事时，经常经过蒜山渡口，往来于镇江广陵之间。他十分喜爱蒜山渡的山水，在蒜山下建有别墅，号为“第一村”。清代缪缤还为丹徒士绅于宗林画《第一村图》，诗人洪亮吉、赵瀛还曾为《第一村图》题诗。

张崟老屋在银麓。乾隆至嘉庆年间，镇江出现了“京江画派”，也称“丹徒画派”，张崟是其杰出代表。他生在西津渡，长在西津渡，其画作也都多描绘西津渡。他的父亲张自坤是镇江有名的富商，经常往来于镇江、扬州之间做生意，于是便在西津渡的蒜山下营造了蒜山别业。园内有书画轩、晴佳阁、友山阁、白华居、敦本堂、绣珠室、余斋等建筑，具有池馆之胜。张自坤和张崟父子经常邀约文人墨客在这里谈诗论画，举行文酒诗会。

诗坛女杰寓古津。清代才女骆绮兰自幼聪颖能文，又工书画，尤喜吟咏。袁枚在当时领袖文坛，提倡妇女文学。当他看到骆绮兰的诗后十分惊奇，认为她“诗才清妙，余诗话中录闺秀诗甚多，竞未采及，可谓国中有颜子而不知”！骆绮兰勤奋好学，转益多师。她居住南京，则经常请教袁枚；居住镇江，则经常请教王文治等前辈；还与赵翼、洪亮吉、曾燠、左墉等名诗人相唱酬。骆绮兰的丈夫早逝，此后，她便将家迁到西津渡避风馆附近，也就是现在西津渡玉山超岸寺一带。骆绮兰将所著诗作汇成《听秋轩集》，著名诗人洪亮吉为其作序并付梓。

伯先公园在山南。赵伯先（1881—1911年），名声，字伯先，丹徒大港人。1902年毕业于江南陆师学堂。为了寻求救国救民的真理，于1903年东渡日本，并会见黄兴等革命志士。1906年春，回国后任南洋新军第九镇三十三标标统，经孙中山命同盟会员吴旸谷介绍加入同盟会。1909年与黄兴筹划广州起义，1910年起义失败，赵伯先去南洋筹集军费，任香港同盟会会长。1911年3月与黄兴领导广州起义。黄花岗战役失败后，愤郁成疾，于1911年5月18日病逝于香港雅丽氏医院，终年30岁。1912年归葬镇江竹林寺。民国十五年（1926年），镇江人民为了表彰赵伯先的革命功勋，由冷御秋等倡议筹款建立伯先公园。园内有赵声的铜像，还有“五卅演讲厅”“绍宗国学藏书楼”等文物建筑。

九、江苏近代工业的开启地

20世纪初年，中国近代工业才初具规模。据统计，从光绪二十一年（1895年）到宣统三年（1911年）间，江苏各地兴办的资本金在5万两白银以上的工商企业有115家。其中杰出代表有李维元办的永利丝厂，张勤夫办的大纶丝厂等。光绪二十年（1894年），甲午战争中国战败后，在朝野上下“设厂自救”的呼声中，新兴的民族资产阶级投资设厂，揭开了江苏近代工业发展的序幕。这年前后，扬州盐商李维元在西津渡附近的金山河东侧创建四经丝厂（后改名永利丝厂），张勤夫也于西津坊建成大纶丝厂。两厂资本额各银15万两。李维元和张勤夫是镇江也是江苏近代工业的先驱之一。

十、中国近代邮电的发源地

中国近代邮政在第二次鸦片战争后试办于海关。同治五年（1866年），中国海关总税务司赫德在北京、天津、镇江、上海四处海关内首先附设邮务办事处，承办外国使馆和侨民的邮件传递。光绪四年（1878年）起又在海关内附设书信馆，将邮政对外开放，开辟了天津至镇江的骑差邮路，贴用大龙邮票，津镇骑差邮路是我国第一条长途邮路。

附录四
保护文化遗产 展示古街风采

王玉国

西津渡历史文化街区是镇江这座国家历史文化名城的珍贵遗产。人类有两份丰厚的遗产，一份是祖先在历史长河中创造的文化，另一份是天然造化的神奇自然。西津渡则集上述两者于一身；独特的津渡文化和秀润天成的自然景观。特别是经过一千多年的历史巨变，这里的历史文物、历史风貌、历史建筑、历史街区以至历史习俗能够如此完整地保存下来，实属罕见！

西津渡历史文化街区位于镇江城西云台山麓，依附于山体沿江栈道兴建而成。古街建设控制地带：东至迎江路，南到云台山山腰，西至木材加工厂，北至长江路。据考证，早在5000年前新石器时代这里便有人类居住活动。西津渡始于三国，至唐有完备的渡口功能，成为"南北通衢""漕运咽喉"，直至2003年，市区铁路拆除，西津渡才完全退出历史舞台，成为真正意义上的遗迹。

古时候，长江天堑，流急浪险，渡江艰难，但西津渡与对面瓜洲古渡之间，水天一色，江面宽阔，景色极为壮观，这里是渡江的极佳地段。为了便于渡江，逐步建设形成了一个极大的渡口建筑与设施群体，待渡、住宿、救助和祈愿等建筑与设施一应俱全，西津古渡成为江上南北交通的重要通道。从西津渡乘船经金山，达瓜洲，再抵扬州，这段江面风浪比较平静，加之渡江的功能设施比较齐全，所以过往行人大都选择在西津渡过江的这条江上航线。历史上许多名流大家曾在此驻足、渡江，如李白、孟浩然、苏轼、米芾、马可·波罗等。有的留下了脍炙人口的诗篇，流传千古，形成了丰厚的历史人文积淀。如唐代诗人张祜写道：

金陵津渡小山楼，一宿行人自可愁。

潮落夜江斜月里，两三星火是瓜洲。

宋朝政治家、文学家王安石在这里也写了一首诗：

京口瓜洲一水间，钟山只隔数重山。

春风又绿江南岸，明月何时照我还。

这些诗句都成为了千古绝唱。

西津古渡也是历史上的江防要地，江南战事多与此渡口有关，如东晋末年，孙恩率领农民军十万，溯江而上，在西津渡登岸，与南朝刘裕的北府兵在蒜山大战。当时刘裕是北府兵的一员将领，他骁勇善战，以少胜多，大败孙恩，暂时缓解了东晋政局危机。南唐烈祖李昇平息广陵之乱，夺取天下时，也是从这个渡口率兵过江，直抵广陵，取得胜利。

街区因渡而生、城市也因渡而发展，西津渡历经唐、宋、元、明、清和民国时期的发展，留下了丰厚的历史遗产和文化胜迹，保存着大量的历史文化遗存和成片的传统民居。古街是镇江文物古迹保存最多、最集中、最完好的地区，是历史文化名城镇江的“文脉”所在，亦是我国历史最久、规模最大、保存最好的古渡历史文化街区。故有“镇江西津渡，天下第一渡”之美誉。

这个街区延伸至今、保存至善、秀丽至美的生命之源，是它的历史、它的文化、它的自然风光。有鉴于此，美籍华人韩素音赞叹地说：“漫步在这条古朴典雅的古街道上，仿佛是在一座天然历史博物馆内漫步，这里才是镇江旅游的真正金矿！”著名学者罗哲文先生赞誉它“绝无仅有的古渡遗存”“中国古渡博物馆”。古渡之博，博在何处？博在街区因渡而生、博在历史传承久远、博在文化积淀深厚、博在风貌保存完整、博在山水人文交融和博在文化辐射宽广。街区因渡而生，多元汇聚，主题突出，特色鲜明，构成了以平安和谐为核心价值的津渡文化——渡口文化、救生文化、宗教文化、建筑文化、西洋文化、军事文化、民国文化、商贾文化及民俗文化。

在这条长达1800m、承载着1300多年历史的“文化古街”上，流传下来的文物古迹、传统民居星罗棋布。集聚了唐宋元明清五个朝代的历史遗存，宛若时光隧道，正所谓“一眼看千年、百步阅五代”。

该街区现为 全国重点文物保护单位，另外，位于该街区范围内却单独列为文物保护单位的建筑有以下几处：

英国领事馆旧址：落成于1890年，占地70余亩。它西依云台山麓，北邻浩荡长江，东毗西津渡古街，是英国在中国沿海沿江建造的最早的领事馆之一，共5幢，建筑风格为东印度式。它依山傍江，错落有致，虽经百年风雨，但风姿依旧。这幢具有重要历史、科学、艺术价值的近代建筑遗存，风貌之独特，保存之完好，在全国比较少见，故被国务院于1996年11月26日公布为全国重点保护单位。它是全国目前保存最完整的英国领事馆旧址，现为镇江博物馆所用。

昭关石塔：我国年代最久、保存最完整的喇嘛式过街石塔，现为全国重点文物保护单位；始建于元代。塔高5m，由四根石方柱架石枋成梁架结构的台座，东西贯通。东西门上横额刻“昭关”两字，“昭关”二字渊源于古代这里也处临江险扼要地，为守卫之关口故名。穿过昭关石塔就可达西津古渡，是千百年来渡江的南北通道，舟楫往来，渡客众多，为祈求渡江平安，人们常礼拜神灵保佑，据说从石塔下经过，就意味着礼佛进香，能保佑人们在风平浪静里渡过长江天堑。

观音洞：在宋时就建观宇，后屡有兴废。观音洞是过渡人礼拜的地方。

救生会旧址：清康熙四十一年（1702年），蒋元鼐等十五人捐白金在西津渡观音阁成立“京口救生会”。康熙四十七年（1708年），救生会购得西津渡昭关晏公庙旧址，建屋三间作为会址，即现址。救生会是古代救护各种船只和渡江人员的社会慈善机构。该会成立后持续活动长达200年之久，这在我国水上救生史上以及古代民间慈善事业中均堪称奇迹。京口救生会比世界创设最早的美国马萨诸塞州救生组织要早84年，较英国皇家救生会要早188年，堪称世界上最早的救生组织。2011年12月公布为江苏省文物保护单位。

西长安里民居建筑群：系由40多幢三合院组合而成的一座大宅院。整个院落没有高墙深院，以房屋连接组合而成封闭格局。临小码头街通道巷口两屋之间设有过街楼，楼上住人，楼下为通道，两侧房宇连成一体，借天不借地。整个建筑群分布有序，主次分明，其规模之大，建筑之秀，有“一颗印”之建筑形态，堪称镇江清末民国初民居建筑中的典范。现为镇江市文物保护单位。

春顺和包子店旧址：建于民国初年，现存门面、厅堂结构完整，楼上设书场，富有特色。该建筑为此街道上较为有名的店铺。现为镇江市文物保护单位。

美孚火油公司旧址：位于迎江路18号，占地面积约为1100m^2,建筑面积3300m^2，三层楼，楼整体每层8间，合计24间。民国二十六年（1937年），楼内部分失火被毁，后按原貌恢复，总体建筑坚固、庄重。

亚细亚火油公司旧址：位于长江路，现为镇江民间文化艺术馆馆舍，为两层西式建筑。当时英国人将火油从上海中转到镇江，然后销往大江南北各城市。现为镇江市文物保护单位。

税务公馆旧址：位于原前进印刷厂内，两层西式楼房。税务司是一种操纵关税的机关。现为镇江市文物保护单位。

德士古火油公司旧址：原位于长江路原太白粉厂大门内，因长江路拓宽移建于街区内，现为镇江市文物保护单位。

两院院士周干峙先生说过："文化和自然保护遗产的最大价值在于它们本身的存在。托物寄史、托物寄美、托物寄意，等等。"《中华人民共和国文物保护法》指出，文化遗产的保护方针是："保护为主，抢救第一，加强管理，合理利用。"为了保护并利用好这一珍贵的历史文化遗产，1998年开始，在中共镇江市委、市政府的领导下，建设和文化部门紧密合作，开始了对西津渡历史文化街区的抢救、修缮、保护与利用工程。主要从三个层面展开。

一是对文物的本体遵循"修旧如故，以存其真"的原则，进行抢救性修缮。修缮了英国领事馆的五栋建筑，新建了5000m^{2}的新展厅，按照英国园林风格整治了园落，被原国家文物局局长张德勤称赞为"一座诗化了的艺术殿堂，一座花园式的博物馆"。修缮了昭关石塔、救生会、观音洞；完成义渡救生小码头遗址保护；修缮了英租界工部局巡捕房旧址、德士古火油公司旧址、美孚石油公司旧址、税务公馆旧址、亚细亚火油公司旧址、西长安里民居建筑群、春顺和包子店旧址、临街建筑待渡亭和券门，修复街巷路面，改造了街区道路管线等市政基础设施等。

二是对街区内违章乱搭的建筑进行拆除，将与街区不协调的建筑进行改修。如将原小学改建为仿古建筑并取名为"西津雅苑"，将原前进印刷厂的厂房作为工业遗产进行修缮等。

三是根据历史记载恢复一批具有文化内涵的建筑物，如铁柱宫、紫阳洞、小山楼等。

四是利用街区的建筑物开辟展示馆。如中国镇江救生文化展示馆、观音文化展示馆、义渡救生小码头遗址展示场、"一眼望千年"考古展示场、镇江民间文化艺术馆和镇江画院等。

五是对周边环境进行整治。完成西津渡生态停车场工程、"传统商贸街"、"老码头文化园"、蒜山游园、西津广场和鉴园等。

蒜山游园既是一座仿古江南园林，又充分体现了现代人文理念，以开放式的布局面向长江路，景观布局匠心独具。它沿长江路设置健身广场，过渡到以古典园林花木和亭榭廊坊、马头墙等古典符号为本体的传统景区。其中日本高僧雪舟画金山图砖雕、京江秋女、翠叠蒜亭、月晓来烟、曲径通幽和闻妙香居等景观如一幅典雅的水墨画，让人恍惚若置身于诗情画意之中。

西津广场采用青石铺装，广场四周被花径和各种花卉所包围，金桂、银桂、四季桂、丹桂……入口处的桂花园内颇为吸引眼球。垂丝海棠、茶花、紫薇、红枫……各式点缀于广场周围的草地上的灌木，更是增添了无穷的瑰丽与灵秀。银杏、香樟、黑松、龙朴槐……疏密有致，满目苍翠，进一步突出了历史遗产在历史风霜中自然演替的绿色底蕴，使沧桑的渡口文化交织于春意盎然的绿色植物之中。而 矗立在广场中间书有“西津渡”三个红色大字的石碑则起到了画龙点睛的作用。几组铜质雕塑更增添了古街的内涵和形象感。

六是认真开展了文史研究工作。以研究成果指导制定保护和修缮的方案，形成8类200多万字的文史研究成果。文史研究工作坚持“四个结合”原则，即在研究领域上坚持物质遗产与非物质遗产相结合；研究类别上坚持基础性、学术性和应用性研究相结合；在研究范围上坚持狭义地域与广义地域相结合；在研究计划上坚持近期目标与远期相结合。主要成果为：研究制定《西津渡历史文化街区文史研究工作意见》；完成重点课题“加快打造镇江‘历史文化发展轴’，推动西津渡历史文化街区可持续保护更新”“西津渡历史文化街区保护更新工程的探索与创新”“西津渡文化产业示范基地建设的对策与研究”；编辑出版西津渡文化系列丛书：《中国古渡博物馆——西津渡》《西津渡诗词选》《西津渡道教研究》《西津渡论丛一、二》《赵伯先》等；已出版《历史文化名城——镇江》《西津揽胜》画册、《西津渡史料汇编一》《西津图谱（一、二分册）》；另有与西津渡有关的长篇小说《风雨西津渡》《杜秋娘》。

由于在保护与利用方面做出了杰出的成就，保护了文化遗产，展示了古街风采，现在西津渡历史文化街区成为镇江文物保护的典范、旅游休闲的胜地、爱国教育的场所，得到了广大群众的好评，它也成为外地人来镇江参观的首选、必到的景点。被建设部领导和名城保护专家赞誉为“西津模式”，为我国历史文化街区的保护工作提供了良好的示范；也受到了阮仪三先生的热情称赞。2011年得到建设部和国家文物局组成的国家历史文化名城复查组的高度评价，2012年11月初得到名城暨文物保护专家谢辰生的真诚好评。同时也获得了许多奖项及荣誉，如昭关石塔、救生会、观音洞三项目修缮工程获2001年联合国教科文组织亚太地区文化遗产保护优秀奖；2007年西津渡保护更新工程获得“茅以升科学技术土木工程奖”；2008年成为中国救捞教育基地，并获得 “江苏省文化产业示范基地”称号；2009年获得了“中国人居环境范例奖”及“江苏省现代服务业（文化产业）集聚区”称号； 2011年被评为“国家AAAA级旅游景区”；2012年西津渡老码头文化园改造保护工程获得茅以升科学技术奖土木工程奖。

现在如果从大西路和伯先路交会处参观西津渡，首先进入您眼帘的是镇江博物馆的建筑群和象征着镇江历史与先民的雕塑，布局精美；步入阶坡，券门上有赵朴初题写的“西津渡街”石额，靓丽醒目；前行有救生会及救生文化展示馆和观音洞及观音文化展示馆，幽邃神秘；观音洞前是著名的元代过街昭关石塔，庄重端庄；过了石塔，四道依山矗立的券门，苍苔斑鲜，古意盎然，呈现着久经风霜的容颜。一、二道券门的眉石，分别刻有“同登觉路”“共渡慈航”。这组古建筑反映了古代过江行人祈求上苍保佑、平安渡江的心愿。三、四道券门的石额，则是“层峦耸翠”“飞阁流丹”，这出于王勃《滕王阁序》名句，古人以此来概括西津渡的自然美景，秀丽的门额，极具韵味。再前行是锁龙宫、栈道、小山楼和“一眼望千年”考古展示场，令人遐思；古街两旁店铺林立，两层建筑，砖木结构，飞檐翘角、雕花窗栏，曲径通幽；门楼砖雕之上“民国元年春·长安里”“吉瑞里西街·1914”“德安里”等题字保存完好，流畅秀美；古街现存建筑，以晚清和民国初年为主，古色古香，韵味无穷。它们如一串璀璨的珠链展示着名城古老的辉煌，彰显出这座古城的历史文化魅力，成为城市文明的重要标志。

继续前行，“西津雅苑”、蒜山游园、西津广场、鉴园、义渡救生小码头遗址展示场、古戏台、风味餐馆、镇江民间文化艺术馆和镇江画院等向您展示着无限的魅力。

漫步在西津渡古街之内，深邃的历史文化、精湛的历史建筑、靓丽的历史街区和优美的周边环境，绽放着夺目的风采；千年古渡、百年建筑的神韵，让您思绪万千、流连忘返。

（作者系原镇江市文化局副局长、镇江市历史文化名城研究会副会长、文博研究员）

附录五

历史文化街区保护和利用关系的再认识

——以镇江市西津渡历史文化街区为例

祝瑞洪 杨恒网 洪庆喜

1. 问题的由来

我国历史文化街区的保护更新，在20世纪80—90年代全面展开，历经30年的实践之后，至少在国务院颁布的国家历史文化名城中的大多数地方，大规模的保护更新基本完成。21世纪第一个十年中，大部分历史文化街区进入活态保护为主的历史新阶段。在这个阶段，出现了两个不可逆转的新趋势：一是街区景区化，成为旅游观光的热点；二是街区商业化，成为旅游配套服务的热点。景区化商业化不可避免地对街区风貌及其文化侵蚀和对街区建筑、肌理、格局的蚕食和破坏。历史文化街区保护工作遇到的更加尖锐的问题是，如何合理利用才能既做到永续利用，又能永续其真的问题。

自千禧年以来，在西津渡历史文化街区（以下简称西津渡古街区）的保护和利用十多年的探索中，我们积累了宝贵而又丰富的实践经验。在以修缮保护为主的阶段，我们创造出具有自己特色的“西津模式”，坚持“文史领航、规划领先、精品领衔、市场领路、人才领军”的思路和举措，取得了丰硕的保护成果。“因为西津渡，我们更爱镇江了！”这已经不仅成为镇江人民的心声，而且是千千万万旅游观光嘉宾的共识。

今天，西津渡古街区大规模的保护工程已经基本完成，街区保护工作步入一个不同于以实施保护更新工程为主的新阶段：随着街区和建筑物的复兴同步而来的，是街区的活态保护阶段，即以维护利用为主的阶段。在这个新的阶段，游客不断增加、商户不断引入。据统计，2014—2016三年间，街区游客总量近千万人，2017年达到360万人，节假日最高峰值达到7万人/天；入住商户达到150家。

街区风貌作为观光对象、街区建筑作为服务业载体的功能充分展示，街区日渐繁荣，商贾云集，游人如织。虽然街区的格局肌理和建筑物风貌处于相对稳定的状态，从总体上短期内不至于有重大变化或遭受破坏，但是不难看出，街区风貌由于经营的需要，很容易或者正在发生悄然变化：木质门板门窗逐渐成为摆设而为内设玻璃门窗隔断取代；店招旗幌与灯箱广告共存；户外溢出经营和变相附属装饰、空调设备外机等占领街巷空间；部分建筑物封闭了内庭院、内部加层改造导致重大结构变动，或形成建筑结构安全和防火隐患。商务服务活动与旅游观光繁荣的同时，古街风貌、古朴文化的氛围在弱化或淡化。在街区常态下如何保护风貌和服务旅游、繁荣商务，成为我们关注的重点、热点、难点和焦点。不仅仅西津渡，笔者考察过许多外地城市的历史文化街区，也都或多或少地存在着与我们同样的问题。可以说，如何在街区常态阶段持续保护街区风貌和街区文化，已经成为摆在我们（包括西津渡历史文化街区在内的）面前的新课题。

保护和弘扬西津渡的文化遗产是我们的初心。街区旅游和商务的兴起，这既是对保护成果的利用，更是对古街保护的新的实践和考验。忘记或者忽视了保护古街这个第一位的责任，我们就是忘记初心。任何时候，不能假发展旅游和商务的名义，不能以方便游客和服务商户的名义来损害街区的一街一巷、一房一室、一砖一瓦、一草一木。我们可以用任何可行的方式来发展旅游、繁荣商务，方便游客、服务商户，但是决不可以损害街区文化遗产为代价，哪怕一点一滴！反之，街区作为观光对象和商务载体，如果失去古风古味，也会客散茶凉，失去市场价值。

保护和利用的关系问题，是历史文化街区存续的基本问题；坚持初心，必须正确认识和处理保护与利用的关系问题，这是历史文化街区能否存续的根本问题。保护与利用是主与次的关系、源与流的关系、因与果的关系、第一性与第二性的关系、根本关系，是永恒不变的责任关系。在集中保护工程基本完成之后，这一关系今天表现为街区管理和市场经营之间的博弈。实践中遇到的许多问题迫使我们重新审视我们关于街区保护和利用的理论，什么是保护、什么是利用，保护和利用相互之间的矛盾运动关系等概念和认识，需要重新厘定和澄清。如何在服务市场、服务旅游的同时，做到不忘初心、坚持初心，继续保护和持续呈现西津渡古街区的沧桑感、古朴风、文化味，成为摆在我们面前的一道新课题。

本文以西津渡为例，并参照国际国内经验，通过分析和检验我们保护利用的实践过程和实践成果，对历史文化街区保护和利用概念的分析及其相互关系和矛盾运动的本质分析，以及在街区保护不同发展阶段的表现形式的研究，解释或揭示街区常态管理阶段的一些基本概念的内涵和管理措施的界限，为街区常态管理提供理论与案例的支持，帮助我们形成或确定我们在西津渡历史文化街区保护和利用新的实践阶段中的一系列新认识、新目标、新思路和新举措。一般来说，本文可为我国历史文化街区保护和利用提供参考。

2．历史文化街区保护、利用的基本概念

（1）历史文化街区。根据有关文件和专家的定义，是指经省级人民政府核定公布的保存文物特别丰富、历史建筑成片、能够较完整地体现传统格局和历史风貌，并具有一定规模的区域。这个定义基本上概括了历史文化街区的物质形态的历史性特征，为历史文化街区的保护提供了行政确认和政策支持的可操作性，为20世纪80年代以来的我国历史文化街区保护和利用提供了法律意义上的依据。这些年的实践证明，一般而言，历史文化街区的概念还应该包括“具有特定社区文化”这一文化层面的特征。换言之，历史文化街区首先是物质的历史遗存，其次是文化的历史遗存。或者说，街区的历史是有特定文化内涵的历史，这种特定文化，是指由特定的地理位置和历史条件形成的文化传统和生活传统。只有具备了物质的和文化这两方面的特征，才能称之为“历史文化街区”。如苏州阊门街区特有的“政军文化、运河文化、商市文化”，是阊门街区独特的文化标识。西津渡之所以成为历史文化街区，除了具有法定定义的全部元素外，突出存在属于西津渡历史文化街区的特定的社区文化——由以千年古渡和漕河转运为主题的渡口文化、漕运文化；以传统建筑为主题多元建筑完美混搭的建筑文化；以抗击侵略、维护主权、捍卫尊严为主题的租界文化；以平安和谐为主导的慈善救生文化、特色宗教文化等聚合而成的“津渡文化”及其核心价值。它的建筑遗存、它的街巷肌理、它的传统风貌，无一不深深烙上了“津渡文化”的印记。特定的文化元素或者文化传统，是古街区特别是其中重要建筑得以传承的根本依据。街区特色建筑甚至就是街区文化的表现形式。永恒不朽的是文化、屡毁屡建的是建筑。在西津渡，以平安和谐为核心价值的“津渡文化”千年不朽，而最重要的历史建筑都是屡坏屡修或屡毁屡建的建筑：昭关石塔建于元代，明代和现代都进行了大修；观音洞建于宋代，明清和现代对其进行了大修或增建；救生会改建于蒋元鼒时期，至少在蒋豫、蒋宗海、蒋磏时期和现代大修了四次；铁柱宫六毁七建，以及小山楼的重建；整个街区毁于“咸丰兵燹”而又重生。所有这些，都是基于千百年来形成的独特街区文化“津渡文化”，特别是其中渡口文化、救生文化以及与之相连的宗教文化的力量。街区建筑犹如草木，文化犹如春风，“野火

烧不尽，春风吹又生”。因此，历史文化街区的定义，应该而且必须增加“具有特定社区文化特征”这一要素。历史文化街区必须具备街巷空间肌理（格局）和众多文物、历史建筑和大量民居及其与山水环境共同构成的街区风貌（景观），特定社区文化（传统），具有一定历史及规模等四大要素，且具有原真性、稳定性、传导性和持久性特征，才能实至名归。

另外，对于地方政府而言，依法核定是必要条件，但仅仅授权省级人民政府，妨碍了既具有立法权又具有主动性的地方政府保护历史遗产的积极性，我们认为可以修改为“依法核定”。随着国家级历史文化街区审定工作的进展，放宽历史文化街区的审批权限，有利于扩大保护范围，形成国家、省、市、县四级历史文化街区保护体系。因此，历史文化街区的定义建议修订为“指经依法核定公布的保存文物特别丰富、历史建筑成片、能够较完整地体现传统格局和历史风貌，并具有一定规模和特定社区文化特征的区域”。

（2）关于保护。就其概念来看，国内无论法律法规还是学术研究到保护实践，一般都偏重于对于现存的街巷空间格局和各类建（构）筑物的保护。对于街区历史上曾经的名建筑或具有人文价值的毁佚建筑、对于街区特色文化的保护、对于街区在集中修缮更新后的常态管理规范，仍然停留在一般要求层面，缺少具有指导意义的理论研究特别是具体操作规范。换言之，目前关于保护概念的认识，对于保护的丰富内容还缺少更深入的研究和揭示。例如《江苏省历史文化街区 保护规划编制导则（试行）》（以下简称《导则》）强调了在制定规划时要研究“历史文化街区的非物质文化遗产，包括传说、习俗、传统艺术、手工艺及其工具、产品等。如名人典故、民间传说和街巷、店铺的名称等，分析它们与历史文化街区物质文化遗产的关系”。《导则》确定的保护重点，没有包括应该恢复（重建）已经毁佚的有代表或象征意义的历史建筑；虽然包括了“与历史文化街区物质遗存相关的非物质文化遗产”，但是并没有提出刚性的保护规划要求和操作办法。鉴于非物质文化遗产的特定含义，显然不能包括本文所说的街区特色文化的全部内容。

认识的缺陷导致保护的误区。阮仪三教授早在2001年就指出了历史文化街区保护的误区，比如主张“积极保护”、拆旧建新“仿古一条街”“按旅游景点规划设计保护方案”等。西津渡在保护之初也曾遇到两种批评，一是保护方案没有考虑投入产出平衡；此外，保护规划只知道修房子，没有考虑旅游等。

结合十多年保护和利用的实践经验，我们认为，所谓保护，就是对历史文化街区的街巷格局及其各类建筑，以及与之俱生的自然的和人文的风貌和文化传统进行全时空保真式追踪、复原和传承的行为。保护的实质或者目的就是保持历史文化街区的街巷空间肌理、建筑结构风貌、风俗文化传承作为一个凝固的、历史的、稳定的及持久的传承。

全时空保真，指历史文化街区保护是对街区历史、现状和未来状态的全面保真。这里有三个层面：对历史遗存包括佚失的重要物质和文化遗存的挖掘、研究，弄清历史文化遗存的真实状态和精华所在，“追踪溯源、以求其真”；对现状物质和文化的遗存的修缮保护，“修旧如故、以存其真”；对未来传承（利用）制定限制性规划和法规，“依法传承、以保其真”。只有这样，才能真实、科学地确定保护的范围、重点、手法和成果验收标准，严格、认真地规范利用和管理行为，从而最大限度地实现整体、真实、长久地保护古街区历史文化遗产的目标。

“全时空保真式追踪”强调的是对历史文化街区物质的和文化的遗存，应该遵循“追踪溯源、以求其真”的原则，进行历史的和现存的状态的研究，追踪历史事件或文化遗存的发展过程和结果，探求历史真相与现实遗存的关系，找到保护的依据和目标。在这里，必须处理好历史真实性和街区原真性之间的关系。西津渡在保护更新之初，就提出“文史领航”要求，并成立了“西津渡文史研究办公室”，拟定了《西津渡文史研究工作意见》，出了一批以应用性研究为主的成果。街区保护以原状保护为主。街区原状是历史遗存的真实状态，是历史真实的主要表现。整体性保护古街原状是古街区保护必须遵循的最基本的原则。西津渡的小码头街、西津渡街、利商街、利群巷和南星巷等街巷里弄就是如此。但是研究表明，在历史遗存错综复杂的情况下，对于街区特定地段的特殊历史遗存，其中一些毁佚遗存具有街区特定地段历史上最有价值的文化特征，而一些现存建筑遗存可能是后期街区存续中附加或改造的，具有较低的或低效的价值特征。“求真”的本质，是对待历史遗存必须有所取舍、去芜存菁，揭示蕴含其中的积极的、主导的文化价值，凸显保护的重点所在。比如古街区原英租界的保护和工业厂房的保护，在租界之前和之后，原址都有建筑。特别是租界归还之后，原租界范围内附加建筑繁多。有的建筑改成了民居、有的改成了厂房；1950年代以后又在其中增建了一批厂房，厂房之间还搭建了许多简陋民居。因此，该地段历史遗存繁芜错杂。经过调研，租界建筑均为文物建筑，必须原状保护；工业建筑见证了20世纪50 —80 年代镇江工业发展的历史，在城区工业退城进区后具有独特遗存价值，是城区仅存的“孤品”；拥挤其间的民居建筑结构简陋、破损严重、没有重要历史价值。最后决定搬迁文物建筑里的居民，拆除租界之中和厂房之间的民居，保留并维修租界建筑、协调了周边工业建筑的风貌，形成“鉴园广场”这一“不忘历史、警醒未来”的文化标志。这既是对街区历史的原真性的取舍，更是对原真性保护的新认识、新实践；也是坚持“文史领航”，进行文史研究之后的一个重要成果。不研究古街区历史，就不能知道保护的重点；保护的力度越大，就越有可能破坏古街区的历史真实、文化遗存和核心价值。

全时空保真式复原强调的是对历史文化街区物质的和文化的遗存，要遵循“修旧如故，以存其真”的保护原则，进行全面的修复和展示。在这里，必须处理好整体保护、分类保护、个案保护之间的相互关系。整体保护是表示要根据保护规划，对街巷格局、街区风貌实施全面的保真式复原；分类保护是表示对文物建筑和历史建筑，对一般建筑，包括公共建筑（含工业建筑）和民居建筑，要在坚持完整性保护的前提下，根据建筑物的实际状况和利用可能，一房一案进行修缮更新。这方面的手法，阮仪三、孙萌总结提出了“保留、保护、整饬、暂留、更新（重建、新建、拆除）”五种七法。其中重建、新建也可以称为复建、仿建。对于地方志书曾经记载并且影响较大的街区毁佚建筑，由于对街区文化复兴有着重要价值而需要复建、重建以续文脉的，如何“以存其真”曾经是一道难题。西津渡的成功探索在于，利用文史资料研究成果进行仿真复建，恢复了街区失传的文化建筑：铁柱宫只有建筑遗址，上部建筑改为民居以后已经面目全非，实践中根据周镐绘画《京江二十四景》之《江上救生》图中显示的铁柱宫意象，结合道教建筑的一般特点设计重建；小山楼则完全按照唐代诗人张祜《题金陵渡》诗意和唐代建筑风格仿建。这不是无中生有和假造文物，而是补发毁佚遗存的历史出生证和身份证，为历史建筑的存续提供新的依据。毁佚建筑的重生，依靠的是街区特定文化的力量。西津渡的实践表明，重建复建好毁佚历史建筑，对历史上毁佚文化实施恢复性保护，处理好历史真实性和保护原真性之间的关系，才能使古街区文化更加传承有序、完整呈现。另外，对于街区民居和现代工业建筑遗存，要处理好风貌保真和有机更新之间的关系，坚持外部修缮“修旧如故，以存其真”，内部结构加固和生活设施改造同步，实现生活功能的现代化，使街区居民共享保护成果，为未来的活态保护提供前提条件。西津渡完善了民居室内生活设施，实现了街区水电气管网下地、雨污合流，一举解决了“天上蜘蛛网、地下污水淌”的脏乱差环境；对街区内多层和小高层建筑同步实施降层改造和风貌改造，使保持街区各类建筑风貌和谐统一。

检验街区保护成果的标准是：街区的街巷空间肌理、建筑结构风貌、自然山水景观和特色社区文化是否稳定持久地保持了历史的面貌。与此关联，整体保护也是这四个方面的全面保护。

西津渡古街区历史上是商业街区，实施规划之前它是一个以居住为主的街区。西津渡实施“可走可留”的搬迁政策，搬迁出街区的居民享受政府一般拆迁政策的补偿标准；留住居民的住房全部由政府出资的平台公司负责更新改造，可以继续居住，也可以开门经商。这样做的本意是鼓励至少50%以上的居民留住街区，保护街区原居民生活状态的完整性。但是，街区原居民年龄老化，经济条件低下，生活设施简陋，早就盼望搬迁改变现状，出现了“专家说好专家住，我要搬去住大楼”的现象。当时的搬迁政策出台后3个月，实际搬迁居民超过90%。十多年后的今天，仅剩四、五户原居民。20世纪50年代以后逐步改为居住的房屋，今天又恢复到历史上曾经的以商业服务为主要功能的街区建筑。这一变化充分地说明街区的原真性和历史的真实性之间的紧密联系对于街区保护规划的取舍具有重大的甚至是决定性的影响。这一影响要求在不改变街区建筑基本格局、自然山水独特风貌和传统文化基本要素的基础上，充分考虑并尊重和恢复街区历史上的真实传统和文化。

全时空保真式传承强调的是在未来时空内对古街区物质的和文化的遗存进行长期的、全面的、稳定的整体维护，要遵循“依法传承、以保其真”的原则。“传承”的本质是，处理好过去、现在和未来的关系，在未来时空框架内使历史文化街区的现存之真、复原之真，永续其真，即在未来时空的动态发展过程中持续完整地保持风貌、丰富文化，绝不至变化、削弱和消失。已故王景慧先生生前多次大声疾呼：要重视历史文化街区的活态保护；阮仪三教授则为街区的原真性保护提出了量化的三个标准，即“历史真实性、生活真实性和风貌完整性标准”。“求其真”追踪历史之真，“存其真”维护遗存之真，“保其真”永续未来之真，三真合一，则历史文化街区不朽。用英文语法来形容，是从“过去完成时—现在完成时—将来完成时”三种时态的高度统一、同一。罗哲文先生考察西津渡的题词评价说西津渡是 “中国古渡博物馆”。如果这个命题成立的话，西津渡的每一条街巷、每一栋建筑、每一处景观，都是这个博物馆的藏品、展品。在它按照历史的面貌被精心施工（保护更新）完成之后，它就不能被轻易改动、变化，不能随意增加或减少些什么。这正如我们不能在博物馆的任何藏品上做改动、变化是一样的道理。我们的责任只是小心翼翼地呵护它、维护它的历史的存在；除非有新的历史依据，我们没有权利、没有理由去改变它，让它变得与历史不同。

但是，在历史文化街区传承实践中存在各种各样人为干扰的因素，会破坏甚至极大地破坏建筑物的内外结构和风貌，使永续传承遭遇极大的变数和风险。因此，必须对已经形成的保护成果要用法律的形式加以固化，以减少人为因素破坏的可能性。这方面，各地已经有很多成功的立法保护的经验和案例，需要我们学习借鉴。从西津渡的实践来看，保真传承不能仅仅依靠管理者的自觉性和决策水平，迫切需要对街区管理立法，依法决策街区建筑和风貌保护利用的规则和程序，分级确定决策权限，依法有序地防止人为因素对街区风貌和特色文化的侵蚀或破坏。

（3）利用的本质是保护。街区或街区内建筑和文化遗存作为观光对象的利用，是一种展示性利用；街区建筑物作为商务活动场所的利用，是一种功能性利用。这两种利用的形式都是经营性质利用。利用的形式是经营，利用的本质是保护。全时空保真式传承的实质就是要使街区格局、建筑、环境和文化在利用活动的实践中永续保持原真性。

我国历史文化街区的保护更新，在20世纪80—90年代开始全面展开，历经30年的实践之后，至少在国务院颁布的国家历史文化名城中的大多数地方，大规模的保护更新基本完成。21世纪第一个十年间，大部分历史文化街区进入活态保护为主的历史新阶段。这个新阶段保护工作提出的更加尖锐的问题，是如何合理利用才能既做到永续利用，又能永续其真的问题。

因此，所谓利用，就是对历史文化街区的格局及其建筑的功能，以及与之俱生的自然的和人文的景观及文化氛围进行合理使用和保真维护的过程，以使历史文化街区的历史风貌得以延续传承并服务社会经济文化发展的行为。保护的目的是将街区的风貌，能够使其在一段历史时期内形成的街区特色建筑和相应的文化标志物相对固化、稳定，以利于传承。利用的目的是在利用中展示、传承，弘扬与发展；是将保护的成果付诸街区生活实践，使之在利用中传承、积累、丰富和升华。

利用始于保护，始于保护规划的制定和实施。规划阶段的利用，是指对街区建筑在保持外部风貌的前提下对街巷空间进行有限拓展，即以方便生活和通行为目的对街巷道路、空间实施有限度的拓展；对内部结构进行有限改造，即根据未来使用功能和结构安全规范所做的调整和改造的设计。实施保护更新，古街区建筑的风貌必须保持，这一点已成共识。但是，只要利用街区建筑，无论是公益的或商业的目的，建筑的安全规范，比如结构抗震安全性和防火安全性，都是国家规范的刚性要求；生活设施的规范，水电气和厨卫设施的安装，也是生活便利性的基本要求。1998年，镇江市规划部门制定《西津渡古街区保护规划》之后，进一步的详规和建筑设计则为利用提供了基本条件：规划根据更新之后可能的业态和新的建筑设计规范，对除文物建筑之外的街区建筑，设计实施结构加固、增设防火设施，配置生活设施；街区管网全部下地铺设，重要节点适度疏通拓宽。同时，预设了街区各地段可能的业态：文物建筑基本上成为小型博物馆、文化展示馆，形成展示街区文化的特定区域；小码头街、西津渡街、利商街历史上就是商业街；工厂区根据“风貌兼容、功能再造”的原则，改造成老码头文化产业园和现代服务业基地。应该看到，规划阶段为了利用对街巷格局的调整，对建筑内部结构和功能的改造，是在依法、合理的界限范围内的，因而是有限的、受制于街区客观条件制约的调整、拓展和变更。

建筑功能的调整使街区的活态保护、永续利用成为可能，为商贾经营或居民生活提供了安全、便利的空间和条件。在西津渡古街区，餐饮酒吧、休闲娱乐、文玩礼品及客栈旅馆等商家经营活动构成古街区文化功能的展示和复兴对应并重塑文化氛围和古街气息，它所表达的生活状态不是也不可能是20世纪50—90年代的居民生活，而是始于唐、兴于宋元、繁盛于明清、民国时期发展到最高阶段的渡口商埠生活的状态。而街巷空间肌理的疏散和佚失文化遗址的重建，丰富和增补了自然的、人文的历史积淀下来的文化场景。例如待渡亭空间的疏散、蒜山游园和鉴园广场的建设；铁柱宫、小山楼的重建；尚清戏台水景和鸿禧文化小广场的设置；工业区的创意复兴，以及雕塑小品反映的街区生活场景等。因此，这种保护措施给古街区带来鲜活元素和勃勃生机，使之成为“活的”历史化石。

一般而言，利用是活态保护的唯一方式，更是一种主动地保护古街区的方式。“流水不腐、户枢不蠹”。古建筑及其附属的文化只有在它被利用和展示中才能被积极地传承和弘扬、街区才能成为活着的历史。一方面作为文化载体的功能，成为游客的游览欣赏的审美对象；另一方面作为商务、文化消费的场所，成为游客购物、休闲的天堂。

这种主动式利用的目的是希望合理利用街区建筑和空间格局，利用的这一主观性特点会改变街区，会为街区的变化，风貌的销蚀提供了机会，需要审慎地处理好利用目标的客观性、稳定性和利用方式的主观性、能动性之间的关系。首先，利用是建筑物更新的理由。对于建筑物而言，破旧的房屋需要落架重修，建筑物内部的功能改变、设施增加，都属于更新的范畴。其次，利用改变了街区的生活方式。几乎绝大多数历史文化街区在开放旅游和商务活动之后，都不可遏止地形成了一个基本不同于之前的新的生活状态——商业化：居民的成分结构、就业和生活状态、收入来源，街区的人文环境和建筑风貌，都悄悄地发生变化，哪怕这个街区的原居民留住超过50%，它也会在不久的将来被商业化淹没。一些居民迁出，一些商户迁入，留住居民可能弃住改商；大量游客进入，宁静的生活被喧嚣的热闹取代，花花绿绿的商业气息的像雾霾一样弥漫、侵蚀着古朴优雅的文化氛围。最后，利用可能将从整体上改变街区的演进方向。大如凤凰古城、平遥古城、丽江古城，小如乌镇、屯溪、阊门、山塘和周庄，古城区、古街区在集中保护阶段完成开放利用之后，毫无例外地呈现公共化、商业化倾向，街区和街区建筑从当地居民的居所和生活场所，逐步演变为游客的审美对象、商贾的经营场所，这已经成为不可逆转的趋势。"一铺难求"，成为过度商业化的写照。而对于西津渡，现代码头的东迁曾经使西津渡从一个逐渐废弃的商务街区演变成一个几乎纯粹的居民区；今天看到的西津渡街区的公共化、商业化趋势，是不幸中的万幸，正好成为清末民国初西津渡街区生活风貌的现代复归。简而言之，今天我们看到的西津渡，是活在当下的清末民国初的西津渡（仅指核心保护区）。

因此，街区和街区建筑的利用，需要全面、完善地利用规划、实施技巧和管理制度，才能处理好作为审美对象的历史文化街区风貌和作为商务活动载体的街区建筑之间的关系，既保持街区风貌的完整性、稳定性，使之不失古朴之风，又能增强街区生态的活力和吸引力。

3．保护和利用关系的辩证法

（1）保护和利用的关系问题是历史文化街区承续的根本问题。街区生活中的一切关系一切矛盾，归根结底，都是这个关系这个矛盾在同一街区时空框架内不同时间、不同地点和不同事件上的不同表现形式。历史文化街区保护和利用的关系和矛盾运动，符合唯物辩证法的一般规律。保护始终是处于第一位的、根本的、决定的地位，既是起点又是终点；利用始终是第二位的、次生的、被决定的，永远都是过程、形式和手段；保护的目的、手段、成果，都具有明确的客观的特征；利用的形式、内容和过程，都带有明显的主观色彩。因此，在保护和利用关系矛盾运动的不同阶段，两者的相互关系会呈现复杂曲折甚至反复的运动形式。

保护和利用关系双方的地位在古街保护利用的实践中呈现波浪式、阶段性发展的特点。在最初阶段，保护是矛盾的主要方面。以西津渡为例，世纪之交我们的主要工作是保护，关注的中心概念是抢救性保护（如昭关石塔大修）、抢救性挖掘（如西津渡码头考古）、抢救性恢复（如重建铁柱宫）。利用问题隐藏身后，关注不多；保护和利用关系矛盾尚不明显。经过十多年的抢救性保护，街区建筑物得到了大面积修缮，许多修缮已经在合理的范围内在内部结构和功能上为今后的利用做了必要的调整和改造（如结构安全和防火安全、生活配套设施等）。就西津渡街区而言，大规模的修缮保护工作阶段已经基本结束。街区建筑功能的利用近几年逐渐成为矛盾的主要方面，受到社会各界的关注和旅游服务业的青睐，游客蜂拥而至、商家纷至沓来。这种矛盾主次关系的变化，始于2008年5月西津渡开街迎客，利用的比重逐渐上升，到2014年底环云台山保护更新工程基本竣工，利用问题突出地摆在我们面前，成为矛盾的主要方面。

应该认识到，这种变化，不是保护和利用关系的基本性质的变化，不是古街保护第一性地位的变化，而是基本关系表现方式的变化，本质上是如何在利用中保护古街街巷肌理和建筑结构、风貌做到不变甚至强化，使之更像古街；又能够更好地发挥建筑功能的市场作用。人（保护者和利用者或管理者和经营者）的主观能动性在街区的利用性保护中起着主要的决定性的作用。忘记保护的根本性地位、第一性地位、目的性地位，破坏只是瞬间的事；忘记利用是为了保护，利用是为了传承，街区的历史风貌、传统文化，就会在潜移默化中慢慢剥蚀，直至消失。

（2）关于保护概念的三个层面内涵的分析。实际对应着历史文化街区保护工作的两个阶段：保护规划制定、实施阶段和保护成果的利用阶段，或可以简称为保护为主的阶段和利用为主的阶段。这两个阶段保护和利用矛盾运动具有不同的表现形式或重点。

在保护为主的阶段，保护工作占据主导地位，决定着保护和利用关系的矛盾运动的形式和方向。客观性特征是其主要特色。这个阶段，保护工作的主要任务和目标有两个方面，一是在调查研究的基础上，科学制定保护规划。一般城市规划具有明显的创意色彩，保护规划与之不同的地方，就是客观性。这种客观性是由街区特定的历史和文化特征决定的，是由街区特定的历史遗存的状况决定的（阮仪三）。历史文化街区的存在不是规划的产物，而是街区历史文化演变的结果。因此，保护规划实际上面对的是历史文化街区被依法确定之前漫长的历史岁月的演变的结果，这些结果中的许多已经依法被确定为不可移动（包括不可改造）的客观存在。例如文物建筑，甚至包括街巷格局、人文景观、自然山水包括古树名木等。因此，规划的客观性与街区的客观性的一致性程度，换言之，街区调查研究的质量和文史研究的水平及其在保护规划中的作用，决定着规划的质量和水平。只是在制定保护规划和实施工程时，应该考虑到建筑物利用时可能的使用方式（业态规划）对于建筑物内部空间结构的特殊要求。这里需要特别强调，保护规划首先要考虑的不是利用，而是如何保护历史和文化遗存的原真性，必须原真地体现历史文化遗存的本来面目。在此基础上，可以同时兼顾考虑未来的利用规划（业态规划）。西津渡在实施保护更新工程之初的1998年，就延请东南大学专家和镇江市规划院合作，在细致深入分析街区遗存状态和文化积淀成果之后制定了科学的着重于原真性的保护规划。二是实施保护规划，即依据规划实施保护更新工程。这是街区历史面貌和文化传承性复苏和还原的阶段，除了严格按规划实施和精湛的施工管理之外，需要有正确的政策引导街区居民参与，实现街区人口的疏解和建筑结构的安全。在这里，客观性更加占据压倒性地位。规划的原真性要求、工艺和材料的原真性要求，决定了保护工作的客观性。利用在这一阶段基本上隐居在后台，服从服务于保护工作。保护为主的阶段相对较短，少则三五年，多则十多年。西津渡街区最初的10hm2保护区规划，从1999年开始实施核心区昭关石塔的修缮，到2014年年初原二院建筑改造完成，历时16年，完成了100000m^2余各类建筑的修缮保护。但是，保护的成果却是街区千古文化积累的结晶，它为利用做好了物质的准备，成为利用的基础和前提，也是今后街区又一个千古传承的起点。有鉴于此，今天的保护者和利用者都应该深知重担在肩、责任重大。

在利用为主的阶段，利用工作成为矛盾的主要方面，决定保护和利用矛盾运动发展的性质和方向。活态保护的整体性、多样性、主观能动性和长期性是这一阶段矛盾运动发展的重要特征。

活态保护是利用为主阶段的最主要特性。“流水不腐、户枢不蠹”，集中保护阶段结束之后，街区必须也必然进入利用阶段或者说“活态保护”阶段。王景慧说：历史文化街区“是活态的文化遗产，不能只保护那些建筑的躯壳，还应该保存它承载的文化，保持社会生活的延续，保存文化的多样性。”“活态”之活，是指的街区活的生活、活的文化：居民生活是活态的，街区文化是活态的，街区的风貌也是活态的。利用就是主动实施活态保护的方式，就是保护和弘扬活态的文化和生活。

活态保护是利用的整体性和多样性的有机统一。整体性的活态保护，是指那些能够识别街区生活的文化元素，包括街巷格局、街区建筑特别是标志性建筑、百年老店、居民生活、区域性文化传承和传统生活习俗，等等，处于生生不息的街区生活之中，并在其中代代相传、演变、淘汰、积淀、进化、丰富和升华。

活态保护的整体性，具有丰富的内涵，是通过街区多样性的利用来实现的。

利用的多样性首先来自街区建筑类型的多样性。而不同性质的建筑决定了利用形式的不同类型。对于文物建筑和历史建筑而言，由于使用方式受到法律法规的限制特别是建筑安全性考虑，基本上多用于历史文化展示项目，甚至是在修复后原样保护，基本不用（不用也是一种利用）。西津渡街区建筑是多种建筑文化组合而成的建筑博物馆，就文化性质而言，可以分为文保建筑、历史建筑、普通建筑三种类型；就建筑形式而言，可以分为中式建筑、西式建筑、中西合璧建筑（特指西津渡的民国建筑）三种类型。中、西式建筑中又可分为公共建筑和民居，其中公共建筑包括古建筑、复建改建仿建传统风貌建筑、现代工业建筑和遗址建筑即考古发现的地下道路结构层、码头等。在西津渡，文物建筑和重要历史建筑中的原居民迁出以后，已经建成6处西津渡街区文化展示馆，如救生会馆的“中国救生文化博物馆”、观音洞、铁柱宫、小山楼的“观音文化展示馆”、都天行宫的“都天会展示馆”、亚细亚石油公司成为“民俗博物馆”及玉山大码头和西津渡小码头地下遗址“展示坑”等。

利用的多样性还取决于市场需求的多样性。除文物建筑和重要历史建筑以外，一般地说，其他建筑可以适合多种形式的商务利用，存在多重市场需求和不同的利用选择。根据街区业态规划和市场需要，通常可以分为餐饮服务类、购物娱乐类、文创营销类等若干类别。例如西津渡街区的镇江菜馆、锅盖面品鉴馆、雅阁酒店、桔子酒店、雅狮酒店、小山楼客栈、状元饼、唐老一正斋、春顺和等特色餐厅、精品酒店酒吧、文玩或旅游品、文创室及民宿等。利用的整体性和多样化，使街区成为活的历史，同时也直接或间接、或快或慢、或好或坏地影响、改变着街区的风貌。保护活态的文化遗产，唯有合理利用一途。只有合乎街区风貌保护的利用方式，才是合理的利用方式。相反，不合理的、过度的利用必然导致街区风貌的销蚀或破坏。

利用的多样性还取决于管理者和经营者的多样性的主观能动性。利用是人对物的利用。人的主观能动性（另一面就是不确定性），包括人对街区保护和利用关系的认识水平、实践能力和自觉程度，关系到活态保护的实际状态，也即是关系到使用的合理性与否。这种主观能动性或不确定性表现为利用方式可能存在的多样性选择及其中必然包含的矛盾冲突，包括利用对象的多样性、利用形式（业态）多样性、利用主体多样性及其相互矛盾冲突。这种矛盾及其冲突又集中体现为保护者（管理者）的主观选择的多样性和利用者（经营者）主观需求的多样性之间的矛盾及其冲突。

主观能动性的发挥要以合法合规为界限，这就需要处理好利用的客观可能和市场的实际需求之间的关系。在这里，街区保护和利用的矛盾就转化为管理和经营（包括公益的和市场的经营）的矛盾及其冲突，这是保护和利用关系在利用为主的阶段新的表现方式。利用的方式成为管理者和经营者博弈的焦点，也是双方核心利益所在。保护者以管理者身份利用这些街区建筑资源时，主动性体现在制定并自觉实施利用规划，引导经营者依法合规实施经营。利用者以管理者或经营者身份利用这些街区建筑资源时，主动性体现在自觉积极依法合规实施经营，不能批准或提出超出经营范围和管理规范的非分要求，例如违规改造、溢出经营等。

长期性、永续性是利用为主阶段的又一个显著特征。要让保护成果在永续利用中永续传承，是一个艰巨而又复杂、甚至会出现反复的长期过程。通过业态规划来确定利用方向只是最初的可能的方式。但是，街区的实际业态，或者说街区的风貌最终是在管理者和经营者的长期博弈中，是在市场的长期竞争、优胜劣汰的不断变动、演进中形成的。任何业态规划都不可能替代市场的力量。在未来漫漫时空框架内，在保护文化的大环境中，不仅仅需要关注剧烈变化给街区风貌可能带来的实质性突变，更需要关注和防止的是渐变：街区管理者或利用者对保护保持街区风貌缺位或缓慢的、点滴的蚕食和侵蚀，在不知不觉中改变街区面貌、特别是生活状态。这是对“不忘初心、坚持初心”的严峻考验。

因此，利用首先是保护者（管理者）主动地保护保持历史街区文化风貌的一种行为。与保护阶段显著的客观性特征相反，利用是利用者（包括管理者和经营者）的主观意志决定的具有选择性的行为，带有明显的主观性色彩。同一或不同的管理者会选择不同的利用规划或方案；同一或不同的经营主体可能会选择多样化的经营业态或方式；即使同一类建筑物也可以有不同的经营业态、同一类业态还可以有不同的甚至是相互冲突的经营方式。因此，利用的主观性特征，外部市场的实际需求和经营者的趋利冲动，决定着利用及其对于街区建筑内部空间结构及其外部风貌的影响和演进的性质和方向。在此过程中，利用的最大困惑，莫过于管理者如何不忘初心、坚持初心，时刻抵制主观的侵蚀和损坏，在未来历史长河中永续保护和传承街区的建筑风貌和文化遗产。值得注意的是，这种侵蚀或损坏，是大多数历史文化街区共有的现象；这种点点滴滴的侵蚀，最初看起来并不显眼，但日积月累，量变必然引起质变。可以预见的是，街区市场化是必然趋势。旅游的发展、市场的复兴，街区历史风貌的生存环境存在越来越多的不确定因素，市场力量可能会足够强大到不惜损坏街区风貌实现经济利益。因此，“利用是主动保护古街区的一种方式”的本质含义，首先就是管理者必须履行保护街区的义务和责任，对利用行为进行自觉的规范和积极的干预，引导利用行为朝着有利于街区永续传承的方向发展。还可以预见的是，经过若干年，街区建筑会老化，街区风貌肯定会遭到一定程度的损毁，永续传承会出现危机。因此，“利用是主动保护古街区的一种方式”的另一本质含义，就是必须认真保存街区建筑和风貌的原始记忆、记录街区建筑和风貌的演变状况，制度化地强制性地定期修复（复原）街区风貌，才能真正不忘初心，坚持初心，在永续利用中永续传承。

4. 管理和经营的关系是保护和利用关系实践形式

利用的主观性特征，无论管理者和利用者，都会表现出明显的趋利特性，自觉不自觉地倾向于侵蚀甚至损坏保护成果，以获取最大市场利益。已经见到的例子在前文已有列举。对于利用者而言，管理是对利用者的监管和服务的行为；对于保护者而言，管理是保护者的自律和限制行为。如何处理好这一关系？需要进一步厘清管理和经营的目的和思路、制度和规范、执行和纠错机制等三方面问题，自觉依法合规管理和经营街区物业，自觉保护和传承街区风貌和文化。

（1）管理和经营的根本目标。是活态保护和传承历史文化街区的建筑及其风貌的原真性和完整性。历史文化街区的管理和经营，是对具有历史文化传承意义的物业实施管理和经营。处理物业管理和市场经营的关系的基本原则，或者说，物业管理的根本目的和出发点，是在街区物业，抽象地说就是街区物质的和文化的风貌，在作为观光对象和商务场所时，保证其街巷格局、建筑造型包括外部风貌、自然景观和内外部主体结构不被商业利用侵犯和毁坏。市场经营只能在街区物业的建筑造型包括外部风貌和内外部结构不被商业利用侵犯和毁坏的前提下，使其有效地服务于街区观光旅游和商务活动。因此，物业管理人员首先是街区文化风貌保护和传承的卫道士：在建筑风貌保护上，只能多做减法，极少做或不做加法，维护和保持街巷和建筑及其风貌的原真性；在特色文化传承上只能多做乘法不做除法，维护和保持街巷生活状态的文化味。然后物业管理人员才是为观光旅游和商务经营的服务员，为游客排忧解难，为商户提供优质服务。

坚持历史文化街区经营管理的根本目标，必须处理好物业管理和市场经营之间的关系，认真制定和实施业态规划。合理的利用规划本质上与合理的市场利用是一致的，但是需要在市场中调整，在制度上完善。管理者必须遵循业态规划确定的利用原则和方案，处理好整体利用和分类利用，特别是处理好文化利用和商务利用的关系，自主经营、合作经营和租赁经营的关系，坚持文化利用导向和自主利用导向，不断增强传统文化的影响力、保护和传承街区风貌的控制力。

制定和实施业态规划要设置紫线控制区并实施明确标识。要明确划定历史文化街区的重点保护区域和协调保护区域，制定管制措施对重点保护区域实施刚性保护。

紫线控制区范围的所有建筑，特别是外部风貌和内部主体结构不得在利用中进行改造和调整。

重要文物建筑、重要历史建筑应该主要用于文化项目或以文化为主的商业项目。这些建筑的不可移动性不仅决定了外部风貌和建筑结构的不可更改，还有文物建筑内部结构和功能的不可更改，使其利用变得更加困难；文物建筑和重要历史建筑的不可再生也是其安全性成为商务利用的障碍。与此同时，还必须保持一定比例的物业专属于街区风貌和特色文化的展示宣传、开发经营，培育和形成一批带有经营性性质的小型博物馆群和文化企业群，保留和引进传统餐饮业和传统工艺文化企业留驻和进入街区，使之成为导向性的市场业态。保持和增长街区的软实力即街区传统文化的影响力，文化利用、包括文化性的商业利用要占有一定份额，至少应该达到1/3左右。

街区风貌建筑是可以利用于纯商业目的（经营类商业）的主体建筑，也要通过内外装饰强化街区文化符号和传统生活的色彩。在管理实践中，要处理好管理目标的刚性和入住业主业态的主观诉求多样性之间的关系，不能随意根据经营需求改变街区巷道、建筑的传统风貌。从管理的目标和管理的实际控制力看，自主经营、合作经营或规范的统一标准经营（例如上岗培训考证、统一预售预定平台、统一收银等）要占有相当比重，最好达到40%以上，主要街巷和重要建筑最好达到50%～60%以上并适当规划布局，使街区风貌保护和经营利用的主导权牢牢控制在管理者手中，保证街区主体风貌的保护和传承有序可控。

制定和实施业态规划要充分考虑街区终极发展的规划目标，既制定总体业态目标又制定分阶段分步骤实施业态规划。在西津渡，从长远看，实施大西津渡规划包括伯先路、大龙王巷街区保护，还包括中华路西和西津湾区域的风貌协调区开发建设，区域总规模在1km2、物业总规模在500000m^{2}左右。现有年游客量已经达到每年360万人规模，随着保护开放范围的扩大，未来十年内需要考虑游客量达到每年600万～800万人、每天平均2万人左右的规模，因此业态规划要以“目的地”景区为目标，做好做足远景概念。例如餐饮服务的规划应该在7000～10000个餐位、2500～3000张床位的规模；在风貌协调区需要规划一定规模的游客参与性较强的观光娱乐项目和晚间驻场项目，弥补历史文化街区观光娱乐性、参与性不足、不能吸引和留住游客的缺陷。通过逐步实施并逐步开放，既可以满足市场需要，也可以调节市场价格，使其保持在合理经济的范围，使街区保持吸引力和活力。

强化法制建设，依法管理和经营街区。管理制度建设是历史文化街区保护和利用的根本措施。就目前而言，我国已经形成了一个包括《城乡规划法》《文物保护法》《历史文化名村名镇保护管理条例》（以下简称“两法一条例”）和一系列国家及地方法律法规条例办法，但就历史文化街区的管理，尚未有国家专门法规可资依据。各地出台的地方性法规，主要侧重于建筑物的保护，而对于街区的常态保护特别是具体操作层面的规范，则显得苍白无力，乏善可陈。管理理论的研究几乎是空白。从实践中考察，街区风貌的整体性、长期性的维护，是由街区单个建筑物的运营状态共同作为并整合形成的。在我国大多数历史文化街区保护已经形成阶段性成果的情况下，必须尽快对历史文化街区的保护和管理立法，并规范各地地方法规，使地方政府和管理主体有法可依，重视并加强对历史文化街区管理的法律支持和执法监督。一方面，管理者的管理行为，必须在法律法规的框架中实施，依法经营管理。管理者必须根据规划，明确划定街区紫线保护区，明确街区重要文史建筑业态规划，明确街区建筑结构和街巷格局变更的审批权限，禁止在紫线保护范围内越权越规对街区风貌和建筑结构实施变更改造；禁止在重点文史建筑内从事一般经营活动。

必须研究和制定并不断完善规范的街区物业经营的格式合约文本。管理者（管理主体）和经营者的博弈，管理行为的有效性和经营行为的合规性是由经营性契约来规范的。这个契约是执行相关法律法规和管理规定的最基本的规范，是管理者和经营者协同动作，步调一致，共同维护街区风貌的基本依据。街区建筑物无论自主经营、合作经营还是租赁经营，都必须订立经营使用合约和物业管理合约。实践中看，有些街区现行的经营合同失之过宽，没有很好地约定合约双方对建筑内外结构实施保护的刚性条款。为此，必须研究和制定并不断完善规范的街区物业自主、租赁、合作三种经营方式的格式合约文本，明确规定双方在维护和保持街区的建筑风貌和安全的权利和义务；明确规定双方在日常管理运营中物业维护的责任和义务。合约的必要条款必须包括遵循并不得违背“两法一条例”和有关历史文化街区保护的法律法规；遵循并不得违背业态利用规划；遵循并不得违背合约确定的关于风貌保护的禁止或限制级条件及其处置规定，包括规范经营行为、规范店招及外饰景观；严格禁止改变建筑物外观及其结构，包括擅自增设阁楼、隔断、封闭庭院；严格禁止擅自改变业态、转租合租分租、溢出经营等。结合已有的管理经验和管理热点难点，将所有可能有损于街区风貌的利用行为变成禁止或限制级条款，并制定考核标准、跟踪监管；根据合约执行情况提出整改措施，直至实施退出机制。

管理和经营必须强化从业人员培训。保护和传承风貌必须对管理者和经营者实施培训，着力提高从业人员保护街区历史风貌和弘扬街区文化传统的主动性和自觉性。街区管理者和经营者学习和理解有关法律法规和合约条文，有利于管理者依法合规管理、经营者依法合规经营。通过培训，认识街区文化、保护措施及其责任义务，增强双方的契约精神，倡导并逐步形成保护街区风貌、弘扬街区文化，文明管理、文明经商、文明待客和文明观光的良好风气。通过培训，管理者要熟悉法律法规、管理规定和契约条款，熟练掌握维护契约的重点、难点及其解决的办法、措施；经营者和店铺员工的培训，主要是熟悉和遵守契约条款，自觉维护风貌、依法守法经营。建立培训考核制，经过培训，考核合格的管理者和经营者才能签约进行管理或经营活动，从业员工也必须持证上岗。

管理和经营必须依据合约对使用者实施动态管理，着力提高管理主体的执行力。

街区管理应该实行积分考核制，着重记录和考核经营者维护风貌的实际情况，作为利益奖惩机制、合约终止机制、续约淘汰机制的依据和标准。通过动态管理，坚决杜绝危害街区风貌的不良、不法行为。对于故意破坏或损毁街区建筑和风貌的经营者，情节严重的、或屡教不改达到一定程度的害群之马，应当立即终止租赁或合作契约，并且永不允许进入。这些动态考核措施，也应该成为契约文本的必要的格式条款。

实施动态管理，关键是提高执行力。管理执行力在这里主要强调监督实施合约和违约处置包括临机处置的能力。为此，需要政府授权管理主体必要的执法权，使之能够及时处置危害街区风貌的经营行为。必须指出，历史文化街区的建筑及其风貌的不可再生性，决定了它属于重大的国家利益或公共利益，也决定了临机及时处置的重要性：一旦损毁将无法弥补。对于随意改变街巷道路和空间结构，拆毁或改变建筑物结构，在建筑物上附加不必要的、影响建筑物原有风貌的构筑物或附属物，以溢出经营方式占用街巷空间等不法行为，以及其他严重影响街区风貌的行为，街区管理者必须有能力积极主动、及时现场临机处置，才能有效实施保护行为。

（2）保护和传承风貌必须制定和实施特殊支持政策。 土地房产产权性质改变支持政策。在实施街区搬迁政策之后，街区保护更新实施主体对搬迁居民和教育卫生单位进行了合理的补偿，部分原有的居住用地、用房和教育卫生用地、用房已经成为保护更新工程实施主体的资产，并投入巨资对其实施了维修改造等保护措施。但是，由于街区土地无法实施常规出让并合法办理变更手续，国家也没有相关法律法规予以明确办理办法，现有一批地产房产的一系列产权转移和性质变更手续已经成为一个死结。街区大量已经维修更新的建筑物空关数年，无法投入使用，严重影响了街区风貌的整体性形成。迫切需要政府制定并实施便利的土地和房屋使用性质改变支持政策，尽快实现产权转移，促进街区风貌的整体性恢复和传承。

消防安全支持政策。由于历史文化街区建筑空间的特殊性，建筑物不能完全满足现有消防安全设计规范和审查规定。虽然修缮规划和实施方案、图纸均已事先经过消防部门初审，并在现有条件下创新消防技术、建立预警制度、自备消防队伍，尽量满足和充分考虑消防安全需要，增加必要的设施和器材，仍然不能达到现有消防规范的标准，致使部分建筑不能投入正常利用。由于街区消防责任重大，这也需要国家层面的立法或有立法权的地方政府制定专门的法规和特殊的支持政策，才能彻底解决。

文化产业支持政策。保持和传承街区文化气息，必须有意识保留街区特有的商务活动和生活习俗，保存、恢复、引进老店，这些是街区生活特有的文化符号。但是这些传统商业服务活动，包括引进的一些非遗项目，限于场地规模、市场需求，常常处于微利甚至亏损的经营状态。如小码头街“状元饼”店采用传统铁板夹烧手法现场制作，经营规模很小。制糖人、面人的艺人只能摆小摊点。“唐老一正斋”是百年老店，出售膏药也是所赚无几。但是，这些项目是街区文化风貌的风景线，观赏性很强，是游客观光重要内容。类似商铺需要制定特殊的产业支持政策予以支持，通过租金倾斜、税收减免、项目补助等一系列优惠和补养措施，积极扶持、引进和维护其正常运行。

（3）保护和传承风貌必须进一步强化历史文化街区文史研究和成果利用。历史文化街区文史研究及其成果展示也是街区保护和利用的重要内容。“文史领航”也是“西津模式”的首要经验。西津渡的文史研究及其成果一直是街区保护和利用的整体性、原真性和永续性的最为重要的智力保障。在街区进入利用为主阶段之后，文史研究的地位理应更高、更重要。这不仅因为街区文史的挖掘整理可以丰富街区文化内涵，而且文史研究成果更是西津渡复兴“软实力”的重要来源。

重视处理好文史资料的挖掘收集整理和分析研究开发的关系。西津渡自实施保护更新工程之初就开始进行文史研究，为此下达了《西津渡文史研究工作意见》，专门成立了机构，组织了班子，10多年间已经取得了一批研究成果，例如《中国古渡博物馆——西津渡》《西津渡诗词选》《西津渡道教研究》《西津渡文史论丛》一、二两卷及诸多论文和课题。正在编辑整理的《西津图谱》将记录近年来西津渡历史文化街区保护更新成果。但是还不够，还要注重特色文化标识的研究。历史文化街区的地标建筑、主体建筑和特殊建筑形式或符号，是街区特有的文化标识。在西津渡，昭关石塔、红船、观音洞，构成西津渡“平安三宝”，中西建筑混搭、工民建筑混搭、清水乱砖墙、车辙印痕和码头遗址，这些都是西津渡的特有文化标识。还有无形的文化标识，包括传统工艺、民风民俗等，需要进一步梳理、凝练、明确标识。注重街区文史专题深度研究。例如绵延千年的渡口文化、漕运文化，世界第一、存续220多年的京口救生会，始兴终废的英租界，主张实业救国、集聚工商精英的 “镇江商会”，明清以来客居商贾会馆发展的历史等，都是街区“津渡文化”的极为重要的主体性内容。虽然都有散见于报刊书籍的研究成果，但都缺少系统研究，不能完整地反映街区文化的历史变迁。这些重大历史事件的文史资料的挖掘收集整理，对其发生发展演变的历史过程的分析研究，是今后街区文史研究的重要方向，可以力争形成重大历史题材的研究成果。注重文史资料的收集和保护活动的记录。散落在民间的历史资料、遗存对象和艺术作品，是“津渡文化”的宝贵财富，应该不惜代价，加大收集的力度；记录和收集当代保护和利用的重大活动和事件资料，这也应该成为文史工作的重要内容。

重视处理好文史研究与成果转化的关系。文史研究成果的转化一般有两个层次，一是如前所述，开办一系列街区文化的小型博物馆，专题展示收集的资料和研究成果，形成观光热线，在引导深度游的同时，宣传和弘扬津渡文化精神；二是善于把文史研究成果转化为创意文化产品，成为价廉物美、便于携带、可吃可用可玩的“伴手礼”。现在来西津渡观光的游客众多，大多乘兴而来，逛一条街、吃一碗面，然后“空手”而归。必须把“伴手礼”的开发经营提上议事日程，作为弘扬津渡文化的重要方式和有效渠道，重点研究开发、早出市场成果。西津渡可以做的文史创意产品很多：艺术类的借助西津渡主题文化的白塔、观音、红船“平安三宝”雕塑产品可以转化为乐高玩具和穿戴电玩；餐饮类的“镇江三怪”、春顺和的包子铺通过开办体验馆、品鉴馆增强街区生活体验，配之以便携包装成为纪念品；风光类的各式明信片、画册等除了书籍印刷品形式，还可以借助救生会江上救生故事、观音救难故事、杜秋娘风花雪月故事等开发网络游戏。当然，成果转化的关键是市场营销的策划推广，这也应该是实施市场化转型的重要方向。

重视处理好街区文化市场和市场文化的关系。在利用为主阶段，街区市场化趋势因为大比例居民人口置换、大量游客进入产生吃住游购旺盛市场需求，使街区不可避免走向商业化。这种趋势在所有街区无一幸免。古街区在保护改造之前的宁静的生活状态不复存在。西津渡庆幸的是，它本来就是两岸对渡之口、南北交通之要、商贾繁盛之地，商业化只是让它回归了历史原貌。庆幸之余，西津渡重点关注了如何保持它的古朴风、文化味。在注重文化利用，开办小型街区文化系列博览馆的同时，努力营造市场的文化氛围、提高文化品位。2010年以来的周末街戏、2013年以来组织的迎春元宵灯会；中秋赏月等传统活动，回归街区传统、复兴街区文化的活动；2010年开始和镇江市文广集团组织“HiFi西津渡”周末露天音乐会，2012年起和中国电影电视纪录片协会联合举办的“西津渡国际纪录片艺术节”等大型文化活动，将西津渡推向世界舞台。现在又有了西津音乐厅、西津剧院，可以有更多更好的阵地和形式来表现、诠释和弘扬津渡文化。

（本文于2017年底完成，2018年江苏省炎黄研究会苏州会议论文）

附录六

镇江市西津渡、伯先路、大龙王巷三个历史街区文保、文控单位一览表（截至2021.9.）

编号	名称	地址	级别	公布时间	建造时间	备注
1	英国领事馆旧址建筑群	五十三坡南	国家级	1996-11	1873年	共计5栋建筑
	英领事馆主楼	五十三坡南	国家级	1996-11	1873年	1890年重建
	牧师楼	五十三坡南	国家级	1996-11	1905年	
	美领事馆旧址	五十三坡南	国家级	1996-11	1866年	
	领事馆附属房	五十三坡南	国家级	1996-11	1864年	
	英租界工部局	鉴园	国家级	1996-11	1890年	
2	昭关石塔	小码头街东端	国家级	2006-6	1311年	2006-6前是省级文保
	西津渡古街	小码头街	国家级	2006-6	六朝时期	2006-6前是市级文保
	观音洞	小码头街	国家级	2006-6	宋代	2006-6前是市级文保
	铁柱宫	小码头街	国家级	2006-6	1637年	2006-6前是市级文保
	小山楼	小码头街	国家级	2006-6	唐代	复建
3	待渡亭	小码头街	国家级	2006-6	不详	2006-6前是市级文保
4	五卅演讲厅	伯先公园内	省级	1982-3	1926年	
5	镇江商会旧址	伯先路73号	省级	2006-6	1929年	2006-6前是市级文保
6	救生会旧址	小码头街东端	省级	2011-12	1702年	2011-12前是市级文保
7	广肇公所	伯先路87号	省级	2011-12	1907年	2011-12前是市级文保
8	陆小波故居	打索街68号	省级	2011-12	民国初年	2011-12前是市级文保
9	山巷清真寺	清真寺街	省级	2011-12	康熙年间	2011-12前是市级文保
10	红卍字会江苏分会	京畿路82号	省级	2019-3	1923始建	1931年扩建
11	京口闸遗址	打索街	省级	2019-3	唐代	1929年被填埋成中华路
12	镇江自来水厂旧址	长江路28号	省级	2019-3	1936年	2019-3前是市级文保
13	伯先公园	伯先路13号	市级	1982-5	1931年	
14	亚细亚火油公司旧址	长江路207号	市级	1982-5	1908年	
15	火星庙戏台	穆源学校内	市级	1982-5	不详	宋嘉定中迁于今址
16	德士古火油公司旧址	西津渡鉴园内	市级	1982-5	1904年	
17	税务司公馆	西津渡鉴园内	市级	1982-5	1865年	
18	福音堂	大西路343号	市级	1982-5	1889年	
19	超岸寺	小码头街西端	市级	1991-6	元代	
20	绍宗国学藏书楼	伯先公园内	市级	1992-4	1932年	
21	美孚火油公司旧址	迎江路16号	市级	1992-4	1906年	
22	真道堂旧址	宝盖路127号	市级	1992-4	1931年	

23	伯先路近代建筑群	伯先路、京畿路	市级	1992–4		
	蒋怀仁诊所	伯先路33号	市级	1992–4	1907年	
	屠家骅公馆	伯先路27–31号	市级	1992–4	1935年	
	老邮局	京畿路80号	市级	1992–4	1921年	
	内地会医院	小街41号	市级	1992–4	1869年	
24	老存仁堂药店	大西路476号	市级	1993–6	清同治年间	
25	节孝祠牌坊及碑刻	宝盖路244号	市级	1993–6	1869–1870	
26	镇江交通银行旧址	长江路中段	市级	2012–10	1913年	2012–10前是市文控
27	春顺和包子店旧址	161–169号	市级	2012–10	民国初年	
28	西长安里民居建筑群	小码头街北	市级	2012–10	民国初年	
29	玉山大码头遗址	新河路	市级	2017–1		
30	东长安里民居	2、4、6、8号	市级	2014–9	清代	
31	吉安里民居建筑群	小街	市级	2014–9	清代	
32	吉庆里民居建筑群	京畿路	市级	2014–9	民国	
33	大韩民国临时政府遗址	杨家门23号	市级	2014–9	民国	
34	布业公所	布业公所巷26号	市级	2014–9	1887年	
35	嵇直故居	布业公所巷8–10号	市级	2014–9	清代	
36	大兴池	京畿路4号	市级	2014–9	民国初年	
37	原中国人民银行旧址	老自来水厂以西	市级	2014–9	1949年	2012–10前是市文控
38	原镇江商会办公处	市大龙王巷38号	文控	1993–6–30	民国	
39	包氏钱庄	市小街115号	文控	1993–6–30	清代	
40	清代海关道台沈公馆	市盆汤巷35号	文控	1993–6–30	清代	现移建于大西路与迎江路交汇
41	陈锦华公馆	市清真寺街41号	文控	1993–6–30		
42	周少彭公馆	市宝塔路横街97	文控	1993–6–30		
43	李公馆	市宝盖路119号	文控	1993–6–30		
44	“公济药店”老板寓	市万家巷23号	文控	1993–6–30		
45	海关宿舍	小码头街西长安里内	文控	1993–6–30	清末	原市长江路第二人民医院内
46	丁志莹公馆	市平安巷8号	文控	1993–6–30	民国	
47	宴春酒楼	市人民街15号	文控	2004–6–30	民国	
48	严惠宇故居	市九如巷66号	文控	2004–6–30	民国	
49	陈氏故居	市大杨家巷15号	文控	2004–6–30		
50	江照庵	伯先路1号	文控	1993–6–30	清代	

注：本卷正文部分的文保文控建筑名录为当时街区规划时的数据，附录六是最新数据。至2021年9月止，西津渡、伯先路、大龙王巷三个历史街区共计有各类文保、文控建筑（群）50处（其中英国领事馆旧址建筑群5栋建筑；西津古街4栋建筑；伯先路近代建筑群4栋建筑），实际60栋（处）各类文保建筑。其中国家级文保建筑10处；江苏省级文保单位9处；镇江市级文保单位28处；镇江市级文控单位13处。